云海科技　编著

AutoCAD 园林设计 新手快速入门

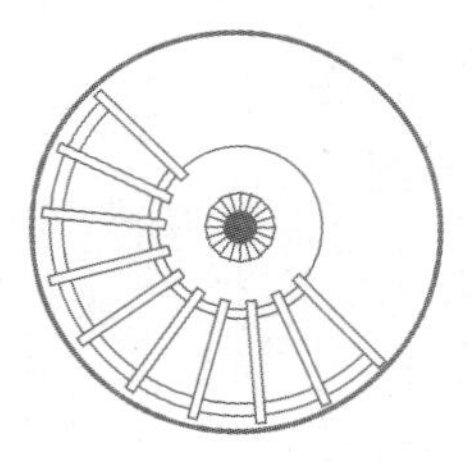
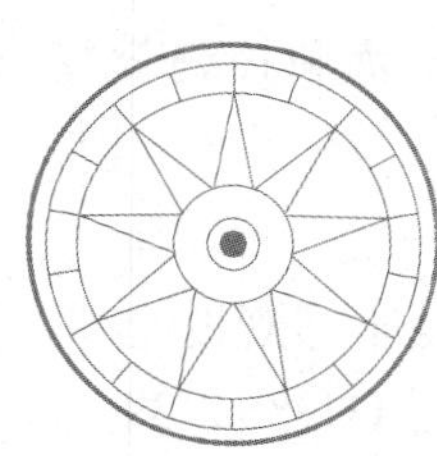
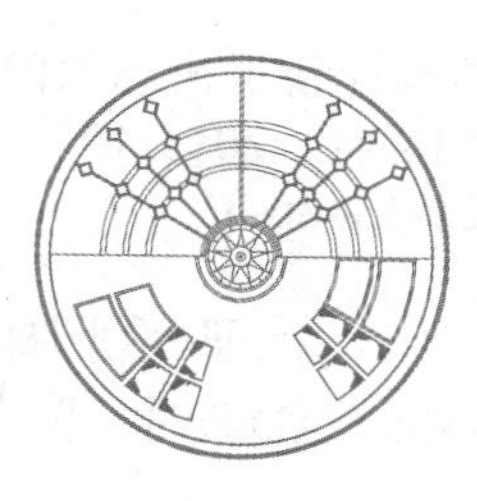

化学工业出版社
·北京·

本书主要针对园林设计领域，以实际工程案例，系统地介绍了 AutoCAD 在园林设计领域内的具体应用技术。全书分为 3 个部分，包括基础知识部分、园林设计单元部分和综合实例部分。基础知识部分包括园林设计的基本概念和 AutoCAD 入门。园林设计单元部分分别讲解了园林道路、园林水体、园林山石、园林小品、园林铺装、园林植物、竖向设计和详图设计等内容。综合实例部分则以居住小区、屋顶花园和城市广场园林景观设计三个大型案例，综合演练前面所学知识。

本书配套光盘除包括全书所有实例的源文件外，还提供全书 100 个实例共 540 多分钟的视频教学，手把手的课堂讲解，可以成倍提高学习兴趣和效率。

本书内容丰富，结构层次清晰，讲解深入细致，具有很强的实用性，可以作为园林技术人员的参考书，也可以作为高校相关专业师生计算机辅助设计和园林设计课程参考用书，以及社会 AutoCAD 培训班配套教材。

图书在版编目（CIP）数据

AutoCAD 园林设计新手快速入门/云海科技编著.
北京：化学工业出版社，2013. 10
ISBN 978-7-122-18486-3

Ⅰ.①A… Ⅱ. ①云… Ⅲ. ①园林设计-景观设计-计算机辅助设计-AutoCAD 软件 Ⅳ. ①TU986.2-39

中国版本图书馆 CIP 数据核字（2013）第 222316 号

责任编辑：满悦芝　　　　装帧设计：尹琳琳
责任校对：宋　夏

出版发行：化学工业出版社（北京市东城区青年湖南街 13 号　邮政编码 100011）
印　　装：三河市延风印装厂
787mm×1092mm　1/16　印张 19¾　字数 501 千字　　2014 年 1 月北京第 1 版第 1 次印刷

购书咨询：010-64518888（传真：010-64519686）　　售后服务：010-64518899
网　　址：http: // www. cip. com. cn
凡购买本书，如有缺损质量问题，本社销售中心负责调换。

定　　价：49. 00 元

前　言

园林设计是一门研究如何应用艺术和技术手段处理自然、建筑和人类活动之间复杂关系，达到和谐完美、生态良好、景色如画之境界的一门学科。工作范围包括庭园、宅园、小游园、花园、公园以及城市街区、机关、厂矿、校园、宾馆饭店等。

目前我国的城市建设和环境建设以前所未有的高速度向前推进，全国各地都出现了园林景观设计的热潮，同时随着人民生活水平的不断提高，人们对住宅园林景观环境的要求也越来越重视。因此，园林景观已经成为城镇建设的重要内容。园林设计师的需求也日益提高。

本书内容

本书以 AutoCAD 2014 为平台，系统讲解了 AutoCAD 在园林景观制图中的设计方法、绘制过程和相关技巧。全书分为 3 个部分，包括基础知识部分、园林设计单元部分和综合实例部分。

第 1 部分为基础知识部分，包括第 1～6 章，讲解了园林设计的基本概念和 AutoCAD 入门的相关基础知识，包括 AutoCAD 图形绘制、编辑、尺寸标注、块等内容，为后面的具体设计打下坚实的软件基础。

第 2 部分为园林设计单元部分，包括第 7～14 章，以一套别墅庭院为例，按照园林设计的流程，分别讲解了园林道路、园林水体、园林山石、园林小品、园林铺装、园林植物、竖向设计和详图设计等内容。

第 3 部分为综合实例部分，包括第 15～18 章，以居住小区、屋顶花园和城市广场园林景观设计三个大型案例，综合演练前面所学知识，积累实际工作经验。

本书特点

本书具有如下特点。

案例教学　易学易用	全书结合大量园林设计范例进行概念和理论部分阐述，通俗易懂、易学易用，便于巩固所学知识，以达到学以致用的目的
内容丰富　讲解全面	本书从 AutoCAD 基础知识讲起，按照园林设计的流程，循序渐进地介绍了园林道路、水体、山石、小品、铺装、植物配置、竖向设计等园林设计的绝大多数内容
视频讲解　学习轻松	本书附赠光盘内容丰富，不仅有实例的素材文件和结果文件，还有由专业领域的工程师录制的全书实例的全程同步语音视频教学，让读者仿佛亲临课堂，学习之旅轻松而愉快

本书作者

本书由云海科技编著，具体参加编写和资料整理的有：陈志民、李红萍、陈运炳、刘清平、申玉秀、李红萍、李红艺、李红术、陈云香、陈文香、陈军云、彭斌全、林小群、钟睦、刘里锋、朱海涛、廖博、喻文明、易盛、陈晶、张绍华、黄柯、何凯、黄华、陈文轶、杨少波、杨芳、刘有良、刘珊、赵祖欣、齐慧明、胡莹君等。

由于作者水平有限，书中错误、疏漏之处在所难免。在感谢您选择本书的同时，也希望您能够把对本书的意见和建议告诉我们。

读者服务邮箱: lushanbook@gmail.com

云海科技

2013 年 9 月

目　录

第 1 章

园林设计与 AutoCAD 制图

随着经济水平的不断提高，人们对自己所居住、生存的环境表现出越来越普遍的关注，并提出越来越高的要求。作为一门环境艺术，园林设计的目的就是为了创造出景色如画、环境舒适、健康文明的优美环境。

作为全书的开篇，本章将介绍园林设计入门知识与制图的一些基础知识，使读者对园林设计和 AutoCAD 园林制图及制图规范有一个大概的了解。

1.1　园林景观设计概述

园林，就是在一定的地域运用工程技术和艺术手段，通过改造地形（或进一步筑山、叠石、理水）、种植树木花草、营造建筑和布置园路等途径创作而成的美的自然环境和游憩境域。园林包括庭园、宅园、小游园、花园、公园、植物园、动物园等，如图 1-1 所示杭州太子湾公园园林景观一角。随着园林学科的发展，还包括森林公园、风景名胜区、自然保护区和国家公园的游览区以及休养胜地。

图 1-1　杭州太子湾公园

现代园林不仅仅是作为游憩之用，而且具有保护和改善环境的功能。植物可以吸收二氧化碳，放出氧气，净化空气；能够在一定程度上吸收有害气体、吸附尘埃、减轻污染；可以调节空气的温度、湿度，改善小气候；还有减弱噪声和防风、防火等防护作用。尤为重要的是园林在人们心理上和精神上的有益作用，游憩在景色优美和安静的园林中，有助于消除长时间工作带来的紧张和疲乏，使脑力和体力均得到恢复。此外，园林中的文化、游乐、体育、科普教育等活动，更可以丰富知识、充实精神生活，如图 1-2 所示济南泉城广场。

图 1-2　泉城广场

1.2　园林景观设计原则

“适用、经济、美观”是园林设计必须遵循的原则。

在园林设计过程中，“适用、经济、美观”三者之间不是孤立的，而是紧密联系、不可分割的整体。单纯地追求“适用、经济”，不考虑园林艺术的美感，就要降低园林艺术水准，失去吸引力；如果单纯地追求美观，不全面考虑到适用和经济问题，就可能产生某种偏差或缺乏经济基础而导致设计方案成为一纸空文。所以，园林设计工作必须在适用和经济的前提下，尽可能地做到美观，美观必须与适用、经济协调起来，统一考虑，最终创造出理想的园林艺术作品。

1.3　园林景观设计图的类型

园林景观设计图按其内容和作用不同可以分为以下几类。

（1）总体规划设计图　总体规划设计图是表现园林总体布局的图样，简称总平面图，如图 1-3 所示。具体内容包括以下几个方面。

- 表明用地区域现状及规划的范围；
- 表现对原有地形地貌等自然状况的改造和新的规划；
- 以详细尺寸或坐标网格标明建筑、道路、水体系统及地下或架空管线的位置和外轮廓，并注明其标高；
- 标明园林植物的种植位置。

（2）竖向设计图　竖向设计图也用于总体设计的范畴，它反映了地形设计、等高线、水池山石的位置、道路及建筑物的标高等，能够为地形改造施工和土石方调配预算提供依据。

（3）种植设计图　种植设计图是园林景观设计中的核心，属于平面设计的范畴。主要表示各种园林植物的种类、数量、规格、种植位置和配植形式等，是定点放线和种植施工的依据，如图 1-4 所示别墅种植设计图。

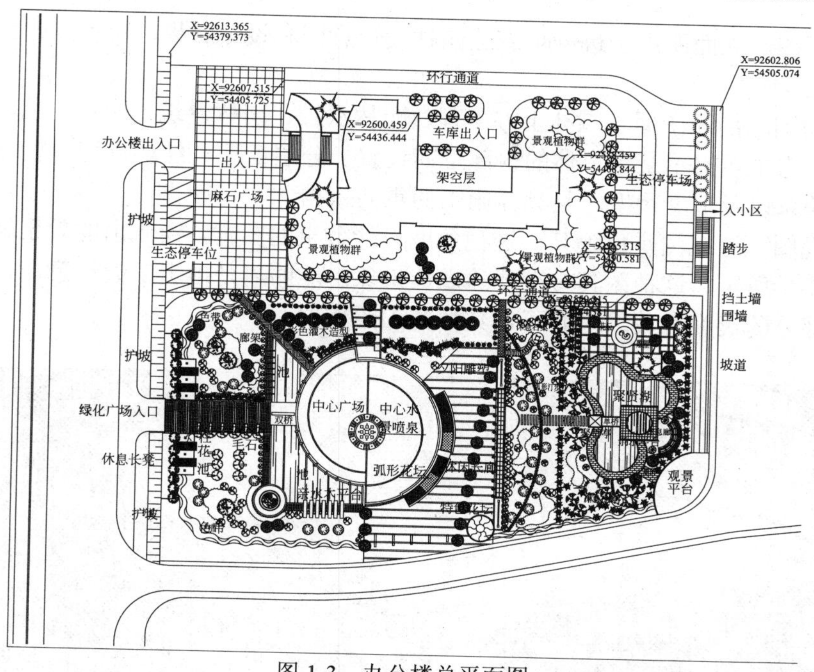

图 1-3　办公楼总平面图

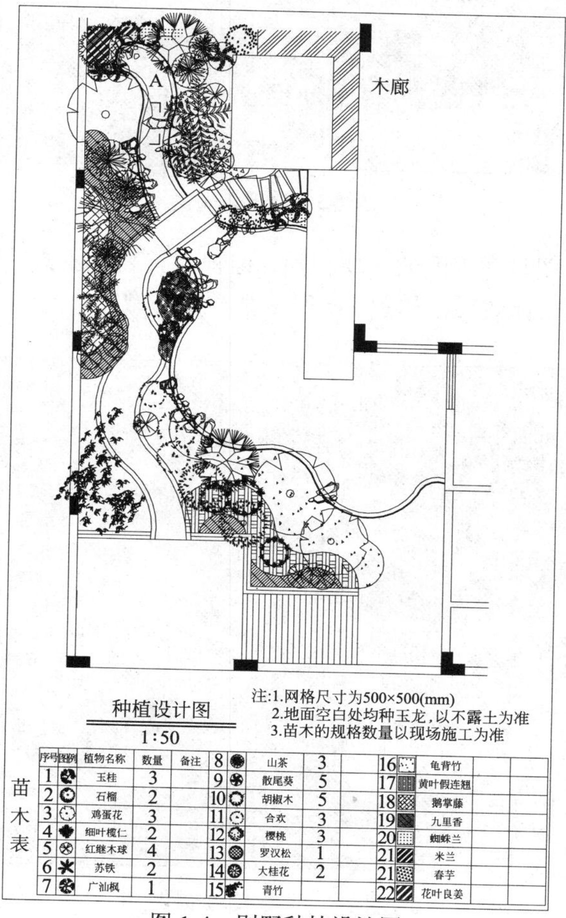

序号	图例	植物名称	数量	备注	序号	图例	植物名称	数量	备注	序号	图例	植物名称		
1		玉桂	3		9		散尾葵	5		16		龟背竹		
2		石榴	2		10		胡椒木	5		17		黄叶假连翘		
3		鸡蛋花	3		11		合欢	3		18		鹅掌藤		
4		细叶榄仁	2		12		樱桃	3		19		九里香		
5		红继木球	4		13		罗汉松	1		20		蜘蛛兰		
6		苏铁	2		14		大桂花	2		21		米兰		
7		广汕枫	1		15		青竹			21		春芋		
					8		山茶	3		22		花叶良姜		

图 1-4　别墅种植设计图

（4）立面图　立面图用于进一步表达园林设计意图和设计效果，着重反映立面设计的形态和层次变化。

（5）剖面图　剖面图用于园林土方工程、园林水景、园林建筑、园林小品、园桥、园路等单体设计。它主要提示某个单体的内部空间设置、分层情况、结构内容、构造形式、断面轮廓、位置关系以及造型尺度，是具体施工的重要依据。

（6）透视图　透视图是反映某一透视角度设计效果的图样，绘制出的效果就像一幅风景照片，如图 1-5 所示。这种图具有直观的立体景象，能够清楚地表明设计意图，不过因为并不标注出各部分的尺度参数，因而不是具体施工的依据。

图 1-5　透视景观

（7）鸟瞰图　鸟瞰图与透视图的性质相同，但视点较高，能够反映园林的全貌，主要帮助人们了解整个园林的设计效果，如图 1-6 所示某学校鸟瞰图。

图 1-6　某学校鸟瞰图

1.4　园林制图的要求和规范

工程图样是工程界的技术语言，为了方便生产、经营、管理和交流技术，必须在图样的画法、图线、字体、尺寸标注、采用的符号等方面有一个统一的标准。

1.4.1　图纸

为了便于使用和管理，《房屋建筑制图统一标准》对图纸的幅面、图框、格式及标题栏、会签栏作了统一的规定。

1.4.1.1　图纸的幅面

规定绘图时，图样大小用符合表 1-1 中规定的图纸幅面尺寸。

表 1-1　幅面及图框尺寸/mm

尺寸代号	幅面代号				
	A0	A1	A2	A3	A4
$b \times l$	841×1189	594×841	420×594	297×420	210×297
c	10			5	
a	25				

1.4.1.2　图框规格

规定每张图样都要画出图框，图框线用粗实线绘制。图纸分横式和立式两种幅面。以短边作垂直边称为横式幅面，如图 1-7 所示，以短边作水平边称为立式幅面，如图 1-8 所示。

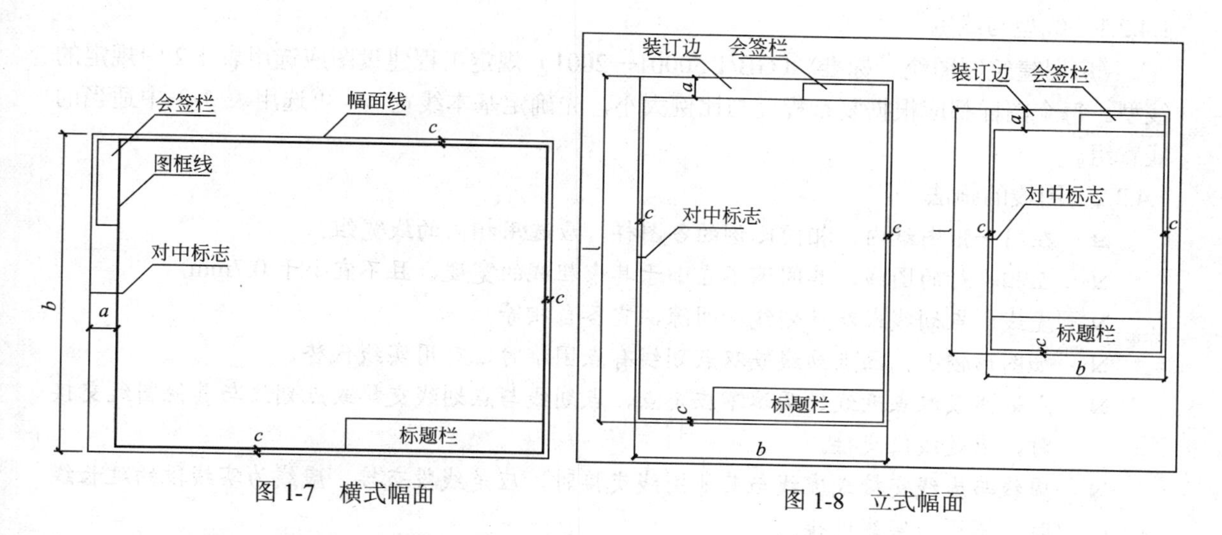

图 1-7　横式幅面　　图 1-8　立式幅面

一般 A0～A3 幅面的图纸宜横式使用，必要时也可立式使用。

需要缩微复制的图纸，其一条边应附有一段准确的米制尺度。四条边上均应附有对中标志，米制尺度的总长应为100mm，分格为10mm。对中标志应画在幅面线中点处，线宽0.35mm，伸入框内应为5mm。

1.4.1.3　标签栏和会签栏

标题栏应按如图1-9、图1-10所示，根据工程需要选择其尺寸、格式及分区。签字区包含实名列和签名列。涉外工程的标题栏内，各项主要内容的中文下方应附有译文，设计单位的上方或左方，应加“中华人民共和国”字样。

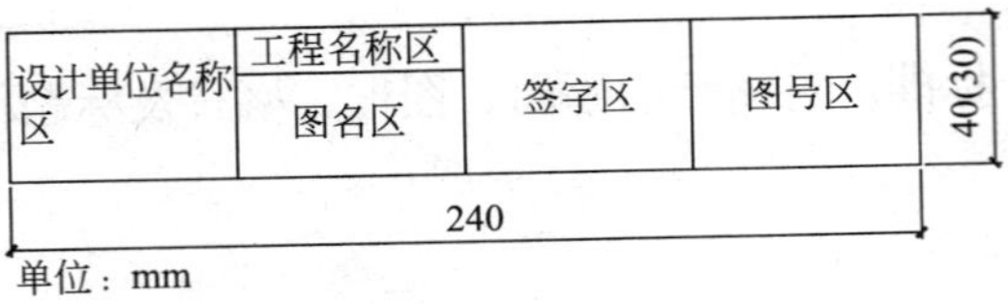

设计单位名称区
工程名称区
图名区
签字区
图号区
40(30)
240
单位：mm

图1-9　标题栏1

设计单位名称区
签字区
工程名称区
图名区
图号区
40(30)
200
单位：mm

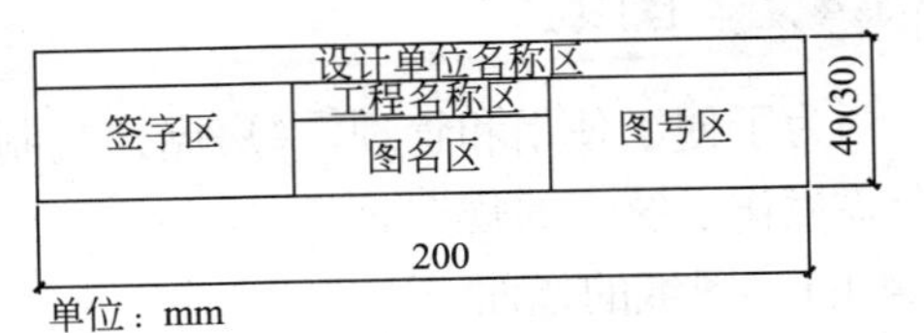

图1-10　标题栏2

会签栏应按图1-11所示的格式绘制，其尺寸应为100mm×20mm，栏内应填写会签人员所代表的专业、姓名、日期（年、月、日）；一个会签栏不够时，可另加一个，两个会签栏应并列；不需会签栏的图纸可不设会签栏。

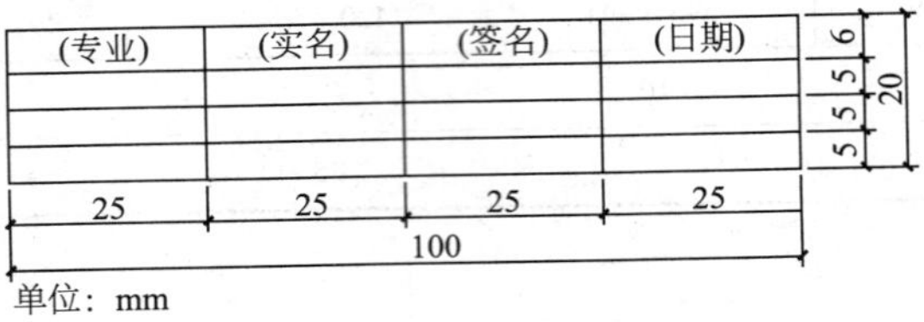

(专业)
(实名)
(签名)
(日期)
5
5
5
5
20
25
25
25
25
100
单位：mm

图1-11　会签栏

1.4.2 图线

1.4.2.1　线型与线宽

《房屋建筑制图统一标准》（GB/T 50001—2001）规定工程建设图应选用表1-2中规定的线型。每个图样都应根据复杂程度与比例大小，先确定基本线宽 *b*，再选用表1-3中适当的线宽组。

1.4.2.2　图线的画法

- 在同一张图纸内，相同比例的各图样，应选用相同的线宽组。
- 互相平行的图线，其间隙不宜小于其中粗线的宽度，且不宜小于0.7mm。
- 虚线、点划线或双点划线和间隙，宜各自相等。
- 如图形较小，画点画线或双点划线有点困难时，可用实线代替。
- 点划线或双点划线的两端不应是点，点划线与点划线交接或点划线与其他图线交接时，应是线段交接。
- 虚线与虚线交接或虚线与其他图线交接时，应是线段交接。虚线为实线段的延长线时，不得与实线连接。
- 图线不得与文字、数字符号重叠、混淆，不可避免时，应首先保证文字等的清晰。

表 1-2　线型

名　称		线　型	线　宽	一般用途
实线	粗		b	可见轮廓线
	中		0.5b	可见轮廓线
	细		0.25b	可见轮廓线、图例线等
虚线	粗		b	见有关专业制图标准
	中		0.5b	不可见轮廓线
	细		0.25b	不可见轮廓线、图例线等
点划线	粗		b	见有关专业制图标准
	中		0.5b	见有关专业制图标准
	细		0.25b	中心线、对称线等
双点划线	粗		b	见有关专业制图标准
	中		0.5 b	见有关专业制图标准
	细		0.25b	假想轮廓线、成型前原始轮廓线
折断线			0.25b	断开界线
波浪线			0.25b	断开界线

表 1-3　线宽组

线宽比	线宽组/mm					
b	2.0	1.4	1.0	0.7	0.5	0.35
0.5b	1.0	0.7	0.5	0.35	0.25	0.18
0.25b	0.5	0.35	0.25	0.18	—	—

1.4.3 比例

平面施工图常用比例有 1:100 和 1:50，大样图比例为 1:20 或 1:30；楼梯比例为 1:50 或 1:60；单元平面比例为 1:50；节点大样比例为 1:20 或 1:30,其他可视情况而定。

1.4.4 剖面剖切符号

用一个假想的平行于某一投影面的剖切平面，把物体切成两部分，然后移去观者和剖切平面之间的一部分，将剩下的另一部分向该投影面进行投影，所得到的投影图称为剖面图，如图 1-12 所示。

剖视图的剖切符号应由剖切位置线及剖视方向线组成，均应以粗实线绘制，如图 1-13 所示。剖视的剖切符号应符合如下规定。

- 剖切位置线的长度宜为 6～10mm，剖视方向线应垂直于剖切位置线，长度应短于剖切位置线，宜为 4～6mm。
- 剖视剖切符号的编号宜采用粗阿拉伯数字，注写在剖视方向线的端部。
- 需要转折的剖切位置线，应在转角的外侧加注与该符号相同的编号。
  局部剖面图的剖切符号应注在包含剖切部位的最下面一层的平面图上。

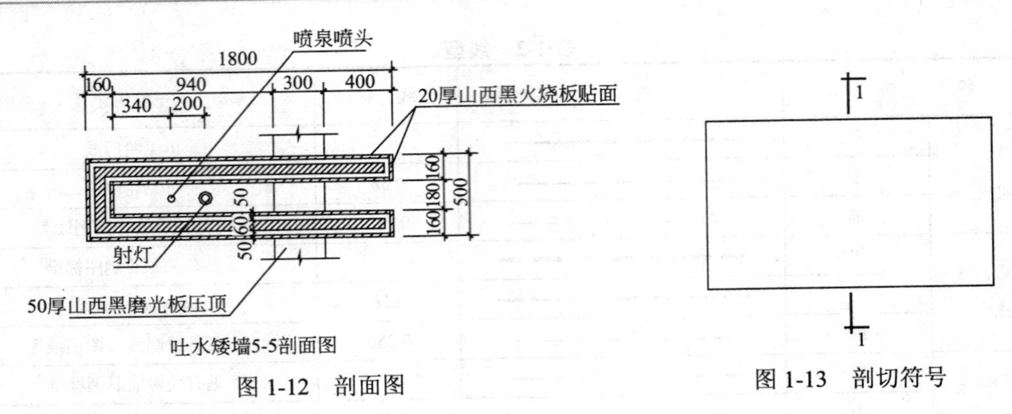

图 1-12　剖面图

图 1-13　剖切符号

1.4.5 断面剖切符号

用一个假想的平行于某一投影面的剖切面把物体剖开，画出剖切平面与形体截切所得到的断面图形的投影图称为断面图，如图 1-14 所示。

关于断面的剖切符号规定如下所示。

- 断面的剖切符号只用于剖切位置线表示，并以粗实线绘制，长度宜为 6～10mm。
- 断面剖切符号的编号宜采用阿拉伯数字，按顺序连续编排，并应注写在剖切位置线的一侧，如图 1-15 所示。
- 如与被剖切图样不在同一图纸内，应在剖切位置线的另一侧注明其所在图纸的编号，也可以在图上集中说明。

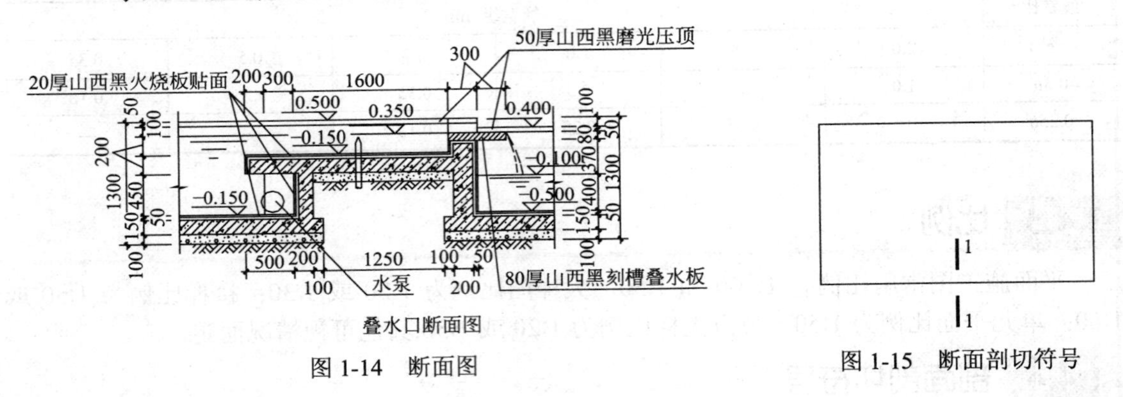

图 1-14　断面图

图 1-15　断面剖切符号

1.4.6 引出线

引出线要以细实线来绘制，可采用与水平方向成 30°、40°、60°、90° 的直线，或者经由上述角度再转为水平线。文字说明宜注写在水平线的端部，如图 1-16(a) 所示；也可注写在水平线的上方，如图 1-16(b) 所示。索引详图的引出线应与水平直径线相连，如图 1-16(c)所示。

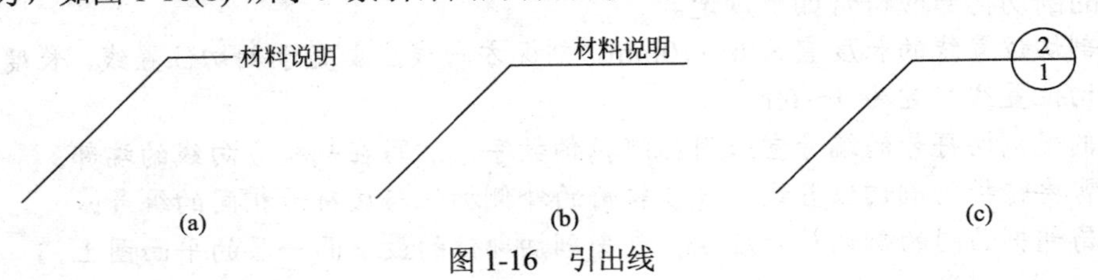

图 1-16　引出线

在同时引出几个相同部分的引出线时，要相互平行，如图 1-17(a) 所示；也可以化成集中于一点的放射线，如图 1-17(b) 所示。

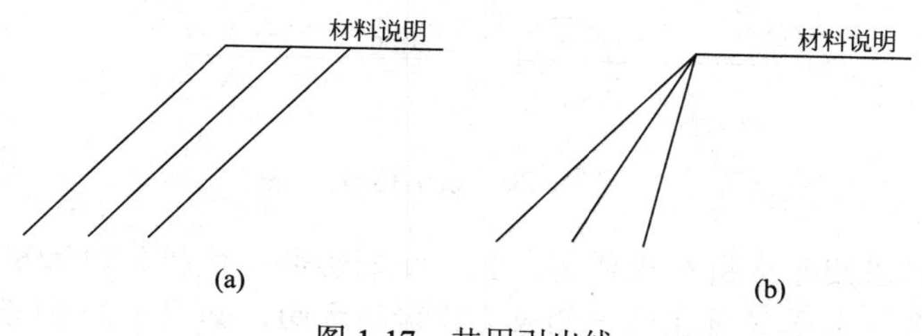

图 1-17　共用引出线

多层构造共用引出线，要通过被引出的各层。文字说明宜注写在水平线的上方，或者注写在水平线的端部，说明顺序应该由上至下，并且应该与说明的层次相互一致，如图 1-18(a) 所示；如果为横向层次排序，则上下的说明顺序应与左至右的层次相互一致，如图 1-18(b) 所示。

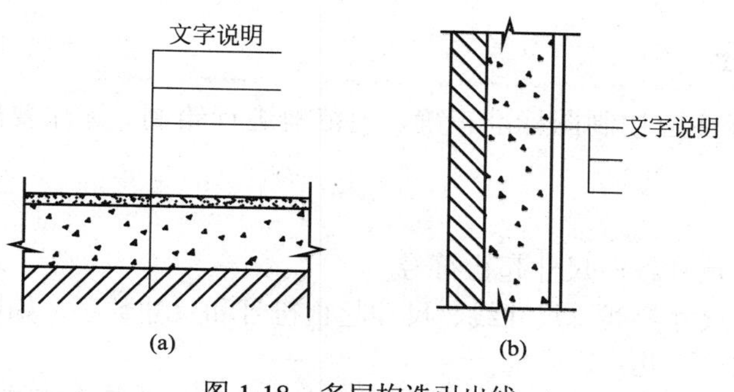

图 1-18　多层构造引出线

1.4.7 索引符号与详图符号

在图样中的某一布局构件或者部分图形，假如需要另见详图，要以索引符号引出，如图 1-19(a) 所示。索引符号是由直径为 10mm 的圆和水平直线组成，圆及水平直线应该以细实线来绘制。

索引符号的绘制有如下规定。

- 索引出的详图，如果与被索引的详图同在一张图纸内，则应在索引符号的上半圆中使用阿拉伯数字标注该详图的编号，且在下半圆中绘制一条水平的细实线，如图 1-19(b) 所示。

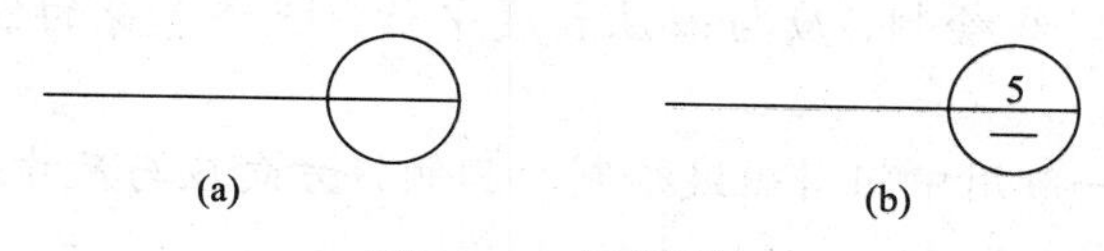

图 1-19　索引符号

- 索引出的详图，如果与被索引的详图不在一张图纸内，则应在索引符号的上半圆中使用阿拉伯数字标注该详图的编号，在下半圆中标明该详图所在的图纸编号，如图 1-20(a) 所示。

- 索引出的详图，如果采用标准图，应在索引符号水平直线的延长线上标注该标准图册的编号，如图 1-20(b) 所示。

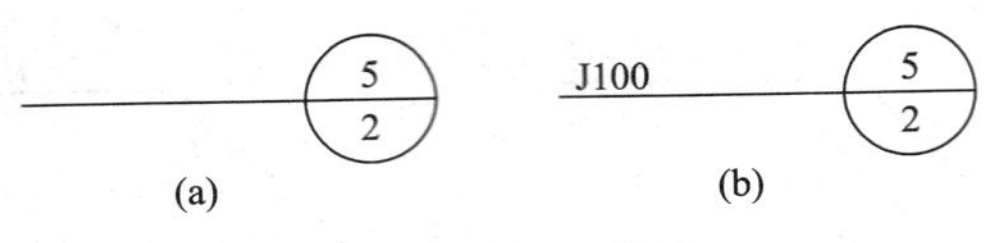

图 1-20　索引符号

- 索引符号如果用于索引剖视详图，宜在被剖切部位绘制剖切位置线，并以引出线引出索引符号，引出线所在的一侧应为投射的方向，如图 1-21 所示。

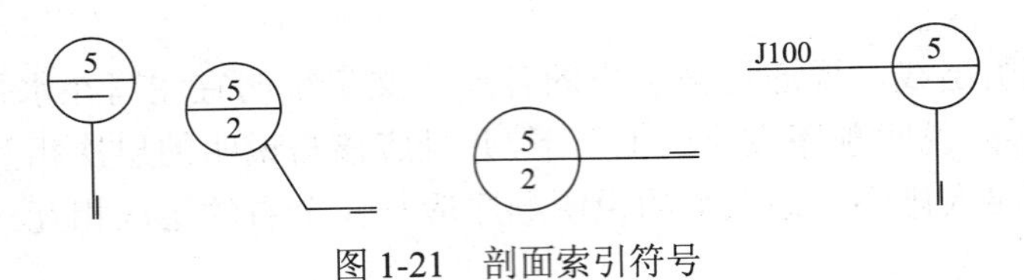

图 1-21　剖面索引符号

1.4.8 尺寸标注

图纸中的尺寸标注应按制图标准正确、规范地进行绘制。标注要醒目准确，不可模棱两可。

1.4.8.1　线性标注

❑ 尺寸界线、尺寸线、尺寸起止符号

线段的尺寸包括尺寸界线、尺寸线、尺寸起止符号和尺寸数字，如图 1-22 所示。设置尺寸样式的时候需注意以下几点。

- 尺寸界线应用细实线绘制，一般应与被注长度垂直，其一端应离开图样轮廓线不小于 2mm，另一端宜超出尺寸线 2～3mm。图样轮廓线可用作尺寸界线，如图 1-23 所示。

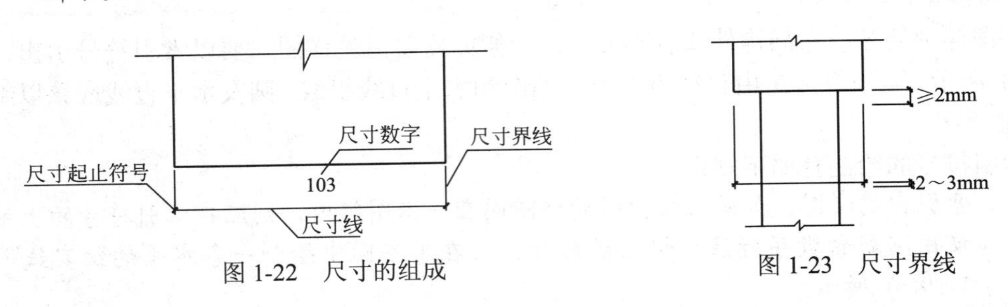

图 1-22　尺寸的组成　　图 1-23　尺寸界线

- 尺寸线应用细实线绘制，应与被注长度平行。图样本身的任何图线均不得用作尺寸线。
- 尺寸起止符号一般用中粗斜短线绘制，其倾斜方向应与尺寸界线成顺时针 45° 角，长度宜为 2～3mm。

❑ 尺寸数字

关于尺寸数字的一些规范如下所示。

- 图样上的尺寸，应以尺寸数字为准，不得从图上直接量取。
- 图样上的尺寸单位，除标高及总平面以米为单位外，其他必须以毫米为单位。

- 尺寸数字的方向，应按如图 1-24 所示的规定注写。若尺寸数字在 30° 斜线区内，也可按图 1-24 的形式注写。

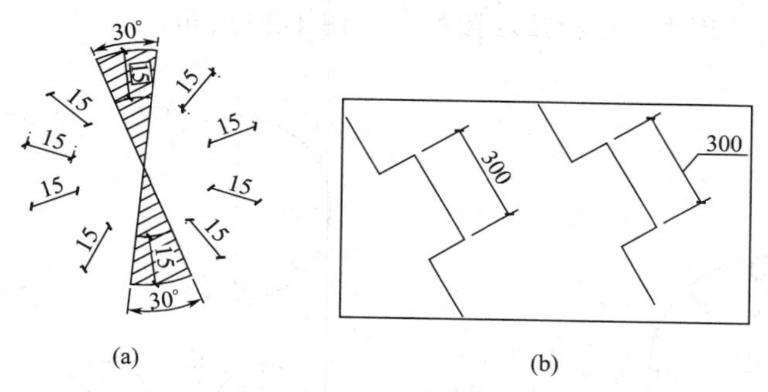

图 1-24　尺寸数字的标注方向

- 尺寸数字一般应根据其方向注写在靠近尺寸线的上方中部。如果没有足够的标注位置，最外边的尺寸数字可标注在尺寸界线的外侧，中间相邻的尺寸数字可上下错开注写，引出线端部用圆点表示标注尺寸的位置，如图 1-25 所示。

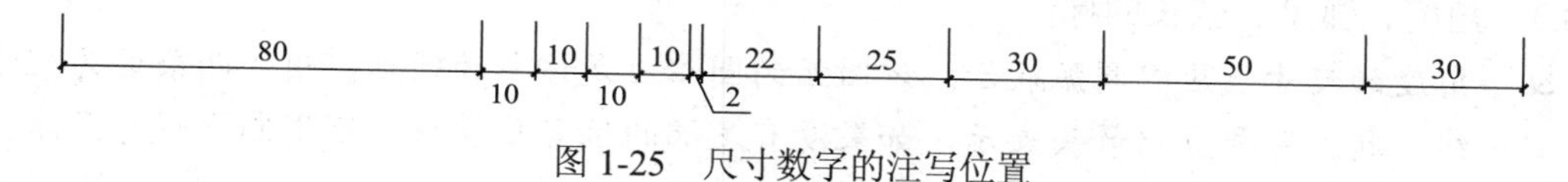

图 1-25　尺寸数字的注写位置

□ 尺寸的排列与布置

尺寸的排列与布置应注意以下几点。

- 尺寸宜标注在图样轮廓以外，不宜与图线文字及符号等相交。
- 互相平行的尺寸线，应从被注写的图样轮廓线由近向远整齐排列，较小尺寸应离轮廓线较近，较大尺寸应离轮廓线较远。
- 图样轮廓线以外的尺寸界线，距图样最外轮廓之间的距离，不宜小于 10mm。平行排列的尺寸线的间距，宜为 7～10mm，并应保持一致。
- 总尺寸的尺寸界线应靠近所指部位，中间的分尺寸的尺寸界线可稍短，但其长度应相等。

1.4.8.2　半径、直径标注

标注半径、直径应注意以下几点。

- 半径的尺寸线应一端从圆心开始，另一端画箭头指向圆弧。半径数字前应加注半径符号“*R*”，如图 1-26 所示。
- 较小圆弧的半径，可按如图 1-27 所示形式标注。

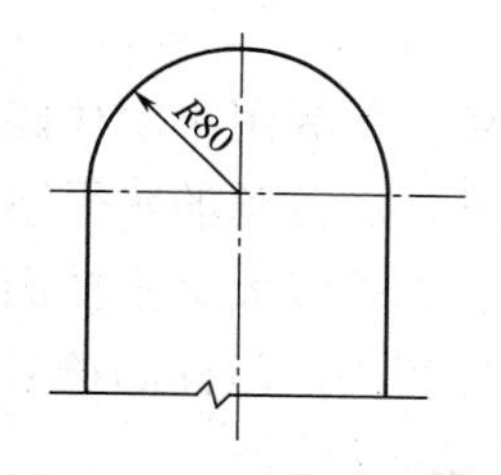

图 1-26　半径标注方法

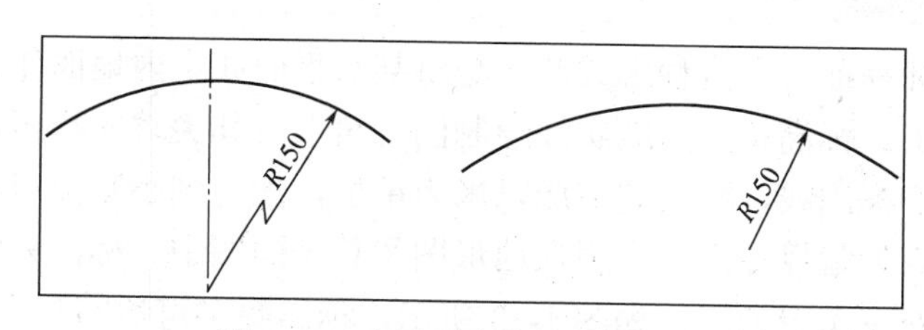

图 1-27　大圆弧半径的标注方法

- 标注圆的直径尺寸时，直径数字前应加直径符号“ϕ”。在圆内标注的尺寸线应通过圆心，两端画箭头指至圆弧，如图 1-28 所示。
- 较小圆的直径尺寸，可标注在圆外，如图 1-29 所示。

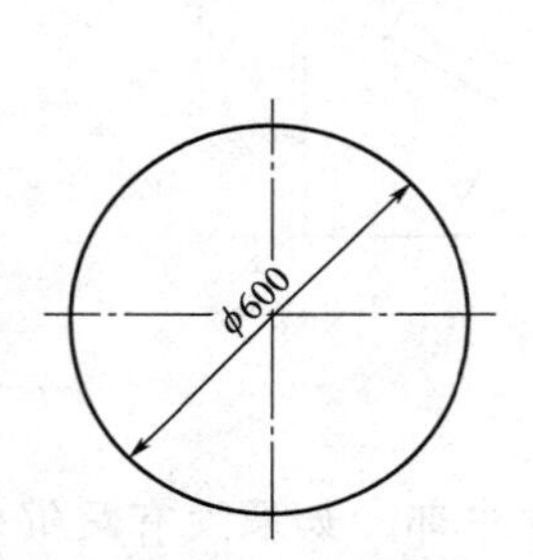

图 1-28　圆直径的标注方法

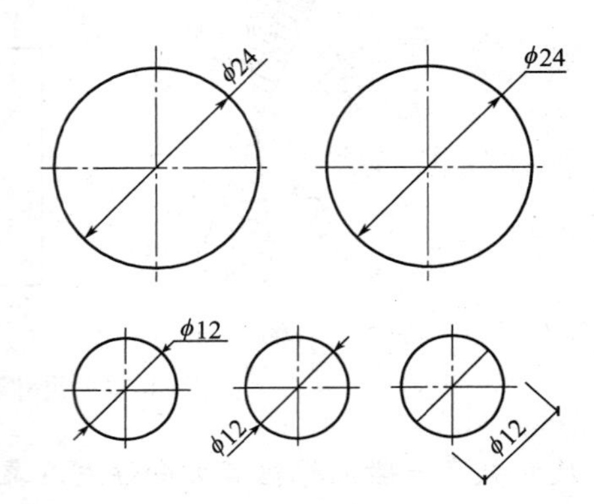

图 1-29　小圆直径的标注方法

1.4.8.3　角度、弧度、弦长的标注

- 角度的尺寸线应以圆弧表示。该圆弧的圆心应是该角的顶点，角的两条边为尺寸界线。起止符号应以箭头表示，如果没有足够的位置画箭头，可用圆点代替角度。数字应延尺寸线方向注写，如图 1-30 所示。
- 标注圆弧的弧长时，尺寸线应以与该圆弧同心的圆弧线表示，尺寸界线应指向圆心，起止符号用箭头表示，弧形数字上方应加注圆弧符号“⌒”，如图 1-31 所示。

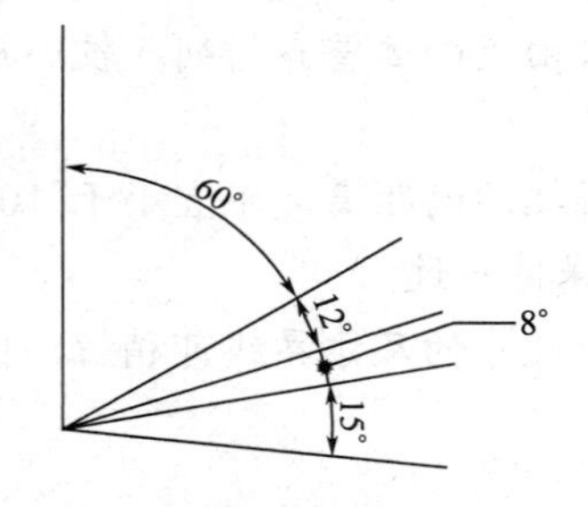

图 1-30　角度标注方法

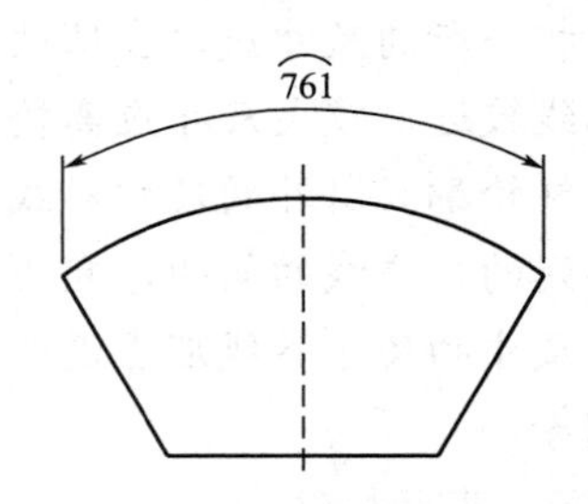

图 1-31　弧长标注方法

- 标注圆弧的弦长时，尺寸线应以平行于该弦的直线表示，尺寸界线应垂直于该弦，起止符号用中粗斜短线表示，如图 1-32 所示。

1.4.9 标高

标高标注有两种形式。一是将某水平面如室内地面作为起算零点，主要用于个体建筑物图样上。标高符号为细实线绘制倒三角形，其尖端应指至备注的高度，倒三角的水平引伸线为数字标注线。标高数字应以米为单位，注写到小数点以后第三位。二是以大地水准面或某水准点为起算零点，多用在地形图和总平面图中。标注方法与第一种相同，但标高符号宜用涂黑的三角形表示，如图 1-33 所示，标高数字可注写到小数点以后第三位。

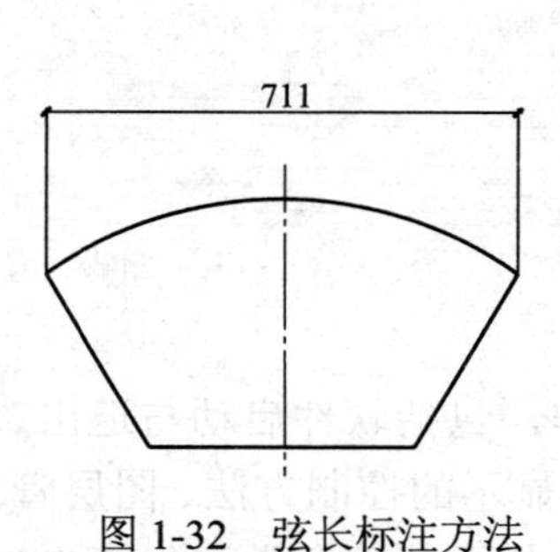

图 1-32　弦长标注方法

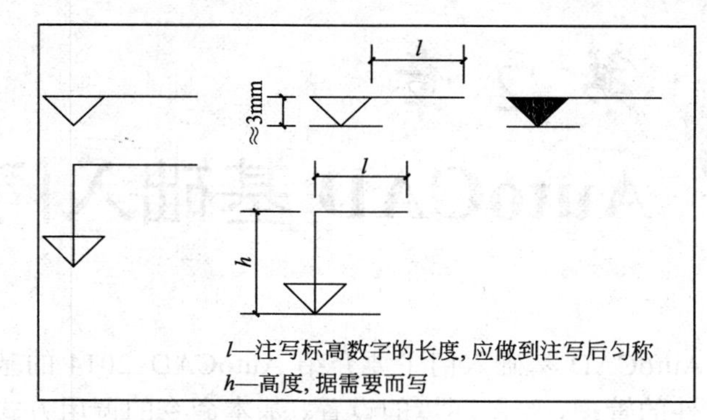

图 1-33　标高标注

第2章 AutoCAD基础入门

AutoCAD基础入门主要介绍AutoCAD 2014的基本操作，包括软件启动与退出、图形文件的管理、绘图环境的设置、基本命令的调用方式、图形显示的控制方法、图层管理、绘制辅助工具的使用方法，为后面绘图命令的学习奠定基础，从而使读者学习起来更加得心应手。

2.1 初识AutoCAD

AutoCAD是由美国Autodesk公司开发的通用计算机辅助设计软件，使用它可以绘制二维图形和三维图形、标注尺寸、渲染图形以及打印输出图纸等，具有易掌握、使用方便、体系结构开放等优点，广泛应用于建筑、机械、电子、航空等领域。

2.1.1 AutoCAD的启动与退出

软件安装完成后就可以使用软件绘图了，下面介绍AutoCAD 2014启动与退出的具体操作方法。

2.1.1.1 启动AutoCAD 2014

启动AutoCAD方法如下。

- 【开始】菜单：单击【开始】菜单，在菜单中执行“程序\Autodesk\ AutoCAD 2014-Simplified Chinese\ AutoCAD 2014-Simplified Chinese”选项。
- 桌面：双击桌面上的快捷图标。
- 双击已经存在的AutoCAD 2014图形文件（.dwg格式）。

2.1.1.2 退出AutoCAD 2014

退出AutoCAD的方法如下所示。

- 命令行：QUIT/EXIT。
- 标题栏：单击标题栏上的【关闭】按钮。
- 菜单栏：执行【文件】|【退出】命令。
- 快捷键：Alt+F4或Ctrl+Q组合键。
- 应用程序：在应用程序中选择【关闭】选项，如图2-1所示。

2.1.2 AutoCAD的工作界面

启动AutoCAD 2014后即进入如图2-2所示的工作空间与界面。

AutoCAD 2014提供了【草图与注释】、【三维基础】、【三维建模】和【AutoCAD经典】4种工作空间，默认情况下使用的为【草图与注释】工作空间，该空间提供了十分强大的“功能区”，十分方便初学者的使用。本书主要介绍【AutoCAD经典】工作空间的一些操作。

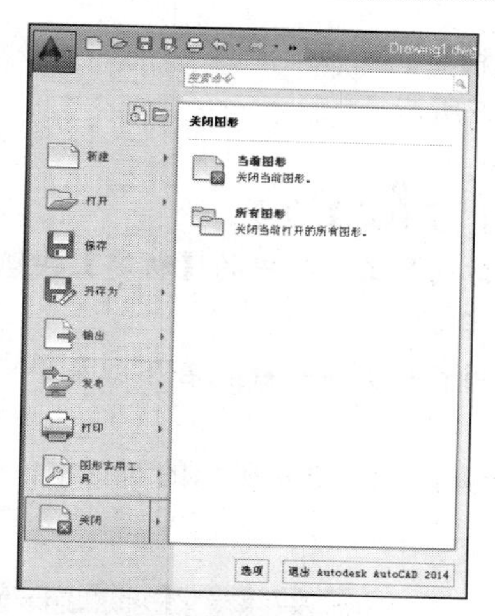

图 2-1　应用程序关闭软件

【AutoCAD 经典】的操作界面是 AutoCAD 显示、编辑图形的区域。一个完整的【AutoCAD 经典】操作界面，包括标题栏、菜单栏、工具栏、快速访问工具栏、交互信息工具栏、标签栏、应用程序按钮、绘图区、光标、坐标系、命令行、状态栏、布局标签、滚动条等。

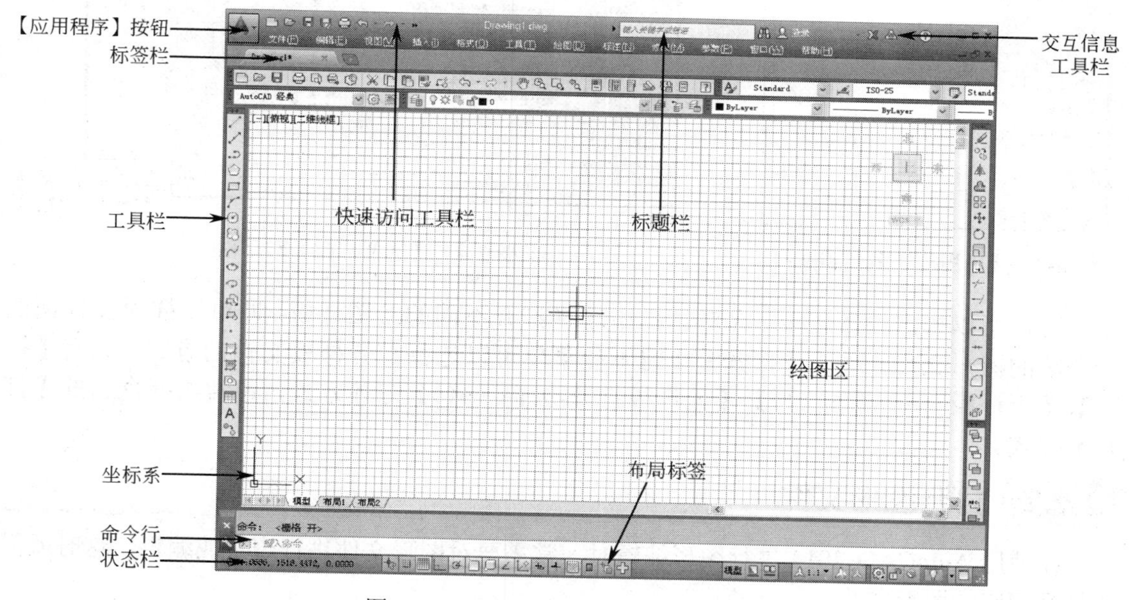

图 2-2　AutoCAD 2014 经典工作界面

2.2　图形文件的管理

图形文件管理是软件操作的基础，包括新建文件、打开文件、保存文件、查找文件和输出文件等。

2.2.1　创建新的图形文件

启动 AutoCAD 2014 后，系统将自动新建一个名为“Drawing1.dwg”的图形文件，该图形文件默认以 acadiso.dwt 为模板。

创建新图形文件的方法如下所示。

- 命令行：NEW/QNEW。
- 菜单栏：执行【文件】|【新建】命令。
- 工具栏：单击【快速访问】工具栏中的【新建】按钮。
- 快捷键：按 Ctrl+N 组合键。
- 应用程序：单击【应用程序】按钮，在下拉菜单中选择【新建】命令，如图 2-3 所示。

执行上述任一命令后，会弹出如图 2-4 所示的对话框，可以根据需要选择不同的样板打开。

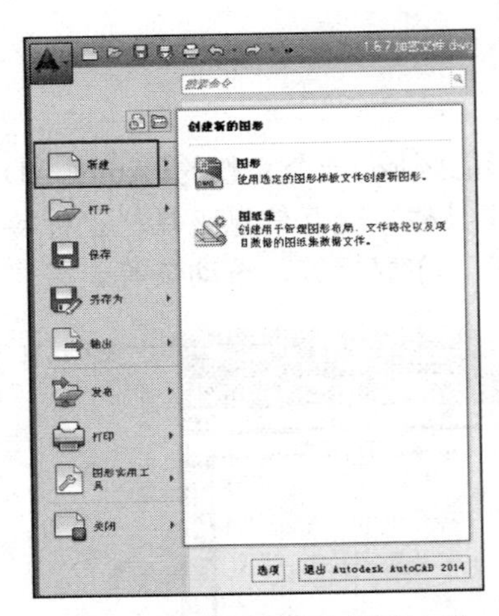

图 2-3 【应用程序】新建文件

图 2-4 【选择样板】对话框

用户可以根据绘图需要，在对话框中选择打开不同的绘图样板，即可以样板文件创建一个新的图形文件。单击【打开】按钮下拉菜单可以选择打开样板文件的方式，共有【打开】、【无样板打开-英制（I）】、【无样板打开-公制（M）】三种方式，通常选择默认的【打开】方式。

2.2.2 打开图形文件

在使用 AutoCAD 2014 进行图形编辑时，常需要对图形文件进行查看或编辑，这时就需要打开相应的图形文件。

打开文件的方法如下所示。

- 菜单栏：执行【文件】|【打开】命令，选择指定的文件。
- 工具栏：单击【快速访问】工具栏中的【打开】按钮。
- 应用程序：单击【应用程序】按钮，在下拉菜单中选择【打开】命令。
- 快捷键：按 Ctrl+Q 组合键。

【课堂举例 2-1】打开图形

01 启动 AutoCAD 2014 后，执行【文件】|【打开】命令，系统弹出【选择文件】对话框，在【名称】选项区域选择名称为“第 2 章 AutoCAD 基础入门”的文件夹，如图 2-5 所示，

然后单击【打开】按钮。

02 进入文件中，选择“2-1 打开文件.dwg”文件，如图 2-6 所示。单击【打开】按钮，即可打开文件。

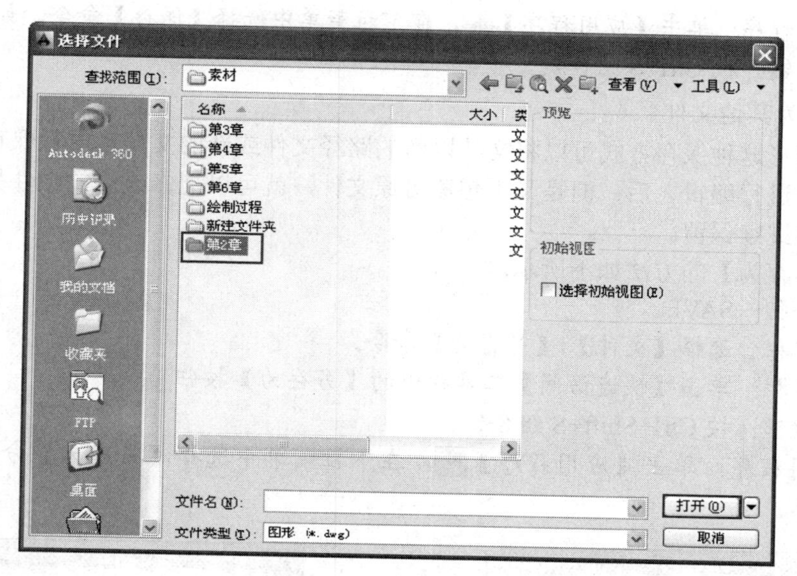

图 2-5　进入文件夹

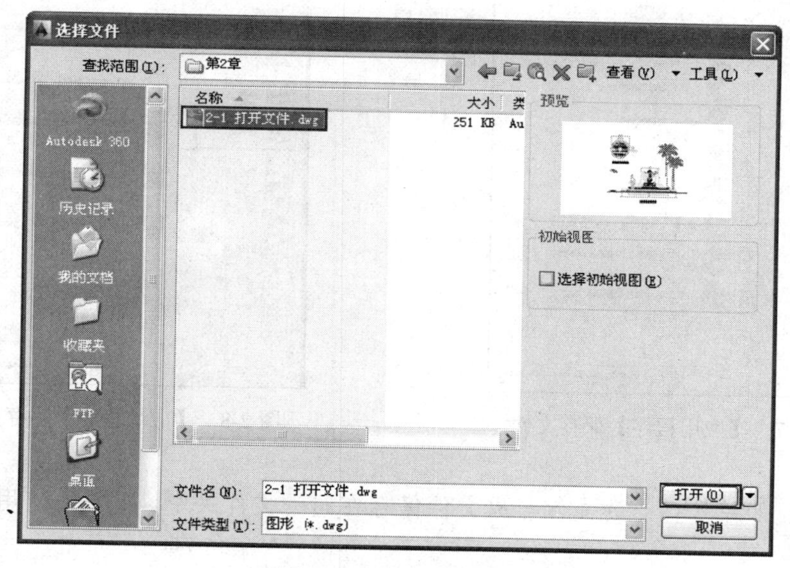

图 2-6　选择目标文件

2.2.3 保存图形文件

保存文件就是将新绘制或编辑过的文件保存在电脑中，以便再次使用，或在绘制图形过程中随时对图形进行保存，避免意外情况导致文件丢失。

2.2.3.1　保存新的图形文件

保存新图形文件也就是对没有保存过的文件进行保存，调用此命令的方法如下所示。

- 命令行：SAVE。
- 菜单栏：执行【文件】|【保存】命令。
- 工具栏：单击【快速访问】工具栏中的【保存】按钮。
- 应用程序：单击【应用程序】，在下拉菜单中选择【保存】命令，如图 2-7 所示。
- 快捷键：按 Ctrl+S 组合键。

2.2.3.2 另存为其他文件

另存为图形这种保存方式可以将文件以新的路径文件或新的文件名进行保存。例如把原来存在的文件进行编辑之后，但是又不想覆盖原文件，就可以把修改后的文件另存一份，这样原文件也将继续保留。

调用【另存为】的方法如下所示。

- 命令行：SAVE。
- 菜单栏：选择【文件】|【另存为】命令。
- 工具栏：单击【快速访问】工具栏中的【另存为】按钮。
- 快捷键：按 Ctrl+Shift+S 组合键。
- 应用程序：单击【应用程序】，在下拉菜单中选择【另存为】命令，如图 2-8 所示。

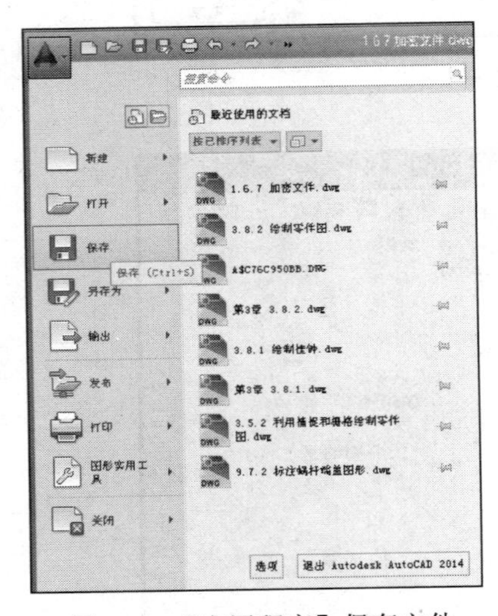

图 2-7 【应用程序】保存文件

图 2-8 【应用程序】另存为文件

提示：如果另存为的文件与原文件保存在同一文件夹中，则不能使用相同的文件名称。

2.2.3.3 自动保存图形文件

除了以上两种保存方法外，还有一种比较好的保存文件的方法，即定时保存图形文件，它可以免去随时手动保存的麻烦。设置了定时保存后，系统会在一定的时间间隔内实行自动保存当前的编辑文件内容，避免意外情况导致文件丢失。

【课堂举例 2-2】设置自动保存

01 在绘图区空白处单击鼠标右键，在快捷菜单中选择【选项】菜单命令，系统弹出【选项】

对话框。

02 单击【打开和保存】选项卡，在【文件安全措施】选项组中单击【自动保存】复选框，根据需要在文本框中输入“15”，如图 2-9 所示。

03 单击【确定】按钮关闭对话框，自动保存设置即可生效。

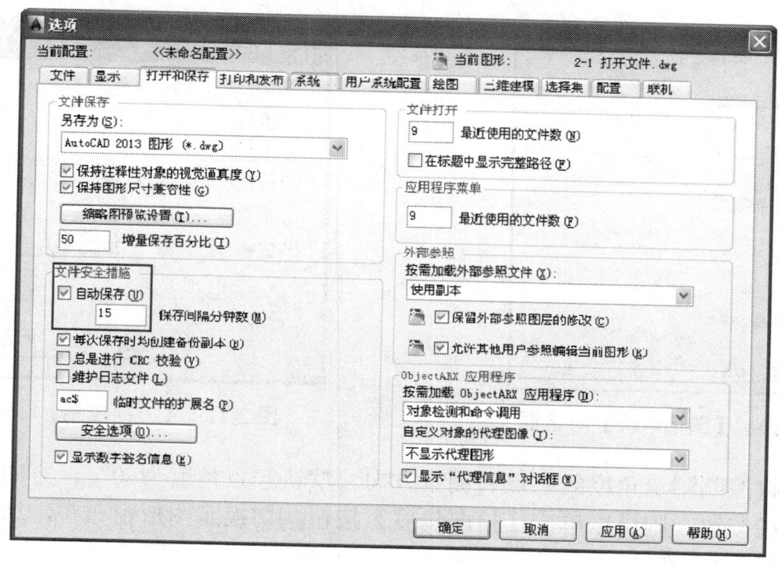

图 2-9　设置定时保存文件

2.3　设置绘图环境

为了保证绘制的图形文件的规范性、准确性和绘图的高效性，需要在绘图之前对绘图环境进行设置。

2.3.1　设置图形单位

在 AutoCAD 2014 中，为了便于不同的领域的设计人员进行设计创作，AutoCAD 允许灵活更改工作单位，以适应不同的工作需求。工作单位可分为两种格式，对应的设置方法也不相同。

在命令行中输入 UN，打开【图形单位】对话框，如图 2-10 所示。在该对话框中可分别设置图形长度、精度、角度，以及长度单位的显示格式等参数。

2.3.1.1　设置长度单位格式

类型选项组中包括小数、工程、建筑、科学和分数。

精度是设置线性测量值显示的小数位数或分数大小。

基于要绘制图形的大小确定一个图形单位代表的实际大小，然后据此创建图形，在 AutoCAD 中可以使用二维坐标的输入格式输入三维坐标，同样包括科学、小数、工程、建筑或分数标记法。

2.3.1.2　设置角度单位格式

要设置一个角度单位，则可以在上述的对话框中展开【角度】下拉列表，并选择其中的一种角度类型，在【精度】下拉列表中选择精度类型，此时在【输出样例】区域显示了当前精度下角度类型的样例。

此外，在 AutoCAD 2014 中，图形单位的起始角度可根据设计的需要进行调整。其操作方法是：单击【图形单位】对话框中的【方向】按钮，打开如图 2-11 所示的【方向控制】对话框。

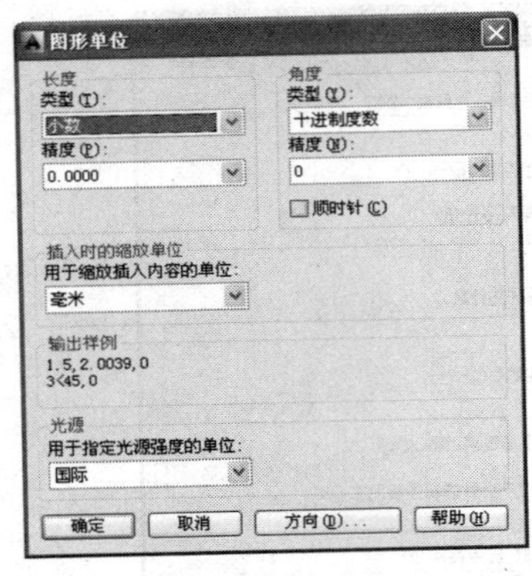

图 2-10　【图形单位】对话框

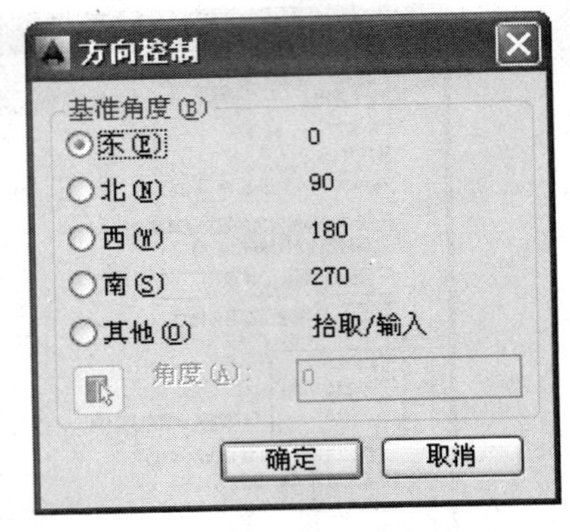

图 2-11　【方向控制】对话框

角度方向将控制测量角度的起点和测量方向。默认起点角度为 0°，方向正东。如果选择【其他】单选按钮，则可以单击【拾取角度】按钮切换到图形窗口中，通过拾取两个点来确定基准角度为 0° 的方向。

2.3.2 设置图形界限

图形界限就是 AutoCAD 绘图区域，也称为图限。对于初学者而言，在绘制图形时“出界”的现象时有发生，为了避免绘制的图形超出用户工作区域或图纸的边界，需要使用绘图界线来标明边界。

通常在执行图形界限操作之前，需要启用状态栏中的【栅格】功能，只有启用该功能才能查看图限的设置效果。它确定的区域是可见栅格指示的区域。

调用【图形界限】的命令常用以下 2 种。

- 命令行：LIMITS。
- 菜单栏：执行【格式】|【图形界限】命令，如图 2-12 所示。

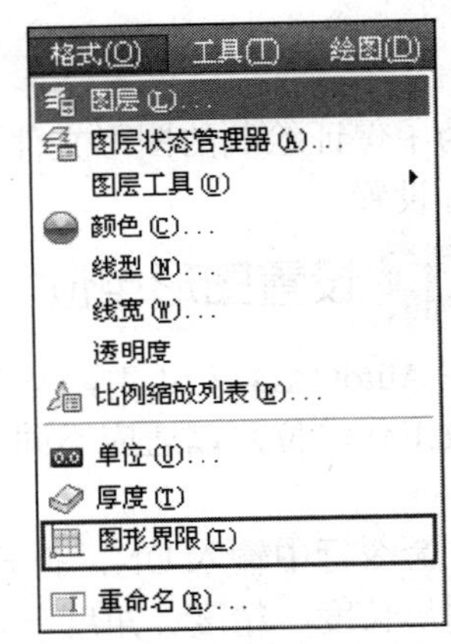

图 2-12　菜单栏调用【图形界限】命令

>>>【课堂举例 2-3】设置 A3 绘图界限

01 单击【快速访问】工具栏中的【新建】按钮，新建文件。

02 执行【格式】|【图形界限】命令，命令行提示如下。

```
命令: 'LIMITS                                          //调用【图形界限】命令
重新设置模型空间界限:
指定左下角点或 [开(ON)/关(OFF)] <0.0000,0.0000>: 0,0↙          //指定坐标原点为图形界限左下角点
指定右上角点 <370015.9128,198716.4419>: 420,297↙               //指定右上角点
```

03 在命令行中输入 DS 命令，打开【草图设置】对话框，单击【捕捉与栅格】选项卡，在【栅格行为】选项组中取消【显示超出界限的栅格】复选框，如图 2-13 所示。

04 单击【确定】按钮，A3 绘图界限设置效果如图 2-14 所示。

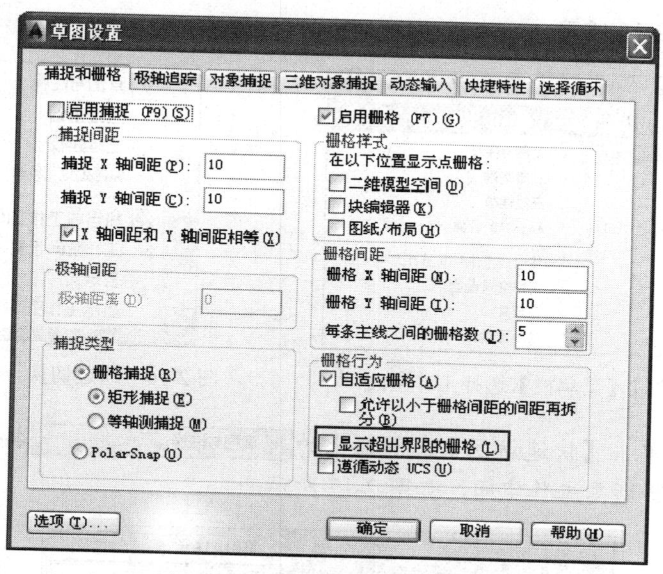

图 2-13　【草图设置】对话框

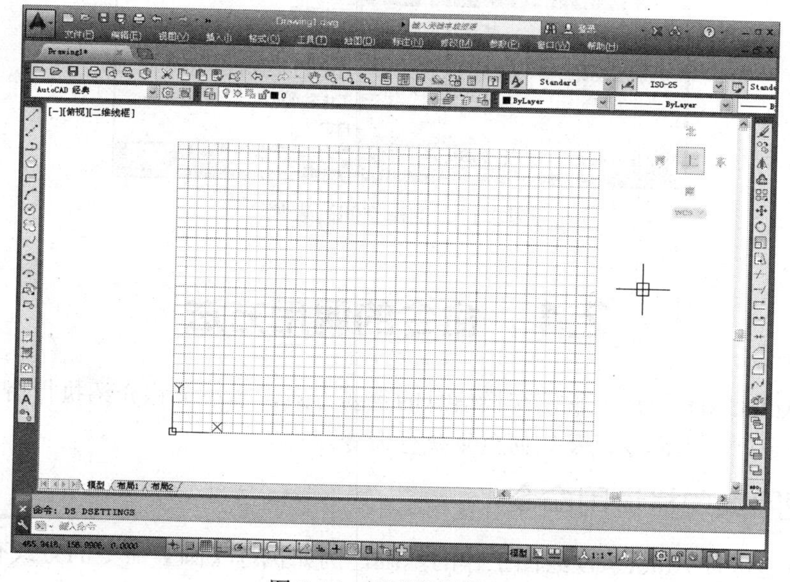

图 2-14　图形界限效果

2.3.3 设置工作空间

AutoCAD 2014 根据绘图时侧重点不同，提供了 4 种不同的工作空间：AutoCAD 经典、草图与注释、三维基础和三维建模。可以根据工作方式进行选择，首次打开 AutoCAD 2014 的默认工作空间为草图与注释空间。下面对切换方式进行简单的讲述。

切换工作空间的方法有以下几种。

- 菜单栏：选择【工具】|【工作空间】命令，在子菜单中选择相应的工作空间，如图 2-15 所示。
- 状态栏：单击状态栏上【切换工作空间】按钮，在弹出的子菜单中选择相应的命令，如图 2-16 所示。

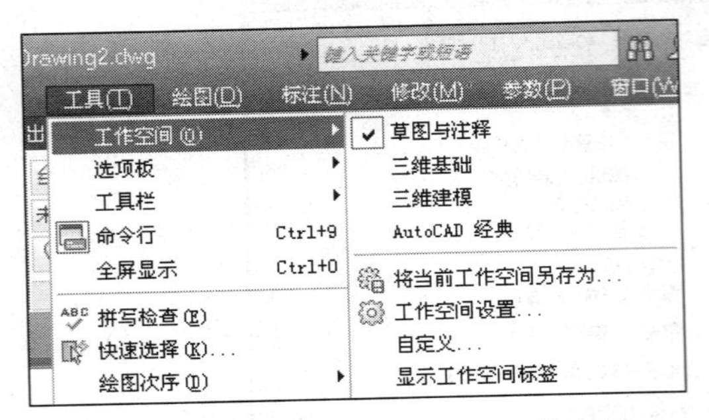

图 2-15　通过【菜单栏】选择工作空间

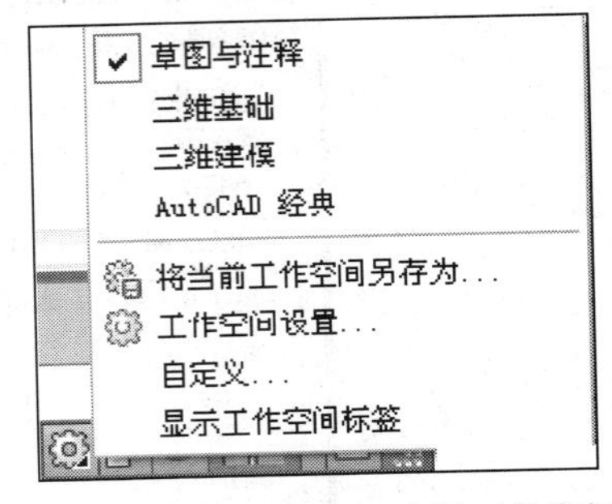

图 2-16　通过切换按钮选择工作空间

- 工具栏：单击【快速访问】工具栏上的草图与注释按钮，在弹出的下拉列表中选择所需工作空间，如图 2-17 所示。

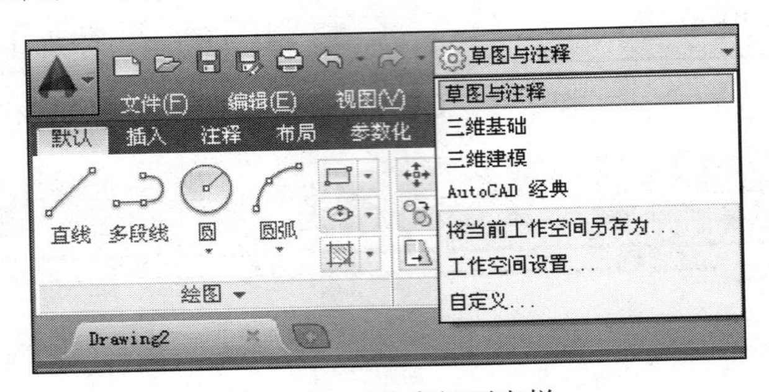

图 2-17　工作空间列表栏

2.4　命令的调用方法

命令是 AutoCAD 用户与软件交换信息的重要方式，本小节将介绍执行命令的方式，如何终止当前命令、退出命令以及如何重复执行命令。

2.4.1　使用菜单栏调用命令

执行命令是进行 AutoCAD 绘图工作的基础，例如执行【圆】命令的方式有如下 4 种。

- 命令行：CIRCLE/C。
- 菜单栏：执行【绘图】|【圆】命令，如图 2-18 所示。
- 工具栏：单击【绘图】工具栏的【圆】按钮。
- 功能区：在【默认】选项卡中，单击【绘图】面板中【圆】按钮，如图 2-19 所示。

通过菜单栏调用命令是最直接以及最全面的方式，其对于新手来说比其他的命令调用方式更加方便与简单。除了【AutoCAD 经典】空间以外，其余三个绘图空间在默认情况下没有菜单栏，需要用户自己调出。

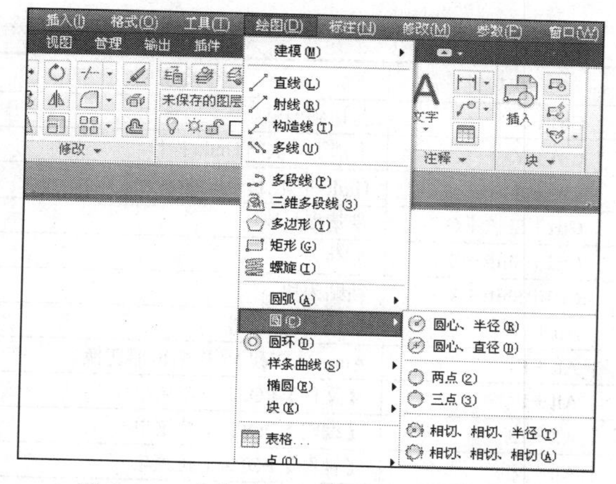

图 2-18 【菜单栏】调用【直线】命令

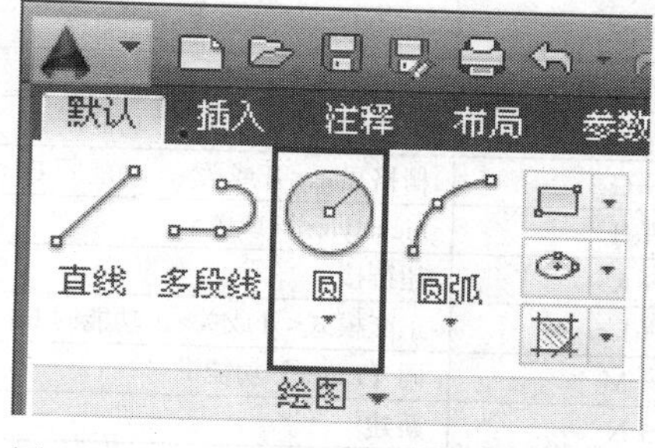

图 2-19 【功能区】调用【直线】命令

2.4.2 使用工具栏调用命令

【工具栏】默认显示于【AutoCAD 经典】绘图空间，用户在其他绘图空间可根据实际需要调出工具栏，如【UCS】、【三维导航】、【建模】、【视图】、【视口】等。

2.4.3 使用命令行调用命令

在默认状态下，命令行是一个可固定的窗口，可以在当前命令提示下输入命令、对象参数等内容，按回车键就能完成命令的调用，提高绘图速度。

2.4.4 使用键盘快捷键执行命令

AutoCAD 2014 还可以通过键盘直接执行一些快捷命令，有一些快捷命令是和 Windows 程序通用的，如使用 Ctrl+O 组合键可以打开文件，Ctrl+Z 组合键可以撤销操作等。此外，AutoCAD 2014 还赋予了键盘上的功能键对应的快捷功能，如按 F7 键可以打开或关闭栅格。键盘对应的功能键及其功能，如表 2-1 所示。

表 2-1 键盘功能键及其功能

快捷键	命令说明	快捷键	命令说明
Esc	Cancel<取消命令执行>	窗口键＋E	Windows 文件管理
F1	帮助 HELP	窗口键＋F	Windows 查找功能
F2	图形/文本窗口切换	窗口键＋R	Windows 运行功能
F3	对象捕捉<开或关>	Ctrl＋0	全屏显示<开或关>
F4	数字化仪作用<开或关>	Ctrl＋1	特性 Properties<开或关>
F5	等轴测平面切换<上/右/左>	Ctrl＋2	AutoCAD 设计中心<开或关>
F6	坐标显示<开或关>	Ctrl＋3	工具选项板窗口<开或关>
F7	栅格显示<开或关>	Ctrl＋4	图纸管理器<开或关>
F8	正交模式<开或关>	Ctrl＋5	信息选项板<开或关>
F9	捕捉模式<开或关>	Ctrl＋6	数据库链接<开或关>
F10	极轴追踪<开或关>	Ctrl＋7	标记集管理器<开或关>
F11	对象捕捉追踪<开或关>	Ctrl＋8	快速计算机<开或关>
F12	动态输入<开或关>	Ctrl＋9	命令行<开或关>
窗口键＋D	Windows 桌面显示	Ctrl＋A	选择全部对象

续表

快捷键	命令说明	快捷键	命令说明
Ctrl+B	捕捉模式<开或关>，功能同F9	Ctrl+X	剪切到剪贴板
Ctrl+C	复制内容到剪贴板	Ctrl+Y	取消上一次的Undo操作
Ctrl+D	坐标显示<开或关>，功能同F6	Ctrl+Z	Undo取消上一次的命令操作
Ctrl+E	等轴测平面切换<上/左/右>	Ctrl+Shift+C	带基点复制
Ctrl+F	对象捕捉<开或关>，功能同F3	Ctrl+Shift+S	另存为
Ctrl+G	栅格显示<开或关>，功能同F7	Ctrl+Shift+V	粘贴为块
Ctrl+H	Pickstyle<开或关>	Alt+F8	VBA宏管理器
Ctrl+K	超链接	Alt+F11	AutoCAD和VAB编辑器切换
Ctrl+L	正交模式<开或关>，功能同F8	Alt+F	【文件】POP1下拉菜单
Ctrl+M	同【Enter】功能键	Alt+E	【编辑】POP2下拉菜单
Ctrl+N	新建	Alt+V	【视图】POP3下拉菜单
Ctrl+O	打开旧文件	Alt+I	【插入】POP4下拉菜单
Ctrl+P	打印输出	Alt+O	【格式】POP5下拉菜单
Ctrl+Q	退出AutoCAD	Alt+T	【工具】POP6下拉菜单
Ctrl+S	快速保存	Alt+D	【绘图】POP7下拉菜单
Ctrl+T	数字化仪模式	Alt+N	【标注】POP8下拉菜单
Ctrl+U	极轴追踪<开或关>，功能同F10	Alt+M	【修改】POP9下拉菜单
Ctrl+V	从剪贴板粘贴	Alt+W	【窗口】POP10下拉菜单
Ctrl+W	对象捕捉追踪<开或关>	Alt+H	【帮助】POP11下拉菜单

2.4.5 使用鼠标按键执行命令

除了通过键盘按键直接执行命令外，在AutoCAD中通过鼠标左、中、右三个按键单独或是配合键盘按键还可以执行一些常用的命令，具体按键与其对应的功能如下。

- 单击鼠标左键：拾取键。
- 双击鼠标左键：进入对象特性修改对话框。
- 单击鼠标右键：快捷菜单或者回车键功能。
- Shift+右键：对象捕捉快捷菜单。
- 在工具栏中单击鼠标右键：快捷菜单。
- 向前、向后滚动鼠标滚轮：实时缩放。
- 按住轮子不放和拖拽：实时平移。
- Shift+按住鼠标滚轮不放和拖拽：垂直或水平实时平移。
- 双击鼠标滚轮：缩放成实际范围。

合理的选择执行命令的方式可以提高工作效率，对于AutoCAD初学者而言，通过使用【工具栏】全面而形象的工具按钮，能比较快速地熟悉相关命令的使用。而如果是AutoCAD使用得熟练的用户，通过键盘在命令行输入命令，则能大幅度提高工作的效率。

2.5 图形的显示控制方式

绘图过程中经常需要对视图进行平移、缩放等操作，以方便观察视图和更好地绘图。

2.5.1 缩放显示控制方式

缩放显示就是将图形进行放大或缩小，但不改变图形的实际大小，以便于观察和继续绘制。

执行【视图缩放】命令方法如下所示。

- 命令行：ZOOM/Z。
- 菜单栏：执行【视图】|【缩放】命令。
- 工具栏：单击【缩放】工具栏中相应的按钮，如图 2-20 所示。

图 2-20 【缩放】工具栏

【缩放】工具栏中各个选项的含义如下所示。

2.5.1.1　全部缩放

【全部缩放】就是最大化显示整个模型空间的所有图形对象（包括绘图界限范围内和范围外的所有对象）和视图辅助工具（如栅格），如图 2-21 所示，缩放前后对比效果。

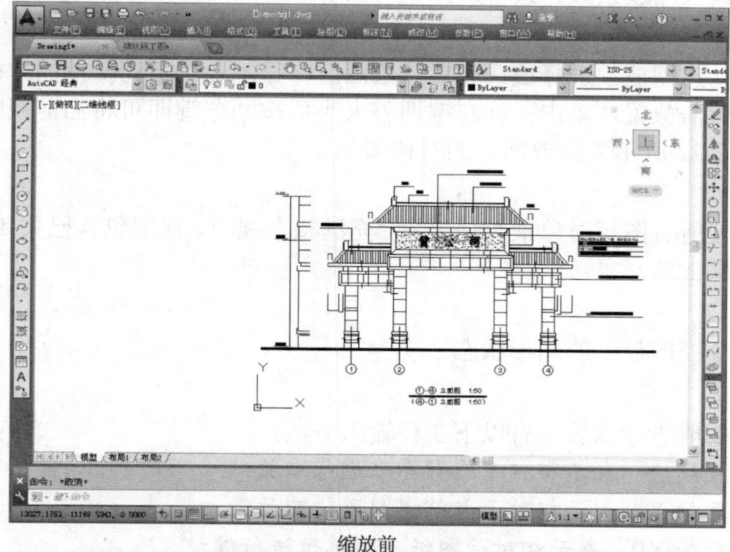

缩放前

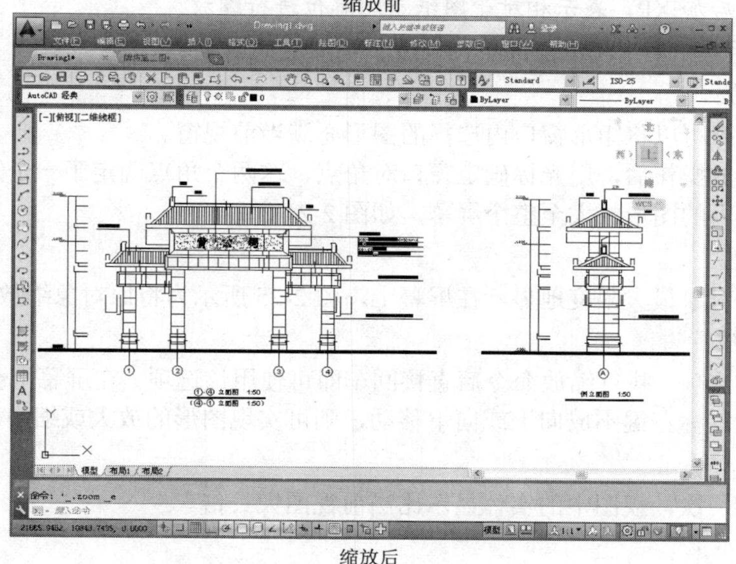

缩放后

图 2-21　全部缩放前后对比

2.5.1.2 中心缩放

以指定点为中心点，整个图形按照指定的缩放比例缩放，而这个点在缩放操作之后将称为新视图的中心点。

命令行的提示如下所示。

```
命令:  ZOOM↙                                                   //调用缩放命令
指定窗口的角点，输入比例因子 (nX 或 nXP)，或者
[全部(A)/中心(C)/动态(D)/范围(E)/上一个(P)/比例(S)/窗口(W)/对象(O)] <实时>:  c
                                                      //激活中心缩放
指定中心点:                                           //指定一点作为新视图显示的中心点
输入比例或高度 <当前值>:                              //输入比例或高度
```

“当前值”就是当前视图的纵向高度。如果输入的高度值比当前值小，则视图将放大；若输入的高度值比当前值大，则视图将缩小。缩放系数等于“当前窗口高度/输入高度”的比值。也可以直接输入缩放系数，或者后跟字母X或XP。

2.5.1.3 动态缩放

对图形进行动态缩放。选择该选项后，绘图区将显示几个不同颜色的方框，拖动鼠标移动当前视区框到所需位置，单击鼠标左键调整大小后按回车键即可将当前视区框内的图形最大化显示，如图2-22所示为缩放前后的对比效果。

2.5.1.4 范围缩放

单击该按钮使所有图形对象最大化显示，充满整个视口。视图包含已关闭图层上的对象，但不包含冻结图层上的对象。

2.5.1.5 缩放上一个

恢复到前一个视图显示的图形状态。

2.5.1.6 比例缩放

按输入的比例值进行缩放。有以下3种输入方法。

- 直接输入数值，表示相对于图形界限进行缩放；
- 在数值后加X，表示相对于当前视图进行缩放；
- 在数值后加XP，表示相对于图纸空间单位进行缩放。

图2-23所示为相当于图纸空间单位缩放2倍后对比效果。

2.5.1.7 窗口缩放

窗口缩放命令可以将矩形窗口内选择的图形充满当前视窗。

执行窗口缩放操作后，用光标确定窗口对角点，这两个角点确定了一个矩形框窗口，系统将矩形框窗口内的图形放大至整个屏幕，如图2-24所示。

2.5.1.8 缩放对象

选择的图形对象最大限度地显示在屏幕上，图2-25所示为将原对象缩放前后对比效果。

2.5.1.9 实时缩放

该项为默认选项。执行缩放命令后直接回车即可使用该选项。在屏幕上会出现一个🔍形状的光标，按住鼠标左键不放向上或向下移动，则可实现图形的放大或缩小。

2.5.1.10 放大

单击该按钮一次，视图中的实体显示比当前视图大一倍。

2.5.1.11 缩小

单击该按钮一次，视图中的实体显示比当前视图少一倍。

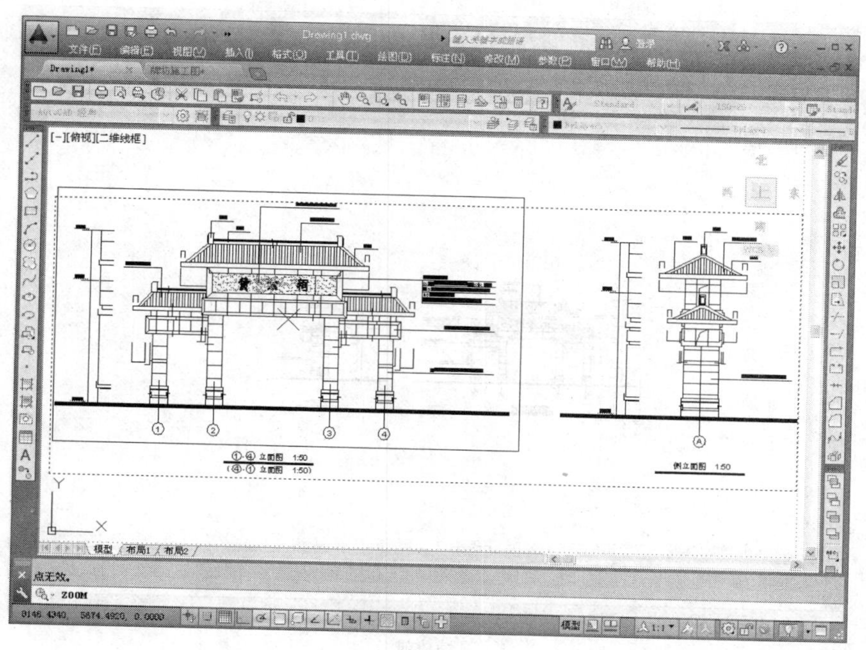

缩放前

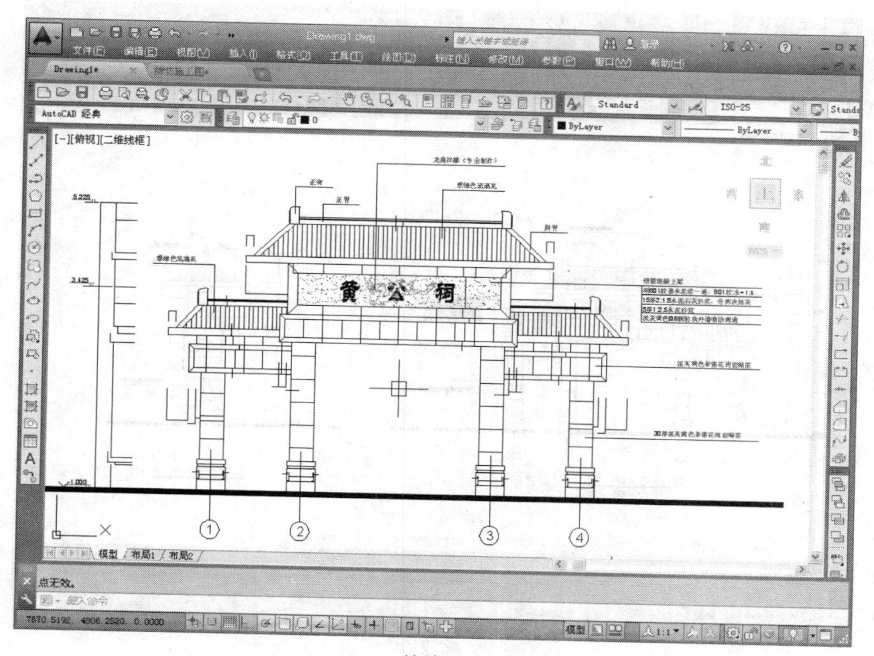

缩放后

图 2-22　动态缩放前后对比

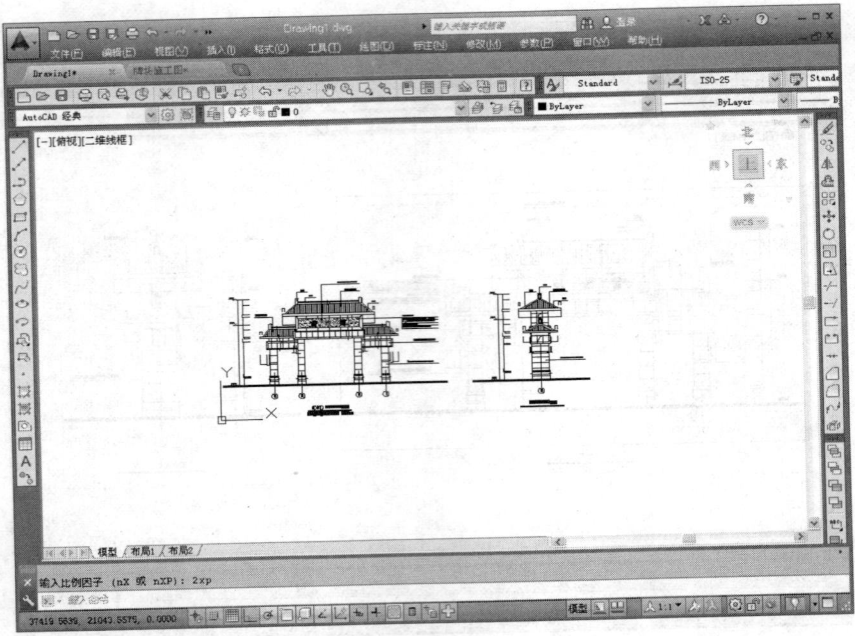

缩放前

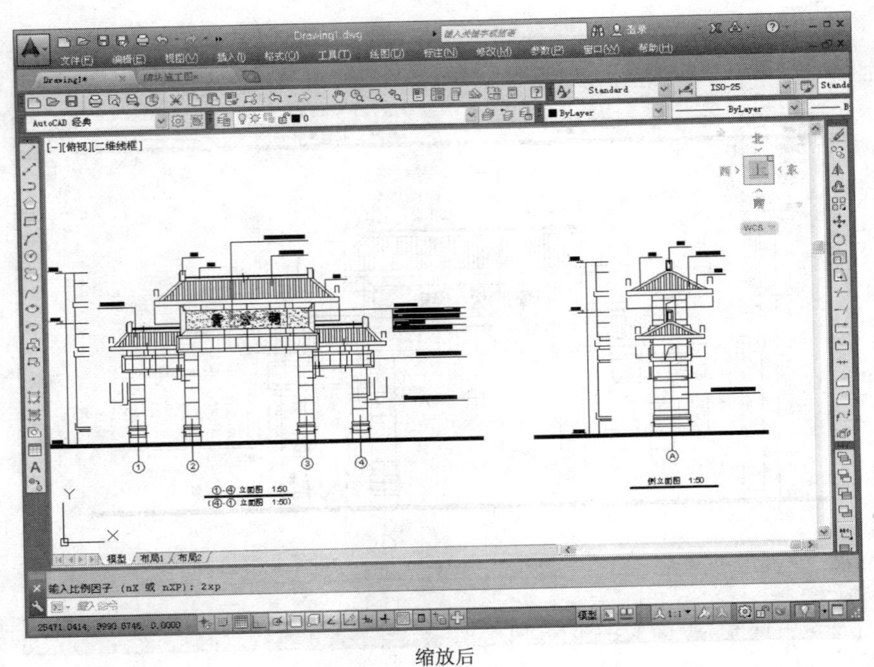

缩放后

图 2-23　比例缩放前后对比

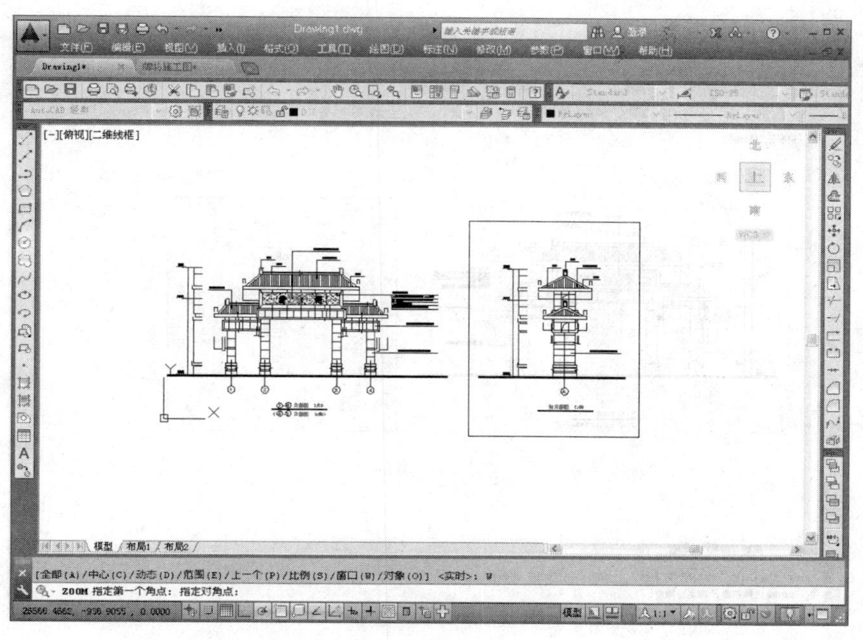

缩放前

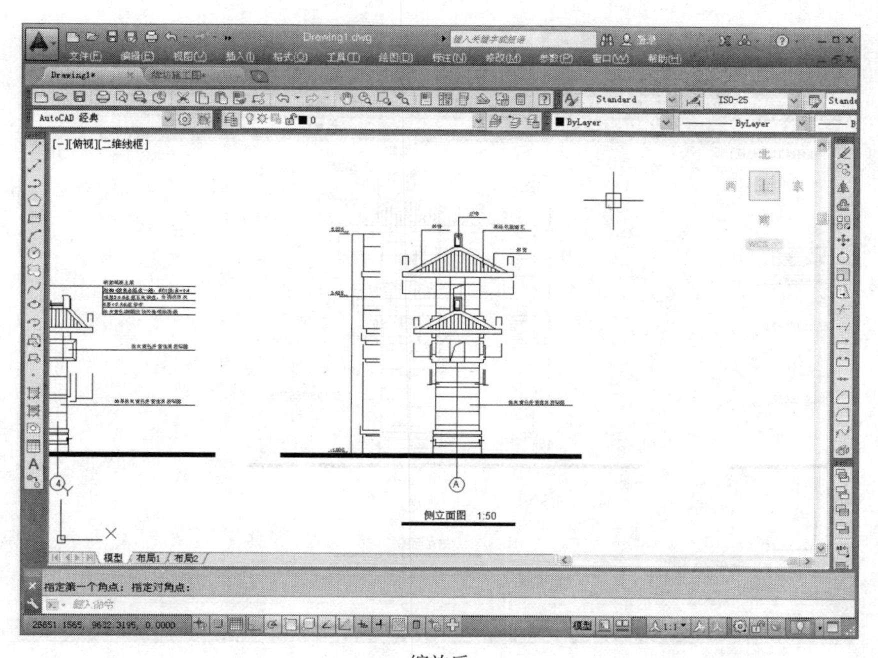

缩放后

图 2-24　窗口缩放前后对比

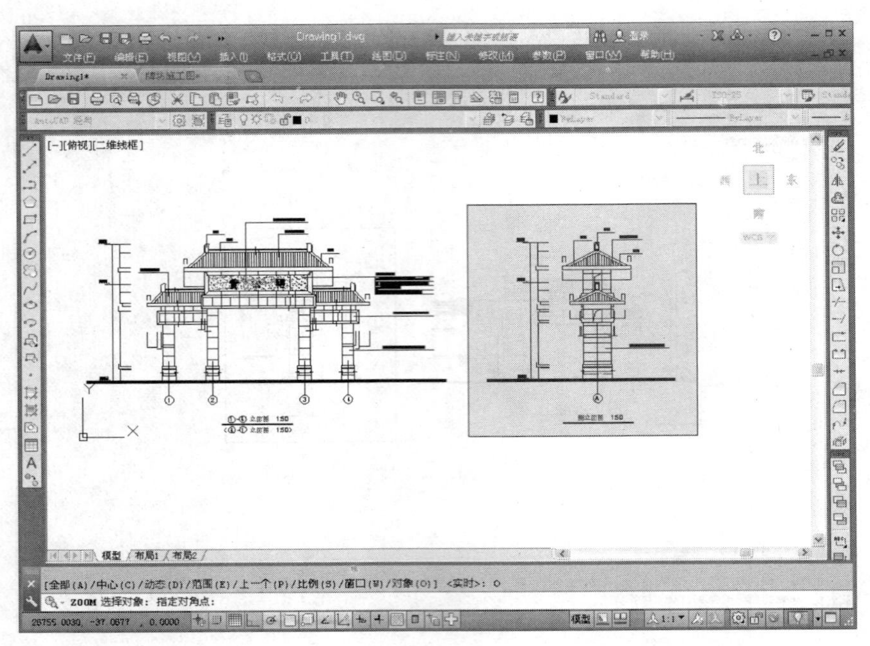

缩放前

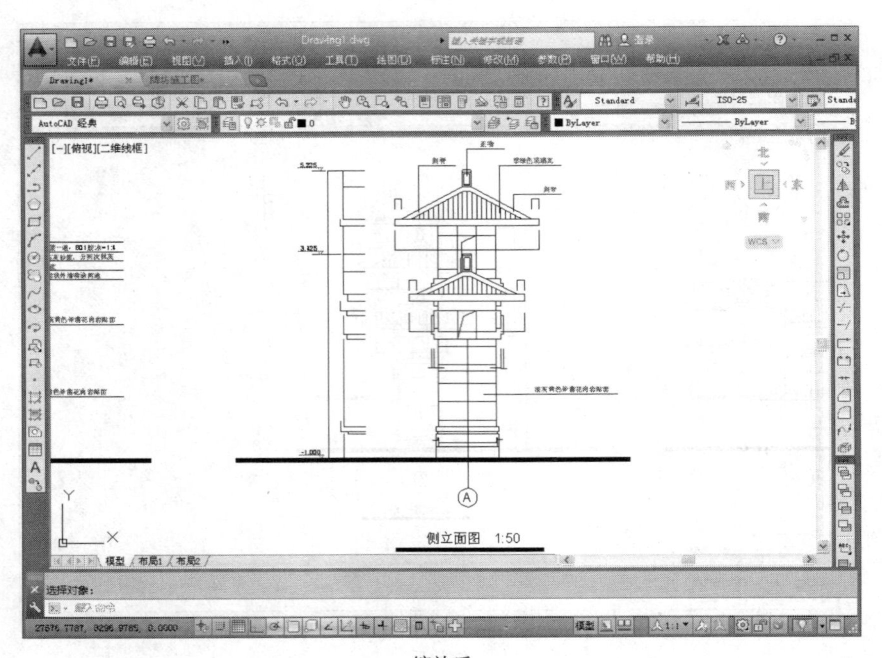

缩放后

图 2-25 对象缩放前后对比

2.5.2 平移显示控制方式

视图平移，即不改变视图的大小，只改变其位置，以便观察图形的其他组成部分，如图 2-26 所示。图形显示不全面，且部分区域不可见时，就可以使用视图平移，在不改变图形大小的前提下，很好地观察图形。

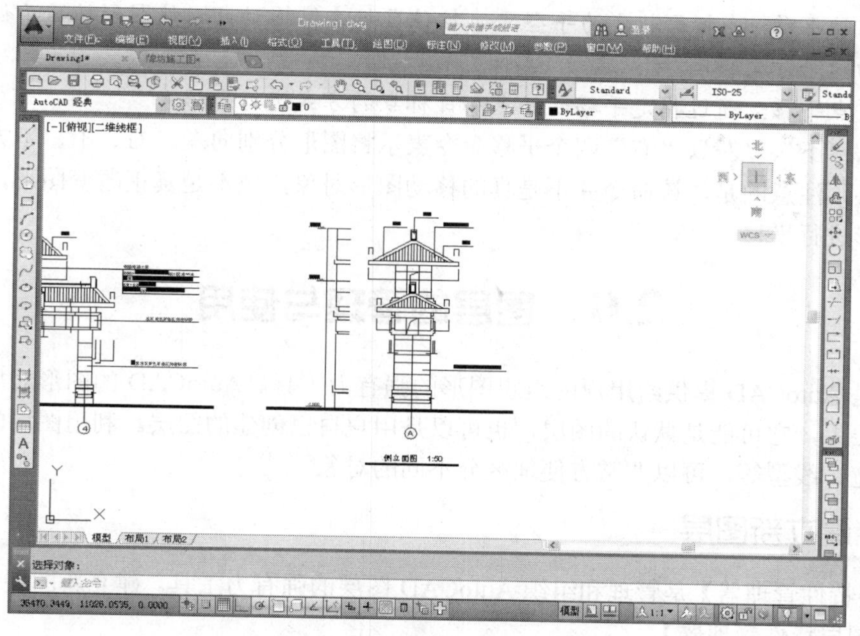

平移前

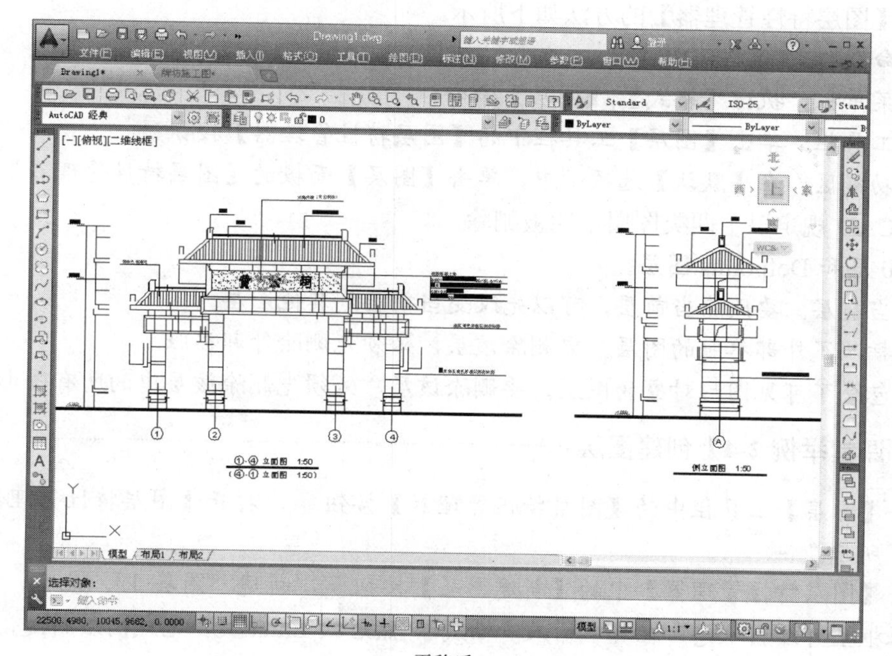

平移后

图 2-26　视图平移前后对比

执行【平移视图】命令的方法如下所示。

- 命令行：PAN/P。
- 菜单栏：选择【视图】|【平移】命令。
- 工具栏：单击【标准】工具栏上的【实时平移】按钮。

视图平移可以分为【实时平移】和【定点平移】两种，其含义如下。

- 实时平移：光标形状变为手型，按住鼠标左键拖动可以使图形的显示位置随鼠标向同一方向移动。
- 定点平移：通过指定平移起始点和目标点的方式进行平移。

“上”、“下”、“左”、“右”四个平移命令表示将图形分别向左、右、上、下方向平移一段距离。必须注意的是，该命令并不是真的移动图形对象，也不是真正改变图形，而是通过位移对图形进行平移。

2.6 图层的管理与使用

图层是 AutoCAD 提供给用户的组织图形的强有力工具。AutoCAD 的图形对象必须绘制在某个图层上，它可能是默认的图层，也可以是用户自己创建的图层。利用图层的特性，如颜色、线宽、线型等，可以非常方便地区分不同的对象。

2.6.1 建立新图层

【图层特性管理器】是管理和组织 AutoCAD 图层的强有力工具。建立新图层，首先必须先调用【图层特性管理器】。

打开【图层特性管理器】的方法如下所示。

- 命令行：LAYER/LA
- 菜单栏：执行【格式】|【图层】命令。
- 工具栏：单击【图层】工具栏中的【图层特性管理器】按钮。
- 功能区：在【默认】选项卡中，单击【图层】面板的【图层特性管理器】按钮。

AutoCAD 规定以下四类图层不能被删除。

- 0 层和 Defpoints 图层。
- 当前层。要删除当前层，可以先改变当前层到其他图层。
- 插入了外部参照的图层。要删除该层，必须先删除外部参照。
- 包含了可见图形对象的图层。要删除该层，必须先删除该层中的所有图形对象。

【课堂举例 2-4】创建图层

01 单击【图层】工具栏中的【图层特性管理器】按钮，打开【图层特性管理器】，如图 2-27 所示。

02 单击【图层特性管理器】中的【新建图层】按钮，新建“图层 1”。此时，“图层 1”文本框呈可编辑状态，在其中输入“轴线”，然后按 Enter 键，完成图层新建，如图 2-28 所示。

03 使用相同的方法创建其他图层，如图 2-29 所示。

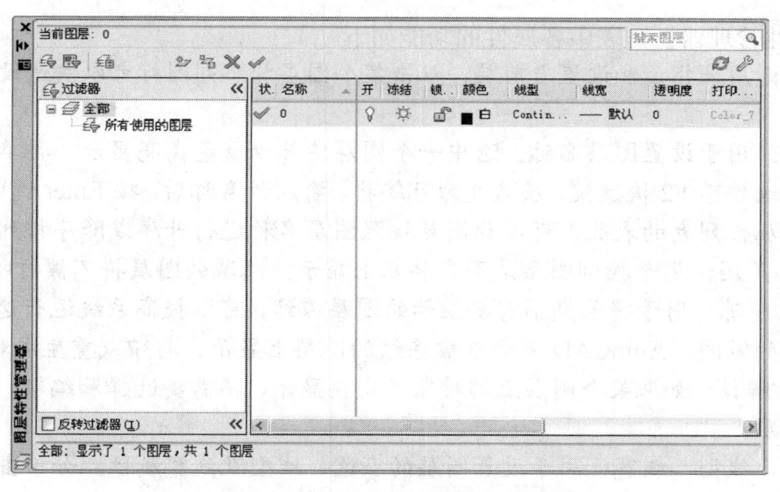

图 2-27　【图层特性管理器】

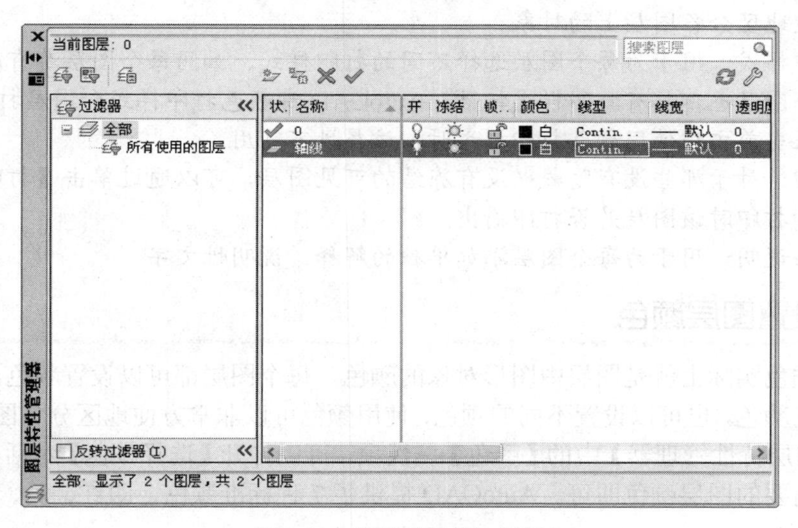

图 2-28　新建【轴线】图层

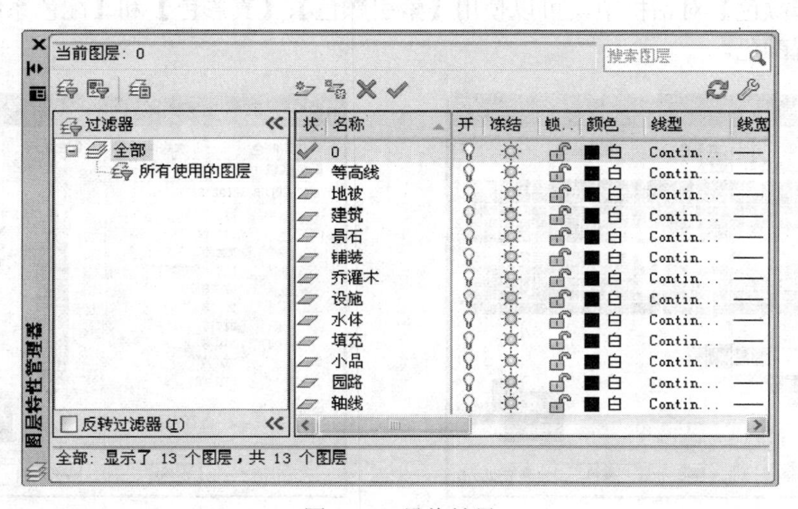

图 2-29　最终效果

【图层特性管理器】列表中各属性的功能如下。

- 状态：用来指示和设置当前层，双击某个图层状态列图标可以快速设置该图层为当前层。
- 名称：用于设置图层名称。选中一个图层使其以蓝色高亮显示，再单击【名称】属性项或按下F2快捷键，层名变为可编辑，输入新名称后，按Enter键即可。单击【名称】属性列表的表头，可以让图层按照图层名称进行升序或降序排列。
- 打开/关闭：用于控制图层是否在屏幕上显示。隐藏的图层将不被打印输出。
- 冻结/解冻：用于将长期不需要显示的图层冻结。可以提高系统运行速度，减少图形刷新的时间。AutoCAD不会在被冻结的图层上显示、打印或重生成对象。
- 锁定/解锁：如果某个图层上的对象只需要显示、不需要选择和编辑，那么可以锁定该图层。
- 颜色、线型、线宽：用于设置图层的颜色、线型及线宽属性。如单击【颜色】属性项，可以打开【选择颜色】对话框，选择需要的图层颜色即可。使用颜色可以非常方便地区分各图层上的对象。
- 打印样式：用于为每个图层选择不同的打印样式。如同每个图层都有颜色值一样，每个图层也都具有打印样式特性。AutoCAD有颜色打印样式和图层打印样式两种，如果当前文档使用颜色打印样式时，该属性不可用。
- 打印：对于那些没有隐藏也没有冻结的可见图层，可以通过单击【打印】属性项来控制打印时该图层是否打印输出。
- 图层说明：用于为每个图层添加单独的解释、说明性文字。

2.6.2 设置图层颜色

图层的颜色实际上就是图层中图形对象的颜色，每个图层都可以设置颜色，不同图层可以设置相同的颜色，也可以设置不同的颜色，使用颜色可以非常方便地区分各图层上的对象。

单击【图层特性管理器】中的【颜色】属性项，可以打开【选择颜色】对话框，如图2-30所示，选择需要的图层颜色即可。AutoCAD提供了7种标准颜色，即红、黄、绿、青、蓝、紫和白色。

在【选择颜色】对话框中，可以使用【索引颜色】、【真彩色】和【配色系统】3个选项卡为图层设置颜色。

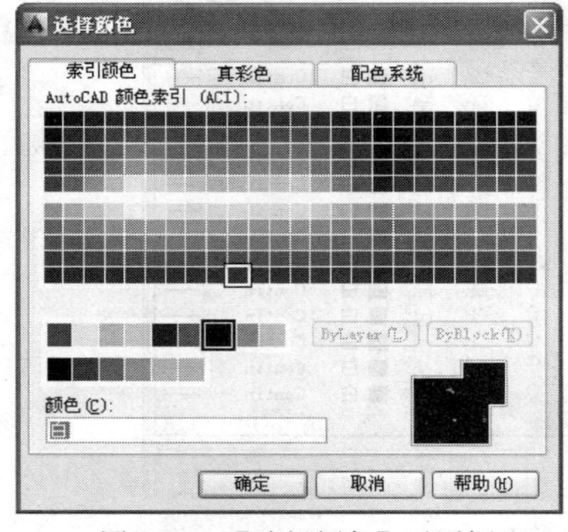

图2-30 【选择颜色】对话框

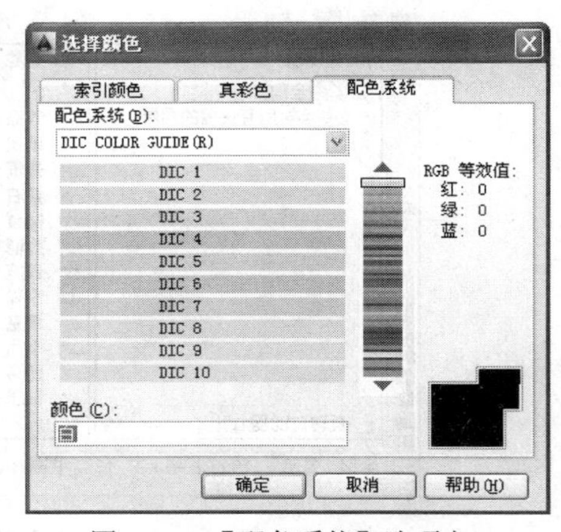

图2-31 【配色系统】选项卡

- 【配色系统】选项卡：使用标准 Pantone 配色系统设置图层的颜色，如图 2-31 所示。
- 【索引颜色】选项卡：【索引颜色】选项卡实际上是一张包含 256 种颜色的颜色表。它可以使用 AutoCAD 的标准颜色（ACI 颜色）。在 ACI 颜色表中，每一种颜色用一个 ACI 编号（1～255 之间的整数）标识。
- 【真彩色】选项卡：使用 24 位颜色定义显示 16M 色。指定真彩色时，可以使用 RGB 或 HSL 颜色模式。如果使用 RGB 颜色模式，则可以指定颜色的红、绿、蓝组合；如果使用 HSL 颜色模式，则可以指定颜色的色调、饱和度和亮度要素，如图 2-32 所示。在这两种颜色模式下，可以得到同一种所需的颜色，但是组合颜色的方式不同。

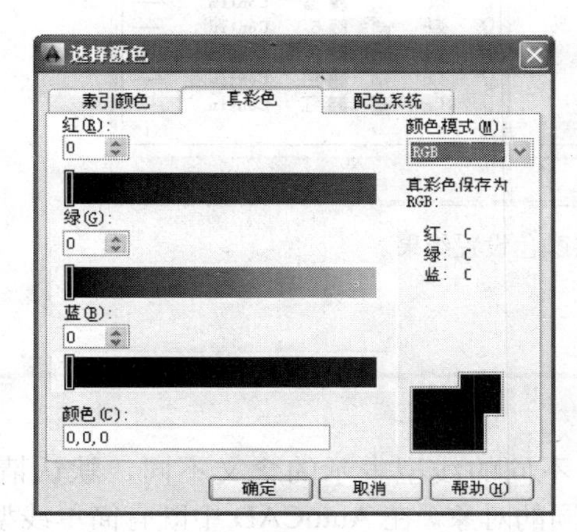

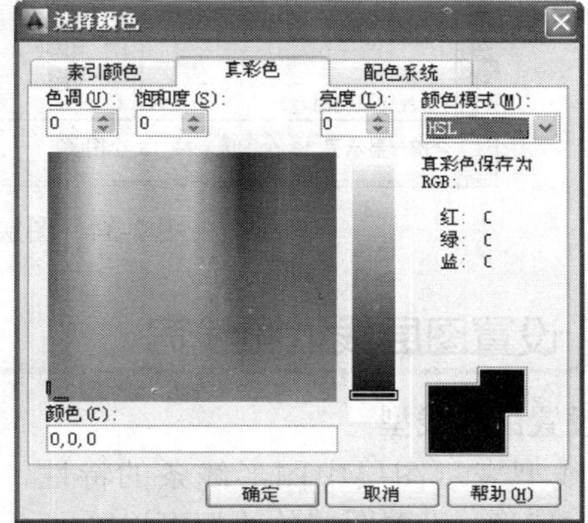

图 2-32　RGB 和 HSL 颜色模式

【课堂举例 2-5】设置图层颜色

01 单击【快速访问】工具栏中的【打开】按钮，打开“第 2 章\2-4 创建图层.dwg”素材文件。

02 单击【图层】工具栏中的【图层特性管理器】按钮，弹出【图层特性管理器】。单击【轴线】栏中的【颜色】属性项，在弹出的【选择颜色】对话框中选择“红色”，【轴线】图层颜色设置如图 2-33 所示。

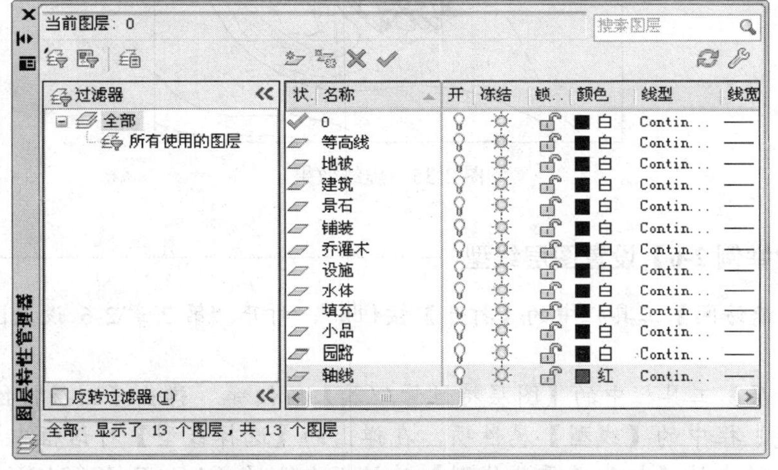

图 2-33　设置【轴线】图层颜色

03 使用相同的方法，设置其他图层颜色，结果如图 2-34 所示。

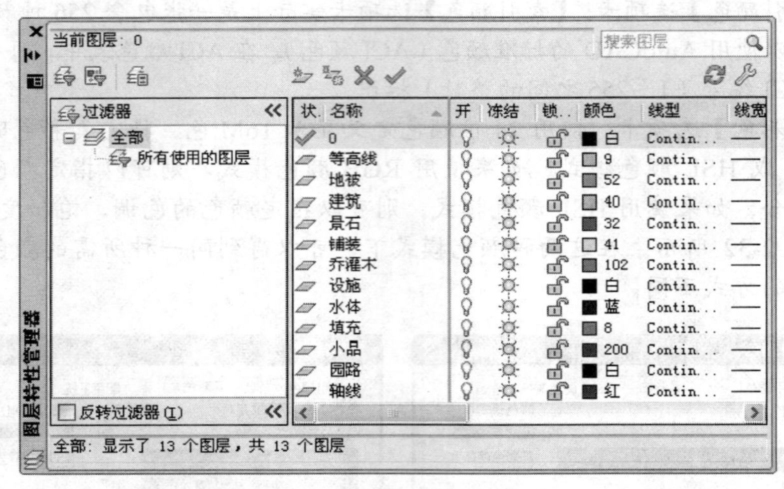

图 2-34　图层颜色设置结果

2.6.3 设置图层线型和线宽

2.6.3.1　设置图层线型

图层线型表示图层中图形线条的特性，不同的线型表示的含义不同，默认情况下是 Continuous 线型，设置图层的线型可以区别不同的对象。在 AutoCAD 中既有简单线型，也有由一些特殊符号组成的复杂线型，以满足不同国家或行业标准的要求，如图 2-35 所示，虚线表示等高线效果。

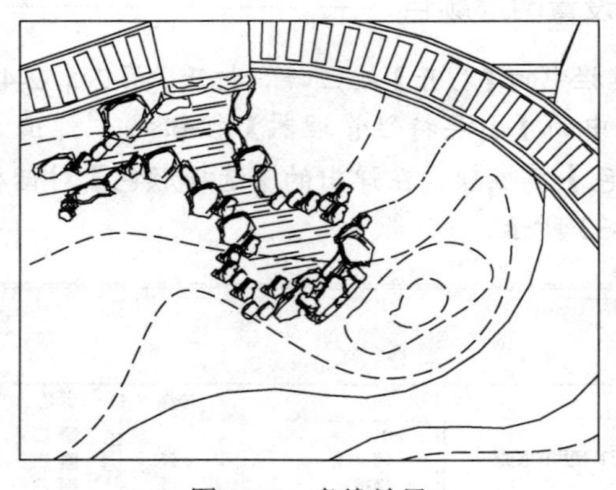

图 2-35　虚线效果

【课堂举例 2-6】设置图层线型

01 单击【快速访问】工具栏中的【打开】按钮，打开“第 2 章\2-6 设置图层颜色.dwg”素材文件。

02 单击【图层】工具栏中的【图层特性管理器】按钮，弹出【图层特性管理器】。单击【轴线】栏中的【线型】属性项，在弹出的【选择线型】对话框中单击【加载】按钮，在弹出的【加载或重载线型】对话框中选择“ACAD_IS004W100”线型，如

图 2-36 所示。

03 单击【确定】按钮，返回【选择线型】对话框。选择上一步加载的 ACAD_IS004W100 线型，然后单击【确定】按钮，完成轴线线型的设置，效果如图 2-37 所示。

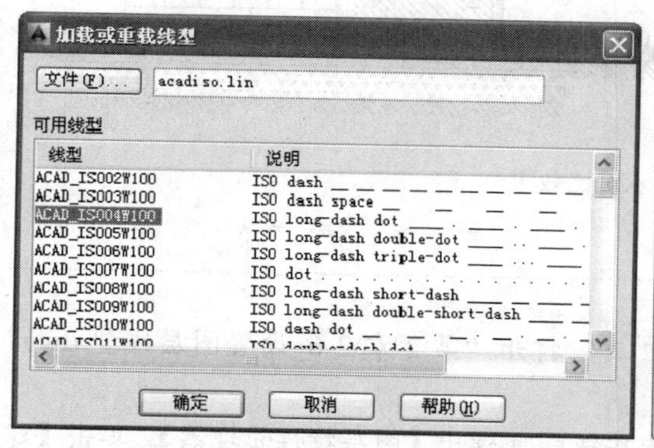

图 2-36　【加载或重载线型】对话框

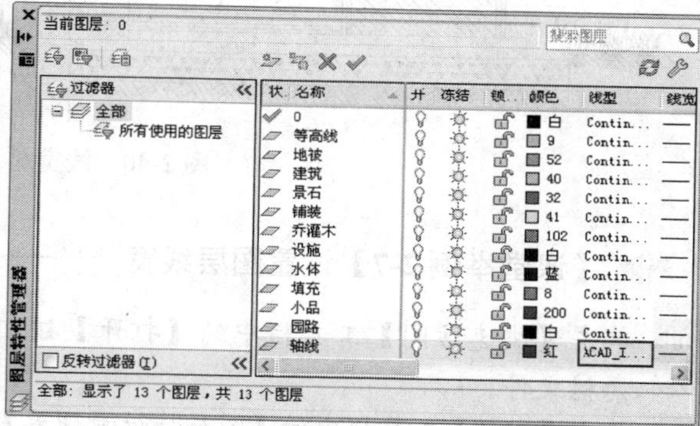

图 2-37　轴线线型设置效果

04 使用相同的方法，设置等高线线型为 DASHED，效果如图 2-38 所示。

2.6.3.2　设置线型比例

系统默认所有的线型比例均为 1，但因为绘制的图形尺寸大小的关系，致使线型的样式有时候不能被显现出来，这时就需要通过调整线型的比例来使其显现。

执行菜单栏上的【格式】|【线型】命令，将打开如图 2-39 所示的【线型管理器】对话框。该对话框显示了当前使用的线型和可选择的其他线型，它同样可以用来设置线型。

在线型列表中选择某一线型，单击【显示 / 隐藏细节】按钮，可以显示或隐藏【详细信息】选项区域，在此区域内可以设置线型的“全局比例因子”和“当前对象缩放比例”。其中，“全局比例因子”用于设置图形中所有线型的比例，即图层的线型比例；“当前对象缩放比例”用于设置当前选中线型的比例，即图层中单个对象的比例因子。

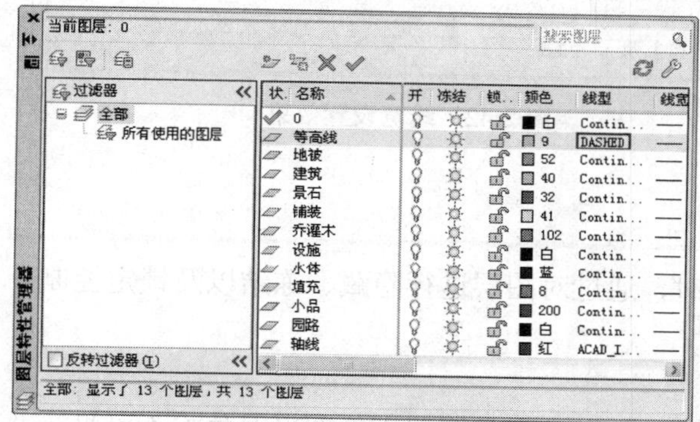

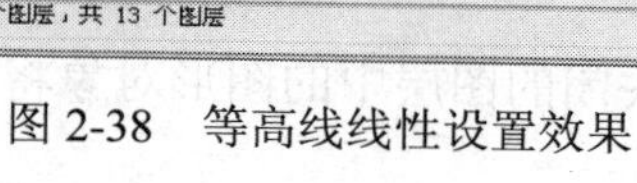

图 2-38　等高线线性设置效果

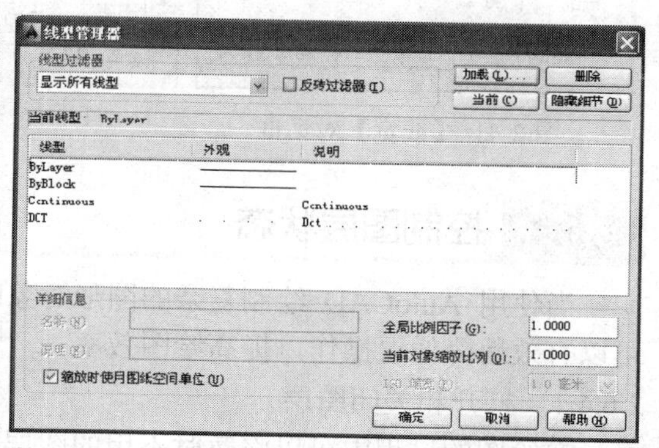

图 2-39　【线型管理器】对话框

2.6.3.3　设置线宽

线宽设置就是改变图层线条的宽度，通常在对图层进行颜色和线型设置后，还需对图层的线宽进行设置，这样可以在打印时不必再设置线宽。同时，使用不同宽度的线条表现对象的大小或类型，可以提高图形的表达能力及可读性，如图 2-40 所示为剖面图剖切轮廓线宽显示不同效果。

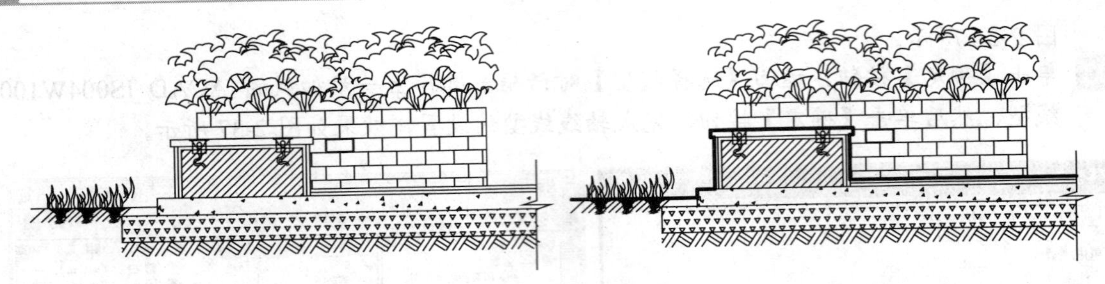

图 2-40 线宽显示对比效果

【课堂举例 2-7】设置图层线宽

01 单击【快速访问】工具栏中的【打开】按钮，打开"第 2 章\2-6 设置图层线型.dwg"素材文件。

02 单击【图层】工具栏中的【图层特性管理器】按钮，弹出【图层特性管理器】。单击【建筑】栏中的【线宽】属性项，在弹出的【线宽】对话框中选择"0.30mm"，如图 2-41 所示。

03 单击【确定】按钮，【建筑】图层线宽设置如图 2-42 所示。

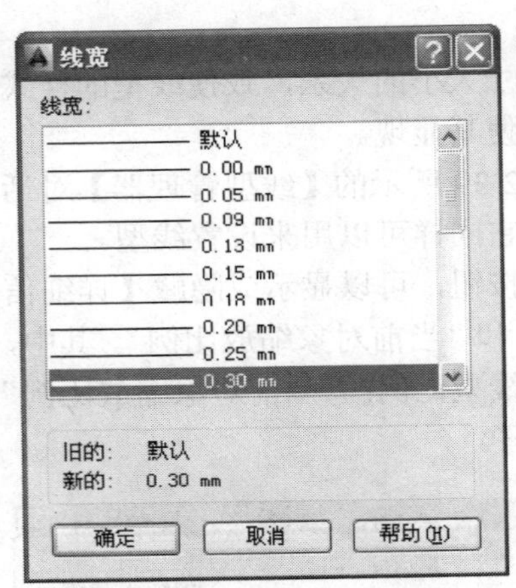

图 2-41 【线宽】对话框

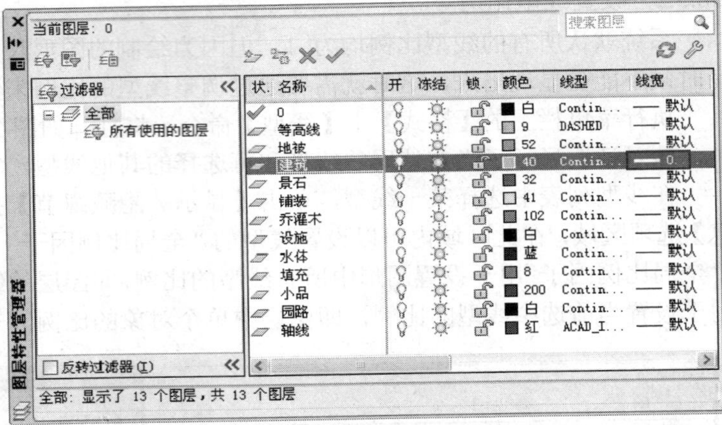

图 2-42 线宽设置效果

2.6.4 控制图层状态

当使用 AutoCAD 绘制复杂的图形对象时，通过对图层进行隐藏、冻结以及锁定控制，可以有效地降低误操作，提高绘图效率。

2.6.4.1 打开和关闭图层

在绘图的过程中可以将暂时不用的图层关闭，被关闭的图层中的图形对象将不可见，并且不能被选择、编辑、修改以及打印。

【打开/关闭】图层的常用方法如下。

- 在【图层特性管理器】中选中要关闭的图层，单击按钮即可关闭选择图层，图层被关闭后该按钮将显示为，表明该图层已经被关闭，如图 2-43 所示。
- 在【默认】选项卡中，打开【图层】面板中的【图层控制】下拉列表，单击目标图层按钮即可关闭图层，如图 2-44 所示。

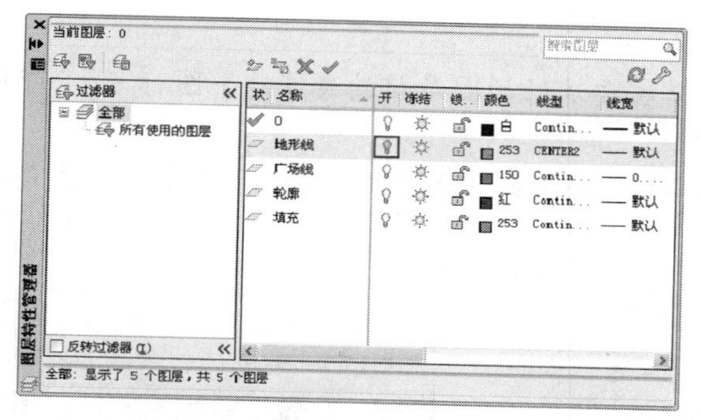

图 2-43　通过【图层特性管理器】关闭图层

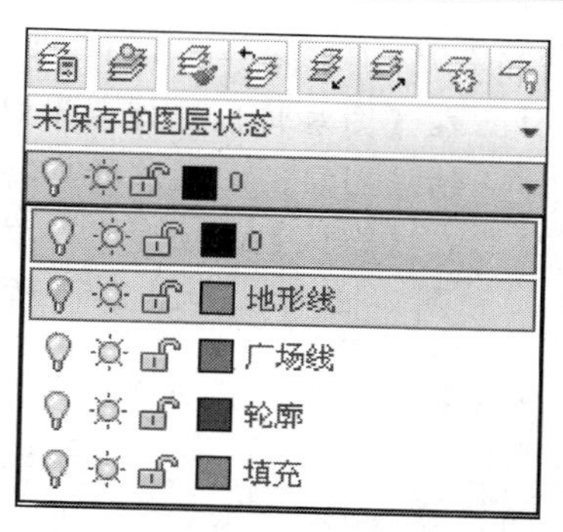

图 2-44　通过功能面板图标关闭图层

- 在【AutoCAD 经典】工作空间，打开【图层】工具栏下拉列表，单击目标图层前的按钮即可关闭该图层，如图 2-45 所示。

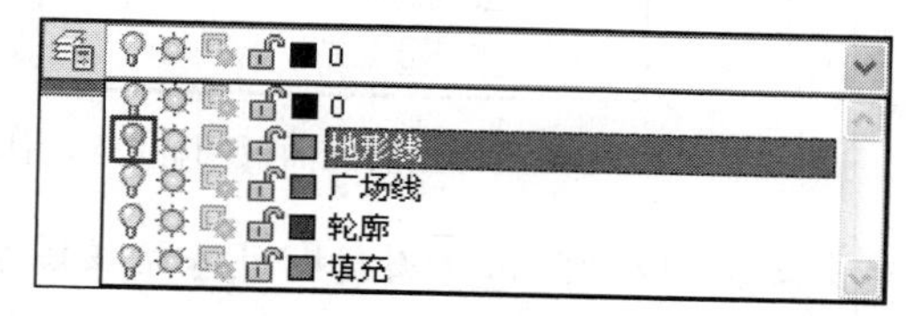

图 2-45　通过【图层】工具栏关闭图层

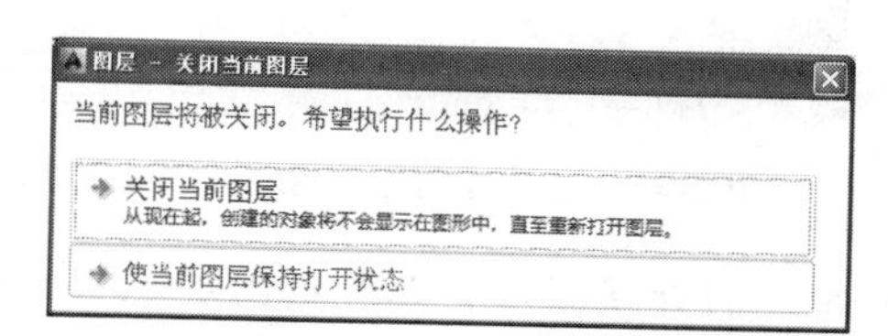

图 2-46　确定关闭当前图层

当关闭的图层为“当前图层”时，将弹出如图 2-46 所示的确认对话框，此时单击【关闭当前图层】链接即可。

【课堂举例 2-8】关闭轴线图层

01 单击【快速访问】工具栏中的【打开】按钮，打开“第 2 章\2-8 关闭轴线图层.dwg”素材文件，如图 2-47 所示。

02 单击【图层】工具栏中的【图层控制】下拉列表，光标指定【中轴线】图层，单击【开/关图层】按钮，此时按钮变成，则【中轴线】图层被关闭，效果如图 2-48 所示。

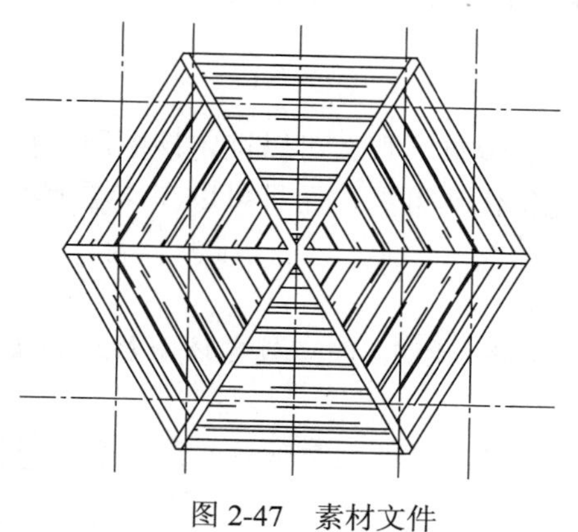

图 2-47　素材文件

图 2-48　关闭轴线图层效果

2.6.4.2　冻结与解冻图层

将长期不需要显示的图层冻结，可以提高系统运行速度，减少了图形刷新的时间，因为这些图层将不会被加载到内存中。AutoCAD 不会在被冻结的图层上显示、打印或重生成对象。

【冻结/解冻】图层的常用方法如下所示。

- 在【图层特性管理器】对话框中单击要冻结的图层前的【冻结】图标，即可冻结该图层，图层冻结后将显示为，如图 2-49 所示。
- 在【默认】选项卡中，打开【图层】面板中的【图层控制】下拉列表，单击目标图层图标，如图 2-50 所示。

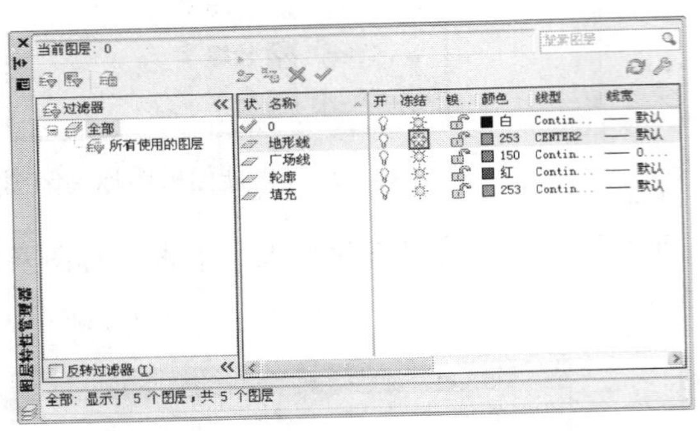

图 2-49　通过【图层特性管理器】冻结图层

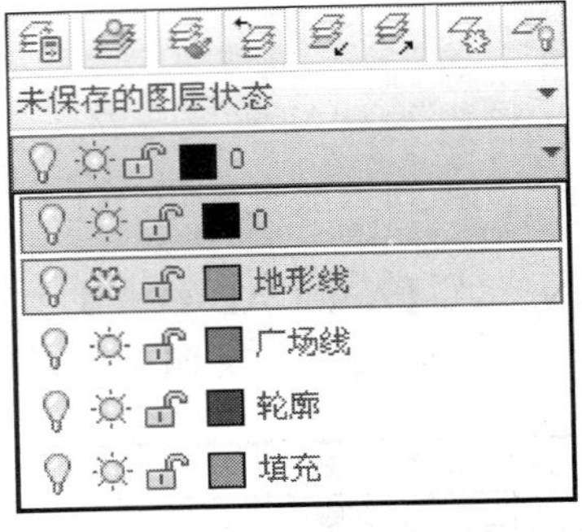

图 2-50　通过功能面板图标冻结图层

- 打开【图层】工具栏图层下拉列表，单击目标图层前的图标即可冻结该图层，如图 2-51 所示。

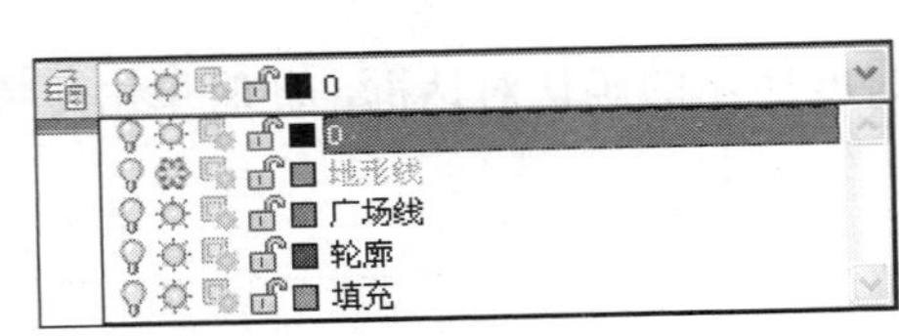

图 2-51　通过【图层】工具栏冻结图层

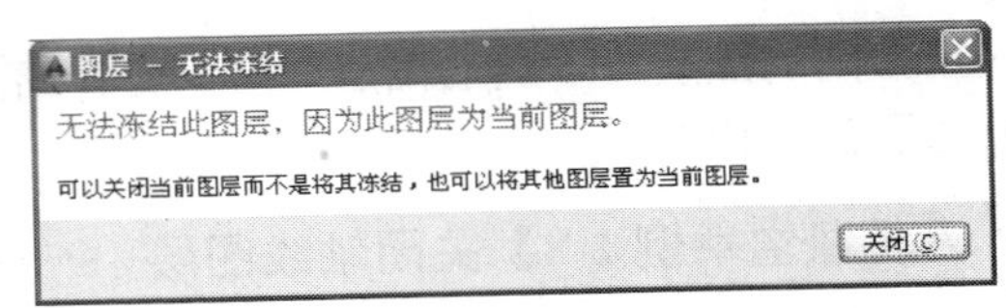

图 2-52　无法冻结对话框

如果要冻结的图层为“当前图层”时，将弹出如图 2-52 所示的对话框，提示无法冻结“当前图层”，此时需要将其他图层设置为“当前图层”才能冻结该图层。

如果要恢复冻结的图层，重复以上操作，单击图层前的【解冻】图标即可解冻图层。

2.6.4.3　锁定和解锁图层

如果某个图层上的对象只需要显示、不需要选择和编辑，那么可以锁定该图层。被锁定图层上的对象不能被编辑、选择和删除，但该层的对象仍然可见，而且可以在该层上添加新的图形对象。

【锁定】图层的常用方法如下所示。

- 在【图层特性管理器】对话框中单击【锁定】图标，即可锁定该图层，图层锁定后该图标将显示为，如图 2-53 所示。
- 在【默认】选项卡中，打开【图层】面板中的【图层控制】下拉列表，单击图标即可锁定该图层，如图 2-54 所示。
- 打开【图层控制】下拉列表，单击目标图层前的图标即可锁定该图层，如图 2-55 所示。

如果要解除图层锁定，重复以上的操作单击【解锁】按钮，即可解锁已经锁定的图层。

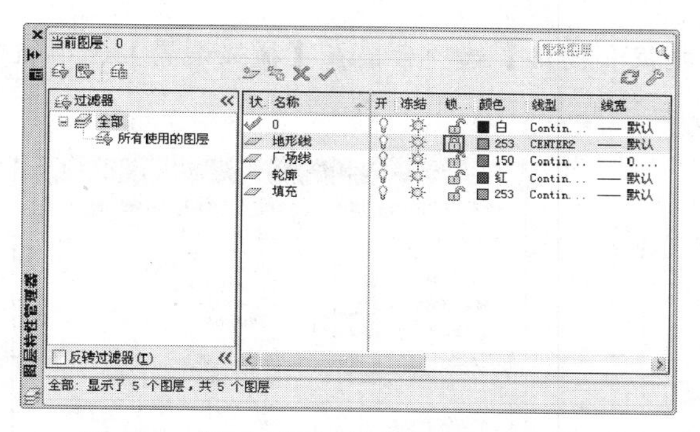

图 2-53　通过【图层特性管理器】锁定图层

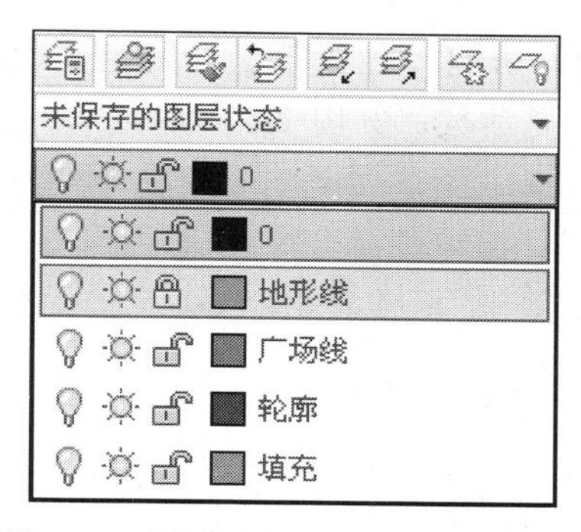

图 2-54　通过功能面板图标锁定图层

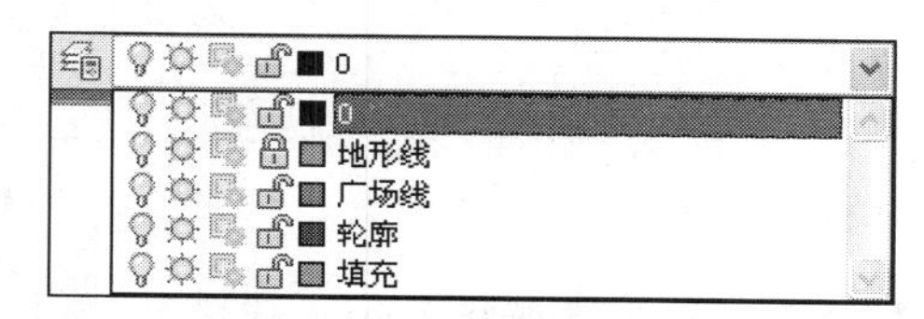

图 2-55　通过【图层】工具栏锁定图层

2.7　常用制图辅助工具

辅助工具可以帮助用户在绘图过程中减少不必要的麻烦，提高绘图效率和准确率。

2.7.1　捕捉和栅格

2.7.1.1　栅格

栅格的作用如同传统纸面制图中使用的坐标纸，它按照相等的间距在屏幕上设置了栅格点，使用者可以通过栅格点数目来确定距离，从而达到精确绘图的目的。栅格不是图形的一部分，打印时不会被输出，如图 2-56 所示为栅格显示结果。

控制栅格是否显示，常用方法如下所示。

- 快捷键：按功能键 F7。
- 状态栏：单击状态栏【栅格显示】开关按钮。

2.7.1.2　捕捉

【捕捉】功能（不是对象捕捉）经常和【栅格】功能联用。当【捕捉】功能打开时，光标只能停留在栅格点上，使其按照用户定义的间距移动。当【捕捉】模式打开时，光标似乎附着或捕捉到不可见的栅格。捕捉模式有助于使用箭头键或定点设备来精确地定位点。

捕捉功能可以控制光标移动的距离，打开和关闭捕捉功能的常用方法如下所示。

- 快捷键：按功能键 F9。
- 状态栏：单击状态栏【捕捉】开关按钮。

【课堂举例 2-9】利用栅格捕捉绘制简单图形

01 单击【快速访问】工具栏中的【新建】按钮，新建空白文件。

02 单击状态中的【栅格】按钮和【捕捉】按钮，使之呈激活状态。

03 在状态栏【栅格】按钮上单击鼠标右键，然后在弹出的快捷菜单中选择【设置】命令。

打开【草图设置】对话框，切换至【捕捉和栅格】选项卡，在【捕捉设置】选项组中设置参数，如图 2-57 所示。

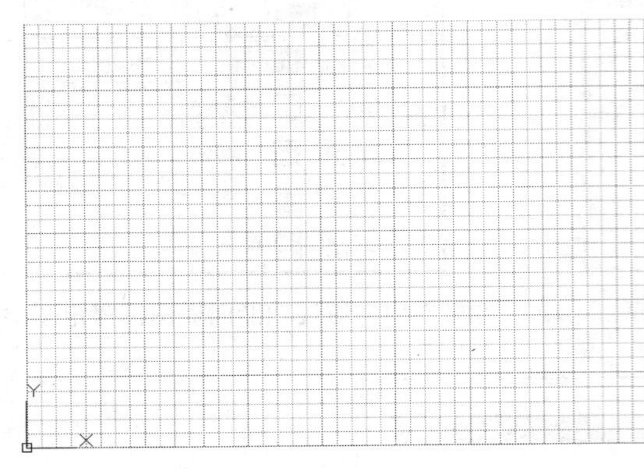

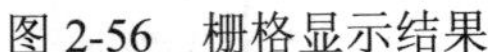

图 2-56　栅格显示结果

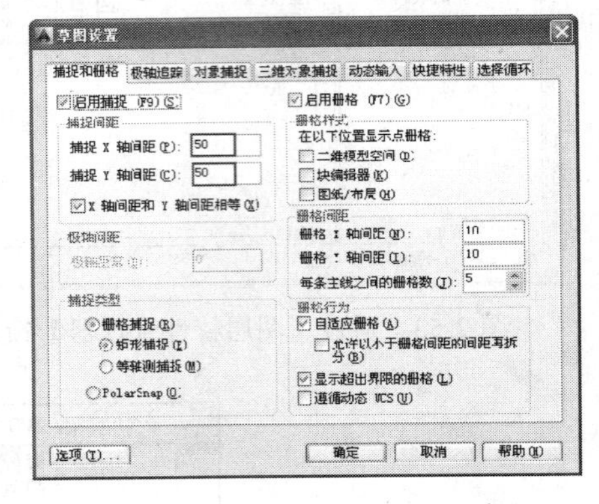

图 2-57　【草图设置】对话框

04 执行【绘图】|【直线】命令，配合【栅格】和【捕捉】，绘制直线，如图 2-58 所示。

2.7.2 正交工具

在进行园林绘图时，有相当一部分直线是水平或垂直的,如规则的树阵广场、阶梯剖面等。针对这种情况，AutoCAD 提供了一个正交开关，以方便绘制水平或垂直直线。

打开和关闭正交开关的方法有以下几种。

- 快捷键：按功能键 F8。
- 状态栏：单击状态栏【正交】开关按钮。

正交开关打开以后，系统就只能画出水平或垂直的直线，如图 2-59 所示，阶梯剖面轮廓。更方便的是，由于正交功能已经限制了直线的方向，所以要绘制一定长度的直线时，只需直接输入长度值，而不再需要输入完整的相对坐标了。

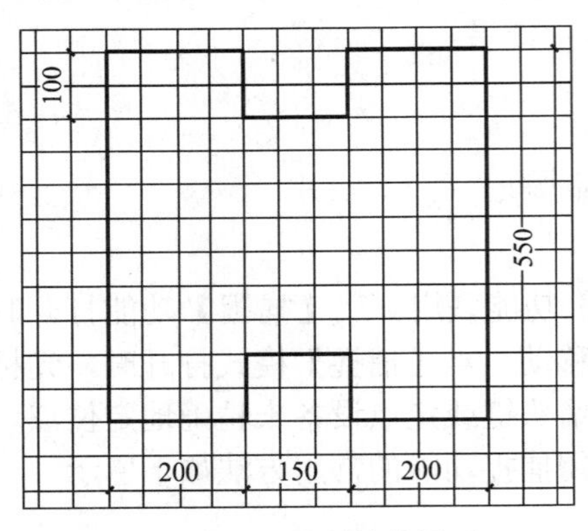

图 2-58　绘制简单图形

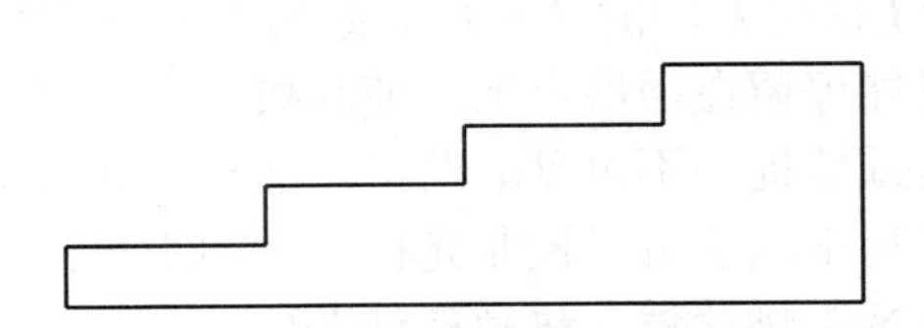

图 2-59　阶梯剖面轮廓

2.7.3 对象捕捉

在绘图的过程中，经常要指定一些对象上已有的点。例如中点、圆心和两个对象的交点等。AutoCAD 提供了对象捕捉功能，将光标移动到这些特征点附近时，系统能够自动地捕捉到这些点的位置，从而为精确绘图提供了条件。

使用【对象捕捉】必须激活该功能，而打开或关闭【对象捕捉】常用的方法如下所示。

- 快捷键：按功能键 F3。
- 状态栏：单击状态栏【对象捕捉】开关按钮。

除此之外，执行【工具】|【绘图设置】命令，或在命令行中输入 OSNAP，打开【草图设置】对话框。单击【对象捕捉】选项卡，选中或取消启用【对象捕捉】复选框，如图 2-60 所示，也可以打开或关闭【对象捕捉】，但由于操作麻烦，在实际工作中并不常用。

AutoCAD 提供了两种对象捕捉模式：【自动捕捉】和【临时捕捉】。

- 【自动捕捉】：要求使用者先在如图 2-60 所示对话框中设置好需要的对象捕捉点，以后当光标移动到这些对象捕捉点附近时，系统就会自动捕捉到这些点。
- 【临时捕捉】：是一种一次性的捕捉模式，这种捕捉模式不是自动的。当用户需要临时捕捉某个特征点时，需要在捕捉之前手工设置需要捕捉的特征点，然后进行对象捕捉。而且这种捕捉设置是一次性的，不能反复使用。在下一次遇到相同的对象捕捉点时，需要再次设置。

在命令行提示输入点的坐标时，如果要使用【临时捕捉】模式，可按 Shift+鼠标右键，系统会弹出如图 2-61 所示的快捷菜单。单击选择需要的对象捕捉点，系统将会捕捉到该点。

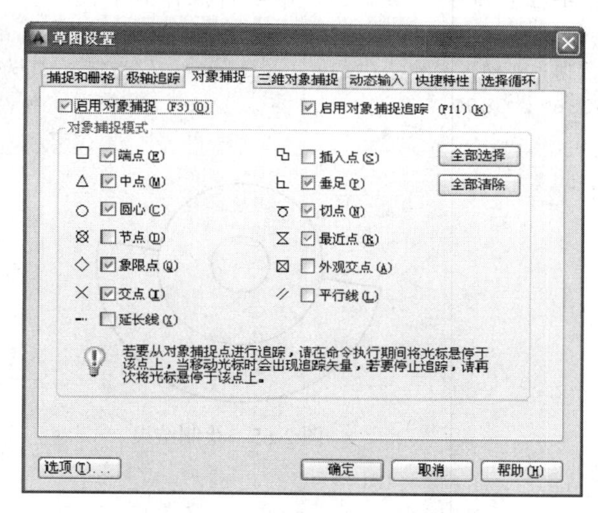

图 2-60　【对象捕捉】选项卡

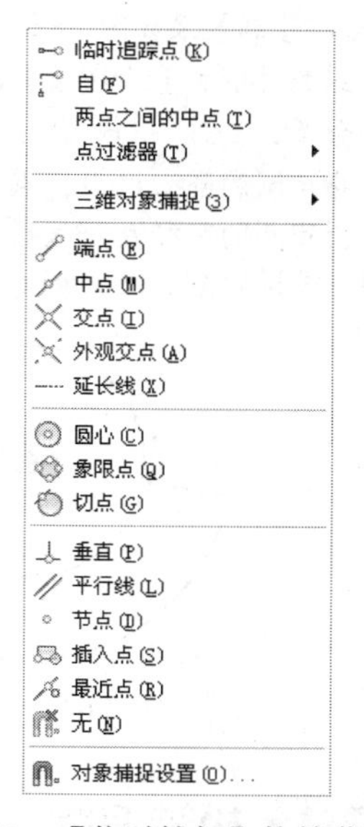

图 2-61　【临时捕捉】快捷菜单

【课堂举例 2-10】绘制圆形广场

01 单击【快速访问】工具栏中的【打开】按钮，打开“第 2 章\2-10 绘制圆形广场.dwg”素材文件，如图 2-62 所示。

02 在状态栏中【对象捕捉】按钮上单击右键，在弹出菜单中选择【设置】选项，在【对象捕捉】选项卡中勾选【端点】复选框、【圆心】复选框和【启用对象捕捉】复选框，如图 2-63 所示，单击【确定】按钮，关闭对话框。

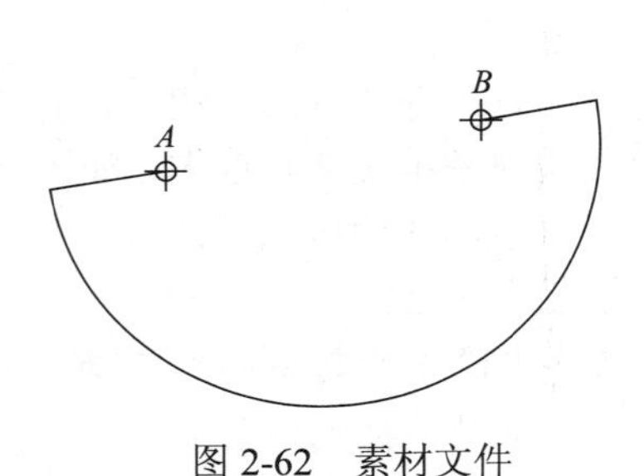

图 2-62　素材文件

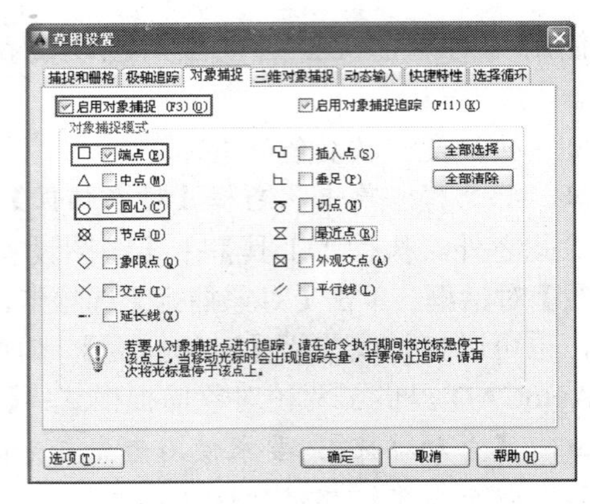

图 2-63　设置捕捉点

03 执行【绘图】|【圆】|【两点】命令，绘制圆，命令行操作如下。

```
    命令：_circle                                                    //调用【圆】命令
    指定圆的圆心或 [三点(3P)/两点(2P)/切点、切点、半径(T)]: _2p        //输入“2P”，激活
两点选项
    指定圆直径的第一个端点:                                          //单击“A”为第一
个端点
    指定圆直径的第二个端点:                                          //单击“B”为第二
个端点，绘制效果如图 2-64 所示。
```

04 继续执行【绘图】|【圆】|【圆心、半径】命令，绘制圆，命令行操作如下。

```
    命令：_circle                                                    //调用【圆】命令
    指定圆的圆心或 [三点(3P)/两点(2P)/切点、切点、半径(T)]:           //指定“C”为圆心
    指定圆的半径或 [直径(D)] <8633.6086>: 3000                       // 输入半径为
3000，效果如图 2-65 所示。
```

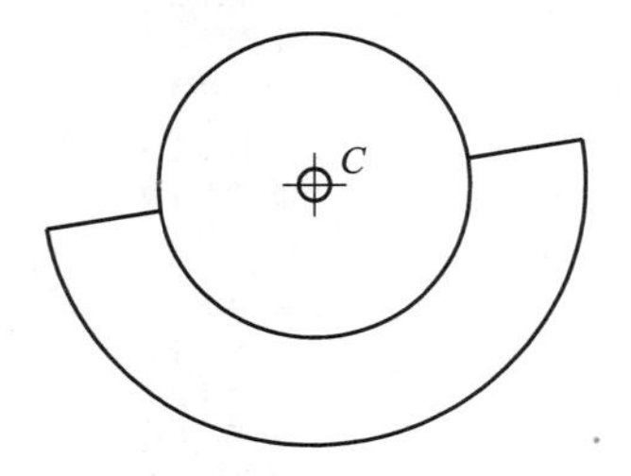

图 2-64　两点绘制圆

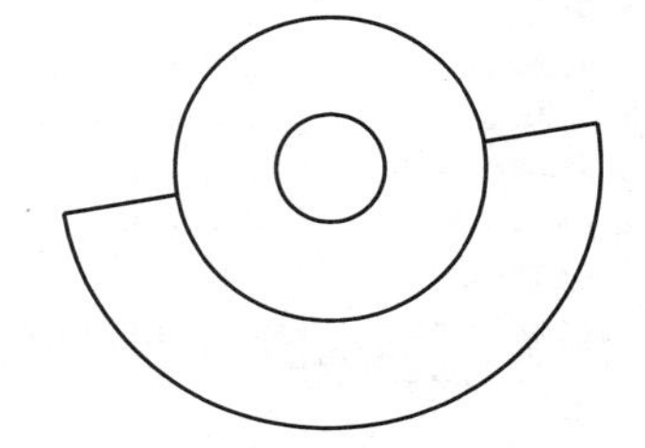

图 2-65　绘制结果

2.7.4 极轴追踪

【极轴追踪】实际上是极坐标的一个应用。该功能可以使光标沿着指定角度的方向移动，从而很快找到需要的点。可以通过下列方法打开/关闭【极轴追踪】功能。

- 快捷键：按功能键 F10。
- 状态栏：单击状态栏【极轴】开关按钮。

在【草图设置】对话框中选择【极轴追踪】选项卡，可以设置下列极轴追踪属性。

- 【增量角】下拉列表框：选择极轴追踪角度。当光标的相对角度等于该角，或者是该角的整数倍时，屏幕上将显示追踪路径。
- 【附加角】复选框：增加任意角度值作为极轴追踪角度。选中【附加角】复选框，

并单击【新建】按钮，然后输入所需追踪的角度值。

- 【仅正交追踪】单选按钮：当对象【捕捉追踪】打开时，仅显示已获得的对象捕捉点的正交(水平和垂直方向)对象捕捉追踪路径。
- 【用所有极轴角设置追踪】：对象【捕捉追踪】打开时，将从对象捕捉点起沿任何极轴追踪角进行追踪。
- 【极轴角测量】选项组：设置极角的参照标准。“绝对”选项表示使用绝对极坐标，以 X 轴正方向为 0°。“相对上一段”选项根据上一段绘制的直线确定极轴追踪角，上一段直线所在的方向为 0°。

2.7.5 动态输入

使用【动态输入】功能可以在指针位置处显示坐标、标注输入和命令提示等信息，从而极大地方便了绘图。可以通过在【草图设置】对话框的【动态输入】选项卡中进行设置，如图 2-66 所示。

启用【动态输入】时，命令行提示将在光标附近显示信息，该信息会随着光标移动而动态更新。当某条命令为活动时，工具栏提示将为用户提供输入的位置，如图 2-67 所示。

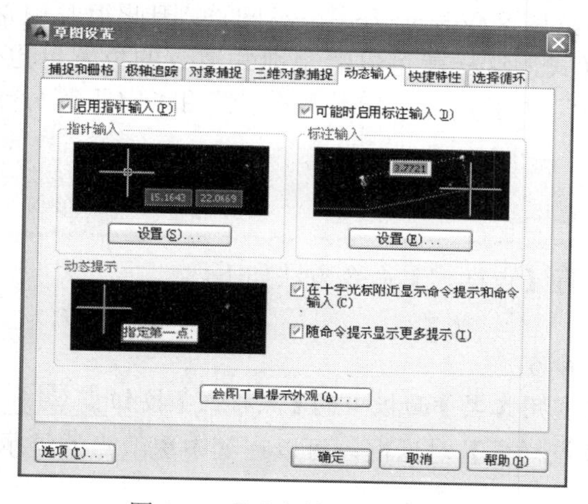

图 2-66 【动态输入】选项卡

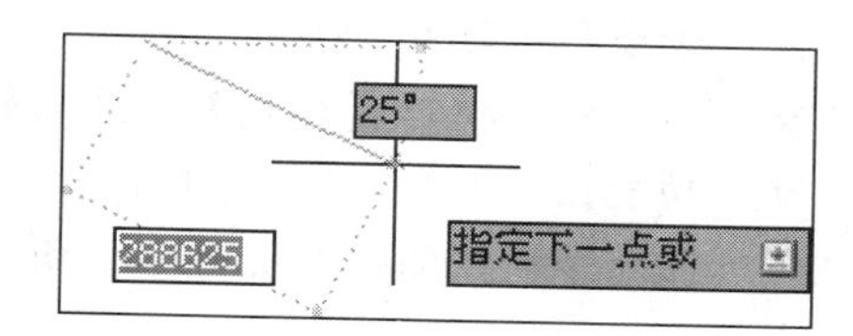

图 2-67 【动态输入】显示信息

【动态输入】不会取代命令窗口。可以隐藏命令窗口以增加绘图屏幕区域，但是在有些操作中还是需要显示命令窗口的。按 F2 键可根据需要隐藏和显示命令提示和错误消息。另外，也可以浮动命令窗口，并使用【自动隐藏】功能来展开或卷起该窗口。

打开或关闭【动态输入】功能可以选择以下几种方法。

- 快捷键：按功能键 F12。
- 状态栏：单击状态栏上【动态输入】按钮。

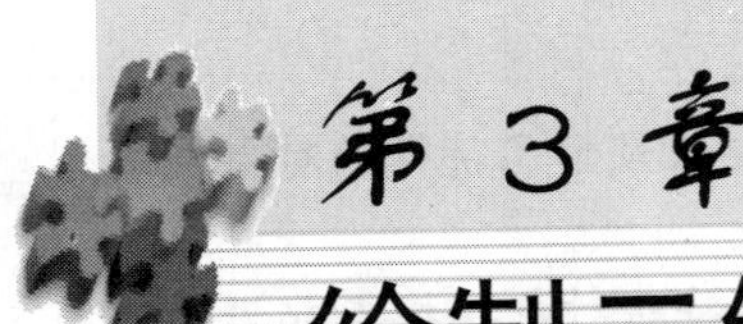

第 3 章 绘制二维图形

绘图是 AutoCAD 的主要功能，也是最基本的功能，而二维平面图形的形状都很简单，如直线、矩形等，创建起来也很容易，是整个 AutoCAD 的绘图基础。本章将详细介绍这些图形的绘制方法，掌握简单的绘图命令，才能更好地绘制园林设计中更加复杂的图形。

3.1 绘 制 点

在 AutoCAD 中，点不仅是组成图形最基本的元素，还经常用来标识某些特殊的部分，如绘制直线时需要确定端点，绘制圆或圆弧时需要确定圆心等。

默认情况下，点是没有长度和大小的，在绘图区仅显示为一个小圆点，因此很难识别。在 AutoCAD 中，可以为点设置不同的显示样式，这样就可以清楚地知道点的位置，也使单纯的点更加美观和易于辨认。点包括“单点”、“多点”、“定数等分点”和“定距等分点”4 种。

3.1.1 设定点的样式和大小

设置点样式首先需要执行点样式命令，执行【点样式】命令方法如下。

- 命令行：DDPTYPE。
- 菜单栏：执行【格式】|【点样式】命令。
- 功能区：在【默认】选项卡中，单击【实用工具】面板中的【点样式】按钮点样式...。

执行该命令后，将打开如图 3-1 所示的【点样式】对话框，可以在其中更改点的显示样式和大小。

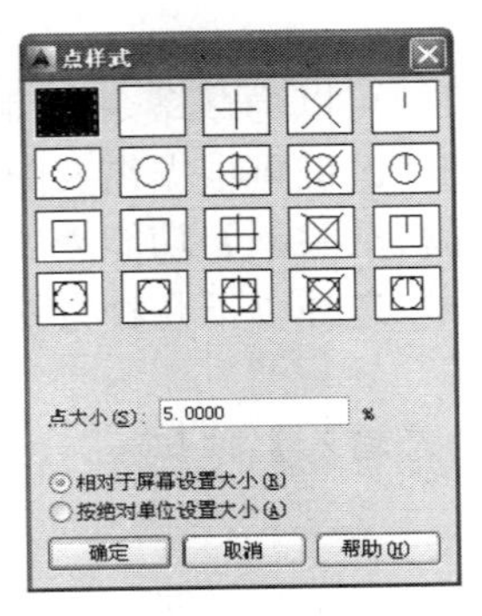

图 3-1 【点样式】对话框

【课堂举例 3-1】设置点样式

01 单击【快速访问】工具栏中的【打开】按钮，打开“第 3 章\3-1 设置点样式.dwg”素

材文件，如图 3-2 所示。

02 执行【格式】|【点样式】命令，打开【点样式】对话框，选择如图 3-3 所示图例，单击【确定】按钮，点样式修改效果如图 3-4 所示。

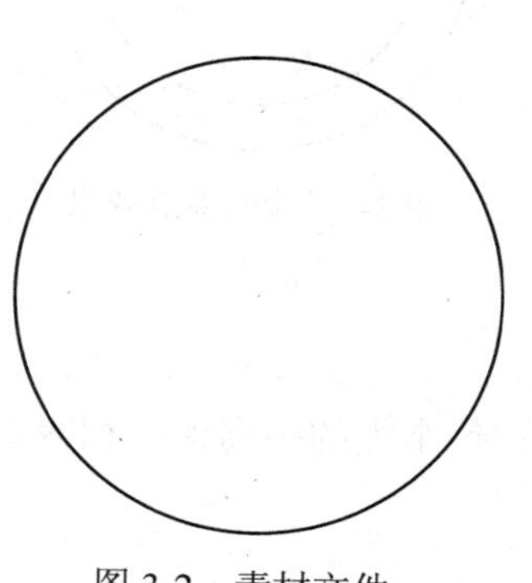

图 3-2　素材文件

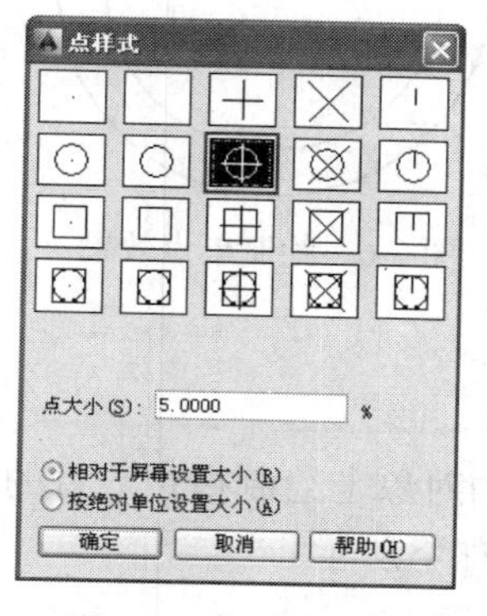

图 3-3　修改点样式

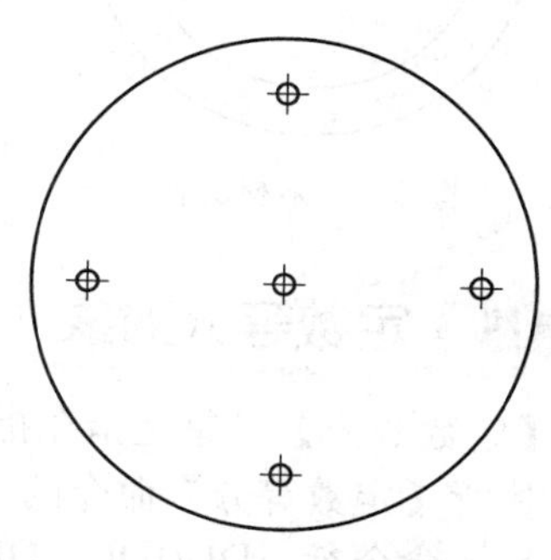

图 3-4　点样式效果

3.1.2 点的绘制

3.1.2.1　绘制单点

【单点】命令就是执行一次命令只能指定一个点。默认设置下，所绘制的点以一个点进行显示。

执行【单点】命令的方法如下所示。

- 命令行：POINT/PO。
- 菜单栏：执行【绘图】|【点】|【单点】命令。

【课堂举例 3-2】绘制单点

01 单击【快速访问】工具栏中的【打开】按钮，打开“第 3 章\3-2 绘制单点.dwg”素材文件，如图 3-5 所示。

02 执行【绘图】|【点】|【单点】命令，绘制单点，效果如图 3-6 所示。

3.1.2.2　绘制多点

【多点】命令是指调用绘制命令后一次能指定多个点，直到按 ESC 键结束多点绘制状态为止。

执行【多点】命令方法如下所示。

- 菜单栏：执行【绘图】|【点】|【多点】命令。
- 工具栏：单击【绘图】工具栏【点】按钮。
- 功能区：在【0 默认】选项卡中，单击【绘图】面板中的【多点】按钮。

【课堂举例 3-3】绘制多点

01 单击【快速访问】工具栏中的【打开】按钮，打开“第 3 章\3-3 绘制多点.dwg”素材文件，如图 3-6 所示。

02 执行【绘图】|【点】|【多点】命令，绘制多点，效果如图 3-7 所示。

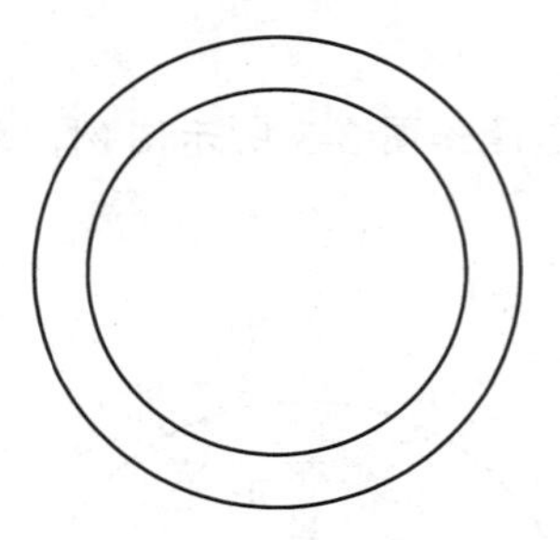
图 3-5　素材文件

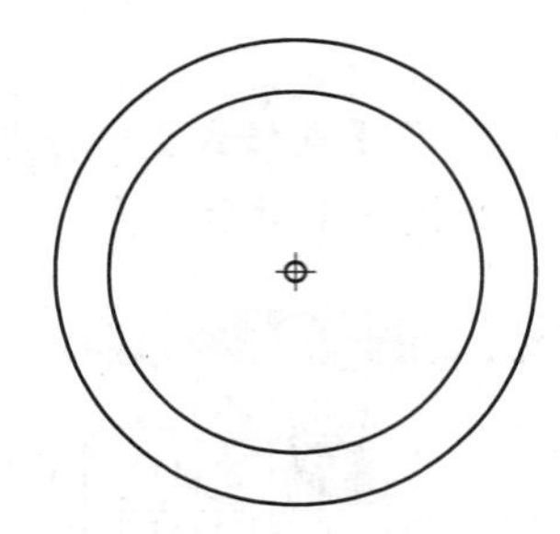
图 3-6　绘制单点效果

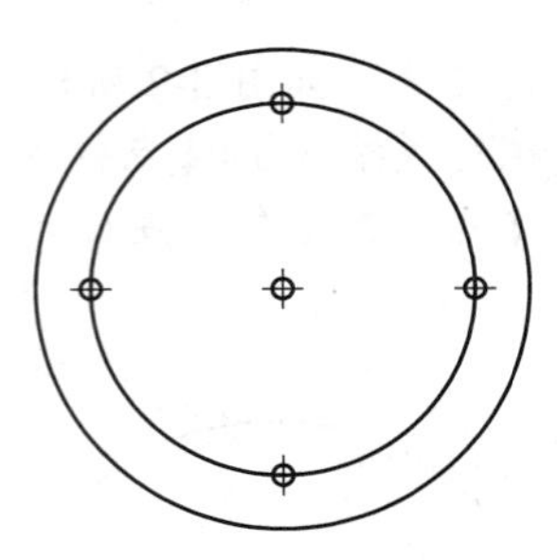
图 3-7　绘制多点效果

3.1.3 定数等分对象

【定数等分】对象是指在指定的对象上绘制指定数目的点，每个点的距离保持相等。

执行【定数等分】命令的方法如下所示。

- 命令行：DIVIDE / DIV。
- 菜单栏：执行【绘图】|【点】|【定数等分】命令。
- 功能区：在【默认】选项卡中，单击【绘图】面板中的【定数等分】按钮。

【定数等分】方式需要输入等分的总段数，而系统自动计算每段的长度。一条长 1000 的线段，现将其等分成 10 段，则每段长 100。如图 3-8 所示，为将样条曲线定数等分成 10 份的效果。

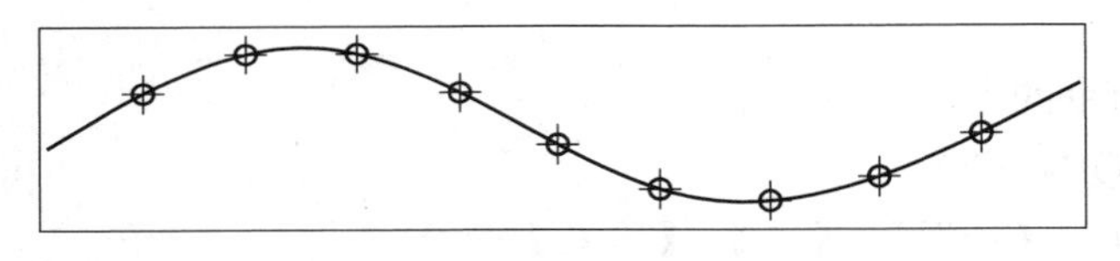
图 3-8　定数等分样条曲线

【课堂举例 3-4】绘制花架

01 单击【快速访问】工具栏中的【打开】按钮，打开“第 3 章\3-4 绘制花架.dwg”素材文件，如图 3-9 所示。

02 执行【绘图】|【点】|【定数等分】命令，命令行操作如下所示。

```
命令：_divide↙                              //调用【定数等分】命令
选择要定数等分的对象：                        //选择轴线
输入线段数目或 [块(B)]：b↙                   //输入“B”选项，并按 Enter 键
输入要插入的块名：花架↙                       //输入块名“花架”
是否对齐块和对象？[是(Y)/否(N)] <Y>:↙         //按空格键默认选择“Y”选项
输入线段数目：25↙                            //输入定数等分数目为 25
```

03 删除轴线后花架效果如图 3-10 所示。

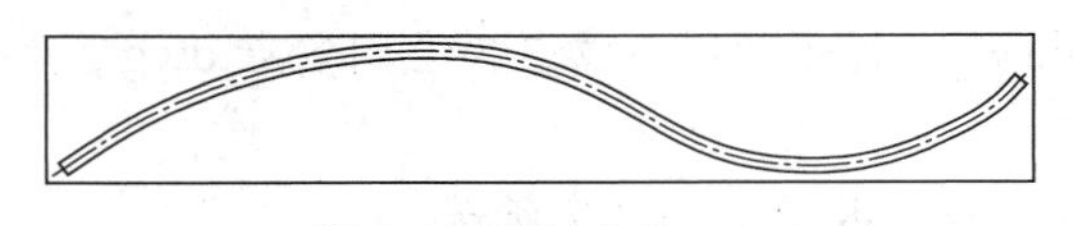
图 3-9　素材文件

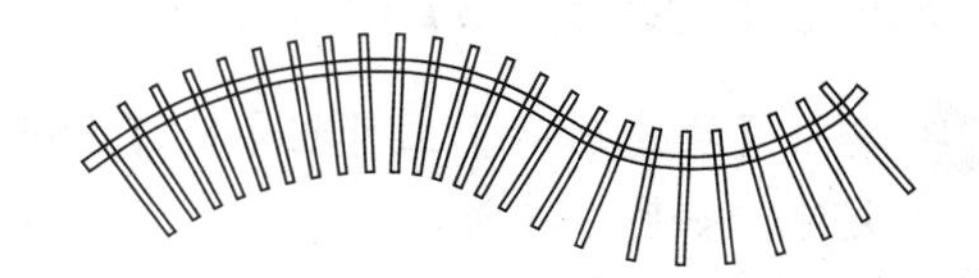
图 3-10　花架效果

3.1.4 定距等分对象

【定距等分】命令是在指定的对象上按确定的长度进行等分，即该操作是先指定所要创建的点与点之间的距离，再根据该间距值分隔所选对象。等分后的子线段的数量是原线段长度除以等分距的数量，如果等分后有多余的线段则为剩余线段。

执行【定距等分】命令方法如下所示。

- 命令行：MEASURE / ME。
- 菜单栏：执行【绘图】|【点】|【定距等分】命令。
- 功能区：在【默认】选项卡中，单击【绘图】面板中的【定距等分】按钮。

【课堂举例 3-5】绘制汀步

01 单击【快速访问】工具栏中的【打开】按钮，打开“第 3 章\3-5 绘制汀步.dwg”素材文件，如图 3-11 所示。

02 执行【绘图】|【点】|【定距等分】命令，命令行操作如下所示。

```
命令：_measure↙                                    //调用【定距等分】命令
选择要定距等分的对象：                              //选择样条曲线
指定线段长度或 [块(B)]：b ↙                         //输入“B”选项，并按 Enter 键
输入要插入的块名：tingbu↙                           //输入块名为“tingbu”
是否对齐块和对象？[是(Y)/否(N)] <Y>：↙              //按空格键默认选择“Y”选项
指定线段长度：700↙                                  //输入线段长度为 700
```

03 删除辅助样条曲线，汀步绘制效果如图 3-12 所示。

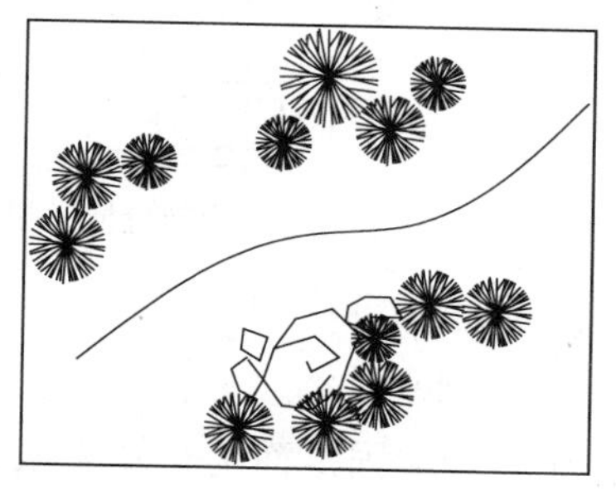

图 3-11　素材文件

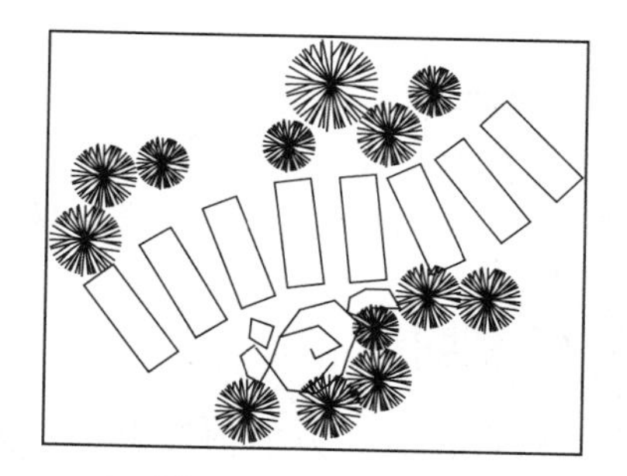

图 3-12　汀步效果

3.2 绘 制 线

直线型对象是所有图形的基础，在 AutoCAD 中直线型包括直线、射线、构造线、多段线和多线等。各线型具有不同的特征，应根据实际绘图需要选择不同的线型。

3.2.1 绘制直线

直线是所有绘图中最简单、最常用的图形对象，在绘图区指定直线的起点和终点即可绘制一条直线。

执行【直线】命令的方法如下所示。

- 命令行：LINE / L。

- 菜单栏：执行【绘图】|【直线】命令。
- 工具栏：单击【绘图】工具栏【直线】按钮。
- 功能区：在【默认】选项卡中，单击【绘图】面板中的【直线】按钮。

【课堂举例 3-6】绘制阶梯

01 单击【快速访问】工具栏中的【打开】按钮，打开“第 3 章\3-6 绘制阶梯.dwg”素材文件，如图 3-13 所示。

02 执行【绘图】|【直线】命令，绘制直线，如图 3-14 所示，命令行提示如下所示。

```
命令：L↙                                    //调用【直线】命令
LINE
指定第一个点：                               //指定 A 点为起点
指定下一点或 [放弃(U)]:                      //指定 B 点为下一点
```

03 继续执行【直线】命令，绘制直线，结果如图 3-15 所示。

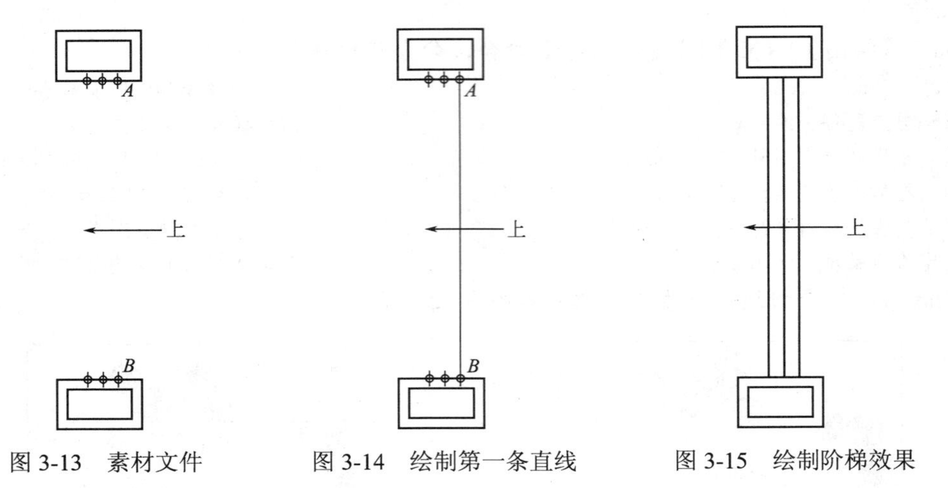

图 3-13　素材文件　　图 3-14　绘制第一条直线　　图 3-15　绘制阶梯效果

3.2.2 绘制射线

射线是只有起点和方向但没有终点的直线，即射线为一端固定而另一端无限延长的直线。射线一般作为辅助线，绘制射线后按 Esc 键退出绘制状态。

执行【射线】命令方法如下所示。

- 命令行：RAY。
- 菜单栏：执行【绘图】|【射线】命令。
- 功能区：在【默认】选项卡中，单击【绘图】面板中的【射线】按钮。

执行上述任意一种操作后，命令提示行及操作如下所示。

```
命令：_ray                    //调用绘制【射线】命令
指定起点：                    //在绘图区拾取一点作为射线的起点
指定通过点：                  //确定射线的方向
```

3.2.3 绘制构造线

构造线没有起点和终点，两端可以无限延长，常作为辅助线来使用。

执行【构造线】命令方法如下所示。

- 命令行：XLINE / XL。
- 菜单栏：执行【绘图】|【构造线】命令。
- 工具栏：“绘图”工具栏“构造线”按钮。
- 功能区：在【默认】选项卡中，单击【绘图】面板中的【构造线】按钮。

【课堂举例 3-7】绘制凉亭剖面辅助线

01 单击【快速访问】工具栏中的【打开】按钮，打开“第 3 章\3-7 绘制凉亭剖面辅助线.dwg”素材文件，如图 3-16 所示。

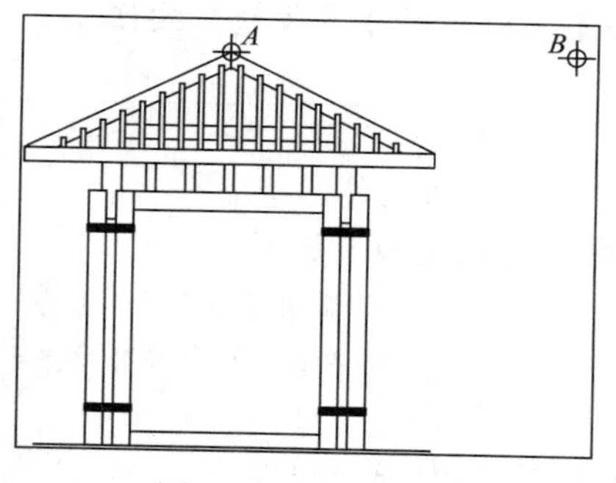

图 3-16　素材文件

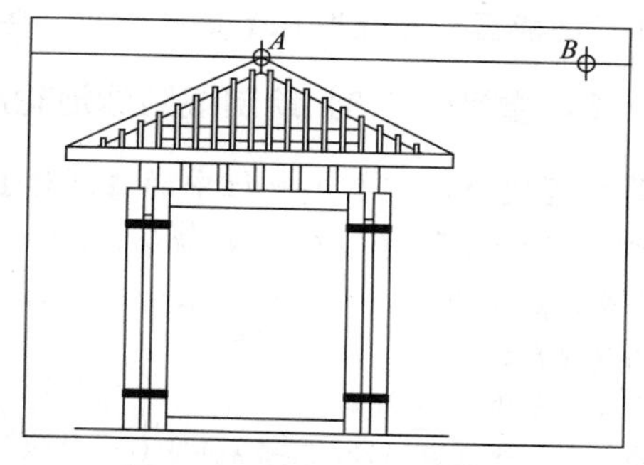

图 3-17　绘制第一条辅助线

02 执行【绘图】|【构造线】命令，绘制辅助线，如图 3-17 所示，命令行操作如下所示。

```
命令：_xline↙                                           //调用【构造线】命令
指定点或 [水平(H)/垂直(V)/角度(A)/二等分(B)/偏移(O)]：   //拾取 A 点为构造线起点
指定通过点：                                            //指定构造线通过点“B”点
```

03 继续调用【构造线】命令，完成辅助线的绘制，结果如图 3-18 所示。

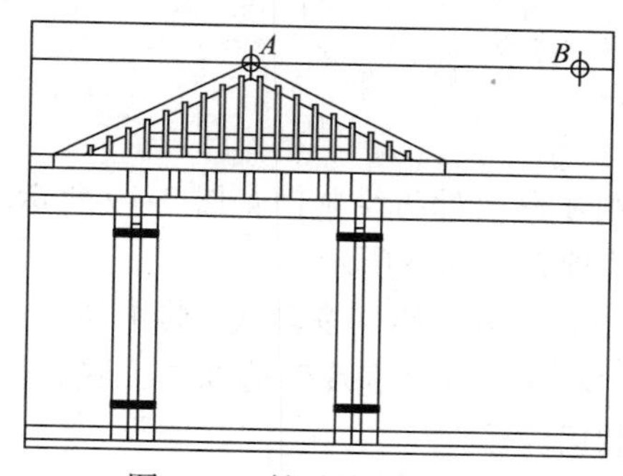

图 3-18　辅助线绘制结果

执行构造线命令，各选项的含义如下所示。

- 水平(H)：可绘制水平构造线。
- 垂直(V)：可绘制垂直的构造线。
- 角度(A)：可按指定的角度创建一条构造线。
- 二等分(B)：可创建已知角的角平分线。使用该选项创建的构造线平分指定的两条线间的夹角，且通过该夹角的顶点。绘制角平分线时，系统要求用户依次指定已知角的顶点、起点及终点。
- 偏移(O)：可创建平行与另一个对象的平行线，这条平行线可以偏移一段距离与对象平行，也可以通过指定的点与对象平行。

3.2.4 绘制多段线

多段线是由等宽或不等宽的直线或圆弧等多条线段构成的特殊线段，这些线段所构成的图形是一个整体，可对其进行编辑。

执行【多段线】命令方法如下所示。

- 命令行：PLINE／PL。
- 菜单栏：执行【绘图】|【多段线】命令。
- 工具栏：单击【绘图】工具栏【多段线】按钮。
- 功能区：在【默认】选项卡中，单击【绘图】面板中的【多段线】按钮。

【课堂举例 3-8】绘制规则泳池轮廓

01 单击【快速访问】工具栏中的【新建】按钮，新建空白文件。

02 执行【绘图】|【多段线】命令，绘制多段线，命令行操作如下所示。

```
命令：PLINE↙                                          //调用【多段线】命令
指定起点：                                            //在绘图区任意指定第一点
当前线宽为 0.0000
指定下一个点或 [圆弧(A)/半宽(H)/长度(L)/放弃(U)/宽度(W)]：782↙      //输入下一点相对长度为 782
指定下一个点或 [圆弧(A)/闭合(C)/半宽(H)/长度(L)/放弃(U)/宽度(W)]：a↙  //选择“圆弧”选项
指定圆弧的端点或
[角度(A)/圆心(CE)/闭合(CL)/方向(D)/半宽(H)/直线(L)/半径(R)/第二个点(S)/放弃(U)/宽度(W)]：a↙                        //选择“角度”选项
指定包含角：180↙                                      //输入角度为 180
指定圆弧的端点或 [圆心(CE)/半径(R)]：r↙              //选择“半径”选项
指定圆弧的半径：870↙                                  //输入圆弧半径为 870
……                                                    //重复操作步骤
```

03 重复操作步骤，完成规则泳池轮廓的绘制，如图 3-19 所示。

【多段线】命令行主要选项介绍如下所示。

- 圆弧(A)：将以绘制圆弧的方式绘制多段线，其下的“半宽”、“长度”、“放弃”与“宽度”选项与主提示中的各选项含义相同。
- 半宽(H)：将指定多段线的半宽值，AutoCAD 将提示用户输入多段线的起点半宽值与终点半宽值。
- 长度(L)：将定义下一条多段线的长度。AutoCAD 将按照上一条线段的方向绘制这一条多段线。若上一段是圆弧，将绘制与此圆弧相切的线段。
- 放弃(U)：将取消上一次绘制的一段多段线。
- 宽度(W)：可以设置多段线宽度值。

R870
782

图 3-19 泳池效果

3.2.5 绘制多线

多线是一种由多条平行线组成的组合图形对象。它可以由 1～16 条平行直线组成，每一

条直线都称为多线的一个元素。多线在实际工程设计中的应用非常广泛，如建筑平面图中绘制墙体，规划设计中绘制道路，管道工程设计中绘制管道剖面等。

3.2.5.1　设置多线样式

系统默认的多线样式称为 STANDARD 样式，它由两条直线组成。在绘制多线前，通常会根据不同的需要对样式进行专门设置。

执行【多线样式】命令的方法如下所示。

- 命令行：MLSTYLE。
- 菜单栏：执行【格式】|【多线样式】命令。

【课堂举例 3-9】设置道路多线样式

01 单击【快速访问】工具栏中的【新建】按钮，新建空白文件。

02 执行【格式】|【多线样式】命令，系统弹出【多线样式】对话框，如图 3-20 所示。

03 单击【新建】按钮，新建名称为“15000”的多线样式，单击【继续】按钮，系统进入【新建多线样式：15000】对话框，设置参数如图 3-21 所示。

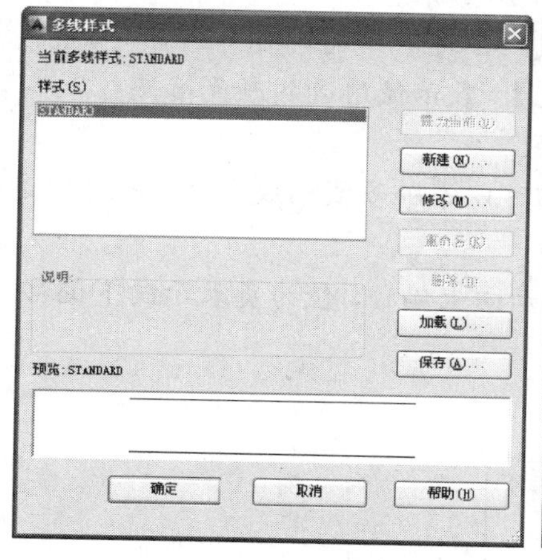

图 3-20　【多线样式】对话框

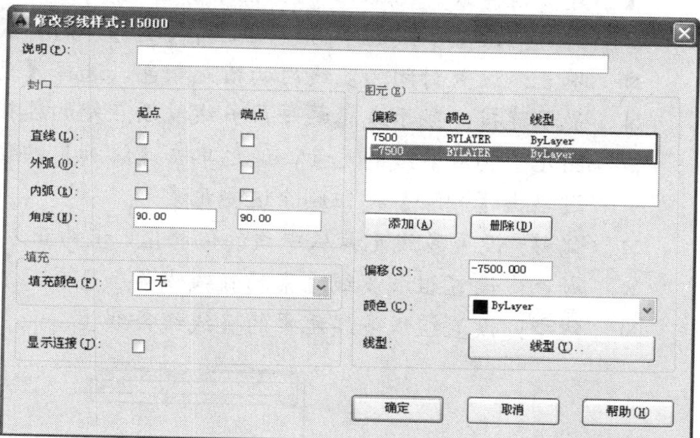

图 3-21 【新建多线样式：15000】对话框

04 调用相同的方法，继续新建“8000”、“6000”多线样式，如图 3-22 和图 3-23 所示。

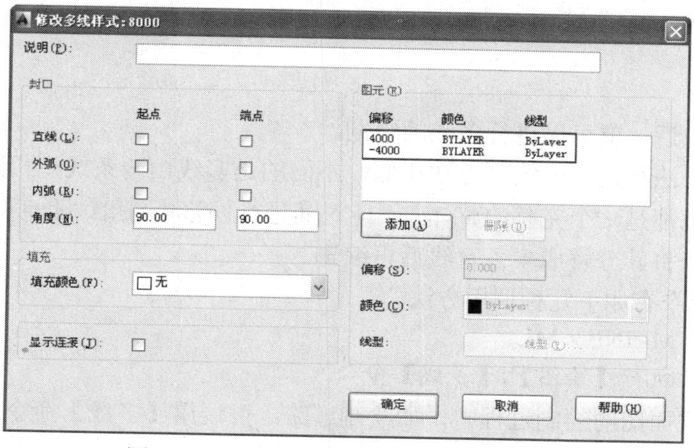

图 3-22　【新建多线样式：8000】对话框

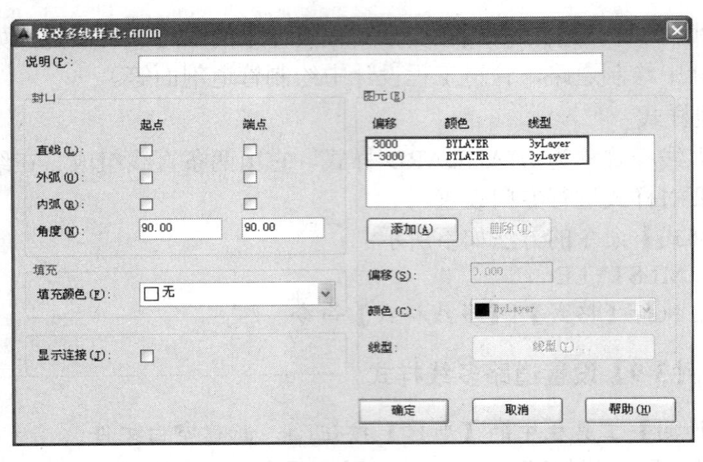

图 3-23 【新建多线样式：6000】对话框

05 道路多线样式设置完成。

【新建多线样式：15000】对话框中各选项的含义如下所示。

- 封口：设置多线的平行线段之间两端封口的样式。各封口样式如图 3-24 所示。
- 填充：设置封闭的多线内的填充颜色，选择【无】，表示使用透明颜色填充。
- 显示连接：显示或隐藏每条多线段顶点处的连接。
- 图元：构成多线的元素，通过单击【添加】按钮可以添加多线构成元素，也可以通过单击【删除】按钮删除这些元素。
- 偏移：设置多线元素从中线的偏移值，值为正表示向上偏移，值为负表示向下偏移。
- 颜色：设置组成多线元素的直线线条颜色。
- 线型：设置组成多线元素的直线线条线型。

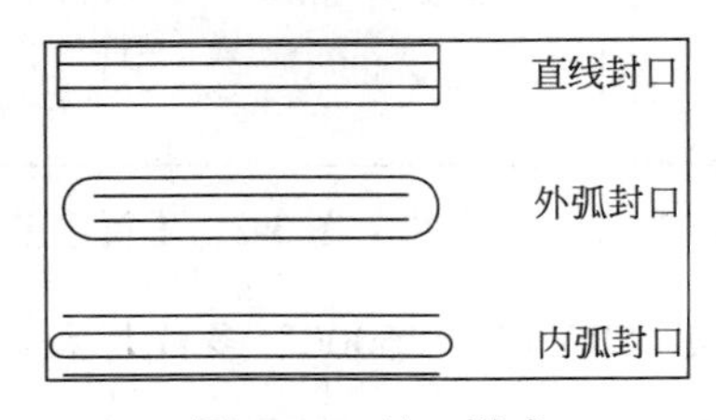

图 3-24 封口样式

3.2.5.2 绘制多线

多线设置完成后，就可以进行多线的绘制。

多线的绘制方法与直线的绘制方法相似，不同的是多线由两条线型相同的平行线组成。绘制的每一条多线都是一个完整的整体，不能对其进行偏移、倒角、延伸和剪切等编辑操作，只能使用分解命令将其分解成多条直线后再编辑。

【多线】的命令有如下几种调用方法。

- 命令行：MLINE / ML。
- 菜单栏：执行【绘图】|【多线】命令。

在某些园林平面图的绘制过程中，如绘制道路，可调用【多线】命令进行绘制，下面将通过实例进行详细的讲解。

【课堂举例 3-10】绘制道路

01 单击【快速访问】工具栏中的【打开】按钮，打开“第 3 章\3-10 绘制道路.dwg”素材文件，如图 3-25 所示。

02 执行【格式】|【多线样式】命令，将“15000”多线样式置于当前。

03 执行【绘图】|【多线】命令，绘制一级道路，如图 3-26 所示，命令行操作如下所示。

```
命令: _ MLINE↙                                    //调用【多线】命令
当前设置: 对正 = 上，比例 = 1.00，样式 = 15000
指定起点或 [对正(J)/比例(S)/样式(ST)]:  J↙          //选择【对正】选项
输入对正类型 [上(T)/无(Z)/下(B)] <上>:  Z↙          //选择【无】选项
当前设置: 对正 = 无，比例 = 1.00，样式 = 15000
指定起点或 [对正(J)/比例(S)/样式(ST)]:
指定下一点:                                       //根据轴线指定起点
指定下一点或 [放弃(U)]:                            //指定终点
```

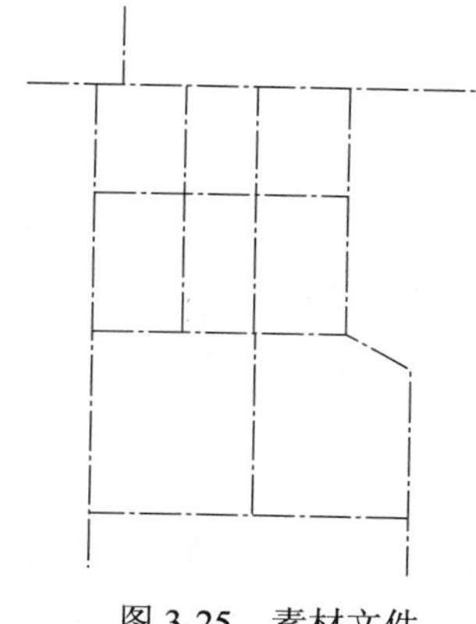

图 3-25　素材文件

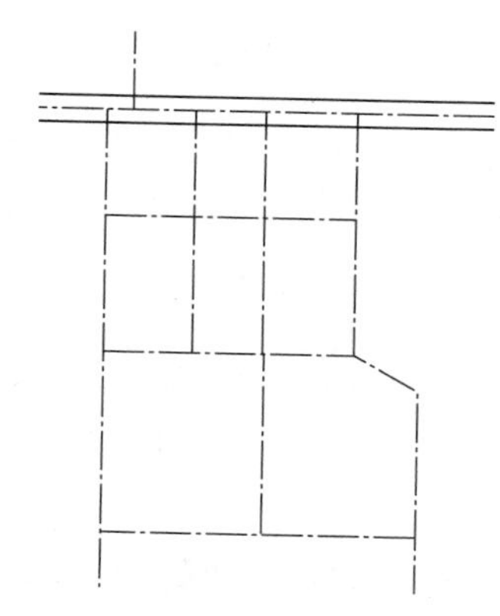

图 3-26　绘制多线

04 继续调用【多线】命令，完成主道路的绘制，效果如图 3-27 所示。

05 将“8000”多线样式置于当前，绘制次级道路，如图 3-28 所示。

06 将“6000”多线样式置于当前，完成次级道路的绘制，如图 3-29 所示。

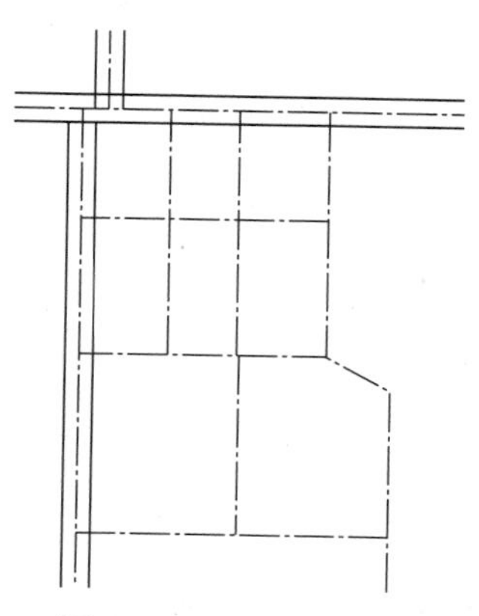

图 3-27　绘制一级道路

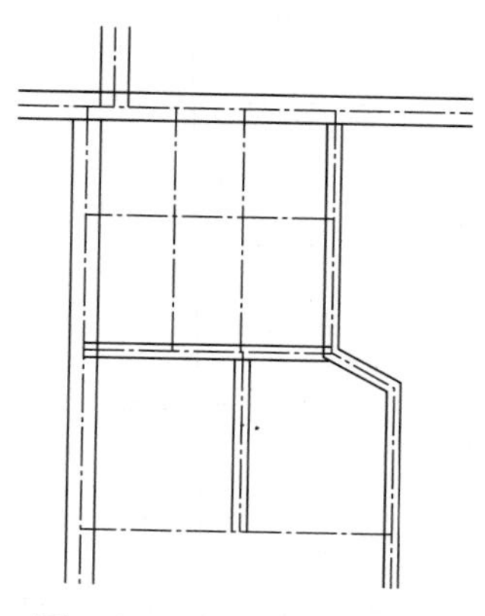

图 3-28　绘制“8000”道路

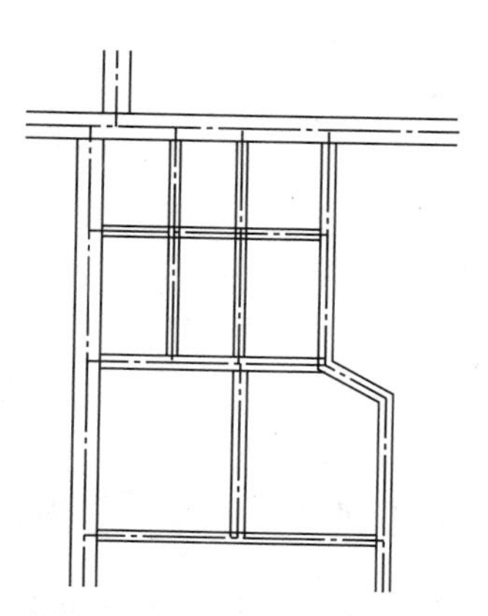

图 3-29　绘制“6000”道路

3.2.5.3　编辑多线

多线绘制完成后，需要根据实际情况对多线进行编辑。除了可以使用【分解】等命令编辑多线以外，还可以在 AutoCAD 中自带的【多线编辑工具】对话框中编辑，如图 3-30 所示。

调用【多线编辑工具】对话框的方法如下所示。

- 命令行：MLEDIT。
- 菜单栏：执行【修改】|【对象】|【多线】命令。

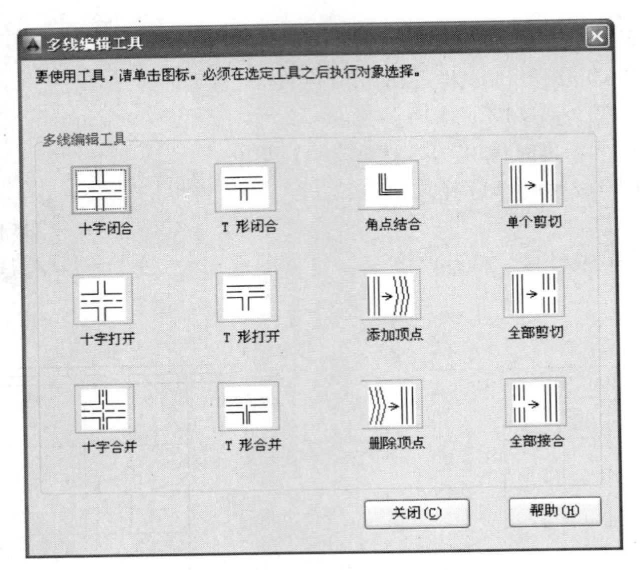

图 3-30　【多线编辑工具】对话框

技巧：当多线绘制完成，双击多线也可弹出【多线编辑工具】对话框。

执行以上命令，系统自动弹出【多线编辑工具】对话框，根据图样选择适合的编辑样式编辑多线。

注意：【T 形闭合】、【T 形打开】和【T 形合并】的选择对象顺序应先选择 T 字的下半部分，再选择 T 字的上半部分，如图 3-31 所示。

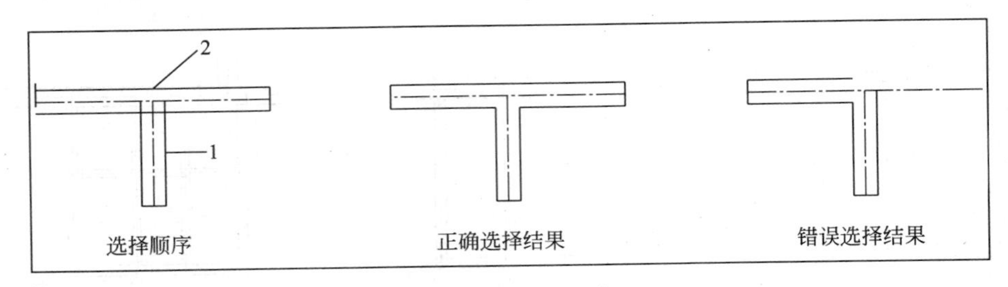

图 3-31　选择顺序

【课堂举例 3-11】编辑多线

01 单击【快速访问】工具栏中的【打开】按钮，打开"第 3 章\3-11 编辑多线.dwg"素材文件，如图 3-29 所示。

02 执行【修改】|【对象】|【多线】命令，在弹出的【多线编辑工具】对话框中选择【T 形打开】按钮，然后选择需要编辑的多线，编辑结果如图 3-32 所示。

03 继续调用【多线编辑工具】，根据实际情况选择适当工具进行编辑，结果如图 3-33 所示。

04 单击【修改】工具栏中的【分解】按钮，对上一步未能编辑的多线进行分解，然后单击【修改】工具栏中的【修剪】按钮，修剪多余线段，如图 3-34 所示，命令行操作如下所示。

```
命令: _explode↙                                              //调用【分解】命令
选择对象: 找到 1 个                                           //选择需要分解的对象
选择对象: 找到 1 个，总计 2 个                                 //选择需要分解的对象
命令: _trim↙                                                 //调用【修剪】命令
当前设置:投影=UCS，边=无
选择剪切边...
选择对象或 <全部选择>:                                        //按空格键确定“全部选择”对象
选择要修剪的对象，或按住 Shift 键选择要延伸的对象，或
[栏选(F)/窗交(C)/投影(P)/边(E)/删除(R)/放弃(U)]:              //选择需要修剪的对象
```

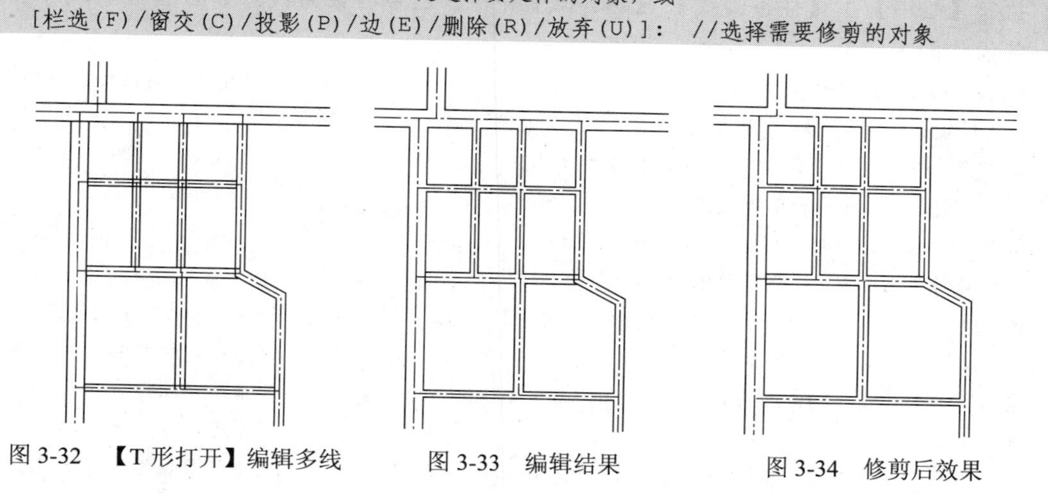

图 3-32　【T 形打开】编辑多线　　图 3-33　编辑结果　　图 3-34　修剪后效果

本实例中涉及的【分解】、【修剪】命令，是图形编辑章节将要详细讲解的内容，这里就不再赘述了。

3.2.6 绘制样条曲线

样条曲线是经过或接近一系列给定点的平滑曲线，它能够自由编辑，可以控制曲线与点的拟合程度。在景观设计中，常用此命令来绘制水体、流线型的园路及模纹等。

执行【样条曲线】命令的方法如下所示。

- 命令行：SPLINE / SPL。
- 工具栏：单击【绘图】工具栏【样条曲线】按钮。
- 菜单栏：执行【绘图】|【样条曲线】|【拟合点】或【控制点】命令。
- 功能区：在【默认】选项卡中，单击绘图面板中的【样条曲线拟合】按钮或【样条曲线控制点】按钮。

【课堂举例 3-12】绘制灌木造型轮廓线

01 单击【快速访问】工具栏中的【打开】按钮，打开“第 3 章\3-12 绘制灌木造型轮廓.dwg”

素材文件，如图 3-35 所示。

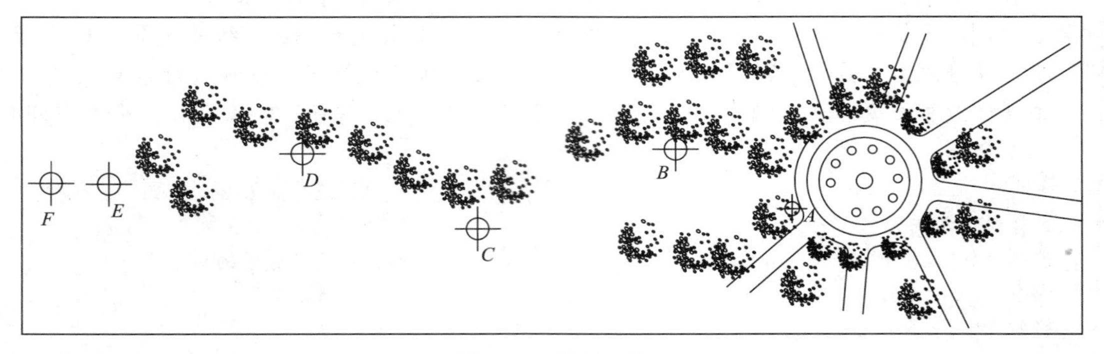

图 3-35　素材文件

02 执行【绘图】|【样条曲线】|【拟合点】命令，绘制样条曲线，如图 3-36 所示，命令行操作如下所示。

```
命令: SPL SPLINE↙                                                //调用【样条曲线】命令
当前设置: 方式=拟合    节点=弦
指定第一个点或 [方式(M)/节点(K)/对象(O)]:
忽略倾斜、不按统一比例缩放的对象。
输入下一个点或 [起点切向(T)/公差(L)]:
忽略倾斜、不按统一比例缩放的对象。
输入下一个点或 [端点相切(T)/公差(L)/放弃(U)]: <对象捕捉 关> <三维对象捕捉关> <极
轴 关>                                                           //指定 A 点为第一点
输入下一个点或 [端点相切(T)/公差(L)/放弃(U)/闭合(C)]:            //指点 B 点为第二点
输入下一个点或 [端点相切(T)/公差(L)/放弃(U)/闭合(C)]:            //指定 C 点为第三点
输入下一个点或 [端点相切(T)/公差(L)/放弃(U)/闭合(C)]:            //指定 D 点为第四点
输入下一个点或 [端点相切(T)/公差(L)/放弃(U)/闭合(C)]:            //指定 E 点为第五点
输入下一个点或 [端点相切(T)/公差(L)/放弃(U)/闭合(C)]:            //指定 F 点为第六点
输入下一个点或 [端点相切(T)/公差(L)/放弃(U)/闭合(C)]:            //按空格键退出命令
```

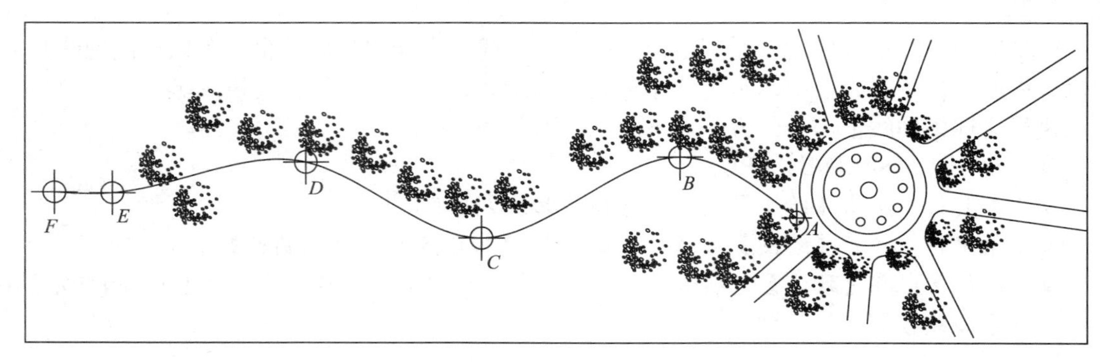

图 3-36　绘制样条曲线

03 继续执行【样条曲线】命令，完成轮廓绘制，结果如图 3-37 所示。

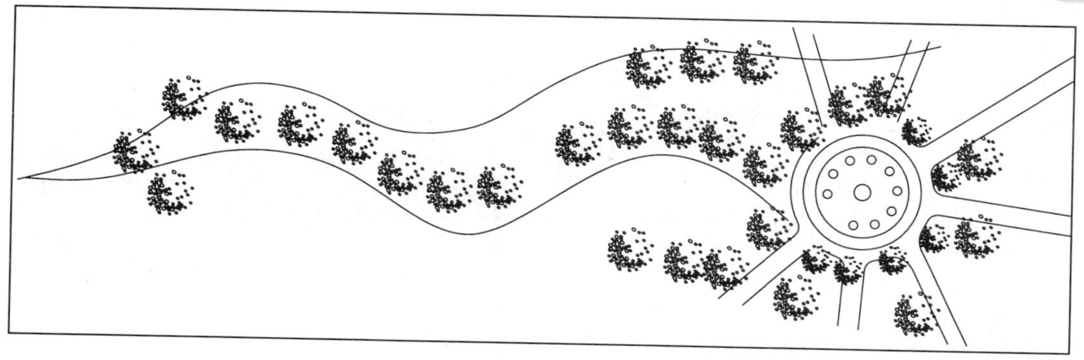

图 3-37　轮廓完成结果

命令行主要选项介绍如下。

- 端点相切：指定在样条曲线终点的相切条件。
- 公差：指定样条曲线可以偏离指定拟合点的距离。公差值 0（零）要求生成的样条曲线直接通过拟合点。公差值适用于所有拟合点（拟合点的起点和终点除外），始终具有为 0（零）的公差。
- 节点：用来确定样条曲线中连续拟合点之间的零部件曲线如何过渡。
- 对象：将二维或三维的二次或三次样条曲线拟合多段线转换成等效的样条曲线。根据 DELOBJ 系统变量的设置，保留或放弃原多段线。
- 控制点：通过移动控制点调整样条曲线的形状，通常可以提供比移动拟合点更好的效果。
- 拟合点：样条曲线必须经过拟合点来创建样条曲线，拟合点不在样条曲线上。
- 起点切向：定义样条曲线的起点和结束点的切线方向。

3.2.7 绘制修订云线

修订云线是一类特殊的线条，它的形状类似于云朵，主要用于突出显示图纸中已修改的部分，在园林绘图中常用于绘制灌木。

执行【修订云线】的方法如下所示。

- 命令行：REVCLOUD。
- 菜单栏：执行【绘图】|【修订云线】命令。
- 工具栏：单击【绘图】工具栏【修订云线】按钮。
- 功能区：在【默认】选项卡中，单击【绘图】面板中的【修订云线】按钮。

【课堂举例 3-13】绘制灌木丛

01 单击【快速访问】工具栏中的【打开】按钮，打开“第 3 章\3-13 绘制灌木丛.dwg”素材文件，如图 3-38 所示。

02 执行【绘图】|【修订云线】命令，绘制灌木丛，如图 3-39 所示，命令行操作如下所示。

```
命令： REVCLOUD↙                                    //调用【修订云线】命令
最小弧长： 1    最大弧长： 2    样式： 普通
指定起点或 [弧长(A)/对象(O)/样式(S)] <对象>:          //指定起点
沿云线路径引导十字光标...
修订云线完成。
```

图 3-38　素材文件

图 3-39　绘制灌木丛效果

命令行主要选项含义如下所示。

- 弧长：指定修订云线的弧长，选择该选项后需要指定最小弧长与最大弧长，其中最大弧长不能超过最小弧长的 3 倍。
- 对象：指定要转换为修订云线的单个闭合对象。
- 样式：用于选择修订云线的样式。选择该选项后，命令提示行将出现“选择圆弧样式[普通（N）/ (C)]<普通>:”的提示信息，默认为【普通】选项。

3.3　绘制几何图形

多边形图形包括矩形、正多边形、圆和椭圆等，也是在绘图过程中使用较多的一类图形，下面逐一讲解这些多边形的绘制方法。

3.3.1 绘制矩形

矩形就是通常所说的长方形，是通过输入矩形的任意两个对角点位置确定的。在 AutoCAD 中绘制矩形可以同时为其设置倒角、圆角，以及宽度和厚度值。

绘制矩形的方法有以下几种。

- 命令行：RECTANG / REC。
- 工具栏：单击【绘图】工具栏【矩形】按钮。
- 菜单栏：执行【绘图】|【矩形】命令。
- 功能区：在【默认】选项卡中，单击【绘图】面板中的【矩形】按钮。

【课堂举例 3-14】绘制休息坐凳

01 单击【快速访问】工具栏中的【新建】按钮，新建空白文件。

02 执行【绘图】|【矩形】命令，绘制尺寸 1200×100 的矩形，命令行操作如下所示。

```
命令: _rectang↙                                        //调用【矩形】命令
指定第一个角点或 [倒角(C)/标高(E)/圆角(F)/厚度(T)/宽度(W)]:
                                                       //在绘图区中任意指定一点
指定另一个角点或 [面积(A)/尺寸(D)/旋转(R)]: d↙          //选择“尺寸”选项
指定矩形的长度 <10.0000>: 1200↙                         //输入矩形长度为 1200
指定矩形的宽度 <10.0000>: 100↙                          //输入矩形宽度为 100
指定另一个角点或 [面积(A)/尺寸(D)/旋转(R)]:              //单击鼠标左键，退出命令
```

03 在上一步绘制的矩形正下方 50 位置，绘制同等大小的矩形，如图 3-40 所示。

04 重复【矩形】命令，绘制其他矩形，结果如图 3-41 所示。

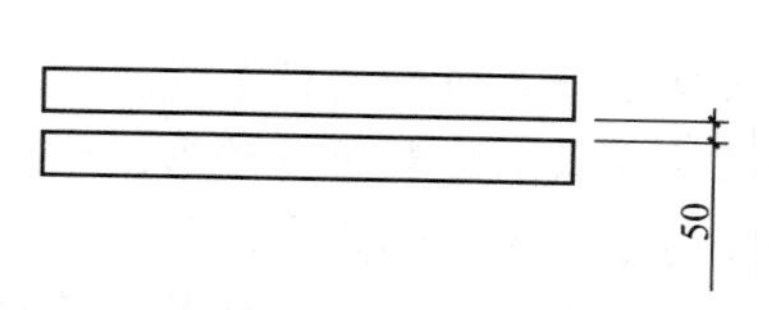

图 3-40　绘制矩形

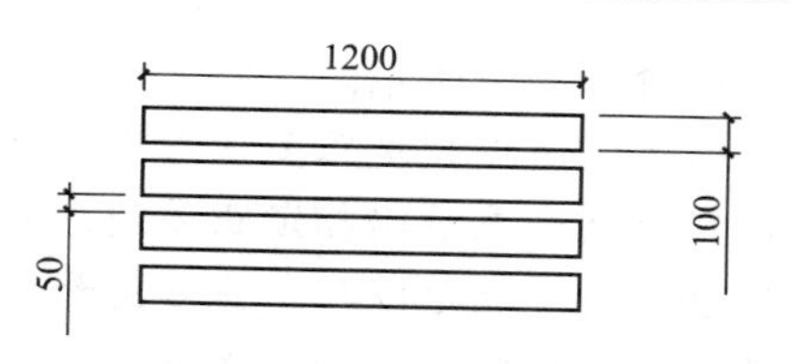

图 3-41　坐凳完成效果

命令行各选项介绍如下。

- 倒角：用来绘制倒角矩形，选择该选项后可指定矩形的倒角距离。设置该选项后，执行矩形命令时此值成为当前的默认值，若不需设置倒角，则要再次将其设置为 0。
- 圆角：用来绘制圆角矩形。选择该选项后可指定矩形的圆角半径。
- 宽度：用来绘制有宽度的矩形。该选项为要绘制的矩形指定多段线的宽度。
- 面积：该选项提供另一种绘制矩形的方式，即通过确定矩形面积大小的方式绘制矩形。
- 尺寸：该选项通过输入矩形的长和宽确定矩形的大小。
- 旋转：选择该选项，可以指定绘制矩形的旋转角度。

3.3.2 绘制正多边形

正多边形是由三条或三条以上长度相等的线段首尾相接形成的闭合图形，其边数范围在 3～1024 之间。

执行【多边形】命令的方法如下所示。

- 命令行：POLYGON / POL。
- 菜单栏：执行【绘图】|【多边形】命令。
- 工具栏：单击【绘图】工具栏【多边形】按钮。
- 功能区：在【默认】选项卡中，单击【绘图】面板中的【多边形】按钮。

【课堂举例 3-15】绘制六角亭平面

01 单击【快速访问】工具栏中的【新建】按钮，新建空白文件。

02 执行【绘图】|【多边形】命令，绘制正六边形，如图 3-42 所示，命令行操作如下所示。

```
命令：_polygon 输入侧面数 <6>：6↙          //调用【多边形】命令，输入侧面数为“6”
指定正多边形的中心点或 [边(E)]：           //在绘图区任意位置指定一点
输入选项 [内接于圆(I)/外切于圆(C)] <I>：i↙   //输入“I”选项
指定圆的半径：2000↙                       //指定内接圆半径为 2000
```

03 执行【绘图】|【直线】命令，绘制对角线，表示六角亭棱线，效果如图 3-43 所示。

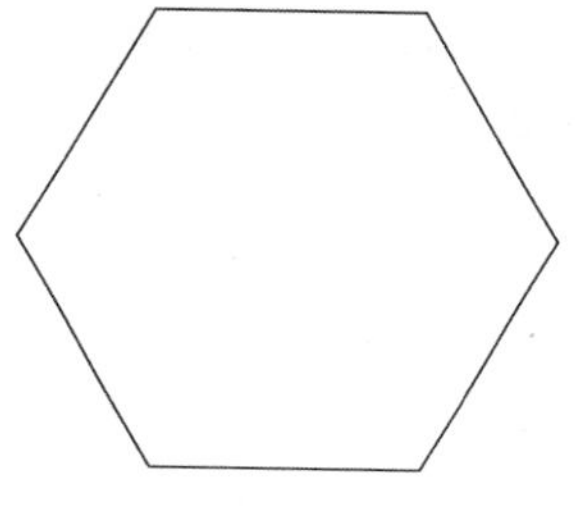

图 3-42　绘制正六边形

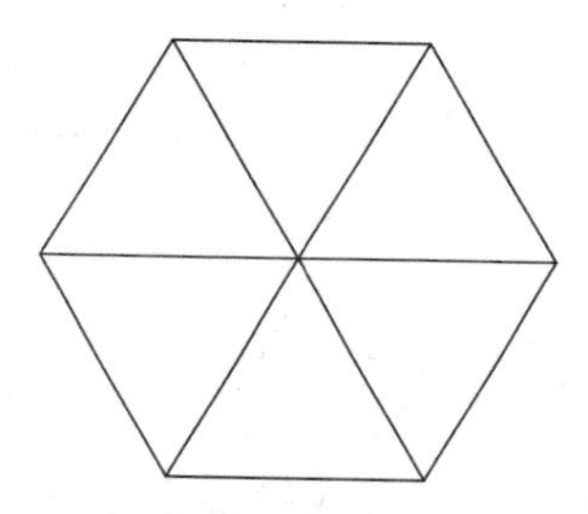

图 3-43　绘制对角线

其各选项含义如下所示。

- 中心点：通过指定正多边形中心点的方式来确定正多边形的位置。
- 内接于圆：表示以指定正多边形内接圆半径的方式来绘制正多边形。
- 外切于圆：表示以指定正多边形外切圆半径的方式来绘制正多边形。
- 边：通过指定其边的方式来绘制正多边形。该方式将通过边的数量和长度确定正多边形。

3.3.3 绘制圆和圆弧

3.3.3.1 绘制圆

执行【圆】命令的方法如下所示。

- 命令行：CIRCLE / C。
- 菜单栏：执行【绘图】|【圆】命令。
- 工具栏：单击【绘图】工具栏【圆】按钮。
- 功能区：在【默认】选项卡中，单击【绘图】面板中的【圆】按钮。

菜单栏中的执行【绘图】|【圆】命令中提供了6种绘制圆的子命令，绘制方式如图3-44所示。各子命令的含义如下所示。

- 圆心、半径：用圆心和半径方式绘制圆。
- 圆心、直径：用圆心和直径方式绘制圆。
- 三点：通过3点绘制圆，系统会提示指定第一点、第二点和第三点。
- 两点：通过两个点绘制圆，系统会提示指定圆直径的第一端点和第二端点。
- 相切、相切、半径：通过两个其他对象的切点和输入半径值来绘制圆。系统会提示指定圆的第一切线和第二切线上的点及圆的半径。
- 相切、相切、相切：通过3条切线绘制圆。

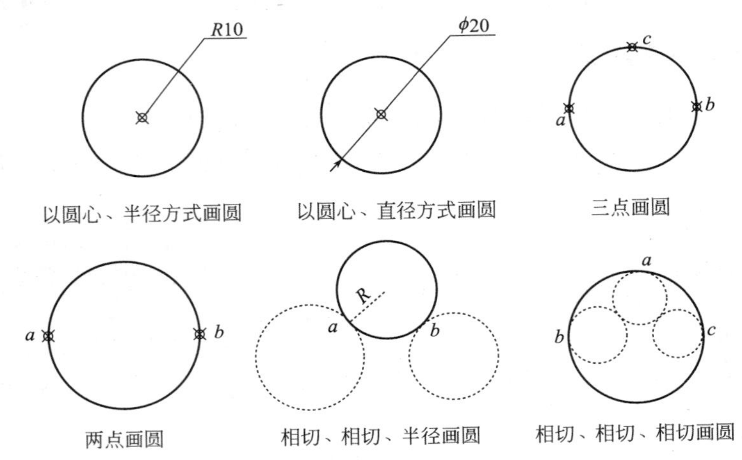

图3-44 圆的6种绘制方式

3.3.3.2 绘制圆弧

执行【圆弧】命令的方法如下所示。

- 命令行：ARC / A。
- 菜单栏：执行【绘图】|【圆弧】命令。

- 工具栏：单击【绘图】工具栏【圆弧】按钮。
- 功能区：在【默认】选项卡中，单击【绘图】面板中的【圆弧】按钮。

在菜单栏中执行【绘图】|【圆弧】命令，其中提供了 11 种绘制圆弧的子命令，绘制方式如图 3-45 所示。各子命令的含义如下所示。

- 三点：通过指定圆弧上的三点绘制圆弧，需要指定圆弧的起点、通过的第二个点和端点。
- 起点、圆心、端点：通过指定圆弧的起点、圆心、端点绘制圆弧。
- 起点、圆心、角度：通过指定圆弧的起点、圆心、包含角绘制圆弧。执行此命令时会出现"指定包含角:"的提示，在输入角度时，如果当前环境设置逆时针方向为角度正方向，且输入正的角度值，则绘制的圆弧是从起点绕圆心沿逆时针方向绘制，反之则沿顺时针方向绘制。
- 起点、圆心、长度：通过指定圆弧的起点、圆心、弦长绘制圆弧。另外，在命令行提示的"指定弦长:"提示信息下，如果所输入的值为负，则该值的绝对值将作为对应整圆的空缺部分圆弧的弦长。
- 起点、端点、角度：通过指定圆弧的起点、端点、包含角绘制圆弧。
- 起点、端点、方向：通过指定圆弧的起点、端点和圆弧的起点切向绘制圆弧。命令执行过程中会出现"指定圆弧的起点切向:"提示信息，此时拖动鼠标动态地确定圆弧在起始点处的切线方向与水平方向的夹角。拖动鼠标时，AutoCAD 会在当前光标与圆弧起始点之间形成一条线，即为圆弧在起始点处的切线。确定切线方向后，单击拾取键即可得到相应的圆弧。
- 起点、端点、半径：通过指定圆弧的起点、端点和圆弧半径绘制圆弧。
- 圆心、起点、端点：以圆弧的圆心、起点、端点方式绘制圆弧。
- 圆心、起点、角度：以圆弧的圆心、起点、圆心角方式绘制圆弧。
- 圆心、起点、长度：以圆弧的圆心、起点、弦长方式绘制圆弧。
- 继续：绘制其他直线或非封闭曲线后选择【绘图】|【圆弧】|【继续】命令，系统将自动以刚才绘制的对象的终点作为即将绘制的圆弧的起点。

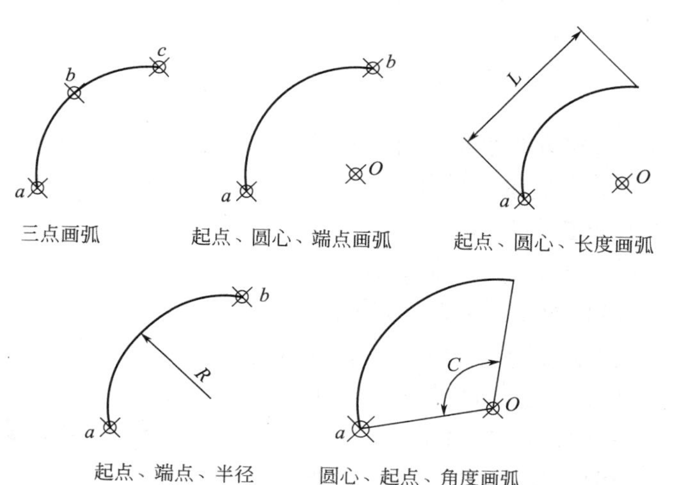

图 3-45　几种最常用的绘制圆弧的方法

【课堂举例 3-16】绘制圆弧平台

01 单击【快速访问】工具栏中的【打开】按钮，打开“第 3 章\3-16 绘制圆弧平台.dwg”素材文件，如图 3-46 所示。

02 单击【绘图】工具栏【圆弧】按钮，绘制平台，如图 3-47 所示，命令行操作如下所示。

```
命令： ARC↙                                              //调用【圆弧】命令
圆弧创建方向：逆时针(按住 Ctrl 键可切换方向)。
指定圆弧的起点或 [圆心(C)]:                                //指定“A”点为起点
指定圆弧的第二个点或 [圆心(C)/端点(E)]: e↙                 //输入“E”选项
指定圆弧的端点：                                           //指定“B”点为端点
指定圆弧的圆心或 [角度(A)/方向(D)/半径(R)]: a 指定包含角: 219↙    //选择“A”选项，
输入角度为 219°
```

提示：AutoCAD 2014 中，【圆弧】命令得到增强，当需要确定圆弧方向时，可以按住 Ctrl 键，根据光标方向进行切换。

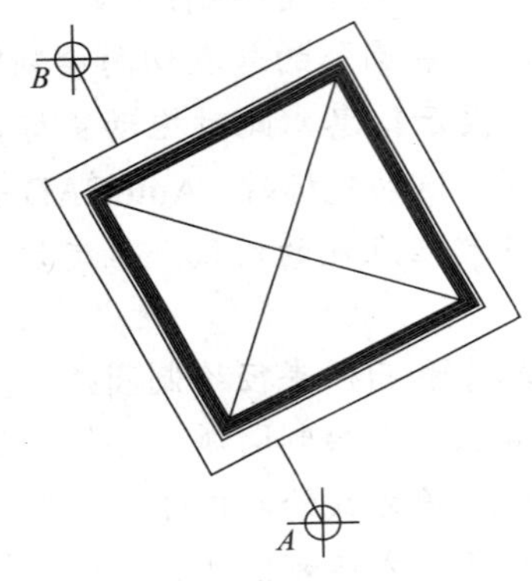

图 3-46　素材文件

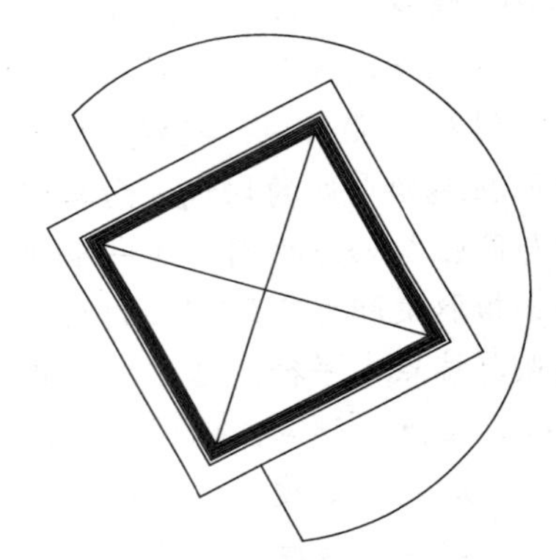

图 3-47　绘制对角线

在介绍绘制圆弧的方法时，已将命令行各选项一起作了介绍，这里就不再赘述了。

3.3.4 椭圆

3.3.4.1　绘制椭圆

椭圆是平面上到定点距离与到指定直线间距离之比为常数的所有点的集合。

执行【椭圆】命令的方法如下所示。

- 命令行：ELLIPSE / EL。
- 菜单栏：单击【绘图】|【椭圆】命令。
- 工具栏：【绘图】工具栏【椭圆】按钮。
- 功能区：在【默认】选项卡中，单击【绘图】面板中的【椭圆】按钮。

在 AutoCAD 中，绘制椭圆有两种方法，即指定端点和指定中心点。

- 指定端点：单击菜单栏中的【绘图】|【椭圆】|【轴、端点】命令，或在命令行中执行 ELLIPSE / EL 命令，根据命令行提示绘制椭圆。
- 指定中点：单击菜单栏中的【绘图】|【椭圆】|【中点】命令，或在命令行中执

行 ELLIPSE／EL 命令，根据命令行提示绘制椭圆。

【课堂举例 3-17】绘制喷泉广场轮廓

01 单击【快速访问】工具栏中的【打开】按钮，打开"第 3 章\3-17 绘制喷泉广场轮廓.dwg"素材文件，如图 3-48 所示。

02 单击【绘图】|【椭圆】命令，绘制轮廓，如图 3-49 所示，命令行操作如下所示。

```
命令: EL ELLIPSE↙                                   //调用【椭圆】命令
指定椭圆的轴端点或 [圆弧(A)/中心点(C)]: c↙            //选择【中心点】选项
指定椭圆的中心点:                                     //指定圆心"A"为椭圆中心点
指定轴的端点: 11420↙                                 //开启正交功能，输入端点距离为
11420
指定另一条半轴长度或 [旋转(R)]: 6000↙                  //输入另一条半轴长度为 6000
```

03 继续调用【椭圆】命令，绘制其他轮廓线，完成喷泉广场轮廓的绘制，绘制结果如图 3-50 所示。

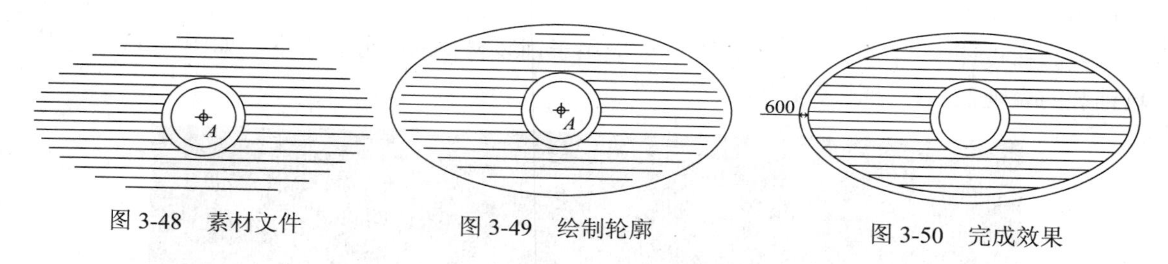

图 3-48　素材文件　　图 3-49　绘制轮廓　　图 3-50　完成效果

3.3.4.2　绘制椭圆弧

椭圆弧是椭圆的一部分，和椭圆不同的是，它的起点和终点没有闭合。

执行【椭圆弧】命令的方法如下所示。

- 命令行：ELLIPSE／EL。
- 菜单栏：执行【绘图】|【椭圆】|【圆弧】命令。
- 工具栏：单击【绘图】工具栏【椭圆弧】按钮。
- 功能区：在【默认】选项卡中，单击【绘图】面板中的【椭圆弧】按钮。

【课堂举例 3-18】绘制广场轮廓

01 单击【快速访问】工具栏中的【打开】按钮，打开"第 3 章\3-18 绘制广场轮廓.dwg"素材文件，如图 3-51 所示。

02 单击【绘图】工具栏【椭圆弧】按钮，绘制椭圆弧，命令行操作如下所示。

```
命令: _ellipse↙
指定椭圆的轴端点或 [圆弧(A)/中心点(C)]: _a↙          //调用【椭圆弧】命令
指定椭圆弧的轴端点或 [中心点(C)]:                     //指定"A"点为轴端点
指定轴的另一个端点:                                   //指定"B"点为另一个端点
指定另一条半轴长度或 [旋转(R)]: 3816↙                 //输入半轴长度为 3816
指定起点角度或 [参数(P)]:                             //指定"C"点为起点角度
指定端点角度或 [参数(P)/包含角度(I)]:                  //指定"D"点为端点角度
```

03 绘制效果如图 3-52 所示。

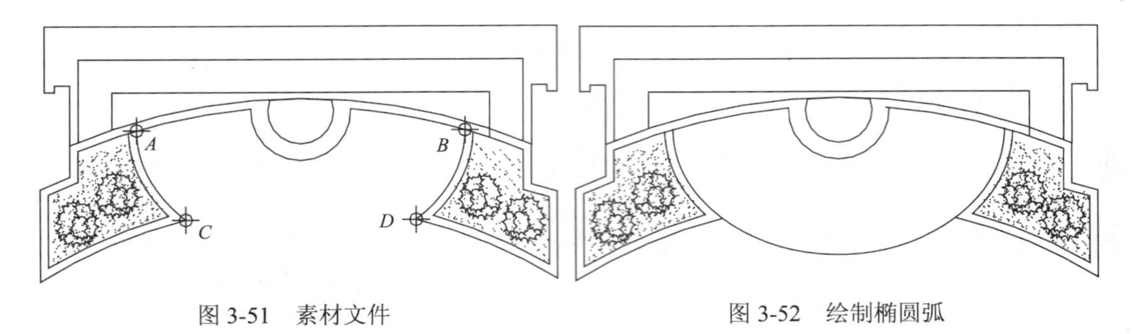

图 3-51 素材文件　　　　图 3-52 绘制椭圆弧

3.4 图案填充

图案填充是通过指定的线条、颜色以及比例来填充指定区域的一种操作方式。它常用于表达剖切面和不同类型物体的外观纹理和材质等特性，被广泛用于机械加工、建筑工程以及地质构造等各类工程视图中。

在园林设计中，【图案填充】命令主要应用于铺装材料的区分和表现，如图 3-53 所示广场铺装的表现及园路铺装表现等。

图 3-53 铺装表现

执行【图案填充】命令的方法如下所示。

- 命令行： HATCH/ H。
- 菜单栏：执行【绘图】|【图案填充】命令。
- 工具栏：单击【绘图】工具栏中的【图案填充】按钮。
- 功能区：在【默认】选项卡中，单击【绘图】面板中的【图案填充】工具按钮。

3.4.1 绘制预定义图案

执行【图案填充】命令后，打开如图 3-54 所示的【图案填充和渐变色】对话框，在此对话框内，AutoCAD 共为用户提供了“预定义图案”和“用户定义图案”两种现有图案。下面

通过课堂举例形式对实际操作进行详细的介绍。

【课堂举例 3-19】填充花坛

01 单击【快速访问】工具栏中的【打开】按钮，打开“第 3 章\3-19 填充花坛.dwg”素材文件，如图 3-55 所示。

02 执行【绘图】|【图案填充】命令，打开如图 3-54 所示对话框。

03 在【图案填充和渐变色】对话框中，单击图案选项框中的[...]按钮，在弹出的【填充图案选项板】对话框中选择 GRASS 图案，如图 3-56 所示。单击【确定】按钮，返回【图案填充和渐变色】对话框，并设置填充比例为 25，其他参数保持默认。

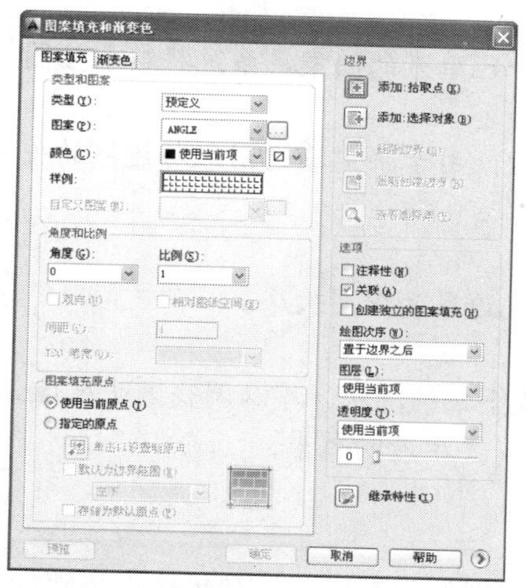

图 3-54　【图案填充和渐变色】对话框

图 3-55　素材文件

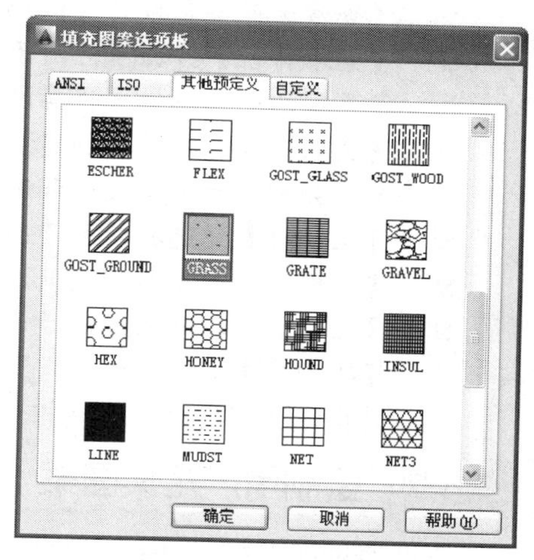

图 3-56　设置参数

04 单击【添加：拾取点】按钮，拾取填充区域，按空格键，返回对话框，单击【确定】按钮，填充效果如图 3-57 所示。

05 继续执行【图案填充】命令，在【图案填充和渐变色】对话框中选择 AR-RROOF 图案，其他参数保持默认，如图 3-58 所示。

图 3-57　填充 GRASS 图案

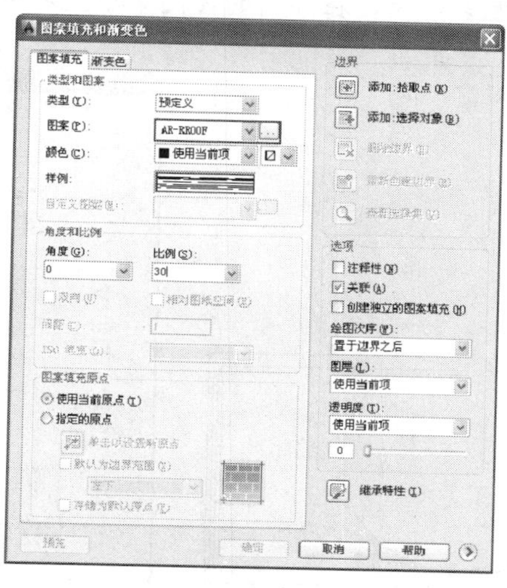

图 3-58　设置参数

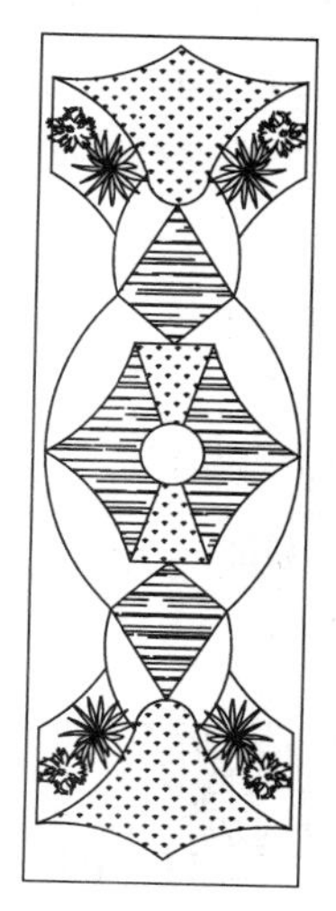

图 3-59　填充效果

06 单击【添加：拾取点】按钮，拾取填充区域，按空格键返回对话框，单击【确定】按钮，完成填充，效果如图 3-59 所示。

对话框选项介绍如下。

- 【角度】下拉文本框：用于设置填充图案的角度。
- 【比例】下拉文本框：用于设置图案的填充比例。
- 【添加：拾取点】按钮：用于填充区域内部拾取任意一点，AutoCAD 将自动搜索到包含该点的区域边界，并以虚线显示边界。
- 【添加：选择对象】按钮：用于直接选择需要填充的单个闭合图形。
- 【删除边界】按钮：用于删除位于选定填充区内但不填充区域。
- 【查看选择集】按钮：用于查看所确定的边界。
- 【继承特性】按钮：用于在当前图形中选择一个已填充的图案，系统将继承该图案类型的一切属性并将其设置为当前图案。
- 【关联】复选框和【创建独立的图案填充】复选框：用于确定填充图形与边界的关系。分别用于创建关联和不关联的填充图案。
- 【注释性】复选框：用于为图案添加注释特性。
- 【绘图次序】下拉列表：用于设置填充图案和填充边界的绘图次序。
- 【图层】下拉列表：用于设置填充图案的所在图层。
- 【透明度】下拉列表：用于设置图案透明度，拖拽下侧的滑块，可以调整透明度值。当指定透明度后，需要打开状态栏上的按钮，以显示透明效果。

3.4.2 绘制用户定义图案

下面通过填充小户型室内地材图为例，学习用户定义图案的填充过程，具体操作步骤如下所述。

【课堂举例 3-20】填充小户型地材图

01 单击【快速访问】工具栏中的【打开】按钮，打开“第 3 章\3-20 填充小户型地材图.dwg”素材文件，如图 3-60 所示。

02 执行【绘图】|【图案填充】命令，在弹出的【图案填充和渐变色】对话框中设置参数，如图 3-61 所示。

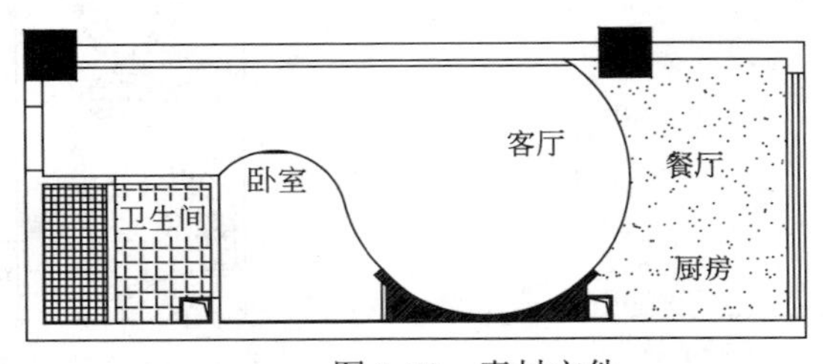

图 3-60 素材文件

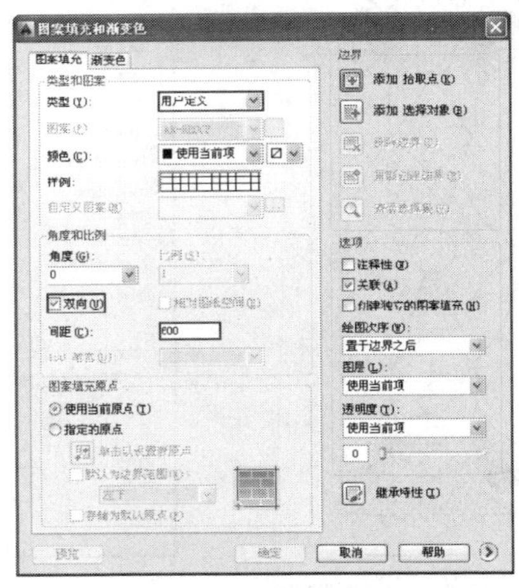

图 3-61 设置参数

03 单击【添加：拾取点】按钮，在户型图中拾取填充区域，填充效果如图 3-62 所示。

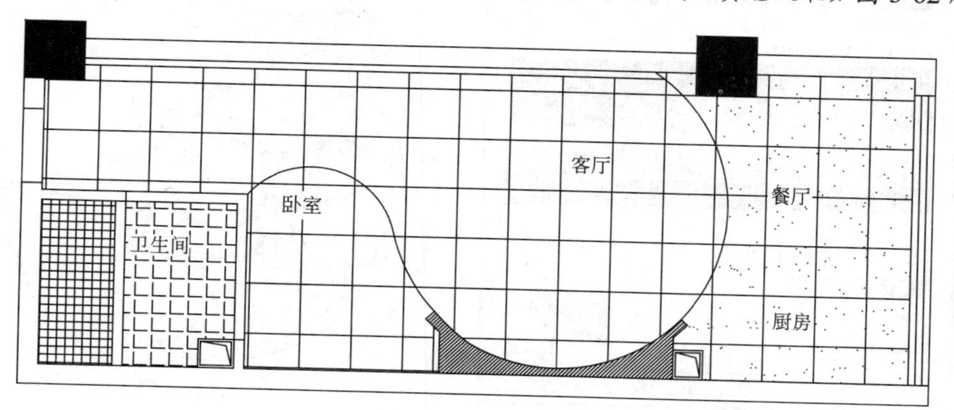

图 3-62　填充效果

3.4.3 绘制渐变色图案

下面以填充水池为例，学习渐变色图案的填充，操作步骤如下所述。

【课堂举例 3-21】填充水池

01 单击【快速访问】工具栏中的【打开】按钮，打开“第 3 章\3-21 填充水池.dwg”素材文件，如图 3-63 所示。

02 执行【绘图】|【图案填充】命令，打开【图案填充和渐变色】对话框，单击【渐变色】选项卡，如图 3-64 所示。

图 3-63　素材文件

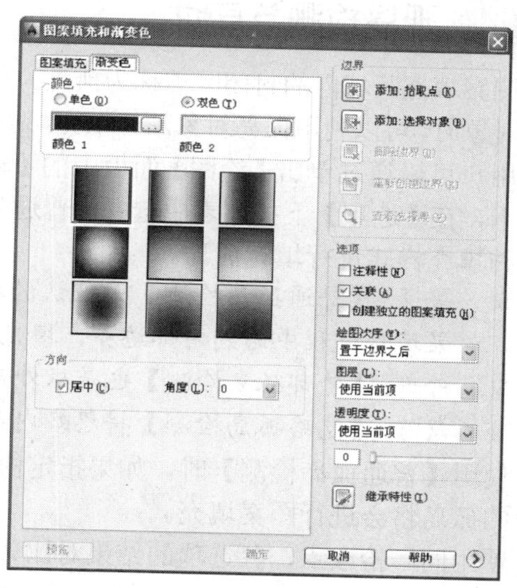

图 3-64　切换至【渐变色】选项卡

03 选择【单色】单选按钮，单击按钮，在弹出的【选择颜色】对话框中选择 150 号颜色，如图 3-65 所示。

04 单击【添加：拾取点】按钮，拾取“游泳池”和“戏水池”区域，单击空格键，返回【图案填充和渐变色】对话框，单击【确定】按钮，完成水池填充，效果如图 3-66 所示。

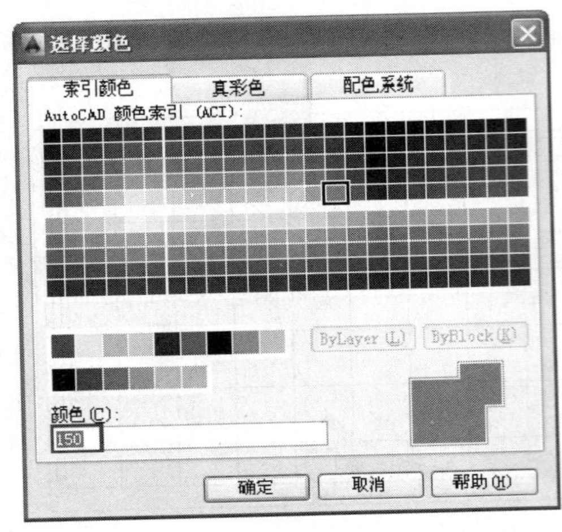

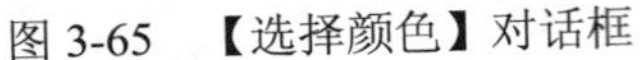
图 3-65 【选择颜色】对话框

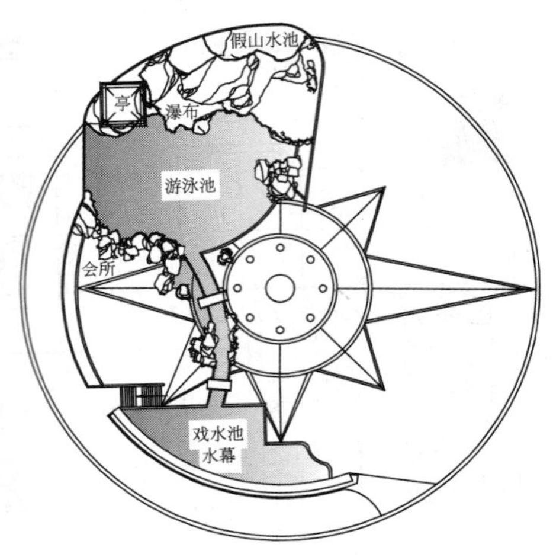

图 3-66 填充效果

【渐变色】选项卡选项说明如下所示。

- 【单色】单选按钮：用于以一种渐变色进行填充，[显示框]显示框用于显示当前的填充颜色，双击该颜色框或单击其右侧的[...]按钮，可以打开【选择颜色】对话框，用户可根据需要选择颜色。
- [滑动条]【暗——明】滑动条：拖动滑动块可以调整填充颜色的明暗度，如果用户激活【双色】选项，此滑动条自动转换为颜色显示框。
- 【双色】单选按钮：用于以两种颜色的渐变色作为填充色。
- 【角度】下拉列表：用于设置渐变填充的倾斜角度。

3.4.4 孤岛检测与其他

图案填充区域内的封闭区被称为孤岛。在填充区域内有文字、公式以及孤立的封闭图形等特殊对象时，可以利用孤岛对象断开填充，避免在填充图案时覆盖一些重要的文本注释或标记。

用户可以通过单击【绘图】面板中的【渐变色】工具按钮[按钮]，系统弹出【图案填充创建】选项卡，在【选项】下拉列表中选择【普通孤岛检测】、【外部孤岛检测】和【忽略孤岛检测】这三种填充样式进行填充孤岛。

- 普通：【普通孤岛检测】是默认的填充样式，这种样式将从外部边界向内填充。如果填充过程中遇到内部边界，填充将关闭，直到遇到另一个边界为止。
- 外部：【外部孤岛检测】也是从外部边界向内填充，并在下一个边界处停止。
- 忽略：【忽略孤岛检测】将忽略内部边界，填充整个闭合区域

使用【普通孤岛检测】时，如果指定内部拾取点，则孤岛一直不会进行图案填充，而孤岛内的孤岛将会进行图案填充。

使用同一拾取点，各选项的结果对比效果如图 3-67 所示。

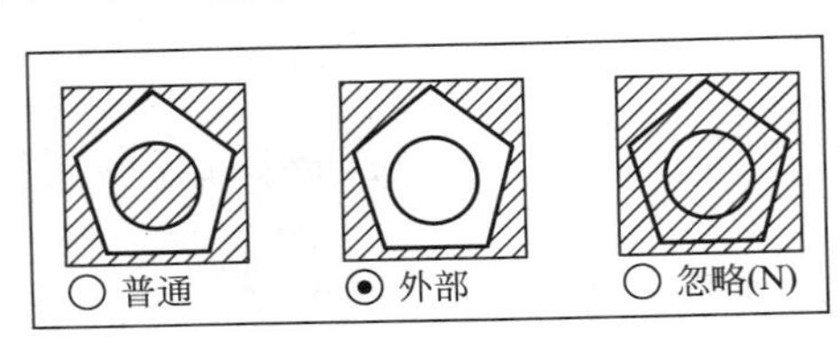

图 3-67 孤岛样式

3.5　本章小结

本章主要学习了各类常用几何图元的绘制功能，具体有点、线、几何图形以及图案填充功能。掌握这些基本的绘图工具，可以方便用户绘制简单的图形，从而为景观设计奠定基础，以满足后续设计要求，通过本章的学习，需要掌握以下几个知识点。

- 点：点样式的设置，定数等分和定距等分在园林设计中的灵活运用。
- 线：重点掌握直线、多段线、样条曲线的绘制，在园林设计中这三种工具是运用最广的，几乎任何一个图形都会涉及。其次，修订云线主要用于绘制灌木丛；多线在室内设计中运用较多，园林设计稍有涉及。
- 几何图形：几何图形工具在园林设计中都非常重要，如建筑小品中的凉亭平面的绘制，将涉及正多边形的应用。用户也需要重点掌握几何图元的绘图技巧，具备基本的图元绘制技能。
- 图案填充：填充功能主要应用于道路广场铺装设计，以及一些详图的绘制。用户需要掌握图案填充参数设置及其编辑图案的功能。

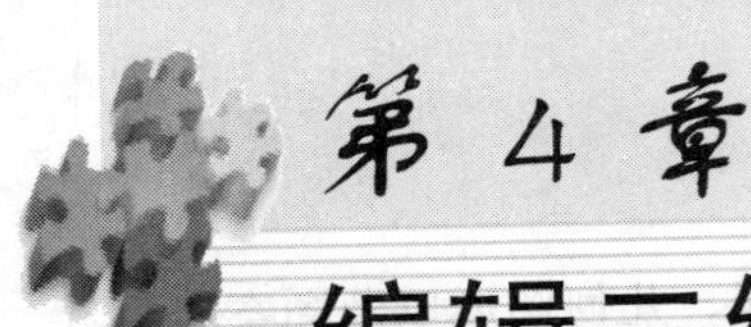

第 4 章 编辑二维图形

使用 AutoCAD 绘图是一个由简到繁、由粗到精的过程。AutoCAD 2014 提供了丰富的图形编辑命令，如复制、移动、旋转、镜像、偏移、阵列、拉伸、修剪等。使用这些命令，能够方便地改变图形的大小、位置、方向、数量及形状，从而绘制出更为复杂的图形。

4.1 对象的选择和删除

4.1.1 选择对象

在编辑图形之前，首先需要对编辑的图形进行选择。AutoCAD 2014 提供了多种选择对象的基本方法，如点选、框选、栏选、围选等。

4.1.1.1 点选

点选对象是直接用鼠标在绘图区中单击需要选择的对象。它分为多个选择和单个选择方式。单个选择方式一次只能选中一个对象，如图 4-1 所示，即选择了图形最右侧的一条边。可以连续单击需要选择的对象，来同时选择多个对象，如图 4-2 所示。

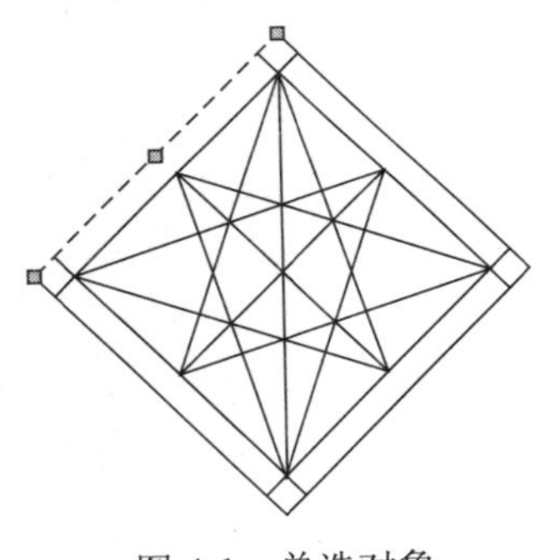

图 4-1 单选对象

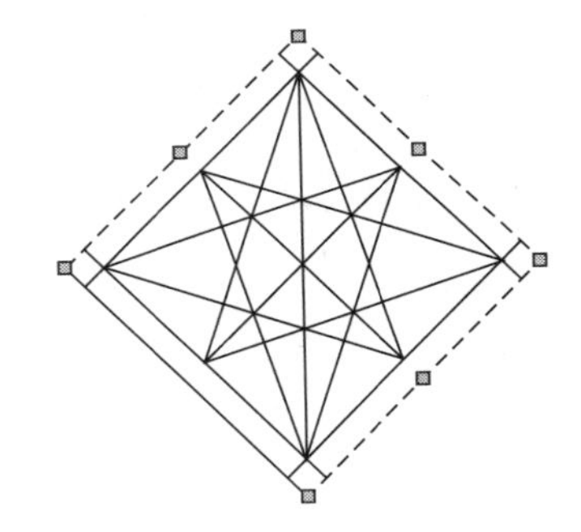

图 4-2 多次单选对象

4.1.1.2 框选

使用框选可以一次性选择多个对象。其操作也比较简单，方法为：按住鼠标左键不放，拖动鼠标成一矩形框，然后通过该矩形选择图形对象。依鼠标拖动方向的不同，框选又分为窗口选择和窗交选择。

❑ 窗口选择对象

窗口选择对象是指按住鼠标向右上方或右下方拖动，框住需要选择的对象，此时绘图区将出现一个实线的矩形方框，如图 4-3 所示。释放鼠标后，被方框完全包围的对象将被选中，如图 4-4 所示，虚线显示部分为被选择的部分。

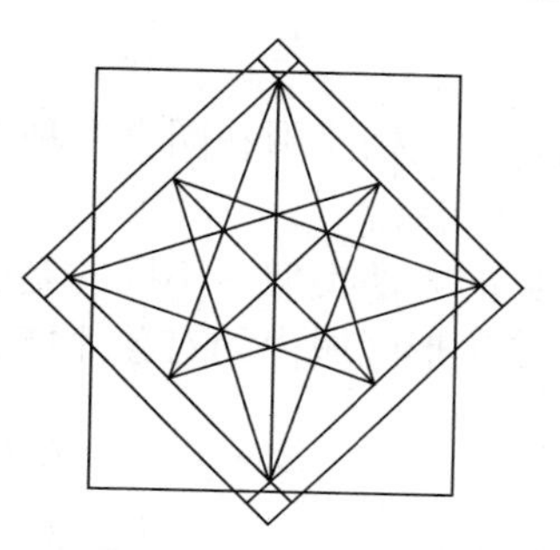

图 4-3　窗口选择对象

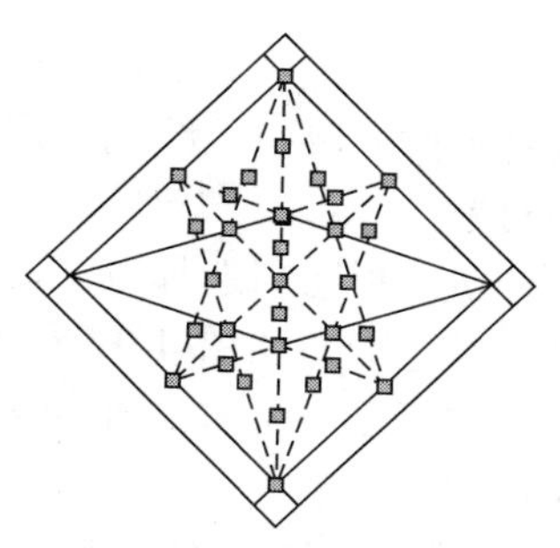

图 4-4　窗口选择结果

❑　窗交选择对象

窗交选择对象的选择方向正好与窗口选择相反，它是按住鼠标左键向左上方或左下方拖动，框住需要选择的对象，此时绘图区将出现一个虚线的矩形方框，如图 4-5 所示。释放鼠标后，与方框相交和被方框完全包围的对象都将被选中，如图 4-6 所示，虚线显示部分为被选择的部分。

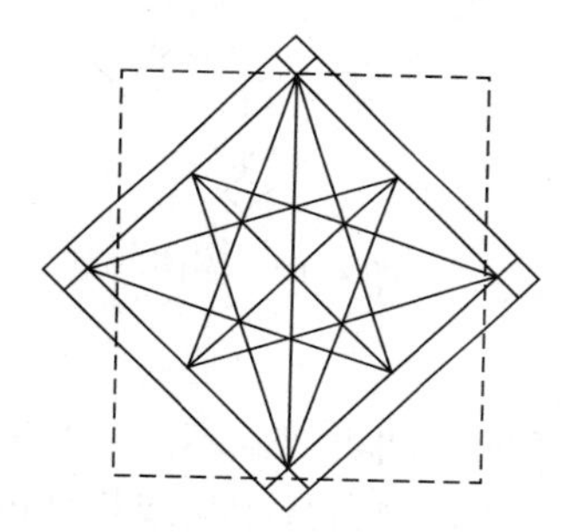

图 4-5　窗交选择对象

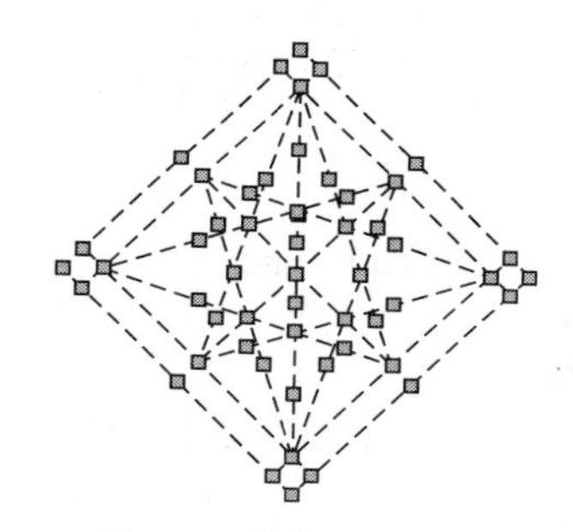

图 4-6　窗交选择结果

4.1.1.3　栏选

栏选图形即在选择图形时拖曳出任意折线，如图 4-7 所示。凡是与折线相交的图形对象均被选中，如图 4-8 所示，虚线显示部分为被选择的部分。使用该方式选择连续性对象非常方便，但栏选线不能封闭或相交。

单击鼠标左键，命令行操作如下所示。

```
命令：指定对角点或 [栏选(F)/圈围(WP)/圈交(CP)]：f          //选择“F”选项，激活【栏选】命令
指定下一个栏选点或 [放弃(U)]：
```

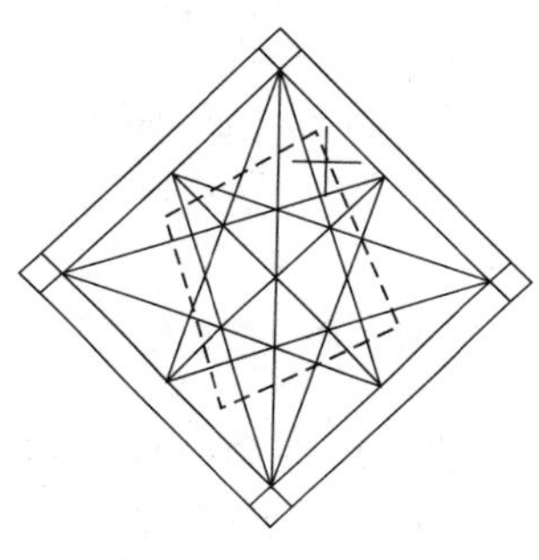

图 4-7　栏选对象

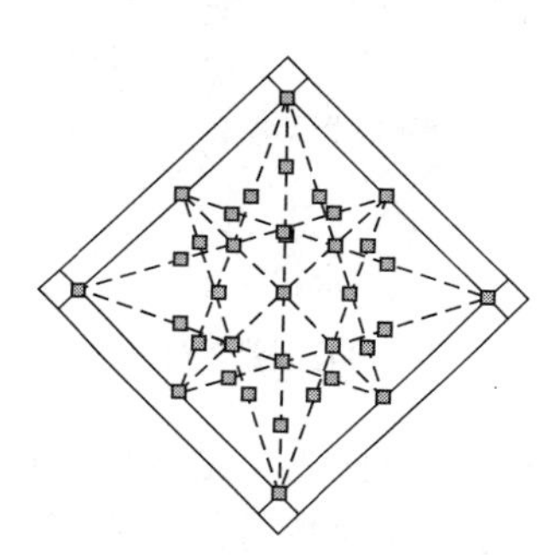

图 4-8　栏选结果

4.1.1.4 围选

围选对象是根据需要自己绘制不规则的选择范围。它包括圈围和圈交两种方法。

❑ 圈围对象

圈围是一种多边形窗口选择方法，与窗口选择对象的方法类似，不同的是圈围方法可以构造任意形状的多边形，如图 4-9 所示。完全包含在多边形区域内的对象才能被选中，如图 4-10 所示，虚线显示部分为被选择的部分。

命令行操作如下所示。

```
命令: 指定对角点或 [栏选(F)/圈围(WP)/圈交(CP)]: wp                //输入“WP”
选项，激活【圈围】命令
指定直线的端点或 [放弃(U)]:
```

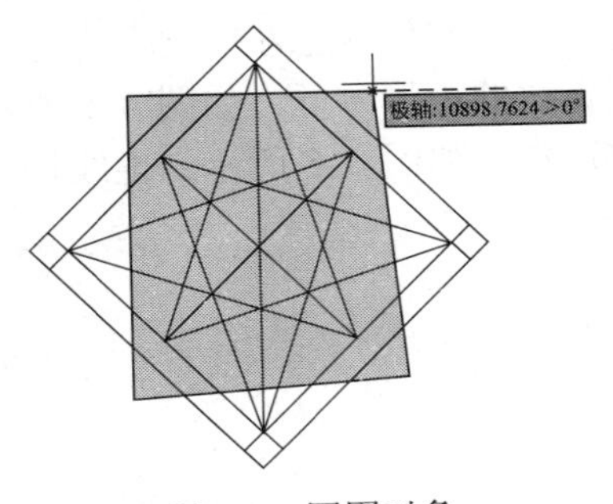

图 4-9 圈围对象

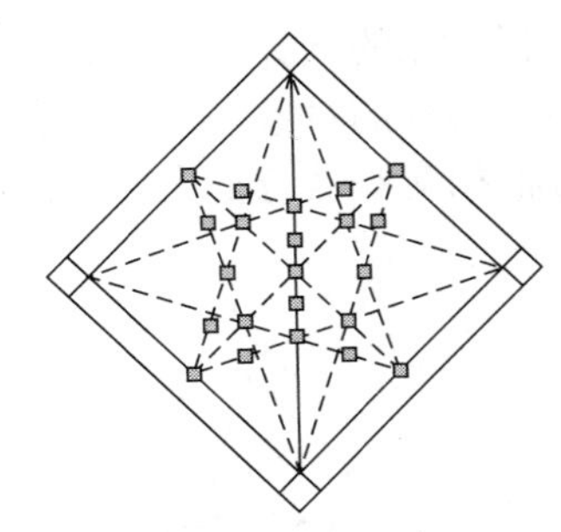

图 4-10 圈围结果

❑ 圈交对象

圈交是一种多边形窗交选择方法，与窗交选择对象的方法类似，不同的是圈交方法可以构造任意形状的多边形，它可以绘制任意闭合但不能与选择框自身相交或相切的多边形，如图 4-11 所示。选择完毕后可以选择多边形中与它相交的所有对象，如图 4-12 所示，虚线的显示部分为被选择的部分。

命令行操作如下所示。

```
命令: 指定对角点或 [栏选(F)/圈围(WP)/圈交(CP)]: cp                //输入
“CP”，激活【圈交】命令
指定直线的端点或 [放弃(U)]:
```

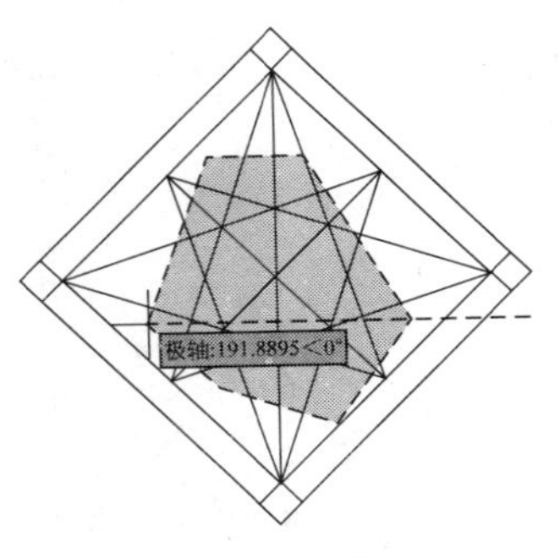

图 4-11 圈交对象

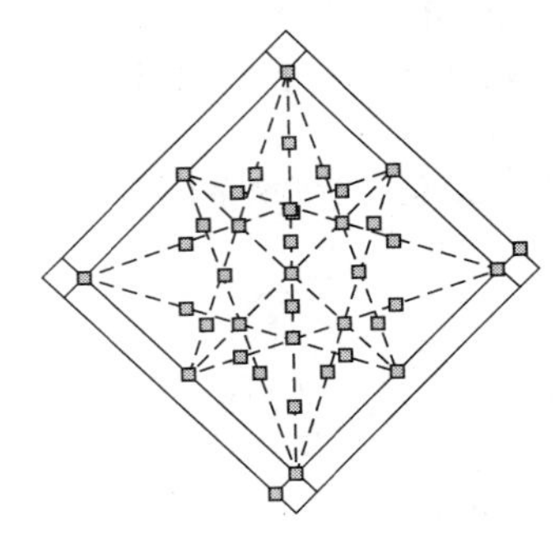

图 4-12 圈交结果

一般情况下，选择对象是直接利用鼠标进行操作。当然也可在命令行中输入 SELECT 命令，按 Enter 键，在命令行的“选择对象:”提示下输入“？”，命令行将显示相关提示，以供用户选择相关的选择方式，命令行提示如下所示。

需要点或窗口(W)/上一个(L)/窗交(C)/框(BOX)/全部(ALL)/栏选(F)/圈围(WP)/圈交(CP)/编组(G)/添加(A)/删除(R)/多个(M)/前一个(P)/放弃(U)/自动(AU)/单个(SI)/子对象(SU)/对象(O)

4.1.2 快速选择

【快速选择】可以根据对象的名称、图层、线型、颜色、图案填充等特性和类型创建选择集，从而可以准确快速地从复杂的图形中选择满足某种特性的图形对象。

执行【快速选择】命令的方法如下所示。

- 命令行：QSELECT。
- 菜单栏：执行【工具】|【快速选择】命令。

执行【快速选择】命令后，系统弹出【快速选择】对话框，如图4-13所示，根据要求设置选择范围，单击【确定】按钮，完成选择操作。

4.1.3 删除对象

在AutoCAD中，可以用【删除】命令，删除选中的对象，这是一个最常用的操作。

【删除】命令有以下几种调用方法。

- 命令行：ERASE/E命令。
- 菜单栏：执行【修改】|【删除】命令。
- 工具栏：单击【修改】工具栏【删除】按钮。
- 功能区：在【默认】选项卡中，单击【修改】面板中的【删除】按钮。

【课堂举例4-1】删除对象

01 单击【快速访问】工具栏中的【打开】按钮，打开“第4章\4-1 删除对象.dwg”素材文件，如图4-14所示。

02 执行【修改】|【删除】命令，选择删除对象，如图4-15所示，命令行提示如下所示。

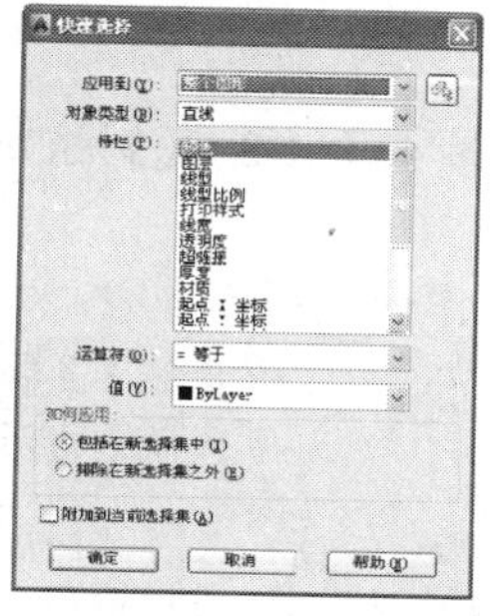

图4-13 【快速选择】对话框

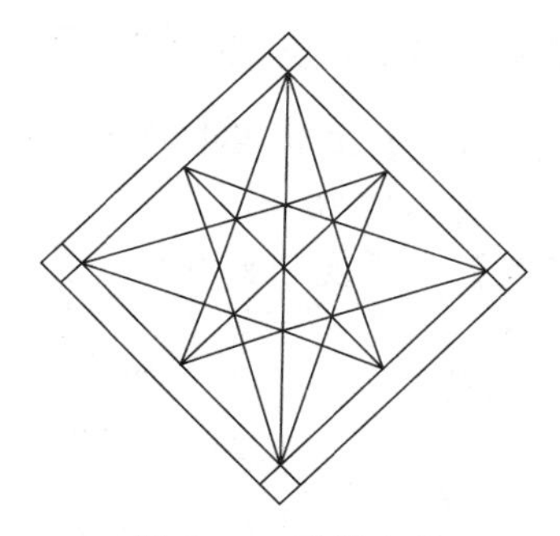

图4-14 素材文件

```
命令：ERASE↙                                   //调用【删除】命令
选择对象：找到 1 个                            //选择如图4-17所示的对象
选择对象：找到 1 个，总计 2 个
选择对象：指定对角点：找到 12 个 (1 个重复)，总计 13 个
选择对象：指定对角点：找到 22 个 (11 个重复)，总计 24 个
选择对象：                                     //单击空格键，结束命令
```

03 完成删除，结果如图4-16所示。

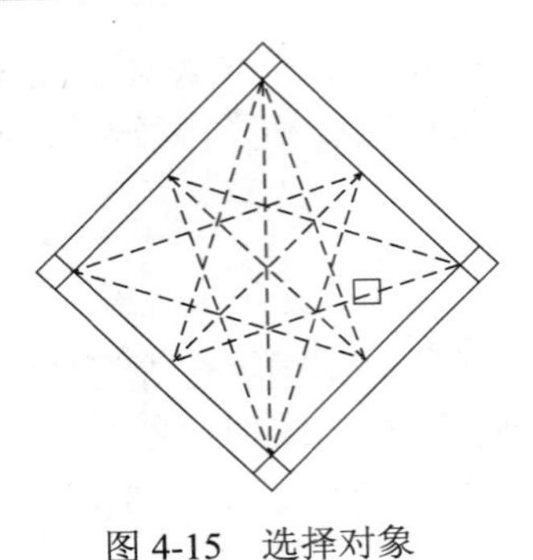

图 4-15　选择对象

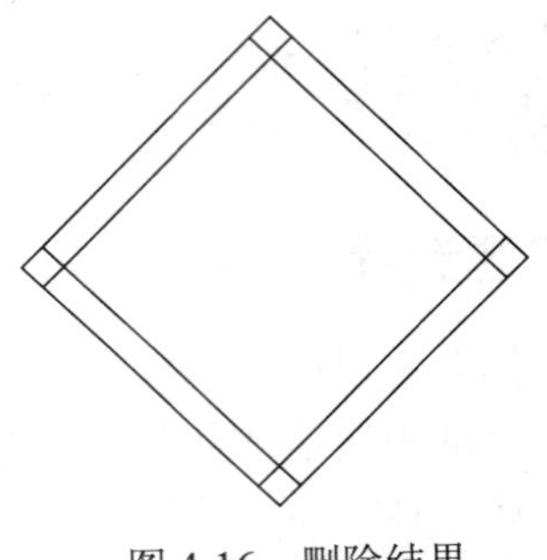

图 4-16　删除结果

4.2　对象的复制

本节要介绍的编辑工具是以现有图形对象为源对象，通过相应的编辑命令，绘制出与源对象相同或相似的图形，从而可以简化绘制具有重复性或近似性特点图形的绘制步骤，以达到提高绘图效率和绘图精度的目的。

4.2.1 对象复制命令

【复制】命令是指在不改变图形大小、方向的前提下，重新生成一个或多个与源对象一模一样的图形。

【复制】命令有以下几种调用方法。

- 命令行：COPY / CO/CP。
- 工具栏：单击【修改】工具栏【复制】按钮。
- 菜单栏：执行【修改】|【复制】命令。
- 功能区：在【默认】选项卡中，单击【修改】面板中的【复制】按钮复制。

【课堂举例 4-2】复制植物图例

01 单击【快速访问】工具栏中的【打开】按钮，打开“第 4 章\4-2 复制植物图例.dwg”素材文件，如图 4-17 所示。

02 执行【修改】|【复制】命令，复制植物，命令行操作如下所示。

```
命令：_copy                                                //调用【复制】命令
选择对象：找到 1 个                                        //选择植物图例
选择对象：
当前设置：  复制模式 = 多个
指定基点或 [位移(D)/模式(O)] <位移>:
指定第二个点或 [阵列(A)] <使用第一个点作为位移>: 8700↙     //输入位移为 8700
指定第二个点或 [阵列(A)/退出(E)/放弃(U)] <退出>:↙          //按 Enter 键，结束复制
```

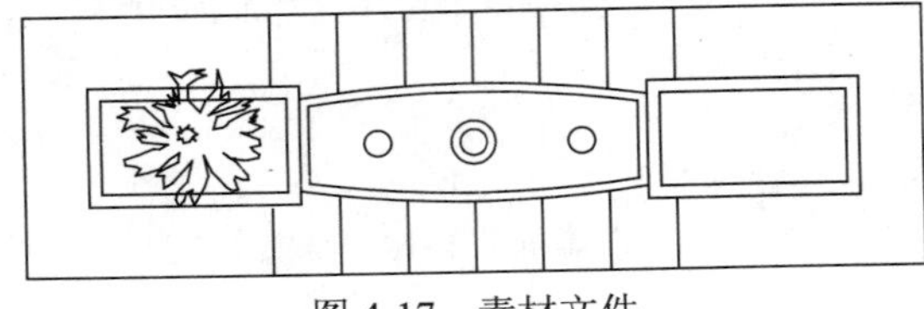

图 4-17　素材文件

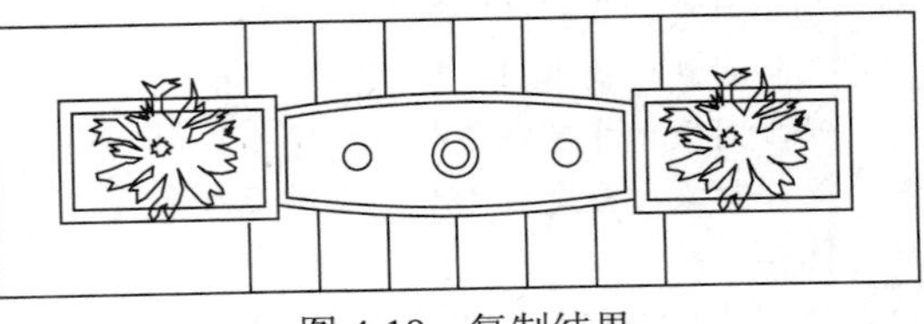

图 4-18　复制结果

03 复制结果如图 4-18 所示。

命令行常用选项介绍如下。

- 位移[D]：使用坐标指定相对距离和方向。指定的两点定义一个矢量，指示复制对象的放置离原位置有多远以及以哪个方向放置。
- 模式[O]：控制命令是否自动重复（COPYMODE 系统变量）。
- 阵列[A]：快速复制对象以呈现出指定数目和角度的效果。

提示：“[阵列(A)]”选项是 AutoCAD 2014 复制命令新增选项，在“指定第二个点或[阵列(A)]”命令行提示下输入“A”，即可以线性阵列的方式快速大量复制对象，从而大大提高了复制效率。

4.2.2 对象偏移命令

【偏移】命令是一种特殊的复制对象的方法，它是根据指定的距离或通过点，建立一个与所选对象平行的形体，从而使对象数量得到增加。直线、曲线、多边形、圆、弧等都可以进行偏移操作。

执行【偏移】命令的方法如下所示。

- 命令行：OFFSET / O。
- 工具栏：单击【修改】工具栏【偏移】按钮。
- 菜单栏：执行【修改】|【偏移】命令。
- 功能区：在【默认】选项卡中，单击【修改】面板中的【偏移】按钮。

【课堂举例 4-3】绘制亭顶细部

01 单击【快速访问】工具栏中的【打开】按钮，打开“第 4 章\4-3 绘制亭顶细部.dwg”素材文件，如图 4-19 所示。

02 执行【修改】|【偏移】命令，偏移亭子外轮廓线，偏移距离为 320，命令行操作如下所示。

```
命令：_offset                                                    //调用【偏移】命令
当前设置：删除源=否  图层=源  OFFSETGAPTYPE=0
指定偏移距离或 [通过(T)/删除(E)/图层(L)] <通过>：320↙             //输入偏移距离为 320
选择要偏移的对象，或 [退出(E)/放弃(U)] <退出>：                     //选择亭子外轮廓线
指定要偏移的那一侧上的点，或 [退出(E)/多个(M)/放弃(U)] <退出>：      //在指定的偏移一侧单击左键
```

03 重复【偏移】命令，完成亭顶的绘制，结果如图 4-20 所示。

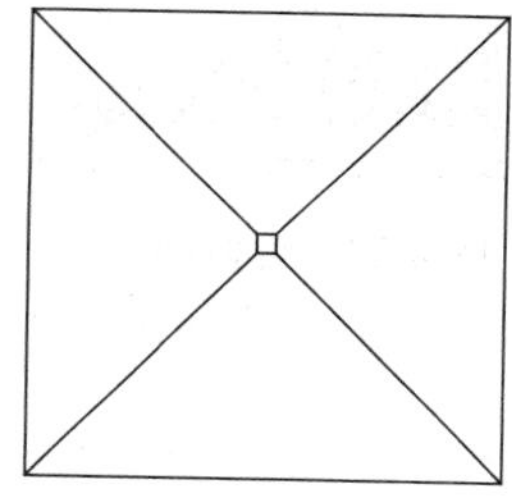

图 4-19　素材文件

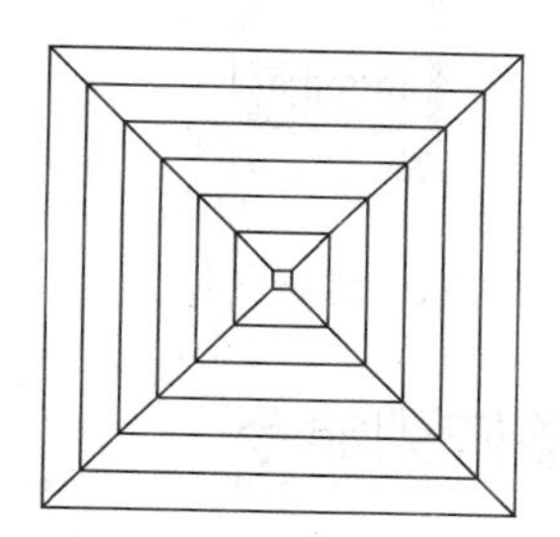

图 4-20　偏移结果

命令行常用选项介绍如下。

- 通过：创建通过指定点的对象。
- 删除：偏移源对象后将其删除。
- 图层：确定将偏移对象创建在当前图层上还是源对象所在的图层上。

4.2.3 对象镜像命令

【镜像】命令可以生成与所选对象相对称的图形。在命令执行过程中，需要确定的参数有需要镜像复制的对象及对称轴。对称轴可以是任意方向的，所选对象将根据该轴线进行对称复制，并且可以选择删除或保留源对象。在实际工程中，许多物体都设计成对称形状。如果绘制了这些图例的一半，就可以利用【镜像】命令迅速得到另一半。

执行【镜像】命令的方法如下所示。

- 命令行：MIRROR/MI。
- 工具栏：单击【修改】工具栏【镜像】按钮。
- 菜单栏：执行【修改】|【镜像】命令。
- 功能区：在【默认】选项卡中，单击【修改】面板中的【镜像】按钮 镜像。

【课堂举例 4-4】镜像亭子剖面

01 单击【快速访问】工具栏中的【打开】按钮，打开“第 4 章\4-4 镜像亭子剖面.dwg”素材文件，如图 4-21 所示。

02 执行【修改】|【镜像】命令，镜像亭子，命令行操作如下所示。

```
命令：_mirror                                                //调用【镜像】命令
选择对象：指定对角点：找到 313 个 (247 个重复)，总计 368 个     //选择左侧亭子部分
指定镜像线的第一点：                                         //指定 “A” 为镜像线第一点
指定镜像线的第二点：                                         //指定 “B” 为镜像线第二点
要删除源对象吗？[是(Y)/否(N)] <N>:                            //按 Enter 键，保持默认选项
```

03 镜像完成后，删除镜像线，结果如图 4-22 所示。

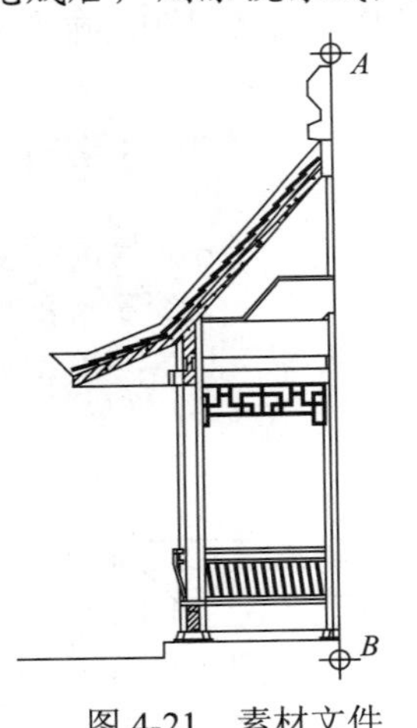

图 4-21 素材文件

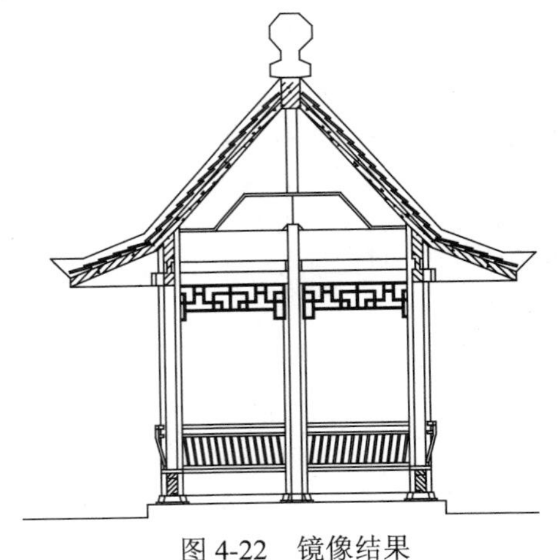

图 4-22 镜像结果

4.2.4 对象阵列命令

【阵列】命令是一个功能强大的多重复制命令，它可以一次将选择的对象复制多个并按

一定规律进行排列。根据阵列方式不同，可以分为矩形阵列、路径阵列和环形（极轴）阵列。

【阵列】命令有以下几种调用方法。

- 命令行：ARRAY/AR。
- 工具栏：单击【修改】工具栏【阵列】按钮。
- 菜单栏：执行【修改】|【阵列】命令。
- 功能区：在【默认】选项卡中，单击【修改】面板中的【阵列】按钮阵列。

4.2.4.1　矩形阵列

矩形阵列就是将图形呈矩形一样进行排列，用于多重复制那些呈行列状排列的图形，如园林中规则排列的汀步路、建筑物立面图的窗格、规律树阵等。

【课堂举例 4-5】绘制木栅栏

01 单击【快速访问】工具栏中的【打开】按钮，打开“第 4 章\4-5 绘制木栅栏.dwg”素材文件，如图 4-23 所示。

02 执行【修改】|【阵列】|【矩形阵列】命令，阵列栅栏，命令行操作如下所示。

```
命令: _arrayrect                                    //调用【矩形阵列】命令
选择对象: 找到 1 个                                     //选择栏板
选择对象:
类型 = 矩形  关联 = 是
选择夹点以编辑阵列或 [关联(AS)/基点(B)/计数(COU)/间距(S)/列数(COL)/行数(R)/层数(L)/退出(X)] <退出>: COL↙
                                                    //选择【COL】选项，激活列数选项
输入列数数或 [表达式(E)] <4>: 16↙                        //输入列数为 16
指定 列数 之间的距离或 [总计(T)/表达式(E)] <90>: 140↙           //输入列距为 140
选择夹点以编辑阵列或 [关联(AS)/基点(B)/计数(COU)/间距(S)/列数(COL)/行数(R)/层数(L)/退出(X)] <退出>: r↙    //选择“R”选项，激活行数选项
输入行数数或 [表达式(E)] <3>: 1↙                         //输入行数为 1
指定 行数 之间的距离或 [总计(T)/表达式(E)] <493.7214>:
                                                    //按 Enter 键，结束命令
指定 行数 之间的标高增量或 [表达式(E)] <0>:
选择夹点以编辑阵列或 [关联(AS)/基点(B)/计数(COU)/间距(S)/列数(COL)/行数(R)/层:
```

03 【矩形阵列】效果如图 4-24 所示。

图 4-23　素材文件

图 4-24　【矩形阵列】效果

命令行各选项含义如下所示。

- 为项目数指定对角点：设置矩形阵列的对角点位置，确定阵列的行数和列数。
- 计数：设置阵列的行项目数和列项目数。
- 间距：设置阵列的行偏移距离（包括图形对象本身的距离长度）和列偏移距离（包

括图形对象本身的距离长度)。

- 角度：设置指定行轴角度，使阵列有一定的角度。

4.2.4.2 环形阵列

【环形阵列】命令可将图形以某一点为中心点进行环形复制，阵列结果是使阵列对象沿中心点的四周均匀排列成环形。

【课堂举例 4-6】阵列亭柱

01 单击【快速访问】工具栏中的【打开】按钮，打开“第 4 章\4-6 阵列亭柱.dwg”素材文件，如图 4-25 所示。

02 执行【修改】|【阵列】|【环形阵列】命令，选择阵列圆柱，命令行操作如下：

```
命令: _arraypolar                                    //调用【环形阵列】命令
选择对象: 找到 1 个
选择对象:
类型 = 极轴  关联 = 是
指定阵列的中心点或 [基点(B)/旋转轴(A)]:
选择夹点以编辑阵列或 [关联(AS)/基点(B)/项目(I)/项目间角度(A)/填充角度(F)/行(ROW)/层(L)/旋转项目(ROT)/退出(X)] <退出>: i↙          //选择“I”选项，激活项目选项
输入阵列中的项目数或 [表达式(E)] <6>: 8↙                  //输入项目数为 8
选择夹点以编辑阵列或 [关联(AS)/基点(B)/项目(I)/项目间角度(A)/填充角度(F)/行(ROW)/层(L)/旋转项目(ROT)/退出(X)] <退出>:            //按 Enter 键，结束命令
```

03 【环形阵列】效果如图 4-26 所示。

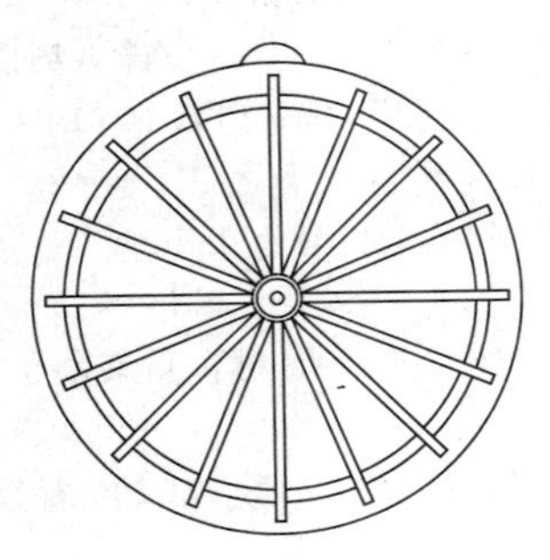

图 4-25 素材文件

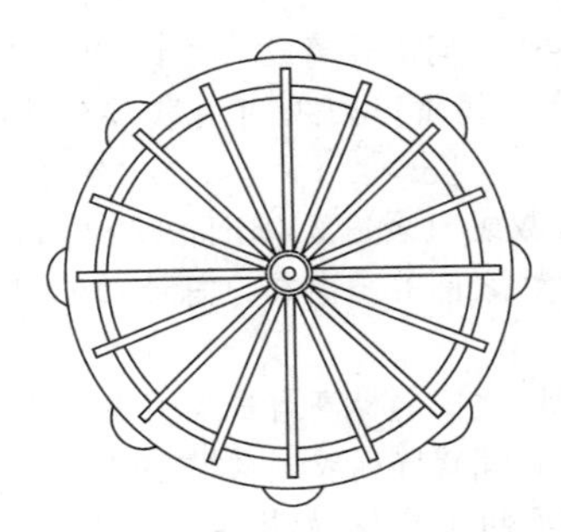

图 4-26 【环形阵列】效果

命令行各选项含义如下所示。

- “中心点”选项区域：在命令行窗口中，输入环形阵列的中心点坐标，或者单击右边的按钮切换到绘图窗口，在屏幕上直接指定阵列的中心点。
- “输入项目数或”选项区域：指定环形阵列的数目。
- “指定填充角度”：设置在阵列时对象的旋转角度。

4.2.4.3 路径阵列

【路径阵列】命令可以将图形沿某一路径阵列。在绘制沿园路排列的树阵或园灯时，会经常需要使用此阵列方式。

【课堂举例 4-7】阵列乔木

01 单击【快速访问】工具栏中的【打开】按钮，打开“第 4 章\4-7 阵列乔木.dwg”素材文

件，如图 4-27 所示。

02 执行【修改】|【阵列】|【路径阵列】命令，选择植物图例，命令行操作如下所示。

```
命令: _arraypath                                          //调用【路径阵列】命令
择对象: 找到 1 个
选择对象:                                                 //选择植物图例
类型 = 路径   关联 = 是
选择路径曲线:                                             //选择最外侧圆弧
选择夹点以编辑阵列或 [关联(AS)/方法(M)/基点(B)/切向(T)/项目(I)/行(R)/层(L)/对齐项目(A)/Z 方向(Z)/退出(X)] <退出>: I↙        //输入"I",激活项目选项
指定沿路径的项目之间的距离或 [表达式(E)] <5618.1186>: 6500↙
                                                          //输入项目距离为 6500
指定项目数或 [填写完整路径(F)/表达式(E)] <8>: 8↙          //输入项目数为 8
选择夹点以编辑阵列或 [关联(AS)/方法(M)/基点(B)/切向(T)/项目(I)/行(R)/层(L)/对齐项目(A)/Z 方向(Z)/退出(X)] <退出>: ↙          //按 Enter 键，结束命令
```

03 【路径阵列】结果如图 4-28 所示。

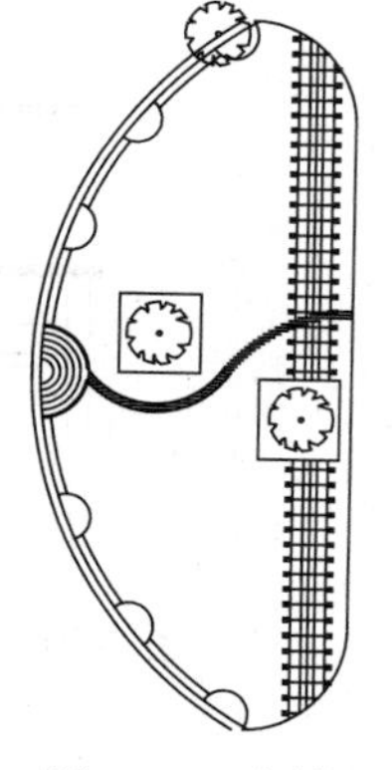

图 4-27　素材文件

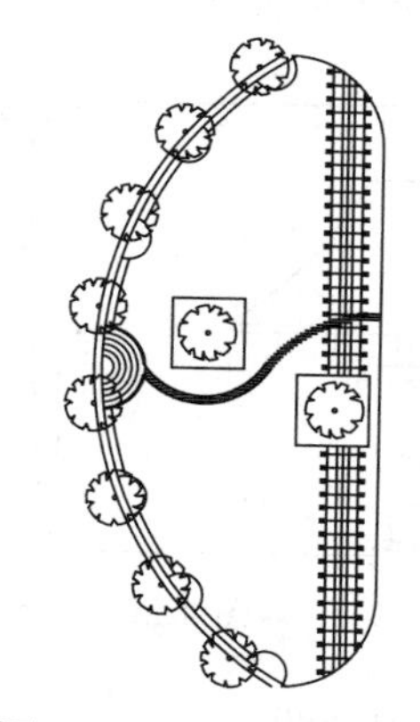

图 4-28　【路径阵列】结果

命令行主要选项含义如下所示。

- 路径曲线：图形对象进行阵列排列的基线。
- 指定沿路径的项目之间的距离：阵列对象之间的距离。
- 定数等分(D)：将图形对象在路径曲线上按项目数等分。
- 总距离(T)：设定图形对象进行阵列的总距离。

4.3　对象的移动、旋转和缩放

本节所介绍的编辑工具是对图形位置、角度进行调整，以及大小的缩放，此类工具在景观园林施工图绘制过程中使用非常频繁。

4.3.1　移动对象

【移动】命令是将图形从一个位置平移到另一位置，移动过程中图形的大小、形状和倾斜角度均不改变。

执行【移动】命令的方法如下所示。

- 命令行：MOVE／M。
- 工具栏：单击【修改】工具栏【移动】按钮。
- 菜单栏：执行【修改】｜【移动】命令。
- 功能区：在【默认】选项卡中，单击【修改】面板中的【移动】按钮。

【课堂举例 4-8】移动台灯

01 单击【快速访问】工具栏中的【打开】按钮，打开“第 4 章\4-8 移动台灯.dwg”素材文件，如图 4-29 所示。

02 执行【修改】｜【移动】命令，选择台灯为移动对象，命令行操作如下所示。

```
命令：_move                                    //调用【移动】命令
选择对象：指定对角点：找到 29 个                //选择台灯
选择对象：
指定基点或 [位移(D)] <位移>:                    //指定台灯底座线中点为基点
指定第二个点或 <使用第一个点作为位移>:          //指定桌面线中点为第二点
```

03 完成效果如图 4-30 所示。

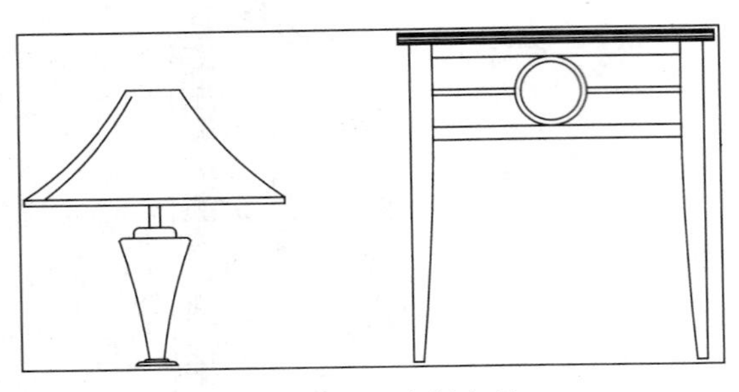

图 4-29　素材文件

图 4-30　移动台灯结果

命令行常用选项介绍如下。

- 位移[D]：输入坐标以表示矢量。

4.3.2 旋转对象

【旋转】命令是将图形对象绕一个固定的基点旋转一定的角度。逆时针旋转的角度为正值，顺时针旋转的角度为负值。

执行【旋转】命令的方法如下所示。

- 命令行：ROTATE／RO。
- 工具栏：单击【修改】工具栏【旋转】按钮。
- 菜单栏：执行【修改】｜【旋转】命令。
- 功能区：在【默认】选项卡中，单击【修改】面板中的【旋转】按钮。

【课堂举例 4-9】旋转指北针

01 单击【快速访问】工具栏中的【打开】按钮，打开“第 4 章\4-9 旋转指北针.dwg”素材文件，如图 4-31 所示。

02 执行【修改】｜【旋转】命令，选择指北针和字母“N”作为旋转对象，命令行操作如下所示。

```
命令: _rotate                                          //调用【旋转】命令
UCS 当前的正角方向:  ANGDIR=逆时针   ANGBASE=0
选择对象: 指定对角点: 找到 4 个                          //选择指北针和字母 "N"
选择对象: 找到 1 个, 总计 5 个
选择对象: 找到 1 个 (1 个重复), 总计 5 个
选择对象: 找到 1 个, 总计 6 个
选择对象:                                              //按 Enter 键, 确定选择
指定基点:                                              //指定圆心为基点
指定旋转角度, 或 [复制(C)/参照(R)] <0>: -90↙           //输入旋转角度为-90°
```

03 旋转结果如图 4-32 所示。

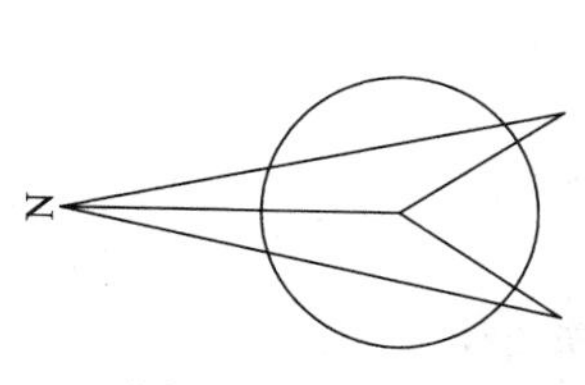

图 4-31　素材文件

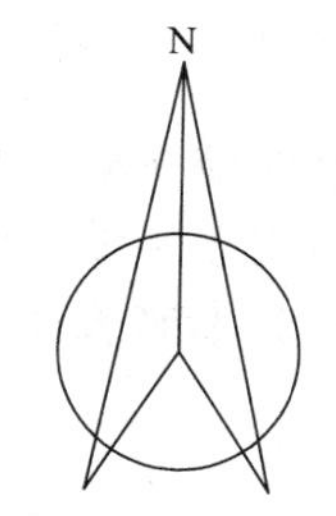

图 4-32　旋转指北针结果

命令行常用选项介绍如下。

- 复制[C]：创建要旋转的对象的副本，并保留源对象。
- 参照[R]：按参照角度和指定的新角度旋转对象。

4.3.3 缩放对象

【缩放】命令是将已有图形对象以基点为参照，进行等比例缩放，它可以调整对象的大小，使其在一个方向上按要求增大或缩小一定的比例。比例因子也就是缩小或放大的比例值，比例因子大于 1 时，缩放结果是使图形变大，反之则使图形变小。

【缩放】命令有以下几种调用方法。

- 命令行：SCALE / SC。
- 工具栏：单击【修改】工具栏【缩放】按钮。
- 菜单栏：执行【修改】|【缩放】命令。
- 功能区：在【默认】选项卡中，单击【修改】面板中的【缩放】按钮缩放。

【课堂举例 4-10】缩放植物图例

01 单击【快速访问】工具栏中的【打开】按钮，打开“第 4 章\4-10 缩放植物图例.dwg”素材文件，如图 4-33 所示。

02 执行【修改】|【缩放】命令，选择植物图例为缩放对象，命令行操作如下所示。

```
命令: _scale                                  //调用【缩放】命令
选择对象: 找到 1 个                            //选择左侧植物图例为缩放对象
选择对象:
指定基点:                                     //指定植物图例中心为基点
指定比例因子或 [复制(C)/参照(R)]: 0.7↙        //输入比例因子为 0.7
```

03 重复【缩放】命令，比例因子为 0.7，缩放另一侧植物图例，效果如图 4-34 所示。

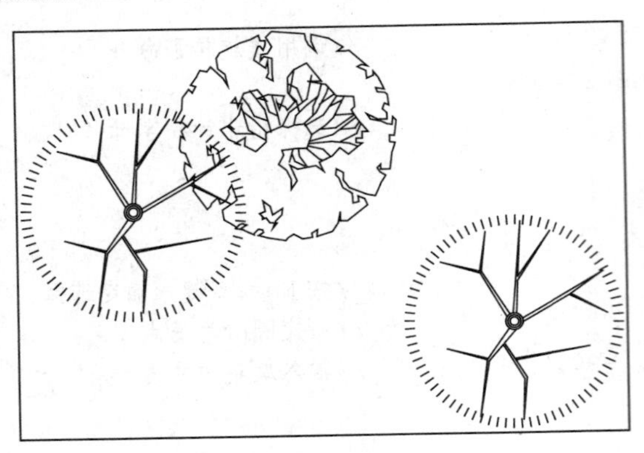

图 4-33　素材文件

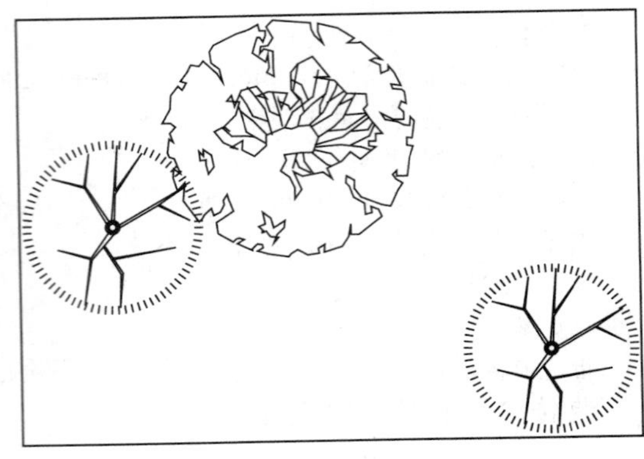

图 4-34　缩放结果

命令行主要选项介绍如下。

- 复制：用于在缩放的同时复制源对象。
- 参照：按参照长度和指定的新长度缩放所选对象。

4.4　编辑对象

有些图形在绘制完成后，会发现存在一些问题，如多了一根线条，或者某条线段画短或画长了等。这时我们可以不用重画，而是使用 AutoCAD 中的一些修改命令，如打断、拉伸、修剪、延伸等，对图形进行修改，轻松地达到要求。

4.4.1　修剪对象

【修剪】命令是将超出边界的多余部分修剪删除掉。与橡皮擦的功能相似，修剪操作可以修改直线、圆、弧、多段线、样条曲线和射线等。执行该命令时要注意在选择修剪对象时光标所在的位置。需要删除哪一部分，则在该部分上单击。

执行【修剪】命令的方法如下所示。

- 命令行：TRIM / TR。
- 工具栏：单击【修改】工具栏【修剪】按钮-/--。
- 菜单栏：执行【修改】|【修剪】命令。
- 功能区：在【默认】选项卡中，单击【修改】面板中的【修剪】按钮-/-- 修剪。

【课堂举例 4-11】修剪花架圆柱

01 单击【快速访问】工具栏中的【打开】按钮，打开“第 4 章\4-11 修剪花架圆柱.dwg”素材文件，如图 4-35 所示。

02 执行【修改】|【修剪】命令，修剪圆柱，命令行操作如下所示。

```
命令: _trim                                                //调用【修剪】命令
当前设置:投影=UCS, 边=无
选择剪切边...
选择对象或 <全部选择>:↙                                    //按空格键，全选对象
选择要修剪的对象，或按住 Shift 键选择要延伸的对象，或[栏选(F)/窗交(C)/投影(P)/边(E)/
删除(R)/放弃(U)]:                                          //单击需要修剪的圆柱线
```

03 继续选择需要修剪的圆柱轮廓线，最终修剪结果如图 4-36 所示。

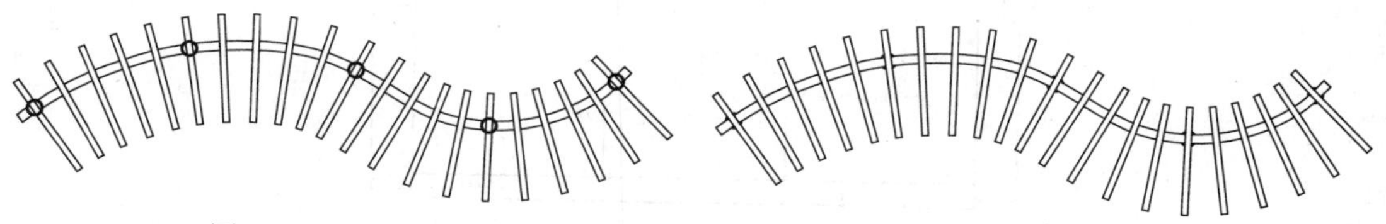

图 4-35　素材文件　　图 4-36　修剪结果

命令行主要选项介绍如下。

- 栏选[F]：选择与选择栏相交的所有对象。选择栏是一系列临时线段，它们是用两个或多个栏选点指定的。选择栏不构成闭合环。
- 窗交[C]：选择矩形区域（由两点确定）内部或与之相交的对象。
- 投影[P]：指定修剪对象时使用的投影方式。
- 边[E]：确定对象是在另一对象的延长边处进行修剪，还是仅在三维空间中与该对象相交的对象处进行修剪。
- 删除[R]：删除选定的对象。此选项提供了一种用来删除不需要的对象的简便方式，而无需退出 TRIM 命令。

4.4.2 延伸对象

【延伸】命令是将没有和边界相交的部分延伸补齐，它和【修剪】命令是一组相对的命令。

执行【延伸】命令的方法如下所示。

- 命令行：EXTEND / EX。
- 工具栏：单击【修改】工具栏【延伸】按钮。
- 菜单栏：执行【修改】|【延伸】命令。
- 功能区：在【默认】选项卡中，单击【修改】面板中的【延伸】按钮。

【课堂举例 4-12】延伸沙发

01 单击【快速访问】工具栏中的【打开】按钮，打开“第 4 章\4-12 延伸沙发.dwg”素材文件，如图 4-37 所示。

02 执行【修改】|【延伸】命令，延伸沙发，命令行操作如下所示。

```
命令：_extend                                              //调用【延伸】命令
当前设置:投影=UCS，边=无
选择边界的边...
选择对象或 <全部选择>：找到 1 个↙                           //选择沙发边界线
选择对象：
选择要延伸的对象，或按住 Shift 键选择要修剪的对象，或[栏选(F)/窗交(C)/投影(P)/边(E)/放弃(U)]：
                                                           //单击线段“A”
选择要延伸的对象，或按住 Shift 键选择要修剪的对象，或[栏选(F)/窗交(C)/投影(P)/边(E)/放弃(U)]：
                                                           //单击线段“B”
选择要延伸的对象，或按住 Shift 键选择要修剪的对象，或[栏选(F)/窗交(C)/投影(P)/边(E)/放弃(U)]：
                                                           //按空格键，结束命令
```

03 延伸结果如图 4-38 所示。

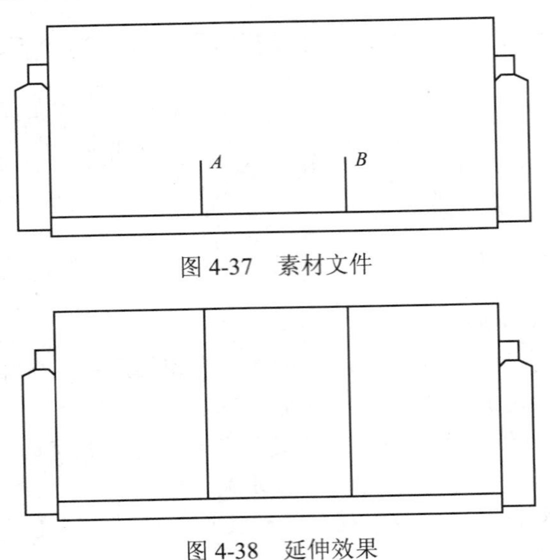

图 4-37　素材文件

图 4-38　延伸效果

技巧：在使用修剪命令中，选择修剪对象时按住 Shift 键，可以将该对象向边界延伸；在使用延伸命令中，选择延伸对象时按住 Shift 键，可以将该对象超过边界的部分修剪删除。从而省去了更换命令的操作，大大提高绘图效率。

4.4.3 拉伸对象

【拉伸】命令是通过沿拉伸路径平移图形夹点的位置，使图形产生拉伸变形的效果。它可以对选择的对象按规定方向和角度拉升或缩短，并且使对象的形状发生改变。在命令执行过程中，需要确定的参数有拉伸对象、拉伸基点的起点和拉伸位移。拉伸位移决定了拉伸的方向和距离。

执行【拉伸】命令的方法如下所示。

- 命令行：STRETCH / S。
- 工具栏：单击【修改】工具栏【拉伸】按钮。
- 菜单栏：执行【修改】|【拉伸】命令。
- 功能区：在【默认】选项卡中，单击【修改】面板中的【拉伸】按钮拉伸。

【课堂举例 4-13】拉伸办公桌

01 单击【快速访问】工具栏中的【打开】按钮，打开“第 4 章\4-13 拉伸办公桌.dwg”素材文件，如图 4-39 所示。

02 执行【修改】|【拉伸】命令，窗交选择办公桌，命令行操作如下所示。

```
命令：_stretch                                   //调用【拉伸】命令
以交叉窗口或交叉多边形选择要拉伸的对象...
选择对象：指定对角点：找到 1 个                  //选择办公桌
选择对象：
指定基点或 [位移(D)] <位移>:                     //指定“A”为基点
指定第二个点或 <使用第一个点作为位移>：560↙     //输入位移为560，按空格键，结束命令
```

03 拉伸效果如图 4-40 所示。

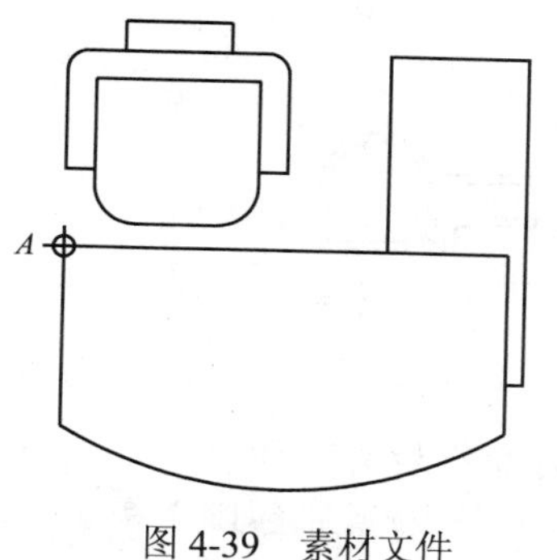

图 4-39　素材文件

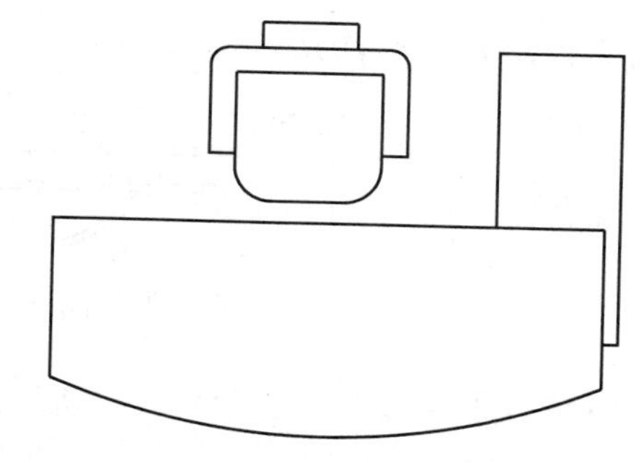
图 4-40　拉伸效果

技巧：通过单击选择和窗口选择获得的拉伸对象将只被平移，不被拉伸。通过交叉选择获得的拉伸对象，如果所有夹点都落入选择框内，图形将发生平移；如果只有部分夹点落入选择框，图形将沿拉伸位移拉伸；如果没有夹点落入选择窗口，图形将保持不变。

4.4.4 合并对象

【合并】命令是指将相似的图形对象合并为一个整体。它可以将多个对象进行合并，对象包括圆弧、椭圆弧、直线、多段线和样条曲线等。

执行【合并】命令的方法如下所示。

- 命令行：JOIN／J。
- 工具栏：单击【修改】工具栏【合并】按钮。
- 菜单栏：执行【修改】｜【合并】命令。
- 功能区：在【默认】选项卡中，单击【修改】面板中的【合并】按钮。

4.4.5 打断对象

【打断】命令是指把原本是一个整体的线条分离成两段。被打断的线条只能是单独的线条，但不能打断组合形体，如图块等。

执行【打断】命令方法如下：

- 命令行：BREAK／BR。
- 工具栏：单击【修改】工具栏【打断】按钮。
- 菜单栏：执行【修改】｜【打断】命令。
- 功能区：在【默认】选项卡中，单击【修改】面板中的【打断】按钮或【打断于点】按钮。

根据打断点数量的不同，【打断】命令可以分为打断和打断于点。

（1）打断　打断即是指在线条上创建两个打断点，从而将线条断开。在命令执行过程中，需要输入的参数有打断对象、打断第一点和第二点。第一点和第二点之间的图形部分则被删除。

（2）打断于点　打断于点是指通过指定一个打断点，将对象断开。在命令执行过程中，需要输入的参数有打断对象和第一个打断点。打断对象之间没有间隙。

【课堂举例 4-14】整理花坛轮廓线

01 单击【快速访问】工具栏中的【打开】按钮，打开“第 4 章\4-14 整理花坛轮廓线.dwg”

素材文件，如图 4-41 所示。

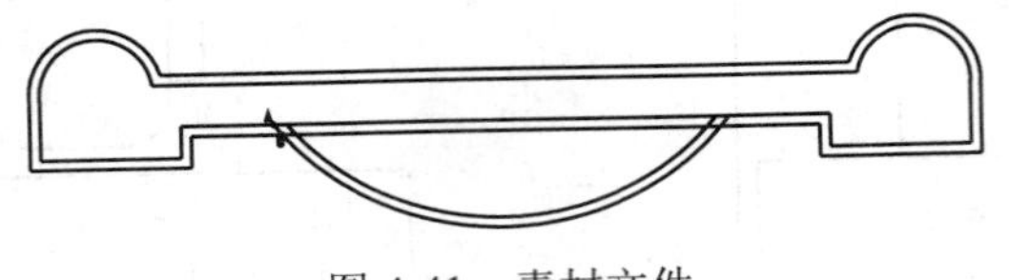

图 4-41　素材文件

02 执行【修改】|【打断】命令，打断线段，命令行操作如下所示。

```
命令：_break                                    //调用【打断】命令
选择对象：                                      //选择外侧圆弧
指定第二个打断点 或 [第一点(F)]：f↙            //输入"F"，激活第一点选项
指定第一个打断点：                              //单击"A"点
指定第二个打断点：↙                            //单击"B"
```

03 打断效果如图 4-42 所示。

04 重复【打断】命令，打断其他线段，最终效果如图 4-43 所示。

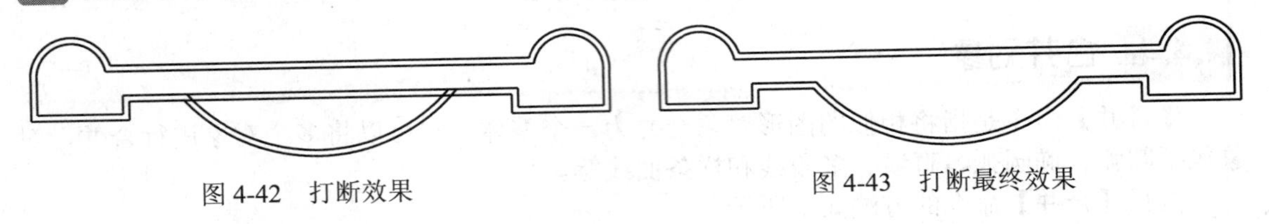

图 4-42　打断效果　　　图 4-43　打断最终效果

4.5　对象的倒角和圆角

在 AutoCAD 中，还有些图形在绘制完成后，需要将某些直角变为弧形。这时我们可以使用【圆角】和【倒角】命令，对图形进行修改，便可轻松地达到要求。

之前的版本，执行【倒角】命令或【圆角】命令，系统默认的只能对不平行的两条直线进行倒角处理。当要对用多段线绘制的轮廓进行倒角的话，需先执行【分解】命令，将其分解再进行倒角。AutoCAD 2014 正好解决了这一难题，可直接对多段线进行【倒角】或【圆角】。

4.5.1 倒角

【倒角】命令用于将两条非平行直线或多段线做出有斜度的倒角。【倒角】命令的使用分两步：第一步确定倒角的大小，通常通过"距离"备选项确定；第二步是选定需要倒角的两条倒角边。

执行【倒角】命令的方法如下所示。

- 命令行：CHAMFER / CHA。
- 工具栏：单击【修改】工具栏【倒角】按钮。
- 菜单栏：执行【修改】|【倒角】命令。
- 功能区：在【默认】选项卡中，单击【修改】面板中的【倒角】按钮。

【课堂举例 4-15】倒角冰箱

01 单击【快速访问】工具栏中的【打开】按钮，打开"第 4 章\4-15 倒角冰箱.dwg"素材

文件，如图 4-44 所示。

02 执行【修改】|【倒角】命令，倒角冰箱，命令行操作如下所示。

```
命令: _chamfer
                                              //调用【倒角】命令
("修剪"模式) 当前倒角距离 1 = 0.0000，距离 2 = 0.0000
选择第一条直线或 [放弃(U)/多段线(P)/距离(D)/角度(A)/修剪(T)/方式(E)/多个(M)]: d↙
                                              //输入"D"，激活距离选项
指定 第一个 倒角距离 <0.0000>: 30↙         //输入第一个倒角距离为 30
指定第二个 倒角距离 <30.0000>: 40↙           //输入第二个倒角距离为 40
选择第一条直线或 [放弃(U)/多段线(P)/距离(D)/角度(A)/修剪(T)/方式(E)/多个(M)]:
                                              //选择直线"A"
选择第二条直线，或按住 Shift 键选择直线以应用角点或 [距离(D)/角度(A)/方法(M)]: ↙
                                          //选择直线"B"，并按 Enter 键，结束命令
```

03 重复【倒角】命令，倒角另一侧直线，结果如图 4-45 所示。

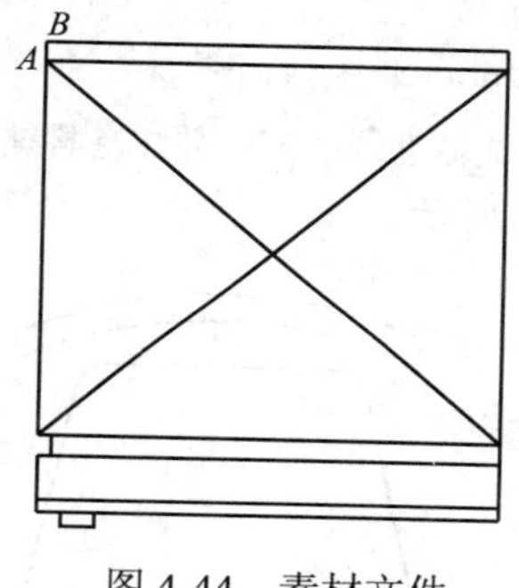

图 4-44　素材文件

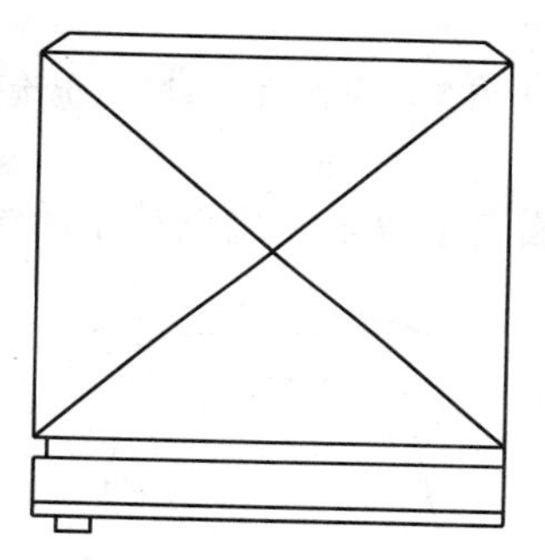

图 4-45　倒角效果

命令行主要选项介绍如下。

- 多线段[P]：对整个二维多段线倒角。相交多段线线段在每个多段线顶点被倒角。倒角成为多段线的新线段。如果多段线包含的线段过短以至于无法容纳倒角距离，则不对这些线段倒角。
- 距离[D]：设定倒角至选定边端点的距离。如果将两个距离均设定为零，CHAMFER 将延伸或修剪两条直线，以使它们终止于同一点。
- 角度[A]：用第一条线的倒角距离和第二条线的角度设定倒角距离。
- 修剪[T]：控制 CHAMFER 是否将选定的边修剪到倒角直线的端点。
- 方式[E]：控制 CHAMFER 使用两个距离还是一个距离和一个角度来创建倒角。
- 多个[M]：为多组对象的边倒角。

4.5.2 圆角

【圆角】名与【倒角】类似，它是将两条相交的直线通过一个圆弧连接起来。【圆角】命令的使用也可分为两步：第一步确定圆角大小，通常用"半径"确定；第二步选定两条需要圆角的边。

执行【圆角】命令的方法如下所示。

- 命令行：FILLET / F。
- 工具栏：单击【修改】工具栏【圆角】按钮。
- 菜单栏：执行【修改】|【圆角】命令。

- 功能区：在【默认】选项卡中，单击【修改】面板中的【圆角】按钮 圆角 。

【课堂举例 4-16】圆角椅子

01 单击【快速访问】工具栏中的【打开】按钮，打开“第 4 章\4-16 圆角椅子.dwg”素材文件，如图 4-46 所示。

02 执行【修改】|【圆角】命令，圆角椅子，命令行操作如下所示。

```
命令：_fillet                                              //调用【圆角】命令
当前设置：模式 = 修剪，半径 = 0.0000
选择第一个对象或 [放弃(U)/多段线(P)/半径(R)/修剪(T)/多个(M)]：r
                                                           //输入“R”，激活半径选项
指定圆角半径：120                                          //输入圆角半径为 120
选择第一个对象或 [放弃(U)/多段线(P)/半径(R)/修剪(T)/多个(M)]：
                                                       //选择直线“A”
选择第二个对象，或按住 Shift 键选择对象以应用角点或 [半径(R)]：↙
                                                           //选择直线“B”，并按空格键，结束命令
```

03 重复【圆角】命令，完成椅子的绘制，如图 4-47 所示。

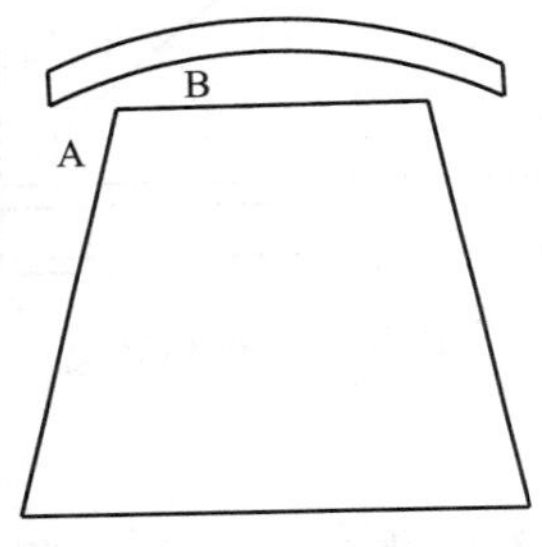

图 4-46　素材文件

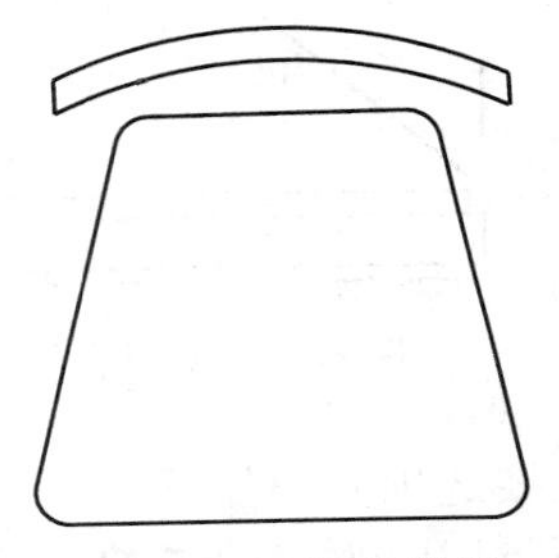

图 4-47　圆角效果

命令行主要选项介绍如下。

- 半径：定义圆角圆弧的半径。输入的值将成为后续 FILLET 命令的当前半径。修改此值并不影响现有的圆角圆弧。

4.6　夹点编辑

所谓夹点指的是图形对象上的一些实心的小方框，如端点、顶点、中点、中心点等，图形的位置和形状通常是由夹点的位置决定的。在 AutoCAD 中，夹点是一种集成的编辑模式，利用夹点可以编辑图形的大小、位置、方向以及对图形进行镜像复制操作等。

4.6.1　使用夹点拉伸对象

在 AutoCAD 中，夹点是一种集成的编辑模式，提供了一种方便、快捷的操作途径。在不执行任何命令的情况下选择对象，显示其夹点，然后单击其中一个夹点作为拉伸基点，命令提示拉伸点，指定拉伸点后，AutoCAD 把对象拉伸或移动到新的位置。因为对于某些夹点，移动时只能移动对象而不能拉伸对象，如文字、块、直线中心、圆心、椭圆中心和点对象上的夹点。

【课堂举例 4-17】夹点拉伸线段

01 单击【快速访问】工具栏中的【打开】按钮，打开“第 4 章\4-17 夹点拉伸线段.dwg”素材文件，如图 4-48 所示。

02 选择需要拉伸的线段，使之呈夹点状态，并将光标置于目标夹点上，使之呈红色激活状态，如图 4-49 所示。

03 单击被激活夹点，向右移动至相应的位置，命令行操作如下所示。

```
命令:
** 拉伸 **                                                    //激活拉伸命令
指定拉伸点或 [基点(B)/复制(C)/放弃(U)/退出(X)]:6634↙          //输入拉伸点位移
为 6634
```

04 拉伸效果如图 4-50 所示，夹点拉伸完成。

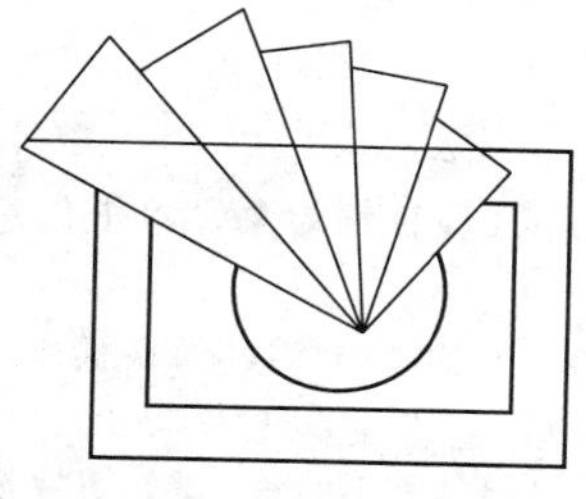
图 4-48　素材文件

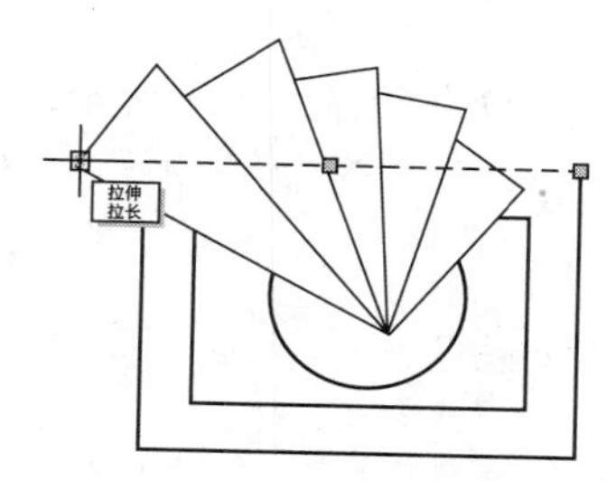

图 4-49　夹点激活状态

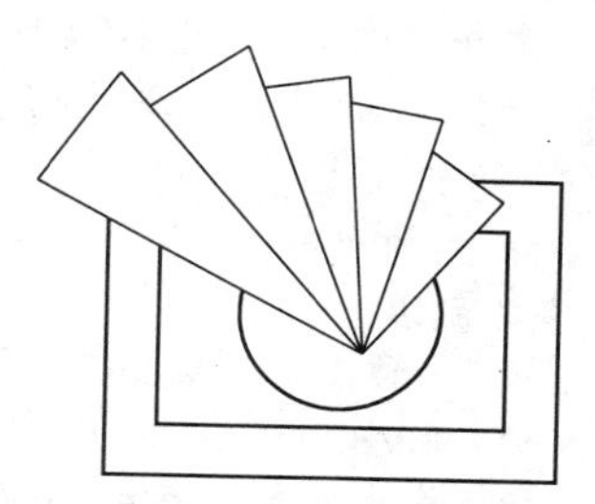
图 4-50　夹点拉伸效果

4.6.2 使用夹点移动对象

移动对象仅仅是位置上的平移，对象的方向和大小并不会改变，要精确地移动对象，可使用捕捉模式、坐标、夹点和对象捕捉模式，在夹点编辑模式下确定基点后，在命令行提示下输入 MO 进入移动模式。

【课堂举例 4-18】移动圆

01 单击【快速访问】工具栏中的【打开】按钮，打开“第 4 章\4-18 移动圆.dwg”素材文件，如图 4-51 所示。

02 选择目标圆，使之呈夹点状态，并单击圆心夹点，此时夹点呈红色激活状态，如图 4-52 所示。

03 多次按 Enter 键，直至切换至 MOVE 模式，命令行操作如下所示。

图 4-51　素材文件

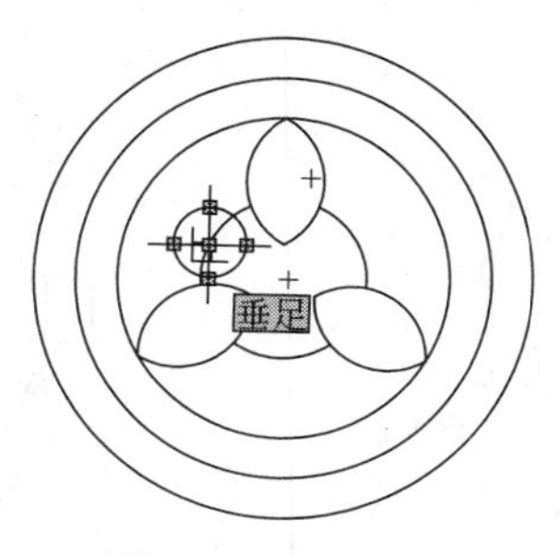

图 4-52　单击夹点

图 4-53　夹点移动结果

```
命令:
** 拉伸 **
指定拉伸点或 [基点(B)/复制(C)/放弃(U)/退出(X)]:        //按 Enter 键，切换模式
** MOVE **
指定移动点 或 [基点(B)/复制(C)/放弃(U)/退出(X)]:        //移动至圆心 "A" 处
```

04 夹点移动效果如图 4-53 所示。

4.6.3 使用夹点旋转对象

在夹点编辑模式下，确定基点后，在命令行提示下输入 RO 进入旋转模式。

>>>【课堂举例 4-19】夹点旋转复制图形

01 单击【快速访问】工具栏中的【打开】按钮，打开"第 4 章\4-19 夹点旋转复制图形.dwg"素材文件，如图 4-54 所示。

02 选择目标对象，单击任意夹点，命令行操作如下所示。

```
命令:
** 拉伸 **                                                //选择目标对象，单击任意夹
点，使之激活
指定拉伸点或 [基点(B)/复制(C)/放弃(U)/退出(X)]:↙          //按 Enter 键，切换模式
** MOVE **
指定移动点 或 [基点(B)/复制(C)/放弃(U)/退出(X)]: ↙         //继续按 Enter 键，切换模式
** 旋转 **
指定旋转角度或 [基点(B)/复制(C)/放弃(U)/参照(R)/退出(X)]: b↙
                                                    //输入 "B"，选择基点选项
                                                    //指定圆心 "A" 为基点
指定基点:
** 旋转 **
指定旋转角度或 [基点(B)/复制(C)/放弃(U)/参照(R)/退出(X)]: c↙
                                                //输入 "C"，选择复制选项
** 旋转 (多重) **
指定旋转角度或 [基点(B)/复制(C)/放弃(U)/参照(R)/退出(X)]: 120↙
                                                    //输入旋转角度为 120°
** 旋转 (多重) **
指定旋转角度或 [基点(B)/复制(C)/放弃(U)/参照(R)/退出(X)]: 240↙
                                                    //继续输入旋转角度为 240°
** 旋转 (多重) **
指定旋转角度或 [基点(B)/复制(C)/放弃(U)/参照(R)/退出(X)]: ↙
                                                    //按空格键，退出命令
```

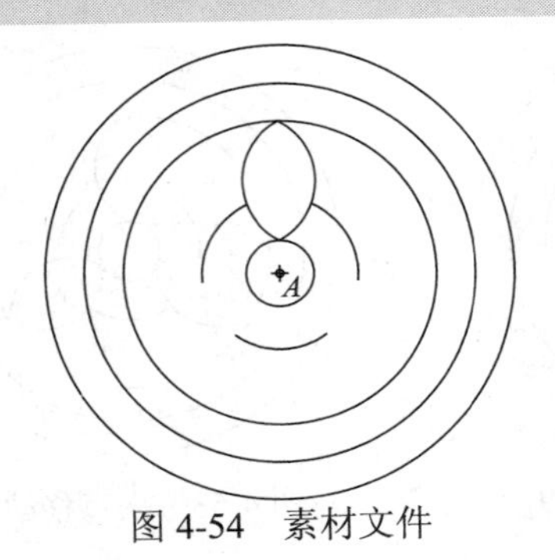

图 4-54 素材文件

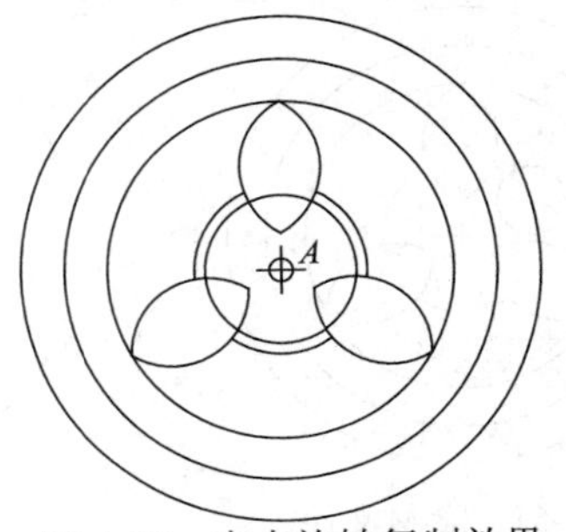

图 4-55 夹点旋转复制效果

03 夹点旋转复制效果如图 4-55 所示。

4.6.4 使用夹点缩放对象

在夹点编辑模式下，确定基点后，在命令行提示下输入 SC 进入缩放模式。默认情况下，当确定了缩放的比例因子后，AutoCAD 将相对于基点进行缩放对象操作。

【课堂举例 4-20】夹点缩放对象

01 单击【快速访问】工具栏中的【打开】按钮，打开“第 4 章\4-20 夹点缩放对象.dwg”素材文件，如图 4-54 所示。

02 选择目标圆，使之呈夹点状态，命令行操作如下所示。

```
命令:
** 拉伸 **                                                        //单击圆心“A”，激活夹点
指定拉伸点或 [基点(B)/复制(C)/放弃(U)/退出(X)]:↙                  //按 Enter 键，切换模式
** MOVE **
指定移动点 或 [基点(B)/复制(C)/放弃(U)/退出(X)]:                  //按 Enter 键，切换模式
** 旋转 **
指定旋转角度或 [基点(B)/复制(C)/放弃(U)/参照(R)/退出(X)]: ↙
                                                                  //按 Enter 键，切换模式
** 比例缩放 **
指定比例因子或 [基点(B)/复制(C)/放弃(U)/参照(R)/退出(X)]: 0.5↙
                                                                  //输入比例因子为 0.5
命令: *取消*                                                      //按 Esc 键，退出命令
```

03 夹点缩放结果如图 4-53 所示。

4.6.5 使用夹点镜像对象

与【镜像】命令的功能相似，镜像操作后将删除源对象。在夹点编辑模式下，确定基点后，在命令行提示下输入 MI 进入镜像模式。

【课堂举例 4-21】夹点镜像对象

01 单击【快速访问】工具栏中的【打开】按钮，打开“第 4 章\4-21 夹点镜像对象.dwg”素材文件，如图 4-56 所示。

02 选择夹点编辑对象，使之呈夹点状态，如图 4-57 所示，命令行操作如下所示。

```
命令:
** 拉伸 **                                                        //单击任意夹点
指定拉伸点或 [基点(B)/复制(C)/放弃(U)/退出(X)]: ↙                 //按 Enter 键，切换模式
** MOVE **
指定移动点 或 [基点(B)/复制(C)/放弃(U)/退出(X)]: ↙                //按 Enter 键，切换模式
** 旋转 **
指定旋转角度或 [基点(B)/复制(C)/放弃(U)/参照(R)/退出(X)]: ↙
                                                                  //按 Enter 键，切换模式
** 比例缩放 **
指定比例因子或 [基点(B)/复制(C)/放弃(U)/参照(R)/退出(X)]: ↙
```

```
                                                      //按 Enter 键，切换模式
    ** 镜像 **
    指定第二点或 [基点(B)/复制(C)/放弃(U)/退出(X)]: b↙   //输入“B”，激活基点选项
    指定基点:                                         //指定圆心“A”为基点
    ** 镜像 **
    指定第二点或 [基点(B)/复制(C)/放弃(U)/退出(X)]: c↙   //输入“C”，激活复制选项
    ** 镜像 (多重) **
    指定第二点或 [基点(B)/复制(C)/放弃(U)/退出(X)]:      //单击与圆心“A”一条直线上
的任意点
    命令: *取消*                                      //按 Esc 键，退出命令
```

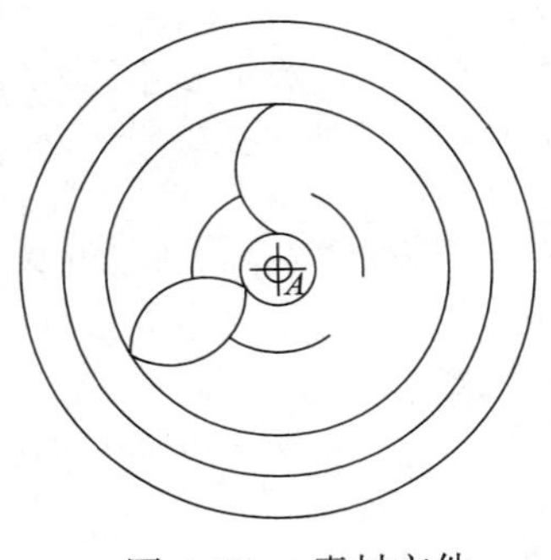

图 4-56　素材文件

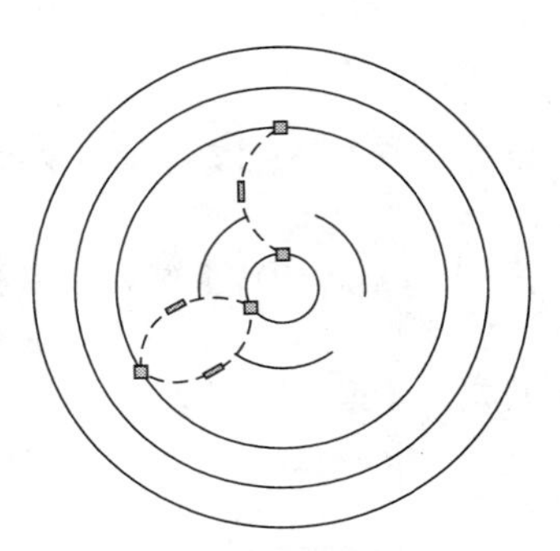

图 4-57　选择镜像对象

03 镜像结果如图 4-57 所示。

4.6.6 夹点的设置方法

夹点的设置主要设置夹点大小和颜色。执行【工具】|【选项】命令，系统弹出【选项】对话框，单击【选择集】选项卡，打开如图 4-58 所示的对话框，在该对话框中可对夹点特性进行设置。

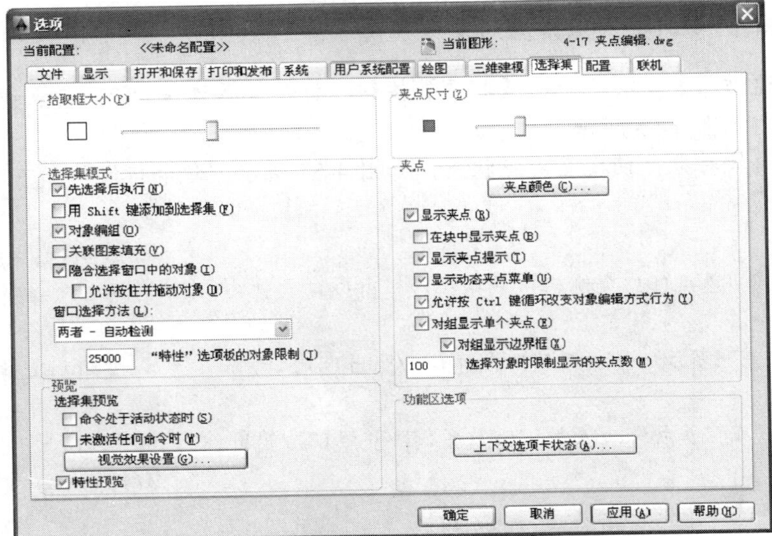

图 4-58　【选项】对话框

默认情况下，夹点是打开的。而对于块来说，在默认状态下夹点是关闭的。当块的夹点关闭时，在选择块时只能看到唯一的夹点，即插入点。一旦块的夹点打开后，即可看到其上的所有夹点，如图 4-59 所示。

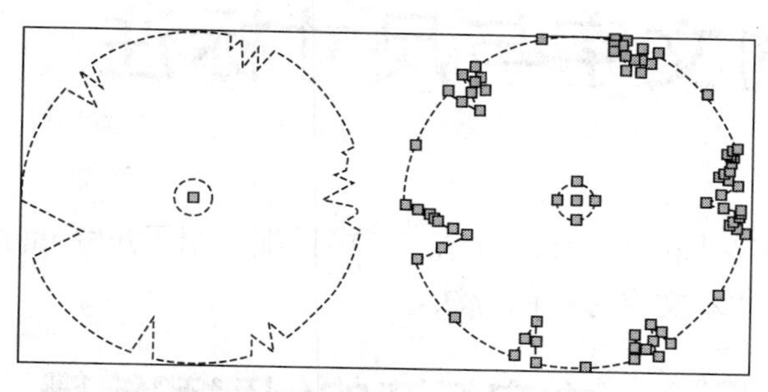

图 4-59　夹点显示对比效果

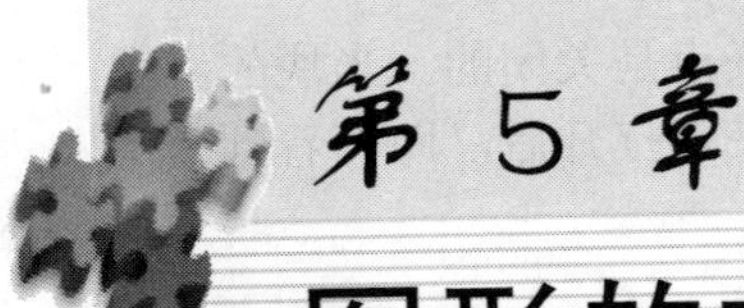

第 5 章 图形的文字与尺寸标注

本章介绍了图形的尺寸和文字标注方法。其中详细介绍了尺寸标注样式和文字标注样式的创建和编辑、尺寸标注和文字标注的方法。

5.1 文字标注的创建和编辑

文字是园林施工图的重要组成部分，在图签、说明、图纸目录等地方都要用到文本。本节讲述文本样式的创建、文本的输入和编辑方法。

5.1.1 创建文字样式

文字样式是对同一类文字的格式设置的集合，包括字体、字高、显示效果等。在标注文字前，应首先定义文字样式，以指定字体、高度等参数，然后用定义好的文字样式进行标注。

创建文字样式的方法如下所示。

- 命令行：STYLE/ST。
- 工具栏：单击【样式】工具栏中的【文字样式】按钮。
- 菜单栏：执行【格式】|【文字样式】命令。
- 功能区：在【默认】选项卡中，单击【注释】面板中的【文字样式】按钮。

【课堂举例 5-1】创建园林设计文字样式

01 单击【快速访问】工具栏中的【新建】按钮，新建空白文件。

02 执行【格式】|【文字样式】命令，系统弹出如图 5-1 所示的【文字样式】对话框。

03 单击【新建】按钮，输入样式名为“标注文字”，如图 5-2 所示。

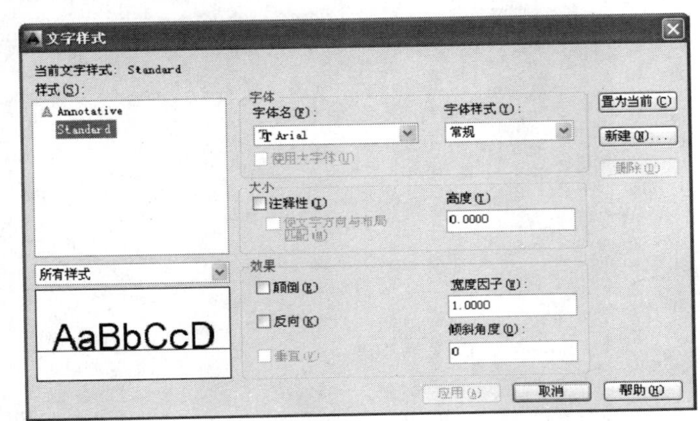

图 5-1 【文字样式】对话框

图 5-2 输入新样式名称

04 单击【确定】按钮，系统返回【文字样式】对话框，在【字体名】下拉列表中选择 gbenor.shx，大字体为 gbcbig.shx，如图 5-3 所示。

05 单击【新建】按钮，新建"汉字"文字标注样式，选择字体为"仿宋 GB-2312"，如图 5-4 所示。

06 单击【关闭】按钮，关闭对话框，文字样式创建完成。

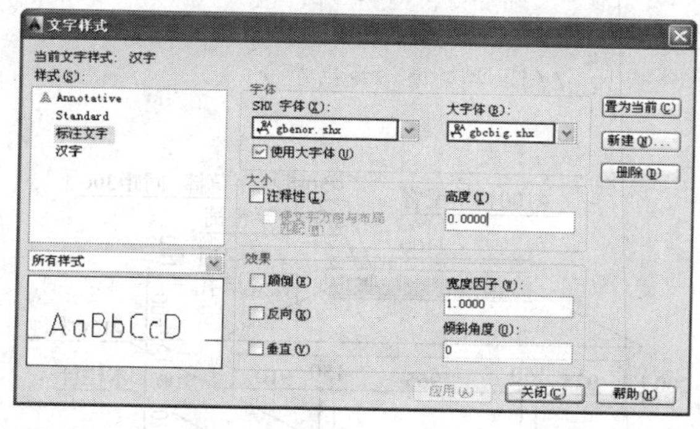

图 5-3 "标注文字"字体设置

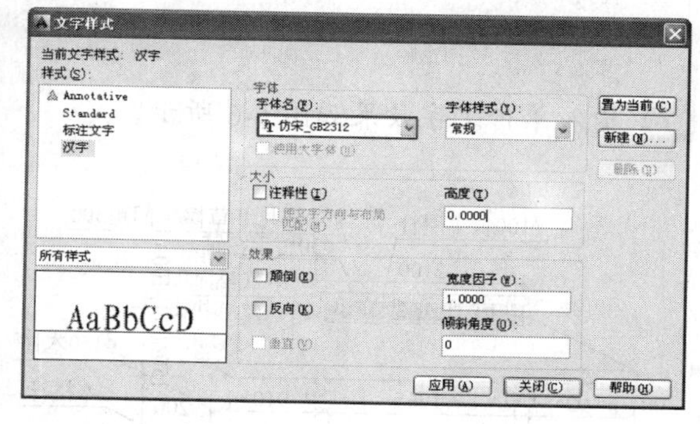

图 5-4 "汉字"字体设置

【文字样式】对话框中常用选项的含义如下所示。

- 【样式】列表：列出了当前可以使用的文字样式，默认文字样式为 Standard（标准）。
- 【字体名】下拉列表：在该下拉列表中可以选择不同的字体，如宋体字、黑体字等。
- 【高度】文本框：该参数控制文字高度，也就是控制文字的大小。
- 【颠倒】复选框：勾选该复选框之后，文字方向将反转。
- 【反向】：勾选该复选框，文字的阅读顺序将与开始输入的文字顺序相反。如文字的输入顺序从左到右，反向之后文字顺序就变成从右到左。
- 【宽度因子】文本框：该参数用于控制文字的宽度。
- 【倾斜角度】文本框：控制文字的倾斜角度，只能输入−85°～85° 的角度值，超过这个区间的角度值将无效。

提示：颠倒和反向效果只对单行文字有效，对于多行文字无效。"倾斜角度"参数只对多行文字有效。

5.1.2 创建单行文字

文字样式创建完成后，即可使用文字工具输入相应的文字。对于像"深水区"、"浅水区"、"入口广场"之类的简短、字体单一的文字，通常使用【单行文字】命令进行文字输入。

执行【单行文字】命令的方法如下所示。

- 命令行：TEXT/DT。
- 菜单栏：执行【绘图】|【文字】|【单行文字】命令。
- 工具栏：单击【文字】工具栏中的【单行文字】工具按钮。
- 功能区：在【默认】选项卡中，单击【注释】面板中的【单行文字】按钮。

【课堂举例 5-2】输入图名

01 单击【快速访问】工具栏中的【打开】按钮，打开"第 5 章\5-2 输入图名.dwg"素材文件，如图 5-5 所示。

02 执行【绘图】|【文字】|【单行文字】命令，输入单行文字，命令行操作如下所示。

```
命令: _text                                          //调用【单行文字】命令
当前文字样式: "汉字"  文字高度: 2.5000  注释性: 否  对正: 左
指定文字的起点 或 [对正(J)/样式(S)]:                  //在下划线左端指定文字起点
指定高度 <2.5000>: 250                               //输入文字高度为 250
指定文字的旋转角度 <0>:                              //按空格键，确定文字旋转角度为 0°
命令:                                                //按 Esc 键，退出命令
```

03 输入单行文字效果如图 5-6 所示。

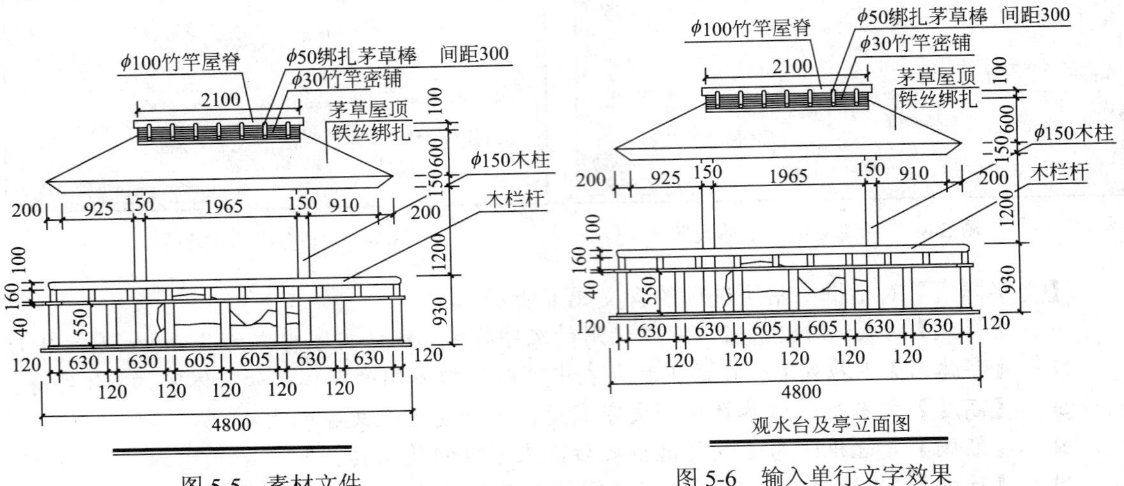

图 5-5 素材文件

图 5-6 输入单行文字效果

命令行主要选项介绍如下。

- 指定文字的起点：默认情况下，所指定的起点位置即是文字行基线的起点位置。
- 对正：可以设置文字的对正方式。如对齐、布满、左上、中上等。
- 样式：可以设置当前使用的文字样式。可以在命令行中直接输入文字样式的名称，也可以输入“？”，在“AutoCAD 文本窗口”中显示当前图形已有的文字样式。

5.1.3 添加特殊符号

在实际设计绘图中，往往需要标注一些特殊的字符，这些特殊字符不能从键盘上直接输入，因此 AutoCAD 提供了相应的控制符，以实现标注要求。常用的一些控制符如表 5-1 所示。

表 5-1 特殊符号的代码及含义

控制符	含 义
%%C	Φ直径符号
%%P	±正负公差符号
%%D	（°）度
%%O	上划线
%%U	下划线

提示：在 AutoCAD 的控制符中，“%%O”和“%%U”分别是上划线与下划线的开关。第一次出现此符号时，可打开上划线或下划线；第二次出现此符号时，则会关掉上划线或下划线。

5.1.4 编辑单行文字

编辑单行文字包括编辑文字的内容、对正方式及缩放比例。

执行【编辑文字】命令的方法如下所示。

- 命令行：在命令行中输入 DDEDIT/ED。
- 工具栏：单击【文字】工具栏中的【编辑文字】按钮。
- 菜单栏：执行【修改】|【对象】|【文字】|【编辑】命令。

5.1.5 创建多行文字

对于字数较多，字体变化较为复杂，甚至字号不一的文字，通常使用【多行文字】命令进行文字输入。与单行文字不同的是，多行文字整体是一个文字对象，每一单行不再是单独的文字对象，也不能单独编辑。景观设计中可应用于创建设计说明、注意事项等。

执行【多行文字】命令的方法如下所示。

- 命令行：在命令行中输入 MTEXT/MT/T。
- 工具栏：单击【文字】工具栏中的【多行文字】按钮A。
- 菜单栏：执行【绘图】|【文字】|【多行文字】命令。
- 功能区：在【默认】选项卡中，单击【注释】面板中的【多行文字】按钮A 多行文字。

启动 MTEXT 命令后，系统首先提示确定段落宽度，然后弹出在位文字编辑器界面，让用户输入文字内容和设置文字格式。在位编辑器和 Word 之类的文字处理软件十分相似，可以对文字进行更为复杂的编辑，如为文字添加下划线，设置文字段落对齐方式（居中、居左或居右对齐），为段落添加编号和项目符号等。

【课堂举例 5-3】输入设计总说明

01 单击【快速访问】工具栏中的【新建】按钮，新建空白文件。

02 执行【绘图】|【文字】|【多行文字】命令，创建多行文字，命令行操作如下所示。

```
命令：_mtext                                    //调用【多行文字】命令
当前文字样式："汉字"  文字高度：  250.0000  注释性：  否
指定第一角点：                                  //在绘图区指定任意点为第一个角点
指定对角点或 [高度(H)/对正(J)/行距(L)/旋转(R)/样式(S)/宽度(W)/栏(C)]：
                                              //任意指定文本框大小，确定对角点
```

03 在文本框中输入“设计总说明”，然后在文字编辑器中修改字体大小为 200，继续输入设计说明内容，结果如图 5-7 所示。

04 选择“设计总说明”，单击【文字编辑器】中的【居中】按钮，将其居中，如图 5-8 所示。

05 并对其他的文字稍作调整，使其整体美观，设计说明最终效果如图 5-9 所示。

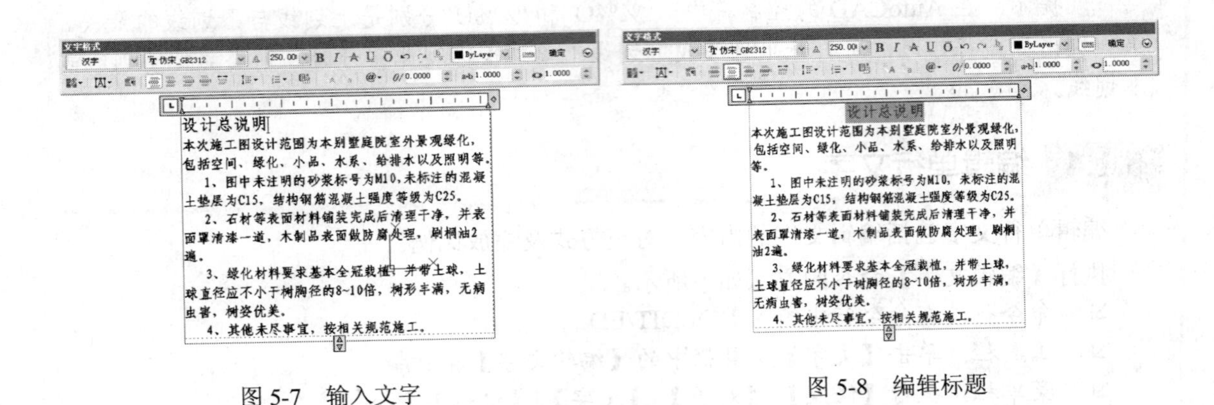

图 5-7　输入文字　　　　图 5-8　编辑标题

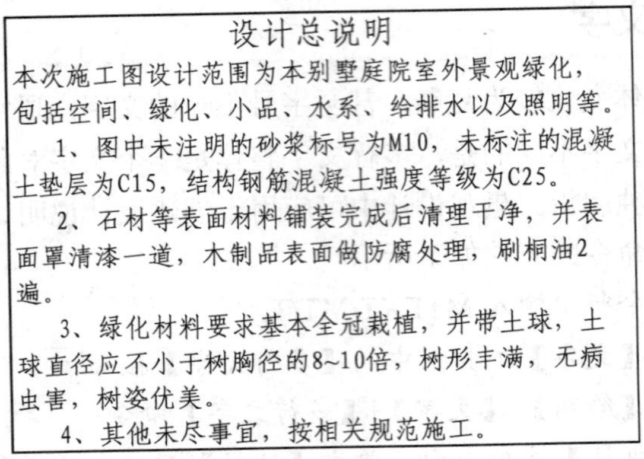

设计总说明

本次施工图设计范围为本别墅庭院室外景观绿化，包括空间、绿化、小品、水系、给排水以及照明等。

1、图中未注明的砂浆标号为M10，未标注的混凝土垫层为C15，结构钢筋混凝土强度等级为C25。

2、石材等表面材料铺装完成后清理干净，并表面罩清漆一道，木制品表面做防腐处理，刷桐油2遍。

3、绿化材料要求基本全冠栽植，并带土球，土球直径应不小于树胸径的8~10倍，树形丰满，无病虫害，树姿优美。

4、其他未尽事宜，按相关规范施工。

图 5-9　设计说明最终效果

命令行常用选项介绍如下。

- 行距：与 Word 中相似，表示文字行间距。
- 旋转：可设置文本框的角度，从而确定文字的旋转角度。
- 宽度：可以设计文本框的宽度，从而约束文字排版。
- 栏：可设置可输入的文字栏数。

【多行文字】的编辑和【单行文字】的编辑操作相同，在此不作赘述。

5.2　尺寸标注概述

尺寸标注是对图形对象形状和位置的定量化说明，也是工程施工的重要依据，因而标注图形尺寸是一般绘图不可缺少的步骤。园林图纸的特点是道路、水池等不规则的图形要素较多，无法进行精确的标注，通常是采用定位方格网或只标注出道路的宽度、坡度和转弯处半径，其他尺寸由施工人员在现场施工中灵活掌握。

5.2.1　AutoCAD 尺寸标注的类型

Auto CAD 2014 中标注包含的内容很丰富,可标注的类型主要包括长度、角度、直径/半径、弧长、坐标、引线、公差等（图 5-10）。

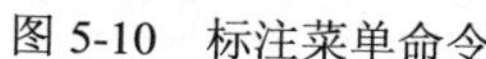
图 5-10　标注菜单命令

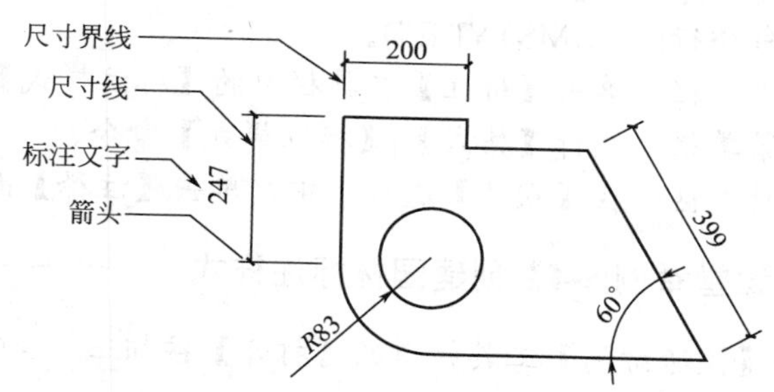

图 5-11　尺寸标注的组成元素

5.2.2 AutoCAD 尺寸标注的组成

尺寸标注是制图中的一个重要的内容。一个完整的尺寸标注由包括尺寸界线、尺寸线、标注文本、箭头和圆心标记等几部分组成，如图 5-11 所示。

各组成部分的作用与含义如下所示。

- 尺寸界线：也称投影线，用于标注尺寸的界限，由图样中的轮廓线、轴线或对称中心线引出。标注时尺寸界线从所标注的对象上自动延伸出来，它的端点与所标注的对象接近但并未连接到对象上。
- 尺寸线：通常与所标注的对象平行，放在两尺寸界线之间用于指示标注的方向和范围。通常尺寸线为直线，但在角度标注时，尺寸线则为一段圆弧。
- 标注文本：通常为与尺寸线上方或中断处，用以表示所限标注对象的具体尺寸大小。在进行尺寸标注时，AutoCAD 会自动生成所标注的对象的尺寸数值，用户也可对标注文本进行修改、添加等编辑操作。
- 箭头：在尺寸线两端，用以表明尺寸线的起始位置，用户可为标注箭头指定不同的尺寸大小和样式。

5.2.3 AutoCAD 尺寸标注的基本步骤

标注尺寸时，需要有很明了的思路，尺寸标注的一般步骤如下所示。

- 创建“标注”的新图层
- 创建“标注”文字样式。
- 创建“标注”尺寸、“标注”样式。
- 选择相应的标注命令，进行标注。

5.3　设置尺寸标注样式

AutoCAD 中，标注对象具有特殊的格式，由于各行各业对于标注的要求不同，所以在进行标注之前，必须修改标注的样式以适应本行业的标准。

5.3.1 创建标注样式

AutoCAD 可以针对不同的标注对象设置不同的样式，如在标准标注样式（standard）下又可针对线性标注、半径标注、直径标注、角度标注、引线标注、坐标标注分别设置不同的样式。即使在使用同一名称标注样式的情况下，也可以满足对不同对象的标注要求。

执行【标注样式】命令的方法如下所示。

- 命令行：DIMSTYLE/D。
- 工具栏：单击【标注】工具栏中的【标注样式】按钮。
- 菜单栏：执行【格式】|【标注样式】命令。
- 功能区：在【默认】选项卡中，单击【注释】面板中的【文字样式】按钮。

【课堂举例 5-4】创建园林标注样式

01 单击【快速访问】工具栏中的【打开】按钮，打开“第 5 章\5-1 创建文字样式.dwg”素材文件。

02 执行【格式】|【标注样式】命令，系统弹出【标注样式管理器】对话框，单击【新建】按钮，在【创建新标注样式】对话框中输入新标注名称为“园林标注”，如图 5-12 所示。

03 单击【继续】按钮，系统进入【新建标注样式：园林标注】，并在当前选项卡中设置参数，如图 5-13 所示。

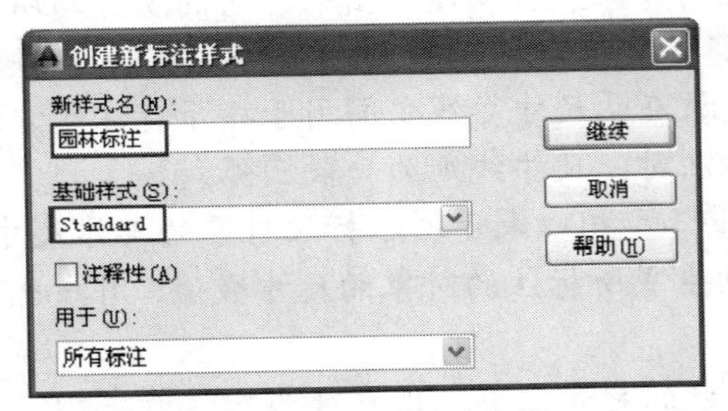

图 5-12　输入标注样式名称

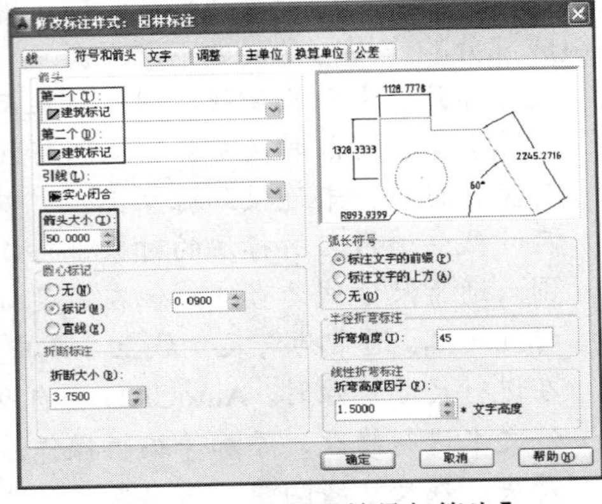

图 5-13　设置【符号与箭头】

04 单击【线】选项卡，设置参数如图 5-14 所示。

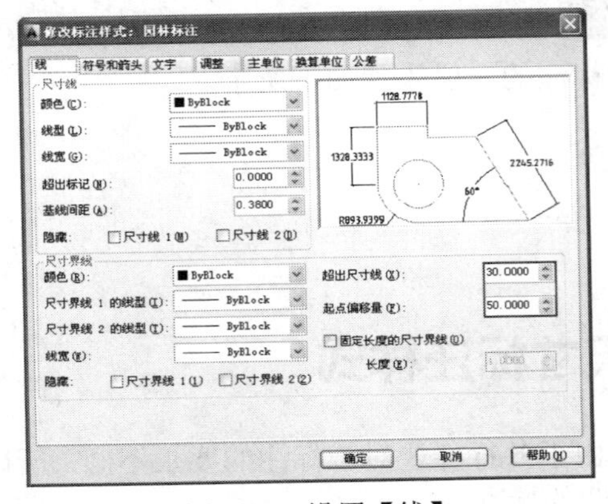

图 5-14　设置【线】

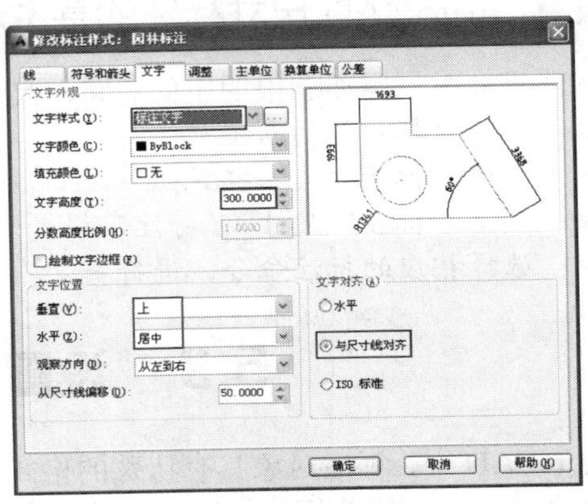

图 5-15　设置【文字】

05 单击【文字】选项卡，设置参数如图 5-15 所示。

06 单击【调整】选项卡，设置参数如图 5-16 所示。

07 单击【主单位】选项卡，设置参数如图 5-17 所示。

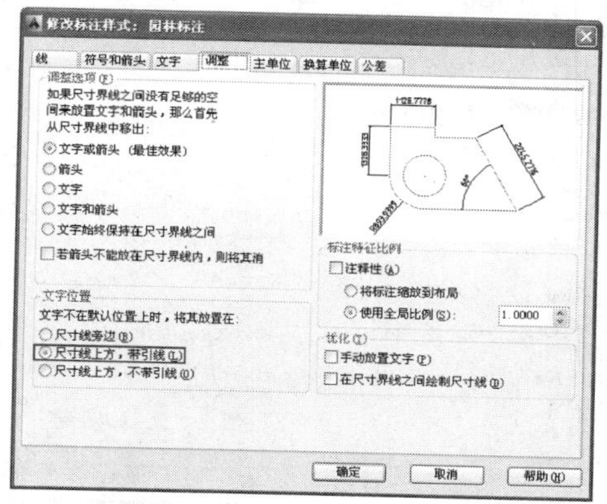

图 5-16　设置【调整】

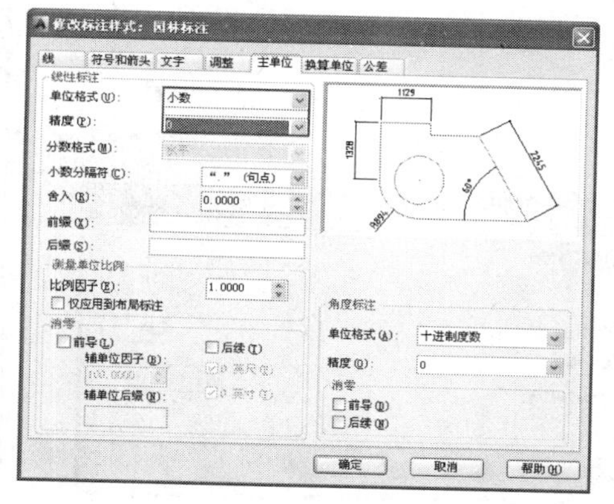

图 5-17　设置【主单位】

08 标注样式设置完成，标注效果如图 5-18 所示。

5.3.2　创建标注子样式

上面创建的标注样式只适合于距离的标注，如果用于半径、角度和直径的标注，则会出现错误，因为这些标注需要设置标注箭头为实心箭头。下面创建用于标注半径、角度和直径标注的子标注样式。

【课堂举例 5-5】创建半径标注子样式

01 单击【快速访问】工具栏中的【打开】按钮，打开"第 5 章\5-5 创建园林标注子样式.dwg"素材文件。

02 执行【格式】|【标注样式】命令，系统弹出【标注样式管理器】对话框，选择"园林标注"，如图 5-19 所示。

03 单击【新建】按钮，在【创建新标注样式】对话框中，设置参数如图 5-20 所示。

1000

图 5-18　标注效果

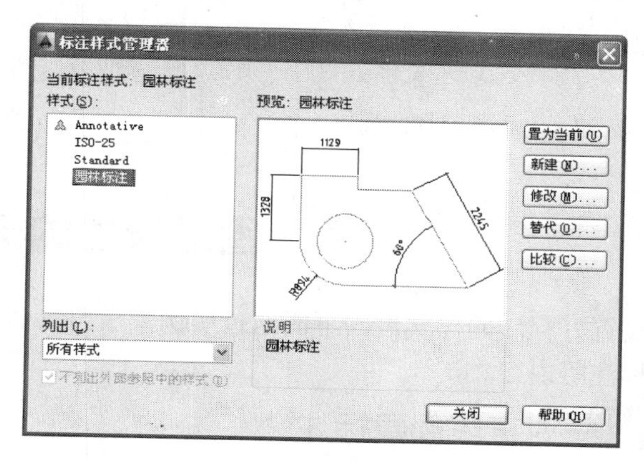

图 5-19　选择"园林标注"

04 单击【继续】按钮，切换至【符号与箭头】选项卡，在【箭头】选项组中，单击【第二个】下拉列表，选择【实心闭合】选项，如图 5-21 所示。

05 半径标注效果如图 5-22 所示。

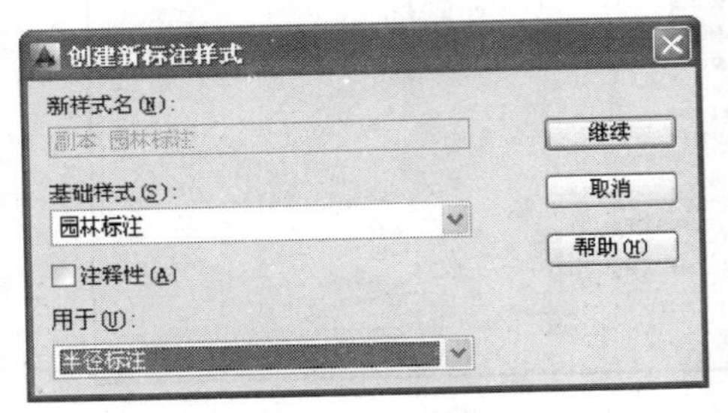

图 5-20　设置半径标注

图 5-21　切换至【符号与箭头】选项卡

5.3.3 编辑并修改标注样式

编辑标注样式与创建标注样式的方法类似，可执行【格式】|【标注样式】命令，弹出如图 5-23 所示的【标注样式管理器】对话框，单击【修改】按钮，即可在相应的选项卡中修改相应的参数。

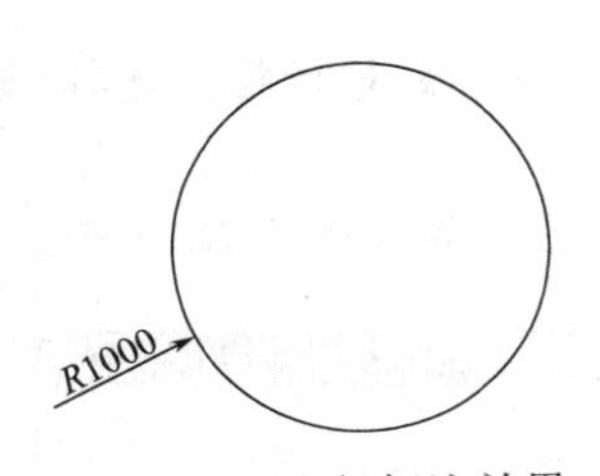

图 5-22　半径标注效果

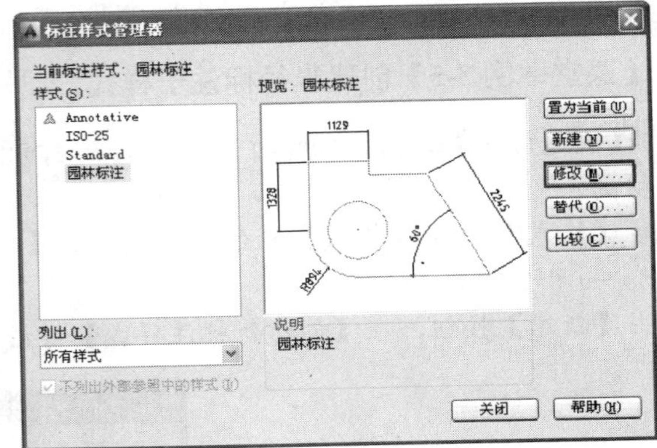

图 5-23　修改标注样式

5.4　图形尺寸的标注和编辑

设置好标注的样式后，下面通过实例来学习具体标注方法，包括直线标注、弧线标注和引线标注等内容。

5.4.1 对直线创建标注

5.4.1.1　线性标注

线性标注是最常见的标注形式，用于标注直线，也可用于标注弧的弦长以及圆的直径。

执行【线性标注】命令的方法如下所示。

- 命令行：DIMLINEAR/DLI。
- 工具栏：单击【标注】工具栏【线性标注】按钮。
- 菜单栏：执行【标注】|【线性】命令。
- 功能区：在【注释】选项卡中，单击【标注】面板中的【线性】按钮。

【课堂举例 5-6】标注桩基础平面图

01 单击【快速访问】工具栏中的【打开】按钮，打开“第 5 章\5-6 标注桩基础平面图.dwg”素材文件，如图 5-24 所示。

02 执行【标注】|【线性】命令，标注图形，命令行操作如下所示。

```
命令： _dimlinear                               //调用【线性标注】命令
指定第一个尺寸界线原点或 <选择对象>：            //拾取左侧竖直轴线端点为第一个尺寸界线原点
指定第二条尺寸界线原点：                         //拾取第二条竖直轴线端点为第二个尺寸界线原点
指定尺寸线位置或                                 //拖动鼠标，拾取适当位置
[多行文字(M)/文字(T)/角度(A)/水平(H)/垂直(V)/旋转(R)]：
标注文字 = 750                                   //标注文字为 750
```

03 标注结果如图 5-25 所示。

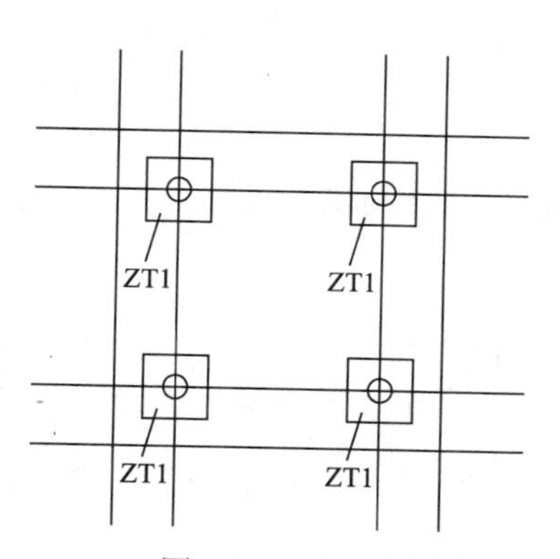

图 5-24　素材文件

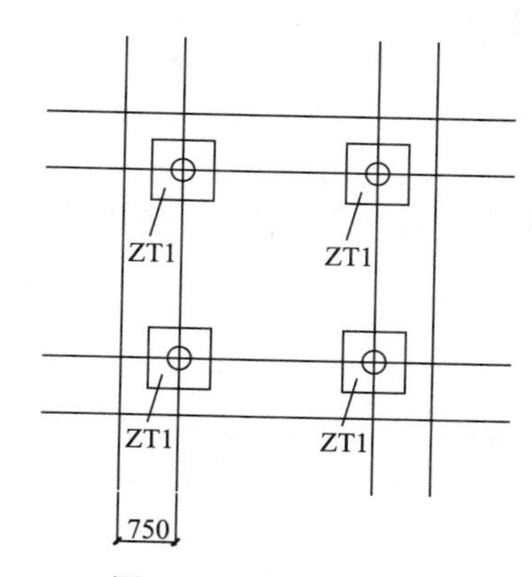

图 5-25　线性标注结果

命令行主要选项介绍如下。

- 多行文字：选择该选项将进入多行文字编辑模式，可以使用【多行文字编辑器】对话框输入并设置标注文字。其中，文字输入窗口中的尖括号（< >）表示系统测量值。
- 文字：以单行文字形式输入尺寸文字。
- 角度：设置标注文字的旋转角度。
- 水平和垂直：标注水平尺寸和垂直尺寸。可以直接确定尺寸线的位置，也可以选择其他选项来指定标注的标注文字内容或标注文字的旋转角度。
- 旋转：旋转标注对象的尺寸线。

5.4.1.2　连续标注

连续标注是以指定的尺寸界线（必须以线性、坐标或角度标注界限）为基线进行标注，但连续标注所指定的基线仅作为与该尺寸标注相邻的连续标注尺寸的基线，依此类推，下一个尺寸标注都以前一个标注与其相邻的尺寸界线为基线进行标注。

执行【连续标注】有如下几种常用方法。

- 命令行：DIMCONTINUE/DCO。
- 工具栏：单击【标注】工具栏【连续标注】工具按钮。
- 菜单栏：执行【标注】|【连续】命令。
- 功能区：在【注释】选项卡中，单击【标注】面板【连续】按钮。

【课堂举例 5-7】连续标注桩基础平面图

01 单击【快速访问】工具栏中的【打开】按钮，打开“第 5 章\5-7 连续标注桩基础平面图.dwg”素材文件，如图 5-25 所示。

02 执【标注】|【连续】命令，标注图形，命令行操作如下所示。

```
命令：_dimcontinue                                        //调用【连续标注】命令
选择连续标注：                                            //选择尺寸为“750”的标注
指定第二条尺寸界线原点或 [放弃(U)/选择(S)] <选择>:        //选择第三条竖直轴线端点为尺寸界线原点
标注文字 = 2500
指定第二条尺寸界线原点或 [放弃(U)/选择(S)] <选择>:        //选择第四条竖直轴线端点为尺寸界线原点
标注文字 = 750
指定第二条尺寸界线原点或 [放弃(U)/选择(S)] <选择>:        //按 Enter 键，确定命令
选择连续标注：                                            //按 Esc 键，退出命令
```

03 连续标注结果如图 5-26 所示。

04 结合【线性标注】命令、【连续标注】命令，标注其他轴线，效果如图 5-27 所示。

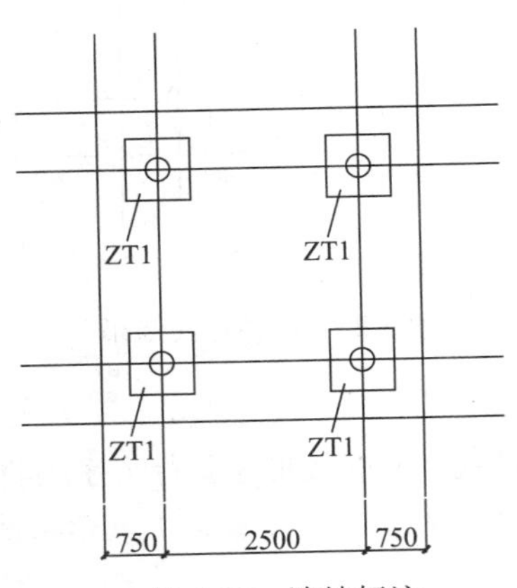

图 5-26 连续标注

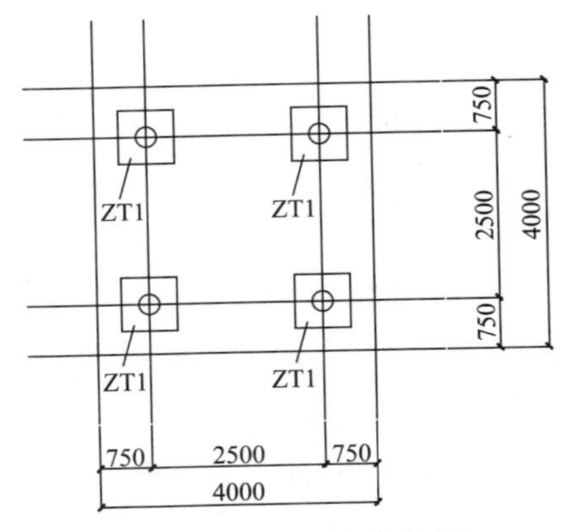

图 5-27 图形标注结果

5.4.1.3 对齐标注

在对直线段进行标注时，如果该直线的倾斜角度未知，那么使用【线性标注】的方法将无法得到准确的测量结果，此时可执行【对齐标注】进行标注。

执行【对齐标注】命令的方法如下所示。

- 命令行：DIMALIGNED/DAL。
- 工具栏：单击【标注】工具栏【对齐标注】工具按钮。
- 菜单栏：执行【标注】|【对齐】命令。
- 功能区：在【注释】选项卡中，单击【标注】面板中的【对齐】按钮。

【课堂举例 5-8】对齐标注

01 单击【快速访问】工具栏中的【打开】按钮，打开“第 5 章\5-8 对齐标注.dwg”素材文件，如图 5-28 所示。

02 执行【标注】|【对齐】命令，标注亭子，命令行操作如下所示。

```
命令: _dimaligned                                   //调用【对齐标注】命令
指定第一个尺寸界线原点或 <选择对象>:                //指定“A”点为第一个尺寸界线原点
指定第二条尺寸界线原点:                              //指定“B”点为第二个尺寸界线原点
指定尺寸线位置或                                     //拖动鼠标，指定尺寸线位置
[多行文字(M)/文字(T)/角度(A)]:
标注文字 = 4000
```

03 对齐标注结果如图 5-29 所示。

5.4.2 对弧线进行标注

标注弧线实际上是测量半径或直径的长度，可以执行【直径标注】和【半径标注】命令进行标注。

5.4.2.1 半径标注

利用【半径标注】可以快速获得圆或圆弧的半径大小，在半径标注的文本的前面将显示半径符号。

执行【半径标注】命令的方法如下所示。

- 命令行：DIMRADIUS/DRA。
- 工具栏：单击【标注】工具栏【半径】工具按钮。
- 菜单栏：执行【标注】|【半径】命令。
- 功能区：在【注释】选项卡中，单击【标注】面板【半径】按钮。

【课堂举例 5-9】标注圆弧半径

01 单击【快速访问】工具栏中的【打开】按钮，打开“第 5 章\5-9 标注圆弧半径.dwg”素材文件，如图 5-29 所示。

02 执行【标注】|【半径】命令，标注圆弧，命令行操作如下所示。

```
命令: _dimradius                                    //调用【半径标注】命令
选择圆弧或圆:                                        //选择图形中的圆弧
标注文字 = 3300
指定尺寸线位置或 [多行文字(M)/文字(T)/角度(A)]:      //拖动鼠标，指定尺寸线位置
```

03 标注结果如图 5-30 所示。

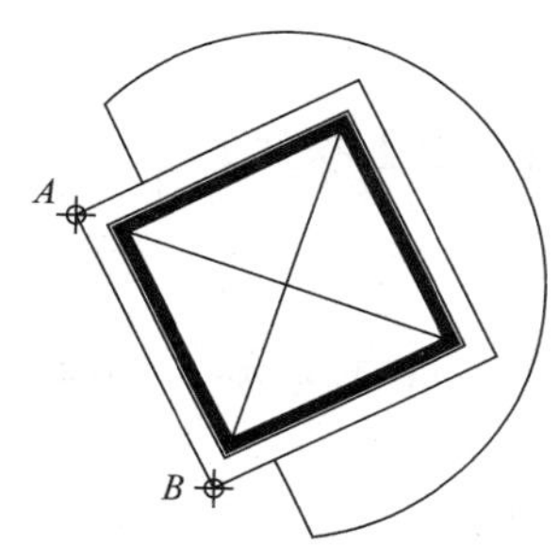

图 5-28　素材文件

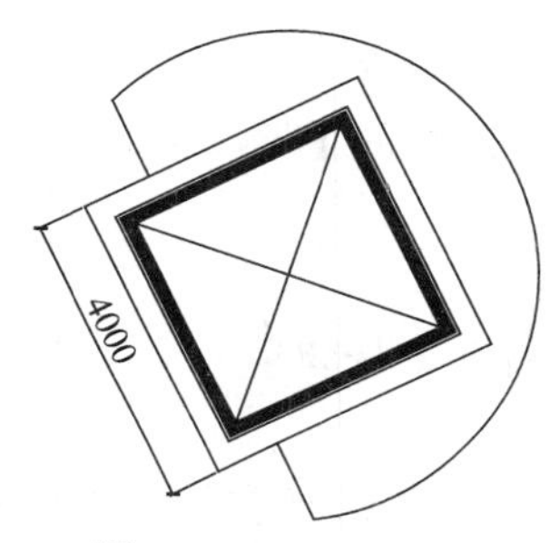

图 5-29　对齐标注结果

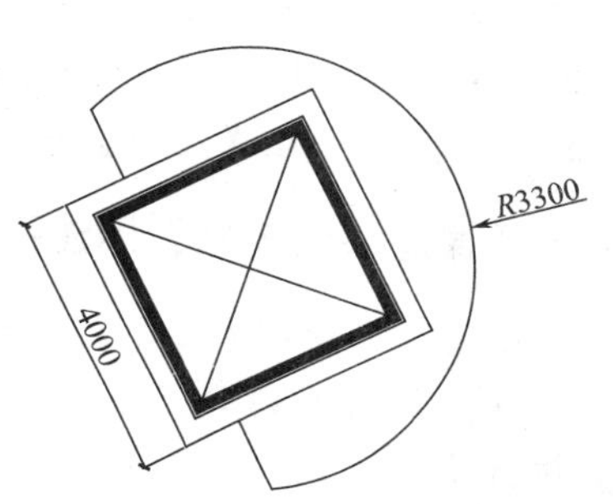

图 5-30　半径标注结果

5.4.2.2 直径标注

【直径标注】命令用于测量指定圆或圆弧的直径，在直径标注的文本前面将显示直径符号。

执行【直径标注】命令的方法如下所示。

- 命令行：DIMDIAMETER/DDI。
- 工具栏：单击【标注】工具栏【直径标注】按钮。
- 菜单栏：执行【标注】|【直径】命令。
- 功能区：在【注释】选项卡中，单击【标注】面板【直径】按钮。

【课堂举例 5-10】标注下沉广场直径

01 单击【快速访问】工具栏中的【打开】按钮，打开“第 5 章\5-10 标注下沉广场直径.dwg”素材文件，如图 5-31 所示。

02 执行【标注】|【直径】命令，标注直径，命令行操作如下所示。

```
命令：_dimdiameter                                  //调用【直径标注】命令
选择圆弧或圆：                                       //选择最内侧的圆
标注文字 = 3203
指定尺寸线位置或 [多行文字(M)/文字(T)/角度(A)]：      //拖动鼠标，指定尺寸线位置
```

03 直径标注结果如图 5-32 所示。

图 5-31　素材文件

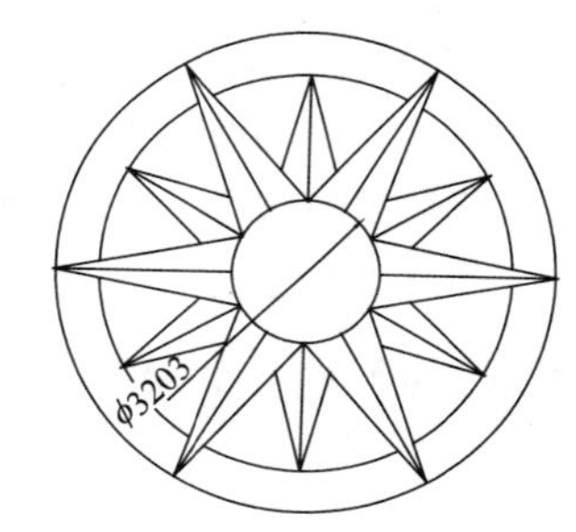

图 5-32　直径标注结果

5.4.2.3 弧长标注

【弧长标注】命令用于测量圆弧的长度，在标注文本的前面将显示圆弧符号。

执行【弧形标注】命令的方法如下所示。

- 命令行：DIMARC。
- 工具栏：单击【标注】工具栏【弧长标注】按钮。
- 菜单栏：执行【标注】|【弧长】命令。
- 功能区：在【注释】选项卡中，单击【标注】面板中的【弧长】按钮。

【课堂举例 5-11】标注弧长

01 单击【快速访问】工具栏中的【打开】按钮，打开“第 5 章\5-11 标注弧长.dwg”素材文件，如图 5-33 所示。

02 执行【标注】|【弧长】命令，标注弧长，命令行操作如下所示。

```
命令：_dimarc                                       //调用【弧长标注】命令
```

```
选择弧线段或多段线圆弧段:                                        //选择圆弧
指定弧长标注位置或 [多行文字(M)/文字(T)/角度(A)/部分(P)/]: //拖动鼠标，指定弧长标注位置
标注文字 = 11327
```

03 弧长标注结果如图 5-34 所示。

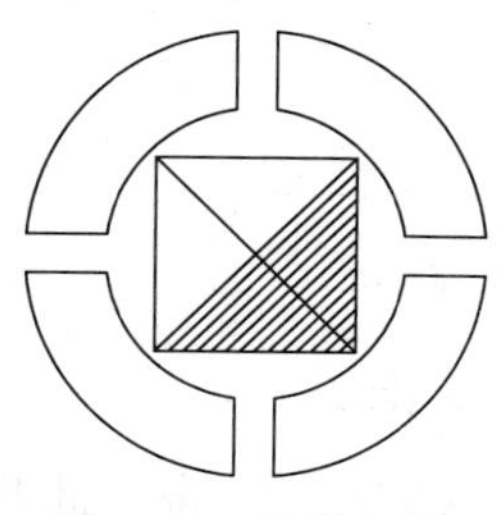

图 5-33　素材文件

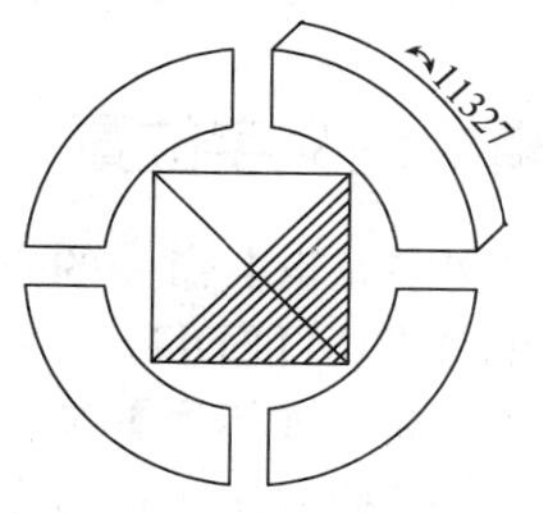

图 5-34　弧长标注结果

5.4.3 编辑标注

在创建尺寸标注后，如未能达到预期的效果，还可以对尺寸标注进行编辑，如修改尺寸标注文字的内容、编辑标注文字的位置、更新标注和关联标注等操作，而不必删除所标注的尺寸对象再重新进行标注。

执行【编辑标注】命令的方法如下所示。

- 命令行：DIMEDIT/DED。
- 工具栏：单击【标注】工具栏【编辑标注】按钮。

通过以上任意一种方法执行该命令后，此时命令行提示如下所示。

```
输入标注编辑类型[默认（H）/新建（N）/旋转（R）/倾斜（O）]〈默认〉:
```

命令行各选项的含义如下所示。

- 默认：选择该选项并选择尺寸对象，可以按默认位置和方向放置尺寸文字。
- 新建：选择该选项后，系统将打开【文字编辑器】选项卡，选中输入框中的所有内容，然后重新输入需要的内容，单击该对话框上的【确定】按钮。返回绘图区，单击要修改的标注，如图 5-35 所示，按 Enter 键即可完成标注文字的修改，结果如图 5-36 所示。

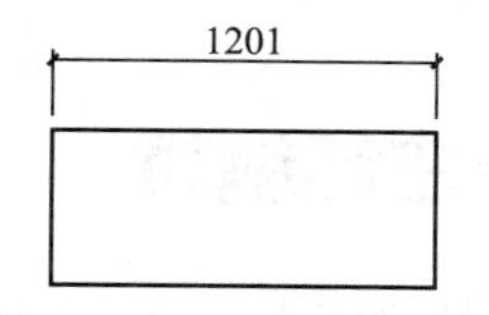

图 5-35　选择修改对象

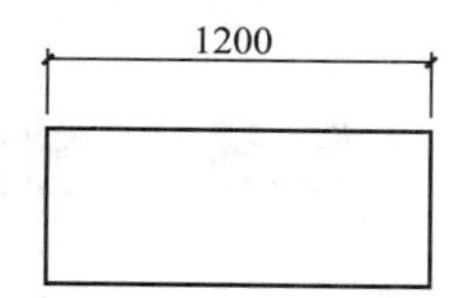

图 5-36　修改结果

- 旋转：选择该项后，命令行提示“输入文字旋转角度:”，此时，输入文字旋转角度后，单击要修改的文字对象，即可完成文字的旋转。如图 5-37 所示为将文字旋转 30° 后的效果对比。
- 倾斜：用于修改眼神显得倾斜度。选择该项后，命令行会提示选择修改对象，并要求输入倾斜角度。如图 5-38 所示为延伸线倾斜 60° 后的效果对比。

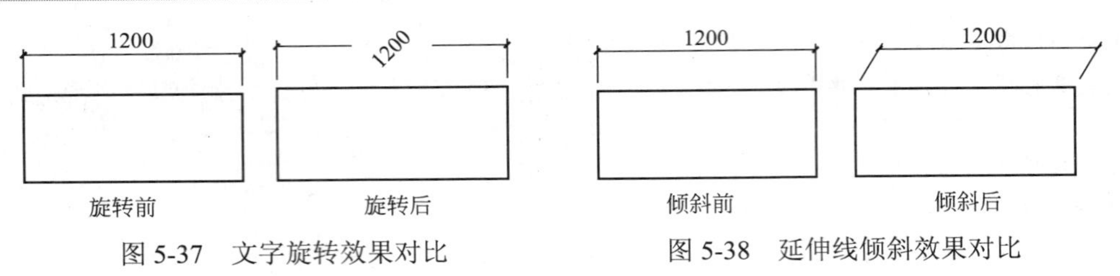

图 5-37　文字旋转效果对比　　　图 5-38　延伸线倾斜效果对比

5.4.4 编辑标注文字位置

执行【标注文字编辑】命令的方法如下所示。

- 命令行：DIMTEDIT。
- 工具栏：单击【标注】工具栏【编辑标注文字】按钮。

通过以上任意一种方法执行该命令，然后选择需要修改的尺寸对象，此时命令行提示如下所示。

```
为标注文字指定新位置或[左对齐（L）/右对齐（R）/居中（C）/默认（H）/角度（A）]:
```

命令行各选项含义如下所示。

- 左对齐：将标注文字放置于尺寸线的左边，如图 5-39(a)所示。
- 右对齐：将标注文字放置于尺寸线的右边，如图 5-39(b)所示。
- 居中：将标注文字放置于尺寸线的中心，如图 5-39(c)所示。
- 默认：恢复系统默认的尺寸标注位置。
- 角度：用于修改标注文字的旋转角度，与“DIMEDIT”命令的旋转选项效果相同，如图 5-39(d)所示。

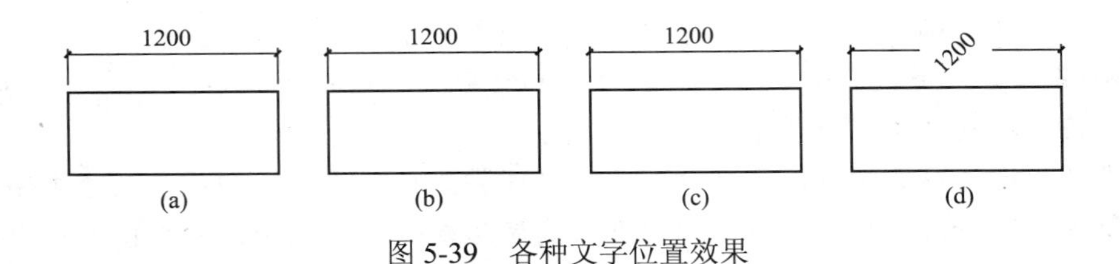

图 5-39　各种文字位置效果

提示：执行【标注】|【对齐文字】命令，在其下的子菜单中选择需要的选项，同样可以对标注文字的位置进行编辑。

5.5 多重引线标注和编辑

【多重引线标注】命令常用于对图形中的某一特征进行文字说明。因为在园林施工图设计中，材料说明需要注释，所以为了更加明确地表示这些注释与被注释对象之间的关系，就需要用一条引线将注释文字指向被说明的对象。

5.5.1 创建多重引线样式

对于一些文字注释、详图符号和索引符号，需要使用引线来进行标注。在创建引线标注前，需要创建多重引线样式。

执行【多重引线样式】命令的方法如下所示。

- 命令行：MLEADERSTYLE/MLS。
- 菜单栏：执行【格式】|【多重引线样式】命令。
- 工具栏：单击【样式】工具栏中的【多重引线样式】按钮。
- 功能区：在【注释】选项卡中，单击【引线】面板中右下角的按钮。

【课堂举例 5-12】创建多重引线样式

01 单击【快速访问】工具栏中的【打开】按钮，打开“第5章\5-1 创建文字样式.dwg”素材文件。

02 执行【格式】|【多重引线样式】命令，系统弹出【多重引线样式管理器】对话框，单击【新建】按钮，在【新样式名】文本框中输入新样式名为“文字说明”，如图5-40所示。

03 单击【继续】按钮，进入【修改多重引线样式：文字说明】对话框，单击【引线格式】选项卡，设置参数如图5-41所示。

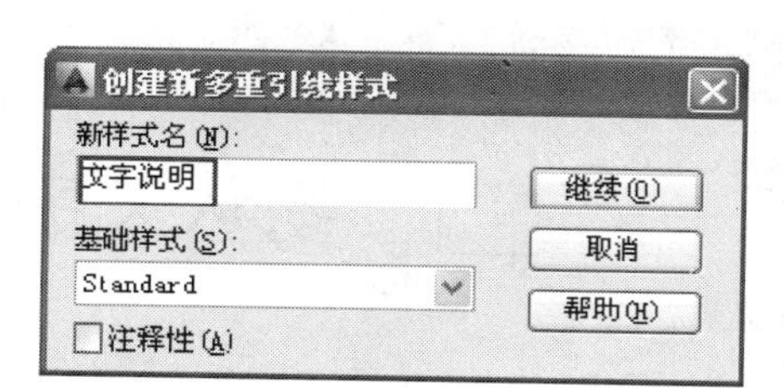

图5-40 输入新样式名

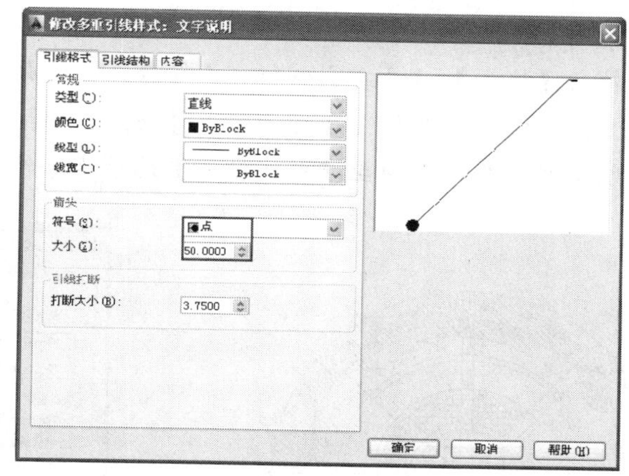

图5-41 设置【引线格式】参数

04 单击【引线结构】选项卡，设置参数如图5-42所示。

05 单击【内容】选项卡，设置参数如图5-43所示，单击【确定】按钮，系统返回【多重引线样式管理器】，单击【置为当前】按钮，将“文字说明”多重引线样式置于当前。单击【关闭】按钮，完成多重引线样式的设置。

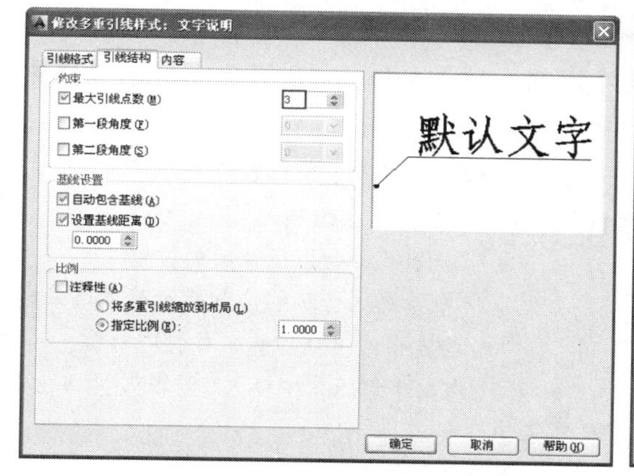

图5-42 设置【引线结构】参数

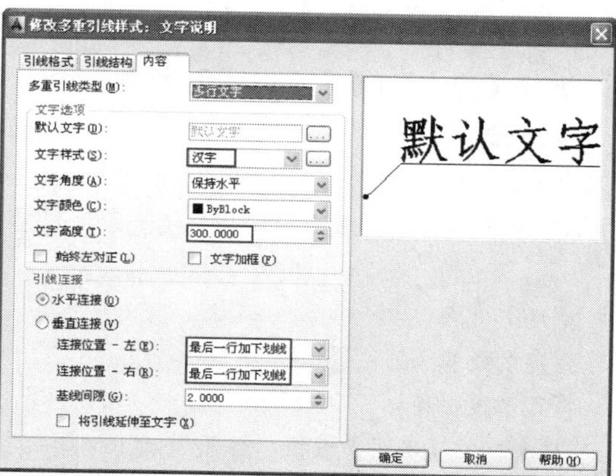

图5-43 设置【内容】参数

5.5.2 创建多重引线

使用【多重引线】命令添加和管理所需的引出线，不仅能够快速地标注施工图的材料说明，而且能够更清楚地标识制图的标准、说明等内容。此外，还可以通过修改多重引线的样式，对引线的格式、类型及内容进行编辑。

执行【多重引线】命令的方法如下所示。

- 命令行：MLEADER/MLD。
- 工具栏：单击【多重引线】工具栏【多重引线】按钮。
- 菜单栏：执行【标注】|【多重引线】命令。
- 功能区：在【注释】面板中，单击【引线】面板中的【多重引线】按钮。

【课堂举例 5-13】标注张拉膜亭平面文字说明

01 单击【快速访问】工具栏中的【打开】按钮，打开“第 5 章\5-13 标注张拉膜亭平面.dwg”素材文件，如图 5-44 所示。

02 执行【格式】|【多重引线样式】命令，系统弹出【多重引线样式管理器】对话框，选择“文字说明”多重引线样式，单击【修改】按钮，系统进入【修改多重引线样式：文字说明】对话框，切换至【引线结构】选项卡，修改参数如图 5-45 所示。

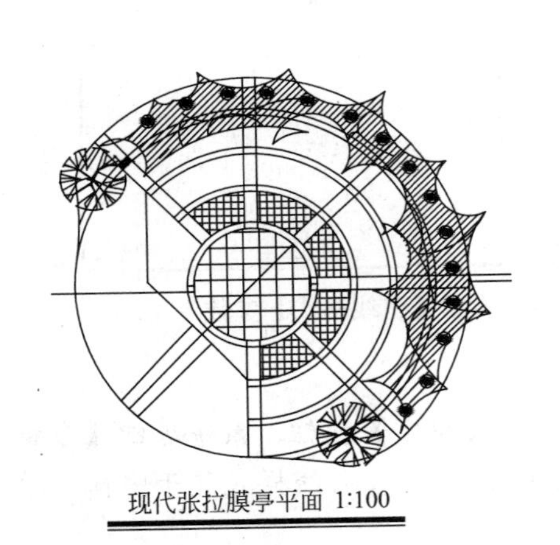

图 5-44 素材文件

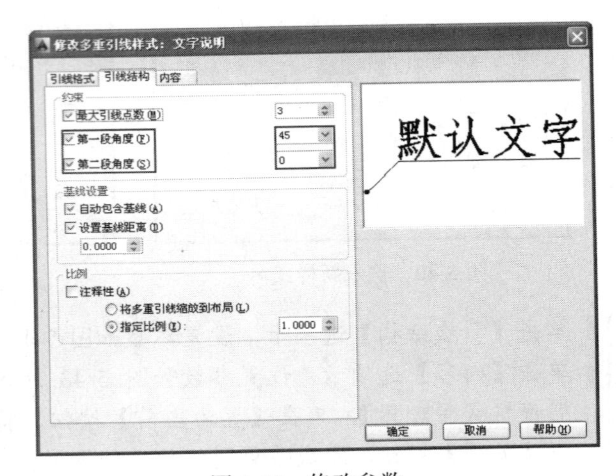

图 5-45 修改参数

03 执行【标注】|【多重引线】命令，标注文字说明，效果如图 5-46 所示，命令行操作如下所示。

```
命令: _mleader                                      //调用【多重引线】命令
指定引线箭头的位置或 [引线基线优先(L)/内容优先(C)/选项(O)] <选项>:
                                                     //拾取圆心为引线箭头的位置
指定下一点:                                          //在绘图区合适的位置指定基线第二点
指定引线基线的位置:                                  //指定引线基线位置，并按空格键，
指定基线距离 <0.0000>:                               //在文字编辑器中输入“剧场”，并单击【文
字编辑器】中的【确定】按钮，结束命令
```

04 继续执行相同命令，完成文字说明标注，结果如图 5-47 所示。

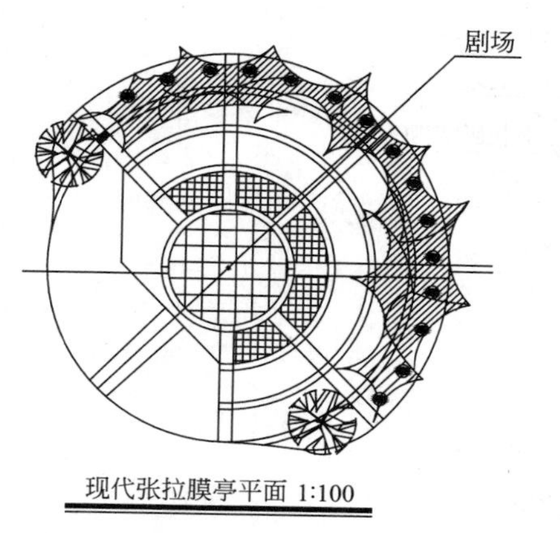

图 5-46　标注文字说明

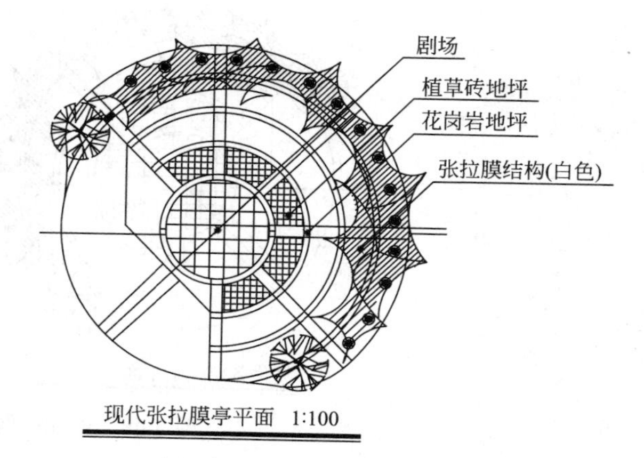

图 5-47　标注文字说明结果

5.5.3 编辑多重引线

对多重引线可以进行添加和删除操作，还可以合并或对齐引线。

1. 添加和删除多重引线

执行【添加引线】或【删除引线】命令的方法如下所示。

- 命令行：MLEADEREDIT。
- 工具栏：单击【多重引线】工具栏中的【添加引线】按钮或【删除引线】按钮。
- 菜单栏：执行【修改】|【对象】|【多重引线】|【添加引线】或【删除引线】命令。
- 功能区：在【注释】选项卡中，单击【引线】面板中的【添加引线】按钮或【删除引线】按钮。

【课堂举例 5-14】添加引线

01 单击【快速访问】工具栏中的【打开】按钮，打开"第 5 章\5-14 添加引线.dwg"素材文件，如图 5-47 所示。

02 执行【修改】|【对象】|【多重引线】|【添加引线】命令，选择需要添加引线的对象，命令行操作如下所示。

```
命令:                                               //调用【添加引线】命令
选择多重引线:                                       //选择文字为“花岗岩地坪”的多重引线
找到 1 个
选择新引线线段的下一个点或 [删除引线(R)]:           //选择新引线线段的下一点
指定引线箭头的位置:                                 //指定引线箭头位置
选择新引线线段的下一个点或 [删除引线(R)]: *取消*    //按Esc键，结束命令
```

03 添加引线效果如图 5-48 所示。

2. 对齐多重引线

执行【对齐引线】命令的方法与【添加引线】基本相同，这里就不一一介绍了。

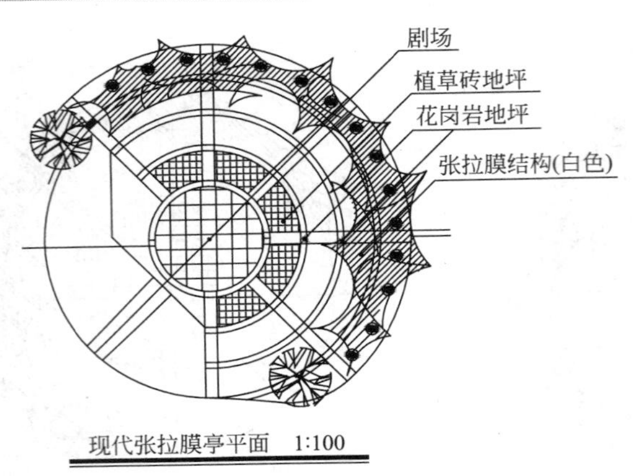

图 5-48 添加引线效果

【课堂举例 5-15】对齐多重引线

01 单击【快速访问】工具栏中的【打开】按钮，打开“第 5 章\5-15 对齐多重引线.dwg”素材文件，如图 5-49 所示。

02 执行【修改】|【对象】|【多重引线】|【对齐】命令，选择需要对齐的多重引线，命令行操作如下所示。

```
命令: _mleaderalign                                   //调用【对齐】命令
选择多重引线: 指定对角点: 找到 0 个
选择多重引线: 指定对角点: 找到 3 个
选择多重引线: 指定对角点: 找到 1 个, 总计 4 个
选择多重引线:                                         //选择多重引线
当前模式: 使用当前间距
选择要对齐到的多重引线或 [选项(O)]:                   //选择 “花岗岩地坪” 多重引线
指定方向:90↙                                          //将鼠标垂直向上移动, 输入 90
```

03 对齐引线效果如图 5-50 所示。

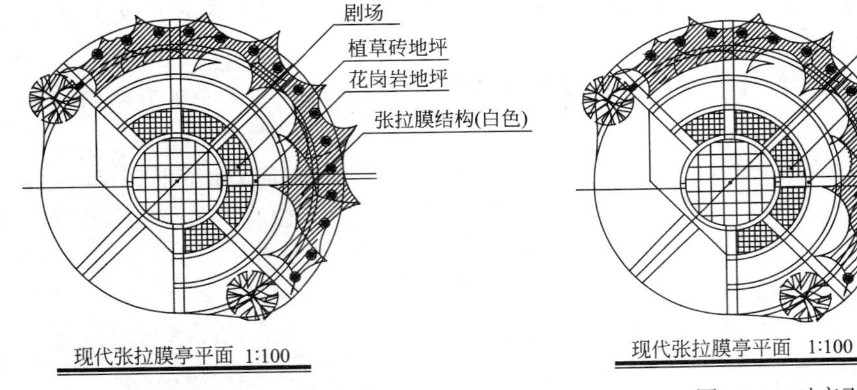

图 5-49 素材文件　　图 5-50 对齐引线结果

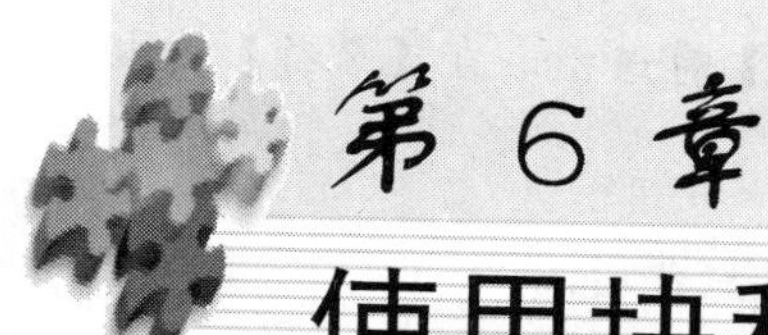

第 6 章 使用块和设计中心

块和设计中心都是提高绘图效率的工具，本章将对块的创建和编辑、设计中心的使用进行详细的介绍，使读者对块与设计中心有完整的了解，从而应用到实际绘图中。

6.1 创建与编辑图块

绘图时，经常需要在同一幅图中多次放置同一个对象。如园林植物配置中，相同的植物需要多次的放置。图块也就应运而生，使用图块可以将问题简化，本节介绍如何充分利用块与块属性。

6.1.1 图块的创建

任意对象或者对象集均可保存为块。块可分为内部块和外部块。在创建块以前，需要了解怎样插入块以及如何使用所创建的块。

6.1.1.1 内部块

内部图块是存储在图形文件内部的块，只能在存储文件中使用，而不能在其他图形文件中使用。

执行【创建块】命令的方法如下所示。

- 命令行：BLOCK/B。
- 菜单栏：执行【绘图】|【块】|【创建】命令。
- 工具栏：单击【绘图】工具栏中的【创建块】按钮。
- 功能区：在【默认】选项卡中，单击【块】面板中的【创建块】按钮。

【课堂举例 6-1】将游乐滑梯创建为块

01 单击【快速访问】工具栏中的【打开】按钮，打开“第 6 章\6-1 将游乐滑梯创建为块.dwg”素材文件，如图 6-1 所示。

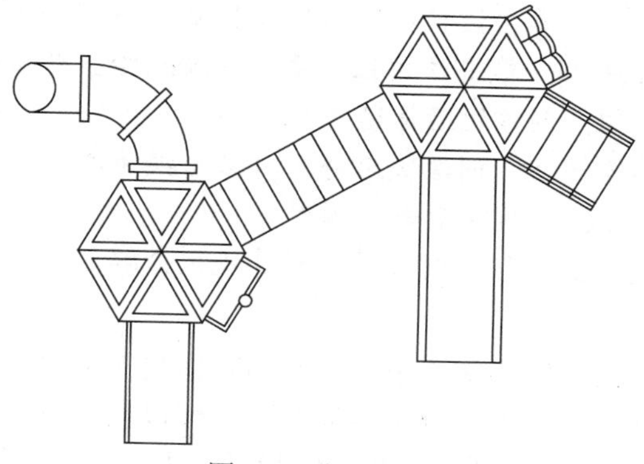

图 6-1 素材文件

02 执行【绘图】|【块】|【创建】命令，系统弹出【块定义】对话框，在【名称】文本框中输入块名为“游乐滑梯”，如图 6-2 所示。

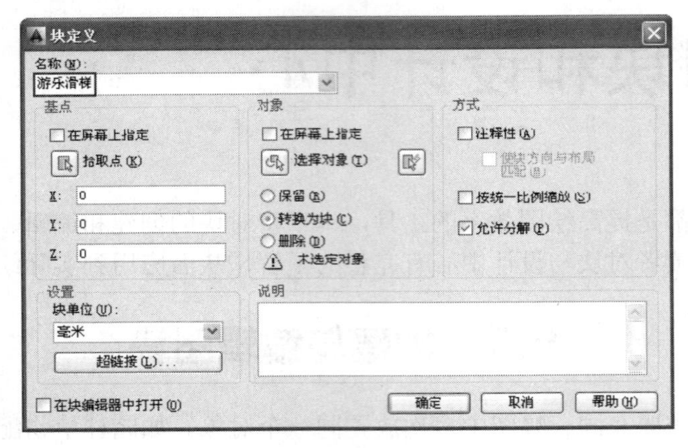

图 6-2 【块定义】对话框

03 单击【拾取点】按钮，拾取游乐滑梯左下角点，单击【选择对象】按钮，全选游乐滑梯图形，然后单击【确定】按钮，游乐滑梯内部块创建完成，效果如图 6-3 所示。

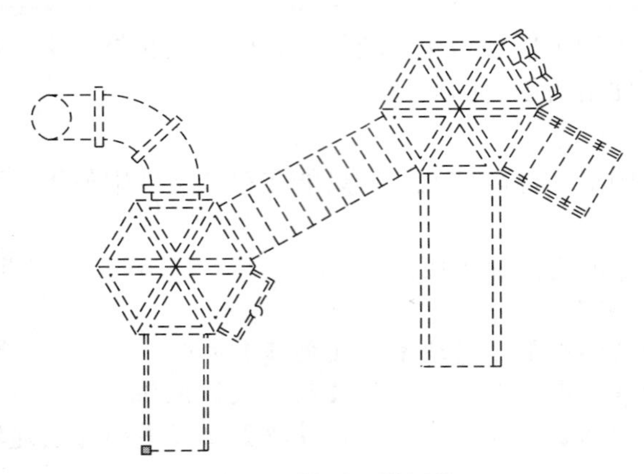
图 6-3 游乐滑梯图块

【块定义】对话块中常用选项的功能介绍如下。

- 【名称】文本框：用于输入或选择块的名称。
- 【拾取点】按钮：单击该按钮，系统切换到绘图窗口中拾取基点。
- 【选择对象】按钮：单击该按钮，系统切换到绘图窗口中拾取创建块的对象。
- 【保留】单选按钮：创建块后保留源对象不变。
- 【转换为块】单选按钮：创建块后将源对象转换为块。
- 【删除】单选按钮：创建块后删除源对象。
- 【允许分解】复选框：勾选该选项，允许块被分解。

6.1.1.2 外部块

内部块仅限于在创建块的图形文件中使用，当其他文件中也需要使用时，则需要创建外部块，也就是永久块。外部图块不依赖于当前图形，可以在任意图形文件中调用并插入。创建外部块可调用【写块】命令进行操作，执行【写块】命令的方法是在命令行中输入

WBLOCK/W。下面以实例形式讲解创建外部块过程。

【课堂举例 6-2】创建外部块

01 单击【快速访问】工具栏中的【打开】按钮，打开“第 6 章\6-2 创建外部块.dwg”素材文件，如图 6-4 所示。

02 在命令行中输入 W【写块】命令，系统弹出【写块】对话框，如图 6-5 所示。

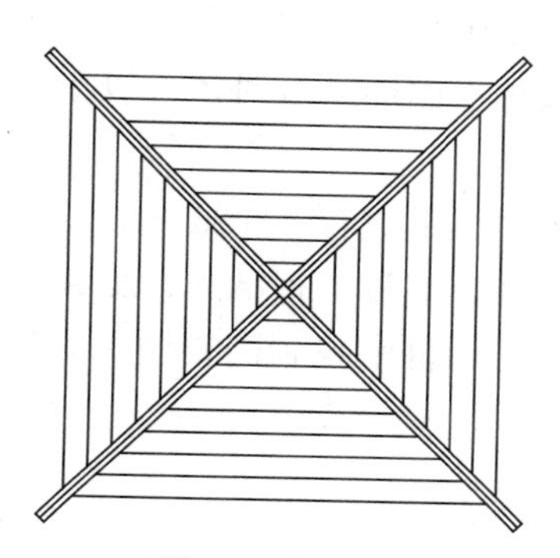

图 6-4 素材文件

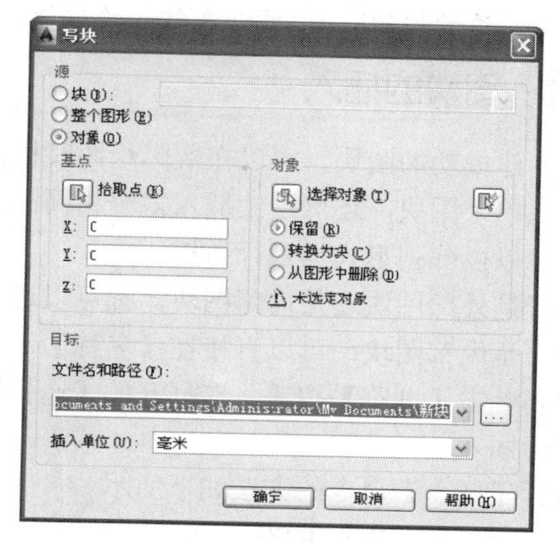

图 6-5 【写块】对话框

03 单击【写块】对话框中的【拾取点】按钮，拾取凉亭左侧边的中点，如图 6-6 所示。按空格键确定，系统返回【写块】对话框。

04 单击【选择对象】按钮，选择凉亭，单击空格键，返回【写块】对话框。

05 单击 ... 按钮，弹出【浏览图形文件】对话框，在对话框中选择外部块的保存路径，并修改外部块名称为“凉亭”，如图 6-7 所示。

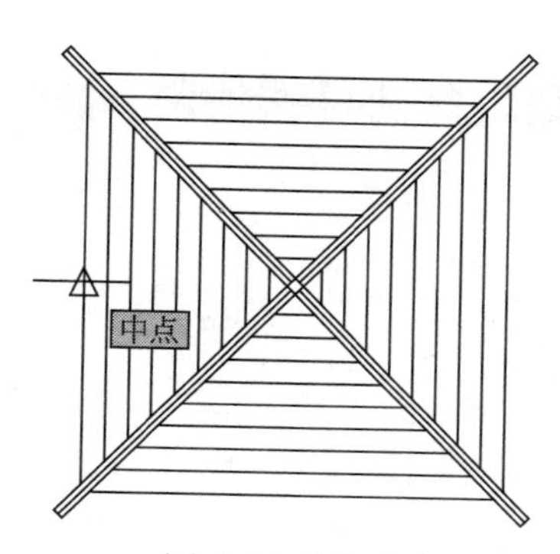

图 6-6 拾取中点

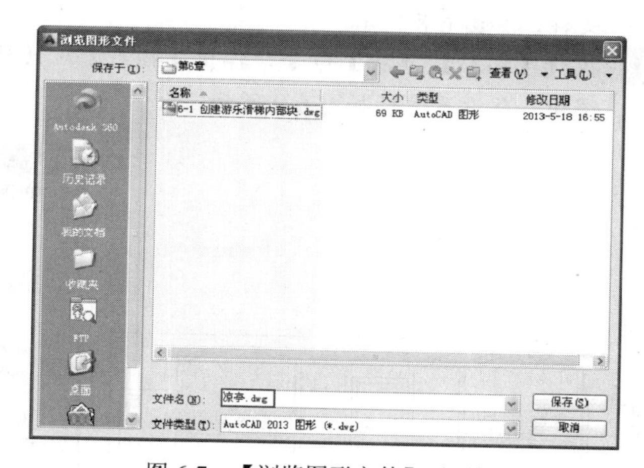

图 6-7 【浏览图形文件】对话框

06 单击【保存】按钮，返回【写块】对话框，然后单击【确定】按钮，完成外部块的创建。

【写块】对话框常用选项介绍如下。

- 【块】：将已定义好的块保存，可以在下拉列表中选择已有的内部块，如果当前文件中没有定义的块，该单选按钮不可用。

- 【整个图形】：将当前工作区中的全部图形保存为外部块。
- 【对象】：选择图形对象定义为外部块。该项为默认选项，一般情况下选择此项即可。
- 【从图形中删除】：将选定对象另存为文件后，从当前图形中删除它们。
- 【目标】：用于设置块的保存路径和块名。单击该选项组【文件名和路径】文本框右边的按钮[...]，可以在打开的对话框中选择保存路径。

6.1.2 图块的插入

被创建成功的图块，可以在实际绘图时根据需要插入到图形中使用，在 AutoCAD 中不仅可插入单个图块，还可连续插入多个相同的图块。在园林平面图绘制时，可以单个插入小品，也可以以阵列形式插入行道树。

不管是外部图块还是内部图块，都可以通过【插入】对话框进行单个插入。

如果是内部图块，可以直接在【名称】下拉列表中选择块名称进行插入；如果是外部图块，需要单击【浏览】按钮，在打开的【选择图形文件】对话框中找到需要插入的外部图块图形进行插入。

执行【插入】命令的方法如下所示。

- 命令行：INSERT/I。
- 菜单栏：执行【插入】|【块】命令。
- 工具栏：单击【绘图】工具栏中的【插入】按钮。
- 功能区：在【默认】选项卡中，单击【块】面板中的【插入】按钮。

【课堂举例 6-3】插入植物图例

01 单击【快速访问】工具栏中的【打开】按钮，打开"第 6 章\6-3 插入植物图例.dwg"素材文件，如图 6-8 所示。

02 执行【插入】|【块】命令，弹出【插入】对话框，单击【名称】下拉列表，选择"树"图块，并设置参数如图 6-9 所示。

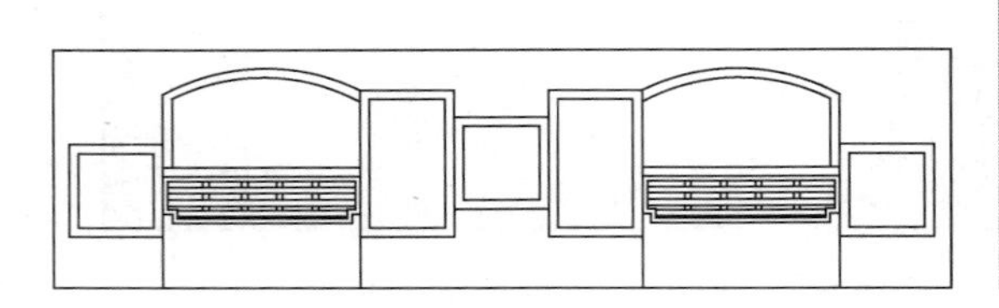

图 6-8 素材文件

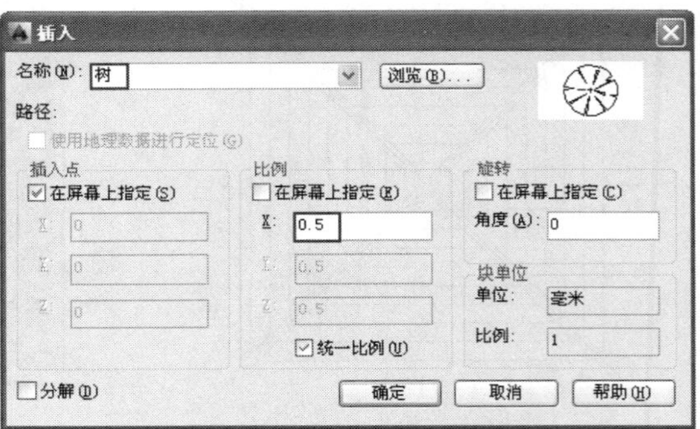

图 6-9 【插入】对话框

03 单击【确定】按钮，拾取树池相应的位置，插入图块，插入结果如图 6-10 所示。

04 调用相同的方法，完成图块的插入，效果如图 6-11 所示。

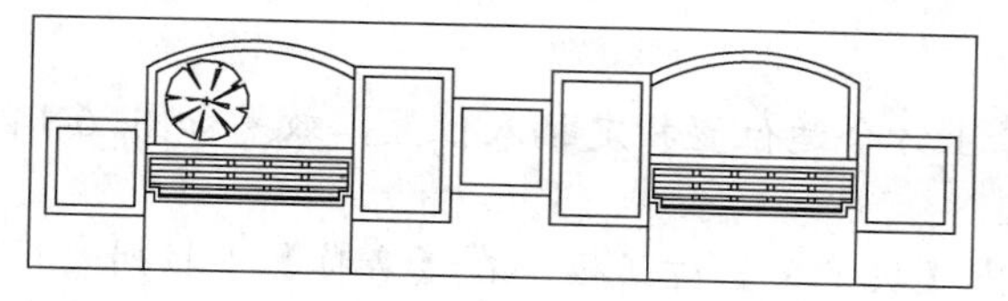

图 6-10　插入图块

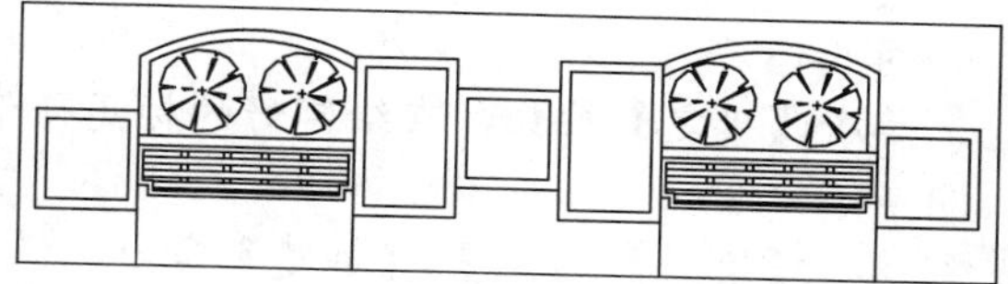

图 6-11　完成效果

【插入】对话框常用选项介绍如下。

- 【名称】下拉列表框：选择需要插入块的名称。当插入的块是外部块，则需要单击其右侧的【浏览】按钮，在弹出的对话框中选择外部块。
- 【插入点】选项组：插入基点坐标，可以直接在 X、Y、Z 三个文本框中输入插入点的绝对坐标；更简单的方式是通过勾选【在屏幕上指定】复选框，用对象捕捉的方法在绘图区内直接捕捉确定。
- 【比例】选项组：设置块实例相对于块定义的缩放比例。可以直接在 X、Y、Z 三个文本框中输入三个方向上的缩放比例；也可以通过勾选【在屏幕上指定】复选框，在绘图区内动态确定缩放比例。勾选【统一比例】复选框，则在 X、Y、Z 三个方向上的缩放比例相同。
- 【旋转】选项组：设置块实例相对于块定义的旋转角度。可以直接在【角度】文本框中输入旋转角度值；也可以通过勾选【在屏幕上指定】复选框，在绘图区内动态确定旋转角度。
- 【分解】复选框：设置是否在插入块的同时分解插入的块。

6.1.3 属性图块的定义

属性块是指图形中包含图形信息和非图形信息的图块，非图形信息是指块属性。块属性是块的组成部分，是特定的可包含在块定义中的文字对象。

定义块属性必须在定义块之前进行。调用【定义属性】命令，可以创建图块的非图形信息。

执行【属性定义】命令的方法如下所示。

- 命令行：ATTDEF/ATT。
- 菜单栏：执行【绘图】|【块】|【定义属性】命令。
- 功能区：在【插入】选项卡中，单击【块定义】面板中的【定义属性】按钮。

【课堂举例 6-4】定义标高图块属性

01 单击【快速访问】工具栏中的【新建】按钮，新建空白文件。

02 调用 PL【多段线】命令，绘制三角形，如图 6-12 所示。

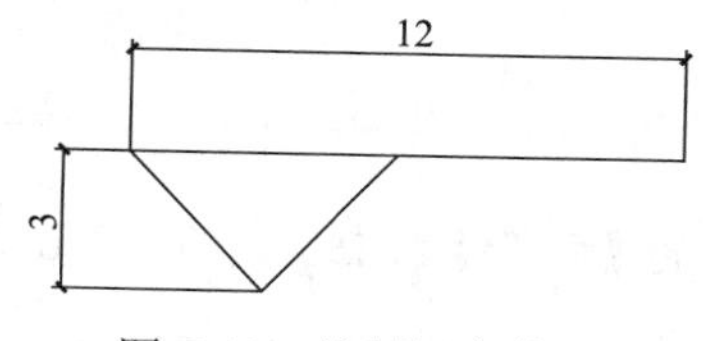

图 6-12　绘制标高符号

03 执行【绘图】|【块】|【定义属性】命令，在弹出的【属性定义】对话框设置参数如

图 6-13 所示。

04 单击【确定】按钮，在绘制好的标高符号上方合适位置指定插入位置，效果如图 6-14 所示。

05 执行【绘图】|【块】|【创建】命令，弹出【块定义】对话框，在【名称】下拉列表框中输入“标高”。

06 单击【拾取点】按钮，以标高符号下角点为基点，单击【选择对象】按钮，选择标高符号和定义好的属性值，返回对话框，单击【确定】按钮，系统随即弹出【编辑属性】对话框，单击【确定】按钮完成属性块的定义。

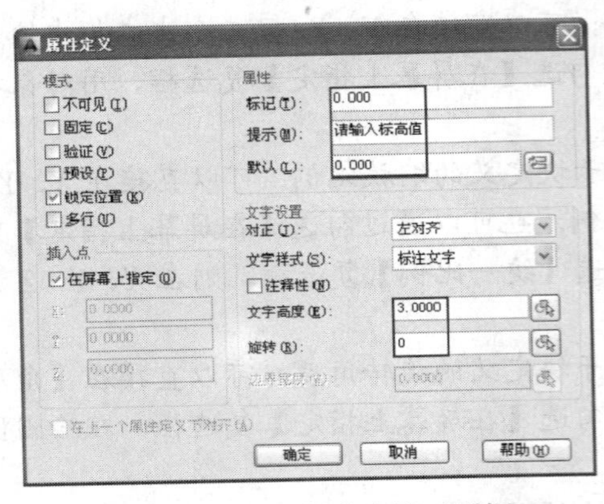

图 6-13 【属性定义】对话框

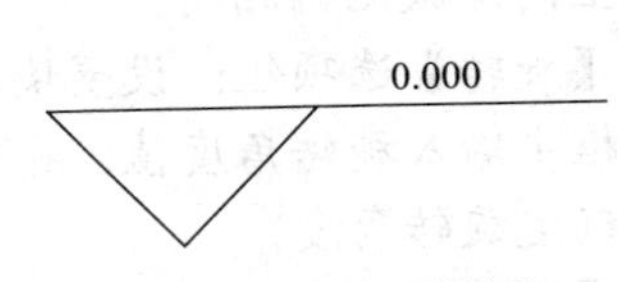

图 6-14 插入属性值

【属性定义】对话框中常用选项含义如下所示。

- 【模式】选项组：用于设置属性的模式。【不可见】表示插入块后是否显示属性值；【固定】表示属性是否是固定值，为固定值则插入后块属性值不再发生变化；【验证】用于验证所输入的属性值是否正确；【预设】表示是否将属性值直接设置成它的默认值；【锁定位置】用于固定插入块的坐标位置，一般选择此项；【多行】表示使用多段文字来标注块的属性值。
- 【属性】选项组：用于定义块的属性。【标记】文本框中可以输入属性的标记，标识图形中每次出现的属性；【提示】文本框指定在插入包含该属性定义的块时显示的提示；【默认】文本框用于输入属性的默认值。
- 【插入点】选项组：用于设置属性值的插入点。
- 【文字设置】选项组：用于设置属性文字的格式。

6.1.4 插入带属性的图块

属性块的插入和普通块的插入方法大致相同，这里就不详细介绍了。下面以实例形式讲解插入属性块的过程及方法。

【课堂举例 6-5】标注标高

01 单击【快速访问】工具栏中的【打开】按钮，打开“第 6 章\6-5 标注标高.dwg”素材文件，如图 6-15 所示。

02 在命令行中输入 I【插入】命令，选择“标高”图块，拾取相应的插入点，输入“0.160”，按空格键，完成插入，如图 6-16 所示。

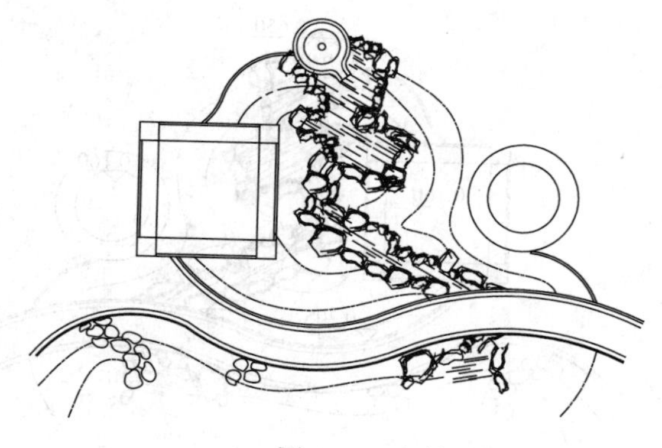

图 6-15　素材文件

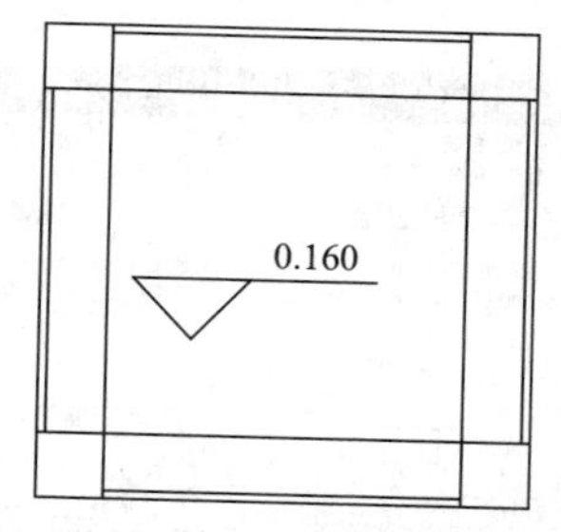

图 6-16　插入标高

03 继续调用 I【插入】命令，插入其他位置的标高，最终效果如图 6-17 所示。

6.1.5 编辑图块的属性

定义完块属性之后就需要创建带有属性的块，其创建过程与普通块的创建过程是一样的，同样也分为永久块与临时块。

修改属性的方法如下所示。

- 命令行：EATTEDIT/EA。
- 菜单栏：选择【修改】|【对象】|【属性】|【单一】命令。
- 功能区：在【常用】选项卡，单击【块】面板中的【编辑属性】按钮。

【课堂举例 6-6】修改标高

01 单击【快速访问】工具栏中的【打开】按钮，打开"第 6 章\6-6 修改标高.dwg"素材文件，如图 6-18 所示。

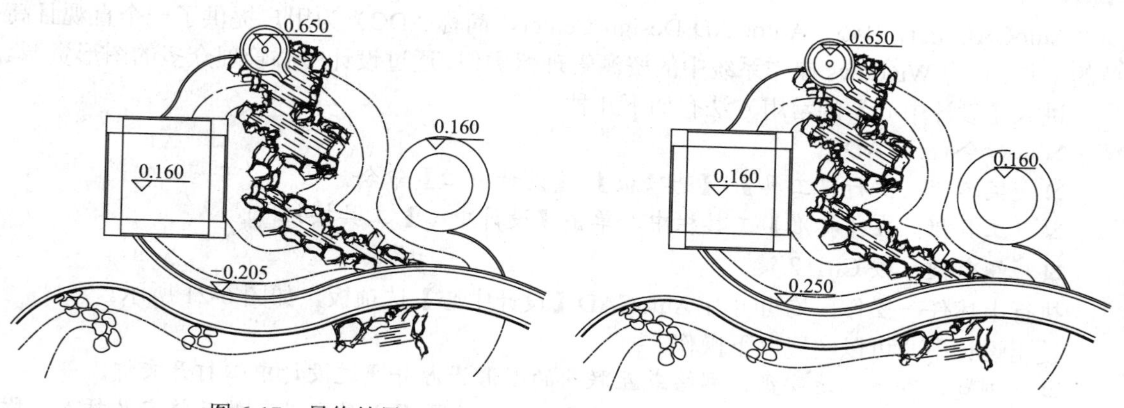

图 6-17　最终结果

图 6-18　素材文件

02 在命令行中输入 EA【修改属性】命令，选择标高值为"0.250"的标高图块，系统【增强属性编辑器】，在【值】文本框中输入"–0.205"，如图 6-19 所示。

03 单击【确定】按钮，完成标高值的修改，如图 6-20 所示。

【增强属性编辑器】对话框选项介绍如下。

- 【选择块】按钮：用户可以使用定点设备从绘图区域选择块。

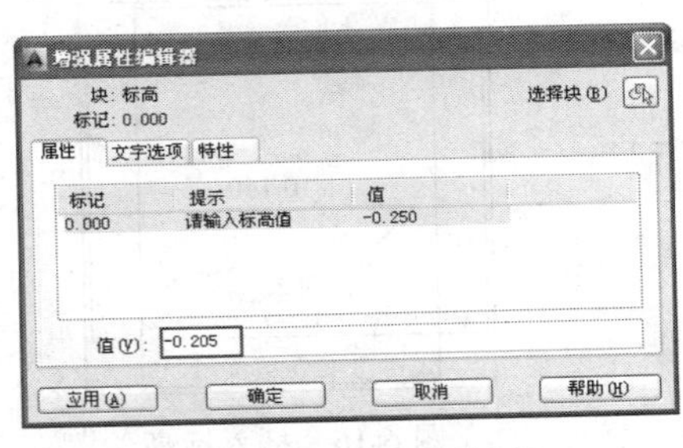

图 6-19 输入新标高

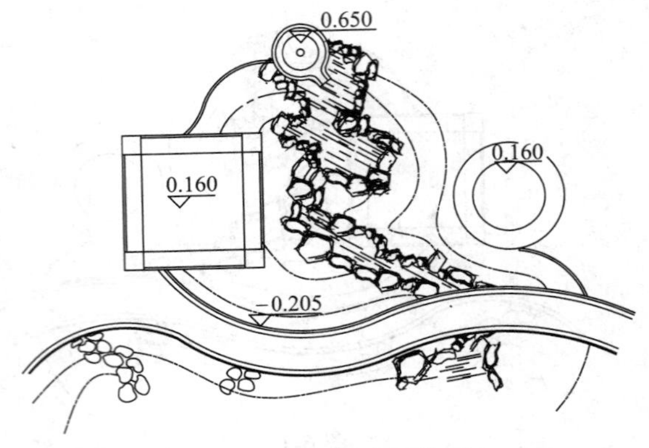

图 6-20 修改属性值

- 【块】下拉列表：列出具有属性的当前图形中的所有块定义，可以从中选择要修改属性的块。
- 【属性】选项卡：可以修改模式及属性的特性。
- 【文字选项】选项卡：可以改变文字样式、高度、对齐方式等。
- 【特性】选项卡：可以改变属性的图层、颜色、线型等。

6.2 设计中心

AutoCAD设计资源包括图形文件、样式、图块、标注、线型等内容，在设计过程中，我们会反复调用这些资源，从而产生错综复杂的关系，AutoCAD提供了一系列资源管理工具，对这些资源进行了分门别类的管理，以提高AutoCAD系统的效率。

6.2.1 使用设计中心

AutoCAD设计中心（AutoCAD Design Center，简称ADC）为用户提供了一个直观且高效的工具。它与Windows操作系统中的资源管理器类似，通过设计中心管理众多的图形资源。

进入【设计中心】的常用方法有如下几种。

- 命令行：ADC。
- 菜单栏：执行【工具】|【选项板】|【设计中心】命令。
- 工具栏：在【标准】工具栏中，单击【设计中心】工具按钮。
- 组合键：按Ctrl+2键。

执行上述任一操作，均可打开AutoCAD【设计中心】选项板，如图6-21所示。

使用设计中心可以实现以下操作。

- 浏览、查找本地磁盘、网络或互联网的图形资源并通过设计中心打开文件。
- 在定义表中查看图形文件中命名对象（如块和图层）的定义，然后将定义插入、附着、复制和粘贴到当前图形中。
- 更新（重定义）块定义
- 创建指向常用图形、文件夹和Internet网址的快捷方式。
- 向图形中添加内容（如外部参照、块和填充）。
- 在新窗口中打开图形文件。
- 将图形、块和填充拖动到工具选项板上以便访问。

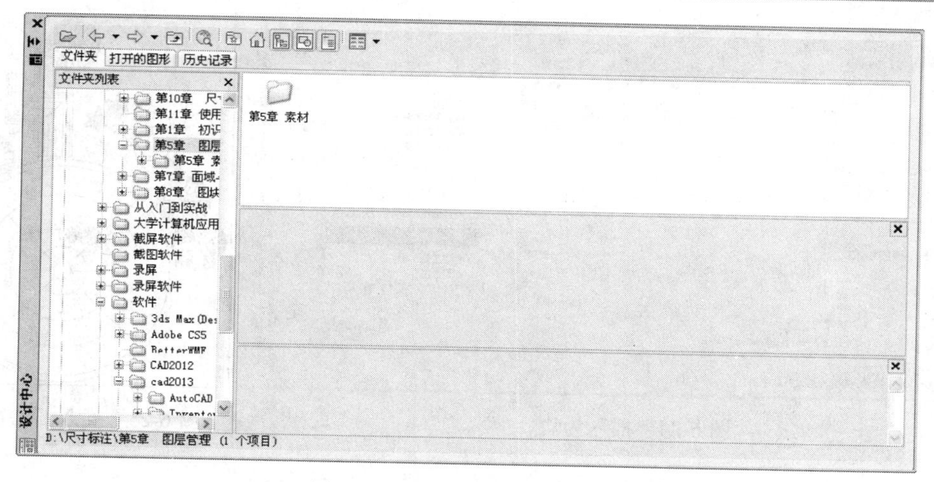

图 6-21　【设计中心】选项板

- 可以控制调色板的显示方式，可以选择大图标、小图标、列表和详细资料 4 种 Windows 的标准方式中的一种，可以控制是否预览图形、是否显示调色板中图形内容相关的说明内容。
- 设计中心能够将图形文件及图形文件中包含的块、外部参照、图层、文字样式、命名样式及尺寸样式等信息展示出来，提供预览功能并快速插入到当前文件中。

【课堂举例 6-7】通过设计中心插入块

01 单击【快速访问】工具栏中的【打开】按钮，打开“第 6 章\6-7 通过设计中心插入块.dwg”素材文件，如图 6-22 所示。

02 执行【工具】|【选项板】|【设计中心】命令，打开【设计中心】选项板。单击【文件夹】选项卡，在左侧的树状图目录中选择“第 6 章”文件所在的文件夹，右击内容窗口中的“石块群.dwg”图形文件，如图 6-23 所示。

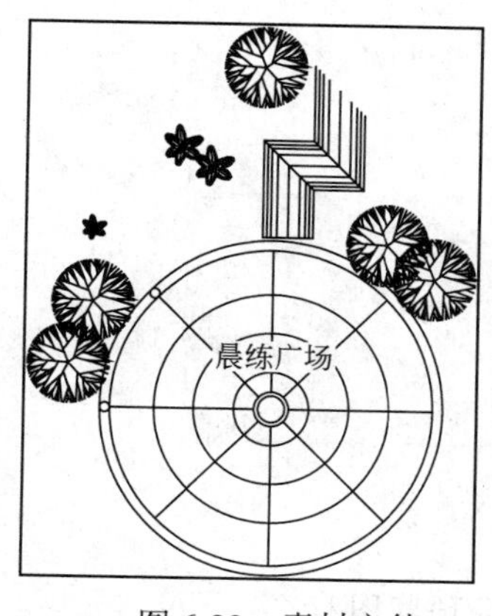

图 6-22　素材文件

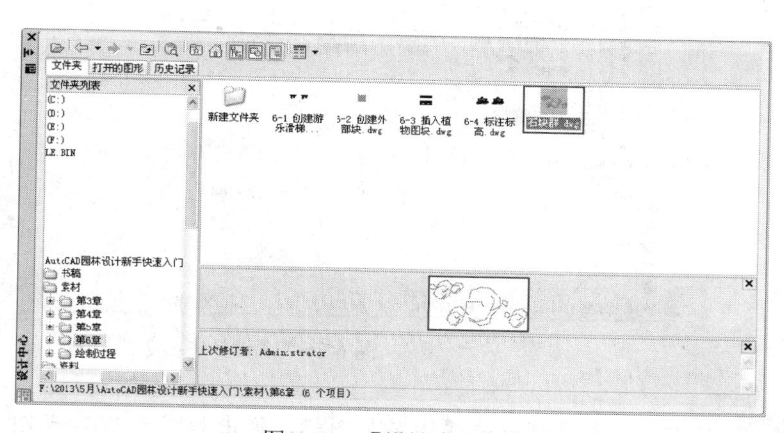

图 6-23　【设计中心】选项板

03 在“石块群”图标处单击右键，在弹出的快捷菜单中选择【插入为块】命令，如图 6-24 所示。

04 返回绘图区，拾取合适插入点，插入图块，效果如图 6-25 所示。

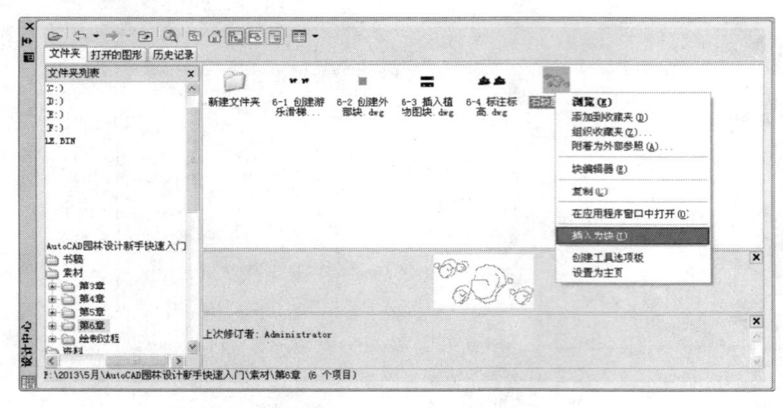

图 6-24　插入为块

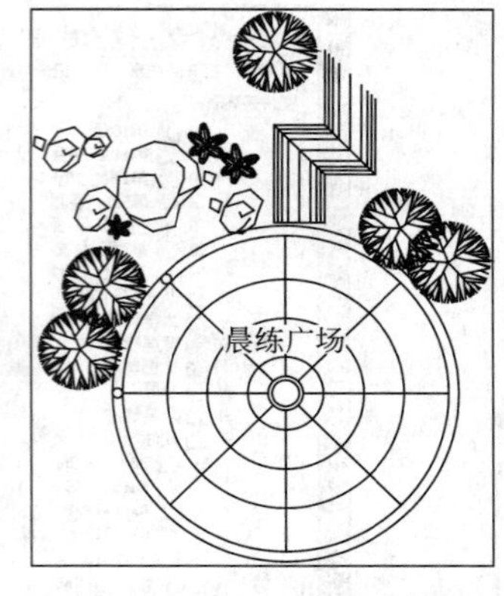

图 6-25　插入石块群效果

6.2.2 通过设计中心添加图层和样式

设计中心能够将图形文件及图形文件中包含的图层、文字样式及尺寸样式等信息展示出来，提供预览功能并快速插入到当前文件中。

【课堂举例 6-8】通过设计中心添加图层

01 单击【快速访问】工具栏中的【新建】按钮，新建空白文件。

02 按组合键 CTRL+2，打开【设计中心】选项板。

03 单击【文件夹】选项卡，在左侧的树状图目录中选择“第 6 章”文件所在的文件夹，右击内容窗口中的“校园广场设计 .dwg”图形文件，如图 6-26 所示。

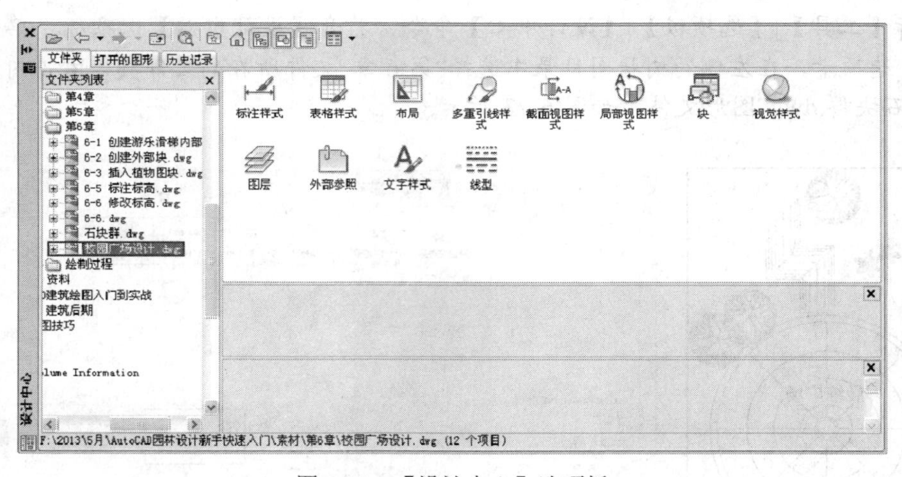

图 6-26　【设计中心】选项板

04 在右侧预览区域双击【图层】图标，弹出如图 6-27 所示图层预览图标。

05 右击“TREE”图层，弹出如图 6-28 所示快捷菜单，并选择【添加图层】命令，为当前文件添加“TREE”图层。

06 单击【图层控制】列表框，即可看到图层添加效果，如图 6-29 所示。

07 使用相同的方法，添加其他图层至当前图形中，如图 6-30 所示。

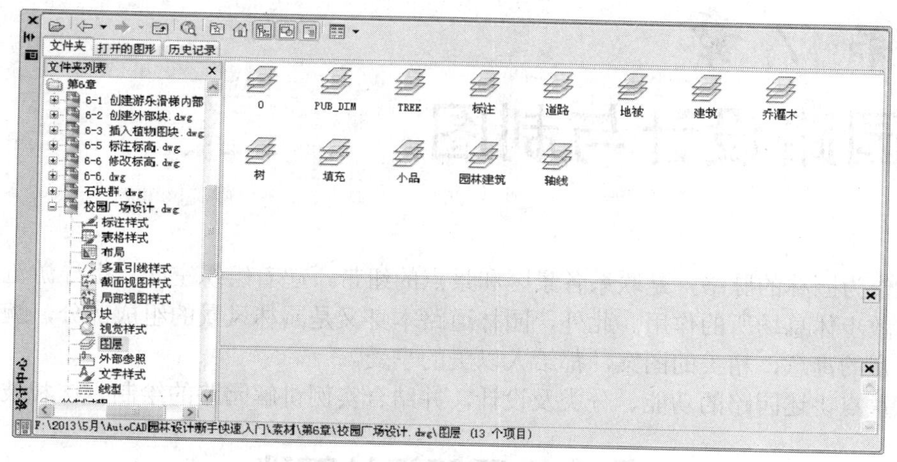

图 6-27 图层预览效果

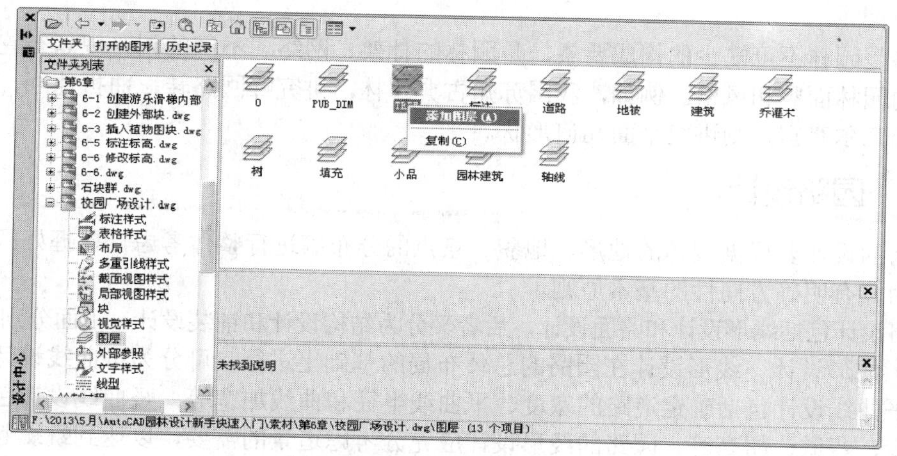

图 6-28 右击“TREE”图标

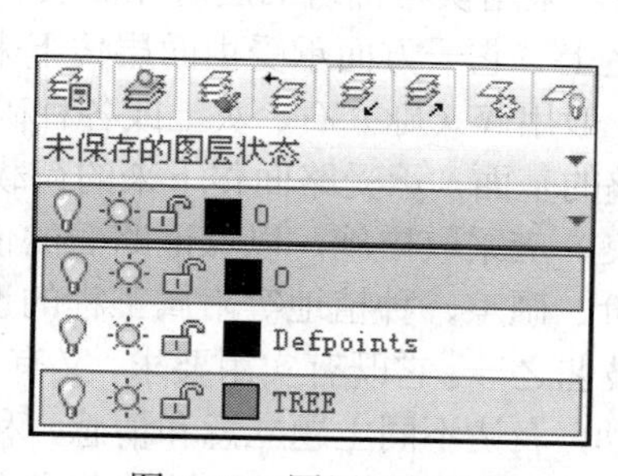

图 6-29 图层添加效果

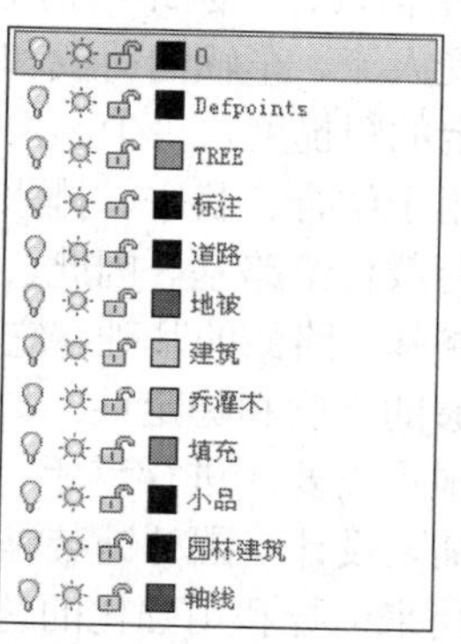

图 6-30 图层添加效果

第 7 章 园路设计与制图

园路作为园林的脉络，是联系各景区和景点的纽带，起着组织空间、引导游览、联系交通并提供散步休息场所的作用。此外，园林道路本身又是园林风景的组成部分，蜿蜒起伏的曲线，丰富的寓意，精美的图案，都给人以美的享受。

本章重点讲述园路的功能、分类及设计，并结合实例讲解园路的绘制方法和技巧。

7.1 园路设计基础

园路是园林不可缺少的构成要素，是园林的骨架、网络。不同的园路规划布置，往往反映不同的园林面貌和风格。例如，我国苏州古典园林，讲究峰回路转，曲折迂回，而西欧古典园林如凡尔赛宫，则讲究平面几何形状。

7.1.1 园路设计

园路的设计要根据园林的地形、地貌、景点的分布等进行整体考虑，把握好因地制宜、主次分明、有明确方向性的基本原则。

园路设计包括线形设计和路面设计，后者又分为结构设计和铺装设计。下面分别予以介绍。

（1）线形设计　线形设计在园路的总体布局的基础上进行，可分为平曲线设计和竖曲线设计。平曲线设计包括确定道路的宽度、平曲线半径和曲线加宽等；竖曲线设计包括道路的纵横坡度、弯道、超高等。园路的线形设计应充分考虑造景的需要，以达到蜿蜒起伏、曲折有致；应尽可能利用原有地形，以保证路基稳定和减少土方工程量。

（2）结构设计　园路结构形式有多种，典型的园路结构分为：①面层。路面最上的一层。它直接承受人流、车辆的荷载和风、雨、寒、暑等气候作用的影响。因此要求坚固、平稳、耐磨，有一定的粗糙度，少尘土，便于清扫。②结合层。采用块料铺筑面层时在面层和基层之间的一层，用于结合、找平、排水。③基层。在路基之上。它一方面承受由面层传下来的荷载，一方面把荷载传给路基。因此，要有一定的强度，一般用碎（砾）石、灰土或各种矿物废渣等筑成。④路基。路面的基础。它为园路提供一个平整的基面，承受路面传下来的荷载，并保证路面有足够的强度和稳定性。如果土基的稳定性不良，应采取措施，以保证路面的使用寿命。此外，要根据需要，进行道牙、雨水井、明沟、台阶、礓嚓、种植地等附属工程的设计。

（3）铺装设计　园林铺装是我国古典传统园林技艺之一。它既有实用要求，又有艺术要求，它主要是用来引导和用强化的艺术手段组织游人活动，表达不同主题立意和情感，利用组成的界面功能分割空间、格局和形态，强化视觉效果。一般说来，铺装要进行铺装艺术设计，包括纹样、图案设计、铺地空间设计、结构构造设计、铺地材料设计等。常用的铺地材料分有天然材料和人造材料，天然材料有：青（红）岩、石板、卵石、碎石、条（块）石、碎大理石片等。人造材料有：青砖、水磨石、斩假石、本色混凝土、彩色混凝土、沥青混凝土等。如北京天安门广场的步行便道用粉红色花岗岩铺地，不仅满足景观要求，且有很好的视觉效果。

7.1.2 园路分类

根据分类方法的不同，园路有许多种不同的分类，这里按照园路的功能、构造形式和面层材料三种分类方法进行讲解。

7.1.2.1　按照园林的功能分类

按照园林的功能进行分类，园路有一级道路、次级道路和休闲小径三种主要类型。

❑　一级道路

一级道路的路面结构一般采用沥青混凝土、黑色碎石加沥青砂封面、水泥混凝土铺筑或预制混凝土块等，是贯穿园内的各个景区、主要风景点和活动设施，形成全园的骨架和回环。因此主路最宽，一般为 4～6m。结构上必须能适应车辆承载的要求。主路图案的拼装全园应尽量统一、协调。主要道路要联系全园，必须考虑生产车、救护车、消防车、游览车等车辆的通行，如图 7-1 所示。

图 7-1　一级道路

❑　次级道路

园中次级道路是各个分景区内部的骨架，联系着各个景点，对主路起辅助作用并与附近的景区相联系，路宽依游人容量、流量、功能及活动内容等因素而定。一般而言，单人行的园路宽度为 0.8～1.0m，双人行为 1.2～1.8m，三人行为 1.8～2.2m。次路自然曲度大于主路，以优美舒展、富于弹性的曲线构成有层次的景观，如图 7-2 所示。

图 7-2　次级道路

❑ 休闲小径

园林中的小径是联系园景的捷径，是最能体现艺术性的部分。它以优美婉转的曲线构图成景，与周围的景物相互渗透、吻合，极尽自然变化之妙。小径宽度一般为 0.8～1.0m，甚至更窄。材料多选用简洁、粗犷、质朴的自然石材(片岩、条石、卵石等)。双人行走 1.2～1.5 米，单人 0.6～1 米。健康步道是近年来最为流行的足底按摩健身方式。通过行走在卵石路上按摩足底穴位达到健身目的，精心布置和铺砌这样一条花园小径，不仅实用，而且起到美观作用，营造一种“曲径通幽”氛围，如图 7-3 所示。

图 7-3 休闲步道

7.1.2.2 按照面层材料分类

按照园路的面层材料的不同，园路又可分为整体路面、块料路面、碎料路面和简易路面 4 种。

❑ 整体路面

整体路面是用水泥混凝土或沥青混凝土、彩色沥青混凝土铺成的路面。它平整度好，路面耐磨，养护简单，便于清扫，多于主干道使用。

❑ 块料路面

块料路面是由各种天然块石、陶瓷砖及预制水泥混凝土块料制成各种花纹图案的路面。这种路面简朴、大方、防滑、装饰性好。如木纹板路、拉条水泥板路、假卵石路等，如图 7-4 所示。

图 7-4 块料路面

图 7-5 碎料路面

❑ 碎料路面

碎料路面是用各种片石、砖瓦片、卵石等碎料拼成的路面，如图 7-5 所示。

❑ 简易路面

简易路面是由煤渣、三合土等组成的路面，多用于临时性或过渡性的园路。

7.1.2.3　根据构造形式分类

根据构造形式分类，路面可分为路堑型、路堤型、特殊式 3 种。

❑ 路堑型

凡是园路的路面低于周围绿地，道牙高于路面，有利于道路排水的，都可称为路堑型路面。

❑ 路堤型

平道牙靠近边缘处，路面高于两侧地面，利用明沟排水。

❑ 特殊式

如步石、汀步、蹬道、攀梯等。

步石在绿地上放置一块至数块天然石或预制成圆形、树桩形、木纹板形等铺块，如图 7-6 所示。一般步石的数量不宜过多，块体不宜太小，两块相邻块体的中心距离应考虑人的跨越能力。步石易与自然环境协调，能取得轻松活泼的景观效果。

汀步是在水中设置的步石，汀石适用于窄而浅的水面，如图 7-7 所示。

蹬道是局部利用天然山石、露岩等凿出的或用水泥混凝土仿木树桩、假石等塑成的上山的蹬道，如图 7-7 所示。

图 7-6　步石

图 7-7　汀石

7.1.3 园路的功能

园林是组织和引导游人观赏景物的驻足空间，与建筑、水体、山石、植物等造园要素一起组成丰富多彩的园林景观。而园林道路又是园林的脉络，它的规划布局及走向必须满足该区域使用功能的要求，同时也要与周围环境相协调。

园林道路除了具有与人行道路相同的交通功能外，还有许多特有的功能。

7.1.3.1　划分组织园林空间

中国传统园林忌直求曲，以曲为妙。追求一种隽永含蓄、深邃空远的意境，目的在于增加园林的空间层次，使一幅幅画景不断地展现在游人面前。“道莫便于捷，而妙于迂”、“路径盘蹊”、“曲径通幽”、“斗折蛇行”、“一步一换形”、“一曲一改观”等词句都是对传统园林道路的最好写照。园路规划决定了全园的整体布局。各景区、景点看似零散，实以园路为纽带，通过有意识的布局，有层次、有节奏地展开，使游人充分感受园林艺术之美。

7.1.3.2　引导游览

我国古典园林无论规模大小，都划分几个景区，设置若干景点，布置许多景物，而后用园路把它们连接起来，构成一座布局严谨、景象鲜明、富有节奏和韵律的园林空间。所以，园路的曲折是经过精心设计、合理安排的，使得遍布全园的道路网按设计意图、路线和角度把游人引导输送到各景区景点的最佳观赏位置，并利用花、树、山、石等造景素材来诱导、暗示，促使人们不断去发现和欣赏令人赞叹的园林景观。

7.1.3.3　丰富园林景观

园林中的道路是园林风景的组成部分，它们与周围的山水、建筑及植物等景观紧密结合，形成“因景设路”、“因路得景”的效果，贯穿所有园内的景物。

7.1.4　园路设计原则

在初步设计阶段，园路设计主要任务是与地形、水体、植物、建筑、铺装广场及其他设施合理结合，形成完整的景观构图，连续展示园林景观空间或欣赏前方景物的透视线，并使路的转折、衔接通顺，符合游人的行为规律。下面介绍园路设计的基本原则。

园路布局要萦迂回环。西方园林追求形式美、建筑美，园路笔直宽大，轴线对称，称为“规则式”景园。而中国园林多以山水为中心,园林也多采用含蓄、自然的布局，如图 7-8 所示为中西园路对比效果。但在寺庙园林或纪念性园林中，多采用规则式布局。所以园路的布局要做到萦迂回环，曲径通幽，以“自然式”景园为特点。

图 7-8　中西式园路对比效果

园路要随地形和景物而曲折起伏，若隐若现。“路因景曲,境因曲深”，造成“山重水复疑无路，柳暗花明又一村”的情趣，以丰富景观,延长游览路线，增加层次景深，活跃空间气氛。也就是园路的曲折要有一定的目的，随“意”而曲，曲得其所。如在自然式水池岸布路宜随池而曲，略有凹凸变化；山坡路宜盘旋环绕而上；两土丘之间沿丘脚的相接线弯曲布置；为逾越石山、花丛等障景而曲；符合传统“曲径通幽”的要求而曲。最忌弯曲时角度相同，在

短距离内曲得太多，以及走投无路的曲。

园路要多样性。园林中路的形式是多种多样的。在人流集聚的地方或在庭院内，路可以转化为场地；在林地或草坪中，路可以转化为步石或休息岛；遇到建筑，路可以转化为“廊”；遇山地，路可以转化为盘山道、蹬道、石级、岩洞；遇水，路可以转化为桥、堤、汀步等。路又可以它丰富的体态和情趣来装点园林，使园林因路而引人入胜，如图 7-9 所示。

图 7-9　园路多样性

7.2 园路绘制

园路布置合理与否，直接影响到园林的布局和利用率，因此需要把道路的功能作用和艺术性结合起来。本节主要讲解了园路的绘制方法，其中具体介绍了绘制主要园路、汀步、嵌草步石、块石园路等几种。

7.2.1 绘制主园路

主园路是联系花架、休闲小广场和别墅建筑的纽带，下面介绍主园路的绘制方法。

【课堂举例 7-1】绘制主园路

01 单击【快速访问】工具栏中的【打开】按钮，打开“第 7 章\原始别墅平面.dwg”素材文件，如图 7-10 所示。

02 将“园路”图层置为当前图层，调用 L【直线】命令，绘制晾衣台轮廓，参数设置如图 7-11 所示。

03 调用 O【偏移】命令，偏移上一步绘制好的轮廓线，偏移数据如图 7-12 所示。

04 调用 O【偏移】命令，偏移直线为辅助线，然后调用 C【圆】命令，绘制半径为 2200 的圆，表示连接主园路的圆形小广场轮廓，如图 7-13 所示。

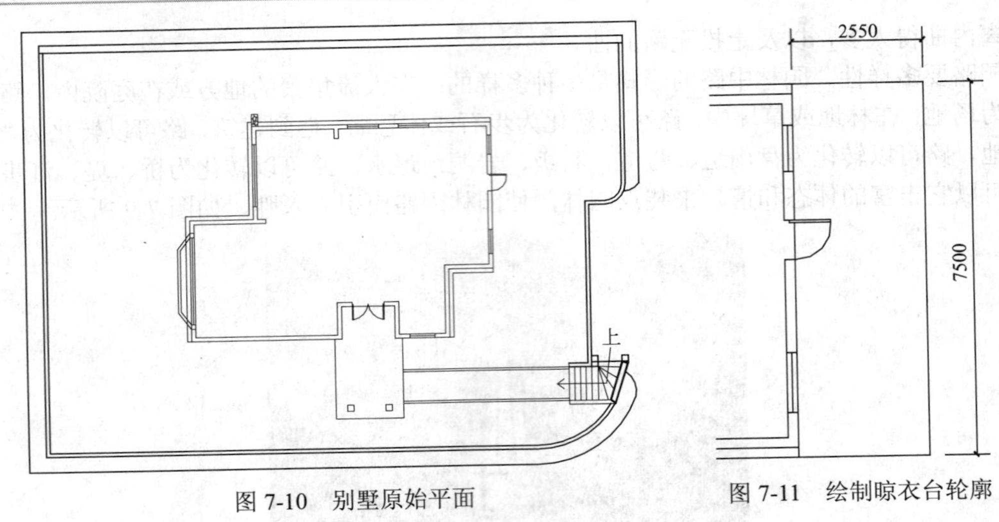

图 7-10　别墅原始平面　　　　图 7-11　绘制晾衣台轮廓

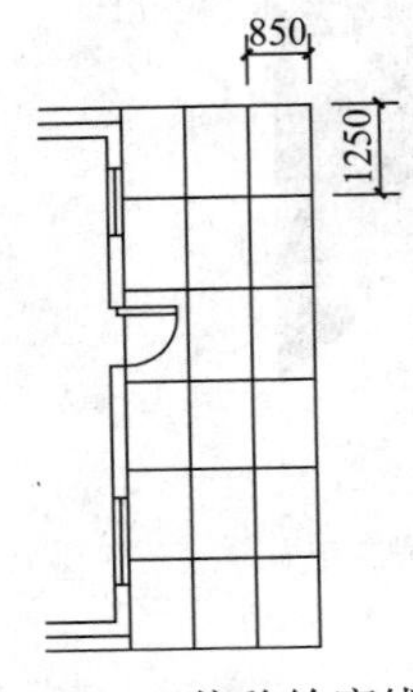

图 7-12　偏移轮廓线

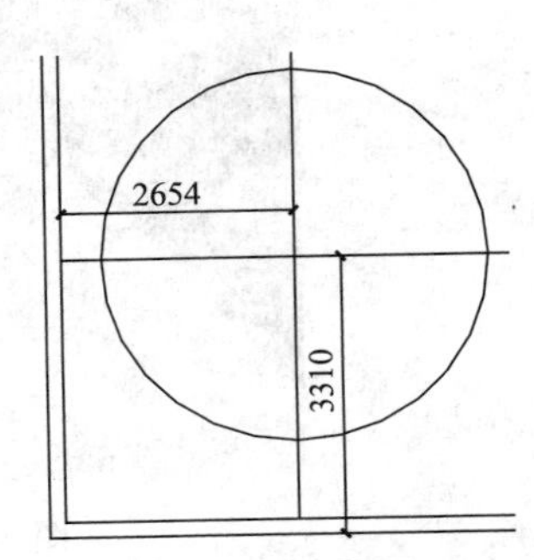

图 7-13　绘制广场轮廓

05 调用 E【删除】命令，删除辅助线。将“轴线”图层置为当前，调用 SPL【样条曲线】命令，绘制主园路中心轴线，如图 7-14 所示。

06 调用 O【偏移】命令，左右偏移中轴线，偏移距离为 425，并将偏移线段转换至“园路”图层，使用【夹点编辑】功能适当调整园路形状，然后隐藏轴线，如图 7-15 所示。

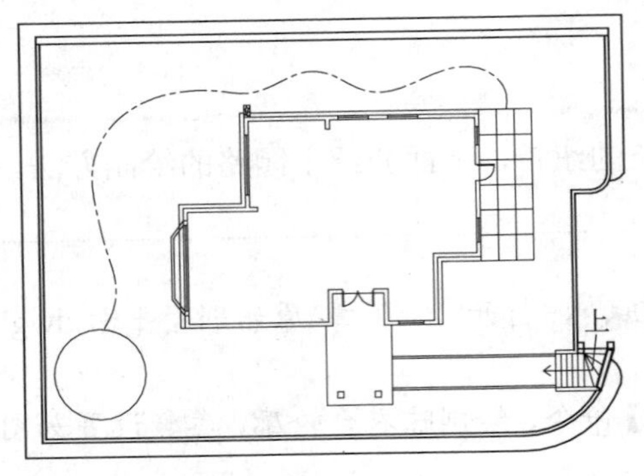

图 7-14　绘制主园路中心线

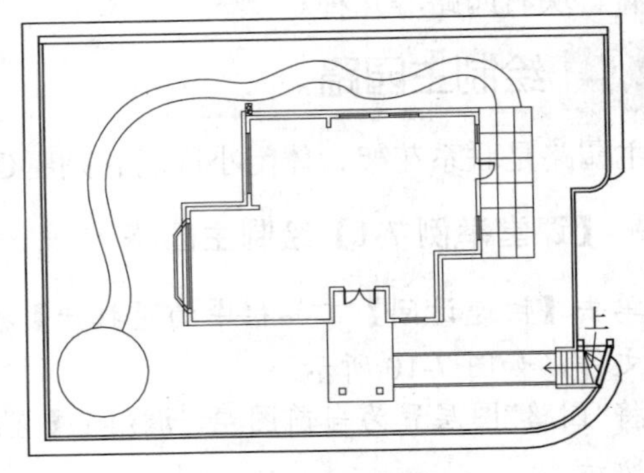

图 7-15　偏移主园路

07 调用 SPL【样条曲线】命令，继续绘制主园路和石汀步路径，效果如图 7-16 所示。

08 调用 REC【矩形】命令，绘制尺寸为 904×400 的矩形，表示汀步石，并拾取矩形上边中

点，将其移动至路径曲线上，如图 7-17 所示。

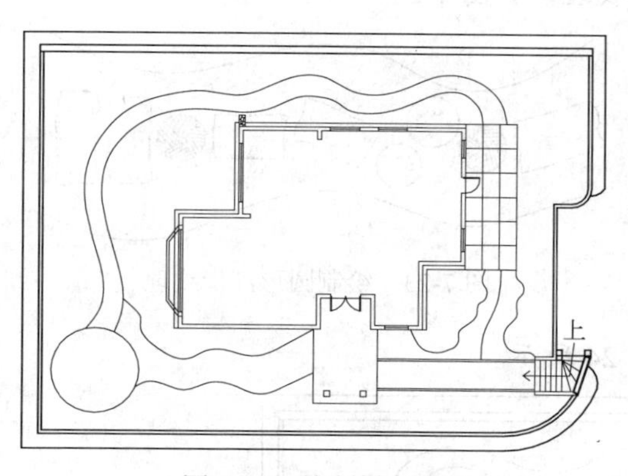

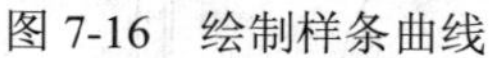

图 7-16　绘制样条曲线

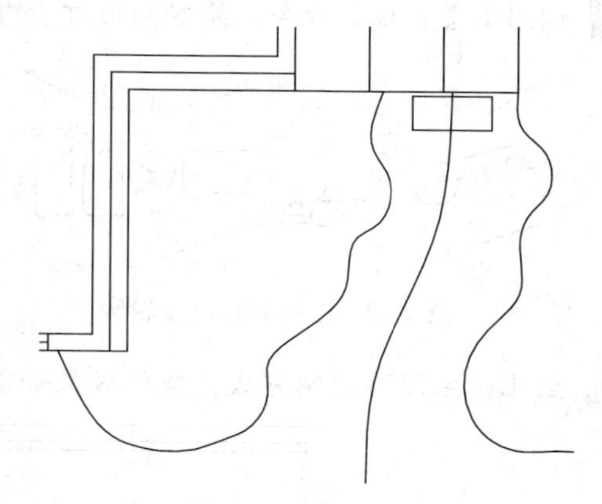

图 7-17　绘制汀步石

09 调用 AR【阵列】命令，将上一步绘制的路径阵列，阵列数为 10，阵列距离为 480，阵列结果如图 7-18 所示。

10 调用 E【删除】命令，删除阵列路径。调用 O【偏移】命令、L【直线】命令和 TR【修剪】命令，绘制门厅区石板，如图 7-19 所示。

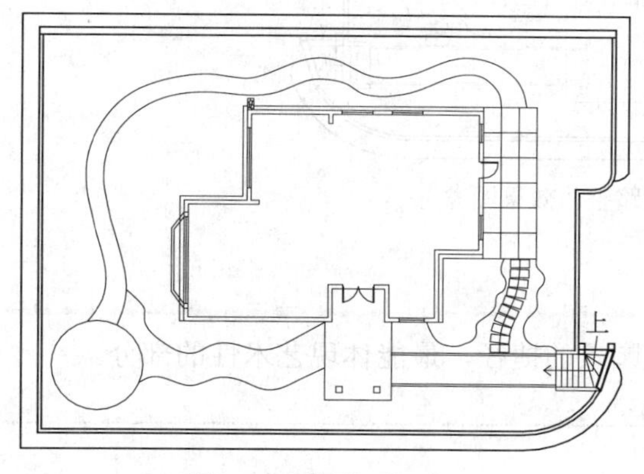

图 7-18　阵列石汀步

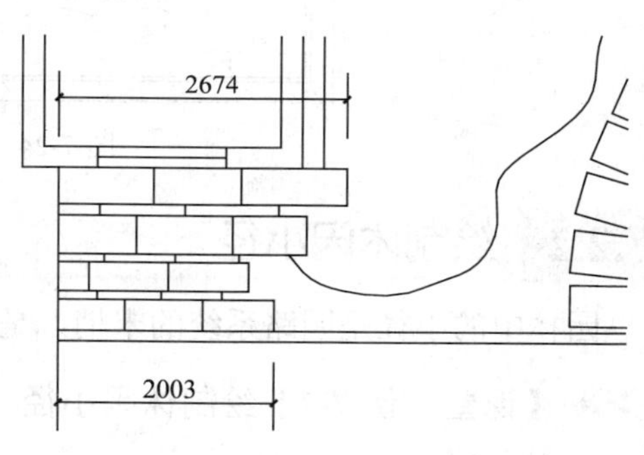

图 7-19　绘制石板

11 使用相同的方法绘制左侧石板，如图 7-20 所示。

12 调用 PL【多段线】命令，绘制自然形状石汀步，效果如图 7-21 所示。

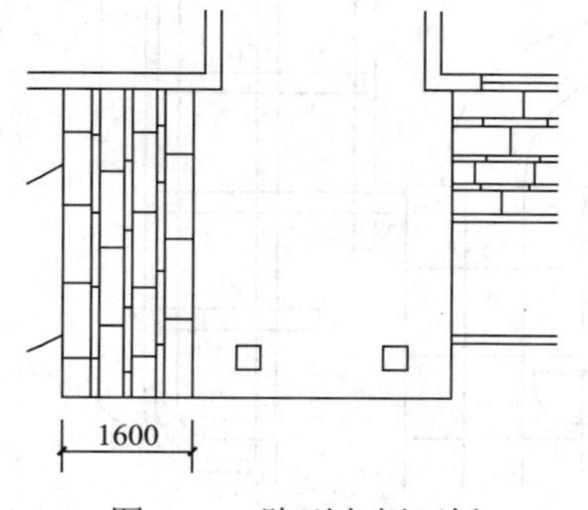

图 7-20　阵列左侧石板

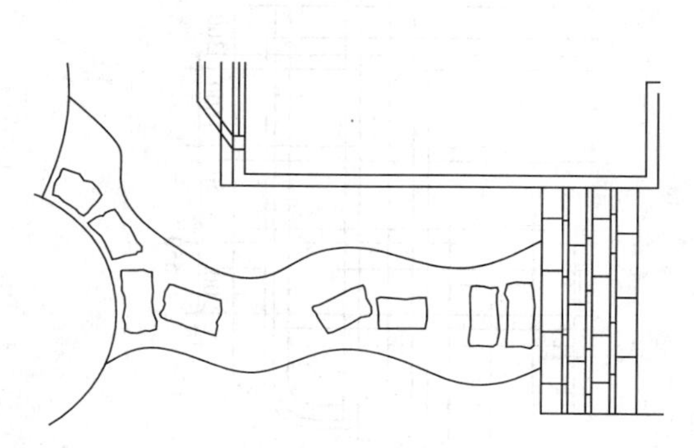

图 7-21　绘制自然汀步

13 调用 C【圆】命令，绘制圆形汀步轮廓，如图 7-22 所示。

14 调用 L【直线】命令，绘制圆形汀步内部纹理，如图 7-23 所示。

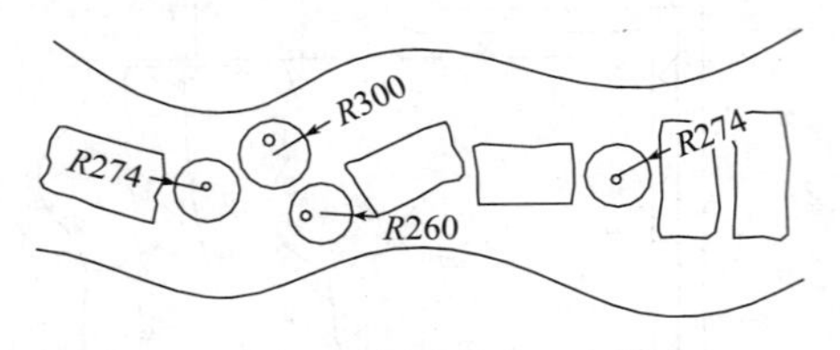

图 7-22 绘制圆形汀步轮廓

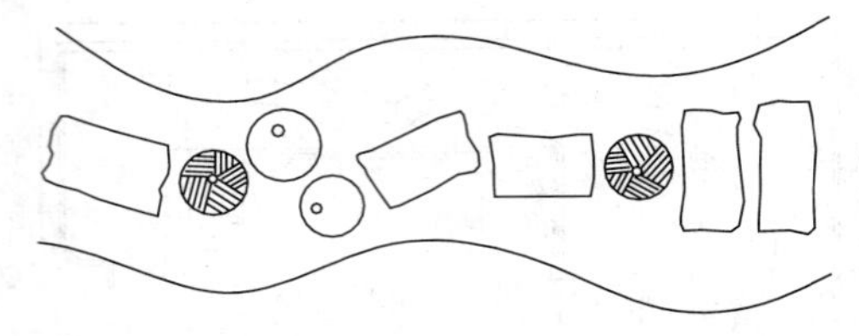

图 7-23 绘制圆形汀步纹理

15 至此，主园路绘制完成，整体效果如图 7-24 所示。

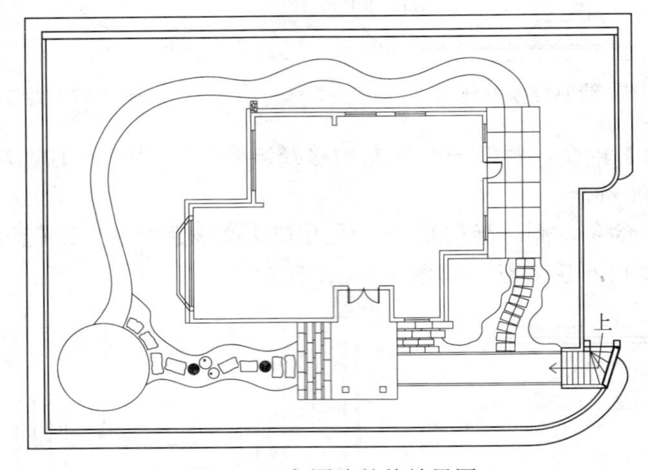

图 7-24 主园路整体效果图

7.2.2 绘制休闲小径

园林中的小径是园路系统的末梢，是联系园景的捷径，最能体现艺术性的部分。

【课堂举例 7-2】绘制休闲小径

01 调用 O【偏移】命令，偏移线段，表示菜园中的小园路，偏移参数如图 7-25 所示。

02 调用 TR【修剪】命令，修剪上一步偏移的线段，并删除多余线段，结果如图 7-26 所示。

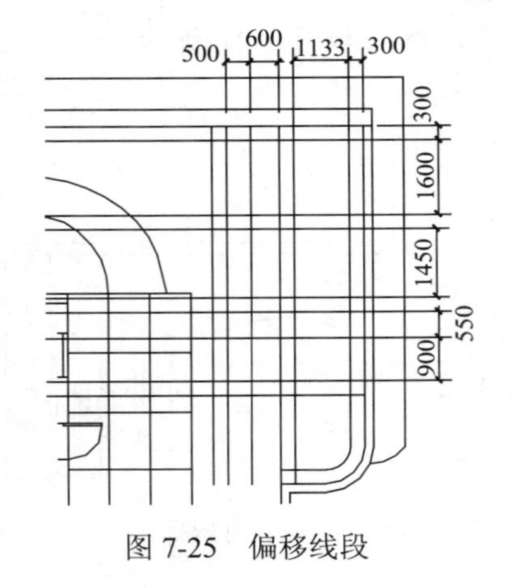

图 7-25 偏移线段

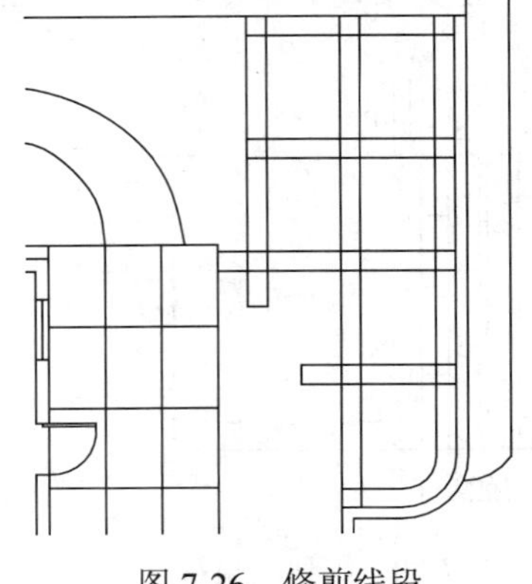

图 7-26 修剪线段

03 调用 REC【矩形】命令，绘制尺寸为 300×300 的矩形，并移动至合适的位置，如图 7-27 所示。

04 调用 CO【复制】命令，复制上一步绘制的矩形，复制结果如图 7-28 所示。

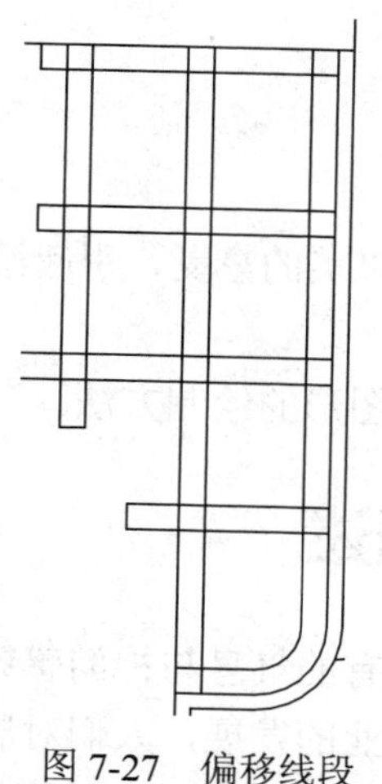

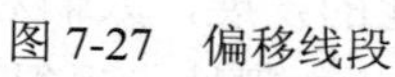

图 7-27　偏移线段

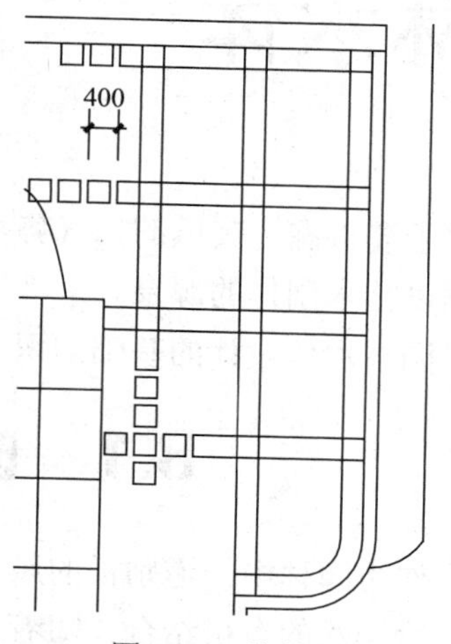

图 7-28　修剪线段

05 调用 TR【修剪】命令，修剪矩形，并将绘制好的菜园小园路全部转换至"园路"图层，效果如图 7-29 所示。

休闲小径的绘制除了上面绘制菜园小园路，还有连通水旱小溪的汀步石等，绘制方法大体相似，这里就不一一讲述了，其绘制效果如图 7-30 所示，至此，休闲小径绘制完成。

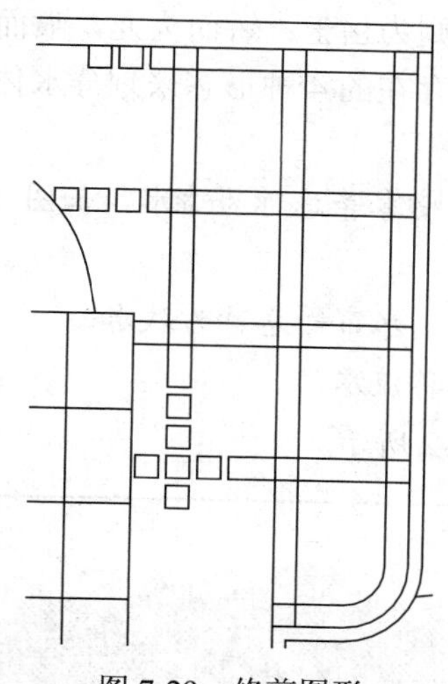

图 7-29　修剪图形

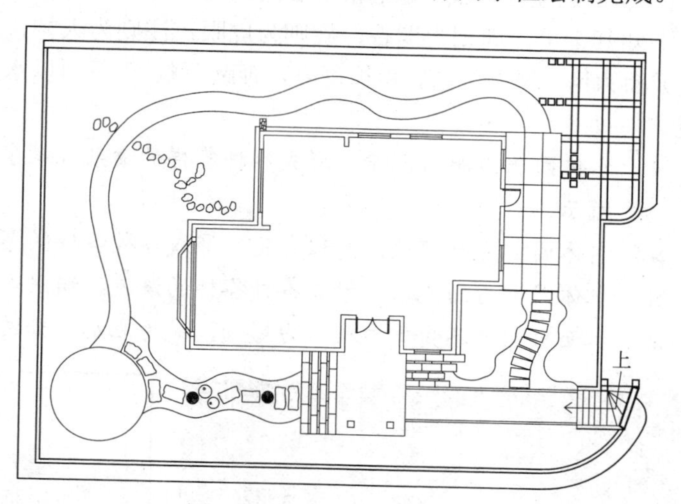

图 7-30　休闲小径绘制结果

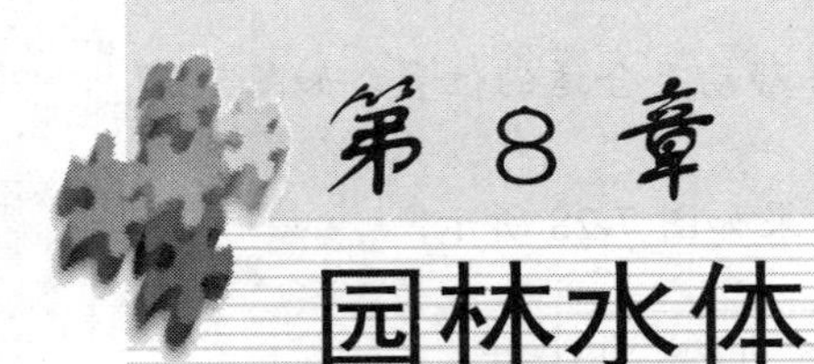

第 8 章 园林水体

自然界的水千姿百态，其风韵、气势及音响均能给人以美的享受，引起游赏者无穷的遐思，也是人们据以艺术创作的源泉。

本章介绍了园林水体设计的基础知识，以及园林水体图形的绘制方法。

8.1 园林水体概述

园林水体，作为园林中一道别样的风景点缀，以它特有的气息与神韵感染着每一个人。它是园林景观河给排水的有机结合。随着房地产等相关行业的发展，人们对居住环境有了更高的要求。水景逐渐成为居住区环境设计的一大亮点，水景的应用技术也得到了很快的发展，许多技术已大量应用于实践中。

8.1.1 园林水体的形式

园林水体的景观形式是丰富多彩的。明袁中郎谓："水突然而趋，忽然而折，天回云昏，顷刻不知其千里，细则为罗谷，旋则为虎眼，注则为天神，立则为岳玉；矫而为龙，喷而为雾，吸而为风，怒而为霆，疾徐舒蹙，奔跃万状。"下面以水体存在的 4 种形态来划分水体的景观。

- 水体因压力而向上喷，形成各种各样的喷泉、涌泉、喷雾等总称为喷水，如图 8-1 所示。
- 水体因重力而下跌，高程突变，形成各种各样的瀑布、水帘等总称为跌水。
- 水体因重力而流动，形成各种各样的溪流、漩涡等总称流水。
- 水面自然，不受重力及压力影响，成为池水，如图 8-2 所示。

图 8-1　喷泉

图 8-2　自然湖泊

8.1.2 园林水景的类型

水景是园林景观构成的重要组成部分，水的形态不同，则构成的景观也不同。水景一般可分为以下几种类型。

（1）水池　园林中常以天然湖泊作为水池，尤其在皇家园林中，此水景有一望千顷、海阔天空之气派，构成了大型园林的宏旷水景。而私家园林或小型园林的水池面积较小，其形状可方、可圆、可直、可曲，常以近观为主，不可过分分隔，故给人的感觉是古朴野趣，如图 8-3 所示。

（2）瀑布　瀑布在园林中虽用得不多，但它特点鲜明，即充分利用了高差变化，使水产生动态之势。如把石山叠高，下挖成潭，水自高往下倾泻，击石四溅，飞珠若帘，俨如千尺飞流，震撼人心，令人流连忘返，如图 8-4 所示。

图 8-3　水池

图 8-4　瀑布

（3）溪涧　溪涧的特点是水面狭窄而细长，水因势而流，不受拘束。水口的处理应使水声悦耳动听，使人犹如置身于真山真水之间，如图 8-5 所示。

（4）源泉　源泉之水通常是溢满的，源源不断地往外流出。古有天泉、地泉、甘泉之分。泉的地势一般比较低下，常结合山石，光线幽暗，别有一番情趣。

图 8-5　溪涧

图 8-6　渊潭

（5）濠濮　濠濮是山水相依的一种景象，其水位较低，水面狭长，往往能产生两山夹岸之感。而护坡置石，植物探水，可造成幽深濠涧的气氛。

（6）渊潭　潭景一般与峭壁相连，水面不大，深浅不一，如图8-6所示。大自然之潭周围峭壁嶙峋，俯瞰之势险峻，犹若万丈深渊。庭园中潭之创作，岸边宜叠石，不宜披土；光线处理宜隐蔽浓郁，不宜阳光灿烂；水位标高宜低下，不宜涨满。水面集中而空间狭隘是渊潭的创作要点。

（7）滩　滩的特点是水浅而与岸高差很小。滩景结合洲、矶、岸等，潇洒自如，极富自然，如图8-7所示。

（8）水景缸　水景缸是用容器盛水作景。其位置不定，可随意摆放，内可养鱼、种花，以作庭园点景之用，如图8-8所示。

图8-7　滩

图8-8　水景缸

8.1.3 园林水体功能

我国园林理水的历史悠久，早在西周时期周文王修建“灵沼”时，就可算是最早的园林理水。园林水体的形式丰富多样，但它不仅仅用作造景，还有许多实用功能。园林水体的用途非常广泛，粗略归纳为六个方面：调节气候、净化空气；排洪蓄水、回收利用；提供生产用水；分隔空间；联系景点；美化环境。

（1）调节气候、净化空气　水体能够显著增加空气湿度、降低局部温度、减少尘埃。水体面积越大，这种作用就越为明显。在瀑布、叠水等跌落的水体中，水在重力作用下分裂出大量的负离子。负离子能够显著地净化空气，快速杀灭空气中的细菌，去除空气异味。它通过对有害物质进行物理吸附、化学分解、电性中和等综合作用，从而净化有害气体。由此可见，园林水体不仅对人体有益，还可以净化空气，甚至还能改善园林内部的小气候条件。

（2）排洪蓄水、反复利用　园林水体平时可以用来蓄水，收集城市的排放水体。特殊情况下，又可以用作消防、抗旱的备用水。在雨季，水位暴涨，园林水体可以在一定程度上缓冲洪水流量，或者蓄集一定水量，并且可以及时泄洪，防止山洪暴发，殃及住宅、农田。到了缺水的季节，再将平时所蓄之水合理地分配实用。

在水域附近的绿地，可采用自然雨水进行灌溉，以形成水的生态良性循环。

（3）提供生产用水　园林水体还可以作为生产用水，并且应用到许多方面。其中最重要的是用于灌溉植物，其次是用于生产养殖，如养殖鱼虾等。这样一来，园林水体不但可以供人游玩观赏，还可以产生经济效益。但是园林水产养殖与单纯的养殖场有所区别，需要考虑

多方面的影响。如果水体太浅，将不利于水温上下对流，不能为水生动物提供合适的生长环境。如果水体太深，虽然可以提高单位面积产量，但对游人的活动构成一定的威胁。因此在设计园林水体时要特别注意水体深度的掌握。

（4）分隔空间　为了避免因单调而使游人产生平淡枯燥的感觉，常用水体将园景分隔成不同情趣的观赏空间，用水面创造园林迂回曲折的游览线路。隔岸相望，使人产生想要到达的欲望。而且跨越在汀步之上，也颇有趣味。有时还用曲折的园桥延长游览路线，丰富园景的层次和内容。

以水面作为空间隔离，是最自然的办法。因为水面可以使人们的运动和视线在不知不觉中受到控制。

（5）联系景点　当众多零散的景点均依附水面而存在时，水面就起到了统一的作用，使园景产生整体感。例如，扬州瘦西湖带状水面全长 4.3 公里，蜿蜒曲折，湖面时宽时窄，众多景点或依水而建。整个水面就好像是一条纽带，如同一串珍珠项链，将各个景点贯穿起来。船行其间，景色不断变换，引人入胜。从这个方面说来，园林水体还具有导向作用。一个景区内的各个景点以水面相连接，游人自然而然地顺着水的方向欣赏景色。

（6）美化环境　水景在园林规划设计中常常能起到画龙点睛的作用，通过水的点缀使得整个景区充满了生机和活力。水景以其复杂多变、亦实亦虚的形态，使园中景色更加迷人。如喷泉、瀑布、池塘等，都是水体的各种形态。水中可以植荷、养鱼，锦鲤戏鱼池，妙趣横生。如果水体较深，或者水底颜色较深，将会使水面产生极佳的镜面反射效果。

8.2　园林水体设计基础

古今中外的园林，对于水体的运用非常重视。在各种风格的园林中，水体均有不可替代的作用。

8.2.1　园林水景设计原则

水景设计的基本原则主要有满足功能性需求和满足环境的整体的要求。

（1）满足功能性要求　水景的基本功能是供人观赏，因此它必须能够给人带来美感，使人赏心悦目，所以设计首先需要满足环境的艺术美感。不同水景还能满足人们亲水、嬉水、娱乐和健身的功能。

（2）满足环境的整体要求　一个好的水景作品，要根据它所处的环境氛围、建筑功能要求进行设计，达到与整体景观设计的风格协调统一。

8.2.2　园林水景设计要求

在园林设计中，水景越来越受到景观设计师的重视，各种形式的水池在小区环境营造中成了不可缺少的元素，且有越来越大的趋势。水景设计应注意以下几点。

（1）安全性　一般来说，景观水体设计水深不能超过 40cm，防止出现安全隐患。局部需加深的应设防护设施，如分隔式绿化、假山、石景或造型较为自然的栏杆等。游泳尽量做到封闭，设一出入口控制人进出。

（2）水质净化　对于小型水池，应设水质净化系统，使水循环利用。对于大型水池，可多植水生植物（荷花、莲花、水浮莲、风车草、芦苇、落羽杉等），适当养殖观赏鱼，如图 8-9 所示，形成自身净化功能。

（3）空气净化　在较大的水面或水边密林处设置雾化喷头，飞扬的水雾能形成特殊的景观效果，又起到除尘、增加空气湿度的作用。

（4）景观功能　水池造型应与周边环境协调，或规则，或自然，也从俯视、平视、亲身参与三个角度观赏，在场地许可的前提下，应能充分调动人的各种观赏机能：视觉、听觉、触觉（戏水、游水）；及利用各种手段亲水，如渡船、小桥、亭榭、汀步等，如图 8-10 所示。自然式池岸宜采用天然石材或较粗糙的半成品石材（如大卵石、自然面花岗岩），岸边和石缝中配植水边适生植物，形成较为自然的水景景观，如图 8-11 所示。

图 8-9　水生植物

图 8-10　亭榭

图 8-11　仿自然水景

从景观园林中的水要素的艺术和理水手法分析可以看出，水景以深厚的文化渊源和独特的观赏视角，表现形式多样，巧于变化，易与周围景物协调统一，在古典园林中发挥着物质与精神享受的双重作用，占据着不可替代的重要地位。在现代景观和园林设计中如何抓住和充分挖掘园林水景的自然特性和文化特性，创造出更具有时代特色、更节约资源、改善生态环境、更有文化内涵，是我们今后在设计过程中要关注的重点。

8.3　水体的表现方法

水景设计图应该标明水体的平面位置、水体形状、深浅及工程做法，以方便施工人员施工。水景设计图有平面和立面两种表示方法。

8.3.1　水体平面表示方法

水平面图可以表示水体的位置和标高，如园林的竖向设计图和施工总平面图。在这些平面图中，首先画出平面坐标网格，然后画出各种水体的轮廓和形状，如果沿水域布置有山石、

汀步、小桥等景观元素，也可以一一绘制出来。

在平面图上，水面表示可以采用线条法、等深线法、填充法和添加景物法。其中前三种为直接的水面表示法，最后一种为间接表示方法。

（1）线条法　用工具或徒手排列平行线条,可均匀布满，也可以局部留白，或只画局部线条。线条可采用波纹线、水纹线、直线或曲线，如图 8-12 所示。

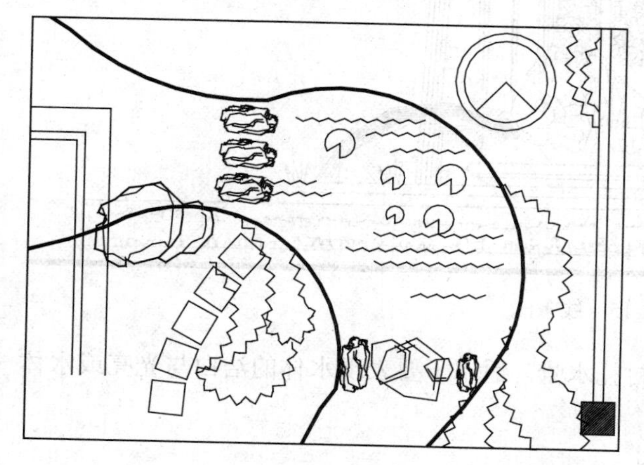
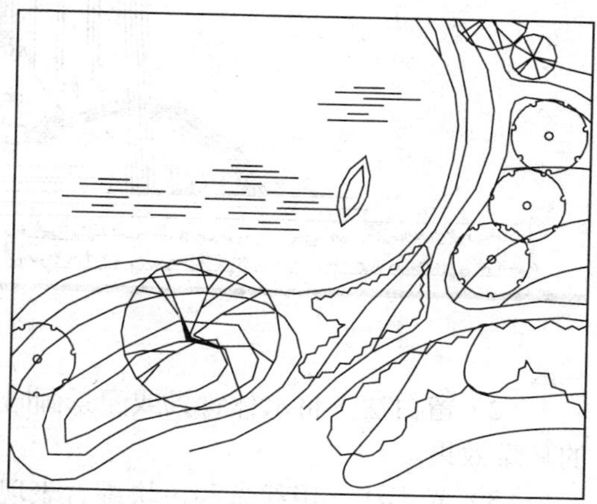

图 8-12　线条法

（2）等深线法　依岸线的曲折作类似闭合等高线的二三根曲线，多用于形状不规则的水面，如图 8-13 所示。

（3）填充法　填充法指的是使用 AutoCAD 的预定义或自定义的填充图案填充闭合的区域表示水体。填充的图案一般选择直排线条，以表示出水面的波纹效果，如图 8-14 所示。

（4）添景物法　利用水生植物、水上活动工具、码头和驳岸、露出水面的石块、水纹线等表示水面。

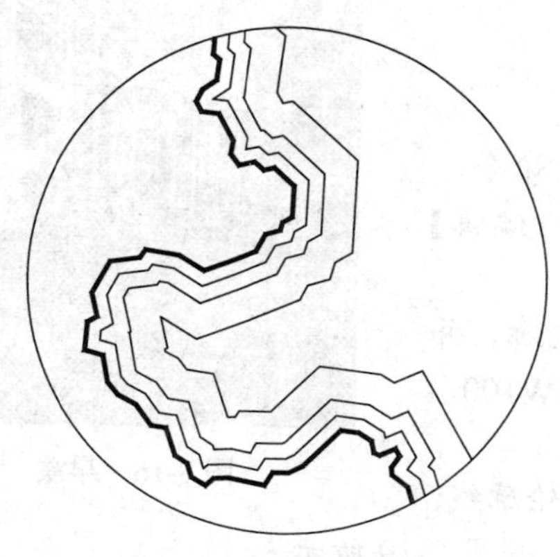

图 8-13　等深线法

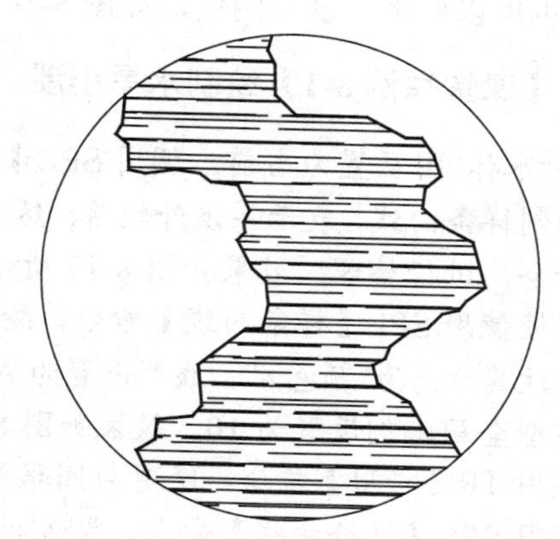

图 8-14　填充法

8.3.2 水体立面表示方法

（1）线条法　用细实线或虚线勾画水体造型，注意线条方向与水流方向一致，外轮廓线活泼生动，如图 8-15 所示。

图 8-15 线条法

（2）留白法 将水体背景或配景画暗衬托水景。适用于要表现水体的洁白与光亮或水体的鸟瞰效果。

（3）光影法 用线条和色块综合表现。

8.4 绘制水体

8.4.1 绘制旱溪

旱溪，设计上通常是不放水的溪床，仿造自然界中干涸的河床，日本叫枯山水，有禅意，节水，低维护，方便介入。但毕竟缺少水溪的映水和动水的生动效果。有时，旱溪也可以做河底，甚至做防水，因为，在雨季也可以盛水，水旱两便，如图 8-16 所示。

图 8-16 旱溪

【课堂举例 8-1】绘制水旱小溪

01 将“水体”图层置为当前。调用 SPL【样条曲线】命令，绘制样条曲线，表示旱溪外轮廓；然后使用【夹点编辑】命令，进行整理，效果如图 8-17 所示。

02 继续使用 SPL【样条曲线】命令，绘制沙洲内轮廓，并修改其颜色为“颜色 8”，线型设置为 ACADIS003W100，线型全局比例设置为 10，效果如图 8-18 所示。

03 调用 TR【修剪】命令，修剪与园路相交位置的轮廓线；调用 SPL【样条曲线】命令，绘制沙洲外轮廓，如图 8-19 所示。

04 调用 TR【修剪】命令，修剪外轮廓与园路相交的位置，修改颜色为白色，如图 8-20 所示。

05 调用 SPL【样条曲线】命令，绘制如图 8-21 所示的样条曲线，表示旱溪中的较大块的卵石。

06 调用 CO【复制】命令、SC【缩放】命令复制到其他的位置，如图 8-22 所示。

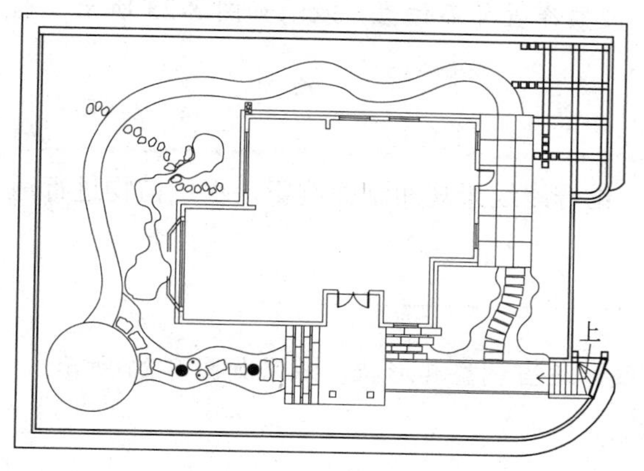

图 8-17　绘制旱溪轮廓

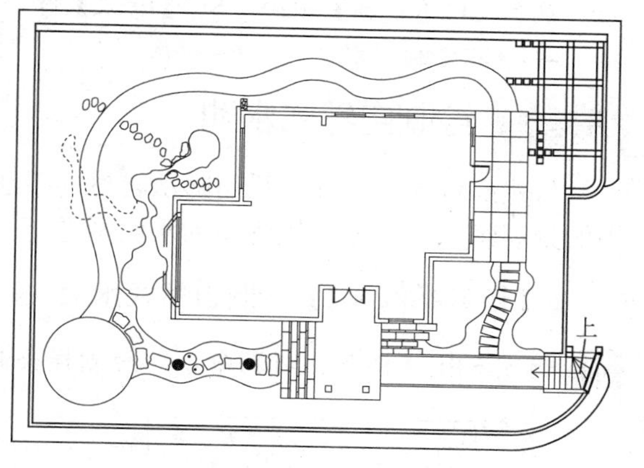

图 8-18　绘制沙洲内轮廓

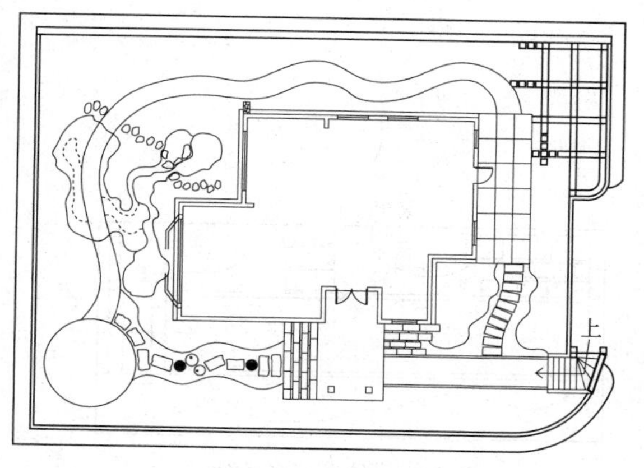

图 8-19　绘制沙洲外轮廓

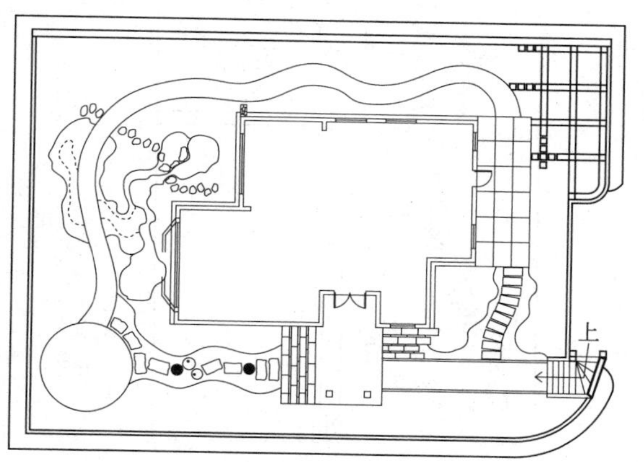

图 8-20　整理图形

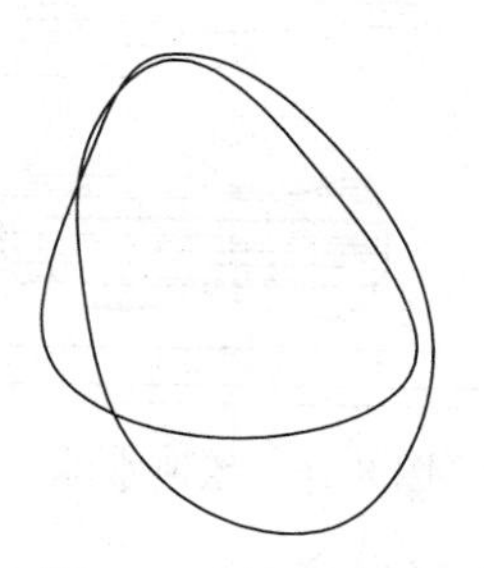

图 8-21　绘制大块卵石

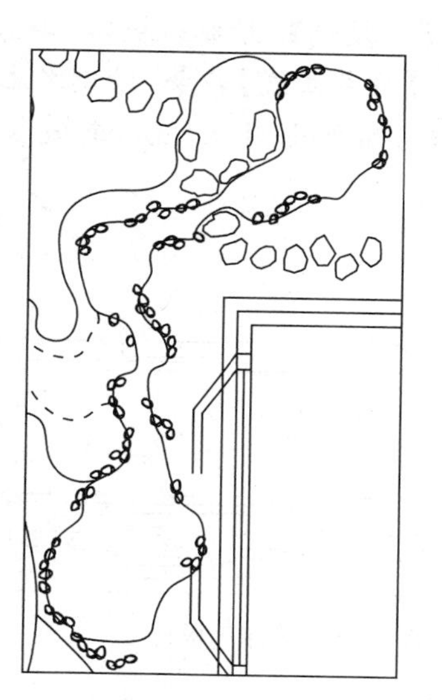

图 8-22　复制卵石

07 调用 EL【椭圆】命令，绘制椭圆，表示旱溪中小块卵石，修改椭圆颜色为"颜色 8"，并调用 CO【复制】命令、SC【缩放】命令，随意布置卵石位置，效果如图 8-23 所示，水旱小溪绘制完成。

8.4.2 绘制自然式水池

自然式水池的设计，采用师法自然的手法，结合岸线景观和湖面倒影、水生植物进行适当的景观组织，形成一幅优美的水面画卷。

【课堂举例 8-2】绘制自然式水池

01 调用 SPL【样条曲线】命令，绘制样条曲线，适当调整其形状，效果如图 8-24 所示。

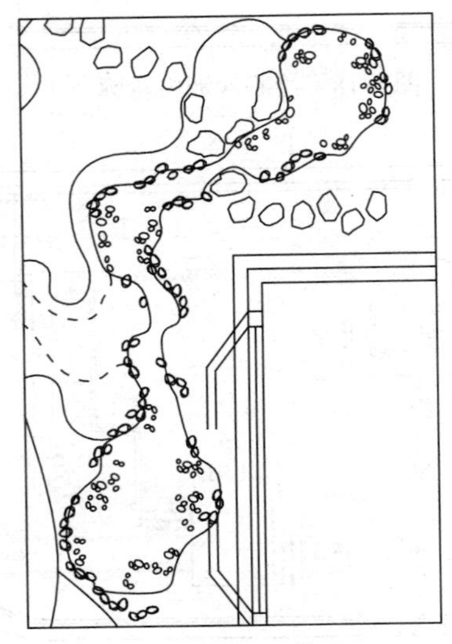

图 8-23 布置小卵石

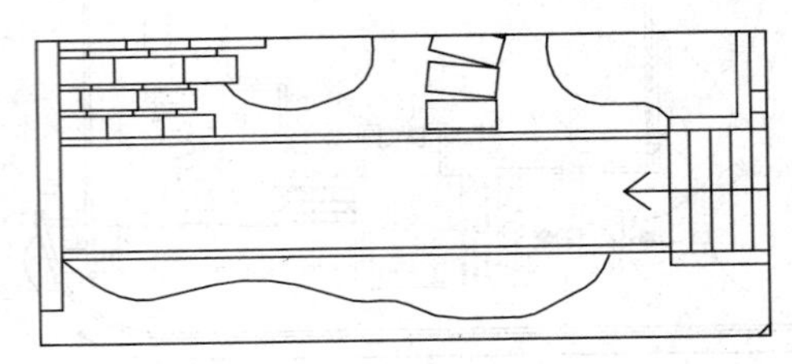

图 8-24 绘制样条曲线

02 调用 PL【多段线】，绘制地板砖，将绘制完成的图形切换至"园路"图层，如图 8-25 所示。

03 调用 SPL【样条曲线】命令，绘制水池轮廓线；调用 H【图案填充】命令，选择 AR-RROOF 图案，设置填充比例为 120，其他参数保持默认，水池绘制效果如图 8-26 所示。

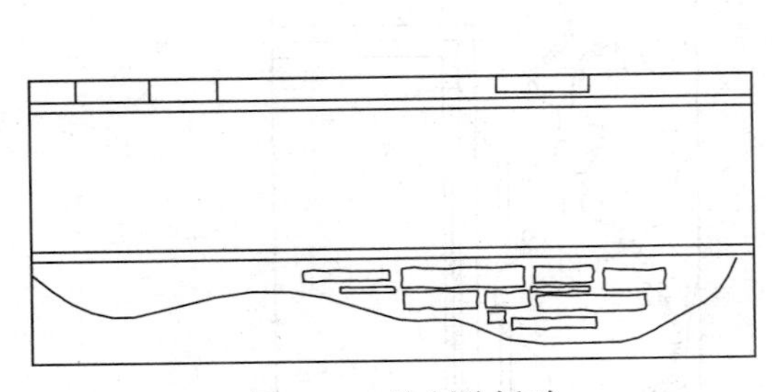

图 8-25 绘制地板砖

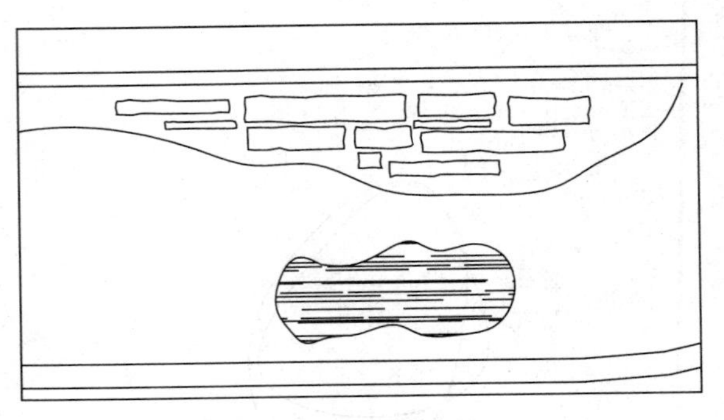

图 8-26 绘制水池

04 调用 PL【多段线】命令，绘制多段线，表示池岸石块，如图 8-27 所示。

05 使用相同的命令，完成水池的绘制，并删除水池外轮廓线，效果如图 8-28 所示，完成

自然式水池的绘制。

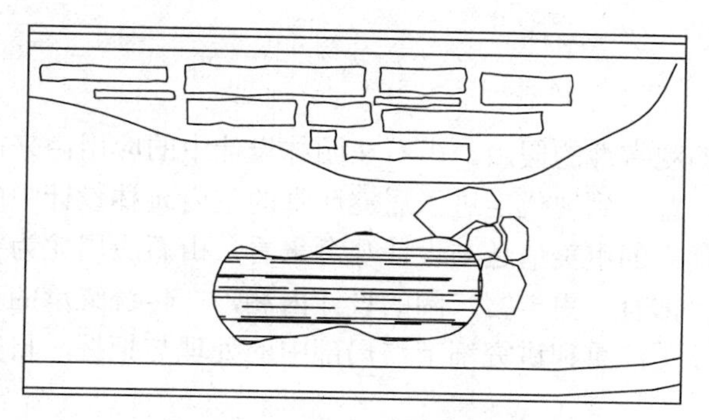

图 8-27　绘制池岸景石

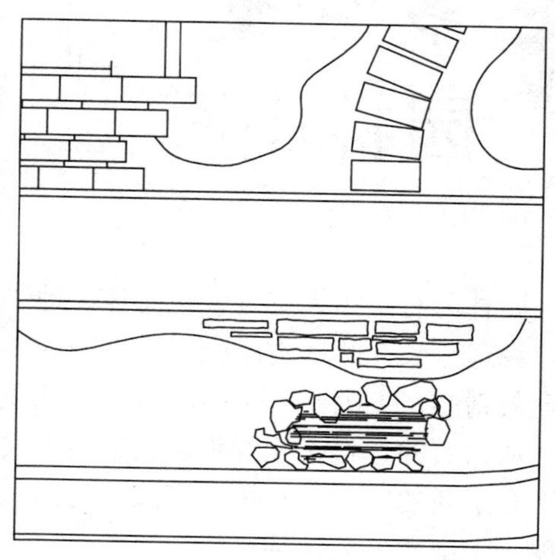

图 8-28　水池效果

第 9 章 园林山石

园林山石是指人工堆叠在园林绿地中的观赏性的假山。山石在园林设计中的应用由来已久，源远流长，从远古时代“囿”中的不经意，到现代走进了居室厅堂的室内园林设计中的刻意与精心，无处不有山石的芳踪。从现代人的审美情趣与设计观念来看，山石应用尤为突出。从山石的选材、配置手法、应用方式上都有了更丰富广阔的设计内涵，在传统继承的基础上有了新的发掘与开拓。庭园中的山石已更注重和讲究细节与局部中的处理与把握，日益体现了于细微处见精神。

9.1 园林山石理论基础

9.1.1 园林山石的分类

园林中山石包括假山和置石两个部分。

9.1.1.1 假山

假山是以造景为目的，用土、石等材料构筑的山体，可以供人登高游览或观赏，一般设计缀山时都与水体一起营造意境，如图 9-1 所示。

图 9-1 假山

假山分为土山、石山和土石山，介绍如下。

- 土山：以土堆成。较矮、占地面积较大的假山，坡度最好在土壤安息角（＜30°）之内，如图 9-2 所示。
- 石山：是以自然山石堆砌而成、外形多变的假山，如图 9-3 所示。
- 土石山：是土石结合堆成，应用最多。

图 9-2　土山

图 9-3　石山

9.1.1.2　置石

置石则以山石为材料，作独立性或附属性的造景布置，如图 9-4 所示。置石主要以观赏为主，同时兼备一些实用功能。置石一般体量较小而分散，园林中容易实现，通常搭配植物造景。但它对单块山石的要求较高，通常以配景出现，或作局部的主景，是特殊性的独立景观。

图 9-4　置石

置石分特置、散置和群置三种，介绍如下。

- 特置：由玲珑或奇巧或古拙的单块山石立置而成，用作主景，如图 9-5 所示。

图 9-5　特置石

- 散置：是以攒三聚五、散漫理智的布置形式，布局无定式，通常布置在廊间、粉墙前、山脚、山坡、水畔等处，如图 9-6 所示。
- 群置：是指山石成组配置在一起，山石间有主次、有聚散、有立卧、有呼应，如图 9-7 所示。

图 9-6　散置石

图 9-7　群置石

9.1.2 园林山石的功能

在我国的传统园林中，几乎无园不山、无山不石，山石在园林景观中不仅有着分割空间、点缀环境的作用，更有着充当园区骨架、自然驳岸等实际功能。

（1）骨架功能　骨架功能是利用假山形成全园的骨架，现存的许多中国古代园林莫不如此。整个园子的地形骨架、起伏、曲折皆以假山为基础来变化。

（2）分割空间　山石对园林空间进行分隔和划分。将空间分成大小不同、形状各异、富于变化的形态。通过假山的穿插、分隔、夹拥、围合、聚汇，在假山区可以创造出路的流动空间、山坳的闭合空间、峡谷的纵深空间、山洞的拱穹空间等各具特色的窄闯形式，如拙政园原入口处以黄石假山作为障景，沿廊绕过假山才能观赏到园中主景远香堂及荷池。

（3）造景功能　假山景观是自然山地景观在园林中的再现。自然界奇峰异石、悬崖峭壁、层峦叠嶂、深峡幽谷、泉石洞穴、海岛石礁等景观形象，都可以通过假山石景在园林中再现出来。

（4）工程功能　用山石做驳岸、挡土墙、护坡和花台等。在坡度较陡的土山坡地常散置山石以护坡，这些山石可以阻挡和分散地面径流，降低地面径流的流速，从而减少水土流失。如北京颐和园的“圆朗斋”、北海的“嘲古堂”周围都是自然山石挡土墙的佳品；北海琼华岛南山部分的群置山石、颐和园龙王庙土山上的散点山石等都有减少冲刷的效用。

9.2 园林山石设计原则

现代人越来越懂得了审美的情趣，懂得了艺术的欣赏，这是人们生活水平不断提升的表现。但这对园林设计者就有了更高难度的挑战，鞭策花园设计者不断推陈出新，同时也推动着园林设计的不断向前发展。园林中山石的设计是遵循美学原理与规律的产物，其原则集中体现在以下几个方面。

（1）多样统一　山石虽是天成却可塑性极强，结合先进的现代的工艺使它按人们的意识

变换身形，因此无论自然式或是规则几何式的园林，不管是古典式或者现代派的风格不同的庭园，山石都可应用得恰到好处，游刃有余，是不同风格园林的统一点。而山石品种的多样性又保证了可以为色彩、线条等方面的统一找到适当的石材。

（2）均衡、对比、和谐　山石作为园林设计中的点缀，往往具有一种魔力，能迅速使园林设计元素达到一种均衡。例如花园园门一侧是较为高大的乔木，那么在另一侧点上一块顽皮的卧石，一种轻盈的平衡马上浮现，锐减突兀之感，如图 9-8 所示。设计园路入口处，一侧有了一丛灌木，另一侧摆上顽石，一种有品位又不失活泼的均衡油然而生，如图 9-9 所示。

图 9-8　公园入口景石

图 9-9　园路入口景石

山石之于水体、花木，一刚一柔，一动一静，即是一种鲜明的对比，又是一种和谐统一；对于山石色彩、质感、数量、位置上的分寸和其他造园因素的配合，便可营造出一份天然的而高于自然的和谐之美。

（3）讲究质地　山石也有不同的质地。长满青苔的山石与光滑的大理石和卵石有着共同细质地的特点，小卵石与砾石镶嵌的路面就属于中等质地，毛石砌筑的挡土墙、花园围墙、表现自然的驳岸等则是粗质地。山石与花木的质地相近的和谐，相背的对比，在设计中运用这一种微妙的区别与平衡，是设计水平的体现。

（4）简单原则　简单与苍白、空洞绝对不同，简单是一种朴素与天真，是表达设计者的思想与情感的手法，是景观设计的追求点，而山石恰恰是实现这一愿望的首材。试想一下在疏密林子下，点缀几块顽石作凳，是一种别有南国风味的简单实用美；用一块长长的顽石直接放于地面，上书点景点意之笔，再配以些许花木，是一种不失稳重的简单气派美；直接搬几块大卵石相堆叠，给孩子们作攀爬游乐的天然玩具，是另一种省心省力的简单趣味美。

9.3　园林山石的表现技法

园林制图中，需要依据施工总平面图和竖向设计图，绘制出山石的平、立、剖面图，并且要求注明材料及施工做法。

平、立面图中的石块通常只用线条勾勒轮廓，很少采用光线、质感的表现方法，以免使之凌乱。用线条勾勒时，轮廓线要用粗线表示，石块面、纹理可用细线勾绘，以体现石块的立体感，如图 9-10 所示石块的平、立面表现。不同的石块，其纹理不同，有的浑圆，有的棱角分明，在表现时应采用不同的笔触和线条表现。剖面图表示石块时，轮廓线应采用剖断线，石块剖面上还可加上斜纹线，如图 9-11 所示。

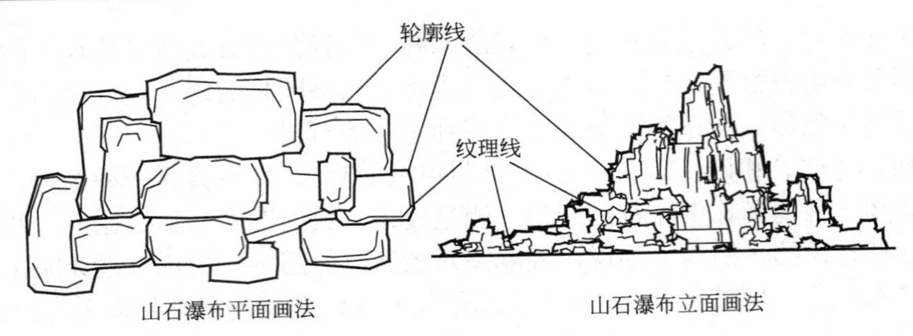

图 9-10　山石表示法

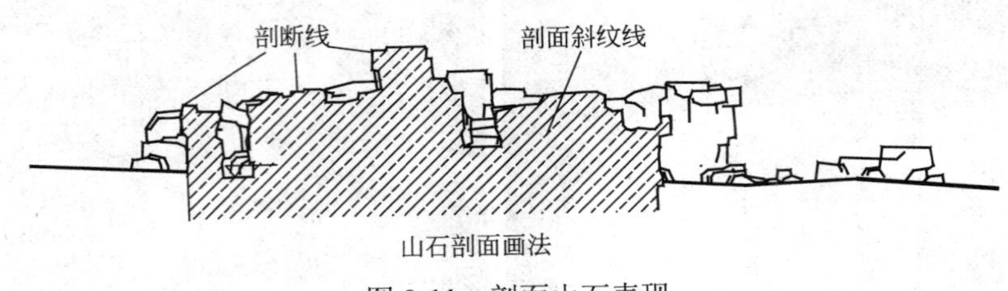

图 9-11　剖面山石表现

9.4　绘制山石

9.4.1　绘制景石

景石可以使用【多段线】命令绘制，外轮廓使用粗线绘制，内部的石块纹理使用细线绘制。

【课堂举例 9-1】绘制景石

01 将"景石"图层置为当前，调用 PL【多段线】命令，绘制景石外轮廓，设置线宽为 5，绘制结果如图 9-12 所示。

02 继续调用 PL【多段线】命令，绘制景石内部纹理，设置线宽为 0，绘制完成，将颜色设置为"颜色 8"，与外轮廓区分开，结果如图 9-13 所示。

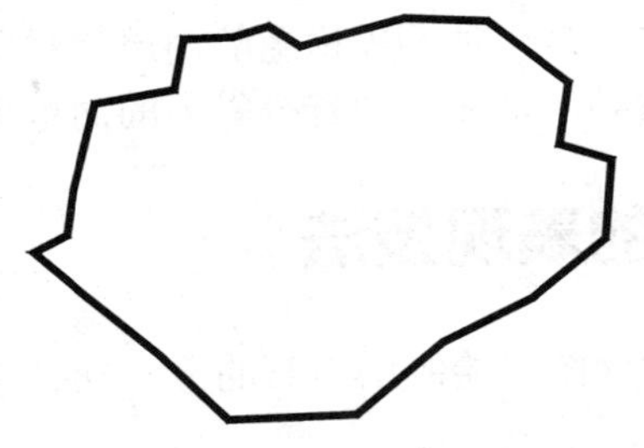

图 9-12　景石外轮廓

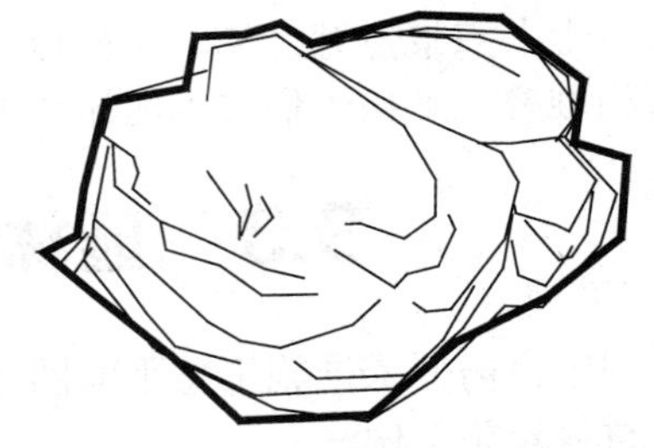

图 9-13　景石内部纹理

03 调用 B【创建块】命令，将景石创建成块。

04 绘制其他景石，即元宝石如图 9-14 所示和收水钵景石组合如图 9-15 所示。

至于其他的自然块石汀步、造型汀步及旱溪中卵石的绘制方法，已在前面园路和水体章节作了介绍，这里就不重复介绍了。

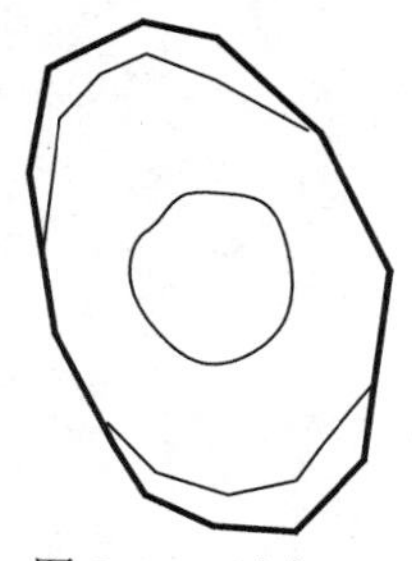

图 9-14　元宝石

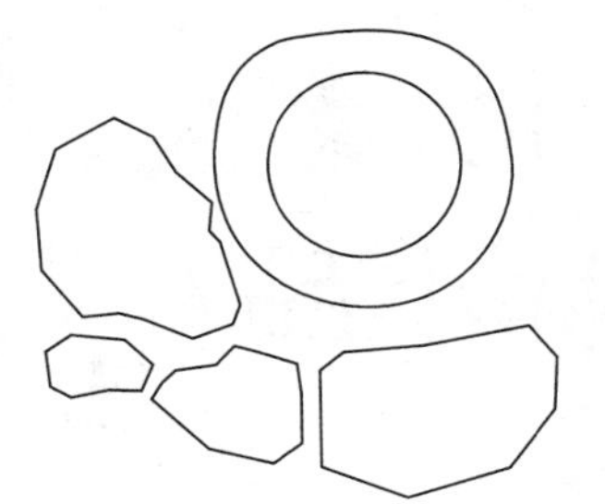

图 9-15　收水钵景石组合

9.4.2 绘制假山

【课堂举例 9-2】绘制假山

01 将“假山”图层置为当前，调用 SPL【样条曲线】命令，绘制假山外轮廓；然后调用 PE【编辑多段线】命令，将其转换为多段线，并修改线宽为 5，效果如图 9-16 所示。

02 继续调用 SPL【样条曲线】命令，绘制内部纹理，如图 9-17 所示。

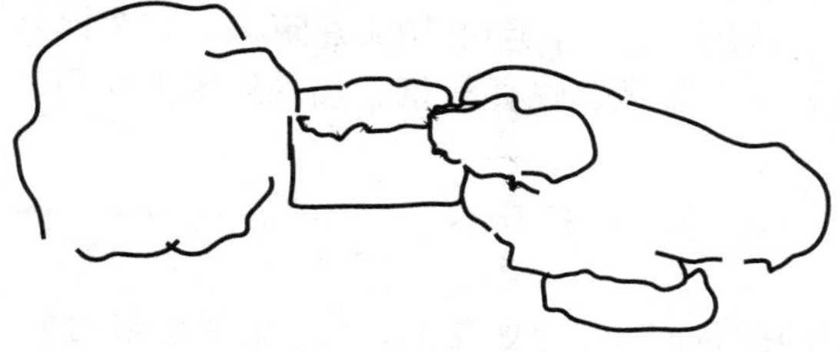

图 9-16　假山外轮廓

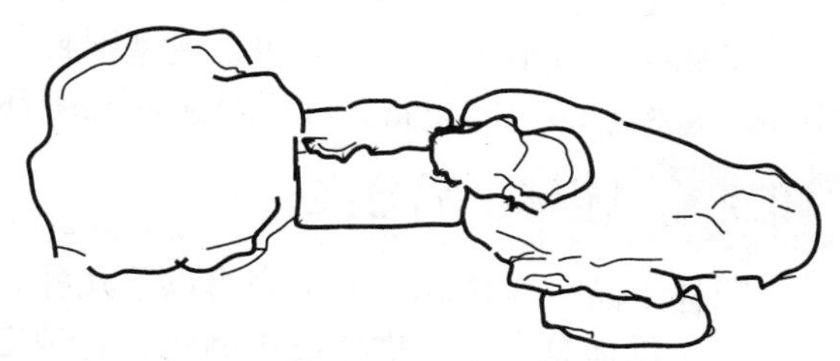

图 9-17　假山完成效果

03 调用 B【创建块】命令，将其创建成块。

山石图块绘制完成后，需要将其分布至总平面图中，这里可调用 I【插入】命令、CO【复制】等命令，将其布置于平面图中，布置效果如图 9-18 所示。

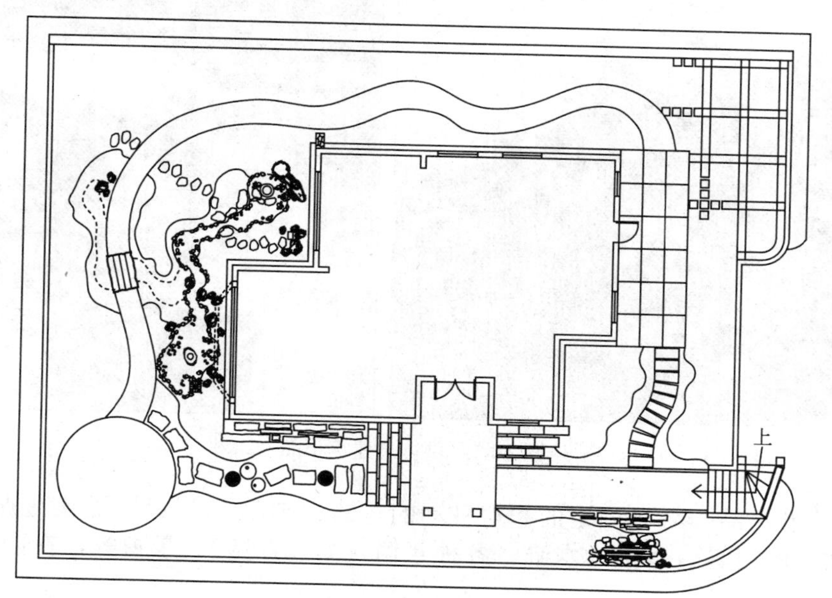

图 9-18　山石布置结果

第 10 章 园林小品

园林小品是景观单元的一部分，它已经渗透在整个景观设计之中，开始受到越来越多的关注。设计优秀的园林小品不仅可以使人们享受优美的环境，而且可以提升园林空间的整体品质以及景观的总体效果。

本章首先简单介绍了园林小品的分类、功能及设计原则，然后结合别墅庭院实例讲述园林小品的绘制方法和技巧。

10.1 园林小品设计基础

园林中体量小巧、功能简明、造型别致、富有情趣、选址恰当的精美建筑物，称为园林小品。园林小品内容丰富，在园林中起点缀环境、活跃景色、烘托气氛、加深意境的作用。

10.1.1 园林小品分类

园林小品一般按其功能可分为以下几种。

（1）供休息小品　供休息小品包括各种造型的靠背园椅、亭、花架、凳、桌和遮阳的伞、罩等，如图 10-1 所示。常结合环境，用自然块石或用混凝土做成仿石、仿树墩的凳、桌；或利用花坛、花台边缘的矮墙建筑小品和地下通气孔道来做椅、凳等；围绕大树基部设椅凳，既可休息，又能纳阴。

图 10-1　供休息建筑小品

（2）装饰性小品　各种固定的和可移动的花钵、饰瓶，可以经常更换花卉，如图 10-2 所示。装饰性的日晷、香炉、水缸，各种景墙（如九龙壁）、景窗等，在园林中起点缀作用。

图 10-2　装饰性小品

（3）照明小品　园灯的基座、灯柱、灯头、灯具都有很强的装饰作用，如图 10-3 所示。

图 10-3　照明小品

（4）展示小品　各种布告板、导游图板、指路标牌以及动物园、植物园和文物古建筑的说明牌、阅报栏、图片画廊等，如图 10-4 所示，都对游人有宣传、教育的作用。

（5）服务性小品　如为游人服务的饮水泉、洗手池、公用电话亭、时钟塔等，如图 10-5 所示；为保护园林设施的栏杆、格子垣、花坛绿地的边缘装饰等；为保持环境卫生的废物箱等。

园林小品具有精美、灵巧和多样化的特点，设计创作时可以做到“景到随机，不拘一格”，在有限空间得其天趣。

图 10-4　展示小品

图 10-5　服务性小品

10.1.2 园林小品功能

园林小品的功能多样，种类繁多，主要包括两个方面，一是满足游人的需要，如休息处、展览馆等，另外还要满足园林造景要求，是园林构成中不可缺少的景观要素。

10.1.2.1　满足游人需求

园林是改善、美化人们生活环境的设施，也是供人们休息、游览、文化娱乐的场所，随着园林活动的日益增多，园林小品类型也日益丰富起来，主要有茶室、餐厅、展览馆、体育场所等，如图 10-6 所示茶室效果，以满足游人的需要。

10.1.2.2　园林造景功能

园林造景功能主要体现在以下几个方面。

① 点景，即点缀风景。建筑与山水、花木种植相结合而构成园林内的许多风景画面。在一般情况下，建筑物往往就是这些画面的重点或主题；没有建筑也就不成其为“景”、无以言园林之美。重要的小品物常常作为园林的一定范围内甚至整座园林的构景中心。

② 观景，即观赏风景。作为观赏园内外景物的场所，建筑的朝向、门窗的位置与大小的设计均要考虑赏景的要求。

③ 引导游览路线。园林小品常常具有起承转合的作用，当人们的视线触及某处优美的园林小品时，游览路线就会自然而然地延伸，小品常成为视线引导的主要目标。人们常说的步移景异就是这个意思。园林常以一系列空间的巧妙变化给人以艺术享受，以小品构成的各种形式的庭院及游廊、花墙、园洞门等恰是组织空间、划分空间的最好手段，如图 10-7 所示。

图 10-6　茶室

图 10-7　游廊分隔空间

10.1.3 园林小品特点

园林小品有如下特点。

10.1.3.1　满足景观的整体性

园林小品作为园林的四要素之一，它是园林中不可或缺的组成部分。园林小品与其他元素共同形成整体景观的艺术效果，园林小品存在于一个环境的整体之中，所以说一个园林小品的外观、风格、形式以及材料的运用都要符合环境的整体性而进行设计，如图 10-8 所示廊架的设计与周边环境的统一效果。在设计的过程中要充分考虑周围环境，保证与其他造园要素在风格形式上的和谐统一，以达到景观的整体性。

10.1.3.2　设置与创作的科学性

园林小品的设计是服务于某一整体景观需要的。其位置的选择、风格的确定是根据环境的需要而设计的。它的固定性和特定性是不能脱离周围环境而存在。在进行景观创作的过程中，建筑小品要结合景点的设计、景观的视点、交通的安排、地形的设计而进行精心的设计、科学的布置，这样才会使其发挥在景观中的最大价值，才会结合其他要素形成完美的景观效果。

10.1.3.3　民族性与艺术性的风格

园林小品是景观中的点睛之笔，它不仅具有使用功能更具有一定的艺术观赏性。园林小品的外部造型、材质色彩等都可以向游人展示它的风格、特征、建设年代以及地域特色，所以园林小品的设计在符合大环境的前提下，也要注意体现个性与特色，彰显时代的特点。

图 10-8　廊架

图 10-9　雕塑小品

10.1.3.4　体现文化性与艺术特色

园林小品的文化性主要体现的是一个国家、一个民族、一个地区的本土文化，它将这些文化性的元素精练到小品的创作之中，来展现一个地区的历史文化与人文习俗，所以说，建筑小品的形象是与当地文化背景相呼应的，如图 10-9 所示某广场雕塑小品的设计。

10.1.3.5　表现形式的多样与合理的功能

景观中园林小品的形式丰富多彩。而不同的结构、体量、材料又使得小品给人带来不同的感受。园林小品以其优美的造型、协调的色彩、舒适的材料来服务于人，满足人的使用功能，而升华景观空间的品质。

10.1.4 园林小品设计方法

园林小品有如下设计方法。

（1）巧于立意　意在笔先是书法绘画艺术的创作方法，同样对于园林小品的设计也要先进行立意，没有立意的设计就是形式的简单堆砌，缺乏内涵与感染力，园林小品不仅仅带给人视觉上的舒适、使用上的便捷，而且要追求精神上文化上的巧妙传达，使其更加具有内涵和深度。园林小品的设计不单单追求形式上的精美、造型上的丰富，更主要的是要具有一定的意境和情趣。在园林小品的设计创作上，要达到情景交融、寓情于景，使人触景生情的效果是建筑小品设计的更高境界。

（2）精于体宜　比例与尺寸是产生协调的重要因素，美学中的首要问题即为协调。在园林建筑小品的设计过程中，精巧的比例和合理的构图是园林整体效果的第一位。中国古典园林的私家园林中，精致小巧的凉亭、亭亭玉立的假山、蜿蜒曲折的九曲小桥都能形成以小见大的园林佳作；而颐和园中宽敞大气的长廊、长长的十七孔桥镶嵌在宽阔的昆明湖面上，形成整体景观，彰显了皇家园林的大气恢宏和帝王贵族至高无上的权力，如图 10-10 所示。所以在空间大小、地势高低、近景远景等空间条件各不相同的园林环境中，园林小品的设计应有相应的体量和尺度，既要到达效果又不可喧宾夺主。

（3）独具特色　每一个景观中的园林小品都是为了这一景观量身定做的，造型及风格应与园林环境相协调，是符合于园林的主题能够体现当地的文化和人文特色的。它们都是景观中的精美的艺术品，而不是工业化生产下的产物。在园林小品的设计中要充分反映建筑小品

图 10-10　十七孔桥

的自身特色，把它巧妙地熔铸在园林造型之中，和园林融合在一起形成整体效果。

（4）师法自然　.虽由人作，宛自天开是针对我国自然山水式的园林而言的基本原则。我国园林追求自然，一切造园要素都尽量保持其原始自然的特色。园林小品为园林的点睛之笔，要和自然环境很好地融合在一起。所以设计师在设计的过程中不要破坏原有的地形地貌，要做到得景随形，充分利用园林小品的灵活性、多样性丰富园林空间。

10.2　园林小品的绘制

10.2.1　绘制石灯笼

石灯笼最早雏形是中国供佛时点的灯，也就是供灯的形式。其在日本具有悠久的历史，在佛前献灯火是佛教的重要礼仪之一。石灯笼被用于园林、庭院的装饰始于十六世纪晚期的安土桃山时代。当时由于茶道的大发展，石灯笼常被作为茶室的一种露天装饰物而广泛进入庭院装饰。

随着石灯笼用途的改变，石灯笼的样式也就更加多样化了，例如出现了三脚或四脚的雪见灯笼，同时对竿和笠的部分也给予新的设计，石灯笼的式样由模仿进入创新。现在日本的石灯笼除了少量用于寺院神社以外，大多数的石灯笼是用于庭院、园林装饰使用，如图 10-11 所示。

图 10-11　石灯笼

【课堂举例 10-1】绘制石灯笼

01 将“建筑小品”图层置于当前，调用 REC【矩形】命令，绘制尺寸为 480×480 的矩形，然后调用 L【直线】命令，绘制矩形对角线，如图 10-12 所示。

02 选择【修改】|【拉长】命令，设置增量为 60，拉长矩形对角线，如图 10-13 所示。

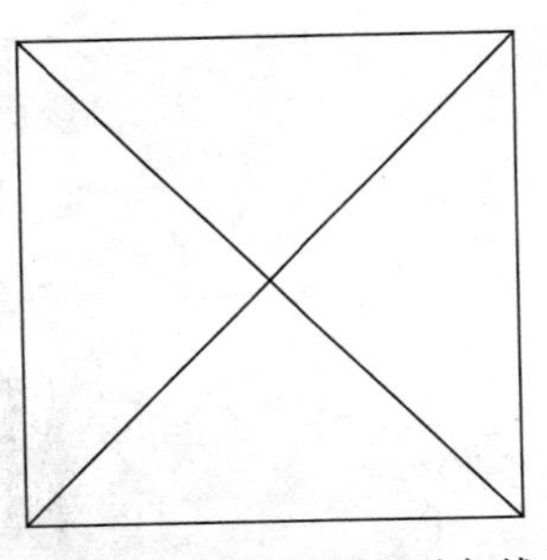

图 10-12　绘制矩形对角线

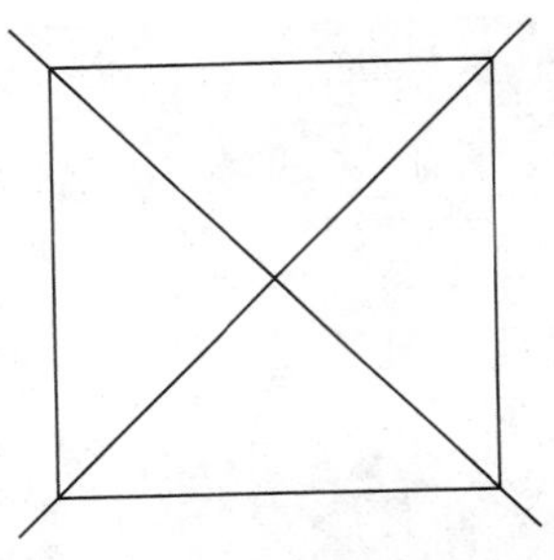

图 10-13　拉长对角线

03 调用 O【偏移】命令，设置偏移距离为 18，上下偏移对角线；调用 L【直线】命令，绘制直线，连接偏移直线，如图 10-14 所示。

04 调用 C【圆】命令，拾取对角线交点为圆心，绘制半径分别为 21、35、62 的同心圆，如图 10-15 所示。

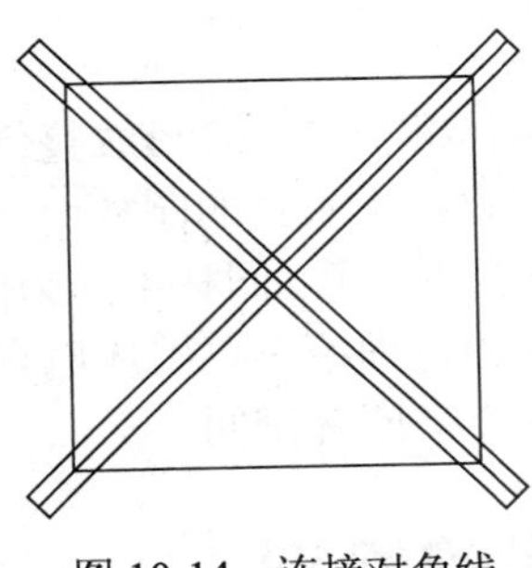

图 10-14　连接对角线

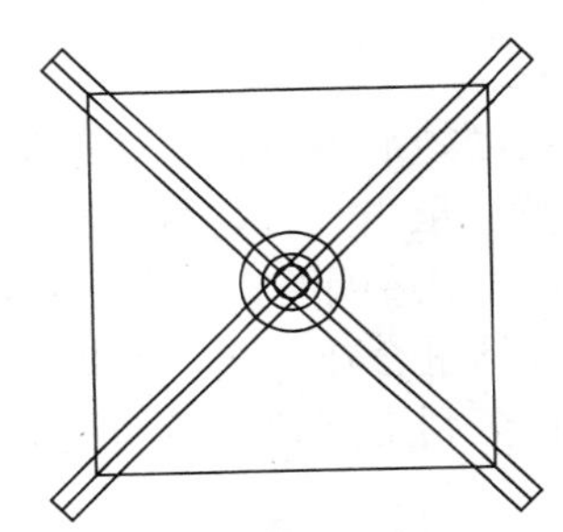

图 10-15　绘制同心圆

05 调用 TR【修剪】命令，修剪图形，修剪结果如图 10-16 所示。

06 调用 L【直线】命令，拾取最外侧圆的象限点，绘制垂直于矩形边的直线，如图 10-17 所示。

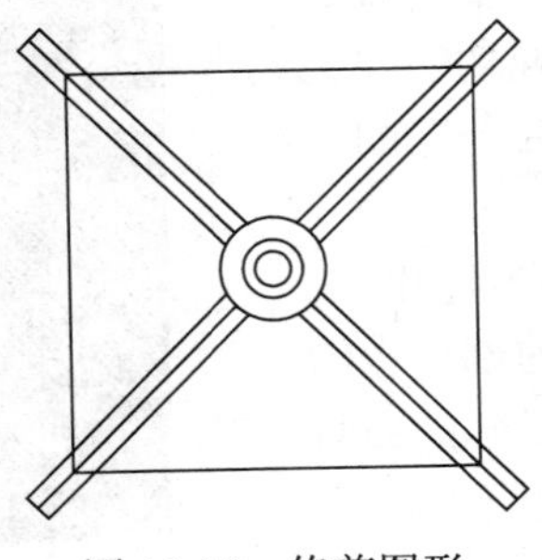

图 10-16　修剪图形

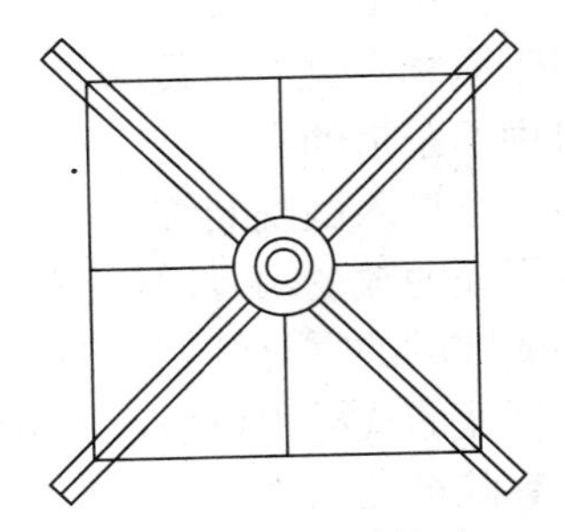

图 10-17　绘制直线

07 调用 O【偏移】命令，设置偏移距离为 48，分别向左右偏移直线，如图 10-18 所示。

08 调用 TR【修剪】命令，修剪图形，修剪结果如图 10-19 所示，并在【特性】工具栏中的【颜色控制】下拉列表修改图形颜色为“颜色 140”。至此，石灯笼图形绘制完成。

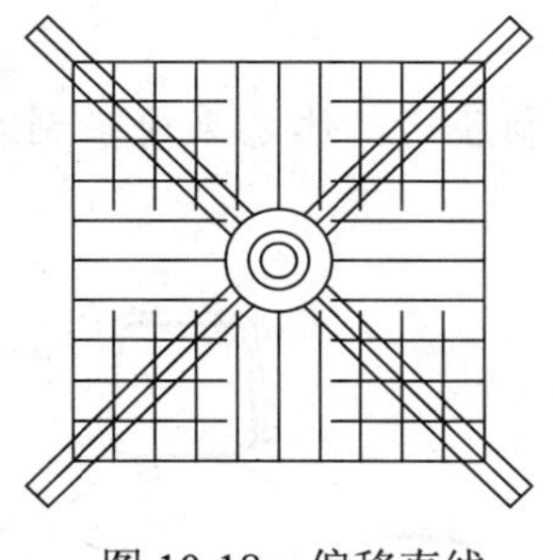

图 10-18　偏移直线

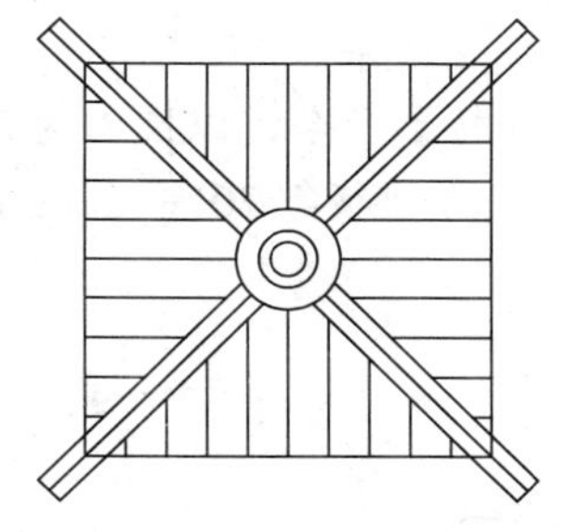

图 10-19　石灯笼绘制结果

10.2.2 绘制桌椅

园林中游人休憩的设备必不可少，桌椅的设计时需要考虑其尺度、形态等，使其尽量与环境统一融合。

【课堂举例 10-2】绘制休息桌椅

01 调用 L【直线】命令，绘制如图 10-20 所示的图形，并且竖直直线中点对齐。

02 调用 F【圆角】命令，圆角椅面轮廓，然后调用 J【合并】命令，合并椅面轮廓，如图 10-21 所示。

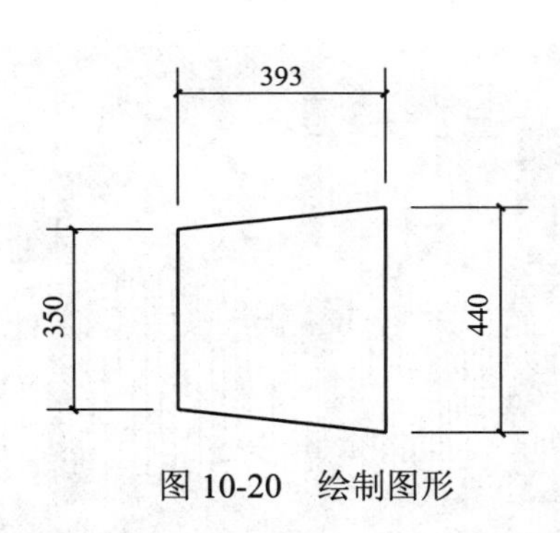

图 10-20　绘制图形

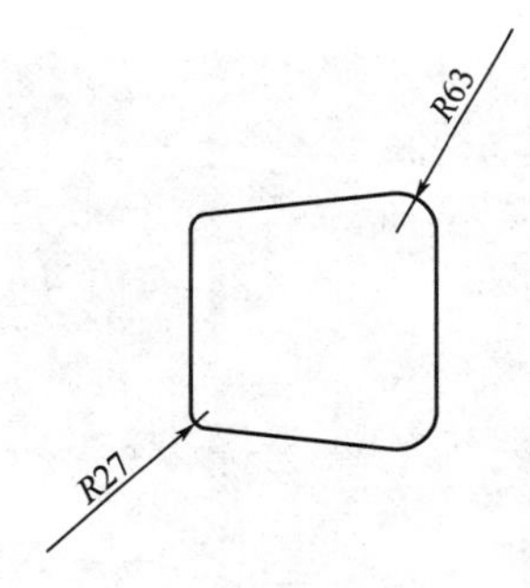

图 10-21　圆角图形

03 调用 O【偏移】命令，向外偏移椅面轮廓，偏移距离依次为 4、9、27，如图 10-22 所示。

04 调用 L【直线】命令，绘制直线，完善座椅靠背；调用 E【删除】命令，删除多余图形，座椅绘制完成，如图 10-23 所示。

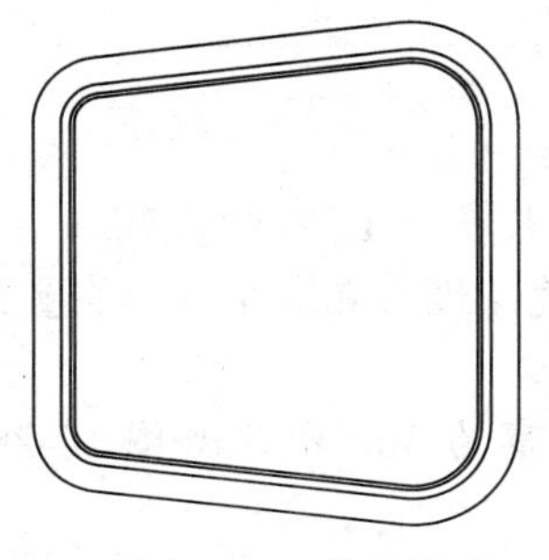

图 10-22　偏移图形

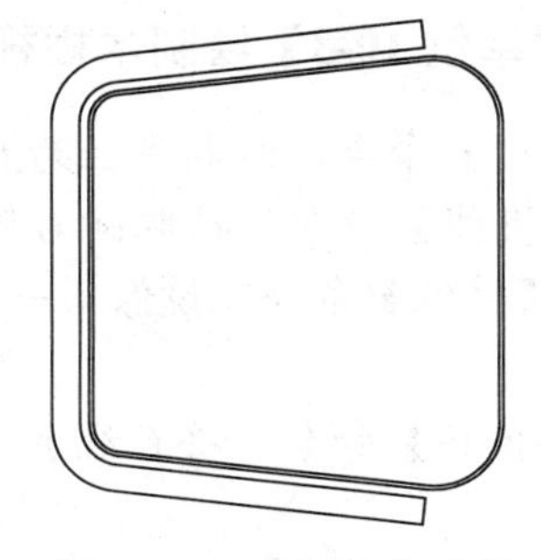

图 10-23　座椅绘制结果

05 调用 C【圆】命令，绘制两个半径分别为 45、450 的同心圆，并将座椅移动至相应的位置，如图 10-24 所示。

06 调用 RO【旋转】命令，以圆心为基点，旋转复制座椅，休息桌椅绘制完成，并将桌椅图形颜色修改为“颜色 20”，如图 10-25 所示。

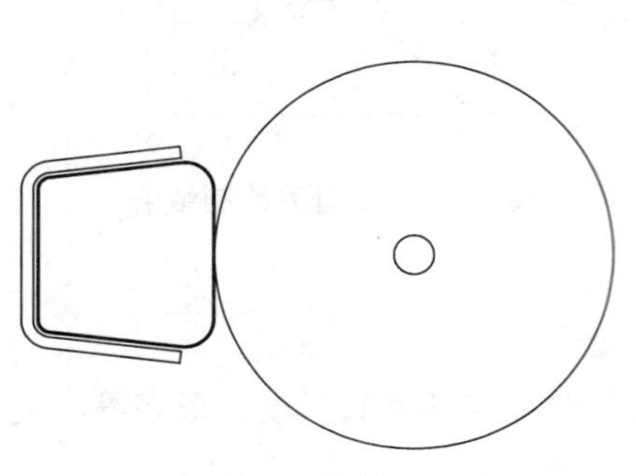
图 10-24　绘制同心圆

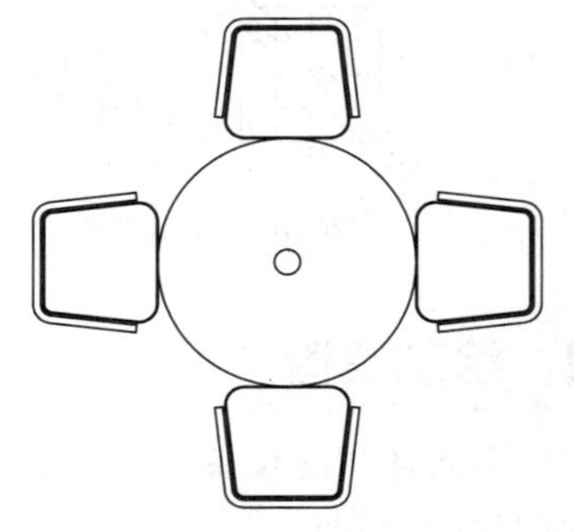
图 10-25　旋转复制桌椅

10.2.3 绘制木栏杆

栏杆风格迥异，既有中式木质栏杆和石质栏杆，如图 10-26 所示，也有精致的欧式石质栏杆或铁艺栏杆围墙，如图 10-27 所示。

图 10-26　木质栏杆

图 10-27　铁艺栏杆围墙

【课堂举例 10-3】绘制木栏杆

01 调用 C【圆】命令，绘制半径为 65 的圆，表示栏杆柱子。

02 调用 L【直线】命令，拾取圆右侧象限点，绘制长度为 1240 的直线。

03 调用 MI【镜像】命令，镜像第一步绘制的圆，镜像线为直线中点所在直线，如图 10-28 所示。

04 调用 O【偏移】命令，将直线上下偏移，偏移距离为 30，效果如图 10-29 所示。

图 10-28　镜像圆柱　　图 10-29　偏移直线

05 调用 E【删除】删除中间直线，然后调用 C【圆】命令，绘制半径为 30 的圆，并移动至相应的位置，如图 10-30 所示。

06 重复 C【圆】命令和 CO【复制】命令，完成木栏杆的绘制，并修改木栏杆颜色为“颜色 30”，效果如图 10-31 所示。

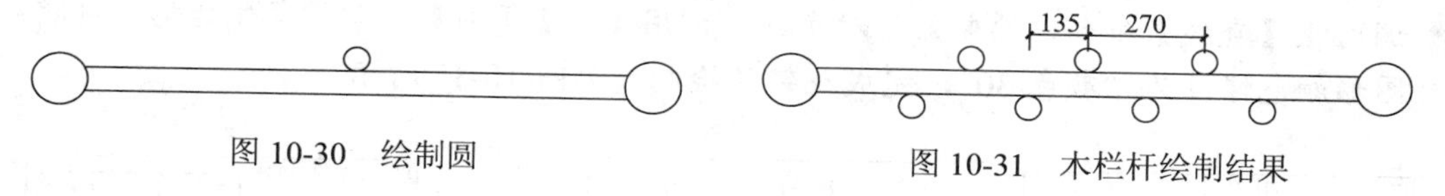

图 10-30 绘制圆

图 10-31 木栏杆绘制结果

10.2.4 绘制花架

花架是用刚性材料构成一定形状的格架供攀援植物攀附的园林设施，又称棚架、绿廊，如图 10-32 所示。花架可作遮阴休息之用，并可点缀园景。花架设计要了解所配置植物的原产地和生长习性，以创造适宜于植物生长的条件和造型的要求。现在的花架，有两方面作用：一方面供人歇足休息、欣赏风景；一方面创造攀援植物生长的条件。因此可以说花架是最接近于自然的园林小品了。

图 10-32 花架

【课堂举例 10-4】绘制木花架

01 调用 REC【矩形】命令，绘制尺寸为 2000×5000 的矩形，表示花架外轮廓。

02 调用 PL【多段线】命令，绘制如图 10-33 所示的图形。

03 调用 REC【矩形】命令，绘制尺寸为 150×150 的矩形，表示花架方形柱，并移动至相应的位置，如图 10-34 所示。

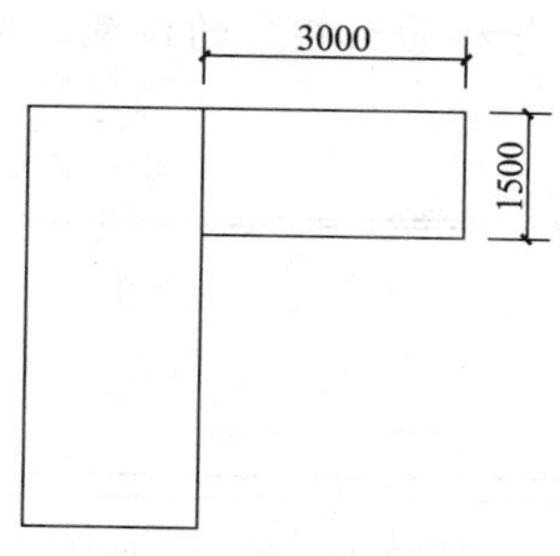

图 10-33 绘制多段线

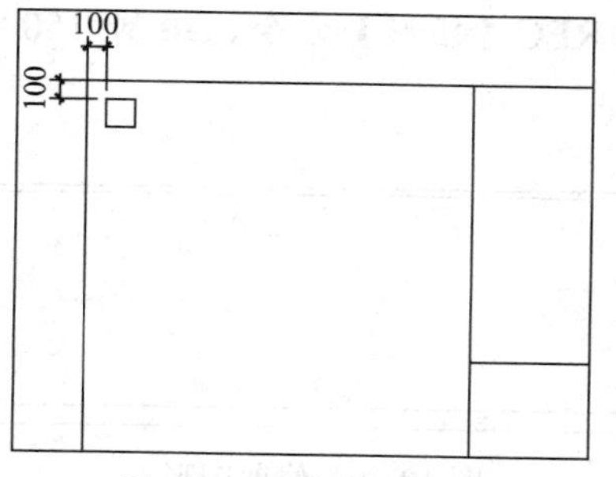

图 10-34 绘制方形柱

04 调用 AR【阵列】命令，对方形柱进行矩形阵列：行数为 3，行距为-2325；列数为 2，列距为 1650，阵列效果如图 10-35 所示。

05 调用 REC【矩形】命令，绘制尺寸为 1026×1020 的矩形，并移动至相应位置，如图 10-36 所示。

06 调用 L【直线】命令，绘制矩形对角线，调用 CO【复制】命令，复制矩形，并将所有图形颜色修改为“颜色 30”，完成花架的绘制，如图 10-37 所示。

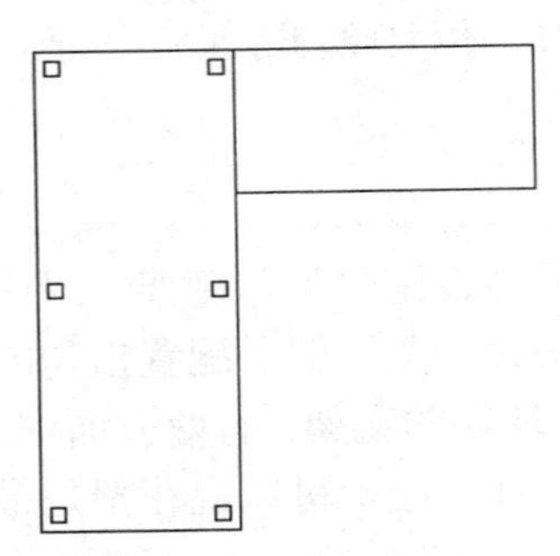

图 10-35 阵列方形柱

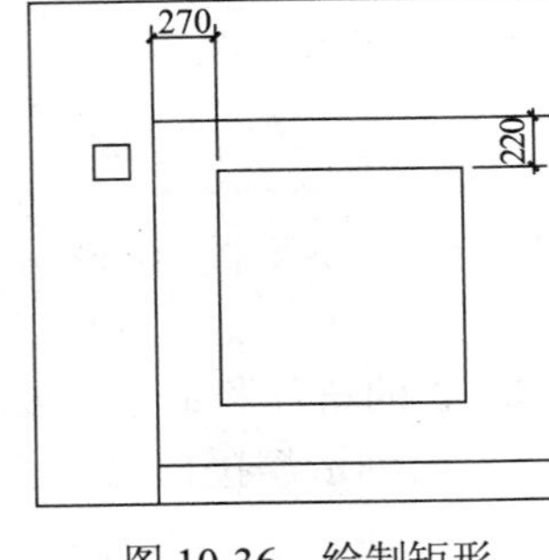

图 10-36 绘制矩形

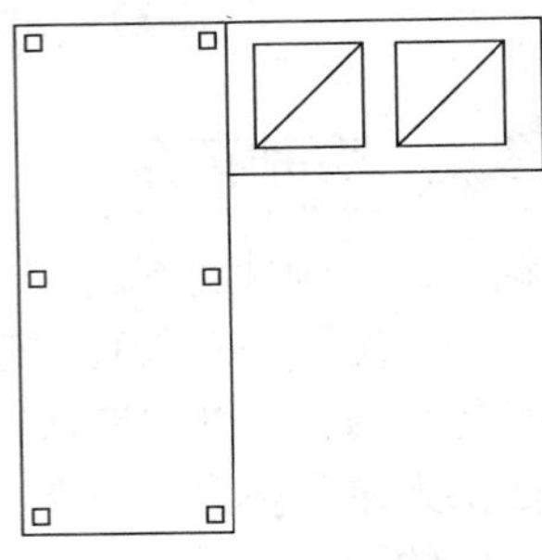

图 10-37 花架效果

10.2.5 绘制木平台

本例中木质平台是建筑的延伸，高度与门厅平齐，属于室外的休息平台。

【课堂举例 10-5】绘制木平台

01 调用 REC【矩形】命令，绘制尺寸为 6380×1860 的矩形。

02 调用 O【偏移】命令，将矩形向内偏移 50、150，如图 10-38 所示。

03 调用 X【分解】命令，将最外侧矩形进行分解，然后调用 O【偏移】命令，将分解矩形的下边向上偏移 900，如图 10-39 所示。

图 10-38 偏移矩形

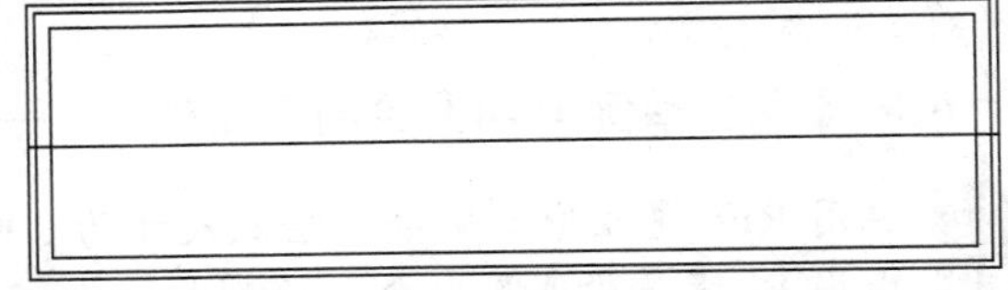

图 10-39 偏移分解矩形边

04 调用 TR【修剪】命令，修剪图形，如图 10-40 所示。

05 调用 REC【矩形】命令，绘制 150×150 的矩形，并移动至相应的位置，如图 10-41 所示。

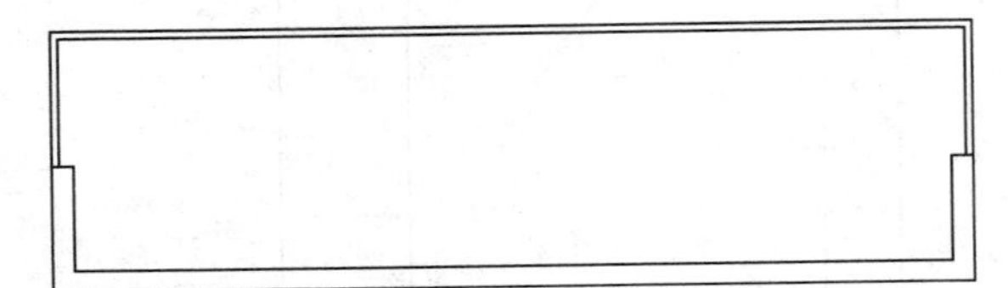

图 10-40 修剪图形

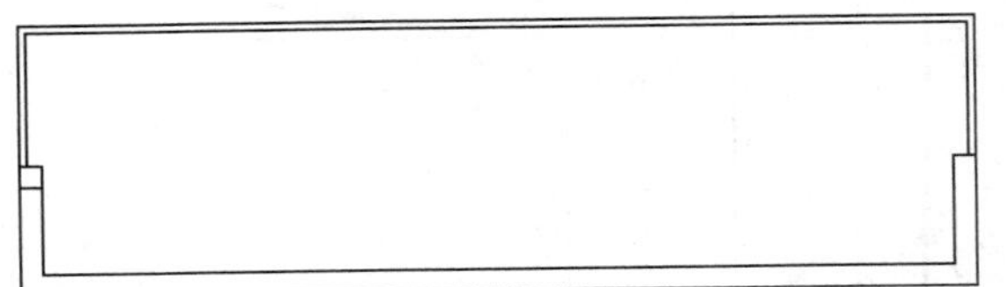

图 10-41 绘制矩形柱

06 调用 CO【复制】命令，复制矩形柱至相应的位置，如图 10-42 所示。

07 修改全部图形颜色为“颜色 30”，完成木质平台的绘制。

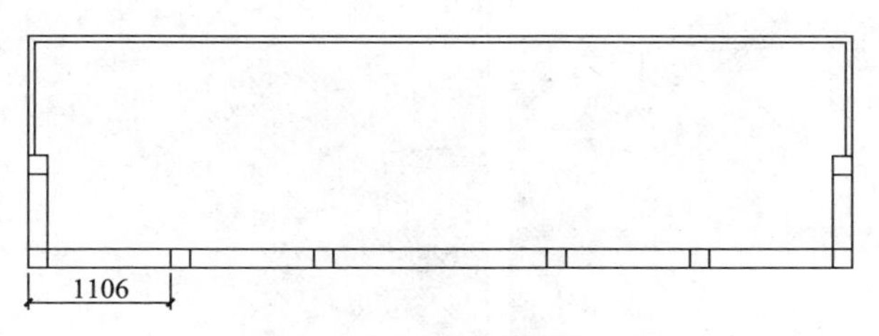

图 10-42　复制矩形柱

10.2.6　绘制木柱墩

在园林设计中，柱墩的使用也非常的普遍，考虑到木质柱墩难以维护保养，现代园林中，主要使用石质材料的墩柱。柱墩的设计还可以多样化，如可在柱墩上面设计花坛，使整体富有情趣，如图 10-43 所示。

【课堂举例 10-6】绘制木柱墩

01 调用 C【圆】命令，绘制半径为 150 的圆，表示木柱墩外轮廓。

02 调用 H【图案填充】命令，选择 ANSI31 图案，设置比例为 20，其他参数保持默认，填充圆，修改全部图形颜色为“颜色 30”，效果如图 10-44 所示。

图 10-43　柱墩花坛

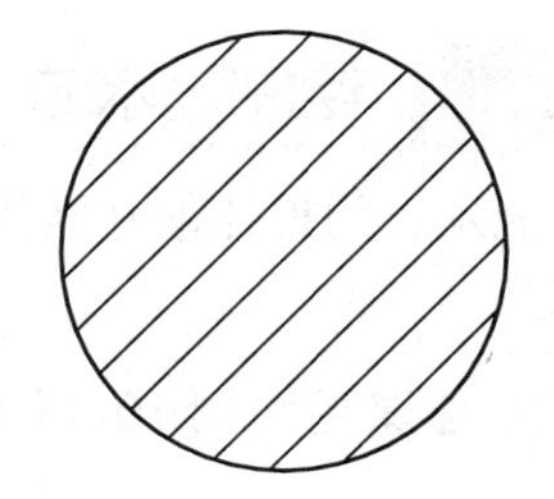

图 10-44　木柱墩

10.2.7　绘制石平桥

石平桥是结构简单、施工容易、数量较多的一类旧式桥梁。为利于船只航行，往往采用在桥端设置石级，分级抬高梁面，或者把桥面筑成弧拱形的办法来加高桥梁跨度。尽管比较简单，但在浙江的石平桥队伍中，仍然不乏设计新颖、造型别致者，绍兴的八字桥（图 10-45）和温岭的李婆桥（图 10-46）就是其中的代表。

图 10-45　绍兴的八字桥

图 10-46　温岭李婆桥

>>>【课堂举例 10-7】绘制石平桥

01 调用 REC【矩形】命令，绘制尺寸为 927×1270 矩形。

02 调用 PL【多段线】命令，沿矩形随意绘制多段线，并调用【夹点编辑】命令，稍作整理，整理效果如图 10-47 所示。

03 删除矩形外框，调用 L【直线】命令，绘制桥面，如图 10-48 所示。

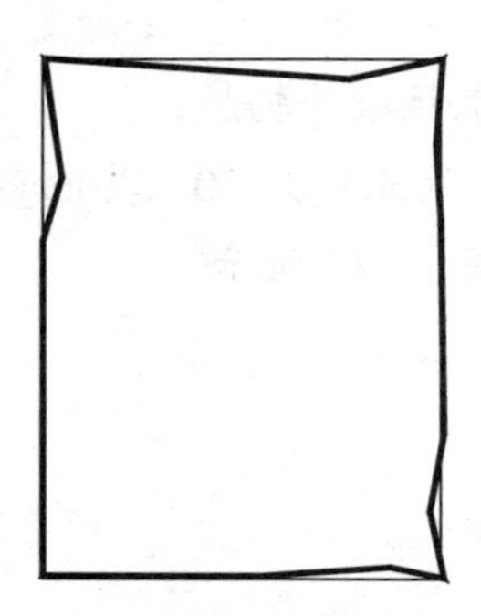
图 10-47　绘制轮廓

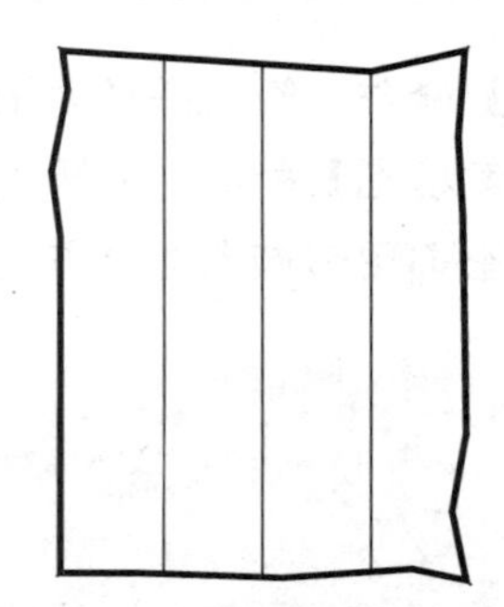
图 10-48　绘制桥面

10.2.8 绘制流水竹

流水竹的设计很好地体现了水乡的民风，地域特色明显，当然趣味性也是十足，生活气息浓烈。

>>>【课堂举例 10-8】绘制流水竹

01 调用 REC【矩形】命令，绘制尺寸为 210×65 的矩形。

02 调用 L【直线】命令，以矩形下边中点为起点，绘制长为 650 的直线，如图 10-49 所示。

03 调用 O【偏移】命令，左右偏移上一步绘制的直线，偏移距离依次为 16、22，如图 10-50 所示。

04 调用 A【圆弧】命令，绘制半径为 22 的圆弧，以 *A*、*B* 两点分别为起点和端点，绘制结果如图 10-51 所示。

05 调用 L【直线】命令，绘制直线连接矩形起点和端点；调用 O【偏移】命令，向上偏移直线，偏移距离为 5、150、5、150、5、150、5、175，删除中间直线，如图 10-52 所示。

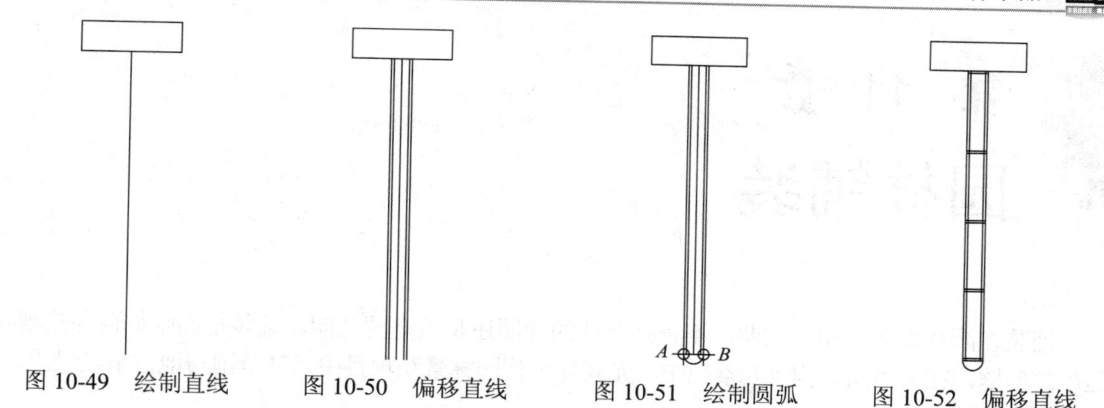

图 10-49　绘制直线　　图 10-50　偏移直线　　图 10-51　绘制圆弧　　图 10-52　偏移直线

以上建筑小品绘制完成，可调用类似的方法，完成亲水平台（图 10-53）和景墙（图 10-54）的绘制。

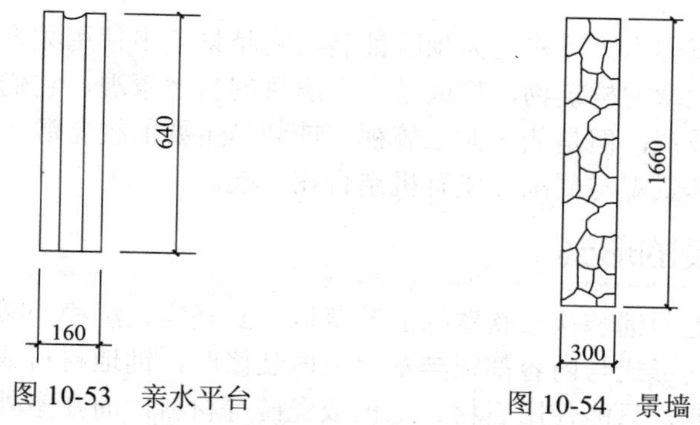

图 10-53　亲水平台　　图 10-54　景墙

建筑小品绘制完成后，即可将其移动或复制至总平面图中，然后调用 L【直线】命令、SC【缩放】命令和 TR【修剪】命令进行整理，效果如图 10-55 所示。

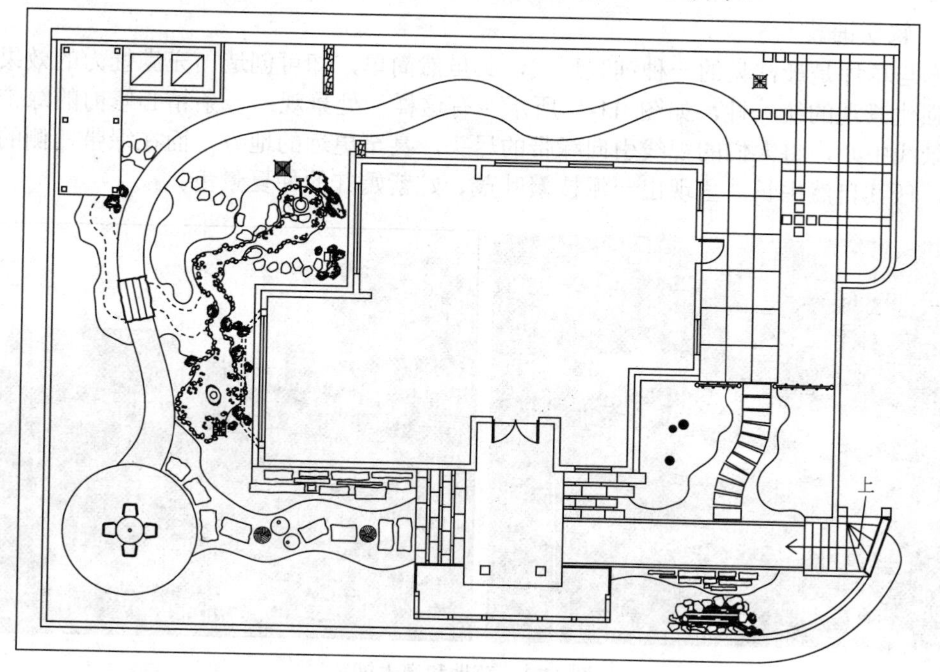

图 10-55　插入建筑小品效果

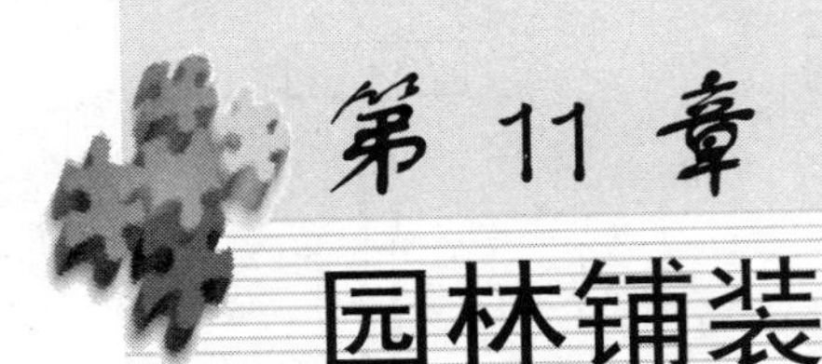

第 11 章 园林铺装

铺装在园林设计中相当重要，不管是新建的花园还是改建的花园，铺装都面临如何与景观相匹配的问题，在诸多园林构景元素当中，尤其在现代园林景观项目中，其范围与地位举足轻重。

11.1 园林铺装设计基础

园林铺装如果按园林术语可称之为景园铺装，它是景园中使用频率最高的地方，虽然一栋精美的建筑，一个大型的构筑物，抑或是一个醒目的自然景观，它们的影响力更多地取决于它们的空间尺度和外观，但是从平面上俯视，铺装是主要的视觉源。一个好的铺装可以加强其装饰效果，将园林景观与周围环境有机结合在一起。

11.1.1 园林铺装的形式

在园林设计中，地面铺装从柔软翠绿的芳草地，到坚实、沉稳的砖、石、混凝土，采用的材料到表现的对象其形式与内容都很丰富。室内装修时，铺地材料或多或少会受到地毯或其他地面装饰物的限制，只能使用石材、地板或瓷砖等材料，而在室外设计中，选择面可就大多了，仅仅使用草坪就可以创造出多种不同的效果，平整光洁的、杂草丛生的、开满野花的，还可以在草坪上配植一些草本植物等。

11.1.1.1 软质铺装

灌木与草坪是最常见的一种铺装形式，其虽然简单，却可创造出充满魅力的效果，通过它可以强化景观的统一性，如图 11-1 所示。有这样一处景观：一条精心修剪的绿带位于长长的透景线中心，将人们的视线引向绿带的尽头，甚至更远的地方，而在绿带两侧的草坪没有修剪，任其自然生长，呈现出一派枝繁叶茂、姹紫嫣红的仲夏景色。

图 11-1 草地和灌木铺装

11.1.1.2　硬质铺装

铺装的园路不但能够将景园中不同的景区联系起来，同时作为一个重要的造园要素，也可成为观赏焦点。用适当的铺装材料可以将无特色的小空间变成一个特色景观。一般常用的铺装材料有：石材、砖、砾石、混凝土、木材、可回收材料等，不同的材料有不同的质感和风格。

❑ 石材

石材铺设的园路，既满足了使用功能，又符合人们的审美需求，如图 11-2 所示。我们也应注意，园路的使用率越高，磨损也就越严重，所以选用耐磨的铺装材料是很有必要的。石材，可以说是所有铺装材料中最自然的一种，无论是具有自然纹理的石灰岩，还是层次分明的砂岩、质地鲜亮的花岗岩，即便是未经抛光打磨，由它们铺成的地面都容易被人们接受。虽然有时石材的造价较高，但由于它的耐久性和观赏性均较高，所以在资金允许的条件下，自然的石材应是人们的首选材料。

新开采的或经打磨的石材应用广泛，而久置的顽石更是别有韵味，即使是天然石材的碎片也可持续利用，同样可以铺出优美的图案，建材市场上很少有哪种铺装材料会像天然石材那样魅力无穷，尤其是合理的布局和熟练的技术会使这种优势更加明显。

天然的石材相当昂贵，如果你想使用石材铺设一个平台，它的造价将是混凝土铺面的数倍，应当注意的是一些地方无节制地开采石材损坏了生态环境、浪费了大量的当地资源。因此，我们提倡在合理的前提下尽可能采用砾石、混凝土或黏土砖这些可再生材料资源，避免对自然景观的破坏。

❑ 砖

砖铺地面施工简便，形式风格多样，就拿建筑用砖来说，不但色彩丰富，而且形状规格可控。许多特殊类型的砖体可以满足特殊的铺贴需要，创造出特殊的效果，比如供严寒地区使用的铺砖，它们的抗冻、防腐能力较强。此外砖质铺贴施工工艺比较简单。

作为一种户外铺装材料，砖具有许多优点，通过正确的配料、精心的烧制，砖会接近混凝土般的坚固、耐久，它们的颜色比天然石材还多，拼接形式也多种多样，可以变换出许多图案，效果也自然与众不同，如图 11-3 所示。

图 11-2　石材铺装

图 11-3　透水砖铺装

砖还适于小面积的铺装，如小景园、小路或狭长的露台。像那些小尺度空间——小拐角、不规则边界，或石块、石板无法发挥作用的地方，砖就可以增加景观的趣味性。

砖还可以作为其他铺装材料的镶边和收尾，比如大块石板之间，砖可以形成视觉上的过渡，不仅如此，还可以改变它的尺寸，以便适用于特殊地块。用砖为露台砌边是一种比较成功的做法，由于这种铺法减轻了外层铺装的压力，所以结构比较稳固，如果采用砾石铺装，不管它是在一边，还是铺设步道，使用砖块儿镶边都是一个不错的方法。

❑ 砾石

砾石是构成自然河床、浅滩、山冈的一种材料，如图 11-4 所示旱溪，它的价格低廉，使用广泛，砾石景观在自然界中到处可见，而且在规则式园林中，砾石也能够创造出极其自然的效果，它们一般用于连接各个景观、构景物或者是连接规则的整形、修剪植物之间，无论采用何种方式，砾石都是最易得的铺装材料。砾石是自然的铺装材料，目前现代园林景观应用广泛，实际上它的运用已经有几个世纪的历史了。

在自然式的园林中，植物披散，蔓延到小路或其他铺装上，砾石成了联系各个景观的最佳媒介，由它铺成的小路不仅干爽、稳固、坚实，而且还为植物提供了最理想的掩映效果，当然，它与其他的铺装材料，像铺路用的碎石、栽植用的泥土等，在铺设方法上有所不同，但总体上仍然保持一种自然的景观特征。

除了这一点之外，砾石还具有极强的透水性，即使被水淋湿也不会太滑，所以就交通而言，砾石无疑是一种较好的选择。

现在很多地方应用染色砾石，像亮黄色、深紫色、鲜橙色、艳粉色，甚至染上彩色的条纹，看起来不像石头，倒更像是一块诱人的咖啡糖，这些鲜亮的纯色令人振奋，具有强烈的视觉冲击性，对于那些富有创新精神、勇于打破常规束缚的设计师而言，它们是灵感的源泉，是创作的基础。

❑ 混凝土

混凝土也许缺少自然风化石材的情调，也不如时下流行的栈木铺装那么时髦，但它却有着造价低廉、铺设简单等优点，可塑性强，耐久性也很高，如果浇铸工艺技术合理，混凝土与其他任何一种铺装材料相比，也并不逊色多少，如图 11-5 所示主干道。同时，多变的外观又为它的实用性开拓增添了砝码，通过一些简单的工艺，像染色技术、喷漆技术、蚀刻技术等，可以描绘出美丽的图案，让它改头换面以适应设计要求。

图 11-4　砾石旱溪

图 11-5　混凝土主干道

从表面上看，混凝土并非你的首选，但了解了它那广泛的实用性、超强的耐久性和简易的铺设性之后，稍作处理便呈现出自然外观的混凝土铺装时，你可能会被它的魅力所吸引，改变一开始的决定。

❑ 木材

木材处理简单，维护、替换方便，更重要的是它是天然产品，而非人工制造，作为室外铺装材料，木材的使用范围不如石材或其他铺装材料那么广，但是在建筑领域，木材的使用却是最多，它与石材、混凝土不同，木材容易腐烂、枯朽，但是木材可以随意涂色、油漆，或者干脆保持其原来面目。园林铺装中，木铺装更显得典雅、自然，木材是在栈桥、亲水平台、树池等应用中的首选，如图 11-6 所示。

图 11-6　木质铺装

木材被广泛地应用于景园铺装之中，比如由截成几段的树干构成的踏步石、由栈木铺设的地面，它能够强化由其他材料构成的景园铺装，或者与其混合，或者进行外围的围合，像木隔架、篱笆、木桩、木柱等，如图 11-7 所示。在自然式园林中，常常使用的是木质铺装的天然色彩，这样不仅与设计风格完美结合，观赏价值也很高，并且可与格架、围栏粗犷的轮廓形成对比，有时，大多数规则式的园林，利用人工涂料将其油漆、染色，借以强化木质铺装或园林小品的地位，突出了规则式景园的严谨。

图 11-7　木篱笆

木质铺装最大的优点就是给人以柔和、亲切的感觉，所以常用木块儿或栈板代替砖、石铺装。尤其是在休息区内，放置桌椅的地方，与坚硬冰冷的石质材料相比，它的优势更加明显。

11.1.2　园林铺装的功能

园林铺装有许多功能，除实用以外，还可以满足人们深层次的需求。

（1）空间的分隔和变化作用　园林铺装通过材料或样式的变化体现空间界线，在人的心理上产生不同暗示，达到空间分隔及功能变化的效果。比如两个不同功能的活动空间，往往采用不同的铺装材料，即使使用同一种材料，也采用不同的铺装样式，这种例子随处可见。

（2）视觉的引导和强化作用　园林铺装利用其视觉效果，引导游人视线。在园林中，常采用直线形的线条铺装引导游人前进；在需要游人停留的场所，则采用无方向性或稳定性的铺装；当需要游人关注某一景点时，则采用聚向景点方向走向的铺装。

另外，通过铺装线条的变化，可以强化空间感，比如用平行于视平线的线条强调铺装面的深度，用垂直于视平线的铺装线条强调宽度，合理利用这一功能可以在视觉上调整空间大小，起到使小空间变大、窄路变宽等效果。

（3）意境与主题的体现作用　良好的铺装景观对空间往往能起到烘托、补充或诠释主题的增彩作用，利用铺装图案强化意境，这也是中国园林艺术的手法之一。这类铺装使用文字、图形、特殊符号等来传达空间主题，加深意境，在一些纪念型、知识型和导向性空间比较常见。

11.1.3 园林铺装设计的要素

铺装作为空间界面的一个方面而存在着，像室内设计时必然要把地板设计作为整个设计方案中的一部分统一考虑一样，如居住区道路广场铺装，由于它自始至终地伴随着居民，影响着居住区环境空间的景观效果，成为整个空间画面不可缺少的一部分，因此铺装也是园景重要的一部分。

（1）质感调和　道路铺地质感与环境和距离有着密切的关系。铺装的好坏，不只是看材料的好坏，而是决定于它是否与环境相谐调。在材料的选择上，要特别注意与建筑物的调和。

质感调和的方法，要考虑同一调和、相似调和及对比调和。如地面上用地被植物、石子、砂子、混凝土铺装时，使用同一材料的比使用多种材料容易达到整洁和统一，在质感上也容易调和。而混凝土与碎大理石、鹅卵石等组成大块整齐的地纹，由于质感纹样的相似统一，易形成调和的美感。

选用质感对比的方法铺装，也是提高质感美的有效方法。例如，在草坪中点缀步石，石的坚硬、强壮的质感和草坪柔软、光泽的质感相对比。因此在铺装时，强调同质性和补救单调性小面积的铺装，必须在同质性上统一。如同质性强，过于单调，在重点处可用有中间性效果的素材。

（2）质感与空间　外部空间中的尺度模数，要比室内空间扩大 10 倍才合适。因此，质感会因粗糙、刚健而有良好的配合。大空间要粗犷些，因为粗糙的往往使人感到稳重、沉着、开朗。另外，粗糙的可以吸收光线。因此，大面积铺装应粗糙些好。细滑给人以轻巧、精致的感觉，重点处可以精细些。小空间尺度小、细致，给人以精美、柔和的感觉。

（3）质感与色彩　质感变化要与色彩变化均衡相称。如果色彩变化多，则质感变化要少一些。如果色彩、纹样均十分丰富，则材料的质感要比较简单。一些常用的铺装质感与色彩的搭配注意如下。

- 步行道与周边路缘的不同质感，对比鲜明。
- 红砖铺就的庭园小径，中间嵌入带花纹的水泥预制板。
- 利用不同的洗石子材料形成不同的色彩与质感。
- 苔藓与天然石材搭配，突出刚与柔的对比。
- 天然花岗石，质感朴实厚重，充满返朴归真的情趣。
- 无缝环氧压沥青路面适合面积较大的空间。
- 洗石子搭配小瓷片。

- 洗石子路面搭配卵石图纹，质感相似统一。
- 洗石子路缘，片石路面 。
- 洗石子与瓷砖搭配，统一又有对比。

11.2 绘制园林铺装

11.2.1 绘制小广场铺装

【课堂举例 11-1】绘制小广场铺装

01 将"填充"图层置为当前，调用 C【圆】命令，拾取圆桌的中心，依次绘制半径为 1850、1800、1600、1200、1100 的圆，如图 11-8 所示。

02 调用 L【直线】命令，过圆桌圆心绘制两条直线，并调用 TR【修剪】命令，修剪半径为 1850 的圆，效果如图 11-9 所示。

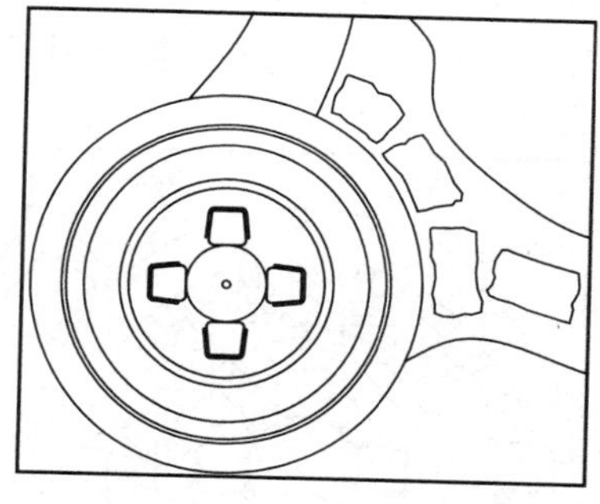

图 11-8　绘制同心圆

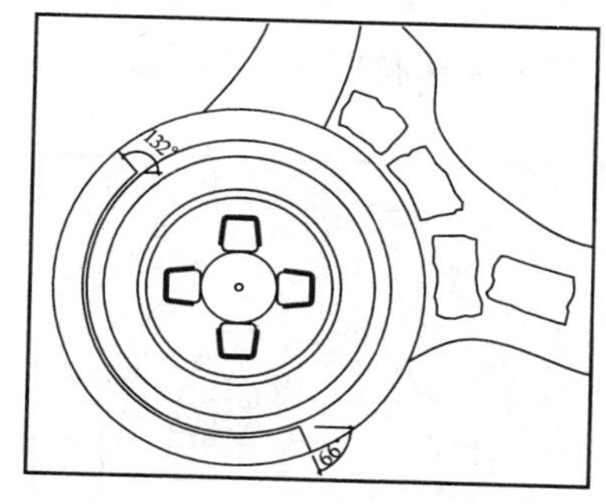

图 11-9　修剪圆

03 调用 H【图案填充】命令，选择 ANSI37 图案，设置填充比例为 150，其他参数保持默认，填充图案，如图 11-10 所示。

04 调用 L【直线】命令，绘制两条直线，如图 11-11 所示。

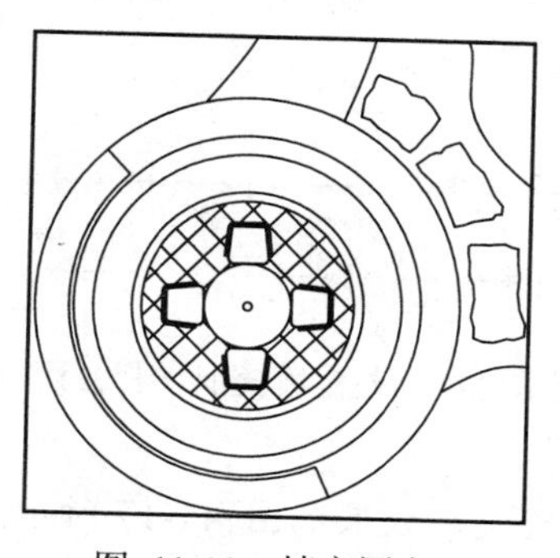

图 11-10　填充图案

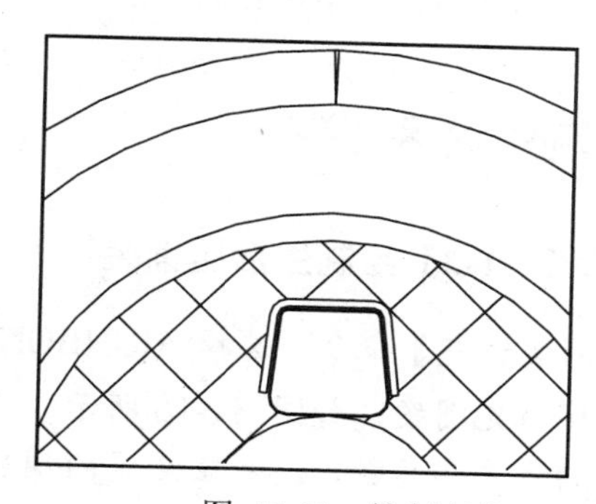

图 11-11　绘制直线

05 调用 AR【阵列】命令，将上一步所绘制的直线进行极轴阵列，阵列数为 80，阵列中心为圆桌中心，阵列效果如图 11-12 所示。

06 以相同的方法，绘制其他部分的铺装，其中阵列数为 40，效果如图 11-13 所示。

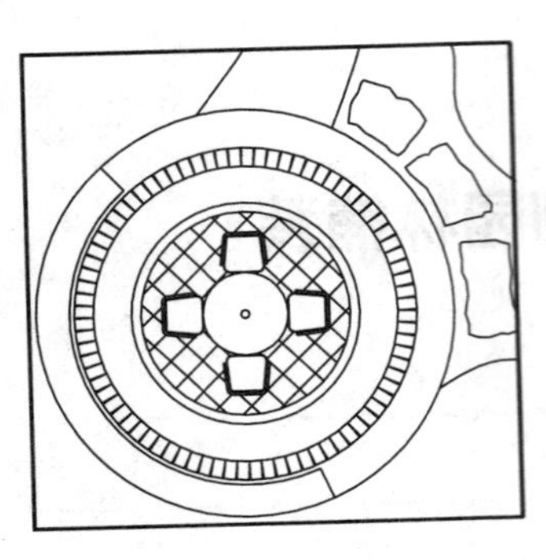

图 11-12　绘制铺装 1

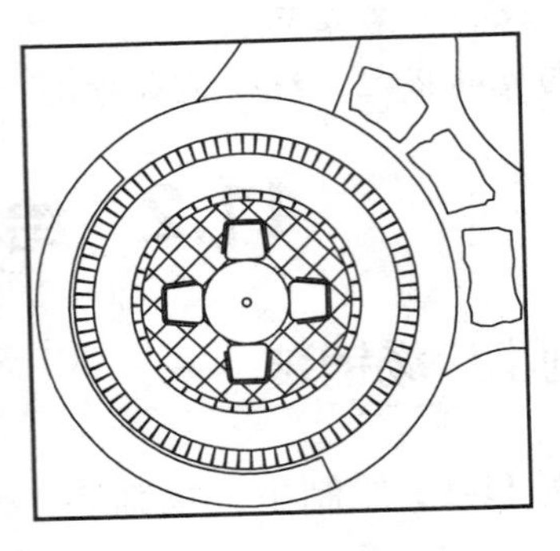

图 11-13　绘制铺装 2

07 调用 H【图案填充】命令，选择 HEX 图案，设置填充比例为 50，其他参数保持默认，填充效果如图 11-14 所示。

08 继续调用 H【图案填充】命令，选择 GRAVEL，设置填充比例为 80，修改填充颜色为"颜色 8"，其他参数保持默认，填充效果如图 11-15 所示，小广场铺装绘制完成。

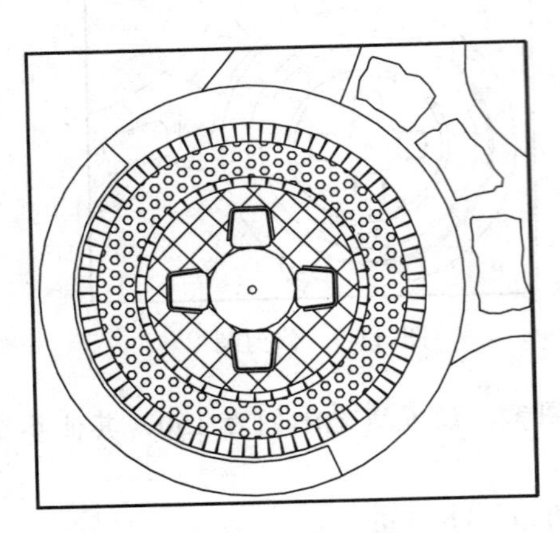

图 11-14　绘制铺装 3

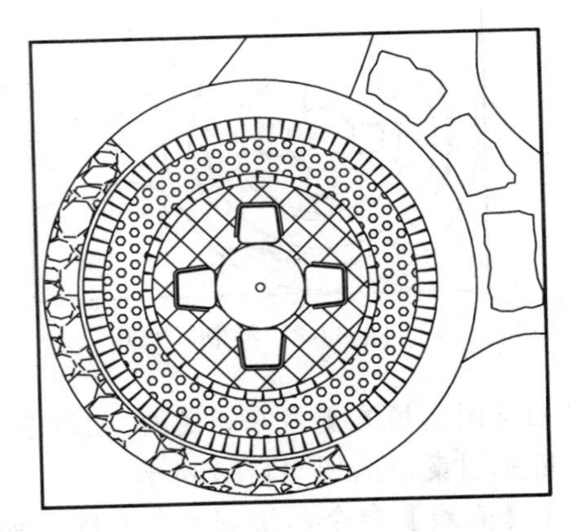

图 11-15　绘制铺装 4

11.2.2 绘制生活区铺装

>>>【课堂举例 11-2】绘制生活区铺装

01 调用 H【图案填充】命令，选择 AR-HBONE 图案，设置填充比例为 1，角度为 45°，拾取填充区域填充图案，如图 11-16 所示。

02 使用相同的方法和参数，完成生活区的铺装绘制，效果如图 11-17 所示。

11.2.3 绘制木花架和木平台铺装

花架和木质平台铺装的绘制方法与前面所介绍的大同小异，这里就不一一介绍了，其完成效果如图 11-18 所示。

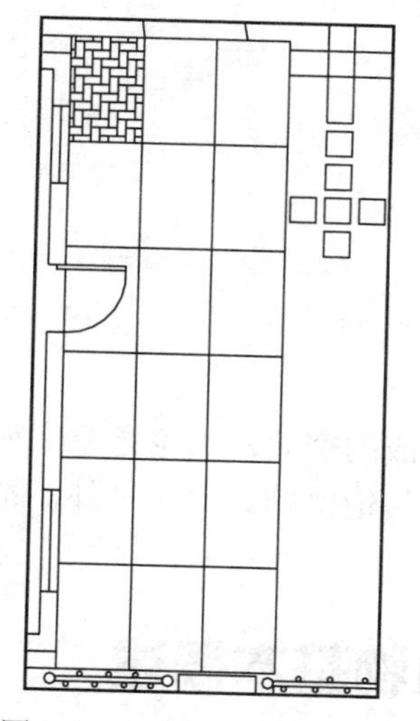

图 11-16　绘制生活区铺装

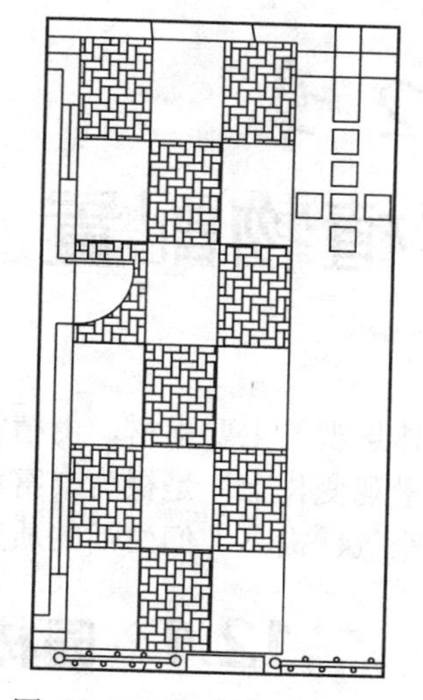

图 11-17　完成生活区铺装

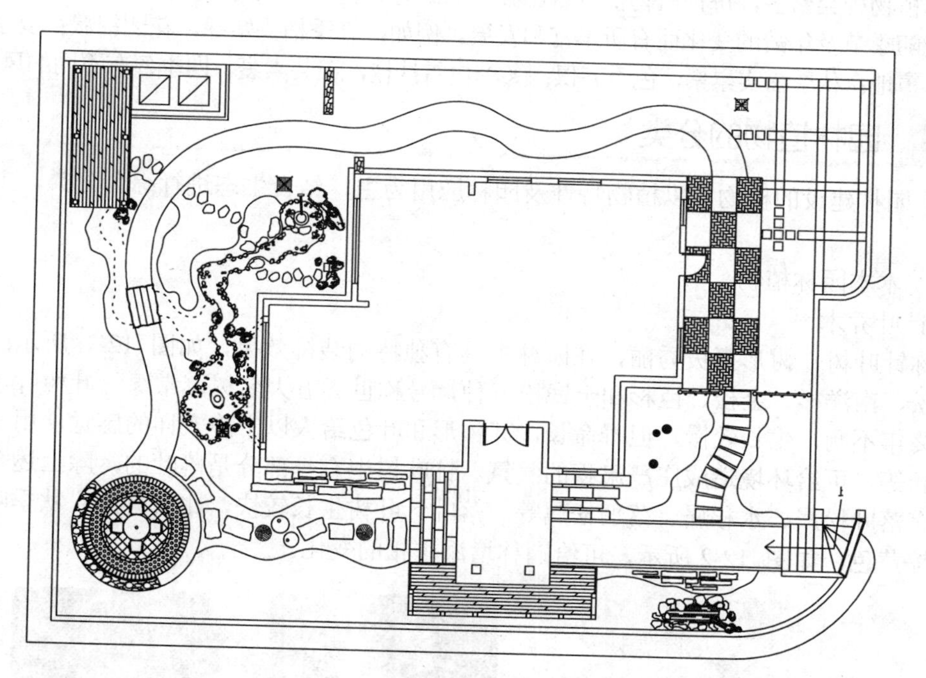

图 11-18　完成铺装的绘制效果

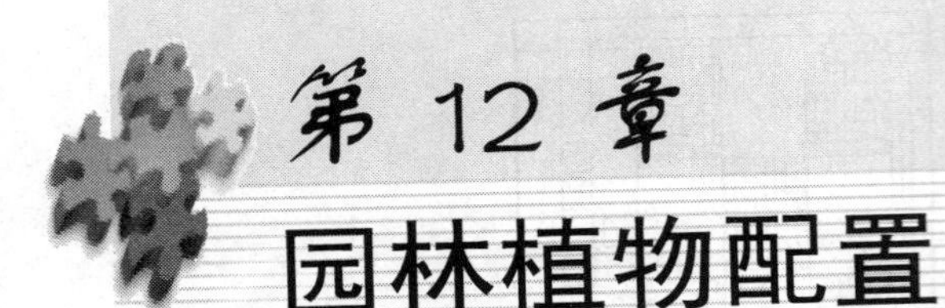

第12章 园林植物配置

植物是构成园林景观的主要素材。由植物构成的空间，无论是空间变化、时间变化还是色彩变化，反映在景观变化上，是极为丰富和无与伦比的。除此之外，植物可以有效改善城市环境、调剂城市空气，提高人们生活的质量。

12.1 园林植物基本概述

园林植物种类繁多，每种植物都有自己独特的形态、色彩、风韵、芳香等美的特色。而这些特色又能随季节及年龄的变化而有所丰富和发展。例如，春季梢头嫩绿，花团锦簇；夏季绿叶成荫，浓彩覆地；秋季嘉实累累，色香齐俱；冬季白雪挂枝，银装素裹，四季各有不同的风姿妙趣。

12.1.1 园林植物的分类

用于园林建设的植物，以植物特性及园林应用为主，结合生态进行综合分类，主要有以下类别。

12.1.1.1 木本园林植物

❑ 针叶乔木

又称针叶树，树形挺拔秀丽，在园林中具有独特的装饰效果，如图 12-1 所示的雪松。其中雪松、南洋杉、金松、巨杉和金钱松五种，号称世界五大名树。常绿针叶树叶色浓绿或灰绿，终年不凋，生长较慢，但寿命长，其体形和叶色给人以宁静安详的感觉，用来点缀陵墓、寺庙等，可给环境造成庄严肃穆的气氛。针叶树中有一部分是落叶的，除上述金钱松属外，还有落叶松属、水杉属、落羽松属等。落叶针叶树生长较快，比较喜湿，秋季叶色变为金黄或棕黄色，如图 12-2 所示，可给园林增添季相的变化。

图 12-1 雪松

图 12-2 落羽杉

❑ 针叶灌木

松、柏、杉三种中一些属有天然的矮生习性，如桧柏属、松属、侧柏属、紫杉属的部分

植物。有的甚至植株匍匐生长，在园林中常用作绿篱、护坡，或装饰在林缘、屋角、路边等处，如图 12-3 所示铺地柏也可通过修剪栽培成盆景。桧柏属的矮生栽培品种已培育出 200 多个，大部分的亲本是原产于中国的桧柏。另外一部分矮生的松柏类是人为接种后，使部分松柏植物感染丛枝病，枝顶出现密生的枝叶，再用无性繁殖的方法取下，从此可以长期保持灌木性。这一类有特殊的观赏性的针叶灌木，在某些国家已经用作园林植物。

❑ 阔叶乔木

在园林中占有较大的比例。中国南方园林常种植常绿阔叶树，如广玉兰、榕树等，作为庇阴树或观花树木，如图 12-4 所示榕树。北方园林大量种植落叶阔叶树，如杨属、柳属、榆属、槐属等树木。一部分小乔木如李属、苹果属、蜡梅属的许多树种，均有美丽的花朵或果实，也是园林中观赏树木。

图 12-3　铺地柏盆景

图 12-4　榕树

❑ 阔叶灌木

植株较低矮，接近视平线，叶、花、果可供欣赏，使人感到亲切愉快，是增添园林美的主要树种。如北方常见的榆叶梅、连翘，南方常见的如图 12-5 所示夹竹桃、马缨丹等。无论常绿或落叶灌木在园林中孤植、丛植、列植或片植，都很适宜，同各种乔木混植，效果更佳。

❑ 阔叶藤本植物

攀附在墙壁、棚架或大树上的藤本植物常用于园林攀椽绿化，如图 12-6 所示。这类植物在热带雨林中种类很多。园林中常见的常绿藤本植物有龟背竹、络石、叶子花等。落叶藤本植物有紫藤、爬山虎、凌霄花等。藤本植物中有些有攀附器官，可以自行攀缘，如爬山虎等；有些必须人工辅助支撑，才能向上生长，如紫藤等。

图 12-5　夹竹桃

图 12-6　藤本植物

12.1.1.2 草本园林植物

❑ 草花

① 一二年生花卉　大部分用种子繁殖，春播后当年开花然后死亡的称为一年生草花，如矮牵牛等。秋播后次年开花然后死亡的称为二年生花卉，如金盏菊等。这两类草花的整个生长发育期一般不超过 12 个月，合称一二年生花卉。这类草花花朵鲜艳，装饰效果强，但生命短促，栽培管理费工，在园林中只用在重点地区，装饰各式花坛，如图 12-7 所示。

② 多年生花卉　又称宿根花卉，可以连续生长多年。冬季地上部枯萎，次年春季继续抽芽生长。在温暖地带，有些品种终年不凋，或凋落后又很快发芽，如芍药、耧斗菜等。这一类草花花期较长，栽培管理省工，常用来布置花径，如图 12-8 所示。

图 12-7　花坛

图 12-8　郁金香花径

③ 球根类花卉　地下部均有肥大的变态茎或变态根，形成各种块状、球状、鳞片状。栽种后，利用地下部贮存的养分开花结果，地下部又继续贮存养分供次年生长，属于多年生宿根植物。球根类花卉种类繁多，花朵美丽，栽培比较省工，常混植在其他多年生花卉中，或散植在草地上。常见的如水仙、百合、唐菖蒲、大丽菊等。

❑ 草皮植物

又称草坪植物。单子叶植物中禾本科、莎草科的许多植物，植株矮小，生长紧密，耐修剪，耐践踏，叶片绿色的季节较长，常用来覆盖地面。常见的有早熟禾属、结缕草属、剪股颖属、狗牙根属、野牛草属、羊茅属、苔草属的植物。经过人工选育，已经培育出几百个草皮植物品种，能适应园林中各种生长条件，如耐阴、耐旱、耐湿、耐石灰土、耐践踏等。因此，各种不良的环境都可以选到适当的草种。铺设草皮植物，可使园林不暴露土面，减少冲刷、尘埃和辐射热，增加空气湿度，降低温度和风速等。

双子叶草本植物有些种类如百里香属、景天属、美女樱属、堇菜属的植物，也可以用来覆盖地面，起到水土保持和装饰作用。但这些植物不耐践踏，不耐修剪，所以又称地被植物。

12.1.2 园林植物的功能

园林设计中，常通过各种不同的植物之间的组合配置，创造出千变万化的不同景观。从园林规划设计的角度出发，根据外部形态，通常将园林植物分为乔木、灌木、藤本、竹类、花卉、草皮六类。当然，由于受气候等自然条件的影响，乔木、灌木、花卉、草皮在北京地区景观设计中运用较多，藤本和竹类常作为点缀出现。因此园林植物在园林景观中的作用可谓举足轻重。

12.1.2.1　构成景物 创建观赏景点

园林植物作为营造园林景观的主要材料，本身具有独特的姿态、色彩、风韵之美。不同的园林植物形态各异，变化万千，既可孤植以展示个体之美，又能按照一定的构图方式配置，表现植物的群体美，还可根据各自生态习性，合理安排，巧妙搭配，营造出乔、灌、草结合的群落景观。

就拿乔木来说，银杏、毛白杨树干通直，气势轩昂，油松曲虬苍劲，铅笔柏则亭亭玉立，这些树木孤立栽培或群植，如图 12-9 所示群植银杏。而秋季变色叶树种如枫香、银杏、重阳木等大片种植可形成“霜叶红于二月花”的景观。许多观果树种如海棠、山楂、石榴等的累累硕果呈现一派丰收的景象。

色彩缤纷草本花卉更是创造观赏景观的好材料，由于花卉种类繁多，色彩丰富，株体矮小，园林应用十分普遍，形式也是多种多样。既可露地栽植，又能盆栽摆放组成花坛、花带，如图 12-10 所示。或采用各种形式的种植体，点缀城市环境，创造赏心悦目的自然景观，烘托喜庆气氛，装点人们的生活。

图 12-9　群植银杏

图 12-10　花带

12.1.2.2　丰富精神享受

园林设计中，常通过各类植物的合理搭配，创造出景致各异的景观，愉悦人们的身心。由于地理位置、生活文化以及历史习俗等原因，对不同植物常形成带有一定思想感情的看法，甚至将植物人格化。例如我国常以四季常青的松柏代表坚贞不屈的革命精神，并且象征长寿、永年；欧洲许多国家认为月桂树代表光荣，橄榄枝象征和平。一些文学家、画家、诗人更常用园林树木这种特性来借喻，因此，园林树木又常成为美好理想的象征。最为人们所知的如松竹梅被称为“岁寒三友”，象征坚贞、气节和理想，代表着高尚的品质。一些地区，传统上有过年要有“玉、堂、春、富、贵”的观念，既要在家中摆放玉兰、海棠、迎春、牡丹、桂花，借以寄托对于来年美好生活的期盼。“几处早莺争暖树，谁家新燕啄春泥。乱花渐欲迷人眼，浅草才能没马蹄。最爱湖东行不足，绿杨荫里白沙堤。”这是诗人白居易对园林植物形成春光明媚景色的描绘。“独坐幽篁里，弹琴复长啸。深林人不知，明月来相照。”这是诗人王维对园林植物形成“静”的感受。

12.1.2.3　改观地形 装点山水建筑

高低大小不同植物配置造成林冠线起伏变化，可以改观地形。如平坦地植高矮有变的树木，远观形成起伏有变的地形。若高处植大树、低处植小树，便可增加地势的变化。

在堆山、叠石及各类水岸或水面之中，常用植物来美化风景构图，起补充和加强山水气韵的作用。亭、廊、轩、榭等建筑的内外空间，也需植物的衬托。所谓“山得草木而华、水得草木而秀、建筑得草木而媚”。

12.1.2.4　组合空间 控制风景视线

植物本身是一个三维实体，是园林景观营造中组成空间结构的主要成分。枝繁叶茂的高大乔木可视为单体建筑，各种藤本植物爬满棚架及屋顶，绿篱整形修剪后颇似墙体，平坦整齐的草坪铺展于水平地面，因此植物也像其他建筑、山水一样，具有构成空间、分隔空间、引起空间变化的功能。

组合空间的形式有以下几种。

开敞空间（开放空间）：开敞空间是指在一定区域范围内，人的视线高于四周景物的植物空间，一般用低矮的灌木、地被植物、草本花卉、草坪形成开敞空间。开敞空间在开放式绿地、城市公园等园林类型中非常多见，像草坪、开阔水面等，视线通透，视野辽阔，容易让人心胸开阔，心情舒畅，产生轻松自由的满足感，如图 12-11 所示。

半开敞空间：半开敞空间就是指在一定区域范围内，四周不全敞开，而是有部分视角用植物阻挡了人的视线。根据功能和设计需要，开敞的区域有大有小。从一个开敞空间到封闭空间的过渡就是半开敞空间，如图 12-12 所示。它也可以借助地形、山石、小品等园林要素与植物配置共同完成。半开敞空间的封闭面能够抑制人们的视线，从而引导空间的方向，达到“障景”的效果。比如从公园的入口进入另一个区域，设计者常会采用先抑后扬的手法，在开敞的入口某一朝向用植物小品来阻挡人们的视线，使人们一眼难以穷尽，待人们绕过障景物，进入另一个区域就会豁然开朗，心情愉悦。

图 12-11　开敞空间

图 12-12　半开敞空间

封闭空间（闭合空间）：封闭空间是指人处于的区域范围内，周围用植物材料封闭，这时人的视距缩短，视线受到制约，近景的感染力加强，景物历历在目容易产生亲切感和宁静感。小庭园的植物配置宜采用这种较封闭的空间造景手法，而在一般的绿地中，这样小尺度的空间私密性较强，适宜于年轻人私语或者人们独处和安静休憩。

覆盖空间：覆盖空间通常位于树冠下与地面之间，通过植物树干的分枝点高低、浓密的树冠来形成空间感。高大的常绿乔木是形成覆盖空间的良好材料，此类植物不仅分枝点较高，树冠庞大，而且具有很好的遮阴效果，树干占据的空间较小，所以无论是一棵几丛还是一群成片，都能够为人们提供较大的活动空间和遮阴休息的区域，此外，攀援植物利用花架、拱门、木廊等攀附在其上生长，也能够构成有效的覆盖空间。

相对全封闭空间：植物空间的六合方向全部封闭，视线均不可透。如密林空间。

植物组合空间的形式丰富多样，其安排灵活、虚实透漏、四季有变、年年不同。因此，在各种园林空间中（山水空间、建筑空间、植物空间等）由植物组合或植物复合的空间是最多见的。

12.1.2.5　改善环境和净化空气

植物通过光合作用，吸收二氧化碳放出氧气。科学数据显示，每公顷森林每天可消耗 1000 千克二氧化碳，放出 730 千克氧气。这就是人们到公园中后感觉神清气爽的原因。城市中，园林植物是空气中二氧化碳和氧气的调节器。在光合作用中，植物每吸收 44 克二氧化碳可放出 32 克氧气，园林植物为保护人们的健康默默地做着贡献。当然不同植物光合作用的强度是不同的，如每 1 克重的新鲜松树针叶在 1 小时内能吸收二氧化碳 3.3 毫克，同等情况下柳树却能吸收 8.0 毫克。通常，阔叶树种吸收二氧化碳的能力强于针叶树种。在居住区园林植物的应用中，就充分考虑到了这个因素，合理地进行配置。此外，还要给习惯早锻炼的人提个醒，早晨日出前植物尚未进行光合作用，此时空气中含氧量较低，最好在日出后再进行锻炼，相比较而言，下午空气中氧气含量较高，此时锻炼为佳。

12.1.2.6　分泌杀菌素、吸收有毒气体

据统计数据显示，城市中空气的细菌数比公园绿地多 7 倍以上。公园绿地中细菌少的原因之一是很多植物能分泌杀菌素。根据科学家对植物分泌杀菌素的系列科学研究得知，具有杀灭细菌、真菌和原生动物能力的主要园林植物有：雪松、侧柏、圆柏、黄栌、大叶黄杨、合欢、刺槐、紫薇、广玉兰、木槿、茉莉、洋丁香、悬铃木、石榴、枣、钻天杨、垂柳、栾树、臭椿及一些蔷薇属植物。此外，植物中一些芳香性挥发物质还可以起到使人们精神愉悦的效果。

城市中的空气中含有许多有毒物质，某些植物的叶片可以吸收解毒，从而减少空气中有毒物质的含量。当然，吸收和分解有毒物质时，植物的叶片也会受到一定影响，产生卷叶或焦叶等现象。经过实验可知，汽车尾气排放而产生的大量二氧化硫，臭椿、旱柳、榆、忍冬、卫矛、山桃既有较强的吸毒能力又有较强的抗性，是良好的净化二氧化硫的树种。此外，丁香、连翘、刺槐、银杏、油松也具有一定的吸收二氧化硫的功能。普遍来说，落叶植物的吸硫能力强于常绿阔叶植物。对于氯气，如臭椿、旱柳、卫矛、忍冬、丁香、银杏、刺槐、珍珠花等也具有一定的吸收能力。

12.1.2.7　阻滞尘埃

城市中的尘埃除含有土壤微粒外，还含有细菌和其他金属性粉尘、矿物粉尘等，它们既会影响人体健康又会造成环境的污染。园林植物的枝叶可以阻滞空气中的尘埃，相当于一个滤尘器，使空气清洁。各种植物的滞尘能力差别很大，其中榆树、朴树、广玉兰、女贞、大叶黄杨、刺槐、臭椿、紫薇、悬铃木、腊梅、加杨等植物具有较强的滞尘作用。通常，树冠大而浓密、叶面多毛或粗糙以及分泌有油脂或黏液的植物都具有较强滞尘力。

12.1.2.8　改善空气湿度

一株中等大小的杨树，在夏季白天每小时可由叶片蒸腾 5 千克水到空气中，一天即达半吨。如果在一块场地种植 100 株杨树，相当于每天在该处洒 50 吨水的效果。不同的植物具有不同的蒸腾能力。

不同植物的蒸腾度相差很大，有目标地选择蒸腾度较强的植物种植对提高空气湿度有明显作用。北京电视台播放的一个节水广告中，表现的是通过用塑料袋罩住一盆绿色植物来收集水，就是利用了植物的蒸腾力。

12.1.2.9　减弱光照和降低噪音

阳光照射到植物上时，一部分被叶面反射，一部分被枝叶吸收，还有一部分透过枝叶投射到林下。由于植物吸收的光波段主要是红橙光和蓝紫光，反射的部分主要是绿光，所以从光质上说，园林植物下和草坪上的光是具有大量绿色波段的光，这种绿光要比铺装地面上的光线柔和得多，对眼睛有良好的保健作用。在夏季还能使人在精神上觉得爽快和宁静。城市

生活中有的很多噪声，如汽车行驶声、空调外机声等，园林植物具有降低这些噪声的作用。单棵树木的隔声效果虽较小，丛植的树阵和枝叶浓密的绿篱墙隔声效果就十分显著了。实践证明，隔声效果较好的园林植物有：雪松、松柏、悬铃木、梧桐、垂柳、臭椿、榕树等。

12.2 园林植物配置基础

园林植物是园林工程建设中最重要的材料。植物配置的优劣直接影响到园林工程的质量及园林功能的发挥。园林植物配置不仅要遵循科学性，而且要讲究艺术性，力求科学合理的配置，创造出优美的景观效果，从而使生态、经济、社会三者效益并举。

12.2.1 植物配置方式

自然界的山岭岗阜上和河湖溪涧旁的植物群落，具有天然的植物组成和自然景观，是自然式植物配置的艺术创作源泉。中国古典园林和较大的公园、风景区中，植物配置通常采用自然式，但在局部地区，特别是主体建筑物附近和主干道路旁侧则采用规则式。园林植物的布置方法主要有孤植、对植、列植、丛植和群植等几种。

（1）孤植　孤植主要显示树木的个体美，常作为园林空间的主景。对孤植树木的要求是：姿态优美，色彩鲜明，体形略大，寿命长而有特色。周围配置其他树木，应保持合适的观赏距离。在珍贵的古树名木周围，不可栽植其他乔木和灌木，以保持它独特风姿。用于庇阴和孤植树木，要求树冠宽大，枝叶浓密，叶片大，病虫害少，以圆球形、伞形树冠为好，如图 12-13 所示。

（2）对植　即对称地种植大致相等数量的树木，多应用于园门、建筑物入口、广场或桥头的两旁。在自然式种植中，则不要求绝对对称，对植时也应保持形态的均衡。

（3）列植　也称带植，是成行成带栽植树木，多应用于街道、公路的两旁，或规则式广场的周围。如用作园林景物的背景或隔离措施，一般宜密植，形成树屏，如图 12-14 所示。

图 12-13　孤植

图 12-14　列植

（4）丛植　三株以上不同树种的组合，是园林中普遍应用的方式，可用作主景或配景，也可用作背景或隔离措施。配置宜自然，符合艺术构图规律，务求既能表现植物的群体美，又能看出树种的个体美，如图 12-15 所示。

（5）群植　相同树种的群体组合，树木的数量较多，以表现群体美为主，具有“成林”之趣，如图 12-16 所示。

图 12-15　丛植

12-16　群植

12.2.2 植物配置艺术手法

在园林空间中，无论是以植物为主景，或植物与其他园林要素共同构成主景，在植物种类的选择、数量的确定、位置的安排和方式的采取上都应强调主体，做到主次分明，以表现园林空间景观的特色和风格。植物配置的一些常用艺术手法如下所示。

（1）对比和衬托　利用植物不同的形态特征，运用高低、姿态、叶形叶色、花形花色的对比手法，表现一定的艺术构思，衬托出美的植物景观。在树丛组合时，要注意相互间的协调，不宜将形态姿色差异很大的树种组合在一起。

（2）动势和均衡　各种植物姿态不同，有的比较规整，如石楠、臭椿；有的有一种动势，如松树、榆树、合欢。配置时，要讲求植物相互之间或植物与环境中其他要素之间的和谐协调；同时还要考虑植物在不同的生长阶段和季节的变化，不要因此产生不平衡的状况。

（3）起伏和韵律　道路两旁和狭长形地带的植物配置，要注意纵向的立体轮廓线和空间变换，做到高低搭配，有起有伏，产生节奏韵律，避免布局呆板。

（4）层次和背景　为克服景观的单调，宜以乔木、灌木、花卉、地被植物进行多层次的配置。不同花色花期的植物相间分层配置，可以使植物景观丰富多彩。背景树一般宜高于前景树，栽植密度宜大，最好形成绿色屏障，色调宜深，或与前景有较大的色调和色度上的差异，以加强衬托效果。

（5）色彩和季相　植物的干、叶、花、果色彩十分丰富。可运用单色表现、多色配合、对比色处理以及色调和色度逐层过渡等不同的配置方式，实现园林景物色彩构图。将叶色、花色进行分级，有助于组织优美的植物色彩构图。要体现春、夏、秋、冬四季的植物季相，尤其是春、秋的季相。在同一个植物空间内，一般以体现一季或两季的季相，效果较为明显。因为树木的花期或色叶变化期，一般只能持续一二个月，往往会出现偏枯偏荣的现象。所以，需要采用不同花期的花木分层配置，以延长花期；或将不同花期的花木和显示一季季相的花木混栽；或用草本花卉（特别是宿根花卉）弥补木本花卉花期较短的缺陷等方法。

大型的园林和风景区，往往表现一季的特色，给游人以强烈的季候感。中国人有某时某地观赏某花的传统，如图 12-17 所示“灵峰探梅”、如图 12-18 所示“西山红叶”等时令美景很受欢迎。在小型园林里，也有樱花林、玉兰林等配置方式，产生具有时令特色的艺术效果。

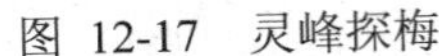
图 12-17 灵峰探梅

图 12-18 西山红叶

12.2.3 园林植物配置原则

（1）整体优先原则　城市园林植物配置要遵循自然规律，利用城市所处的环境、地形地貌特征、自然景观、城市性质等进行科学建设或改建。要高度重视保护自然景观、历史文化景观，以及物种的多样性，把握好它们与城市园林的关系，使城市建设与自然和谐，在城市建设中可以回味历史，保障历史文脉的延续。充分研究和借鉴城市所处地带的自然植被类型、景观格局和特征特色，在科学合理的基础上，适当增加植物配置的艺术性、趣味性，使之具有人性化和亲近感。

（2）生态优先原则　在植物材料的选择、树种的搭配、草本花卉的点缀、草坪的衬托以及新品种的选择等方面，必须最大限度地以改善生态环境、提高生态质量为出发点，也应该尽量多地选择和使用乡土树种，创造出稳定的植物群落；充分应用生态位原理和植物他感作用，合理配置植物，只有最适合的才是最好的，才能发挥出最大的生态效益。

（3）可持续发展原则　以自然环境为出发点，按照生态学原理，在充分了解各植物种类的生物学、生态学特性的基础上，合理布局、科学搭配，使各植物物种和谐共存，群落稳定发展，达到调节自然环境与城市环境关系，在城市中实现社会效益、经济效益和环境效益的协调发展。

（4）文化原则　在植物配置中坚持文化原则，可以使城市园林向充满人文内涵的高品位方向发展，使不断演变起伏的城市历史文化脉络在城市园林中得到体现。在城市园林中把反应某种人文内涵、象征某种精神品格、代表着某个历史时期的植物科学合理地进行配置，形成具有特色的城市园林景观。

12.3 园林植物表现方法

园林植物是园林设计中应用最多，也是最重要的造园要素。园林植物的分类方法较多，这里根据各自特征，将其分为乔木、灌木、攀援植物、竹类、花卉、绿篱和草地七大类。这些园林植物由于它们的种类不同，形态各异，因此画法也不同。但一般都是根据不同的植物特征，抽象其本质，形成“约定俗成”的图例来表现。

12.3.1 园林植物平面表现方法

园林植物平面图是指园林植物的水平投影图，如图 12-19 所示。一般都采用图例概括地表示，其方法为：用圆圈表示树冠的形状和大小，用黑点表示树干的位置及树干粗细，树冠的大小应根据树龄按比例画出，成龄的树冠大小如表 12-1 所示。

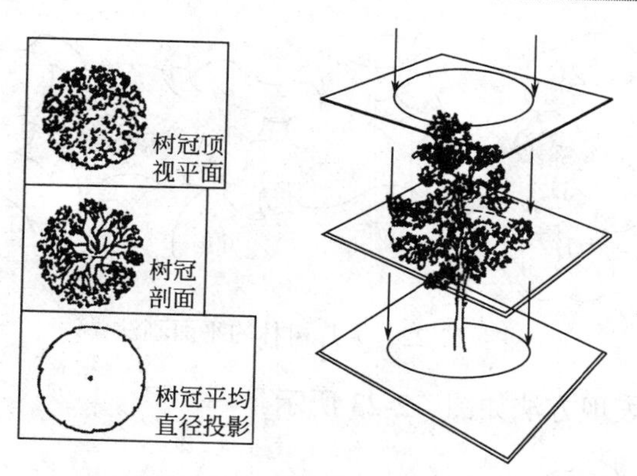

图 12-19　植物平面表示类型说明

表 12-1　成龄树的树冠冠径

单位：m

树种	孤植树	高大乔木	中小乔木	常绿乔木	花灌丛	绿篱
冠径	10～15	5～10	3～7	4～8	1～3	单行宽度：0.5～1.0 双行宽度：1.0～1.5

乔灌木平面表现画法如下所示。

➘　如图 12-20 所示为常见乔木树种的平面画法。

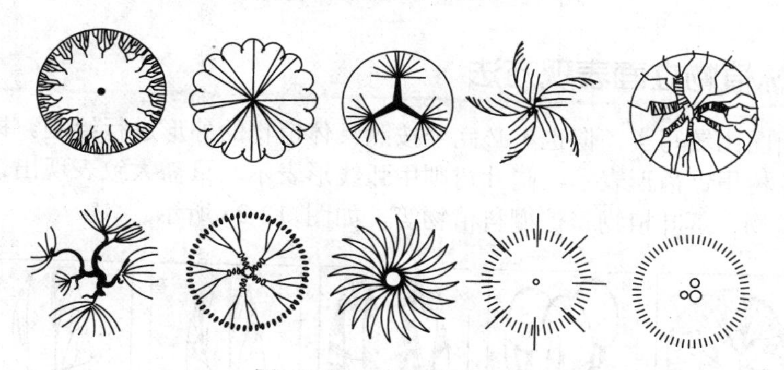

图 12-20　乔木平面画法

➘　相同相连植物群落平面画法如图 12-21 所示。

图 12-21　植物群落平面画法

➘　而大片树林的画法如图 12-22 所示。

图 12-22　大片树林的平面画法

灌木丛和绿篱平面表现方法如图 12-23 所示。

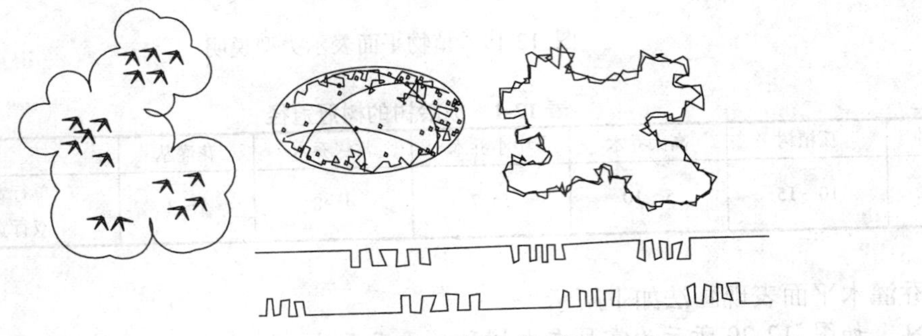

图 12-23　灌木丛和绿篱表现方法

12.3.2 园林植物立面表现方法

植物的立面图比较写实，但也不必完全按照具体植物的外形进行绘制。树冠轮廓线因树种而不同，针叶树用锯齿形表示，阔叶树则用弧线形表示。只需大致表现出该植物所属类别即可，如常绿植物、落叶植物、棕榈科植物等，如图 12-24 所示。

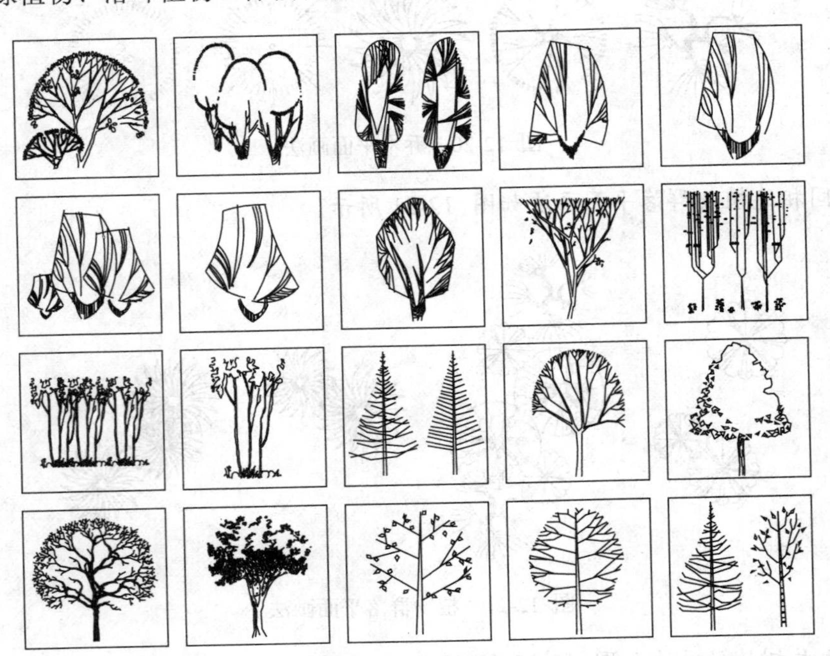

图 12-24　立面表现方法

12.4　绘制植物图例

在总平面图中，没有特定的图例表示某种乔木或者灌木，下面介绍几种图例的绘制方法。

【课堂举例 12-1】绘制乔木图例

（1）绘制乔木 1

01 调用 C【圆】命令，绘制半径为 750、128 的同心圆。

02 调用 A【圆弧】命令，绘制圆弧，效果如图 12-25 所示。

03 调用 AR【阵列】命令，对绘制好的圆弧进行极轴阵列，设置阵列数为 9，阵列效果如图 12-26 所示。

04 调用 X【分解】命令，将阵列后的图形进行分解，然后调用【夹点编辑】命令，对圆弧夹点进行编辑，删除两个圆，最终效果如图 12-27 所示。

05 调用 B【创建块】命令，将绘制好的图例创建为块。

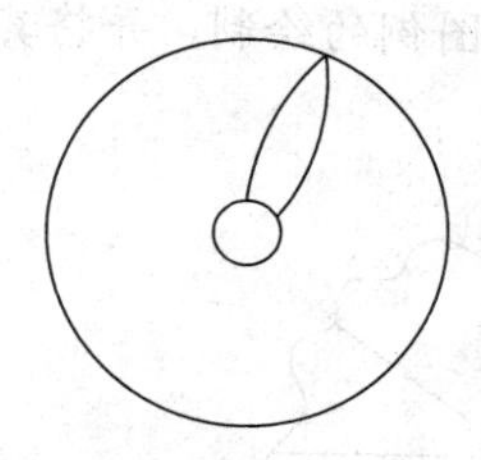

图 12-25　绘制圆弧

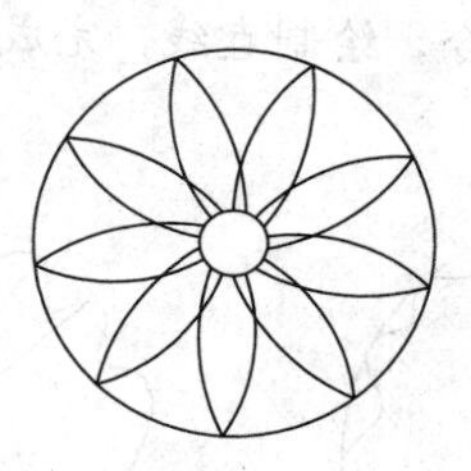

图 12-26　阵列圆弧

图 12-27　最终效果

（2）绘制乔木 2

01 调用 C【圆】命令，绘制半径为 650 的圆。

02 调用 L【直线】命令，绘制如图 12-28 所示的图形。

03 调用 CO【复制】命令，多次复制图形，复制完成后即可删除外侧圆，最终效果如图 12-29 所示。

04 调用 B【创建块】命令，将其创建为块。

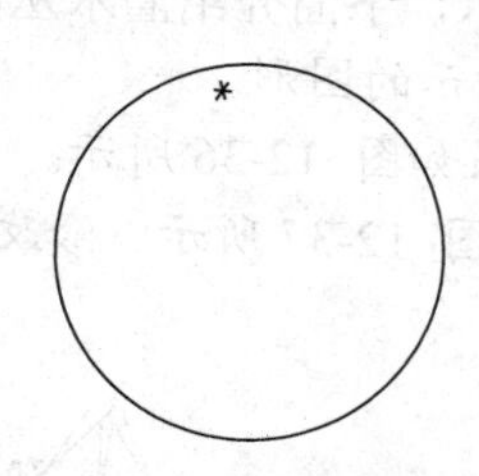

图 12-28　绘制图形

图 12-29　图例最终效果

（3）绘制乔木 3

01 调用 C【圆】命令，绘制半径为 655 的圆。

02 调用 L【直线】命令，绘制如图 12-30 所示的图形。

03 调用 C【圆】命令，绘制半径为 45 的圆；调用 L【直线】命令，拾取圆上方的象限点，向下绘制长度为 33 的直线，然后调用 AR【阵列】命令，对直线进行极轴阵列，阵列数为 10，效果如图 12-31 所示。

04 删除图形中所有的圆，调用 CO【复制】命令，复制阵列后的图形，复制结果如图 12-32 所示，然后将其创建为块。

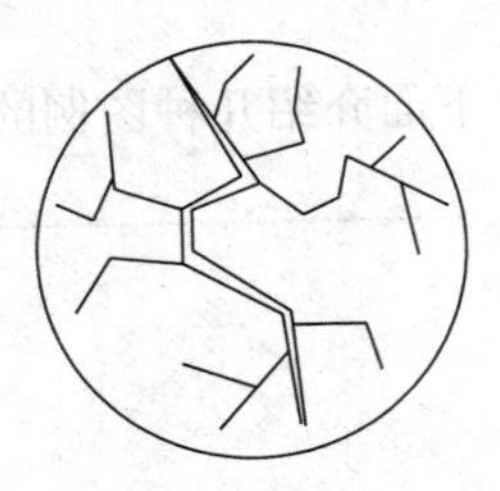
图 12-30 绘制整体轮廓

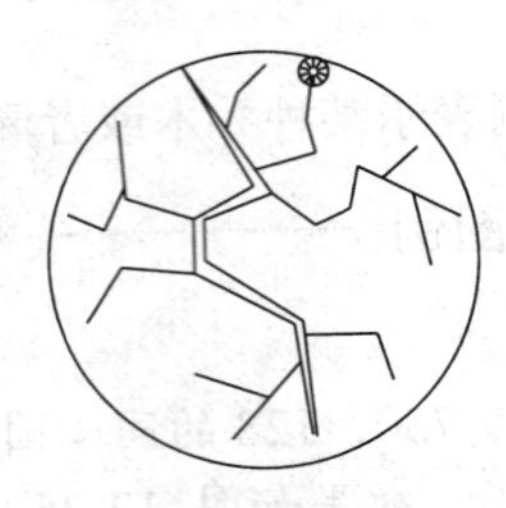
图 12-31 阵列直线

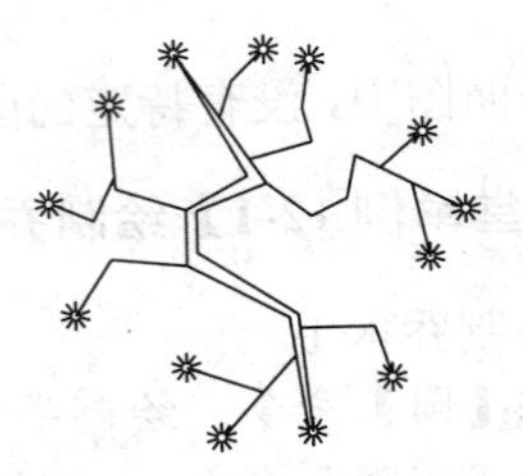
图 12-32 最终效果

（4）绘制乔木 4

01 调用 C【圆】命令，绘制半径为 580、54 的同心圆。

02 调用 SPL【样条曲线】命令，绕大圆绘制样条曲线，绘制完成后，利用【夹点编辑】命令，稍作整理，效果如图 12-33 所示。

03 删除外侧圆，调用 L【直线】命令，绘制直线，完成植物图例的绘制，并将其创建为块，如图 12-34 所示。

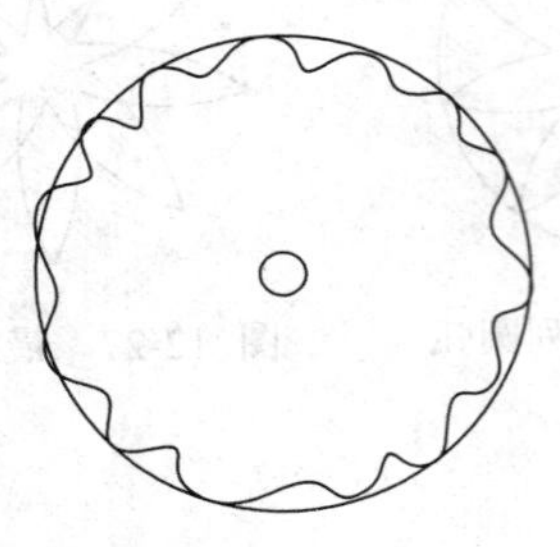
图 12-33 绘制外轮廓

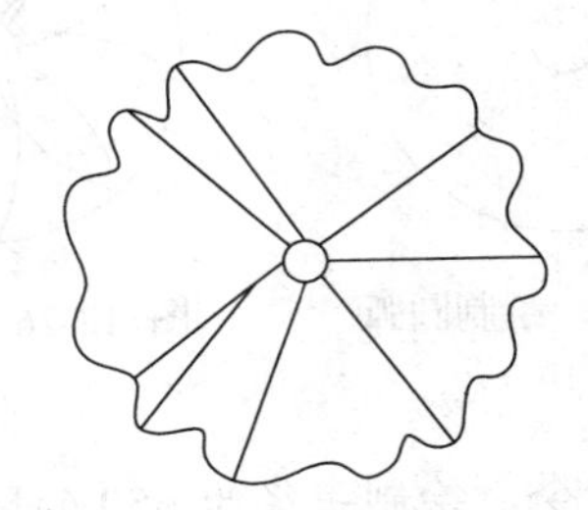
图 12-34 图例最终效果

【课堂举例 12-2】绘制灌木图例

表示灌木丛的图例，可不用单独植物图例表示，下面介绍灌木丛的绘制方法。

01 调用 PL【多段线】命令，绘制如图 12-35 所示的图形。

02 调用 CO【复制】命令，随意复制图形，效果如图 12-36 所示。

03 调用 C【圆】命令，绘制半径为 30 的圆，如图 12-37 所示，修改小圆颜色为“洋红”，最后将其创建为块。

图 12-35 绘制多段线

图 12-36 复制图形

图 12-37 最终效果

12.5　布置别墅总平面图植物

总平面图中植物的布置，不需要明确到植物种类，适当地区分绿地植物与硬质铺装区域即可。

【课堂举例 12-3】布置庭院总平面图植物

01 调用 SPL【样条曲线】命令，绘制样条曲线，表示灌木丛、地被线，如图 12-38 所示。

02 填充菜园，调用 H【图案填充】，选择预定义 CROSS 图案，设置填充比例为 30，填充效果如图 12-39 所示。

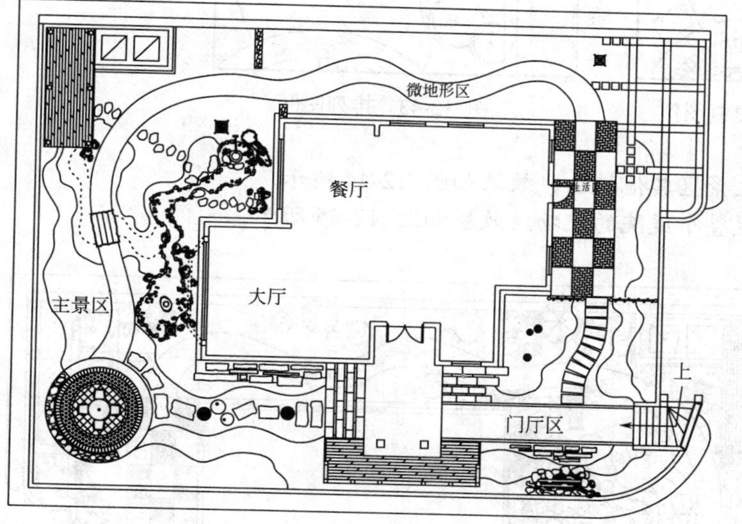

图 12-38　绘制灌木丛、地被线

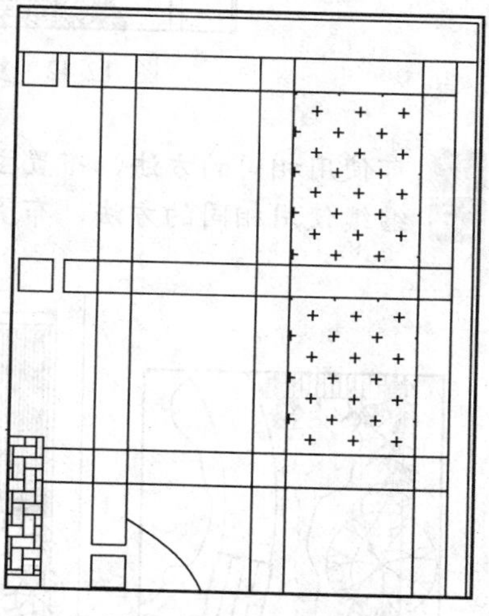

图 12-39　填充菜园

03 调用 CO【复制】命令，从图例表中复制行道树植物图例至木平台区域，如图 12-40 所示。

04 调用 AR【阵列】命令，矩形阵列行道树图例，行数为 1，列数为 11，列距为 570，阵列结果如图 12-41 所示。

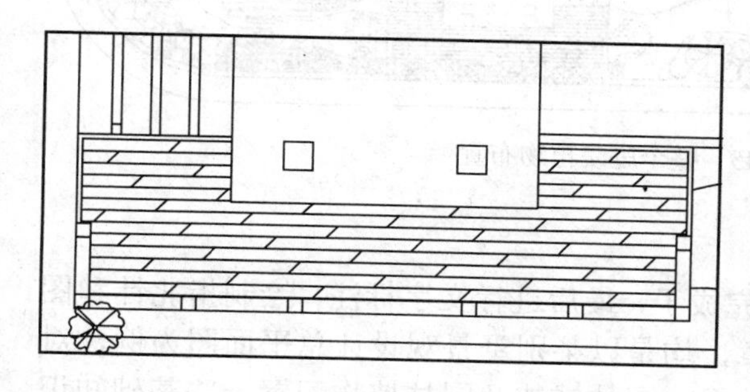

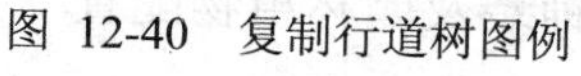

图 12-40　复制行道树图例

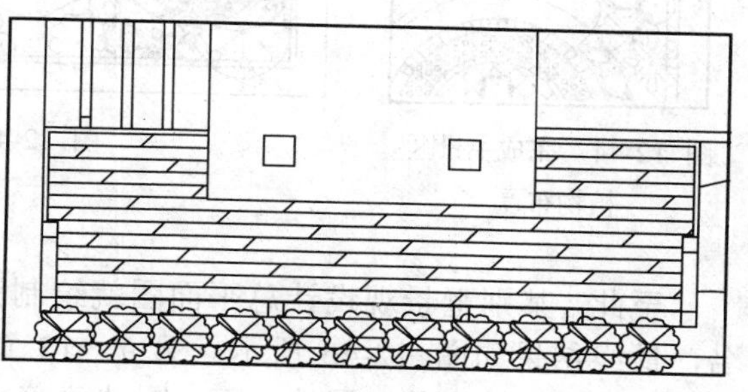

图 12-41　阵列图例

05 布置主景区植物。调用 CO【复制】命令，复制植物图例至主景区，连续复制 5 次；排列时注意植物的配置方式，效果如图 12-42 所示。

06 调用 SC【缩放】命令、M【移动】命令，整理图例，使其更加美观、合理，效果如图 12-43 所示。

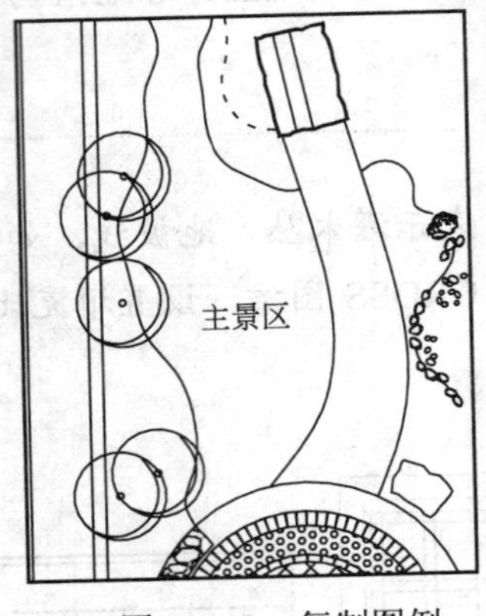

图 12-42 复制图例

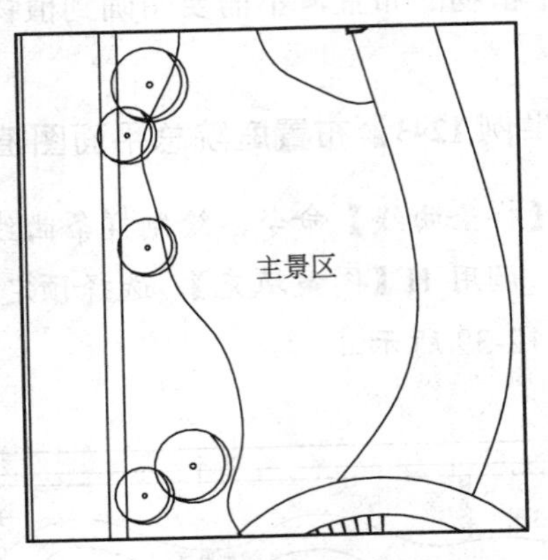

图 12-43 排列图例

07 可使用相同的方法，布置主景区其他植物，效果如图 12-44 所示。

08 继续使用相同的方法，布置整个庭院的植物，效果如图 12-45 所示。

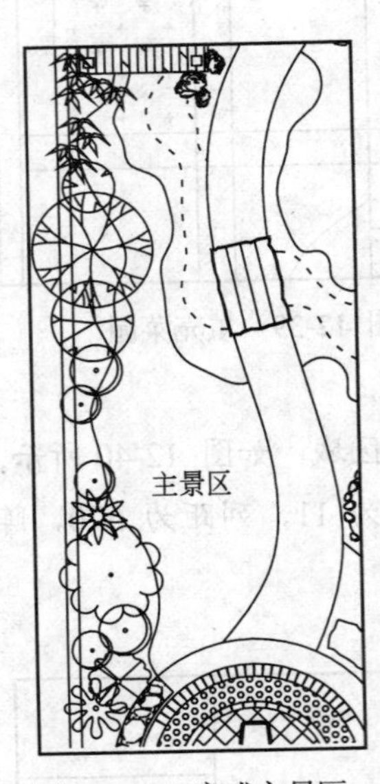

图 12-44 完成主景区植物布置

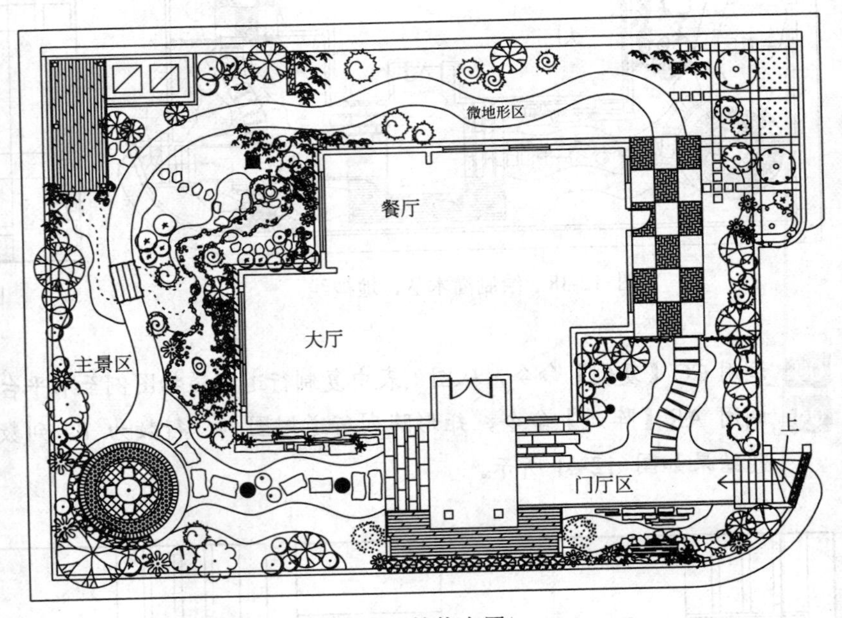

图 12-45 整个庭院植物布置

至此，某别墅景观设计总平面图就绘制完成了，最后进行文字标注，绘制指北针和图名，最终结果如图 12-46 所示。第 7～12 章，均是以某别墅景观设计总平面图为例，对园林道路、园林水体、园林山石、园林建筑小品、园林铺装及园林植物配置一些基础知识进行讲解。

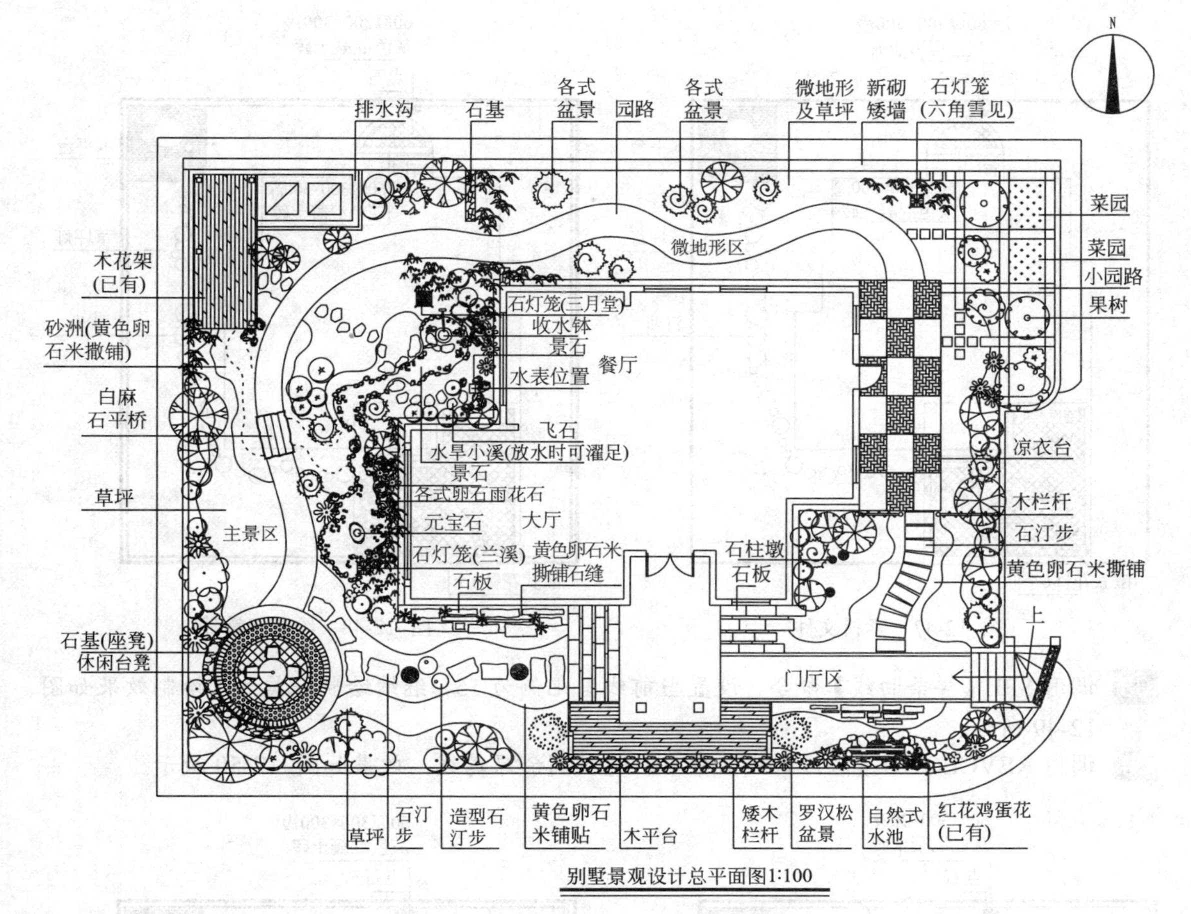

图 12-46　别墅景观设总计平面图

12.6　绘制小别墅植物种植设计平面图

进行植物种植设计时，需要注意植物之间的搭配，乔灌木搭配层次需丰富，四季皆有景可赏。植物种植设计图主要有乔木种植设计和灌木地被种植设计，下面介绍其绘制方法。

12.6.1　绘制乔木种植设计图

乔木种植设计过程中，要根据各乔木之间的色彩、生态特征等进行配置。

>>>【课堂举例 12-4】绘制乔木种植图

01 单击【快速访问】工具栏中的【打开】按钮，打开“第 12 章\小别墅原始平面图.dwg”素材文件，如图 12-47 所示。

02 将“绿篱线”图层置为当前，此处绿篱线所设置的线型为 ZIGZAG，调用 PL【多段线】命令，沿围墙内墙线绘制多段线，并调用 O【偏移】命令，设置偏移距离为 250，偏移多段线，完成靠墙绿篱的绘制，效果如图 12-48 所示。

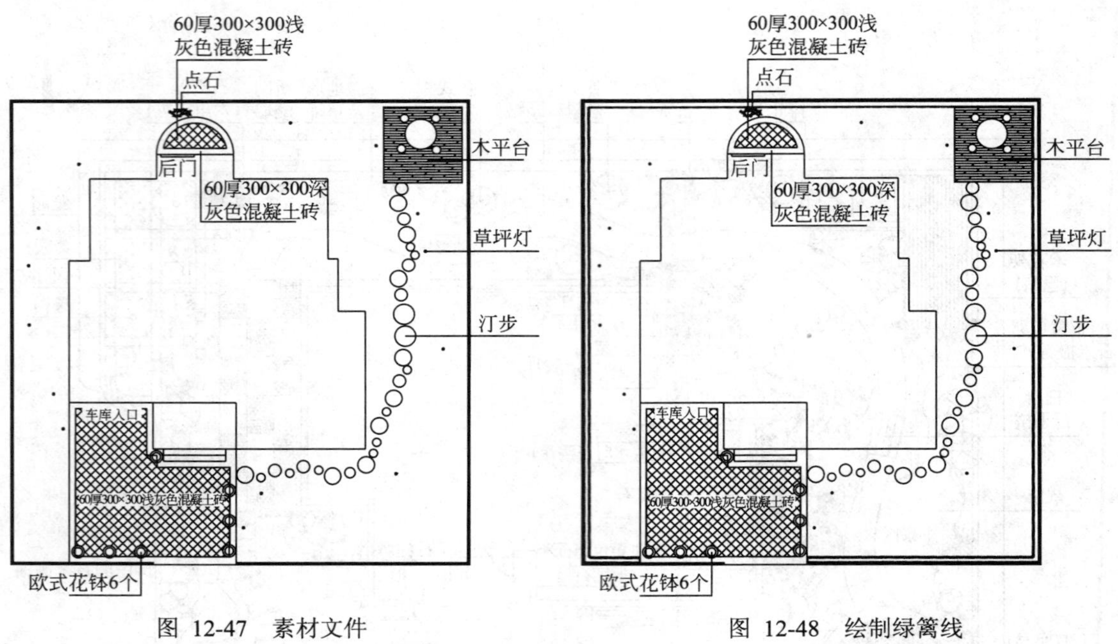

图 12-47 素材文件　　图 12-48 绘制绿篱线

03 调用 SPL【样条曲线】命令，设置当前线型比例为 15，继续绘制绿篱线，绘制效果如图 12-49 所示。

04 调用 REVCLOUD【修订云线】命令，完成剩余绿篱线，效果如图 12-50 所示。

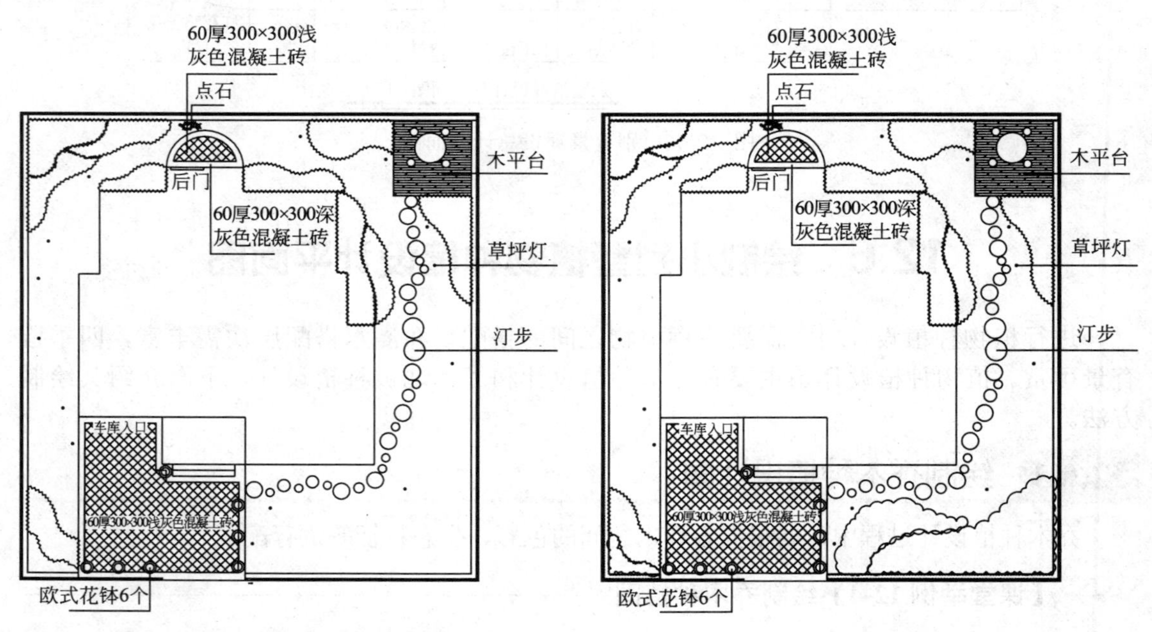

图 12-49 绘制同一线型绿篱线　　图 12-50 完成绘制绿篱线

05 调用 I【插入】命令，在【插入】对话框中单击【浏览】按钮，选择“第 12 章\小别墅种植设计图\植物图例\樱花.dwg”文件，单击【确定】按钮，将“樱花”图例插入至平面图相应位置，如图 12-51 所示。

06 调用 SC【缩放】命令，将“樱花”图例放大 2.7 倍，如图 12-52 所示。

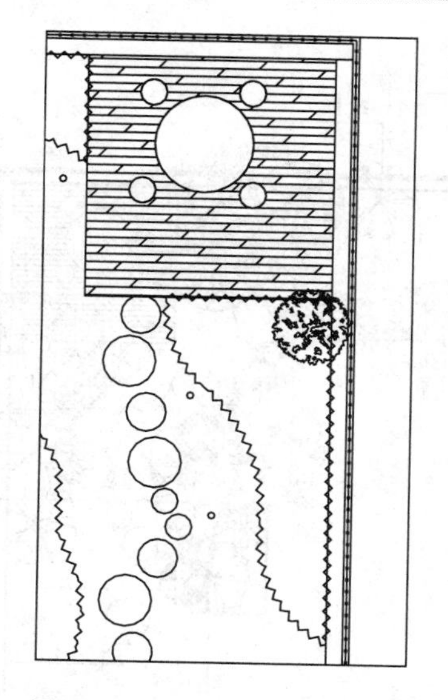

图 12-51　复制“樱花”图例

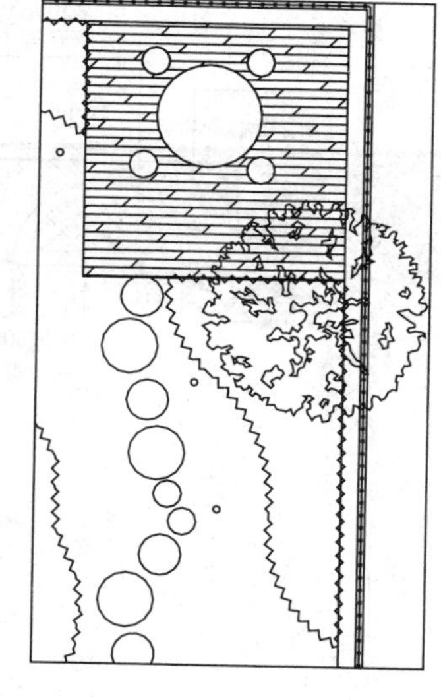

图 12-52　放大图例

07 此处是樱花、山茶及鸡爪槭三种植物搭配，四季有景可赏。继续调用 I【插入】、CO【复制】、SC【缩放】等命令完成植物配置，效果如图 12-53 所示。

08 使用相同的方法，完成植物配置，效果如图 12-54 所示。

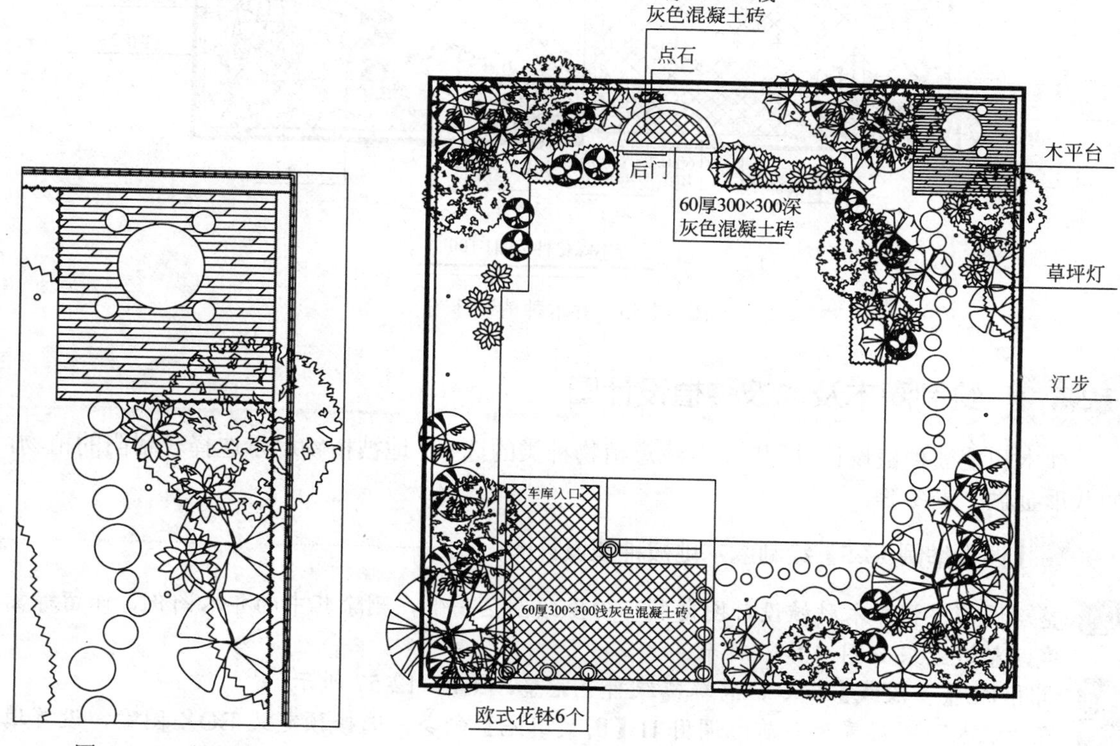

图 12-53　植物配置

图 12-54　完成效果

09 调用 MLD【多重引线】命令，进行文字标注，并调用 PL【多段线】命令、MT【多行文字】命令，绘制图名，结果如图 12-55 所示，乔木种植设计平面图绘制完成。

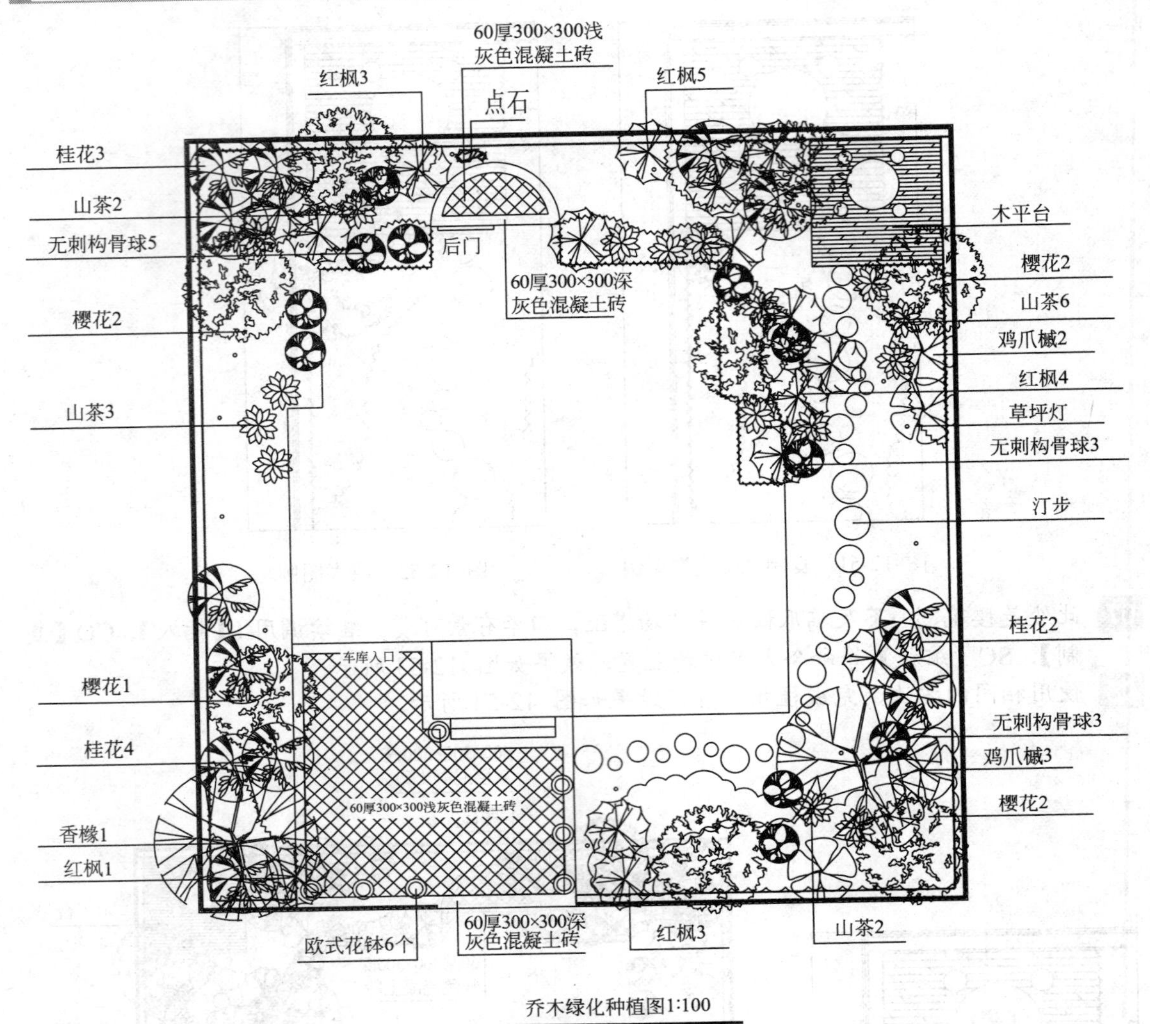

图 12-55　乔木种植设计图

12.6.2 绘制灌木及地被种植设计图

灌木和地被种植设计过程中，要注意植物种类的选择。地被植物尽量选择较耐阴的植物，如八爪金盘、麦冬等。

【课堂举例 12-5】绘制灌木地被种植设计图

01 整理图形，将乔木种植设计图复制一份至绘图区一侧，删除其中的乔木图例，保留绿篱线，整理结果如图 12-56 所示。

02 调用 PL【多段线】命令，将绿篱线补充完整，如图 12-57 所示。

03 将“灌木”图层置为当前，调用 H【图案填充】命令，选择预定义 BOX 图案，设置填充比例为 200，角度为-45°，填充图案，表示法国冬青绿篱墙，如图 12-58 所示。

04 调用 H【图案填充】命令，选择预定义图案 FLEX 图案，设置比例为 400，角度为-45°，填充图案，表示毛鹃，如图 12-59 所示。

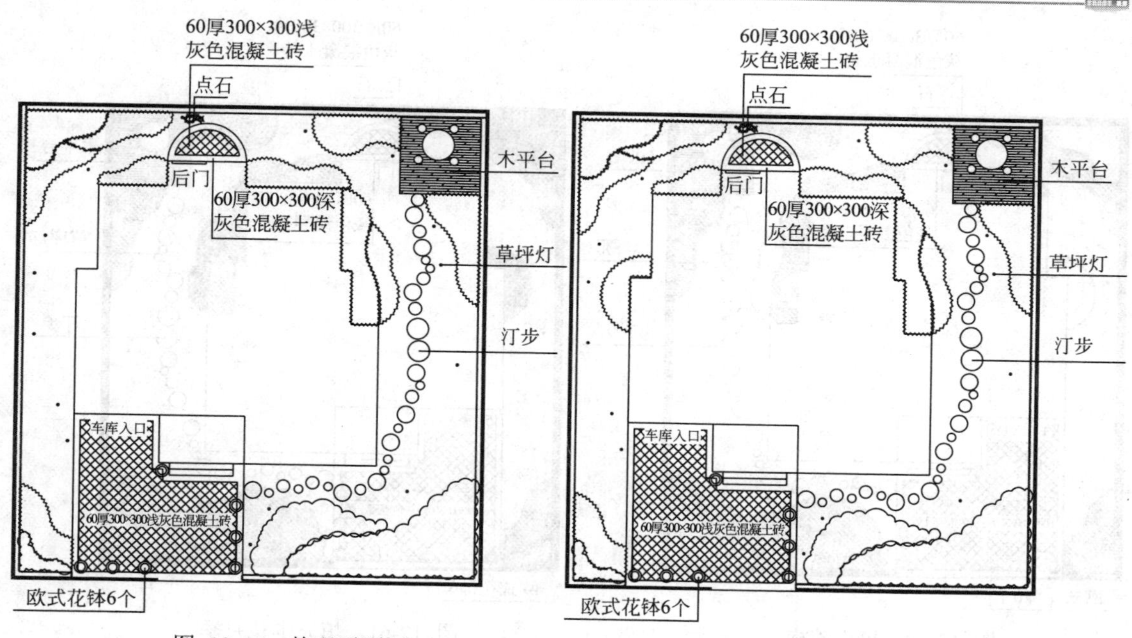

图 12-56　整理平面图　　图 12-57　补充绿篱线

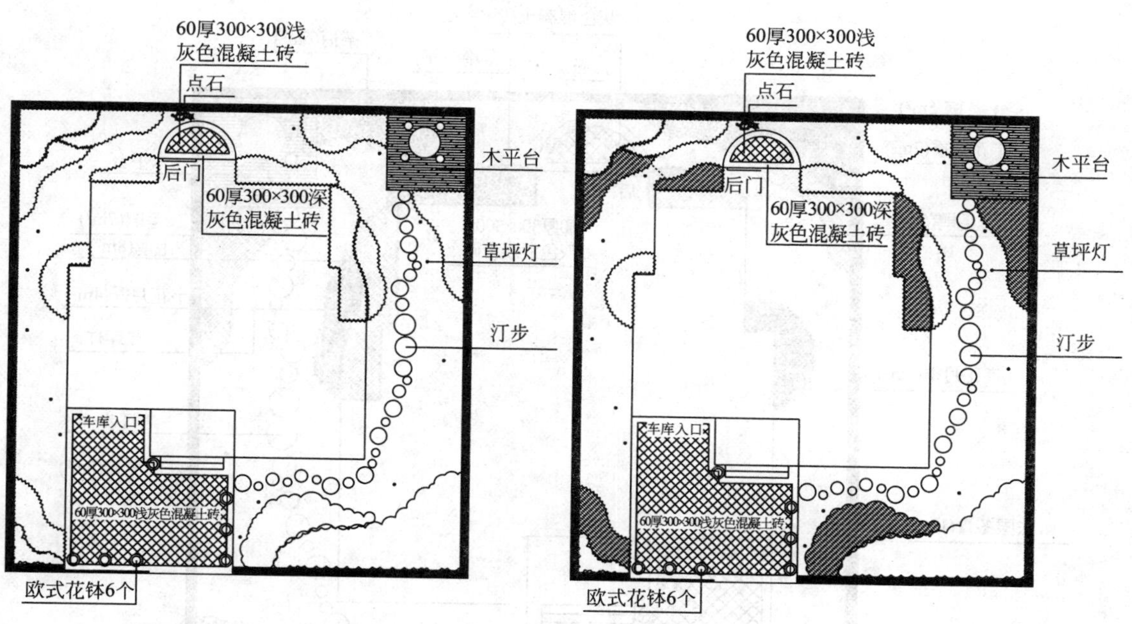

图 12-58　填充法国冬青　　图 12-59　填充毛鹃

05 调用 H【图案填充】命令，选择预定义 HEX 图案，设置填充比例为 600，角度为−45°，填充图案，表示茶梅，如图 12-60 所示。

06 调用 H【图案填充】命令，选择预定义图案 NET3 图案，设置填充比例为 1000，角度为 45°，设置填充颜色为“颜色 73”，填充图案，表示丰花月季，如图 12-61 所示。

07 调用 MLD【多重引线】命令、PL【多段线】命令及 MT【多行文字】命令，标注文字说明，绘制图名，最终效果如图 12-62 所示，灌木地被种植设计图绘制完成。

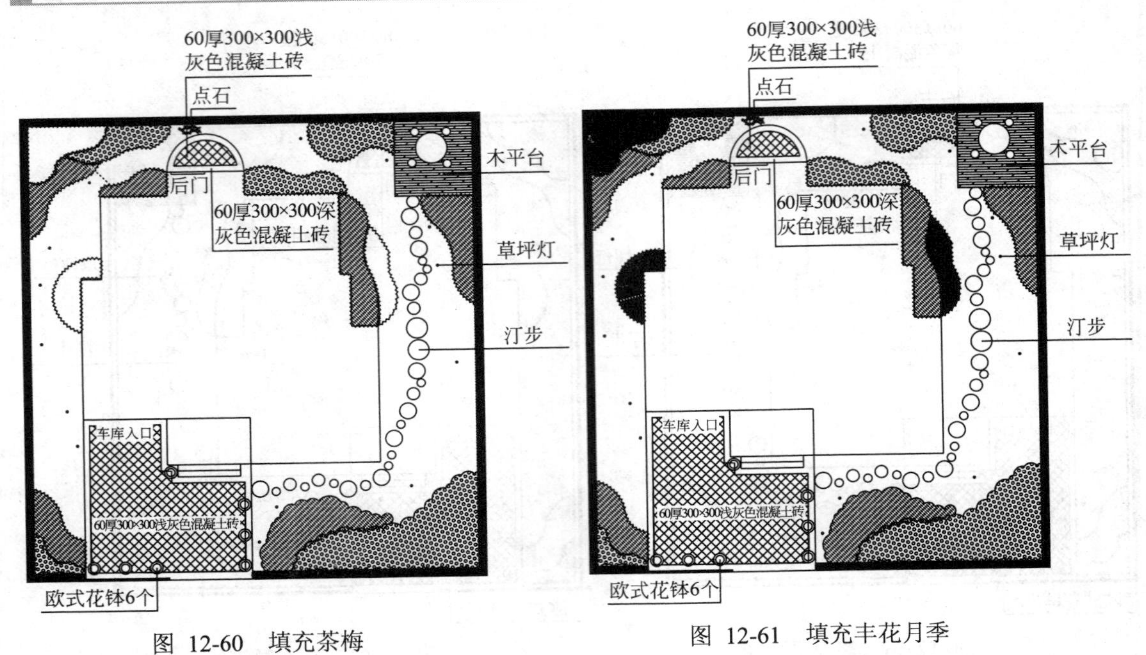

图 12-60　填充茶梅

图 12-61　填充丰花月季

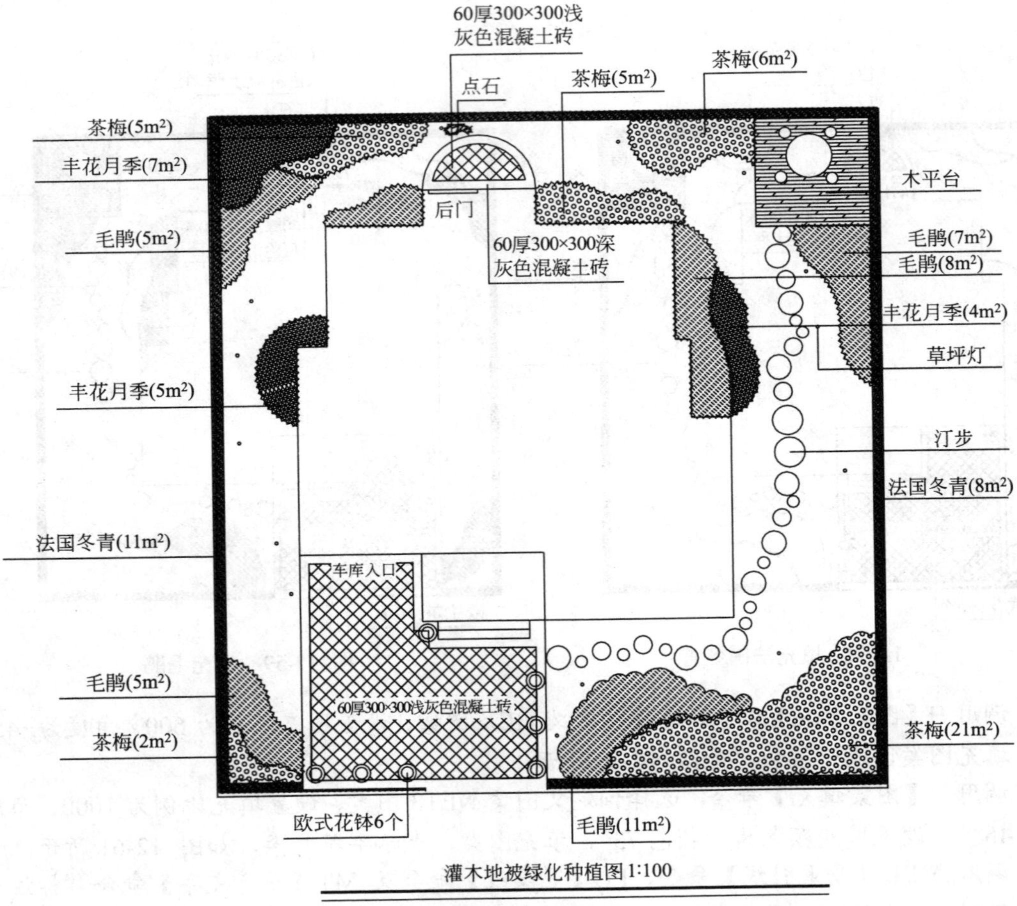

60厚300×300浅灰色混凝土砖
点石
茶梅($5m^2$)
茶梅($6m^2$)
茶梅($5m^2$)
丰花月季($7m^2$)
木平台
后门
毛鹃($5m^2$)
60厚300×300深灰色混凝土砖
毛鹃($7m^2$)
毛鹃($8m^2$)
丰花月季($4m^2$)
草坪灯
丰花月季($5m^2$)
汀步
法国冬青($8m^2$)
法国冬青($11m^2$)
车库入口
毛鹃($5m^2$)
60厚300×300浅灰色混凝土砖
茶梅($21m^2$)
茶梅($2m^2$)
欧式花钵6个
毛鹃($11m^2$)
灌木地被绿化种植图1:100

图 12-62　灌木地被绿化种植图

08 调用 TB【表格】命令，绘制“绿化苗木表”，效果如图 12-63 所示。

绿化苗木表

序号	苗木名称	数量	图例	单位	规格	备注
1	香橼	2		棵	胸径 10cm	全冠
2	樱花	8		棵	地径 6cm	全冠，晚樱
3	桂花	12		棵	蓬径 150～180cm	
4	鸡爪槭	5		棵	地径 4cm	
5	红枫	16		棵	地径 3cm	
6	山茶	16		棵	蓬径 80～100cm	
7	无刺构骨球	11		棵	蓬径 80～100cm	
8	法国冬青	19		m^2	高度 150cm 双排	
9	毛鹃	36		m^2	蓬径 20～30cm	30 枝/m^2
10	茶梅	36		m^2	蓬径 20～30cm	30 枝/m^2
11	丰花月季	18		m^2	蓬径 20～30cm	30 枝/m^2
12	古灵草	133		m^2	满铺	

图 12-63　绿化苗木表

09 调用 MT【多行文字】命令，绘制种植设计说明，如图 12-64 所示。

种植设计说明：
1. 地形整理利于排水，回填土要求有一定肥力，利于植物生长。局部大乔木下面要求施足基肥以保证植物具有良好的长势。
2. 苗木选择要求无病虫害，健壮，树形完整，姿态优美，购买时应带有土球，种植中大小高低苗木搭配有序，花灌木根据要求修剪整形。
3. 图中未注明为草坪，采用天堂草，秋后加播黑麦草。原则上黄土不露天，所有软地（除灌木丛外）均为地被植物满铺。
4. 施工中苗木规格未达要求或者苗木采购不到，请增加苗木株数或用相近苗木替代或与设计人员联系。
5. 如遇不明处，请按施工规范进行或与设计人联系。
6. 具体苗木规格统计详见表。

图 12-64　种植设计说明

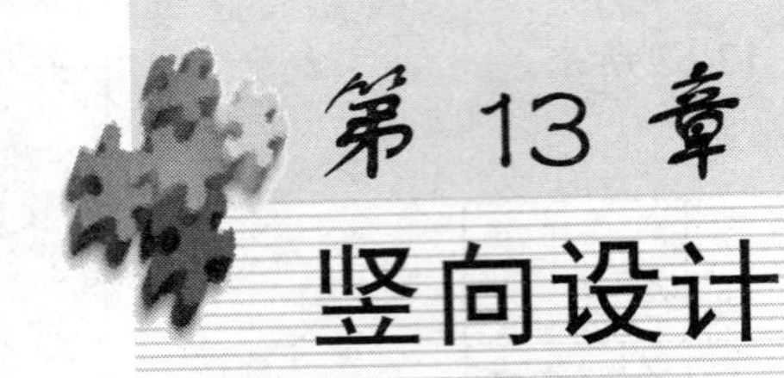

第 13 章 竖向设计

竖向设计是构成园林的骨架，是园林设计平面图绘制中的最基本的一步。掌握竖向设计是进行园林设计的一个必备环节，它涉及园林空间的围合、地形的丰富性。

13.1 竖向设计概述

园林竖向设计中的地形，是指园林绿地地表各种起伏形状的地貌。在规则式园林中，一般表现为不同标高的地坪、层次；在自然式园林中，往往因为地形的起伏，形成平原、丘陵、山峰、盆地等地貌。

13.1.1 地形的分类

（1）平地式　平地是指坡度比较平缓的用地，是平原景观的再现。当所有的景观都处于在同一水平面上时，视野开阔，而且其连缓性和整体感会给人一种强烈的视觉冲击力，如图 13-1 所示的天安门广场。此类地形的优势在于可以接纳和疏散人群，方便园林施工、植物浇灌和绿化带的整形修剪。园林中的平地大致有草地、集散广场、交通广场、建筑用地等几种类型。

（2）斜坡式　斜坡常常是结合地形原貌进行设置，是地形处理中的常用手法，如图 13-2 所示武汉木兰天池风景区。此类地形上种植植物，并对其整形修剪，可以组成文字、花纹图案等，立体感强，便于观赏。斜坡上的植物也能够在充分利用光能的情况下良好地生长。

图 13-1　天安门广场

图 13-2　木兰天池风景区

（3）土丘式　土丘为自然起伏的地形，其断面的曲线较为平缓，被称为微地形。土丘一般较为低矮，通常 2～3m，坡面倾斜度在 8%～12%之间。在山地和丘陵地区，可直接利用自

然的地形地貌；而在平原地区，则需要人工堆置。塑造土丘要尽量自然，也就是掌握土壤的基本特性和植物的生态规律，如图 13-3 所示的上海延中绿地微地形景观。

（4）沟壑式　与土丘相比，沟壑式地形空间起伏较大。高度通常在 6～10m 之间，坡面倾斜度在 13%～30%之间，其外形更像是巨大的假山。

（5）下沉式　对于某些广场、绿地，可以降低高程，作下沉式处理。如在各城市地铁出入口、商场前庭设置下沉广场。下沉广场的四周往往被建筑或墙体环绕，构成围合的空间。它集休闲、购物、娱乐、文化和交通等功能为一体，广场气氛更加浓厚，因此使用率更高。另外下沉广场在隔绝噪声方面也优于地面广场，如图 13-4 所示静安寺下沉广场。

图 13-3　上海延中绿地微地形

图 13-4　静安寺下沉广场

13.1.2　园林地形的作用

地形的设计是园林设计的基本工作之一，因为地形是园林景观的骨架，植物、人体、建筑等景观都是依附于地形而存在的。地形的变化直接影响到空间的效果和人们的感受，还影响到园林种种要素的布置。在现代园林设计中，对原有地形进行利用或重新塑造，可以有效地进行地形排水、改善种植条件、丰富园林景观及分隔园林空间等。

（1）改善植物种植环境　利用和改善种植环境，可以为植物创造有利的生长环境。坡度和坡向不同，受到的阳光照射也就不同，其光线、温度和湿度条件有明显差异。地形有平坦、起伏、凹凸、阶梯形等不同类型，可形成阴、阳、向、背等不同条件，又可以使沼生、水生植物各得其所。通常认为坡度 5%~20%的斜坡接受阳光充足，湿度适中，是最适合植物成长的良好坡地。

（2）利用地形自然排水　利用地形的起伏变化，可以及时排除雨水，防止积涝成灾，避免引起地表径流，产生坡面泥土滑动，从而有效地保证土壤稳定，巩固了建筑和道路的基础。同时，也减少了修筑人工排水沟渠的工程量。从长远考虑，还可将雨水引入附近绿地，采用自然水灌溉，形成水的生态良性循环。地形排水的效果与坡度有很大的联系，只有设计适度的起伏、适中的坡长才具有较好的排水条件。除坡度以外，土壤渗水性也会对排水效果造成一定影响。

图 13-5　流水别墅

（3）分隔园林空间　利用地形可以有效地、自然而然地分隔园林空间，使之形成功能各异的区域，为人们不同的活动需要提供场所。地形的分隔方式与其他分隔方式不同，不像围墙和栏杆那样把空间生硬地分割出来。它的空间分割性不明显，是一种缓慢的过渡。在视线上几乎没有物体阻挡，景观连续较强。当人行走在高低起伏的地势上，会不断地变换视点。即便是同样的景观，处在不同位置观赏，也会得到不同的感受。

（4）丰富园林景观　虽然地形并不是主要的观赏对象，在园林中也不十分突出，但它却对景观的表现起到了决定性的影响。如果园林所有的景观都处在同一平面上，就会显得单调乏味。经过精心设计和处理过的地形，则能够打破沉闷的格局，丰富景观层次，如图 13-5 所示流水别墅，依地势而建，高低起伏，利用地形丰富了立面构图。

13.1.3 园林竖向设计的任务

竖向设计的目的是改造和利用地形，使确定的设计标高和设计地面能够满足园林道路场地、建筑及其他建设工程对地形的合理要求，保证地面水能够有组织地排除，并力争使土石方量最小。园林竖向设计的基本任务主要有下列几个方面。

- 根据有关规范要求，确定园林中道路、场地的标高和坡度，使之与场地内外的建筑物、构筑物的有关标高相适应，使场地标高与道路连接处的标高相适应。
- 确定原有地形的各处坡地、平地标高和坡度是否继续适用，如不能满足规划的功能要求，则确定相应的地面设计标高和场地的整平标高。
- 应用设计等高线法、纵横断面设计法等，对园林内的湖区、土山区、草坪区等进行改造地形的竖向设计，使这些区域的地形能够适应各自造景和功能的需要。
- 拟定园林各处场地的排水组织方式，确立全园的排水系统，保证排水通畅，保证地面不积水，不受山洪冲刷。
- 计算土石方工程量，并进行设计标高的调整，使挖方量和填方量接近平衡；并做好挖、填土方量的调配安装，尽量使土石方工程总量达到最小。
- 根据排水和护坡的实际需要，合理配置必要的排水构筑物如截水沟、排洪沟、排水渠和工程构筑物如挡土墙、护坡等，建立完整的排水管渠系统和土地保护系统。
- 园林中不同功能的设施用地，在进行竖向布置时的侧重点是有所不同的。如游乐场用地主要应满足多种游乐机械顺利安装和安全运转的需要，园景广场的竖向设计则主要应考虑场地整平和通畅排水的需要等，都要在设计中分别对待。

13.1.4 地形的表示方法

地形的表示采用图示和标注的方法。等高线法是地形最基本的图示表示方法，在此基础上可获得地形的其他直观表示法。标注法则主要用来标注地形上某些特殊点的高程。

（1）等高线法　等高线法在园林设计中使用最多，一般地形测绘图都是用等高线或点标高表示的。在绘有原地形等高线的底图上用设计等高线进行地形改造或创作，在同一张图纸上便可表达原有地形、设计地形状况及公园的平面布置、各部分的高程关系。

等高线是一组垂直间距相等、平行于水平面的假想面，与自然地貌相交切所得到的交线在平面上的投影如图 13-6 所示。给这组投影线标注上相应的数值，便可用它在图纸上表示地形的高低陡缓、峰峦位置、坡谷走向及溪池的深度等内容。等高线有如下特点。

- 在同一条等高线上的所有的点，其高程都相等。每一条等高线都是闭合的。
- 由于园界或图框的限制，在图纸上不一定每根等高线都能闭合，但实际上它们还是闭合的。

- 等高线的水平间距的大小，表示地形的缓和陡。如疏则缓，密则陡。等高线的间距相等，表示该坡面的角度相等，如果该组等高线平直，则表示该地形是一处平整过的同一坡度的斜坡。
- 等高线一般不相交或重叠，只有在悬崖处等高线才可能出现相交情况。在某些垂直于地平面的峭壁、地坎或挡土墙驳岸处等高线才会重合在一起。
- 等高线在图纸上不能直穿横过河谷、堤岸和道路等。

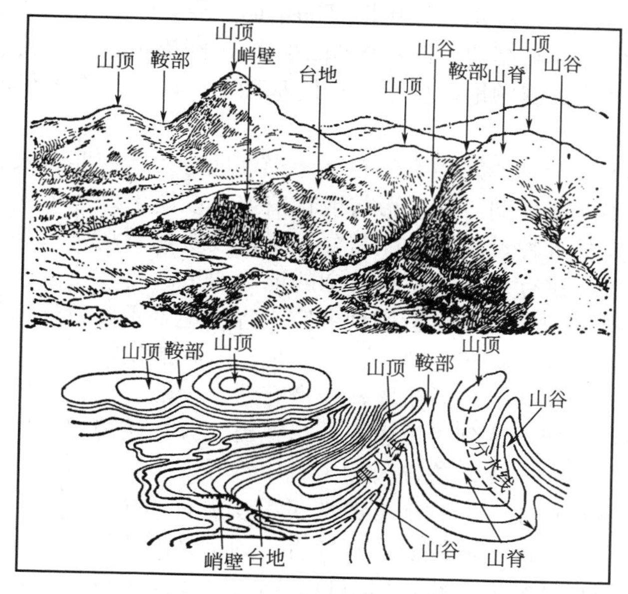

图 13-6　等高线形成示意图

（2）坡级法　在地形图上，用坡度等级表示地形的陡缓和分布的方法称作坡级法。这种图示方法较直观，便于了解和分析地形，常用于基地现状和坡度分析图中。坡度等级根据等高距的大小、地形的复杂程度以及各种活动内容对坡度的要求进行划分。

（3）分布法　分布法是地形的另一种直观表示法，将整个地形的高程划分成间距相等的几个等级，并用单色加以渲染，各高度等级的色度随着高程从低到高的变化也逐渐由浅变深。地形分布图主要用于表示基地范围内地变化的程度、地形的分布和走向。

（4）高程标注法　当需表示地形图中某些特殊的地形点时，可用十字或圆点标记这些点，并在标记旁注上该点到参照面的高程，高程常注写到小数点后第二位，这些点常处于等高线之间，这种地形表示法称为高程标注法。高程标注法适用于标注建筑物的转角、墙体和坡面等顶面和底面的高程，以及地形图中最高和最低等特殊点的高程。因此，场地平整、场地规划等施工图中常用高程标注法。

13.2　竖向设计基础

园林竖向设计应与园林绿地总体规划同时进行。在设计中，必须处理好自然地形和园林建筑工程中各单项工程（如园路、工程管线、园桥、构筑物、建筑等）之间的空间关系，做到园林工程经济合理、环境质量舒适良好、风景景观优美动人。这是园林竖向设计的基本工程目标所在，而不仅仅是安排若干竖向标高数字以及使土方平衡的问题。

13.2.1 地形设计原则

竖向设计是直接塑造园林立面形象的重要工作。其设计质量的好坏，设计所定各项技术经济指标的高低，设计的艺术水平如何，都将对园林建设的全局造成影响。因此，在设计中除了要反复比较、深入研究、审慎落笔之外，还要遵循以下几方面的设计原则。

（1）功能优先，造景并重　进行竖向设计时，首先要考虑使园林地形的起伏高低变化能够适应各种功能设施的需要。对建筑、场地等的用地，要设计为平地地形；对水体用地，要调整好水底标高、水面标高和岸边标高；对园路用地，则依山随势，灵活掌握，只控制好最大纵坡、最小排水坡度等关键的地形要素。在此基础上，同时注重地形的造景作用，尽量使地形变化适合造景需要。

（2）利用为主，改造为辅　对原有的自然地形、地势、地貌要深入分析，能够利用的就尽量利用；做到尽量不动或少动原有地形与现状植被，以便更好地体现原有乡土风貌和地方的环境特色。在结合园林各种设施的功能需要、工程投资和景观要求等多方面综合因素的基础上，采取必要的措施，进行局部的、小范围的地形改造。

（3）因地制宜，顺应自然　造园应因地制宜，宜平地处不要设计为坡地，不宜种植处也不要设计为林地。地形设计要顺应自然，自成天趣。景物的安排、空间的处理、意境的表达都要力求依山就势，高低起伏，前后错落，疏密有致，灵活自由。就低挖池，就高堆山，使园林地形合乎自然山水规律，达到“虽由人作，宛自天开”的境界。同时，也要使园林建筑与自然地形紧密结合，浑然一体，仿佛天然生就，难寻人为痕迹。

（4）就地取材，就近施工　园林地形改造工程在现有的技术条件下，是造园经费开支比较大的项目，如能够在这方面节约经费，其经济上的意义就比较大。就地取材无疑是最为经济的做法。自然植被的直接利用、建筑用石材、河砂等的就地取用，都能够节省大量的经费开支。因此，地形设计中，要优先考虑使用自有的天然材料和本地生产的材料。

（5）填挖结合，土方平衡　地形竖向设计必须与园林总体规划及主要建设项目的设计同步进行。不论在规划中还是在竖向设计中，都要考虑使地形改造中的挖方工程量和填方工程量基本相等，也就是要使土方平衡。当挖方量大于填方量较多时，也要坚持就地平衡，在园林内部堆填处理。当挖方量小于应有的填方量时，也还是要坚持就近取土，就近填方。

13.2.2 不同类型的地形处理技巧

地形设计往往和竖向设计相结合，包括确定高程、坡度、朝向、排水方式等。园林地形丰富多样，处理方法也各不相同。具体情况具体分析，不能以偏概全。下面将以广场、山丘、园路、街道和滨水绿地为例，讲解不同类型的地形处理技巧。

（1）广场地形　广场是园林中面积最大的公共空间，它能够反映一个园林环境甚至是一个城市的文化特征，被赋予“城市客厅”的美誉。在广场设计中，常常将其地形进行抬高或下沉处理。对于纪念性为主题的园林来说，适合用抬高处理，抬高的纪念塔、纪念碑等主题性建筑的基座，可以使人们在瞻仰时，油然而生一种崇敬之性。抬高地形后，最好在两侧种植植物，对灌木进行整形修剪，使其随台阶高低起伏产生节奏感。

对于没有明显主景的休闲广场来说，常常作下沉地形处理，形成下沉式广场，如果举办文艺表演，地形四周可以设置坐凳，如图 13-4 所示静安寺的下沉广场。当人们坐在看台上时，视线的汇集处正好是下沉广场的中心，另外还可以作为交通缓冲地段。

（2）山丘　对于起伏较小的山丘、坡地等微地形来说，最好不要大面积的调整，应该尽量利用原有的地形。这样不但可以减少土方工程量，还可以避免对原地形的破坏。如果原本

就是抬高的地形，可以考虑设计成高低起伏的土丘；如果原来是低洼地形，可以就势做成水池。如果地形的坡度大于 8%，应该使用台阶连接不同高程的地坪。

（3）园路　对于园路的设计，可以处理成高低起伏的状态，或者可以使用步道、台阶缓冲平坦的路面。使人们在游览过程中，因地势的变化放慢步伐，增加观赏时间，同时也能缓解疲劳。园路随地形和景物而曲折起伏，若隐若现，可以遮挡游人视线，造成“山重水复疑无路，柳暗花明又一村”的情趣，如图 13-7 所示。园路两侧的地势抬高，呈坡状延伸到排水沟渠，还可以满足排水的要求。

（4）街道绿地　街道绿地是街道景观的要素，也是城市的形象工程。街道两旁提高绿化率有诸多好处，如降低噪声、吸附尾气和粉尘，还可以遮阴纳凉。为了创造良好的视觉效果，除了合理搭配各种植物，形成丰富的种植层次以外，适当的地形处理也非常重要。处理地形时可做成一定的坡度，可以丰富景观的层次，还可以更加有效地发挥植物阻止尾气、粉尘、噪声扩散的作用，如图 13-8 所示。

图 13-7　园路

图 13-8　街道绿地

（5）滨水绿地　路堤、河岸等滨水绿地连接着水与路面。高速公路的路堤常常做成斜坡状，或者做成台阶，缓慢延伸到低处的绿地或水面。而河岸线蜿蜒起伏，随地形发生变化，常常采用沙滩或者草地模式使其缓慢过渡，使绿地或水体与路面没有过于清晰的边界。如果水体较为宽阔，还可人工建造出岛、洲、滩等景观。在路堤、河岸上种植植物，增加绿化，还可以固土护坡，防止冲刷，如图 13-9 所示。

图 13-9　滨水绿地

13.3 绘制竖向设计图

在制图过程中，要将其单独作为一个图层，便于修改、管理，统一设置图线的颜色、线型、线宽等参数，使得图纸规范、统一、美观。

13.3.1 绘制标高符号

【课堂举例 13-1】绘制标高符号

01 单击【快速访问】工具栏中的【打开】按钮，打开“第 12 章\竖向设计图.dwg”素材文件，如图 13-10 所示。

02 调用 L【直线】命令，绘制长度为 3 的竖直直线。

03 继续调用 L【直线】命令，设置极轴追踪角度为 45°，绘制三角形，如图 13-11 所示。

04 调用 H【图案填充】命令，选择 SOLID 图案，填充绘制的三角形。

05 调用 ATT【定义属性】命令，打开如图 13-12 所示的【属性定义】对话框。

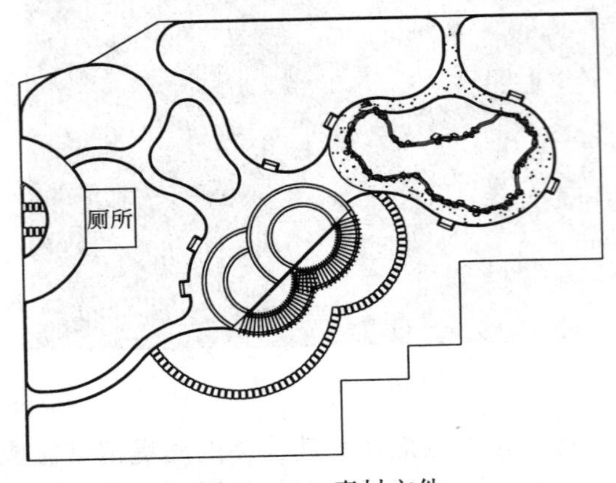

图 13-10 素材文件

图 13-11 绘制标高符号

06 在【属性定义】对话框中，【属性】选项组中设置参数，如图 13-13 所示。

07 单击【确定】按钮，将属性数值指定至标高符号正上方，如图 13-14 所示。

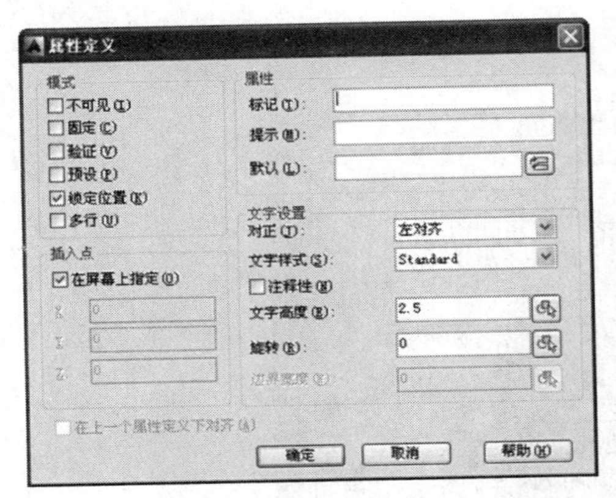

图 13-12 【属性定义】对话框

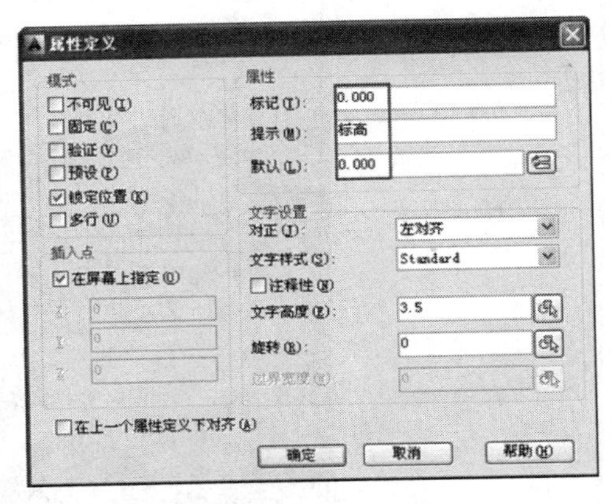

图 13-13 设置参数

08 调用 B【创建块】命令，将绘制好的标高符号创建为块，设置名称为“道路标高”。

09 使用相同的方法将“等高线标高”、“水体标高”定义为属性块，标高符号绘制完成，如图 13-15 所示。

图 13-14　指定位置

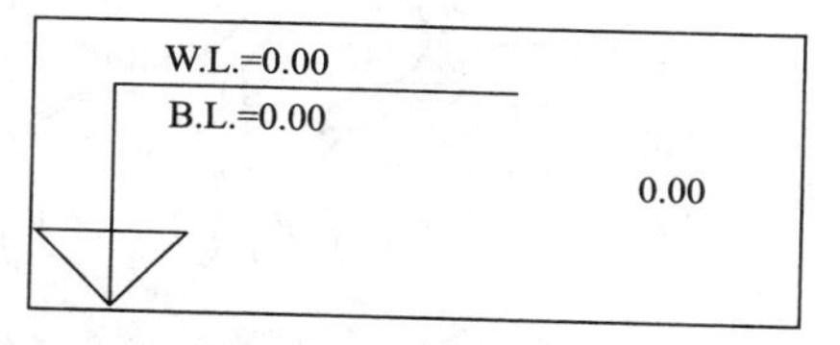

图 13-15　水体标高符号和等高线标高值

13.3.2 标注标高

【课堂举例 13-2】标注标高

13.3.2.1　绘制等高线

01 将“等高线”图层置为当前，设置线型全局比例为 50；调用 SPL【样条曲线】命令，绘制等高线，使用【夹点编辑】命令稍微整理样条曲线，效果如图 13-16 所示。

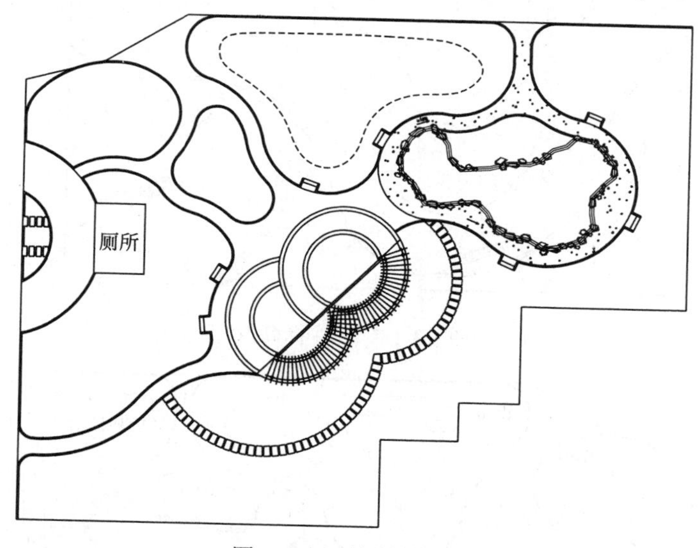

图 13-16　绘制等高线

02 继续使用 SPL【样条曲线】命令，绘制等高线，完成效果如图 13-17 所示。

03 将“标注”图层置为当前，调用 I【插入】命令，选择“等高线标高”图块，在平面图中指定合适插入点，指定插入点后在弹出的【编辑属性】对话框中输入“0.45”，效果如图 13-18 所示。

04 使用相同的方法完成等高线标高的标注，效果如图 13-19 所示。

13.3.2.2　绘制道路广场标高

01 调用 I【插入】命令，选择“道路标高”图块，设置插入比例为 200，在平面图中指定合适的插入点；指定插入点后在【编辑属性】对话框中输入“0.400”，单击【确定】按钮，完成插入效果如图 13-20 所示。

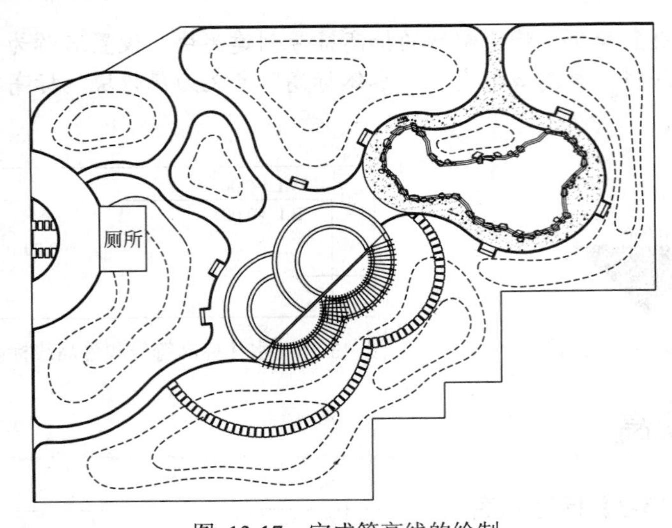

图 13-17 完成等高线的绘制

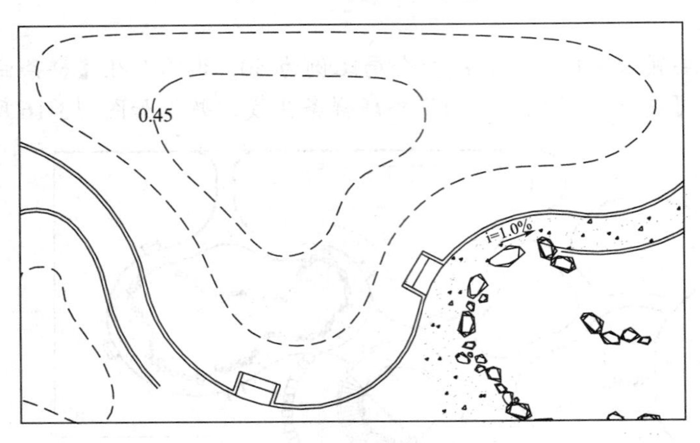

图 13-18 标注标高值

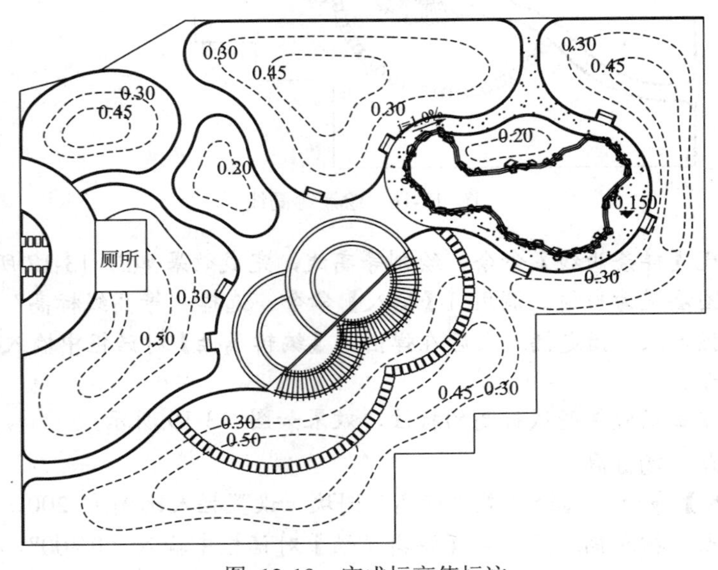

图 13-19 完成标高值标注

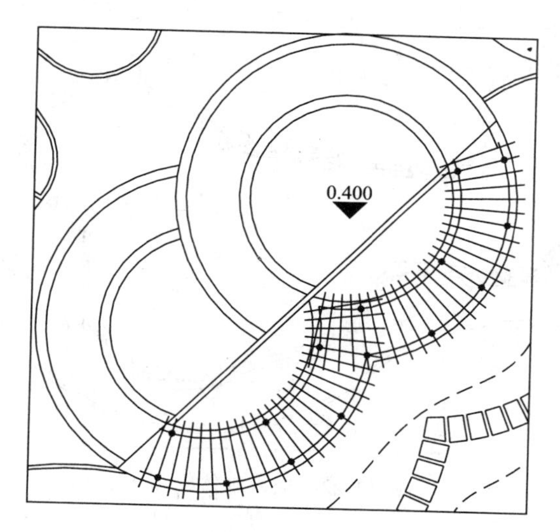

图 13-20　插入“道路标高”属性块

02 使用相同的方法，完成道路和广场的标高，效果如图 13-21 所示。

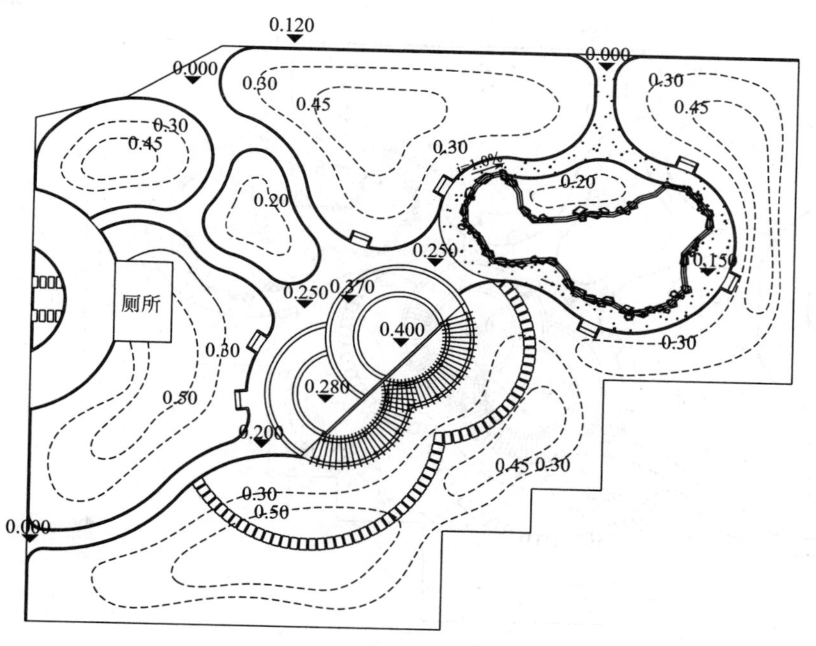

图 13-21　完成道路广场标高

13.3.2.3　绘制水体标高

01 调用 I【插入】命令，选择“水体标高”图块，设置插入比例为 200，在平面图中指定相应的位置作为插入点，指定插入点后，在弹出的【编辑属性】对话框中输入相应的参数，插入效果如图 13-22 所示。

02 调用 MT【多行文字】命令，PL【多段线】命令，绘制图名和指北针，并移动至合适的位置，最终效果如图 13-23 所示，竖向设计图绘制完成。

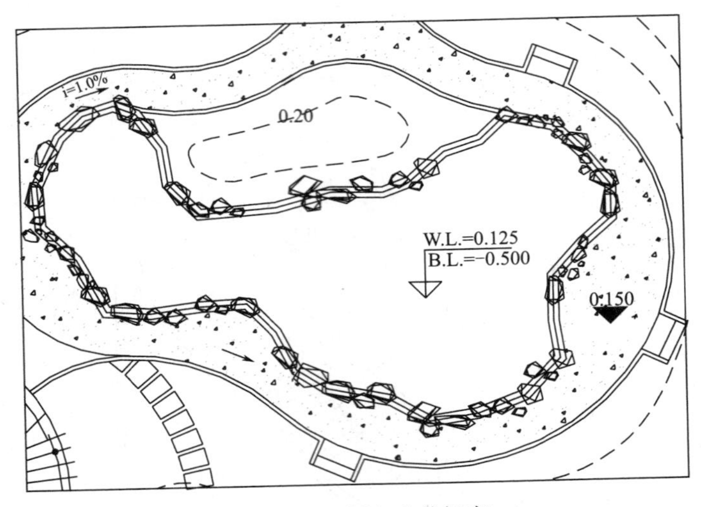

图 13-22　插入水体标高

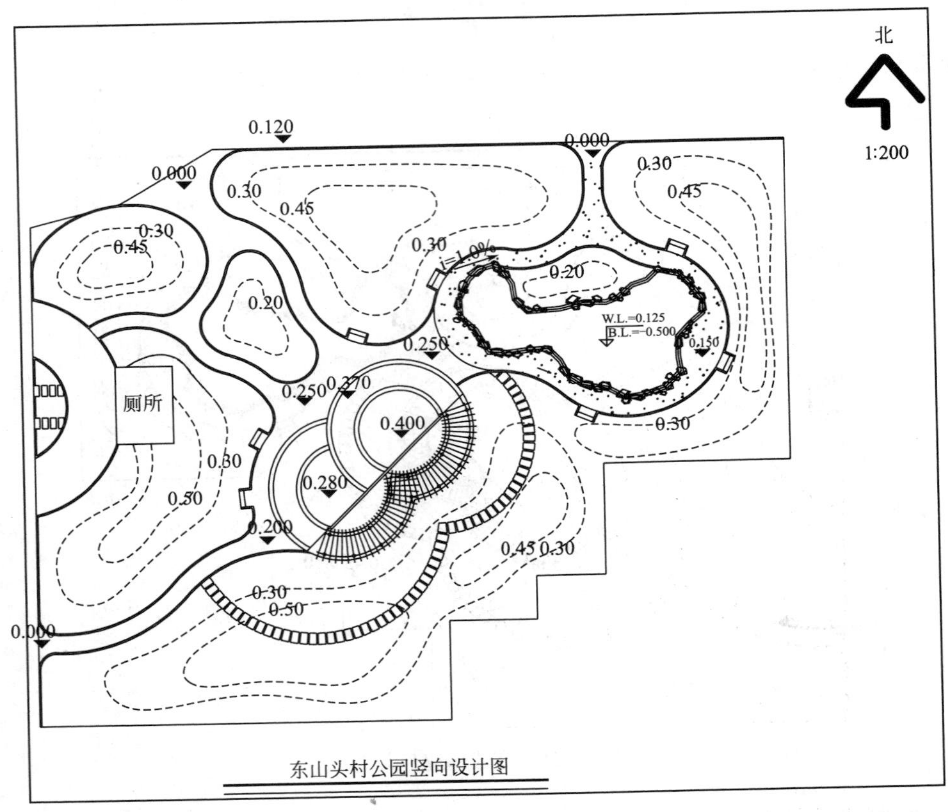

图 13-23　最终效果

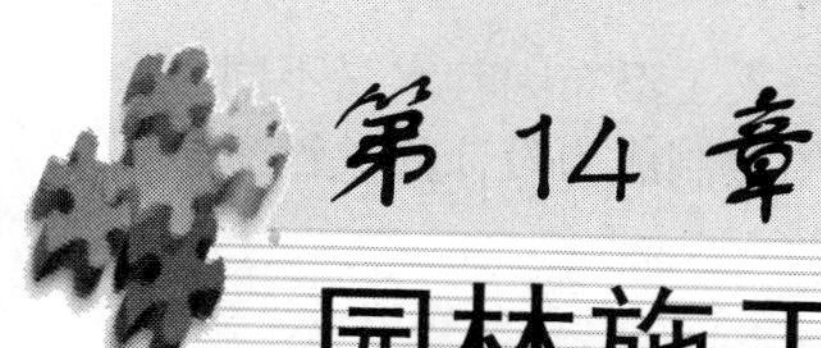

第 14 章 园林施工详图

在初步设计批准后，进行施工图设计。施工详图主要有土方工程、建筑小品工程、植物种植工程、管线工程等几大类，下面将分类介绍。所有工程施工图都要标出图名、比例及方位。

14.1 水景工程

水是构成景观的重要因素。水极具可塑性、可静止、可活动、可发出声音，还可以映射周围景物，所以可单独作为艺术品的主体，也可以与建筑物、雕塑、植物或其他艺术品组合，创造出独具风格的作品

14.1.1 水景施工图设计要求

水景工程由建筑工程和驳岸工程两部分合成。湖、河、池塘等水体施工，除土方外，均为驳岸施工加底部防水层铺设。而立体建筑物（跌水、喷泉）的施工则为建筑施工加防水层铺设。

14.1.1.1 生态水池

生态水池是适合于水下动植物生长，又能美化环境、调节小气候供人观赏的水景。在居住区里生态水池多饲养观赏鱼、虫和水生植物（如鱼草、芦苇、荷花等），营造动物和植物互生互养的生态环境。水池的深度应根据饲养鱼的种类、数量和水草在水下生存的深度而确定。一般在 0.3～1.5m，为了防止陆上动物的侵扰，池边平面与水面需保证有适当的高差。水池壁与池底需平整以免伤鱼。池壁与池底以深色为佳。不足 0.3m 的浅水池，池底可作艺术处理，显示水的清澈透明。池底与池畔宜设隔水层，池底隔水层覆盖 0.3～0.5m 厚土，种植水草。

14.1.1.2 人工溪流

为了使居住区内环境景观在视觉上更为开阔，可适当地增大宽度或使溪流蜿蜒曲折。溪流水岸宜采用散石和块石，并与水生或湿地植物的配置相结合，减少人工造景的痕迹。溪流的形态应根据环境条件、水量、流速、水深、水面宽和所用材料进行合理的设计。溪流分可涉入式和不可涉入式两种。可涉入式溪流的深度应小于 0.3m，以防儿童溺水，同时水底应作防滑处理。可供儿童嬉水的溪流，应安装水循环和过滤装置。不可涉入式溪流宜种养适应当地气候条件的水生动植物，增强观赏性和趣味性。

溪流的坡度应根据地理条件及排水要求而定。普通溪流的坡度宜为 0.5%，急流处为 3% 左右，缓流处不超过 1%。溪流宽度宜在 1～2m，水深一般为 0.3～1m 左右，超过 0.4m 时，应在溪流边采取防护措施（如石栏、木栏、矮墙等）。

14.1.1.3 人工瀑布

人工瀑布按其跌落形式分为滑落式、阶梯式、幕布式、丝带式等多种，并模仿自然景观，采用天然石材或仿石材设置瀑布的背景和引导水的流向（如景石、分流式、承瀑石等）。考虑到观赏效果，不宜采用平整饰面的白色花岗岩作为落水墙体。为了确保瀑布沿墙体、山体平

稳滑落，应对落水口处山石作卷边处理，或对墙面作坡面处理。人工瀑布因其水量不同，会产生不同视觉、听觉效果，因此，落水口的水流量和落水高差的控制成为设计的关键参数，居住区内的人工瀑布落差宜在 1m 以下。

14.1.1.4　跌水

跌水是呈阶梯式的多级跌落瀑布，其梯级宽高比宜在 (3:2)～(1:1) 之间，梯面宽度宜在 0.3～1.0m 之间。

14.1.1.5　游泳池

居住区泳池设计必须符合游泳池设计的相关规定。泳池平面不宜做成正规比赛用池，池边尽可能采用优美的曲线，以加强水的动感。泳池根据功能需要尽可能分为儿童泳池和成人泳池，儿童泳池深度以 0.6～0.9m 为宜，成人泳池为 1.2～2.0m。儿童池与成人池可统一考虑设计，一般将儿童泳池放在较高位置，水经阶梯式或斜坡式跌水流入成人泳池，既保证了安全又可丰富泳池的造型。池岸必须作圆角处理，铺设软质渗水地面或防滑地砖。泳池周围多种灌木和乔木，并可提供休息和遮阳设施，有条件的可设计更衣室和供野餐的设备及区域。

14.1.1.6　驳岸工程

驳岸施工图包括驳岸平面图及纵断面（剖面）详图。

平面图表示的是水体边界线的位置及形状。纵断面图要标出驳岸的材料、构造、尺寸、施工做法及一些主要部位（如岸顶、最高水位、基础底面）的标高。

对构造不同的驳岸应分段绘制纵断面图。在平面图上应逐渐标注详图索引符号。

由于驳岸线平面形状多为自然曲线，无法标注各部分尺寸，为了便于施工，一般采用方格网控制。方格网的轴线编号应与总平面图相符。

14.1.2　绘制喷泉

喷泉是园林景观中常见的主景，不仅是视线的焦点，也是整个景观十分重要的组成部分。

【课堂举例 14-1】绘制雕塑喷泉施工图

14.1.2.1　绘制雕塑喷泉平面图

01　单击【快速访问】工具栏中的【新建】按钮，新建空白文件。

02　调用 LA【图层特性管理器】命令，新建图层，如图 14-1 所示。

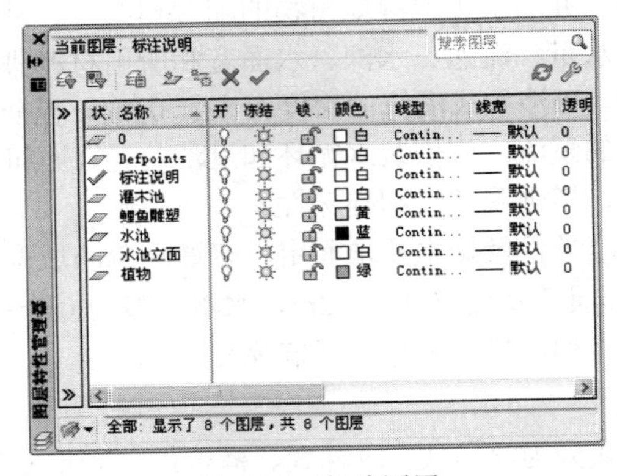

图 14-1　新建图层

03　将“鲤鱼雕塑”图层置为当前，调用 C【圆】命令，绘制半径依次为 116、150、191、238、

292、353、414、495、604、711、750 的同心圆；调用 L【直线】命令，绘制十字交叉线段，表示喷泉口，并将半径为 711 的圆和交叉线段颜色修改为“蓝色”，如图 14-2 所示。

04 将“灌木池”图层置为当前，继续调用 C【圆】命令，绘制半径为 2000、2500 的同心圆，表示灌木池，如图 14-3 所示。

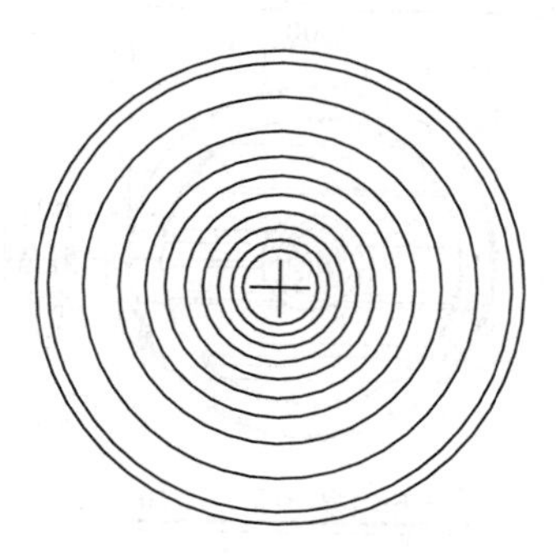

图 14-2　绘制鲤鱼雕塑

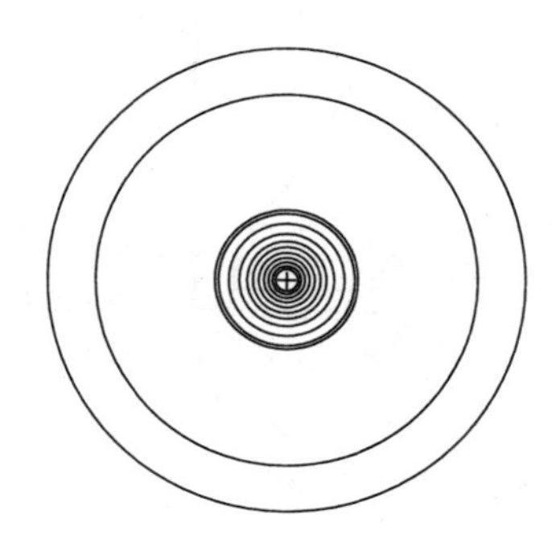

图 14-3　绘制灌木池

05 将“水池”图层置为当前，调用 H【图案填充】命令，选择预定义 AR-RROOF 图案，设置填充比例为 25，其他参数保持默认，拾取水池区域，填充图案，效果如图 14-4 所示。

06 将“植物”图层置为当前，调用 PL【多段线】命令，绘制绿篱内轮廓，如图 14-5 所示。

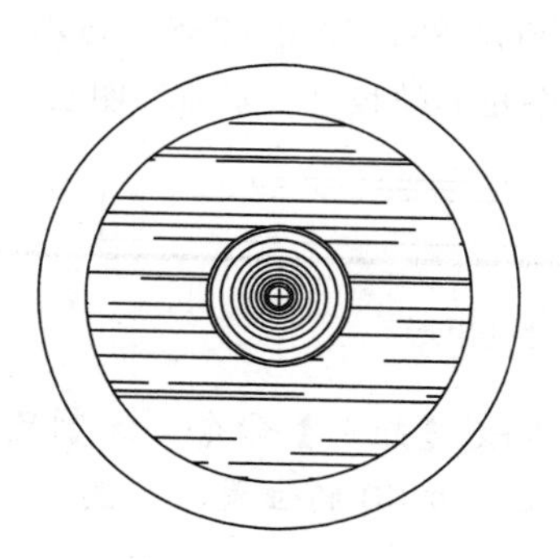

图 14-4　填充水池

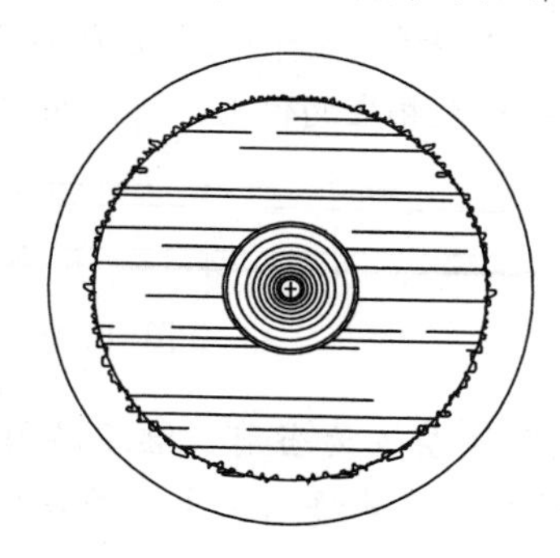

图 14-5　绘制绿篱轮廓

07 使用相同的方法，绘制绿篱外侧轮廓，完成绿篱的绘制，如图 14-6 所示。

08 调用 DLI【线性标注】命令，标注图形，如图 14-7 所示。

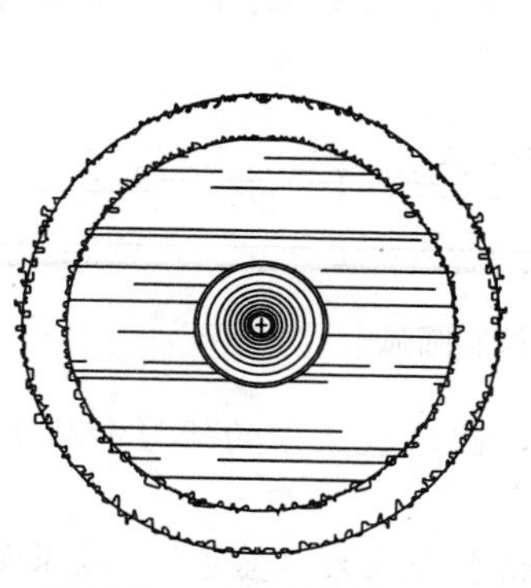

图 14-6　完成绿篱绘制

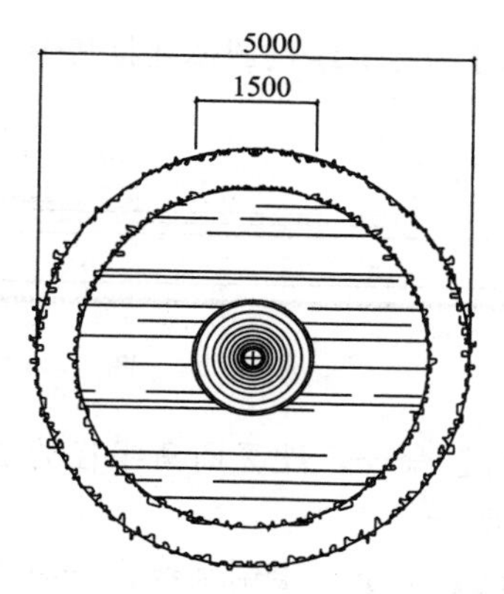

图 14-7　标注尺寸

09 将“标注说明”图层置为当前，调用 MLD【多重引线】命令，标注文字说明，如图 14-8 所示。

10 调用 I【插入】命令，选择“图名”属性块，插入至平面图合适的位置，完成平面图的绘制，效果如图 14-9 所示。

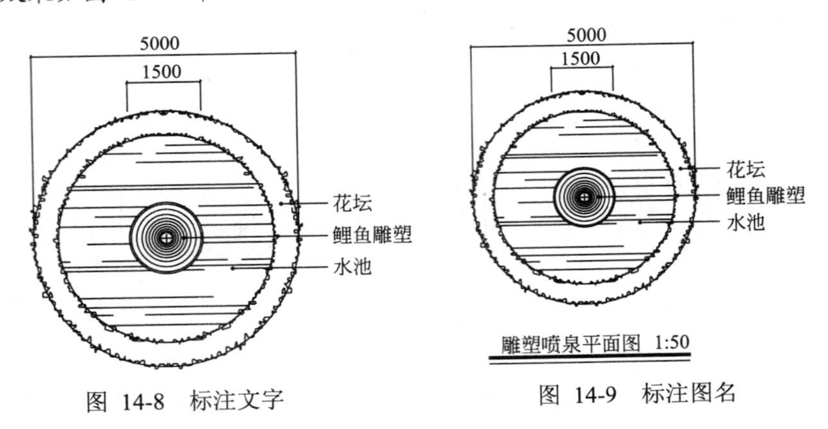

图 14-8 标注文字　　图 14-9 标注图名

14.1.2.2 绘制雕塑喷泉立面图

01 将“灌木池”图层置为当前，调用 PL【多段线】命令，绘制长度约为 7000、宽度为 20 的多段线，表示地平线。

02 调用 REC【矩形】命令，绘制尺寸分别为 5000 × 88、5000 × 288、3590 × 56、3645 × 50 的矩形，并依次移动至相应的位置，将上面两个矩形转换至“水池”图层，如图 14-10 所示。

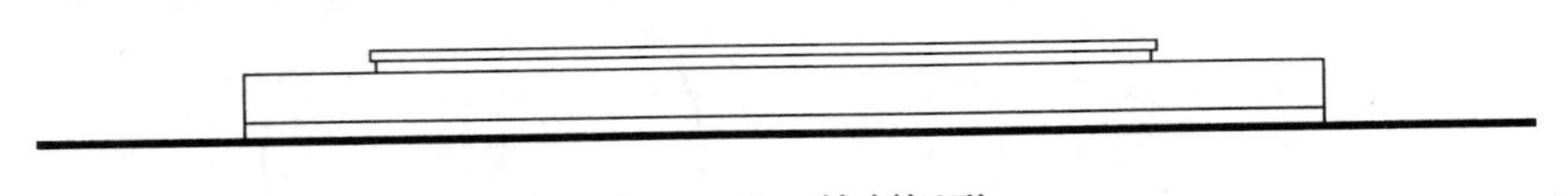

图 14-10 绘制矩形

03 将“水池立面”图层置为当前，继续调用 REC【矩形】命令，绘制尺寸为 1205 × 20、1255 × 50 的矩形，将其移动至上一步矩形正上方 40 的位置，如图 14-11 所示。

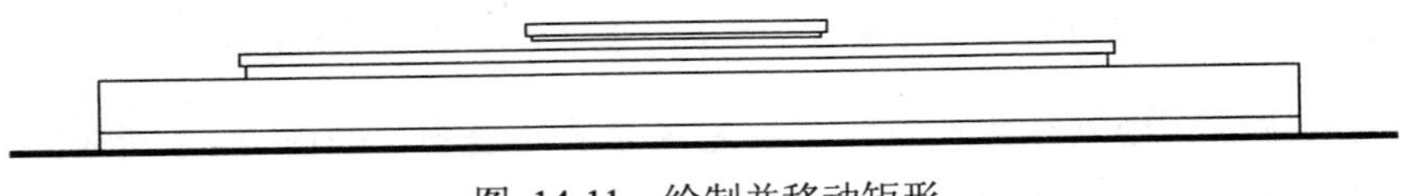

图 14-11 绘制并移动矩形

04 调用 A【圆弧】命令，绘制圆弧连接矩形，并调用 MI【镜像】命令，镜像圆弧，如图 14-12 所示。

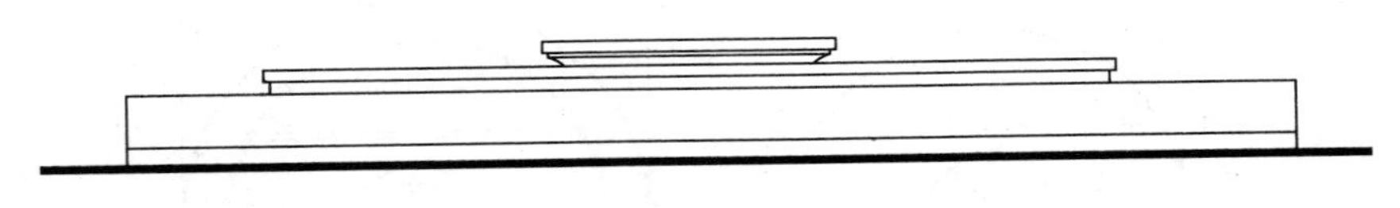

图 14-12 绘制圆弧

05 调用 F【圆角】命令，设置圆角半径为 25，圆角最上方的矩形和从上至下第三个矩形，如图 14-13 所示。

06 调用 L【直线】命令，绘制直线，并将其颜色修改为“蓝色”，效果如图 14-14 所示。

07 将“植物”图层置为当前，调用 PL【多段线】命令，绘制绿篱轮廓，效果如图 14-15 所示。

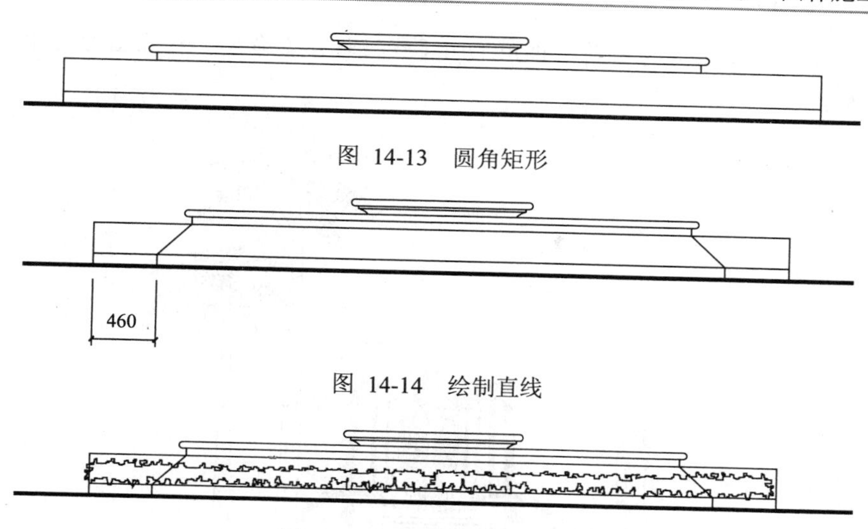

图 14-13　圆角矩形

图 14-14　绘制直线

图 14-15　绘制绿篱立面轮廓

08 调用 I【插入】命令，选择“鲤鱼雕塑”图块，指定合适插入点，插入至立面图中，效果如图 14-16 所示。

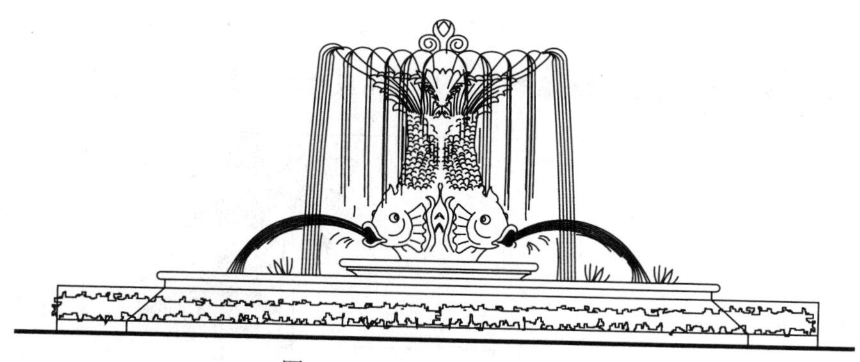

图 14-16　插入“鲤鱼雕塑”

09 继续调用 I【插入】命令，插入“人、植物”等图块，并修剪重合部分的线段，效果如图 14-17 所示。

图 14-17　插入其他图块

10 将“标注说明”图层置为当前，调用 DLI【线性标注】命令，标注图形尺寸，效果如图 14-18 所示。

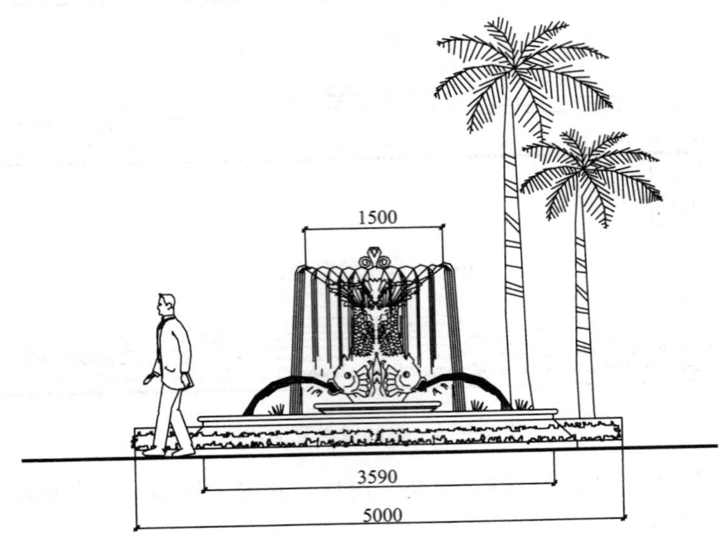

图 14-18 标注尺寸

11 调用 I【插入】命令，插入“标高”属性块，完成效果如图 14-19 所示。

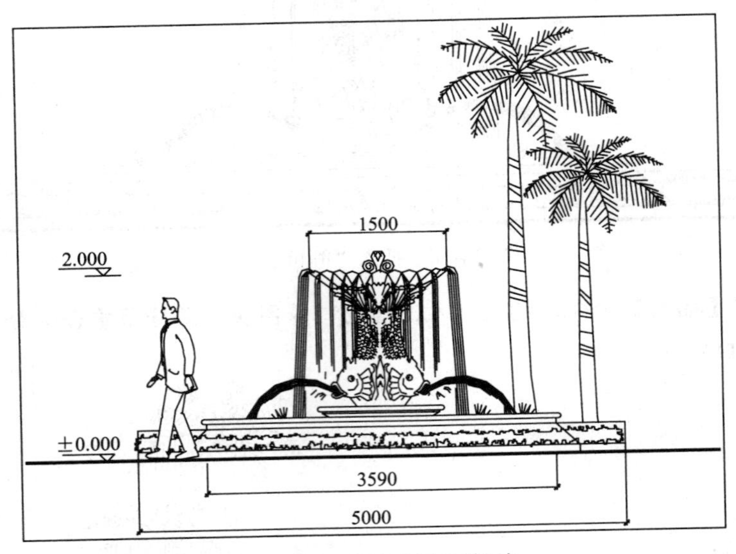

图 14-19 插入标高属性块

12 调用 I【插入】命令，选择“图名”属性块，插入图名，完成立面图的绘制，如图 14-20 所示。

14.1.3 绘制驳岸大样图

驳岸不仅起到亲水的作用，同时也能防止安全事故的发生，所以驳岸设计必须严谨，同时又能使其起到美化景观的作用。

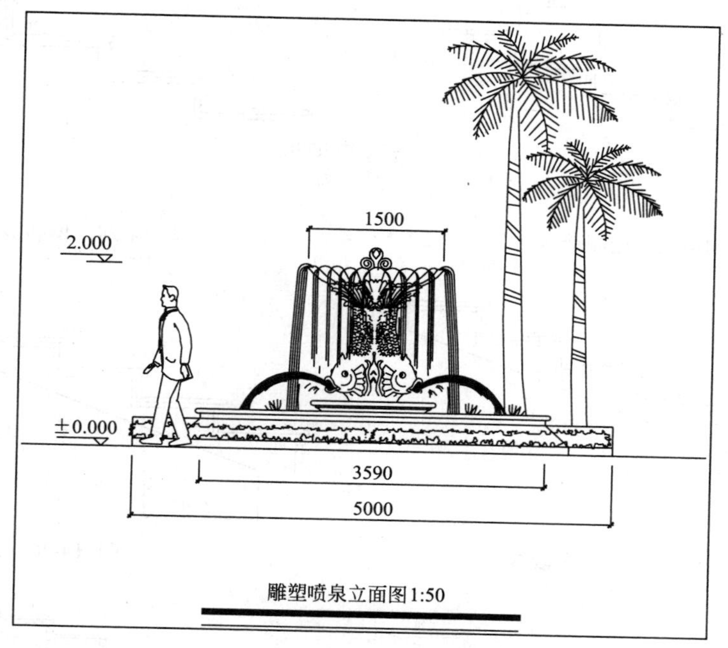

图 14-20　插入图名

【课堂举例 14-2】绘制驳岸大样图

01 按 Ctrl+N 快捷键，新建空白文件。

02 调用 LA【图层特性管理】命令，新建图层，如图 14-21 所示。

03 将“轮廓”图层置为当前，调用 L【直线】命令，绘制如图 14-22 所示直线。

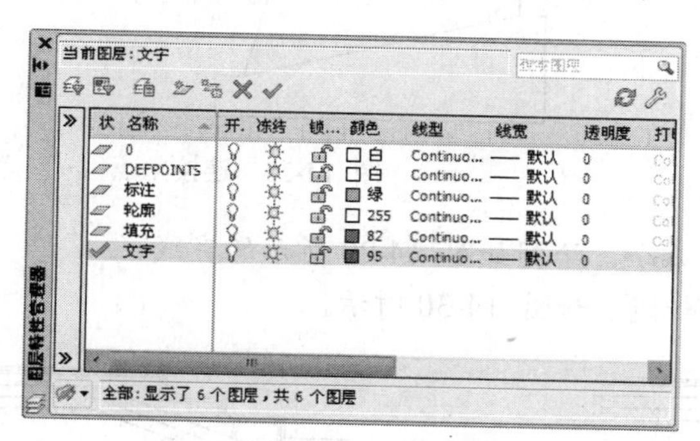

图 14-21　新建图层

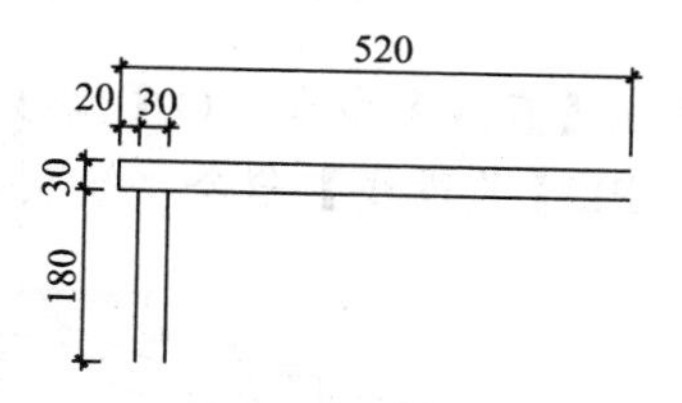

图 14-22　绘制直线

04 继续调用 L【直线】命令，绘制驳岸阶梯，如图 14-23 所示。

05 调用 PL【多段线】命令，沿踏步下侧边绘制多段线，调用 O【偏移】命令，偏移距离为 30；最后调用 TR【修剪】命令，修剪图形，效果如图 14-24 所示。

06 调用 PL【多段线】命令，绘制多段线，如图 14-25 所示。

07 调用【夹点编辑】命令，将上一步绘制的多段线进行夹点拉伸，如图 14-26 所示。

08 调用 PL【多段线】命令，绘制驳岸详结构，如图 14-27 所示。

09 调用 L【直线】命令，连接角点，如图 14-28 所示。

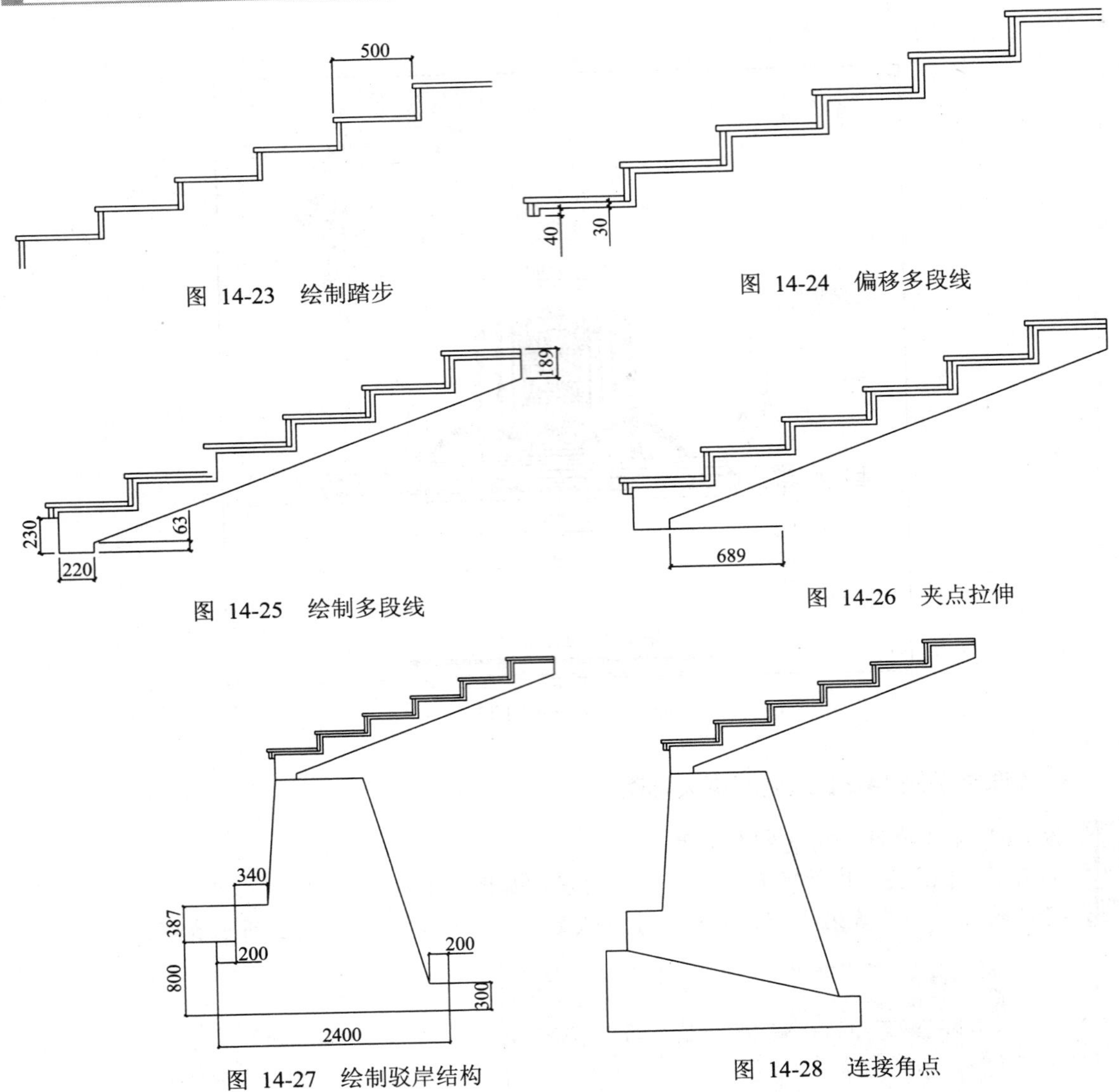

图 14-23 绘制踏步

图 14-24 偏移多段线

图 14-25 绘制多段线

图 14-26 夹点拉伸

图 14-27 绘制驳岸结构

图 14-28 连接角点

10 调用 L【直线】命令、O【偏移】命令，绘制如图 14-29 所示的直线。

11 调用 PL【多段线】命令，绘制折断线，如图 14-30 所示。

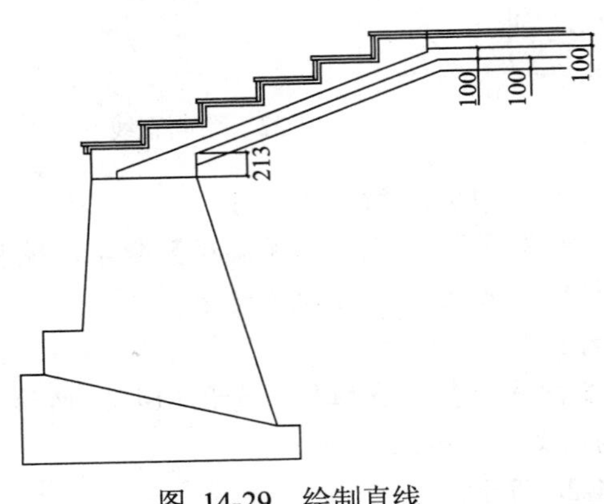

图 14-29 绘制直线

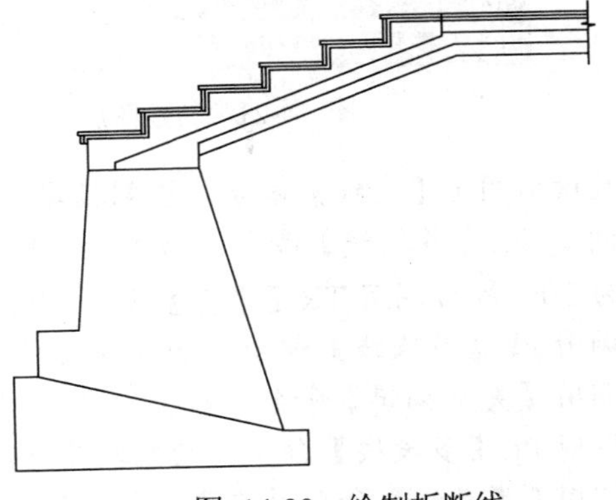

图 14-30 绘制折断线

12 调用 H【图案填充】命令，选择预定义 ANSI33 图案，设置填充比例为 5，其他参数保持默认，效果如图 14-31 所示。

13 使用相同的方法，完成图案的填充，效果如图 14-32 所示。

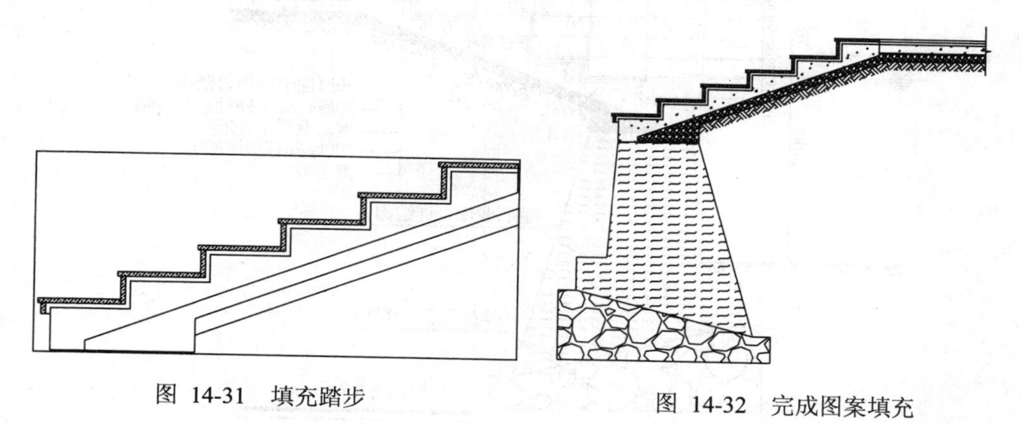

图 14-31　填充踏步

图 14-32　完成图案填充

14 调用 L【直线】、A【圆弧】、H【图案填充】等命令，绘制常水位线和水底线，如图 14-33 所示。

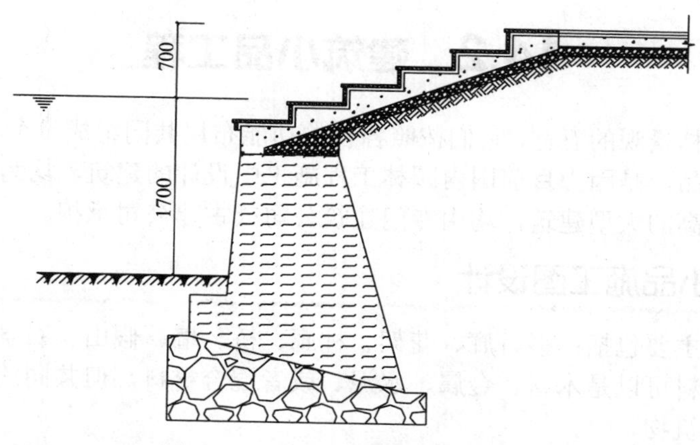

图 14-33　绘制常水位线和水底线

15 调用 I【插入】命令，插入“标高”属性块，结果如图 14-34 所示。

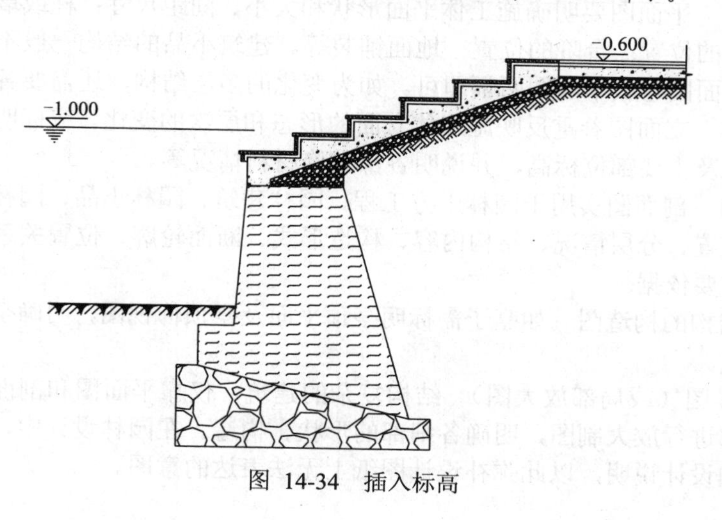

图 14-34　插入标高

16 使用前面介绍的方法，完成驳岸大样图的绘制，最终效果如图 14-35 所示。

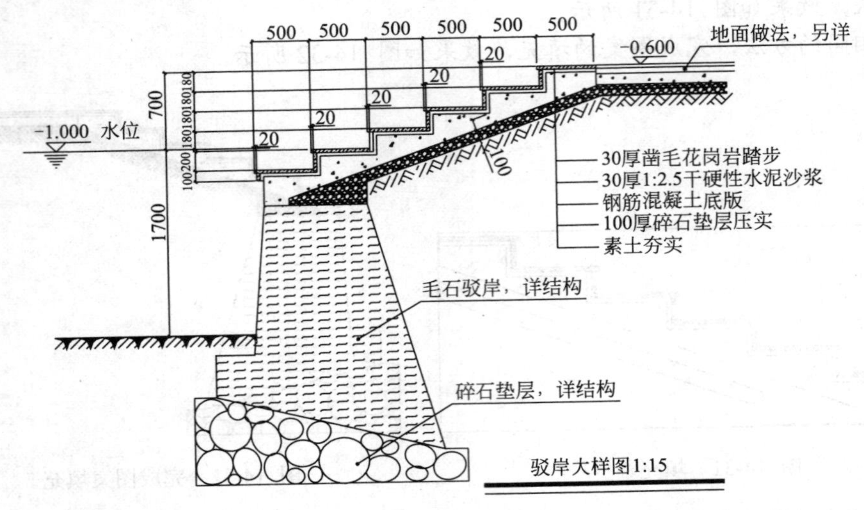

图 14-35 驳岸大样图效果

14.2 建筑小品工程

景观建筑是园林景观的五官，它们按照各自的功能布局共同组成一个和谐、生动的面容。之所以成为建筑小品，是因为目前国内园林工程施工中设计的建筑，均为简单建筑，而结构复杂称重大、造价高的大型建筑，均由专门建筑公司或古建公司承担。

14.2.1 建筑小品施工图设计

建筑小品工程主要包括：亭、廊、花架、柱廊、桥、墙、假山、石景等。这一类工程的结构有简有繁，材料可以是木材、金属、水泥、或者混合材料，但共同的特点是均为突出于地面之上的立体建筑物。

因此这类工程的图纸需要标明建筑物的形体、结构以及材料。其基本的图，需要有：顶平面图、立面图、底平面图 3 种。如结构较复杂，就需要加画剖面图、特殊结构的构造图、细部详图等。

（1）平面图　平面图要明确施工体平面形状和大小、间距尺寸；柱或墙的位置及横断面形状；内部设施的位置；台阶的位置；地面铺装等。建筑小品的结构一般不太复杂，因此平面图一般有顶平面图与底平面图两幅即可。如为变化的多层结构，还需要各层的平面图。

（2）立面图　立面图着重反映施工体立面的形态和层次的变化。应标明施工体外貌形状和内部构造情况及主要部位标高，并说明各部装修材料情况等。

（3）剖面图　剖面图实用于园林土方工程、园林建筑、园林小品、园林水景等。它主要揭示内部空间布置、分层情况、结构内容、构造形式、断面轮廓、位置关系以及造型尺度，是具体施工的重要依据。

（4）特殊结构的构造图　如亭子需标明亭顶平面及亭顶仰视图，明确亭顶平面及亭顶的形状和构造形式。

（5）细部详图（或局部放大图）　结构复杂的建筑，仅靠平面图和剖面图无法介绍清楚的，需对其局部进行放大制图，明确各细部的形状、构造。在园林设计中，除了各种设计图纸外，还需要加设计说明，以此弥补设计图纸上无法表达的意图。

14.2.2 绘制凉亭详图

园林建筑小品类型丰富多彩，主要有凉亭、花架、景墙、牌坊等；本节主要介绍凉亭施工图的绘制。

【课堂举例 14-3】绘制凉亭详图

14.2.2.1　绘制凉亭平面图

01 按 Ctrl+N 快捷键，新建空白文件。

02 调用 LA【图层特性管理器】命令，单击【新建】按钮，新建图层，如图 14-36 所示。

03 将“地面拼花”图层置为当前，调用 REC【矩形】命令，绘制尺寸为 3600×3600 的矩形，表示凉亭平面轮廓。

04 调用 O【偏移】命令，将矩形依次向内偏移 100、600、200，如图 14-37 所示。

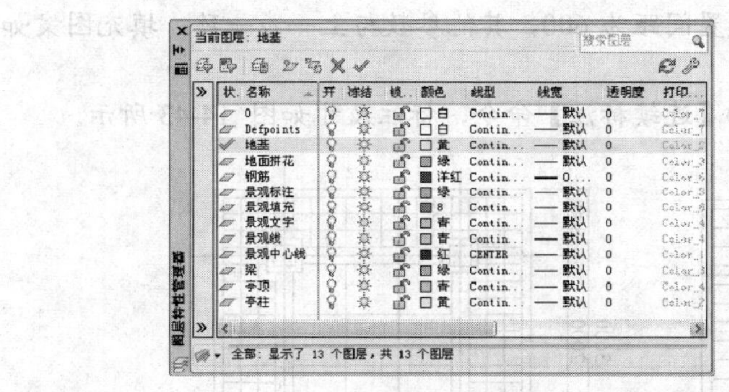

图 14-36　新建图层

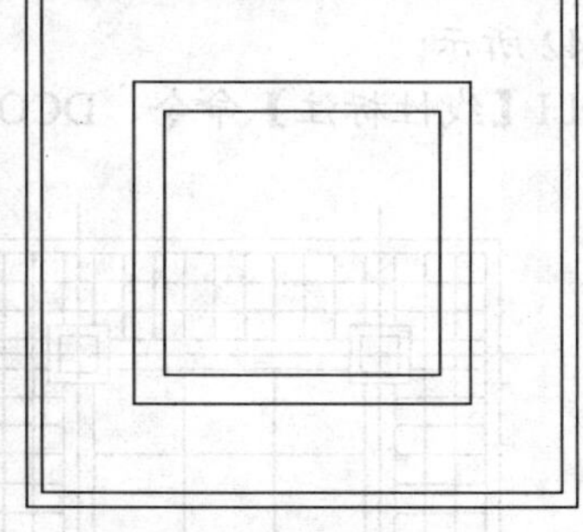

图 14-37　偏移凉亭轮廓

05 调用 X【分解】命令，分解最外侧矩形；调用 O【偏移】命令，将分解后的矩形各边向内偏移 800，然后调用【夹点编辑】命令，将偏移直线端点拉伸 250，最后将其切换至“景观中心线”图层，如图 14-38 所示。

06 将“亭柱”图层置为当前，调用 REC【矩形】命令，绘制 400×400 的矩形，然后向内偏移 75；调用 CO【复制】命令，将绘制好的亭柱复制至景观中心线交点处，并修剪图形，如图 14-39 所示。

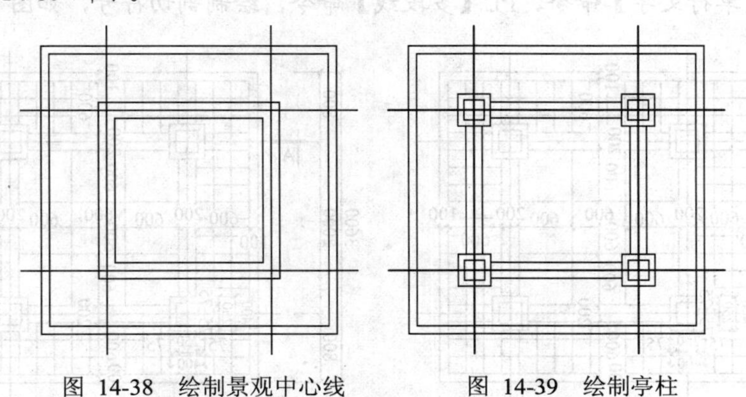

图 14-38　绘制景观中心线　　　　图 14-39　绘制亭柱

07 将“景观填充”图层置为当前，调用 H【图案填充】命令，设置参数如图 14-40 所示。

08 设置好参数后，填充效果如图 14-41 所示。

图 14-40 设置填充参数

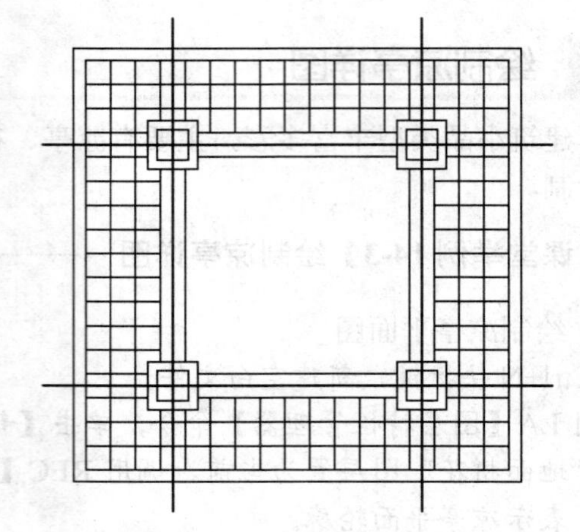

图 14-41 填充效果

09 继续调用 H【图案填充】命令，设置间距为 600，其他参数与上一步一致，填充图案如图 14-42 所示。

10 调用 DLI【线性标注】命令、DCO【连续标注】命令，标注尺寸如图 14-43 所示。

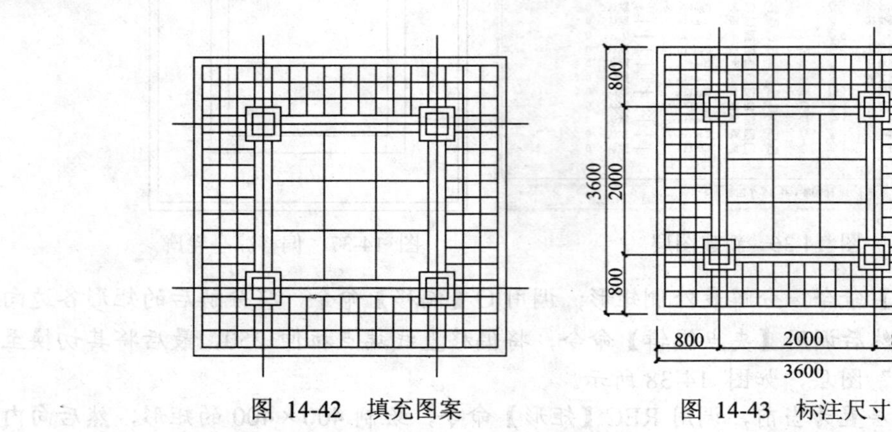

图 14-42 填充图案　　图 14-43 标注尺寸

11 使用相同的方法完成尺寸的标注，如图 14-44 所示。

12 调用 DT【单行文字】命令、PL【多段线】命令，绘制剖切符号，如图 14-45 所示。

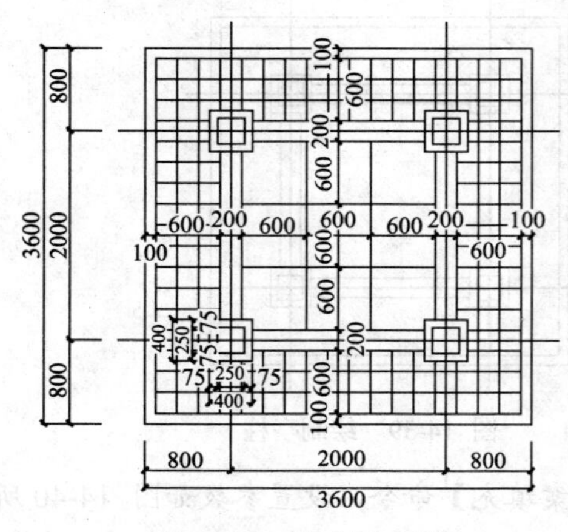

图 14-44 完成尺寸标注

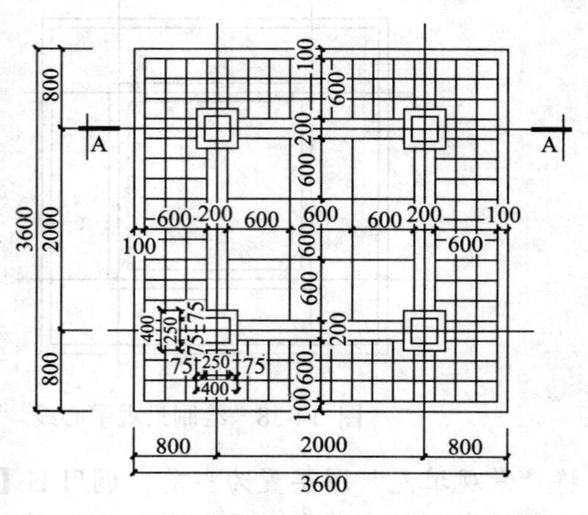

图 14-45 绘制剖切符号

13 调用 MLD【多重引线】命令，标注文字说明，如图 14-46 所示。

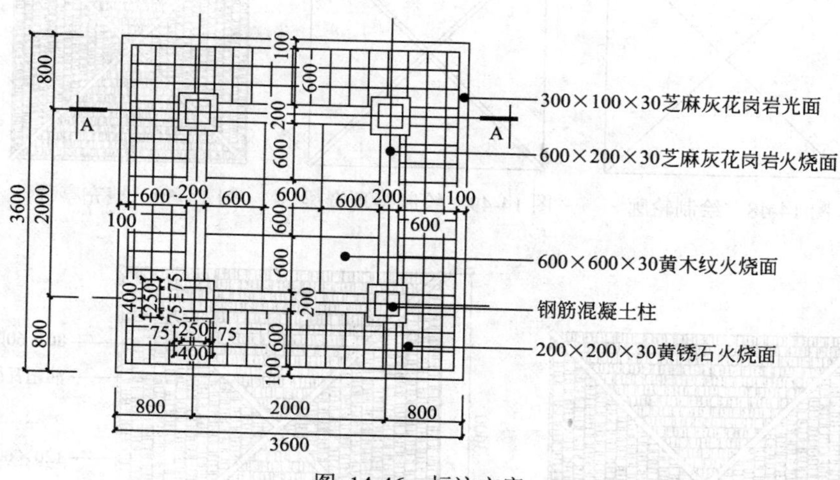

图 14-46　标注文字

14 调用 I【插入】命令，插入“图名”图块，完成凉亭平面图的绘制，如图 14-47 所示。

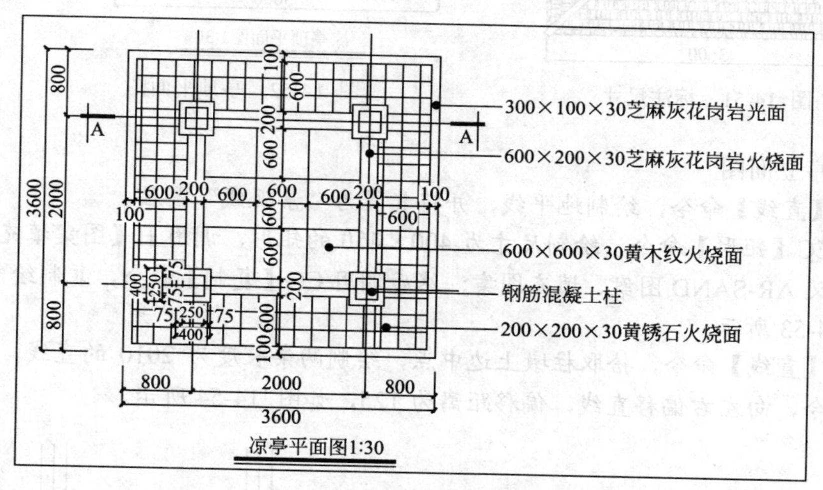

图 14-47　平面图绘制效果

14.2.2.2　绘制凉亭顶平面图

01 将“亭顶”图层置为当前，调用 REC【矩形】命令，绘制 3600×3600 的矩形；调用 L【直线】命令，绘制矩形对角线，如图 14-48 所示。

02 调用 O【偏移】命令，将对角线向上下分别偏移 40，调用 L【直线】命令，绘制直线连接偏移后的直线，然后删除矩形对角线，如图 14-49 所示。

03 调用 H【图案填充】命令，选择预定义 AR-RSHKE 图案，设置填充比例为 0.4，填充效果如图 14-50 所示。

04 调用 DLI【线性标注】命令，标注亭顶平面图，如图 14-51 所示。

05 使用相同的方法，标注文字说明和图名，最终效果如图 14-52 所示。

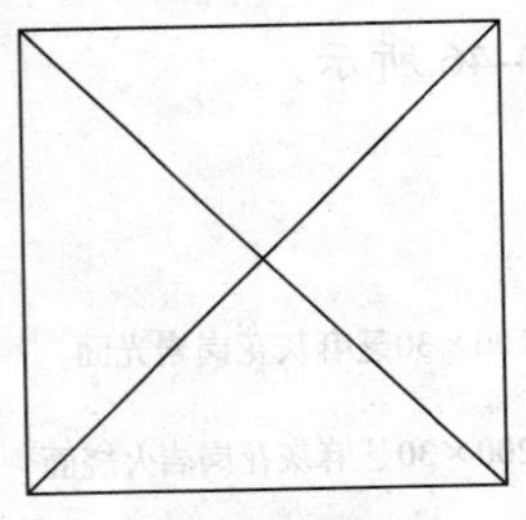

图 14-48　绘制轮廓

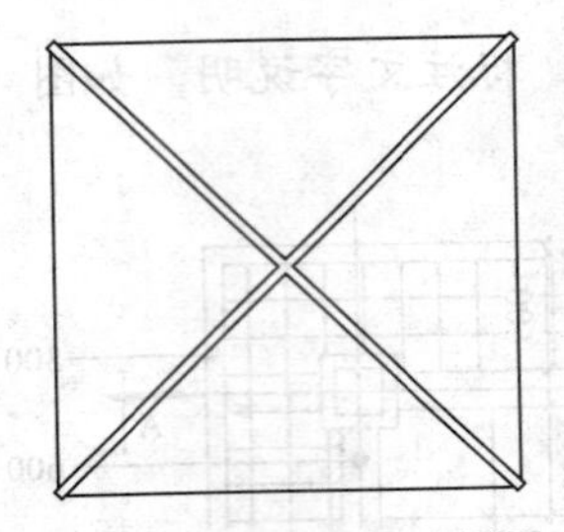

图 14-49　绘制亭顶脊梁

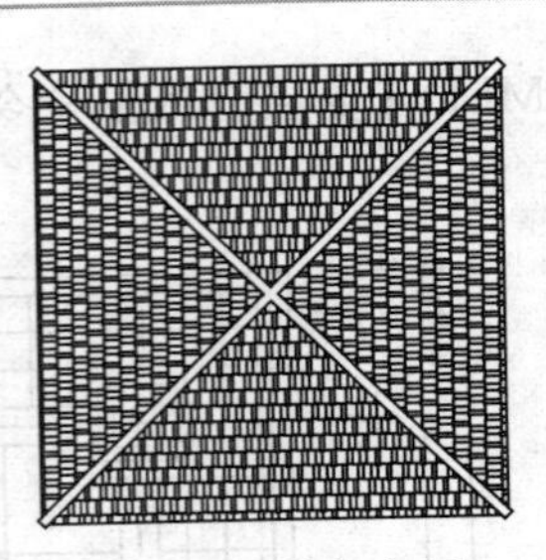

图 14-50　填充亭顶

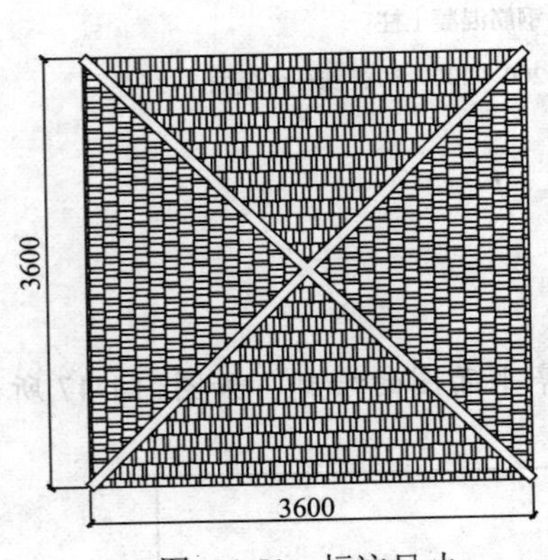

图 14-51　标注尺寸

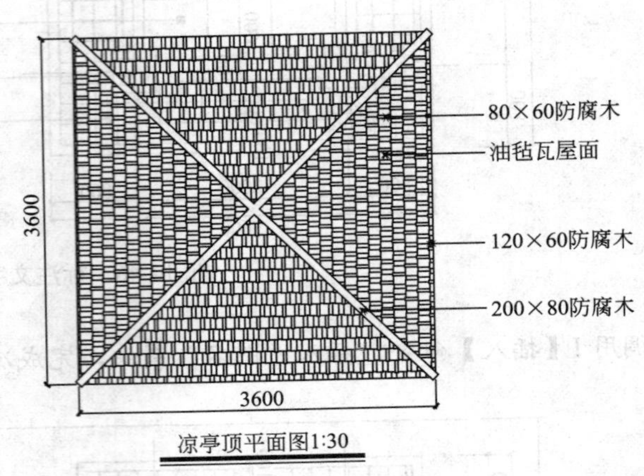

图 14-52　亭顶平面图

14.2.2.3　凉亭立面图

01 调用 L【直线】命令，绘制地平线，并将其置为“景观线”图层。

02 调用 REC【矩形】命令，绘制尺寸为 400×450 的矩形，调用 H【图案填充】命令，选择预定义 AR-SAND 图案，填充图案；然后调用 CO【复制】命令，复制绘制好的柱墩，如图 14-53 所示。

03 调用 L【直线】命令，拾取柱墩上边中点，绘制两条长度为 2010 的直线，调用 O【偏移】命令，向左右偏移直线，偏移距离为 125，如图 14-54 所示。

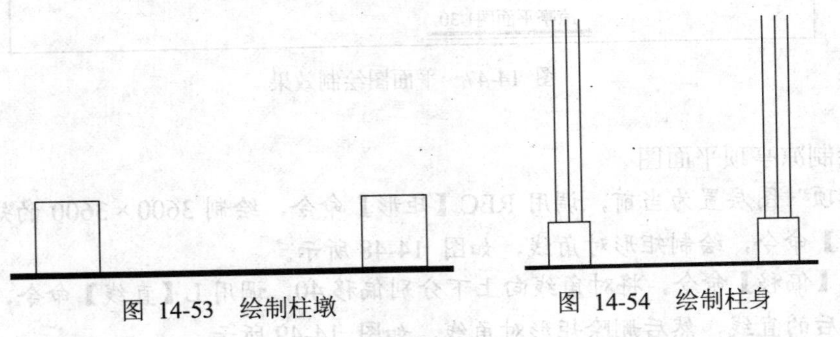

图 14-53　绘制柱墩　　　图 14-54　绘制柱身

04 调用 REC【矩形】命令，绘制尺寸为 3540×120 的矩形，并移动至相应的位置，如图 14-55 所示。

05 继续调用 REC【矩形】命令，绘制一个 2470×200，两个 150×200 的矩形，并移动至相应的位置，如图 14-56 所示。

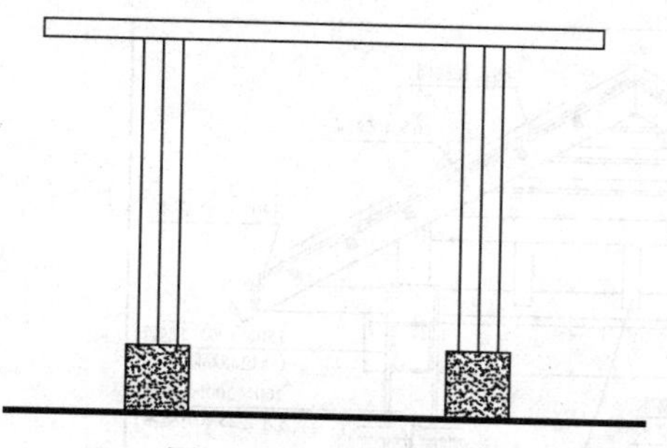

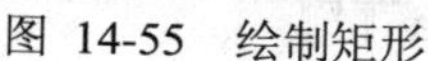

图 14-55　绘制矩形

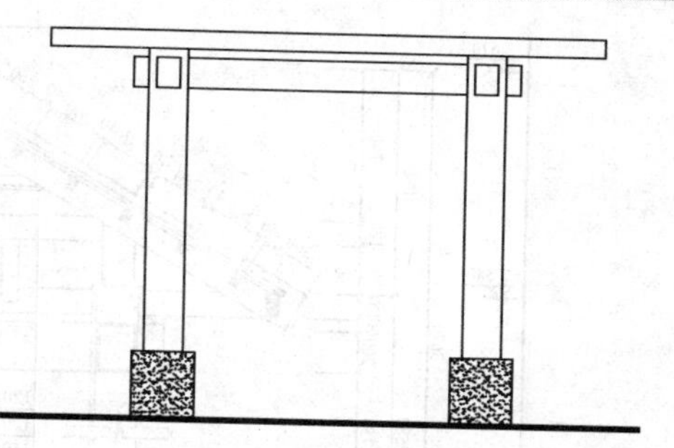

图 14-56　绘制梁

06 调用 L【直线】命令，绘制亭顶立面轮廓，如图 14-57 所示。

07 调用 H【图案填充】命令，填充亭顶，图案及参数与亭顶平面图相同，填充效果如图 14-58 所示。

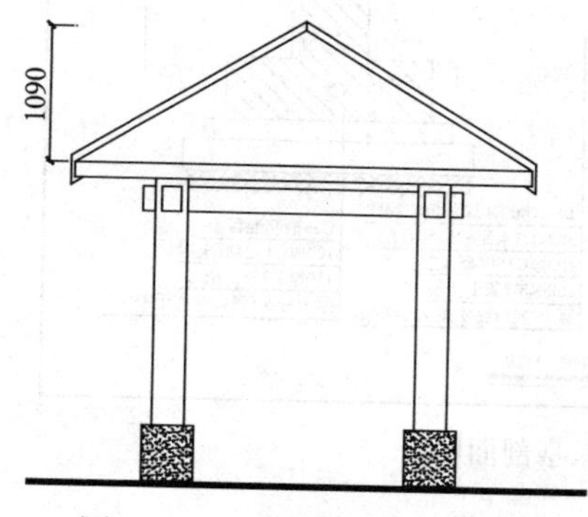

图 14-57　绘制亭顶立面轮廓

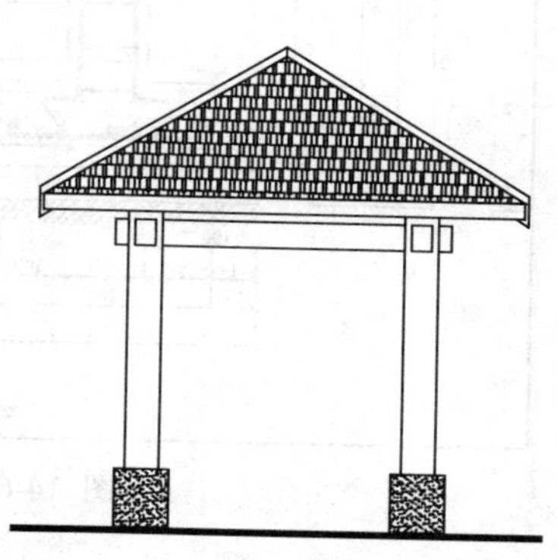

图 14-58　填充亭顶

08 使用前面介绍的方法，标注尺寸、文字说明、图名，结果如图 14-59 所示。

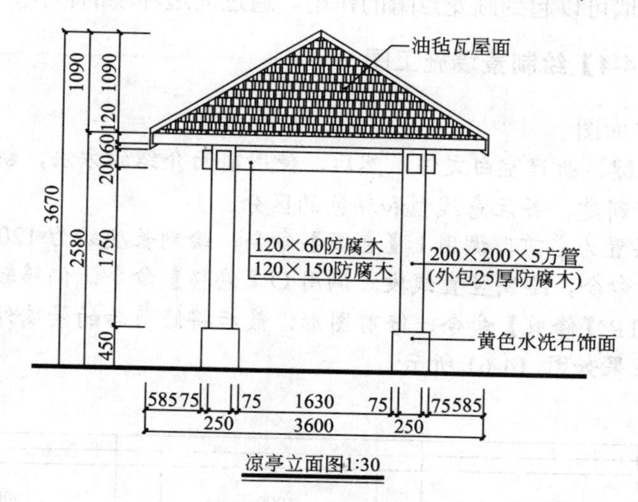

图 14-59　凉亭立面图

14.2.2.4　绘制凉亭剖面图

剖面图的绘制方法，与前面所介绍的方法大同小异，这里就不一一赘述了，效果如图 14-60 所示。

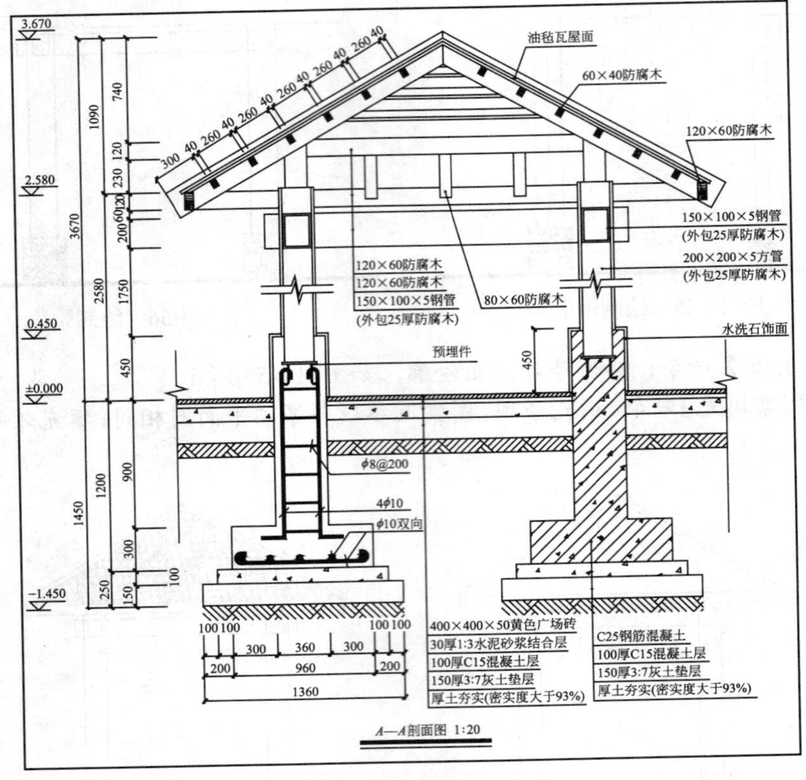

图 14-60 凉亭剖面图

14.2.3 绘制景墙详图

园林设计中，景墙可以起到画龙点睛的作用。通过周边环境的衬托，形成主要景观。

【课堂举例 14-4】绘制景墙施工图

14.2.3.1 绘制景墙平面图

01 按 Ctrl+N 快捷键，新建空白文件，然后，使用前面介绍的方法，新建图层，图层名称可根据需要自行新建，并注意线型和颜色的区分。

02 将“轴线”图层置为当前，调用 L【直线】命令，绘制长度约为 12000 的直线。

03 调用 L【直线】命令，绘制竖直线段；调用 O【偏移】命令，偏移轴线和刚绘制的竖直线段，并调用 TR【修剪】命令，修剪图形，最后将修剪后的景墙外轮廓线置为“小品轮廓”图层，效果如图 14-61 所示。

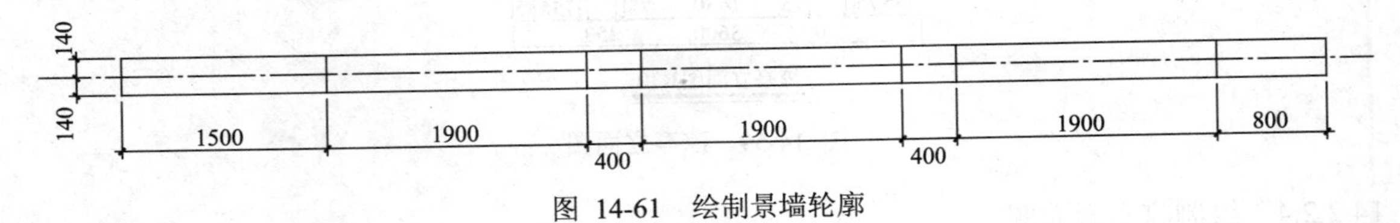

图 14-61 绘制景墙轮廓

04 继续调用 O【偏移】命令，偏移轴线，然后调用 TR【修剪】命令，对图形进行修剪，如图 14-62 所示。

图 14-62　偏移轴线

05 将“小品内轮廓”图层置为当前，调用 REC【矩形】命令，绘制尺寸为 100×100 的矩形，然后调用 CO【复制】命令，将矩形进行多次复制至景墙合适的位置，如图 14-63 所示。

图 14-63　绘制和复制矩形

06 调用 O【偏移】命令，设置偏移距离为 10，将轴线上下偏移，调用 TR【修剪】命令，修剪偏移线，如图 14-64 所示。

图 14-64　偏移轴线

07 调用 REC【矩形】命令，绘制矩形，并将其移动至合适的位置，分解矩形，将矩形上边向下偏移，如图 14-65 所示。

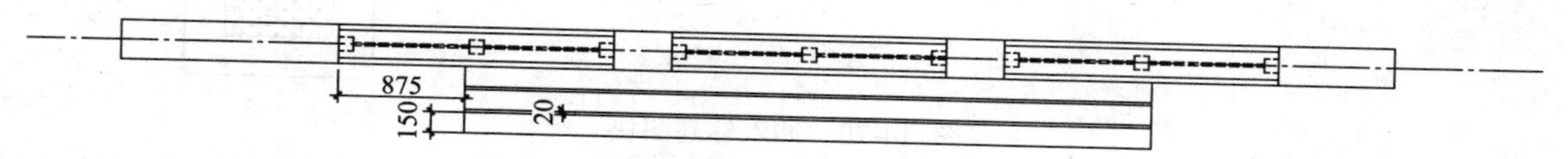

图 14-65　绘制分解矩形

08 调用 H【图案填充】命令，选择预定义 AR-RROOF 图案，设置填充比例为 3，其他参数保持默认，填充效果如图 14-66 所示。

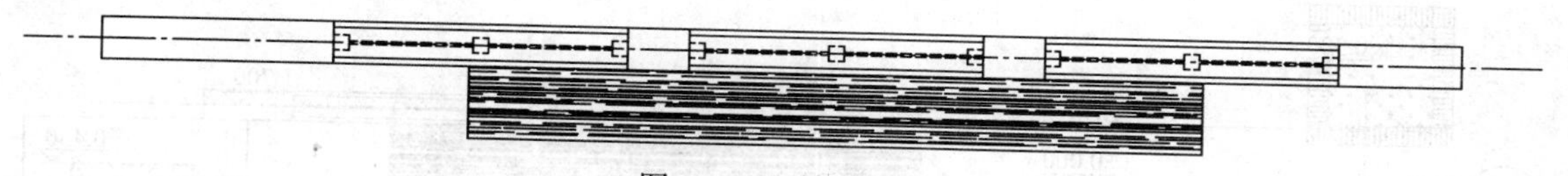

图 14-66　填充图案

09 调用 REC【矩形】命令，绘制尺寸为 2000×2000 矩形，并调用 O【偏移】命令，设置偏移距离为 430，偏移矩形，表示树池轮廓，如图 14-67 所示。

10 调用 H【图案填充】命令，选择预定义 GRASS 图案，设置填充比例为 5，其他参数保持默认，填充花坛，并将全部图形移动至相应的位置，如图 14-68 所示。

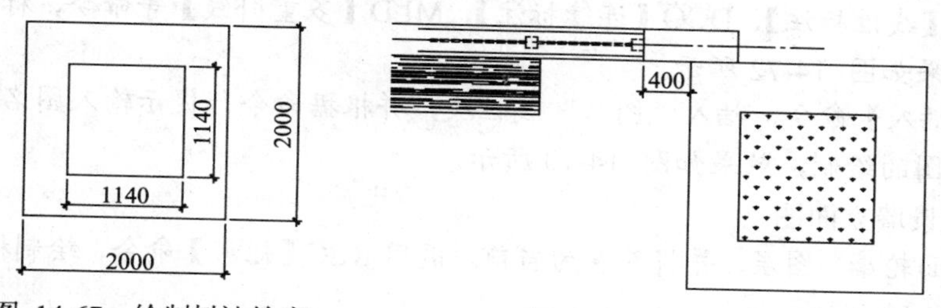

图 14-67　绘制树池轮廓　　图 14-68　填充移动树池

11 使用相同的方法绘制另一个树池，并移动至相应的位置，如图 14-69 所示。

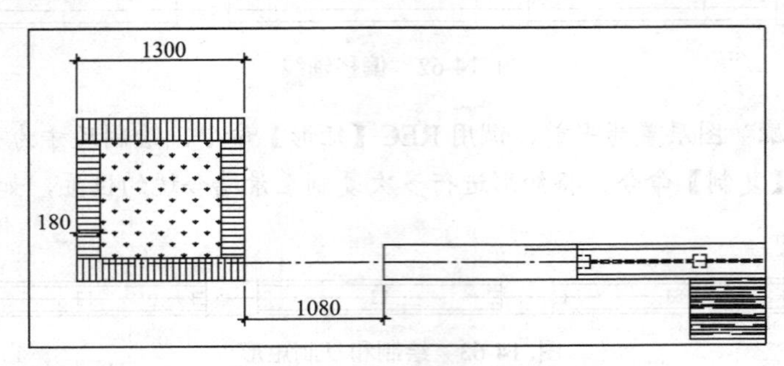

图 14-69 绘制另一个树池

12 调用 I【插入】命令，插入“标高”属性块，并根据命令行提示输入相应的参数，效果如图 14-70 所示。

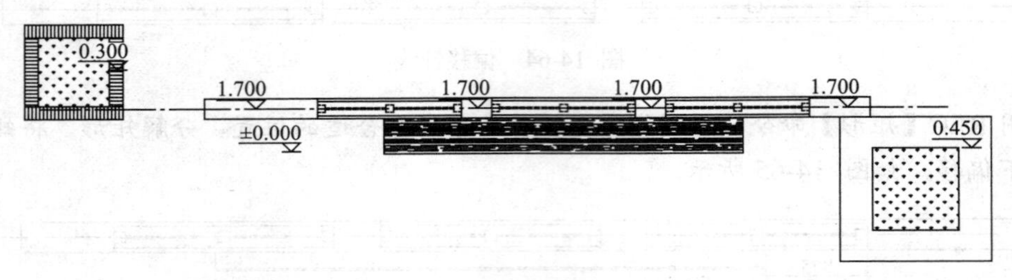

图 14-70 插入标高图块

13 调用 MLD【多重引线】命令，绘制剖切索引符号，并调用 DT【单行文字】标注文字说明，效果如图 14-71 所示。

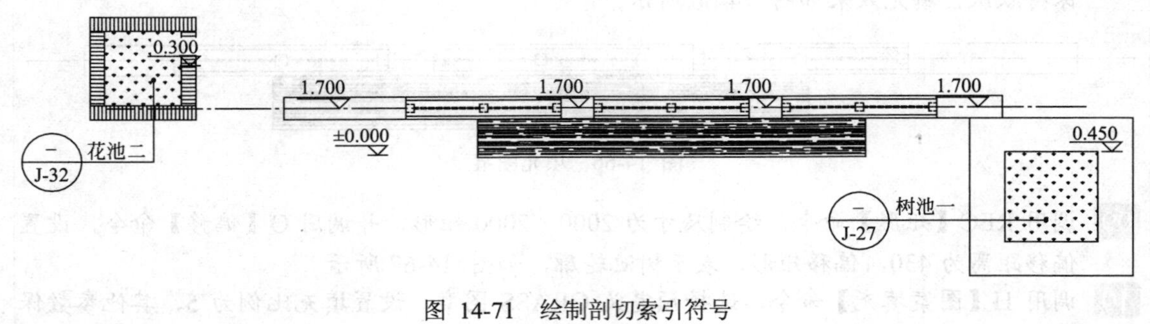

图 14-71 绘制剖切索引符号

14 调用 DLI【线性标注】、DCO【连续标注】、MLD【多重引线】等命令，标注尺寸和文字说明，效果如图 14-72 所示。

15 最后 I【插入】命令，插入“图名”属性块，并根据命令行提示输入图名和比例，完成景墙平面图的绘制，效果如图 14-73 所示。

14.2.3.2 绘制景墙立面图

01 新建“立面轮廓”图层，并将其置为当前，调用 REC【矩形】命令，绘制树池立面轮廓，如图 14-74 所示。

02 调用 F【圆角】命令，设置圆角半径为 20，对树池进行圆角，如图 14-75 所示。

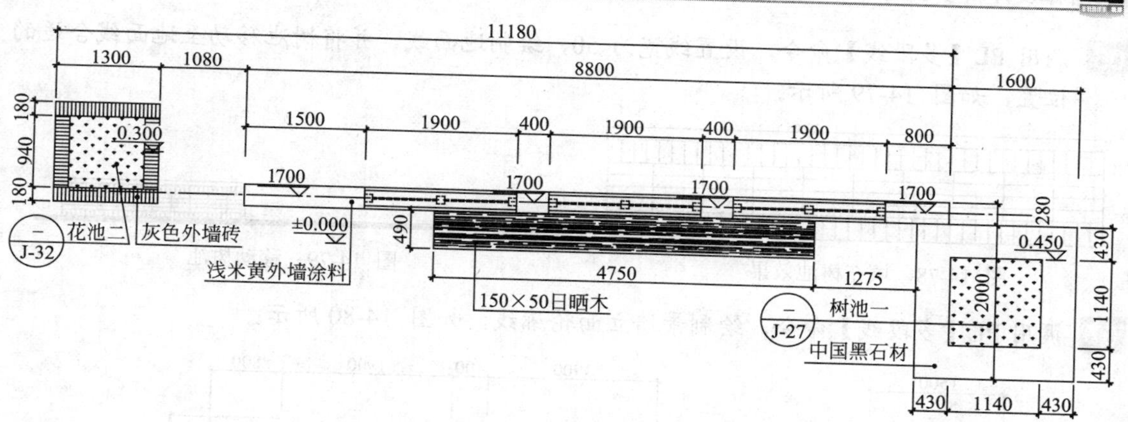

图 14-72 标注尺寸和文字说明

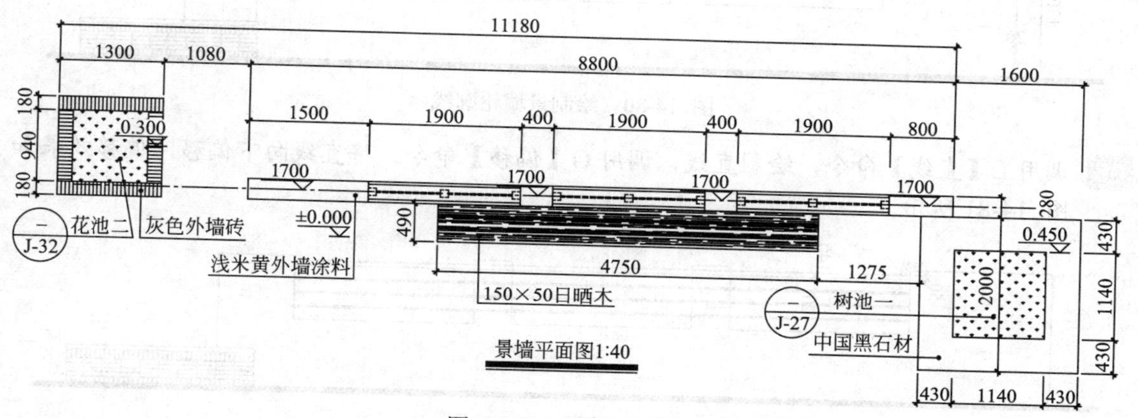

图 14-73 景墙平面图

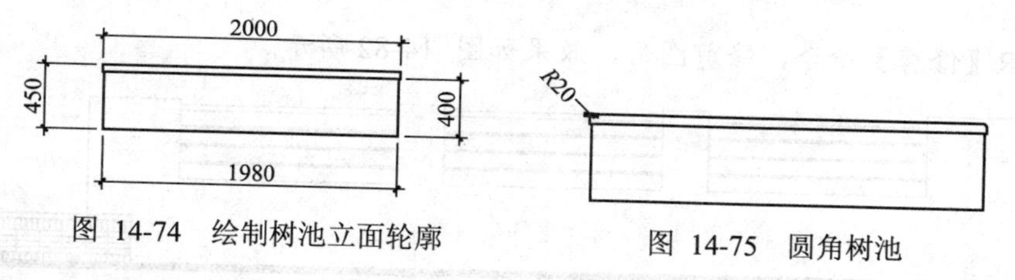

图 14-74 绘制树池立面轮廓　　图 14-75 圆角树池

03 调用 X【分解】命令，分解下侧矩形，然后调用 O【偏移】命令，偏移矩形边，效果如图 14-76 所示。

04 调用 H【图案填充】命令，选择预定义 LINE 图案，设置填充比例为 16，填充图案，如图 14-77 所示。

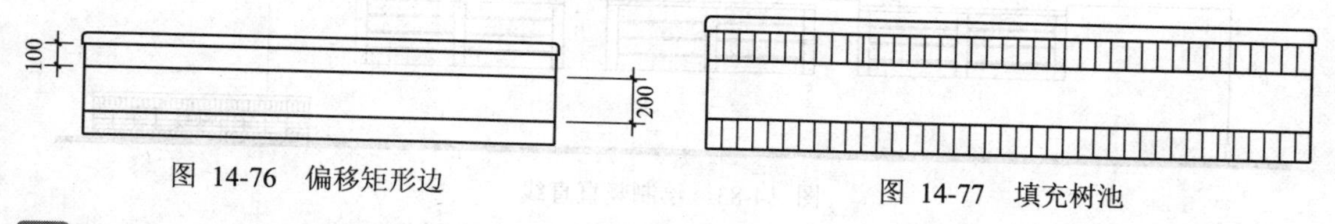

图 14-76 偏移矩形边　　图 14-77 填充树池

05 使用相同的方法，完成树池的填充，选择预定义 GRATE 图案，设置填充比例为 63，效果如图 14-78 所示。

06 调用 PL【多段线】命令，设置线宽为 50，绘制地面线，并将树池移动至地面线合适的位置，如图 14-79 所示。

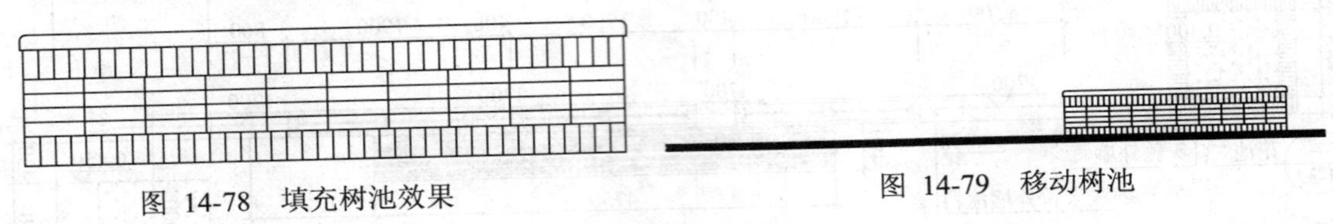

图 14-78　填充树池效果

图 14-79　移动树池

07 调用 PL【多段线】命令，绘制景墙立面轮廓线，如图 14-80 所示。

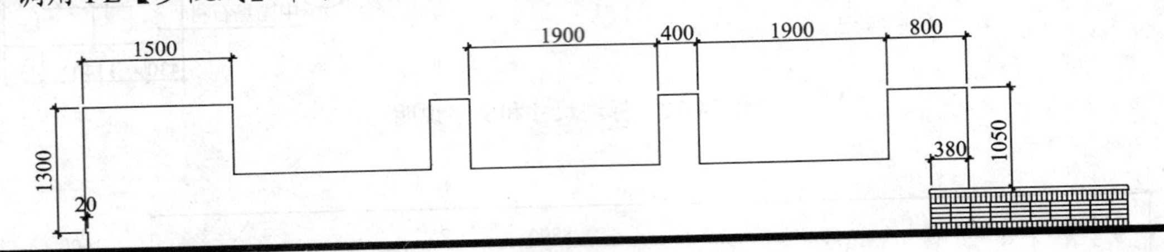

图 14-80　绘制景墙轮廓线

08 调用 L【直线】命令，绘制直线，调用 O【偏移】命令，将直线向下偏移，偏移效果如图 14-81 所示。

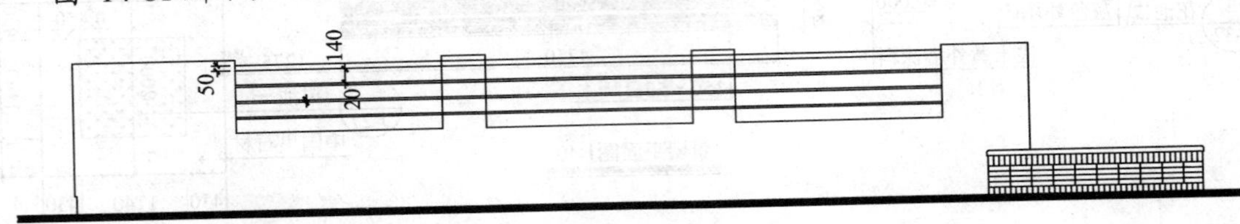

图 14-81　偏移效果

09 调用 TR【修剪】命令，修剪图形，效果如图 14-82 所示。

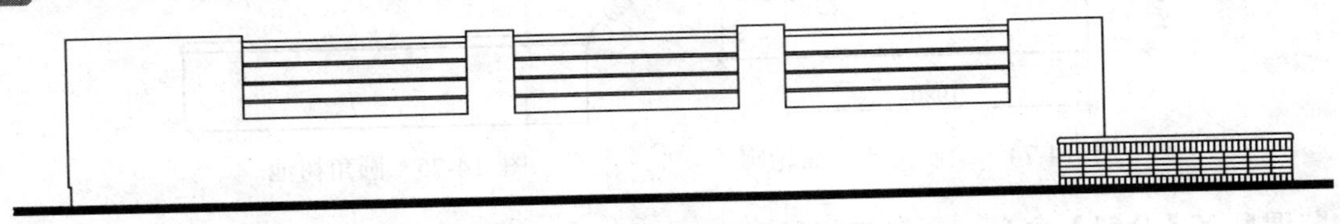

图 14-82　修剪图形

10 调用 L【直线】命令，绘制竖直直线，并调用 O【偏移】命令，偏移竖直直线，最后调用 TR【修剪】命令，整理图形，结果如图 14-83 所示。

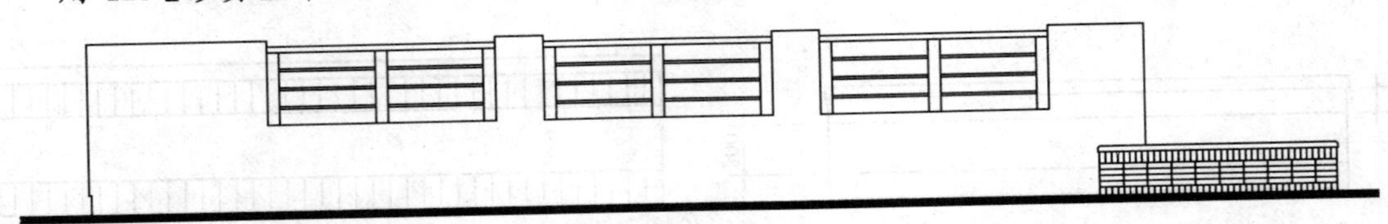

图 14-83　绘制竖直直线

11 调用 H【图案填充】命令，选择预定义 AR-RROOF 图案，比例为 3，填充图案时注意竖直方向和水平方向角度的设置，结果如图 14-84 所示。

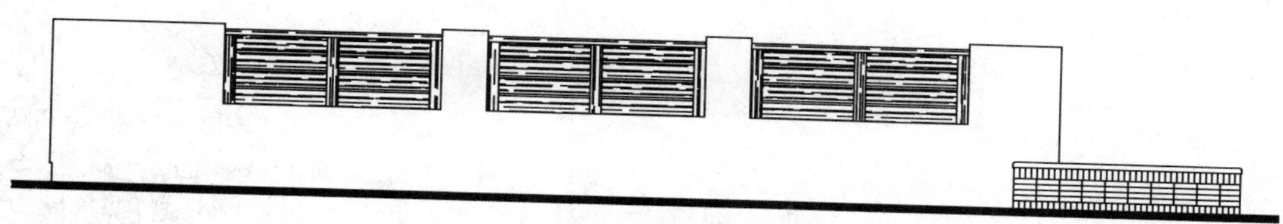

图 14-84　填充图案

12 调用 L【直线】命令、O【偏移】命令，绘制如图 14-85 所示图形。

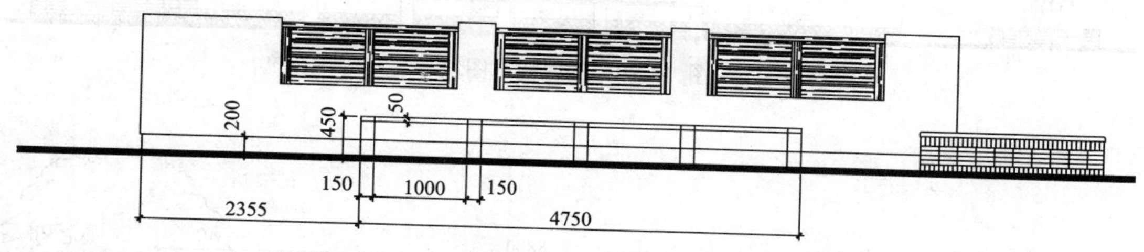

图 14-85　绘制图形

13 调用 TR【修剪】命令，修剪图形;调用 H【图案填充】命令，填充图案，绘制结果如图 14-86 所示。

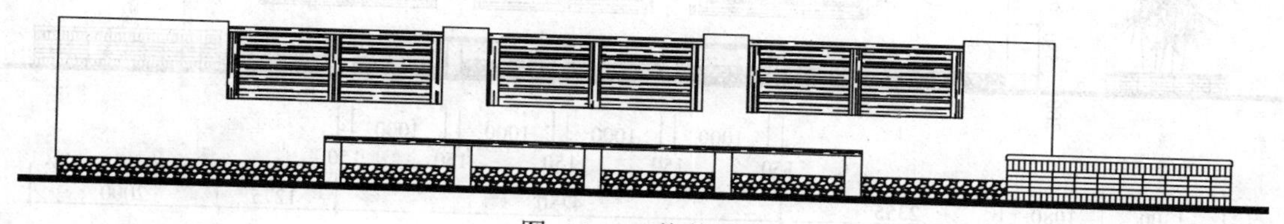

图 14-86　修剪图形

14 调用 C【圆】命令，在景墙合适的位置绘制半径为 180 的圆，表示壁灯，如图 14-87 所示。

15 使用相同的方法，绘制左侧树池，如图 14-88 所示。

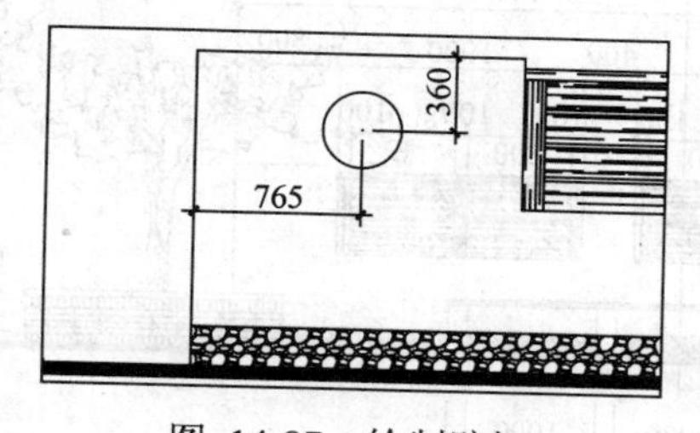

图 14-87　绘制壁灯

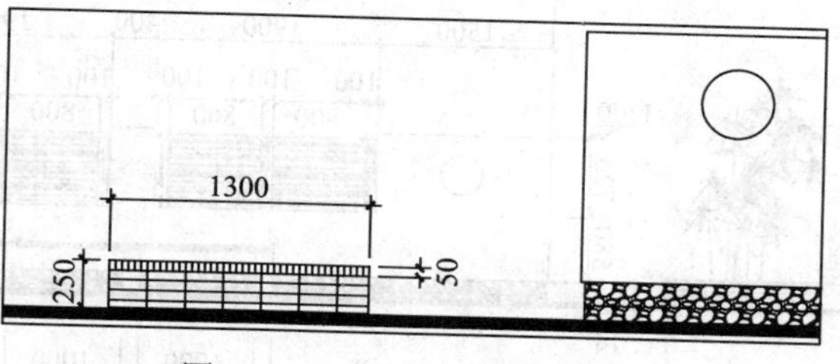

图 14-88　绘制左侧树池

16 调用 I【插入】命令，插入“竹子”、“景观树”图块，效果如图 14-89 所示。

17 调用 DLI【线性标注】命令、DCO【连续标注】命令，标注景墙立面图，效果如图 14-90 所示。

18 使用之前介绍的方法，插入标高，绘制剖切索引符号，效果如图 14-91 所示。

图 14-89 插入树木图块

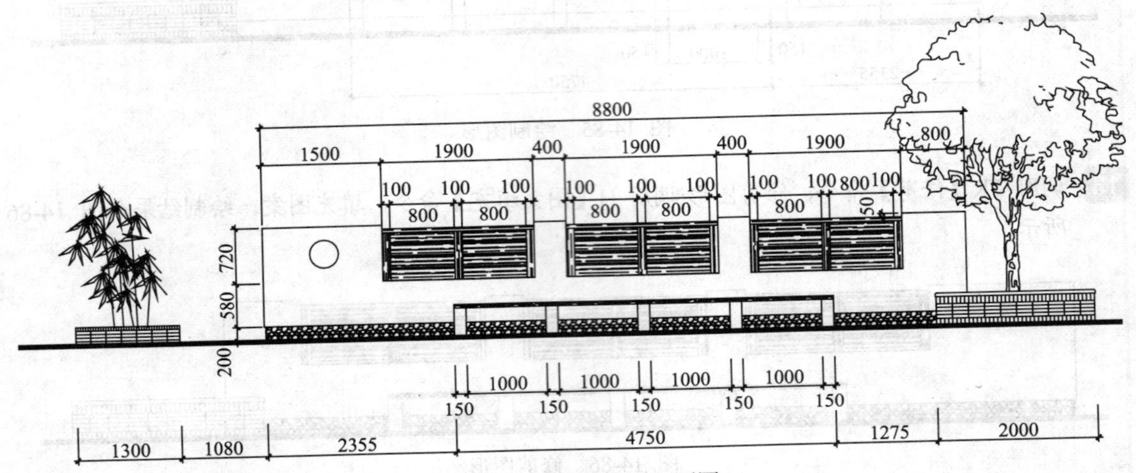

图 14-90 标注景墙立面图

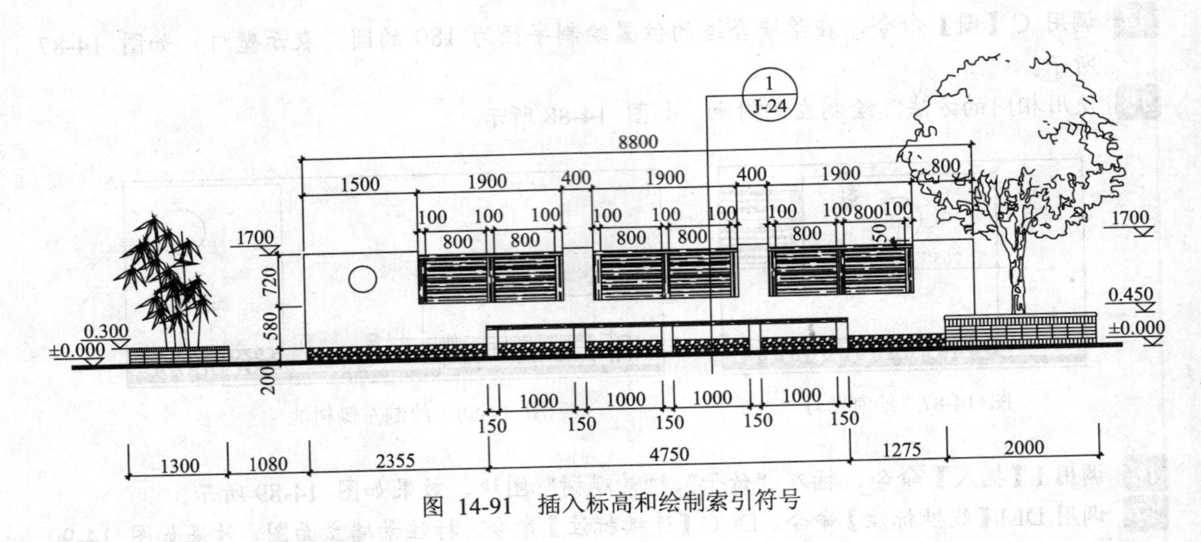

图 14-91 插入标高和绘制索引符号

19 调用 MLD【多重引线】命令，标注材料说明，然后插入“图名”属性块，完成景墙立面图的绘制，效果如图 14-92 所示。

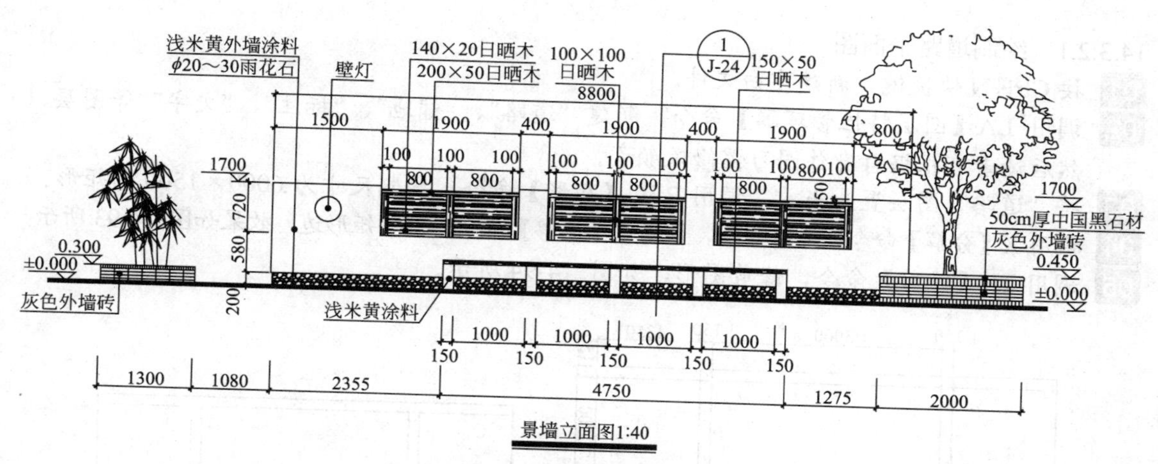

图 14-92　景墙立面图

14.3　道路景观工程

道路是园林景观的筋脉，筋脉的畅通与否是整个景区顺畅活力的标志。道路系统是景区的构成框架，一方面起到疏导景区交通、组织景区空间的作用；另一方面，好的道路设计本身也构成景区的一道亮丽风景线。

14.3.1　道路景观施工图设计

道路景观施工图主要有平面图和断面图。断面图又分横断面图和纵断面图。

平面图上主要表示园路的平面布置情况。内容包括园路所在范围内的地形及建筑设施，路面宽度与高程。对于结构不同的路段，应以细虚线分界，虚线应垂直于园路的纵向轴线，并在各段标注横断面详图索引符号。对于自然式园路，平面曲线复杂，交点和曲线半径都难以确定，不便单独绘制平曲线，为了便于施工，其平面形状可由平面图中的方格网控制。其轴线编号应与总平面图相符，以表示它在总平面图中的位置。

横断面图是假设平面垂直园路路面剖切而形成的断面图。一般与局部平面图配合，表示园路的断面形状、尺寸、各层材料、做法、施工要求、路面布置形式及艺术效果。

道路有特殊要求，或路面起伏较大的园路，应绘制纵断面图。纵断面图是假设用铅垂线沿园路中心轴线剖切，然后将所有断面图展开而成的立面图，它表示某一区段园路各部分的起伏变化情况。绘制纵断面图时，由于路线的高差一般采用不同比例绘制。为了详细反映道路的全部情况，纵断面图还可以附资料表。资料表的内容主要包括区段和变坡点的位置、原地面高程、设计线高程、坡度和坡长等内容。

为了便于施工，对具有艺术性的铺装图案，应绘制平面大样图，并标注尺寸。

14.3.2　绘制道路施工图

园林道路是园林中连接景点的主要媒介，没有园林道路，所有的景观都是一盘散沙，不连贯。

【课堂举例 14-5】绘制道路施工图

14.3.2.1　绘制道路平面图

01 按 Ctrl+N 快捷键，新建空白文件。

02 调用 LA【图层特性管理器】命令，新建"道路"、"铺地"、"标注"、"文字"等图层，然后读者可根据自身作图习惯修改颜色。

03 将"道路"图层置为当前，调用 REC【矩形】命令，绘制尺寸为 6000×1500 的矩形。

04 调用 X【分解】命令，分解矩形，调用 O【偏移】命令，偏移矩形边，效果如图 14-93 所示。

05 调用 TR【修剪】命令，修剪图形，如图 14-94 所示。

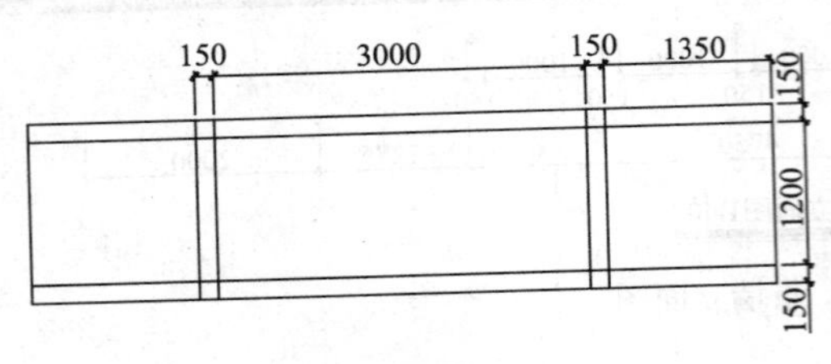

图 14-93　偏移矩形边

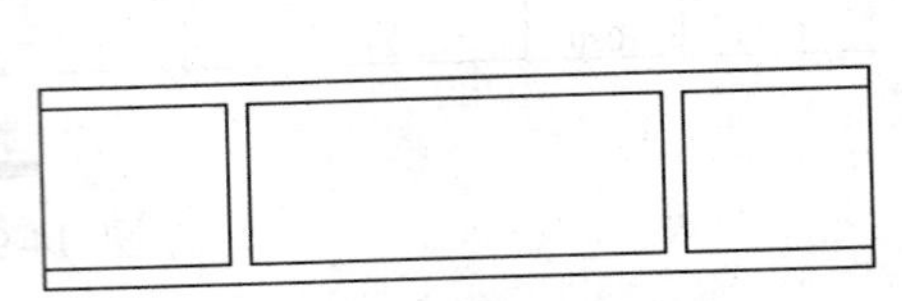

图 14-94　修剪图形

06 将"铺地"图层置为当前，调用 H【图案填充】，在弹出的【图案填充和渐变色】对话框中设置参数，如图 14-95 所示。

07 填充完成后，将其线型修改为 DASHED，最终效果如图 14-96 所示。

图 14-95　设置填充参数

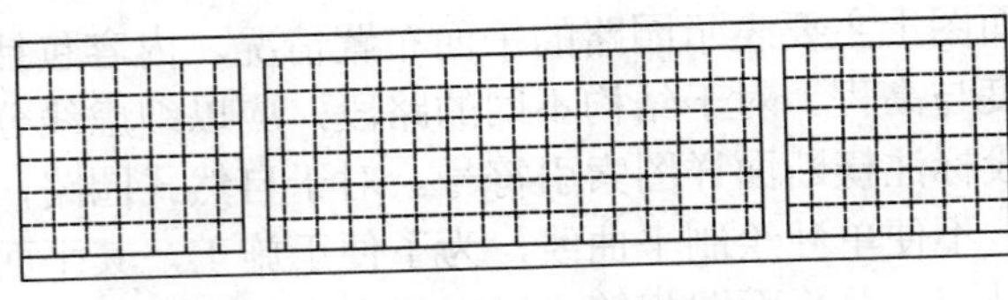

图 14-96　填充效果

08 调用相同的方法，填充其他图形，选择预定义 GRAVEL 图案，设置填充比例为 12，其他参数保持默认，填充效果如图 14-97 所示。

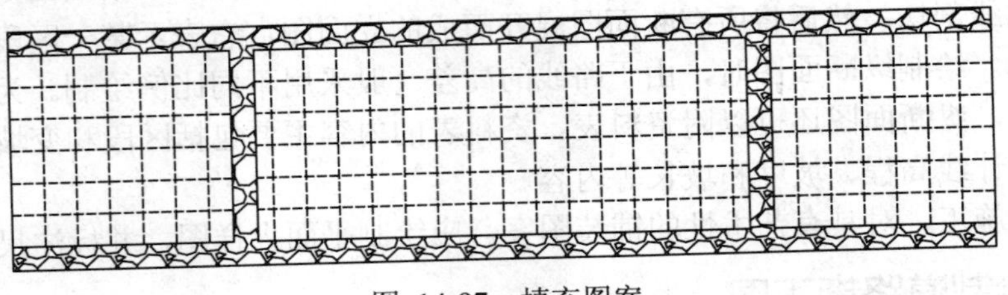

图 14-97　填充图案

09 将"标注"图层置为当前，调用 DLI【线性标注】命令、DCO【连续标注】命令，标注图形，并修改标注文字，如图 14-98 所示。

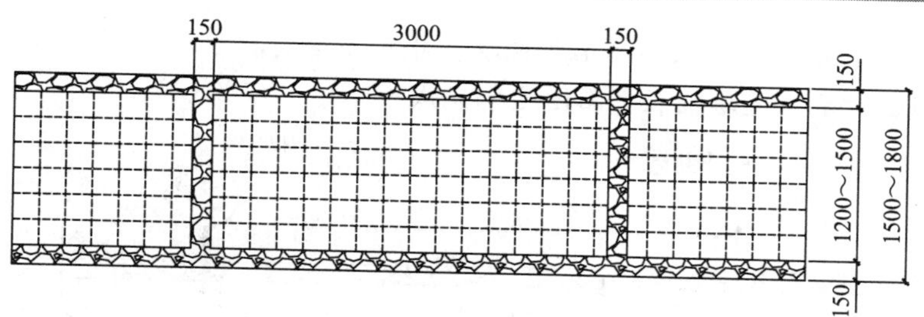

图 14-98　标注尺寸

10 将“文字”图层置为当前，调用 MLD【多重引线】命令，标注文字说明，如图 14-99 所示。

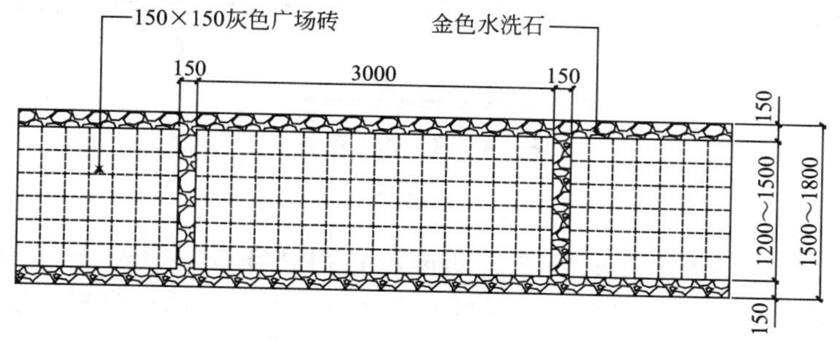

图 14-99　标注文字说明

11 调用 PL【多段线】命令、DT【单行文字】命令，绘制排水方向和坡度值，效果如图 14-100 所示。

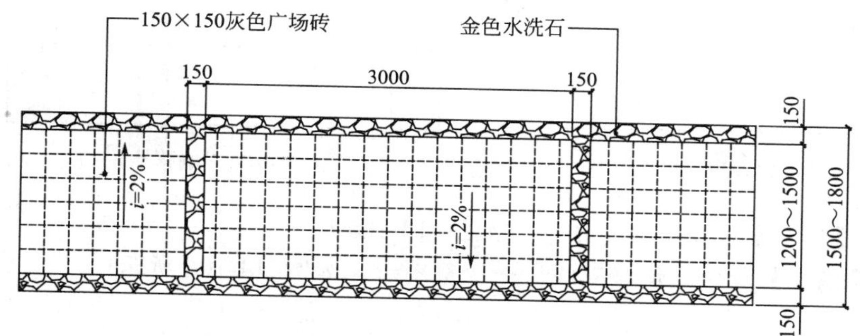

图 14-100　绘制排水箭头

12 调用 C【圆】命令、PL【多段线】命令、DT【单行文字】命令，绘制索引符号，并移动至平面图合适的位置，如图 14-101 所示。

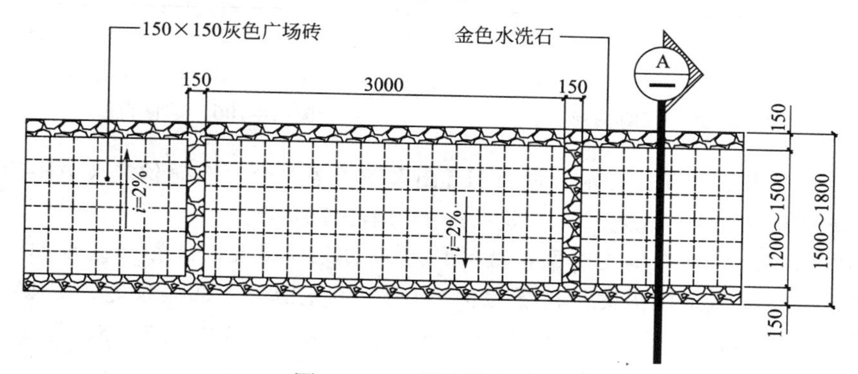

图 14-101　绘制索引符号

13 调用 I【插入】命令，插入“图名”图块，根据命令行提示输入图名和比例，最终效果如图 14-102 所示，道路铺装平面图绘制完成。

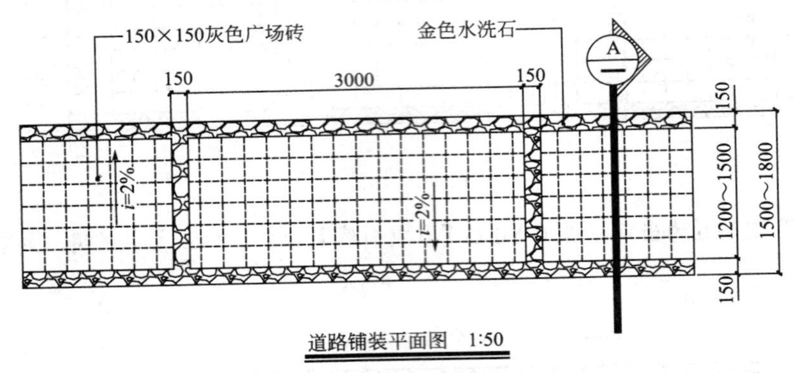

图 14-102 插入图名

14.3.2.2 绘制道路断面图

01 新建“断面”图层，颜色设置为“青色”，调用 REC【矩形】命令，绘制矩形，如图 14-103 所示。

02 调用 X【分解】命令，分解矩形，调用 O【偏移】命令，偏移图形，偏移参数可根据平面图获得，效果如图 14-104 所示。

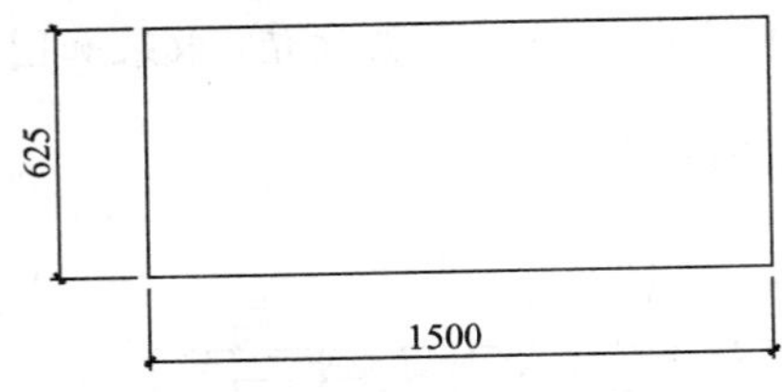

图 14-103 绘制矩形

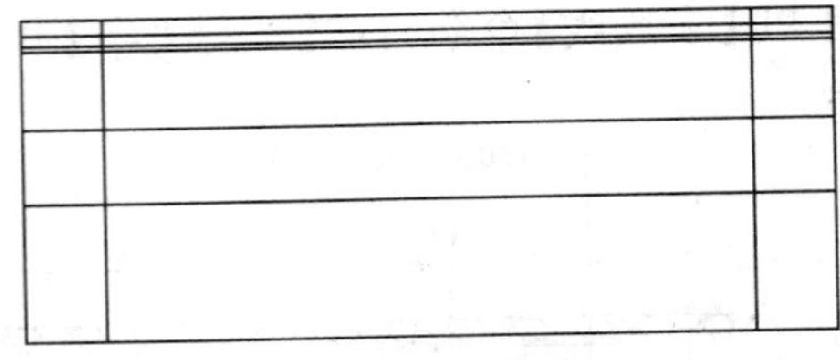

图 14-104 偏移矩形边

03 调用 TR【修剪】命令，修剪图形，如图 14-105 所示。

04 调用 O【偏移】命令，偏移直线，并修剪图形，如图 14-106 所示。

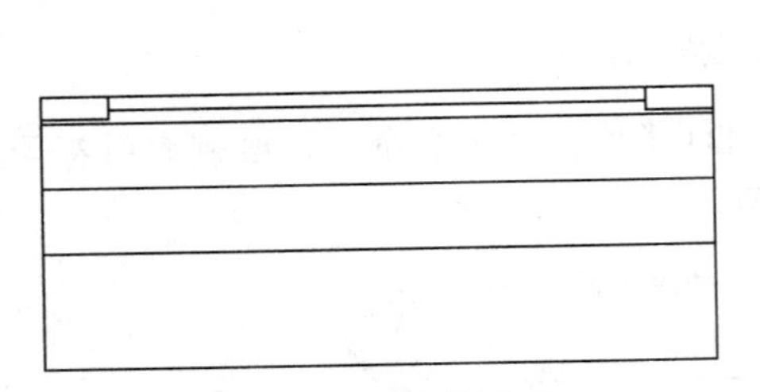

图 14-105 修剪图形

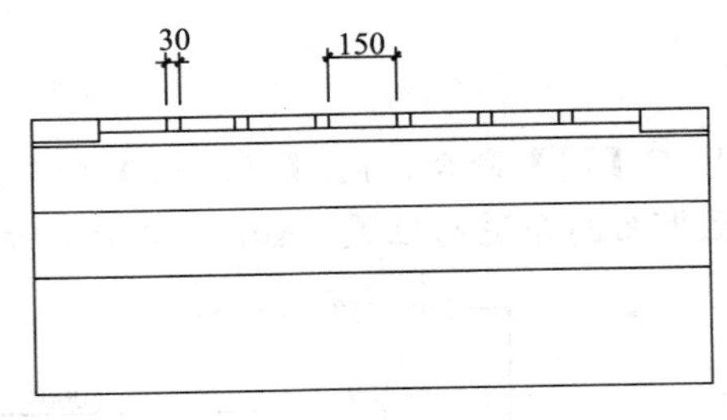

图 14-106 偏移直线

05 新建“填充”图层并置为当前，调用 H【图案填充】命令，选择预定义 AR-CONC 图案，设置填充比例为 0.1，填充图形，效果如图 14-107 所示。

06 使用相同的方法，分别填充图案，选择预定义 DOTS 图案，设置比例为 5，填充图形；选择预定义 AR-CONC 图案，设置比例为 0.3，填充图形；选择预定义 GRAVEL 图案，设置比例为 7，填充图形；选择预定义 EARTH 图案，设置比例为 45，角度为 45°，完成图案的填充，效果如图 14-108 所示。

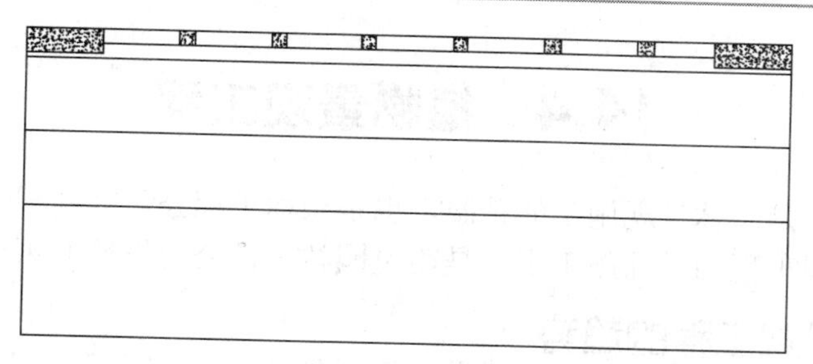

图 14-107　填充图案

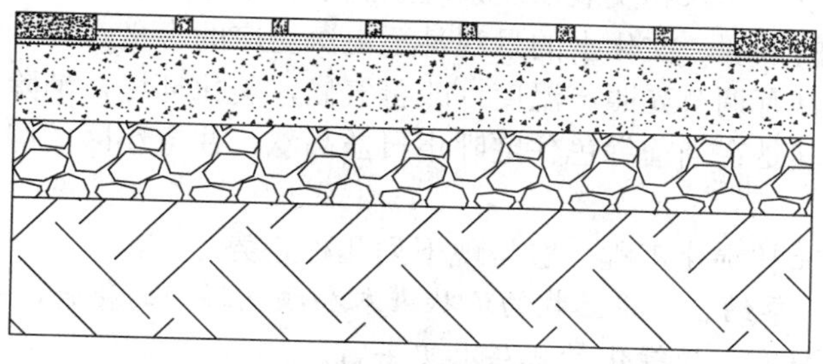

图 14-108　完成图案填充

07 调用 SPL【样条曲线】、H【图案填充】等命令，绘制周边草地，如图 14-109 所示。

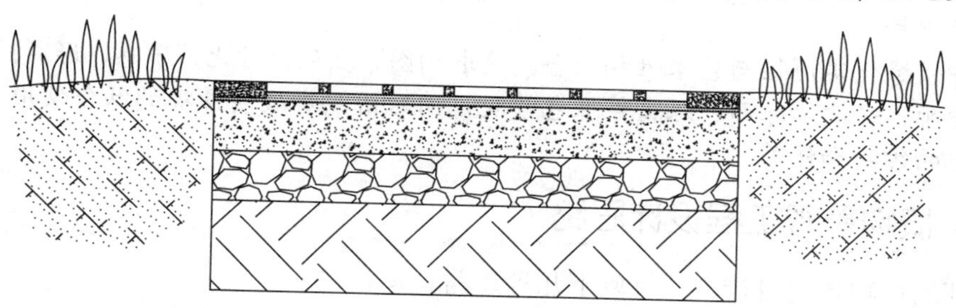

图 14-109　绘制草地

08 调用 MLD【多重引线】命令、DLI【线性标注】命令、DT【单行文字】命令以及 PL【多段线】命令，标注文字说明、图名等，完成断面图的绘制，如图 14-110 所示。

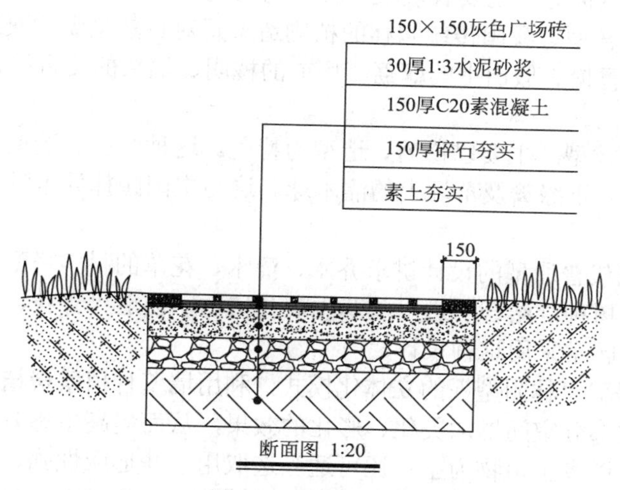

图 14-110　断面图

14.4 植物景观工程

植物景观工程，是园林景观施工的精髓，也是园林工程公司区别于一般建筑工程公司的招牌手艺。植物景观工程的设计施工水平是衡量园林工程公司资质的第一要素。

14.4.1 植物景观工程的趋势

随着生态园林建设的深入和发展以及景观生态学、全球生态学等多学科的引入，植物造景同时还包含着生态的景观、文化上的景观甚至更深更广的含义。

众所周知，绿化具有调节光照、温度，改善气候，美化环境，消除身心疲惫，有益居者身心健康的功能。尤其是在当前绿色住宅呼声日益高涨，住宅小区的绿化设计更应兼具观赏性和实用性。

现代住宅小区的园林绿化工程一般呈现下列几种趋势。

- 乔、灌、花、草结合，将丛栽的球状灌木和颜色鲜艳的花卉，高低错落、远近分明、疏密有致地排布，使绿化景观层次更丰富。
- 种植绿化平面与立体结合，居住区绿化已从水平方向转向水平和垂直相结合，根据绿化位置不同，垂直绿化可分为围墙绿化、阳台绿化、屋顶绿化、悬挂绿化、攀爬绿化等。
- 种植绿化实用性与艺术性相结合，追求构图、颜色、对比、质感，形成绿点、绿带、绿廊、绿坡、绿面、绿窗等绿色景观，同时讲究和硬质景观的结合使用，也注意绿化的维护和保养。

14.4.2 植物景观工程设计思路

在局部的植物景观设计中，有以下几种思路。

（1）主题型　即以某一种植物为主体，其他作为陪衬的设计思路。如玫瑰园、牡丹园、梅园、紫藤阴深等，主要表现某一种植物的美。

（2）风情型　综合把握某一生态区域的植物景观要素，再现该地景观。如热带风情、沙漠风情、竹林、水乡风情等，主要表现某一种植物的美。

（3）中国传统园林型　我国传统园林的植物造景是对自然景观的凝练。如池中的莲花、河畔的垂柳、岭上的青松、假山上的薜荔、房前的槐阴、墙头的凌霄等，既体现了四季的变化，又展示了生态特色。

（4）西方规则园林型　主要以修剪、造型为特色。这种修剪、造型在我国园林中并不是全面应用的，而是仅对于绿篱及草坪上的灌木球。这与中国园林乔木种类丰富，很少有以针叶为主的园林有关。

（5）普通型　现代普通型的设计讲求乔木、灌木、花草的科学搭配。一般主要应用当地的乡土乔木、花灌木树种，结合引进一些草本观花植物，创造“春花、夏荫、秋实、冬青”的四季景观。在居住区常采用这种设计。

（6）生态型　提倡“林阴型”的立体化模式，利用墙壁种植攀援植物，弱化建筑形体生硬的几何线条，使这部分空间增加美化、彩化的效果，从而提高生态效应。在植物的选择上注重配置组合，倡导以乡土植物为主，还可适当选取用一些适应性强、观赏价值高的外地植物，尽量选用叶面积系数大、释放有益离子能力强的植物，构成人工生态植物群落。例如，

有益身心健康的保健植物群落：松柏林、银杏林、槐树林等；有益消除疲劳的香花植物群落：月季灌丛、松竹梅三友丛、合欢丛林等；有益于招引鸟类的植物群落：海棠林、松柏林等。

（7）现代型 植物景观在现代设计中强调主次分明和疏朗有序，要求合理应用植物围合空间，根据不同的地形、不同的组团绿地，创造不同的空间围合。现代设计特别强调人性化设计，做到景为人用，富有人情味；要善于运用透视变形几何视错觉原理进行植物造景，充分考虑树木的立体感和树形轮廓，通过里外错落的种植，及对曲折起伏的地形的合理应用，使林缘线、林冠线有高低起伏的变化韵律，形成景观的韵律美。在绿化系统中形成开放性格局，布置文化娱乐设施，使休闲运动等人性化的空间与设施融合在景观中，营造有利于发展人际关系的公共空间。通过与周围环境的色彩、质感等的对比，突出园林小品以及铺装、坐凳处的特定空间，起到点景的作用。同时充分考虑绿化的系统性、生物发展的多样性、以植物造景为主题，达到平面上的系统性、空间上的层次性、时间上的相关性，从而发挥最佳的生态效益。

14.5 园林装饰小品

小品是园林景观的饰物，是装点景区的物件，在景区硬质景观中具有举足轻重的作用。精心设计的小品往往成为人们视觉的焦点和小区的标识。

园林小品的种类很多，如雕塑、景墙、假山石、桌凳、花架等。

14.5.1 雕塑小品

雕塑小品又可分为抽象雕塑和具象雕塑，使用的材料有石雕、钢雕、铜雕、木雕、玻璃钢雕。雕塑设计要同基地环境和居住区风格主题相协调，优秀的雕塑小品往往起到画龙点睛、活跃空间气氛的功效。

雕塑与园林有着密切的关系，在西方园林的历史上，雕塑一直作为园林中的装饰物存在，到了现代社会，这一传统依然保留。与现代雕塑相比，现代绘画由于自身线条、块面和色彩似乎很容易被转化为设计平面图中的一些元素，因而在现代主义的初期，便对景观设计的发展产生了重要的影响，追求创新的景观设计师们已从现代绘画中获得了无穷的灵感，如锯齿线、阿米巴曲线、肾形等立体派和超现实派的形式语言在二战前的景观设计中常常被借用。而现代雕塑对景观的实质影响，是随着它自身某些方面的发展才产生的。

14.5.2 山石小品

山石小品的运用大体分为两部分：实境和虚境。

实境，就是将石材构筑成具体的景物，如筑山型景石。园林中常用的构筑岩、壁、峡、涧之手法将水引入园景，以形成河流、小溪、瀑布等。溪涧及河流都属于流动的水体，由其形成的溪和涧，都应有不同的落差，可造成不同的流速和涡旋及多股小瀑布等。这种依水景观的形成对石的要求很高，特别是石的形状要有丰富的变化，以小取胜，效仿自然，展现水景主体空间的迂回曲折和开合收放的韵律，形成“一峰华山千寻，一勺江湖万里”的意境。

虚境，是指石材本身并不具备固定的实用价值，而是通过对其的欣赏，使游人产生想象、联想，从而产生跨越时空的美的意境，如雕塑型景石。这类石材本身就具有一定的形状特征，或酷似风物禽鱼，或若兽若人，神貌兼有；或稍以加工，寄意于形。塑物型景石作为庭中观赏的孤赏石时，一般布置在入口、前庭、廊侧、路端、景窗旁、水池边或景栽下，以一定的主题来表达景石的一定的意境，置于庭中，往往成了庭园的景观中心，而深化园意，丰润园景。

14.5.3 设施小品

设施设计是环境的进一步细化设计，是一个多功能的综合服务系统，它在满足人的生活需求，方便人的行动，调节人、环境、社会三者之间的关系等方面具有不可忽视的作用。

园林设施是指游人观赏、游览之外，日常生活中经常使用的一些基础设施，包含硬件和软件两方面内容。

硬件方面主要包括 5 大系统：信息交流系统（园区导游图、公共标识、留言板等），交通安全系统（如道路标志、交通信号、停车场、消火栓等），生活服务系统（如饮水装置、公共厕所、垃圾箱等）、商品服务系统（售货亭、自动售货机等），环境艺术系统（如照明灯具、音响装置等）。此外还有供残疾人或行动不便者使用的无障碍系统等。

软件设施主要是为了使硬件设施能够协调工作，为游人服务而与之配套的智能化管理系统，如安全防范系统（闭路电视监控、可视对讲、出入口管理等）、信息管理系统（远程抄收与管理、公共设备监控、紧急广播、背景音乐等）、信息网络系统（电话与闭路电视、宽带数据网及宽带光纤接入网等）。

14.5.4 绘制坐凳树池详图

树池坐凳算是设施小品中的一种，设计师通过巧妙的设计，使之不仅只有实用的功能，也能起到美化景观的作用，如图 14-111 所示。

图 14-111　树池坐凳

【课堂举例 14-6】绘制坐凳树池详图

14.5.4.1　绘制坐凳树池平面图

01 按 Ctrl+N 快捷命令，新建空白文件。

02 调用 LA【图层特性管理器】命令，新建相关图层，如图 14-112 所示。

03 将“细线”图层置为当前，调用 REC【矩形】命令，绘制尺寸为 1600×1600 的矩形；调用 O【偏移】命令，将矩形依次向内偏移 30、270、50、60，如图 14-113 所示。

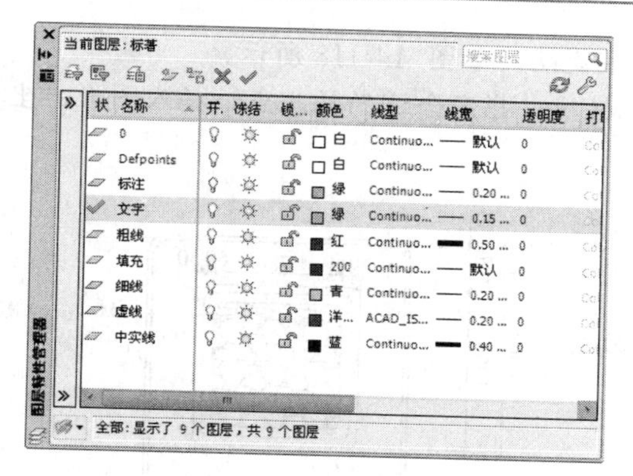

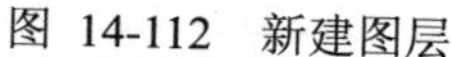
图 14-112　新建图层

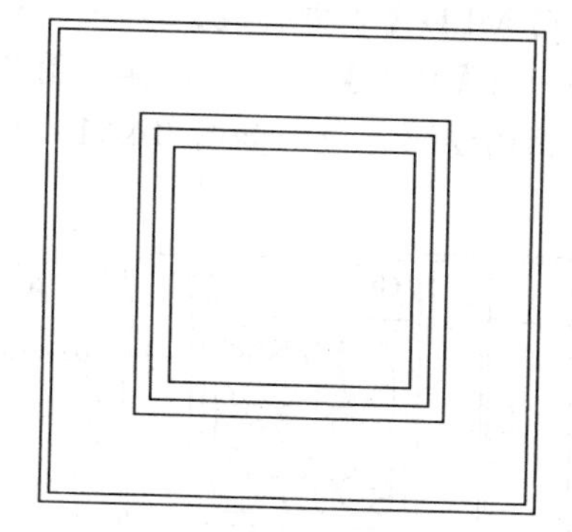
图 14-113　绘制矩形

04 调用 F【圆角】命令，对矩形进行圆角，设置最外侧两个矩形圆角半径为 100，内侧三个矩形圆角半径为 50，并将从外到内第二个矩形切换至“虚线”图层，效果如图 14-114 所示。

05 调用 H【图案填充】命令，选择预定义 GRAVEL 图案，设置填充比例为 25，其他参数保持默认，填充树池，效果如图 14-115 所示。

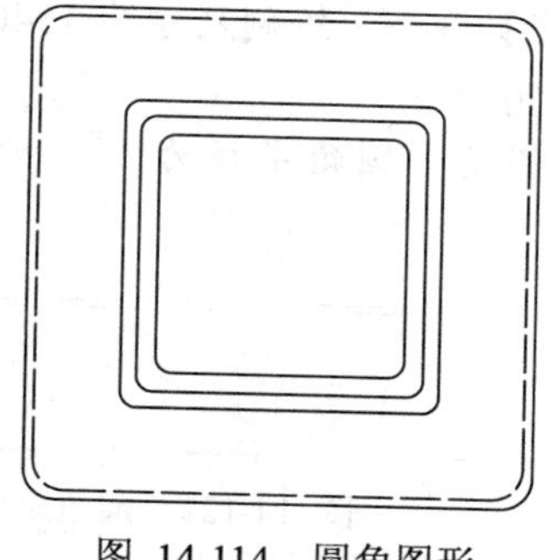
图 14-114　圆角图形

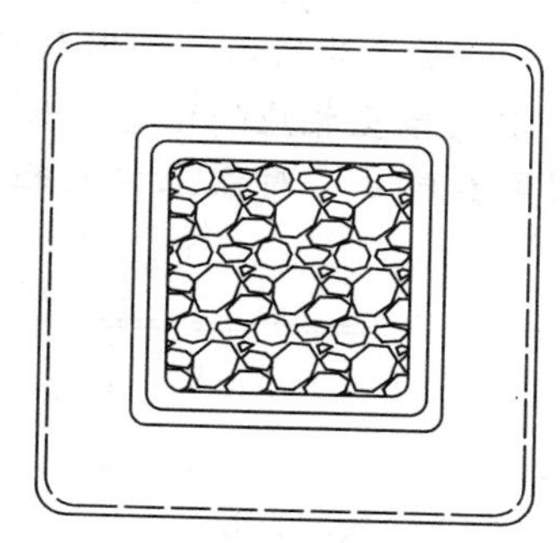
图 14-115　填充树池

06 调用 DLI【线性标注】命令、DCO【连续标注】命令，标注坐凳树池平面图，效果如图 14-116 所示。

07 调用 DT【单行文字】命令、L【直线】命令，绘制剖切符号，如图 14-117 所示。

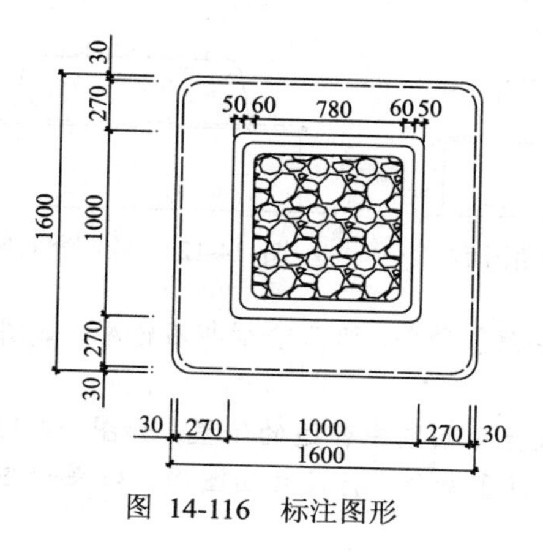

图 14-116　标注图形

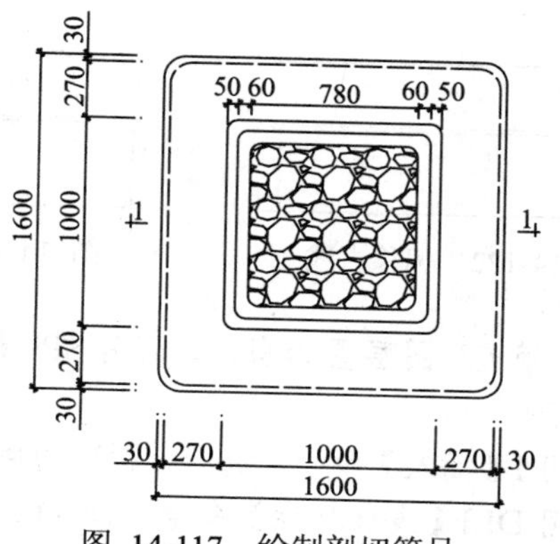

图 14-117　绘制剖切符号

08 调用 MLD【多重引线】命令，标注文字说明，如图 14-118 所示。

09 调用 I【插入】命令，选择“图名”属性块，指定合适的插入点，插入图名，坐凳树池平面图绘制完成，如图 14-119 所示。

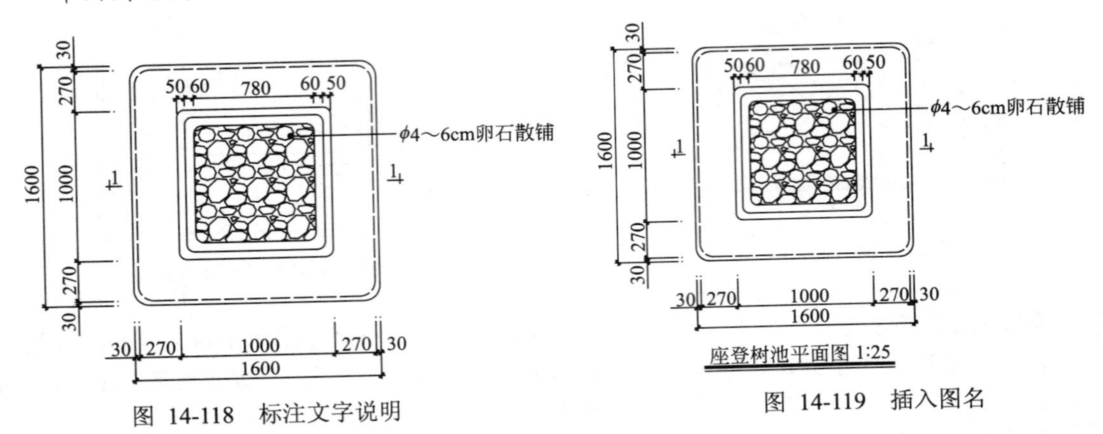

图 14-118 标注文字说明

图 14-119 插入图名

14.5.4.2 绘制坐凳树池立面图

01 调用 L【直线】命令，绘制直线，表示地平线，并将其切换至“粗线”图层。

02 将“中实线”图层置为当前，调用 REC【矩形】命令，绘制尺寸为 1540×380、1600×20 的矩形，并移动至相应的位置，如图 14-120 所示。

03 调用 F【圆角】命令，对最上方的矩形进行圆角，圆角半径为 10，效果如图 14-121 所示。

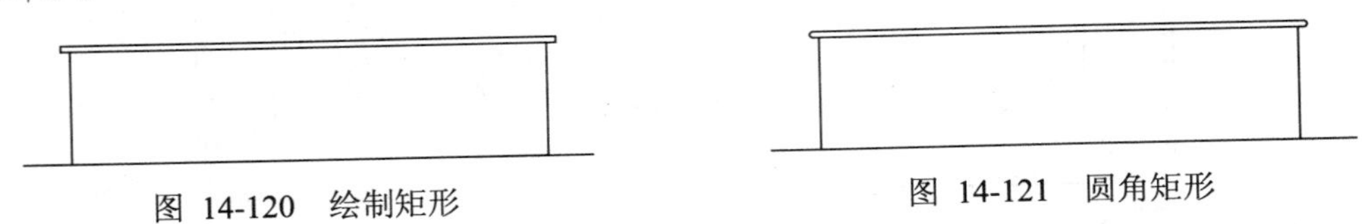

图 14-120 绘制矩形

图 14-121 圆角矩形

04 调用 X【分解】命令，将上方的矩形进行分解，调用 O【偏移】命令，将分解矩形上边向上偏移 300。调用 L【直线】命令，绘制角度为 80° 的线段，再调用 MI【镜像】命令，设置过矩形边中点的垂直线段为镜像线，将线段进行镜像，如图 14-122 所示。

05 调用 F【圆角】命令，设置圆角半径为 50，圆角图形，如图 14-123 所示。

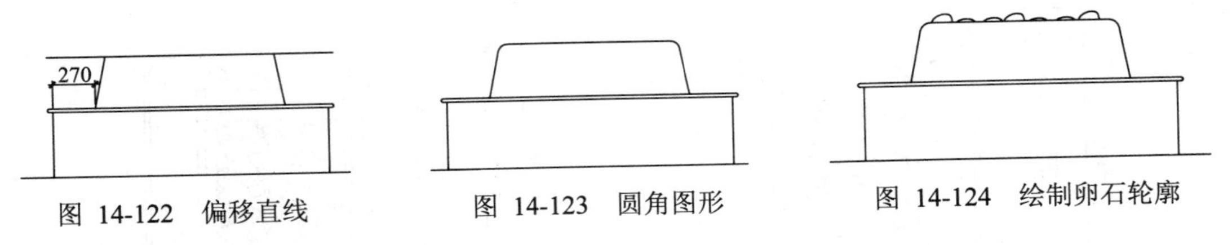

图 14-122 偏移直线

图 14-123 圆角图形

图 14-124 绘制卵石轮廓

06 将“填充”图层置为当前，调用 SPL【样条曲线】命令，随意绘制卵石轮廓，如图 14-124 所示。

07 调用 I【插入】命令，选择“树”图块，插入至立面图中合适的位置，如图 14-125 所示。

08 调用 DLI【线性标注】命令，DCO【连续标注】命令，标注立面图形，效果如图 14-126 所示。

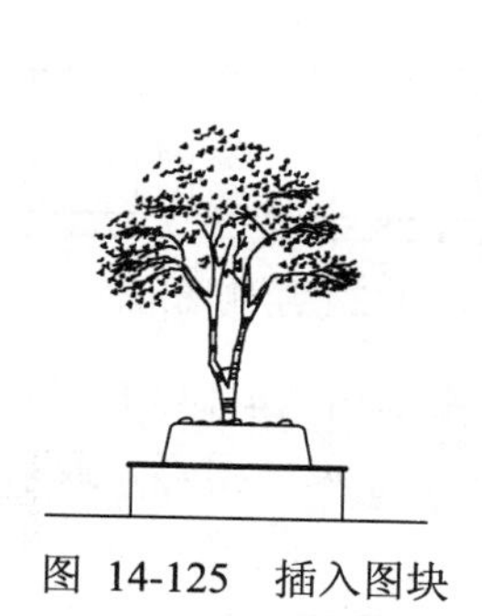

图 14-125　插入图块

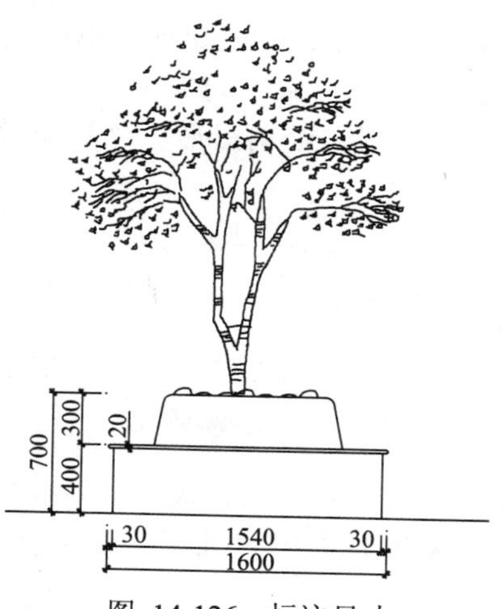

图 14-126　标注尺寸

09 调用 MLD【多重引线】命令，标注文字说明，效果如图 14-127 所示。

10 调用 I【插入】命令，插入“图名”属性块，完成坐凳树池立面图的绘制，效果如图 14-128 所示。

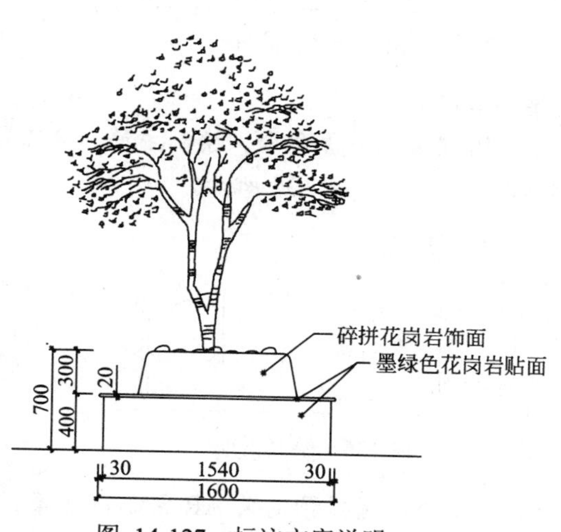

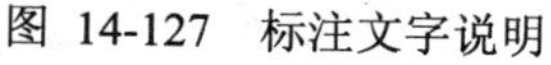

图 14-127　标注文字说明

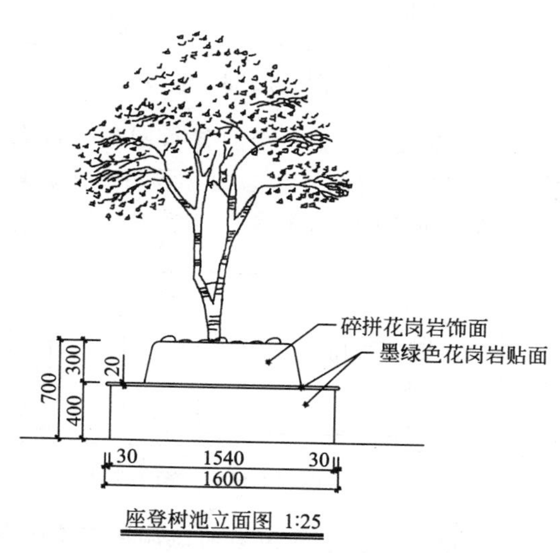

图 14-128　坐凳树池立面图

14.5.4.3　绘制坐凳树池剖面图

01 调用 L【直线】命令，绘制地平线，并将其转换至“粗线”图层。

02 将“中实线”图层置为当前，调用 REC【矩形】命令，绘制尺寸为 1600×60、1540×380、1600×20 的矩形，并移动至相应的位置，如图 14-129 所示。

03 调用 F【圆角】命令，将最上方的矩形边进行圆角，设置圆角半径为 10，效果如图 14-130 所示。

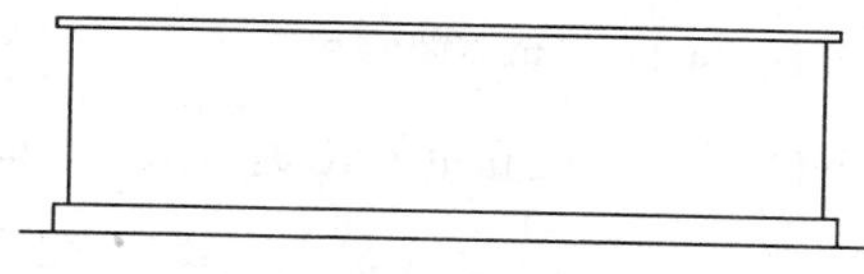

图 14-129　绘制矩形

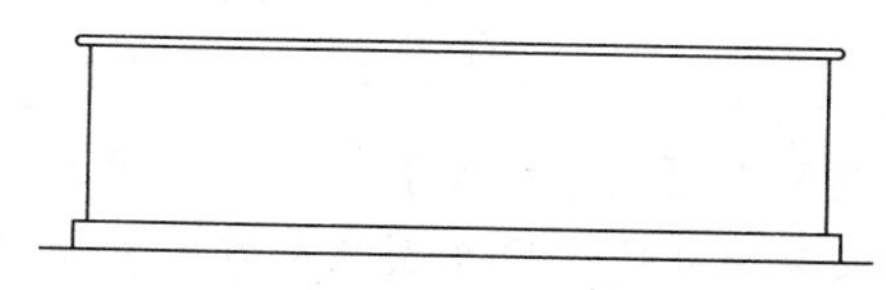

图 14-130　圆角矩形

04 调用 X【分解】命令，分解中间矩形；调用 O【偏移】命令，根据平面图和立面的数据偏移矩形边，效果如图 14-131 所示。

05 继续根据平立面图，绘制图形，效果如图 14-132 所示。

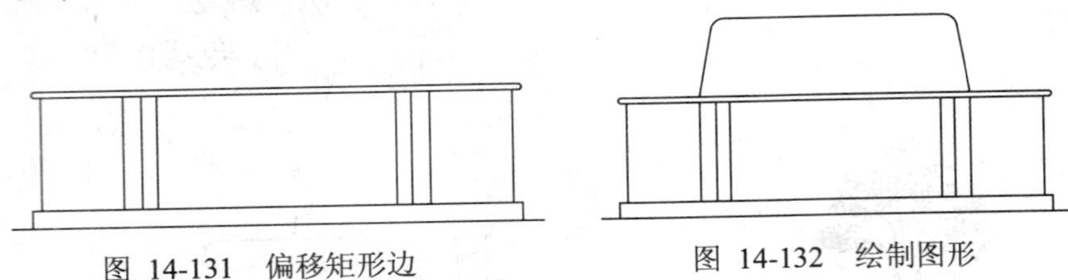

图 14-131 偏移矩形边　　图 14-132 绘制图形

06 调用 O【偏移】命令，偏移线段，偏移距离为 25，效果如图 14-133 所示。

07 调用【夹点编辑】命令、L【直线】命令、E【删除】命令，编辑图形，效果如图 14-134 所示。

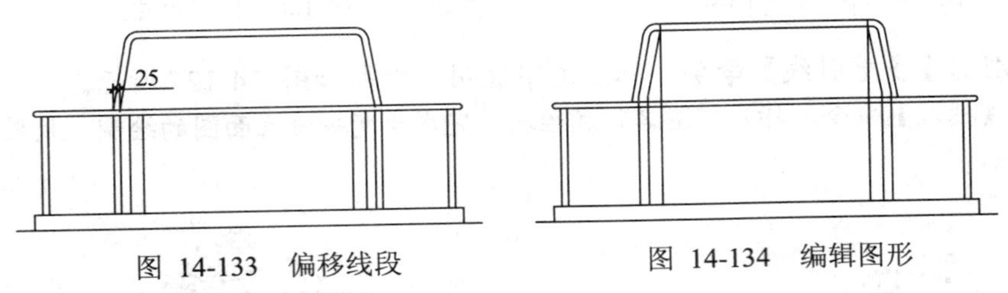

图 14-133 偏移线段　　图 14-134 编辑图形

08 调用 TR【修剪】命令，修剪图形，效果如图 14-135 所示。

09 将“粗线”图层置为当前，调用 C【圆】命令、PL【多段线】命令，绘制主筋和分布筋；并调用 MI【镜像】命令，镜像绘制好的钢筋，效果如图 14-136 所示。

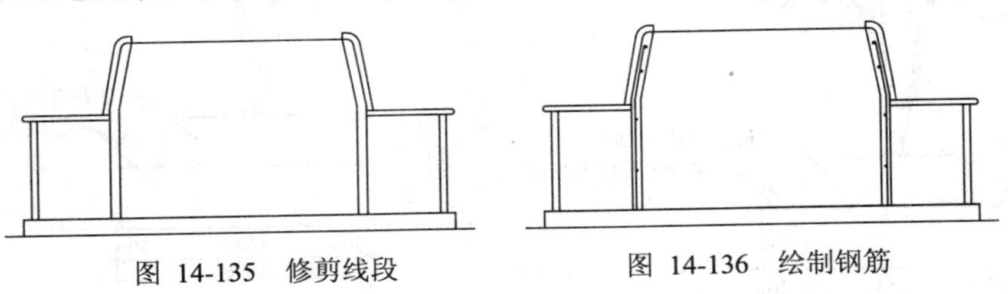

图 14-135 修剪线段　　图 14-136 绘制钢筋

10 将“填充”图层置为当前，调用 H【图案填充】命令，选择预定义 AR-SAND 图案，其他参数保持默认，填充图案，如图 14-137 所示。

11 删除直线，继续调用 H【图案填充】命令，选择预定义 ANSI31 图案，设置填充比例为 15，其他参数保持默认，填充图案，如图 14-138 所示。

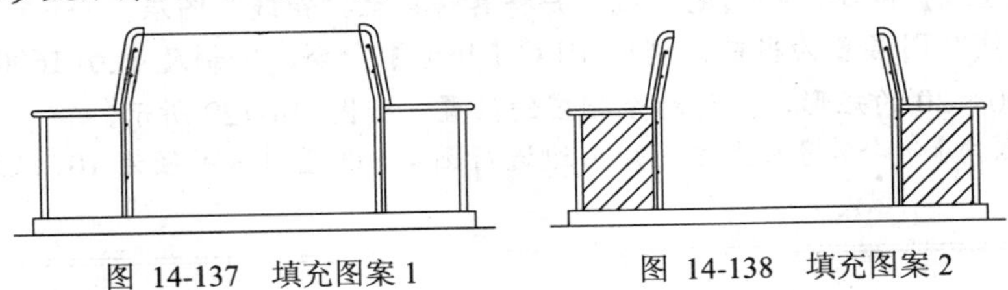

图 14-137 填充图案 1　　图 14-138 填充图案 2

12 调用 H【图案填充】命令，选择预定义 AR-CONC 图案，设置填充比例为 0.7，其他参数保持默认，填充图案，效果如图 14-139 所示。

13 调用 SPL【样条曲线】命令，绘制卵石，效果如图 14-140 所示。

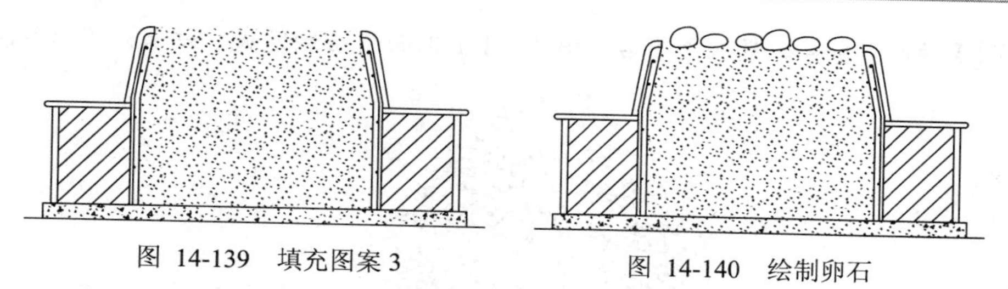

图 14-139　填充图案 3　　　　图 14-140　绘制卵石

14 调用 I【插入】命令，选择“树”图块、“标高”图块，插入图中，效果如图 14-141 所示。

15 调用 DLI【线性标注】命令、DCO【连续标注】命令，标注剖面图，如图 14-142 所示。

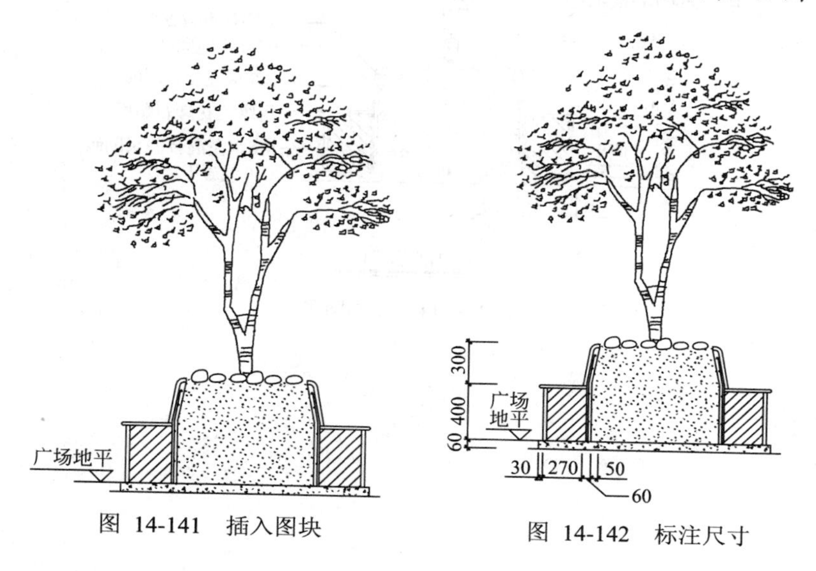

图 14-141　插入图块　　　　图 14-142　标注尺寸

16 调用 MLD【多重引线】命令，标注文字说明，如图 14-143 所示。

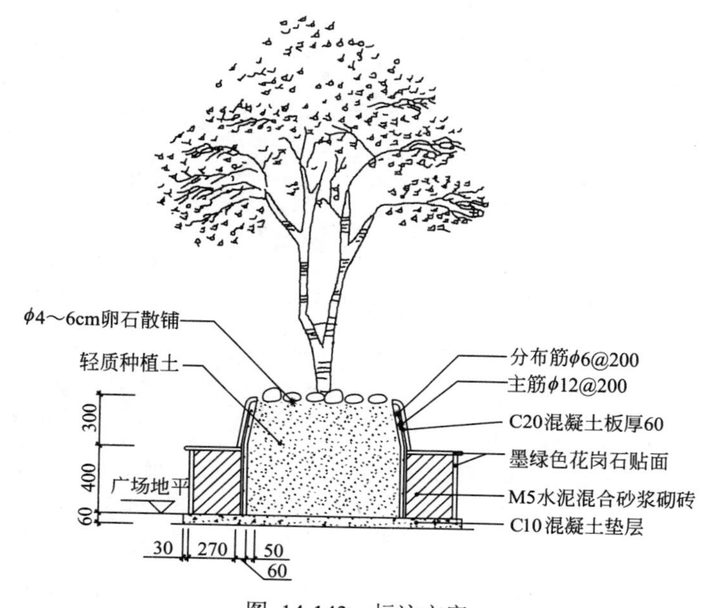

图 14-143　标注文字

17 调用 I【插入】命令，插入“图名”图块，1-1 剖面图绘制完成，效果如图 14-144 所示。

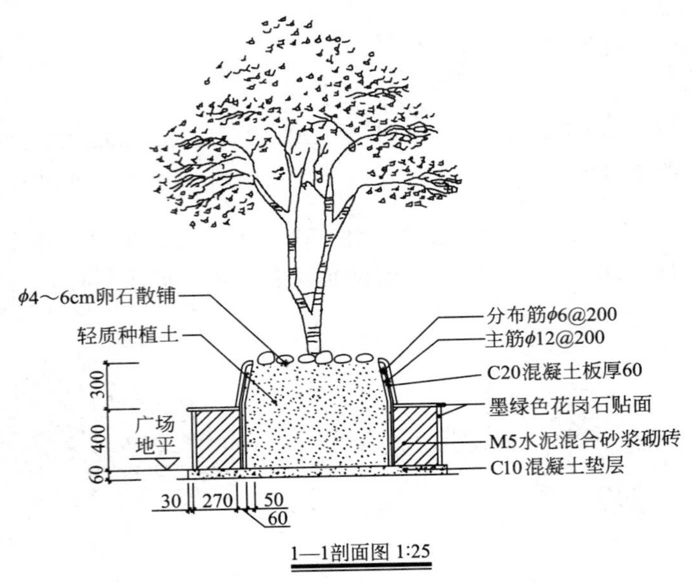

图 14-144　插入图名

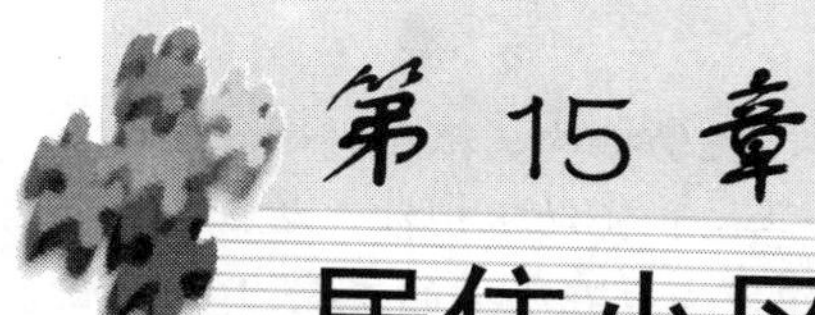

第 15 章 居住小区景观设计

居住小区是指以住宅楼房为主体并配有商业网点、文化教育、娱乐、绿化、公用和公共设施等而形成的居民生活区。一般称小区，是指被城市道路或自然分界线所围合，并与居住人口规模（10000～15000 人）相对应，配建有一套能满足该区居民基本的物质与文化生活所需的公共服务设施的居住生活聚居地。

15.1 居住小区景观设计概述

居住小区在城市规划中的概念是指由城市道路或城市道路和自然界线划分的，具有一定规模的，并不为城市交通干道所穿越的完整地段，区内设有一整套满足居民日常生活需要的基层公共服务设施和机构，如图 15-1 所示为居住小区鸟瞰图。而建筑给水排水方面定义为：含有教育、医疗、文体、经济、商业服务及其他公共建筑的城镇居民住宅建筑区。

图 15-1 居住小区鸟瞰图

15.1.1 居住小区景观设计基本特征和内容

居住小区的基本特征和内容主要有以下几个方面。

- 居住小区由城市干道、绿地、水面、沟渠、陡坡、铁路或其他专用地界划分，用地的界线明确，地段完整，不被全市性或地区性的干道所分割。
- 居住小区的规模根据城市道路交通条件、自然地形条件、住宅层数、人口密度、生活服务设施的服务半径和配置的合理性等因素确定；一般以居住小区内设置一所小学即可满足本小区儿童入学和小区内生活服务设施有合理的服务半径为小区的人口和用地规模的限度。

- 居住小区内设置一套为日常生活服务的设施，包括小学、托幼机构、粮店、副食店、日用品商店和修理店等。规模较大的小区可设中学。除学校和托幼机构外，居住小区内公共建筑可以集中设置公共活动中心，也可分散或成组地布置在小区的主要出入口。
- 居住小区内的道路应形成系统，具有相对的独立性和封闭性，避免将城市干道上的汽车交通引入小区。
- 居住小区要有一定面积的公共绿地，其布置应同小区的公共活动中心、儿童游戏场和老年人活动场所等相结合。

15.1.2 居住小区景观功能区

居住小区的功能分区大致可分为入口区、老人活动区、儿童活动区、运动区、亲水区等。具体分区情况应根据具体的景观设计进行。

15.1.2.1 入口区

居住小区入口空间是居住小区与城市之间的过渡空间，也是小区与外部联系的重要中介，如图 15-2 所示。一方面，它影响着小区整体的布局规划，标识出小区在其所在地段和城市中的区位，同时它还是人们对居住小区认知的重要节点；另一方面，它作为居住小区的外部空间，还与城市景观息息相关，是提高城市环境整体质量的重要组成部分。

居住小区入口主要功能包括交通功能及安全防卫功能，后来衍生出来的功能包括精神功能、为小区提供交往空间及为城市提供场所。

图 15-2 居住小区入口

15.1.2.2 老年活动区

老年活动区的规划和设计的要旨在于体现适合老年人生活的社区物质结构、网络结构和住宅之于老人的适应性处理。老年活动区域内场地需平整，无高差变化，以确保老年人行动安全。社区为围合社区，区域周围需考虑与机动车道的组合，以保证老年人出行安全。可以草坪为主，并设计环通的游廊和亭子等设施供老人休闲健身之用。

15.1.2.3 儿童活动区

户外活动是儿童智能、体能、心理、精神方面健康发展的重要基础之一。儿童活动区的

设计可遵循以下几点。

- 为儿童的自由探索提供更多的机会。
- 形式易改变、不固定。
- 儿童所利用的范围可以随着儿童的成长而增长。

当然遵循以上原则的同时，儿童游乐场地还需要便于看护，铺装最好是软质铺装，同时也为看护的家长提供休息场所。

15.1.2.4　运动区

居住小区运动场所的设计，不宜采用大场地，如足球场，但可设计篮球场或羽毛球场等小范围的运动场地，或者是晨跑专用的步道。

15.1.2.5　亲水区

水景是小区景观中重要的组成元素，对小区的整体环境影响重大。如图 15-3 所示游泳池和亲水平台，既满足了人们亲水的心理，也可为居民提供休憩的地方。亲水区的设计主要是从水景设计的形式着手，同时注重考虑安全性原则。

图 15-3　亲水区

15.1.3 居住小区景观设计原则

居住小区景观设计原则主要有以下几点。

（1）安全性原则　安全性是景观设计的第一准则，其他一切因素都要建立在安全性基础上，没有了安全作保证，一切都无从谈起。在居住区户外交往空间的人性化景观设计中，植物的选择要充分考虑人的安全性这个最基本的需求，以管理粗放、冠大荫浓，无污物、无飞絮、无毒、无刺等为宜，同时，有座椅的地方要尽可能地设置一些有靠背或者背后有可以遮挡的乔灌木，这样人们的庇护心理才会得到满足。

（2）生态性原则　生态原则就是要尽量保持现存的良好生态，改善原有的不良生态环境，将人工环境与自然环境有机协调，提倡将先进的生态技术运用到环境景观的塑造中去，在满足人类回归自然精神渴望的同时，促进自然环境系统的平衡发展，从而有利于人类可持续发展。

（3）地域性原则　设计应充分尊重所在地方的自然资源和传统地方文化，而不应为了片面追求所谓的主题设计，忽视了其景观设计的本土性、自然化。从人性化角度上考虑，设计者在景观设计之初要对居住小区所在区域人们对于景观的理解、要求进行深刻的领悟，从而在景观设计中对这种文化底蕴进行诠释，使居住者在居住小区内得到一种精神上的回归。

（4）以人为本原则 “以人为本”的原则表现为从居民的身心健康及审美要求出发，创造方便、舒适、优美的绿色环境，努力实现人与人之间、人与环境之间的和谐共处。赋予公众参与的结果必然大大提升公众自身的园林审美趣味与欣赏水准，使环境和人的关系更契合、更和谐。

（5）关怀性原则 在居住区的公共环境中无障碍是必不可少的设施，其对人的关怀设计应体现到细部的处理上，因为身体障碍者更需要享受户外运动的乐趣和舒适使用的环境空间，这样会使居住区的环境更体现人性化。

15.2 绘制居住小区景观设计总平面图

本小节主要讲解居住小区中心绿地景观设计总平面图的绘制。

（1）绘制定位轴线

01 单击【快速访问】工具栏中的【打开】按钮，打开“第 15 章/居住小区景观设计原始图.dwg”素材文件，如图 15-4 所示。

02 新建“定位轴线”图层，设置图层颜色为“红色”，调用 L【直线】命令，绘制比总平面图略宽的垂直线段和水平线段，效果如图 15-5 所示。

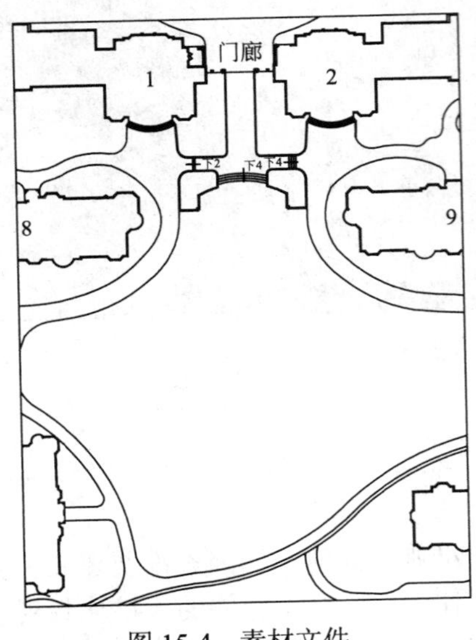

图 15-4 素材文件

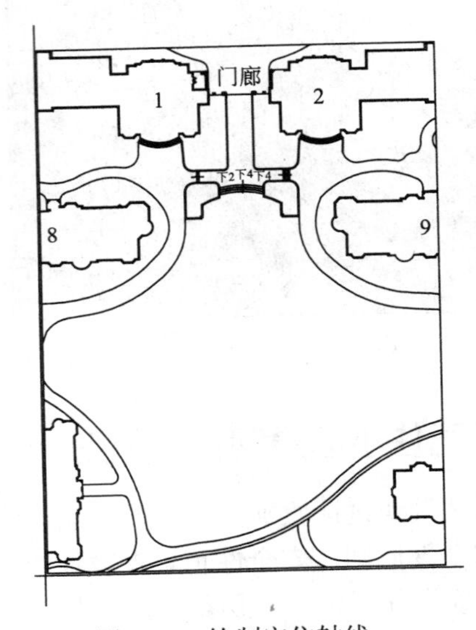

图 15-5 绘制定位轴线

03 调用 O【偏移】命令，设置偏移距离为 4000，偏移水平轴线和竖直轴线，绘制轴网，效果如图 15-6 所示。

04 调用 DT【单行文字】命令，依次绘制轴号，轴网绘制完成，效果如图 15-7 所示。

（2）绘制中心旱喷

01 新建“旱喷”图层，调用 C【圆】命令，绘制半径为 5000 的圆，表示旱喷最外侧轮廓。

02 调用 O【偏移】命令，将旱喷最外侧轮廓向内依次偏移 300、200、637、1600、563、200，效果如图 15-8 所示。

03 调用 REC【矩形】命令，绘制 600×600 的矩形，并将其移动至旱喷中心位置；调用 C【圆】命令，绘制半径为 105、55 的圆，并将其移动至矩形的中心位置，效果如图 15-9 所示。

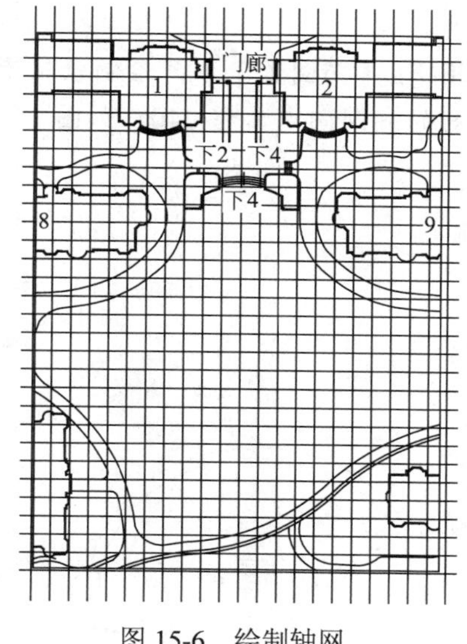

图 15-6　绘制轴网

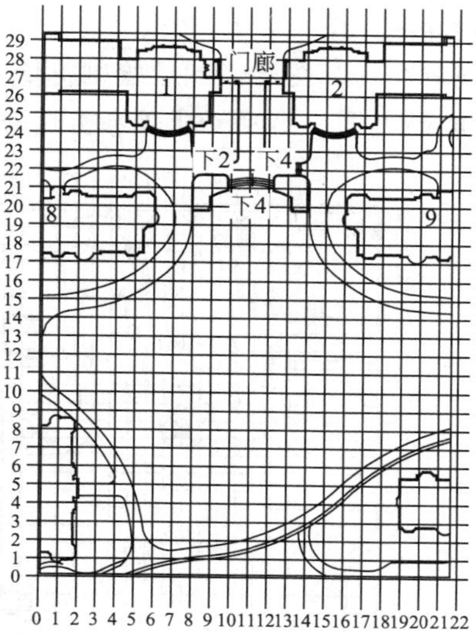

图 15-7　绘制轴号

04 调用 L【直线】命令，绘制线段，如图 15-10 所示。

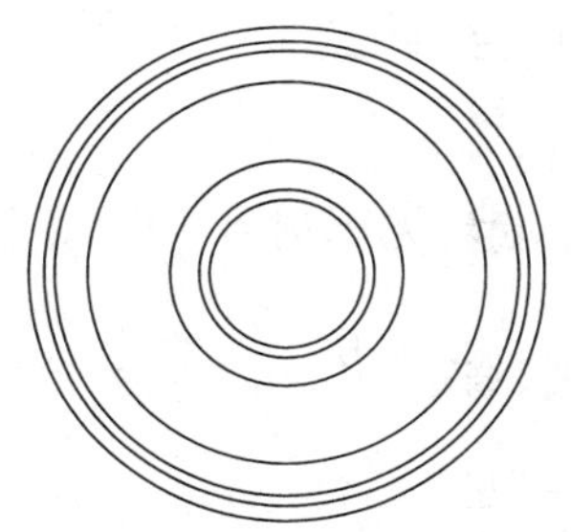
图 15-8　绘制旱喷轮廓

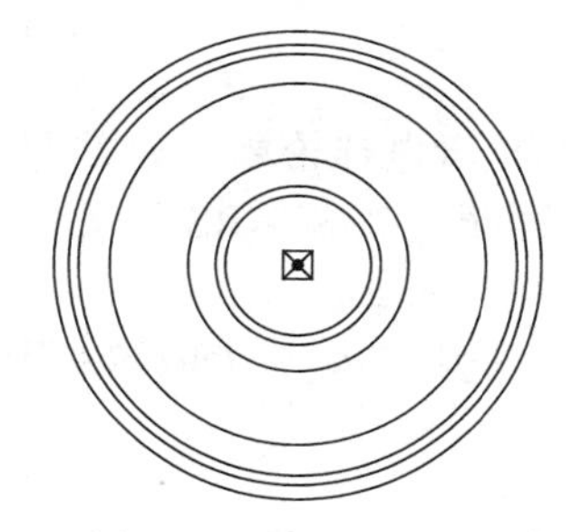
图 15-9　细化旱喷

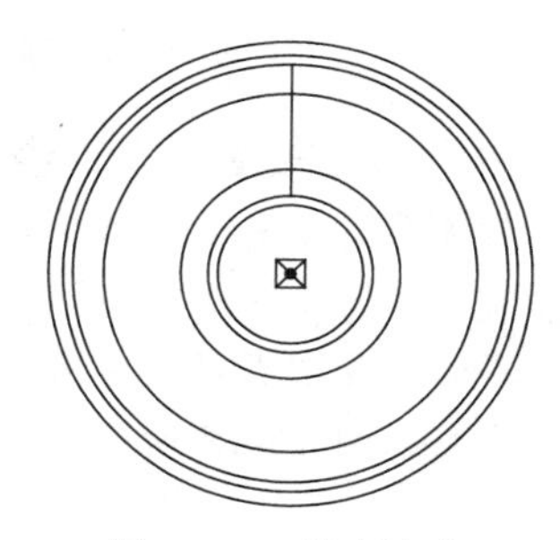
图 15-10　绘制直线

05 调用 AR【阵列】命令，对直线进行极轴阵列，阵列数为 8，阵列效果如图 15-11 所示。

06 调用 C【圆】命令，在上一步阵列直线与圆交点处绘制半径为 100 的圆，表示喷泉眼，然后调用 AR【阵列】命令，对圆进行极轴阵列，阵列数为 16，效果如图 15-12 所示。

07 使用相同的方法，绘制其他的喷泉圆，最终效果如图 15-13 所示。

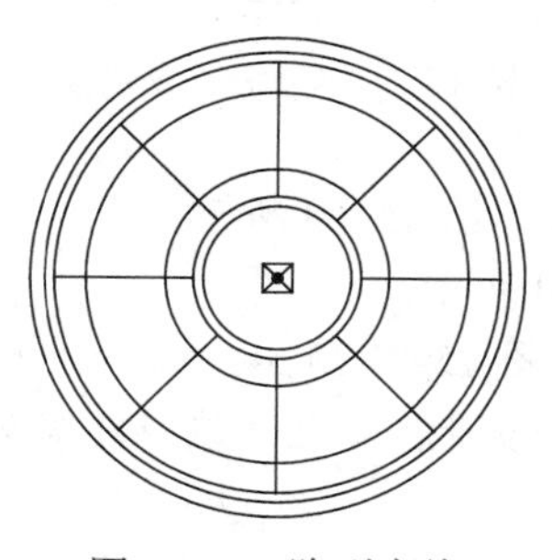
图 15-11　阵列直线

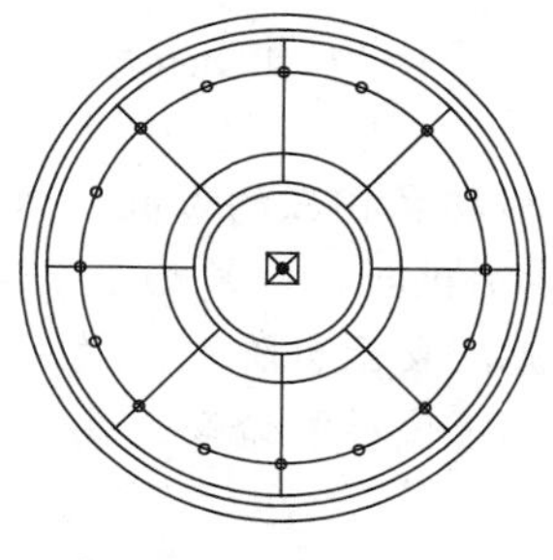
图 15-12　绘制泉眼

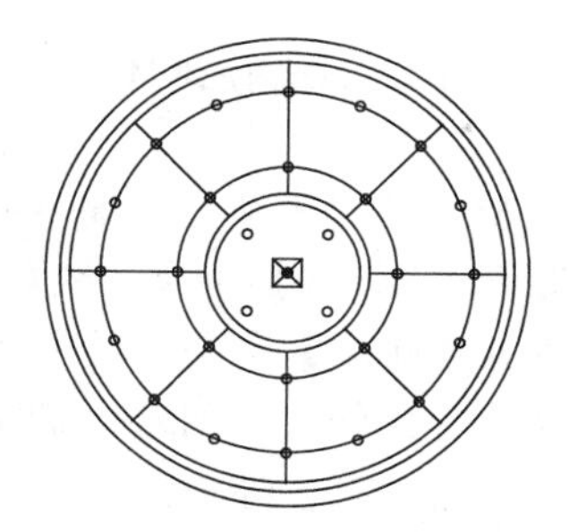
图 15-13　喷泉完成效果

08 调用 M【移动】命令，根据轴网确定移动位置，将旱喷全部图形移动至原始图中，效果如图 15-14 所示。

（3）绘制铺地广场

01 新建“铺地广场”图层，然后绘制花坛，调用 EL【椭圆】命令，绘制长轴为 7200、短轴为 6400 的椭圆，调用 O【偏移】，将绘制好的椭圆向内偏移 240，如图 15-15 所示。

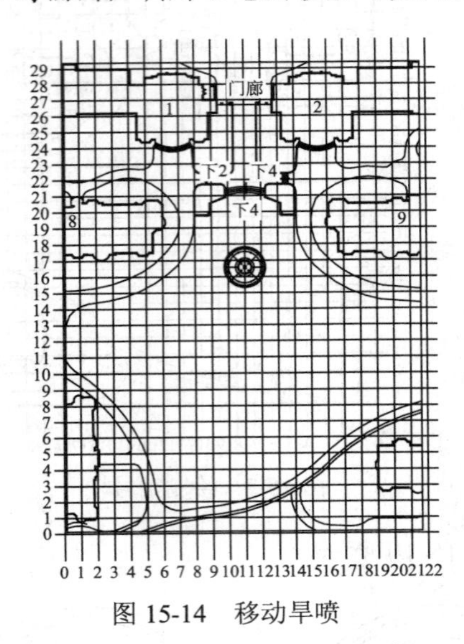

图 15-14　移动旱喷

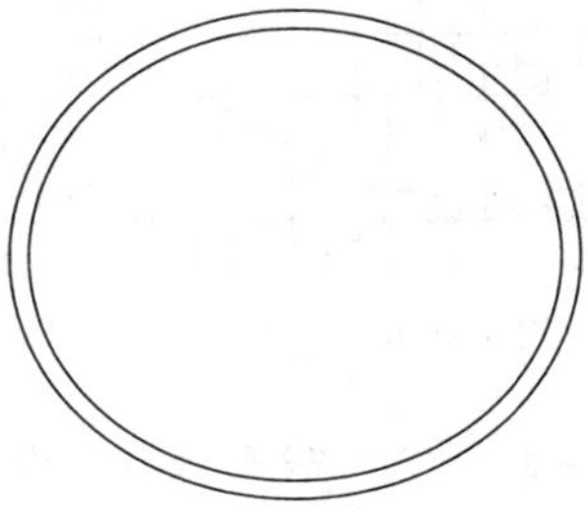

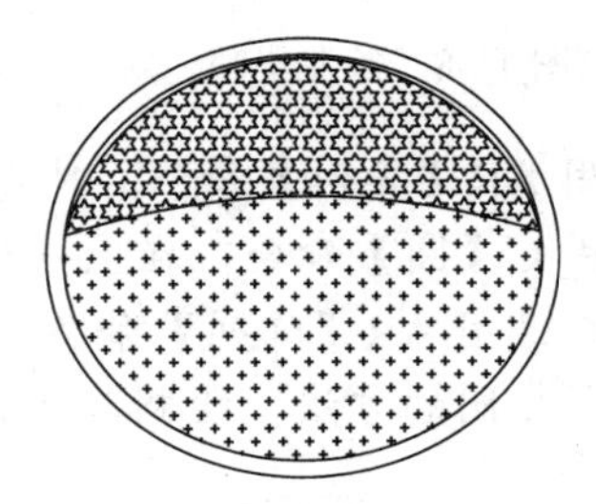

图 15-15　绘制花坛

02 调用 PL【多段线】命令，绘制花坛内部轮廓，如图 15-16 所示。

03 调用 H【图案填充】命令，选择预定义 STARS 图案，设置填充比例为 30，填充花坛，如图 15-17 所示。

04 继续调用 H【图案填充】命令，选择预定义 CROSS 图案，设置填充比例为 30，填充花坛，效果如图 15-18 所示。

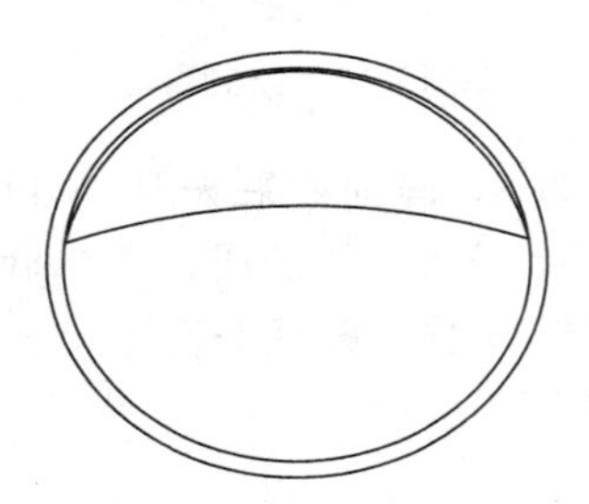

图 15-16　绘制内部轮廓

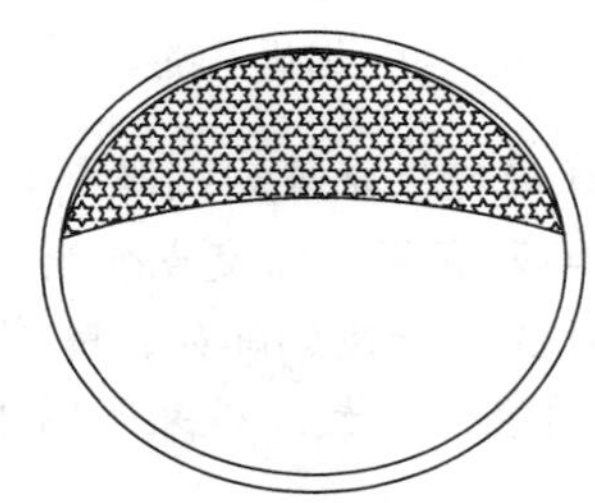

图 15-17　填充花坛

图 15-18　花坛完成效果

05 调用 M【移动】命令，将花坛移动至相应的位置，效果如图 15-19 所示。

06 调用 RO【旋转】命令，旋转复制花坛，效果如图 15-20 所示。

07 调用 A【圆弧】命令，绘制圆弧，表示台阶边，效果如图 15-21 所示。

08 隐藏“定位轴线”图层，调用 O【偏移】命令，向下偏移圆弧 4 次，偏移距离为 600，效果如图 15-22 所示。

09 调用 O【偏移】命令，依次偏移道路边，偏移距离依次为 1800、200；调用 A【圆弧】命令，绘制半径为 10736、4736 的圆弧，最后调用 C【圆】命令，绘制半径为 450 的圆，完善台阶，效果如图 15-23 所示。

10 使用相同的方法，绘制另外一侧的图形，如图 15-24 所示。

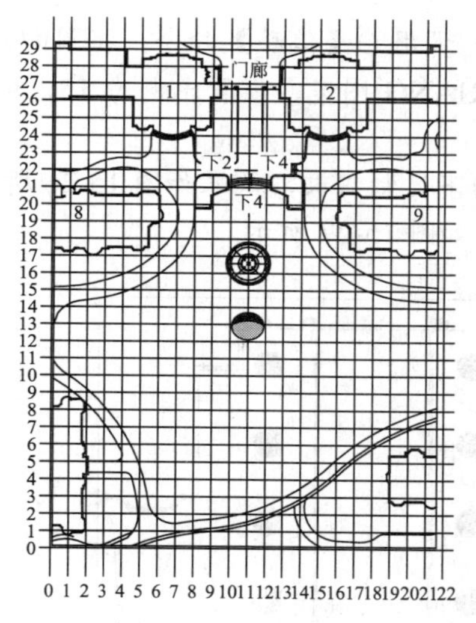

图 15-19　移动花坛

图 15-20　旋转复制花坛

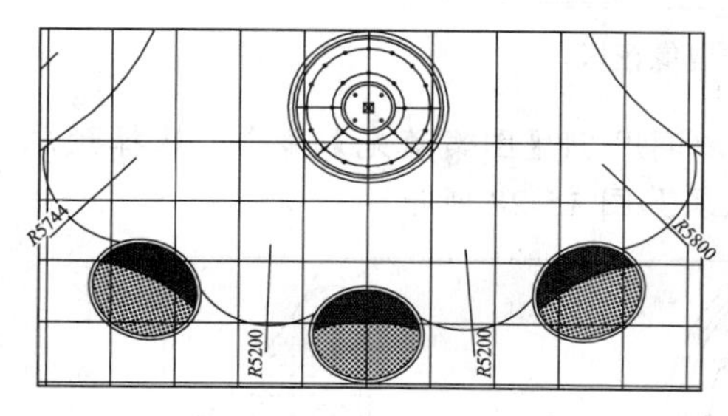

图 15-21　绘制台阶边

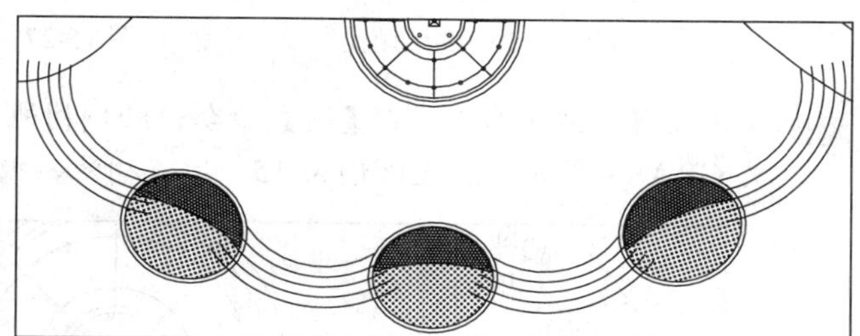

图 15-22　偏移台阶

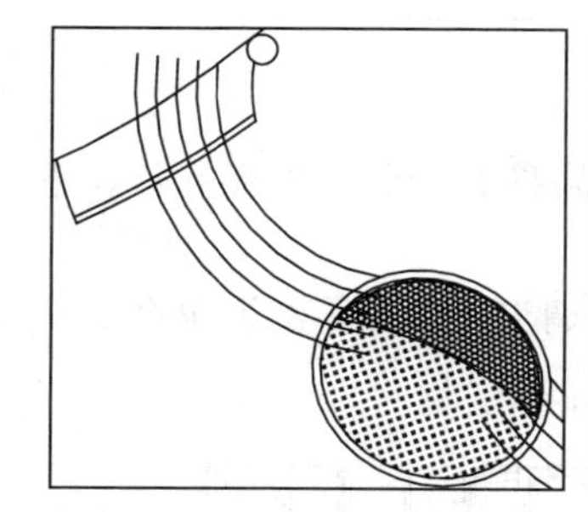

图 15-23　完善台阶

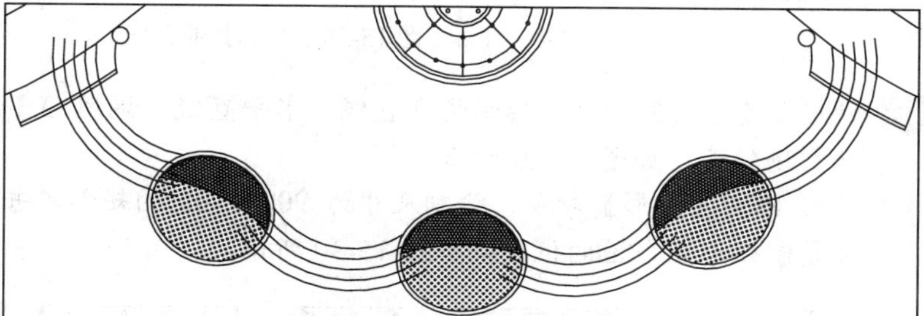

图 15-24　完善另一侧台阶

11 调用 A【圆弧】命令，细化台阶结构，然后，调用 TR【修剪】命令，整理图形，效果如图 15-25 所示。

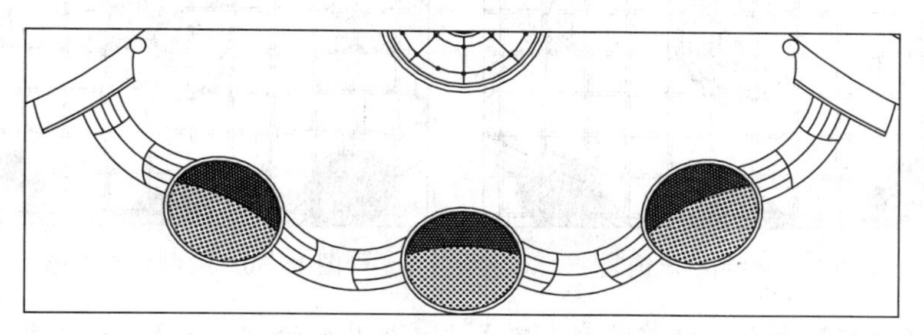

图 15-25　细化台阶结构

12 调用 C【圆】命令，绘制半径为 700 的圆，调用 O【偏移】命令，将圆向内偏移 100，调用 H【图案填充】命令，选择预定义 TRIANG 图案，设置比例为 15，填充花钵，完成花钵绘制。

13 调用 CO【复制】命令，将绘制好的花钵向下复制四次，效果如图 15-26 所示。

14 调用 MI【镜像】命令，将花钵进行镜像，如图 15-27 所示。

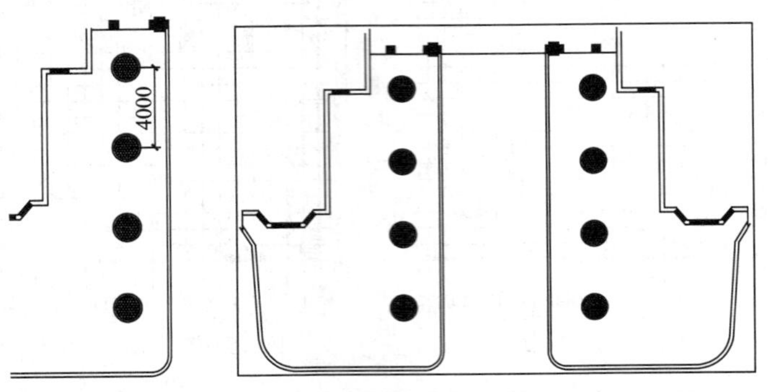

图 15-26　绘制花坛　　图 15-27　镜像花坛

15 调用 L【直线】命令、C【圆】命令，绘制树池，调用 H【图案填充】命令，选择预定义 GRASS 图案，设置比例为 15，填充树池，效果如图 15-28 所示。

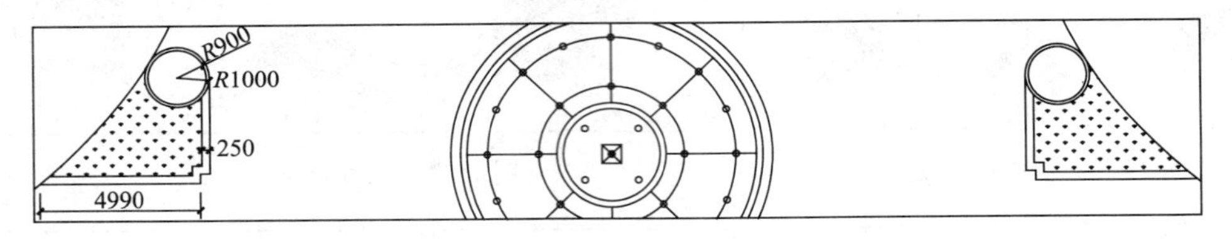

图 15-28　绘制其他花坛

16 调用 L【直线】命令，绘制竖直直线和水平直线；调用 O【偏移】命令，偏移直线，表示广场铺装，如图 15-29 所示。

17 调用 REC【矩形】命令，绘制尺寸为 900×900 的矩形，并调用 CO【复制】命令，多次复制矩形至合适的位置，如图 15-30 所示。

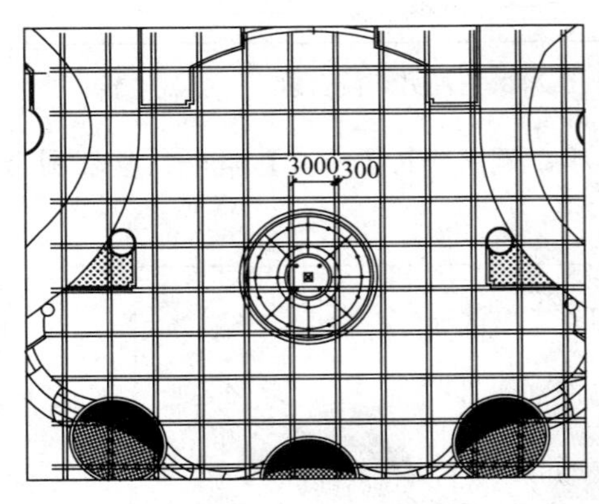

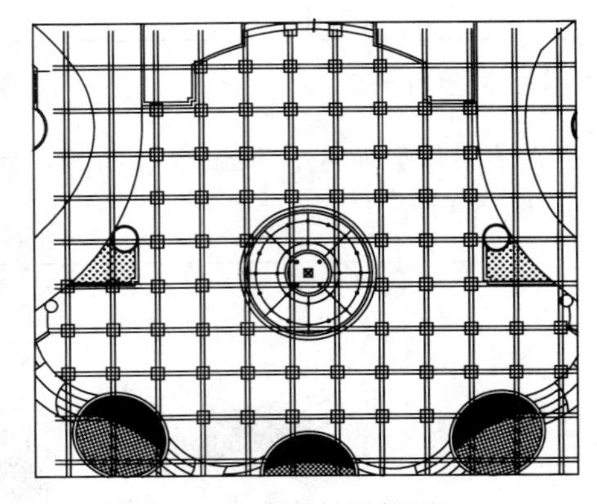

图 15-29　绘制广场铺装　　图 15-30　绘制复制矩形

18 调用 TR【修剪】命令，修剪图形，完成广场铺装的绘制，如图 15-31 所示。

（4）绘制水体

01 绘制坡道。新建“坡道”图层，调用 O【偏移】命令、TR【修剪】命令，绘制坡道边界；调用 SPL【样条曲线】命令，细化坡道，根据定位轴网，进行定位，效果如图 15-32 所示。

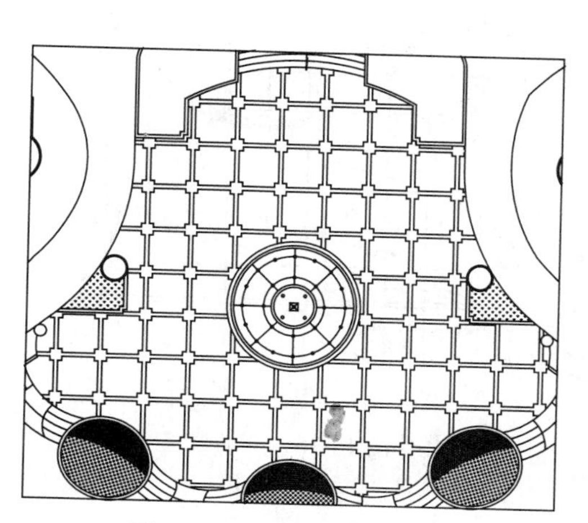

图 15-31　完成铺装绘制

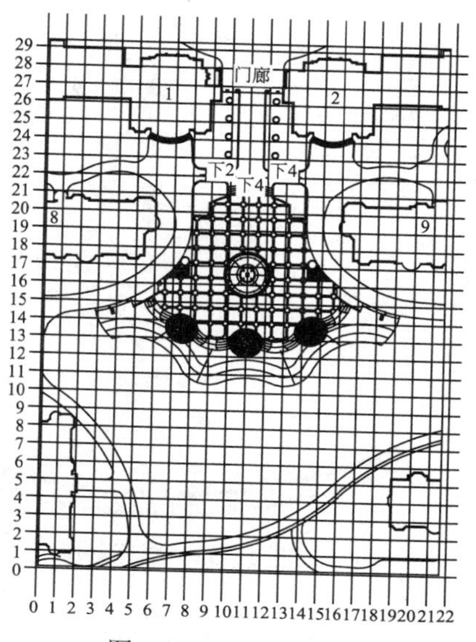

图 15-32　绘制坡道

02 新建“水体”图层，设置颜色为“蓝色”，线宽为 0.3，根据定位轴网，调用 SPL【样条曲线】命令，绘制水体轮廓，并调用 O【偏移】命令，设置偏移距离为 500，偏移水体轮廓线，表示驳岸线，并修改偏移直线线型宽度为默认线型，水体绘制效果如图 15-33 所示。

（5）绘制其他小品

01 新建“小品”图层，调用 A【圆弧】命令、L【直线】命令，绘制景墙轮廓，效果如图 15-34 所示。

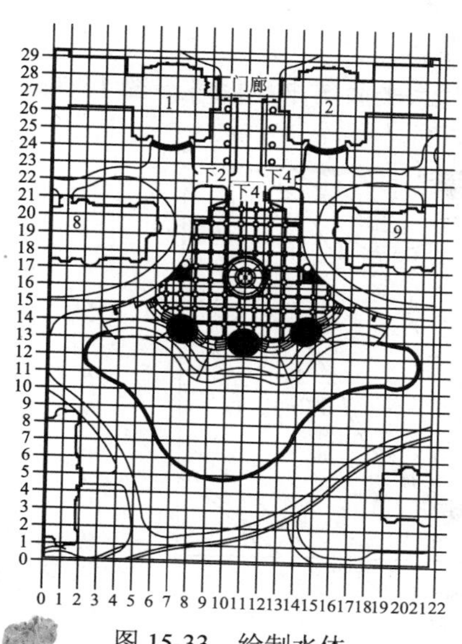

图 15-33　绘制水体

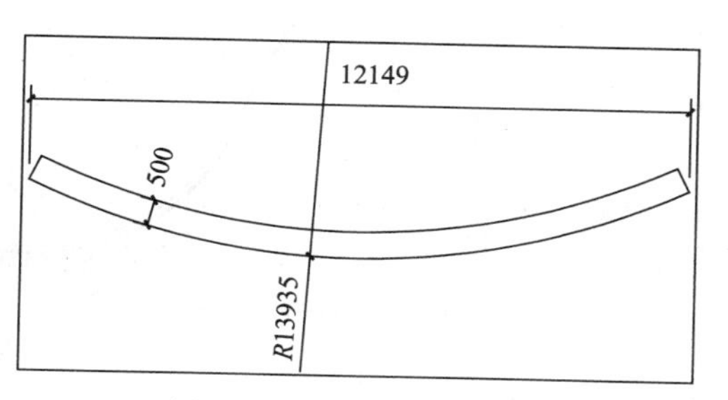

图 15-34　绘制景墙轮廓

02 将绘制完的景墙轮廓线转化为多段线，然后修改其线宽为 100，调用 H【图案填充】命令，选择预定义 AR-B88 图案，设置比例为 1.5，效果如图 15-35 所示。

03 调用 RO【旋转】命令、M【移动】命令，将景墙移动至总平面图相应的位置，如图 15-36 所示。

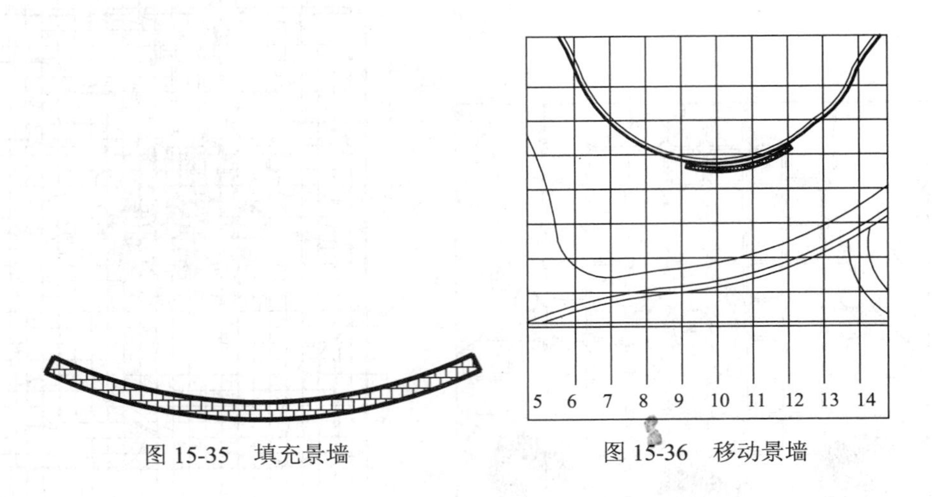

图 15-35 填充景墙　　图 15-36 移动景墙

04 调用 PL【多段线】命令，绘制汀步石，如图 15-37 所示。

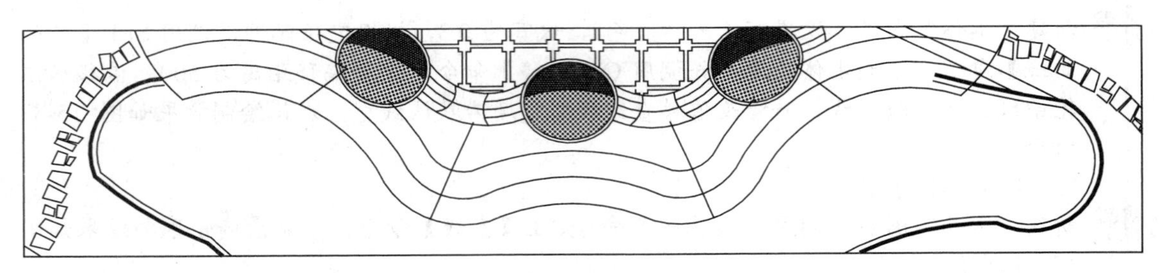

图 15-37 绘制汀步石

05 调用 I【插入】命令，插入“卧石 1”、“卧石 2”至平面图中，效果如图 15-38 所示。

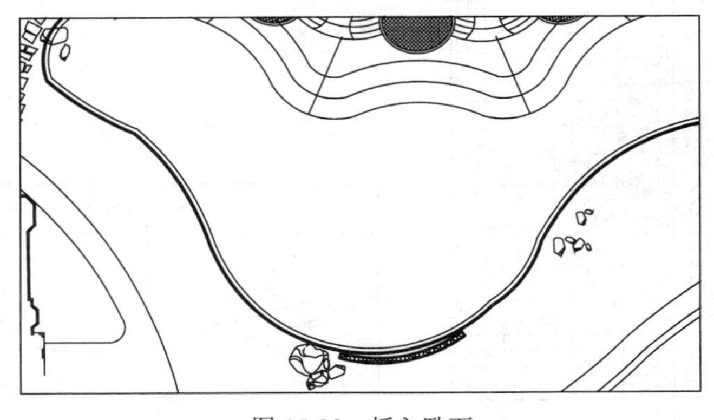

图 15-38 插入卧石

（6）绘制植物

01 单击【快速访问】工具栏中的【打开】按钮，打开“第 15 章\植物图例.dwg”文件，如图 15-39 所示。

02 新建“植物”图层并置为当前，绘制入口植物，调用 CO【复制】命令，选择图例表最后一行第一个植物图例，将其复制至平面图中，并调用 SC【缩放】命令，设置缩放比例为 0.5，结果如图 15-40 所示。

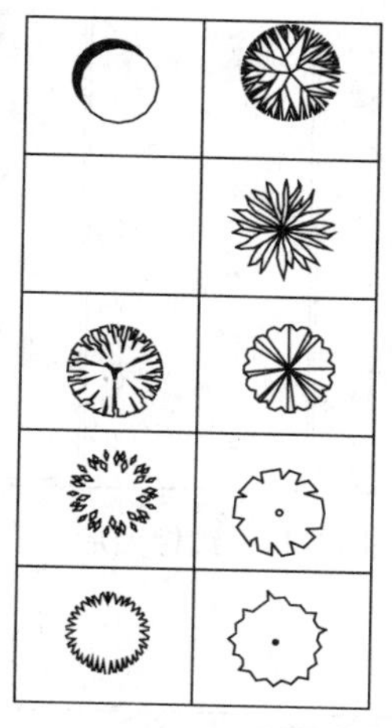

图 15-39 植物图例表

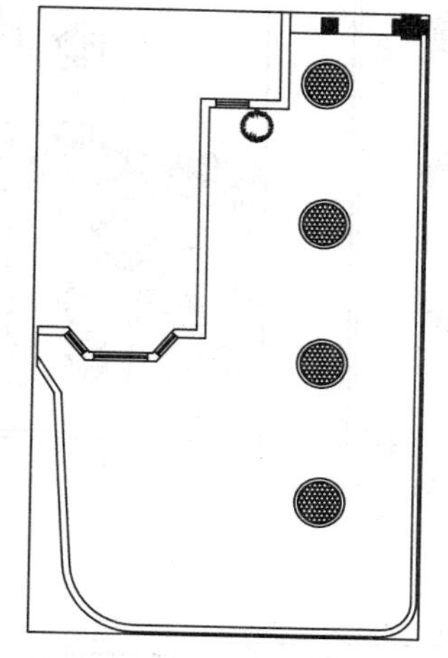

图 15-40 复制缩放植物图例

03 继续使用 CO【复制】命令，复制图例，效果如图 15-41 所示。

04 使用相同的方法，将其他的植物图例配置至相应的位置，并调整其大小，使植物配置整体错落有致，效果如图 15-42 所示。

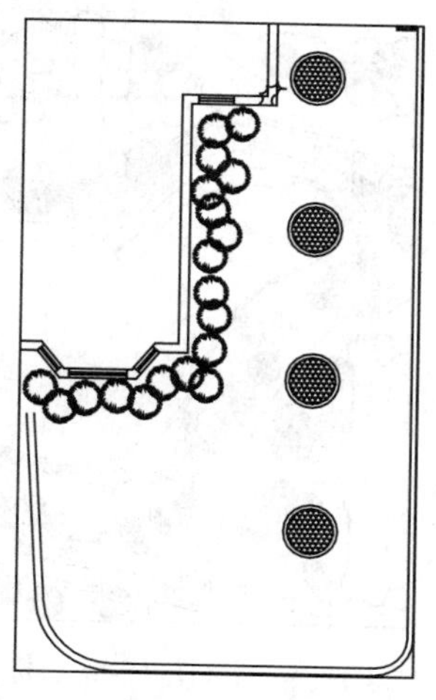

图 15-41 复制植物图例

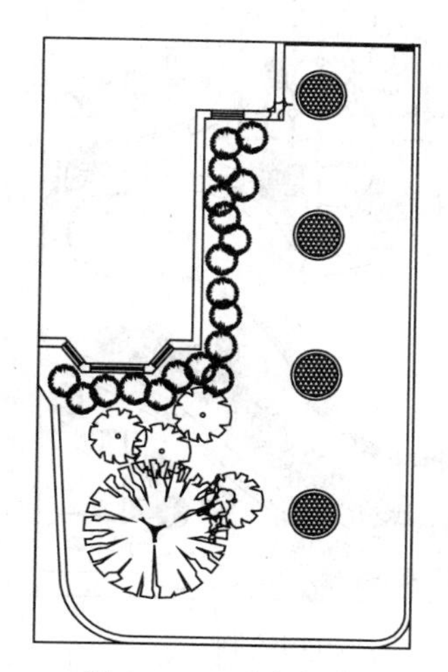

图 15-42 重复操作

05 调用 REVCLOUD【修订云线】命令，绘制灌木丛，效果如图 15-43 所示。

06 调用 MI【镜像】命令，将绘制好的入口左侧植物镜像至入口右侧，如图 15-44 所示。

07 使用相同的方法，完成总平面图植物的绘制，效果如图 15-45 所示。

08 调用 DT【单行文字】命令，标注文字说明，效果如图 15-46 所示。

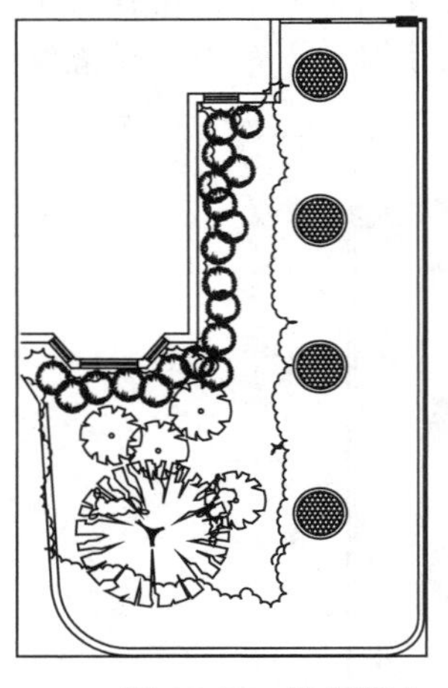

图 15-43 绘制灌木

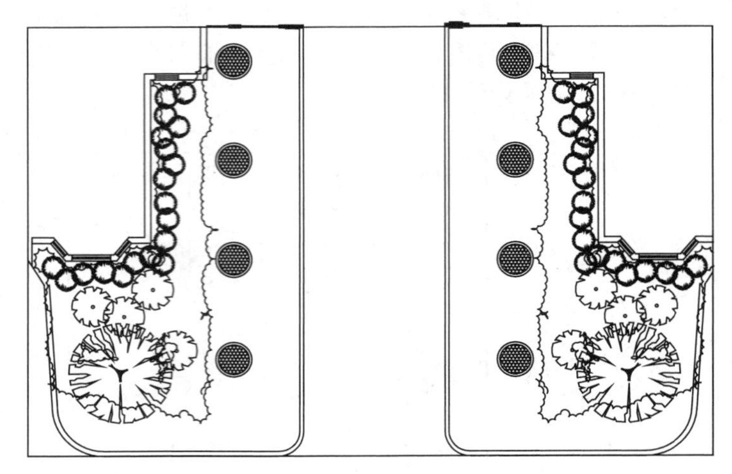

图 15-44 镜像图形

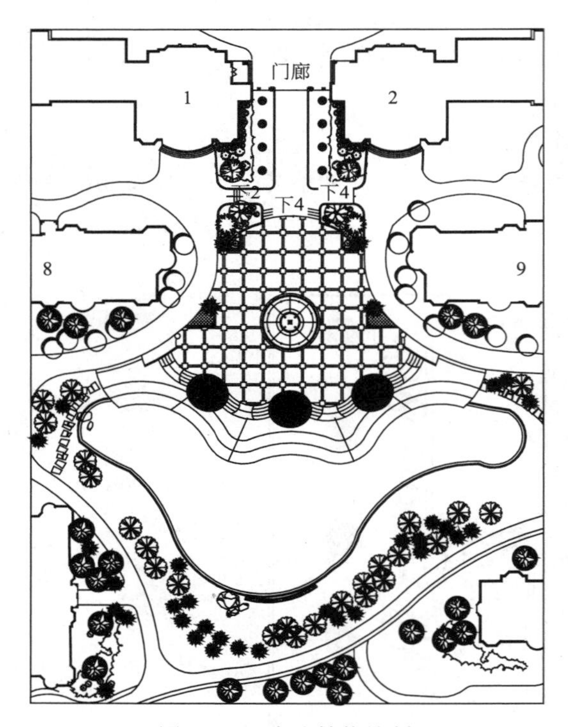

图 15-45 完成植物绘制

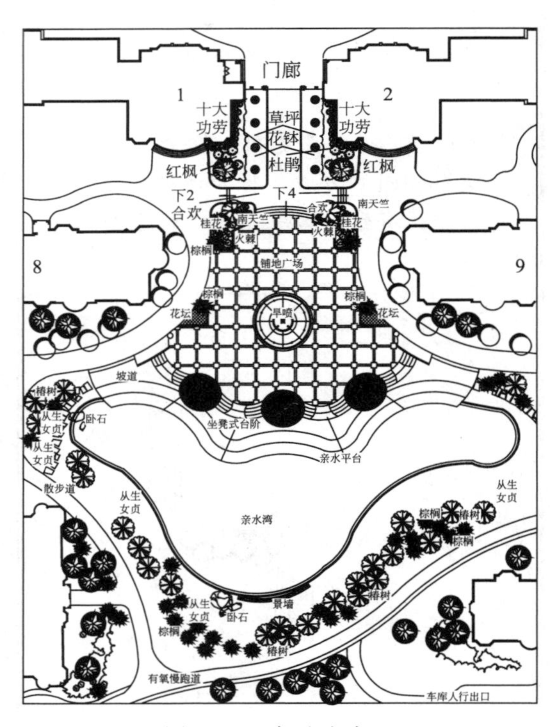

图 15-46 标注文字

09 调用 C【圆】、PL【多段线】、DT【单行文字】等命令，绘制指北针和图名，至此居住小区景观设计总平面图绘制完成，如图 15-47 所示。

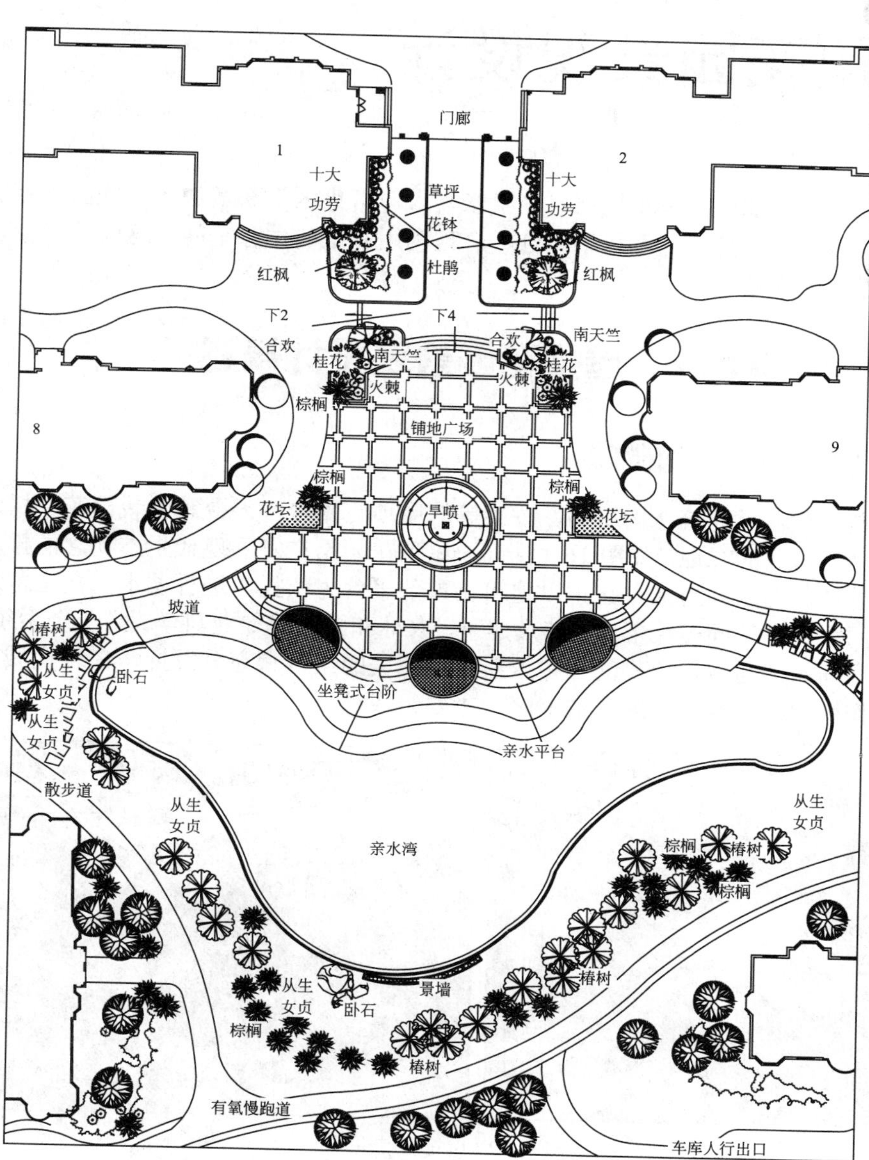

图 15-47　居住小区景观设计总平面图

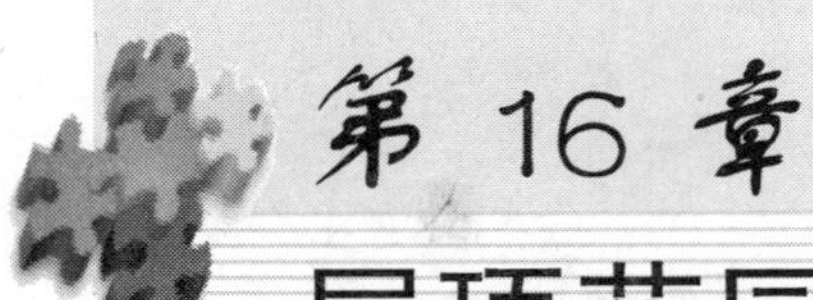

第 16 章 屋顶花园景观设计

随着城市化程度的加速，建筑用地日趋紧张，人口密集区不断增加，这些由于定居、建设带来的负面生态效应，使人们不得不充分、合理利用有限的生存空间，这就使得屋顶花园成为现代建筑发展的必然趋势。

16.1　屋顶花园景观设计概述

16.1.1　屋顶花园景观的概念

屋顶花园是指在各类建筑、构筑物、桥梁等的屋顶、露台、天台等上栽植花草树木，建造各种园林小品所形成的绿地，如图 16-1 所示。屋顶花园是在发展现代生态观念的推动下逐渐孕育出的一种特殊的园林形式，它正以建筑物顶部平台为依托，进行蓄水、覆土营造园林景观的一种空间绿化的空间美化形式，涉及建筑、农林和园林等专业科学，是一个系统工程，它使建筑物的空间潜能与绿化植物的多种效益得到完美的结合和充分发挥，在现代城市建设中发挥着重大作用，是人类可持续发展战略的重要组成部分。

图 16-1　屋顶花园

16.1.2　屋顶花园的功能

屋顶绿化对增加城市绿地面积，改善日趋恶化的人类生存环境空间；改善城市高楼大厦林立、众多道路的硬质铺装而取代的自然土地和植物的现状；改善城市热岛效应；开拓人类绿化空间，建造田园城市；改善人民的居住条件，提高生活质量，以及对美化城市环境，改善生态效应有着极其重要的意义。主要体现在以下几个方面。

16.1.2.1　生态效应

❑ 缓解城市“热岛效应”，调节城市小气候

环保专家认为，“热岛效应”80%的因素归咎于绿地的减少，20%才是城市热量的排放，植树有利于吸收城市热量，调节城市气温平衡。大面积的屋顶绿化之后城市将形成一片“空中森林”，成功实现绿地资源再生，将极大地改善城市的小气候，缓解城区的“热岛效应”。

❑ 改善城市的空中景观，改善视觉条件，调节心理

可以想象，当大面积推行屋顶花园之后，城市上层空间不再是简单的单调水泥屋面，而是充满了绿色及其他丰富多彩的色彩。底层建筑屋顶花园和高层屋顶花园形成一种层次对比，满足了高层建筑内人的心理要求，丰富了城市的空间层次，改变了原来那种呆板的毫无生机的空间印象，形成多层次的空中美景。众所周知，人眼观看最舒适的颜色是绿色，在人的视觉中，当绿色达到了 25%时人的心情最为舒畅，精神感觉最佳，因此屋顶花园能很好地调节人的心理，陶冶情操，改变人们的精神面貌。

❑ 改善屋顶眩光

随着城市建筑越来越高，更多的人将生活在城市的高空，不可避免地会俯视楼下或者远眺，结果他们可能仅仅看到一点点绿色，而更多的是建筑、灰色的水泥路面，在强烈的太阳光照射下反射刺目的眩光。当屋顶花园建设好之后，由于绿色对太阳光的吸收，进入人眼的将是另外一种景色，使人不会有在高空中的感觉，因为绿色离他们那么近。

❑ 净化空气城市高空空气，提高生态效应

绿色植物对许多有害气体都具有吸收和净化作用。利用绿地防止有害气体的危害是环境保护的一项重要措施。

16.1.2.2　经济效应

❑ 保护建筑物

屋顶花园的建造可以吸附雨水，保护屋顶的防水层，防止屋顶漏水。植物覆盖的屋顶，吸收夏季阳光的辐射热量，有效地阻止屋顶表面温度的升高，从而降低屋顶下的室内温度。植物覆盖可以减轻阳光暴晒引起的热胀冷缩和风吹雨淋，保护建筑防水层、屋面等，从而延长建筑的寿命。

❑ 隔热保湿、节能

树木和草坪对太阳的辐射反射率大，土壤含水多，蒸发耗热多，植被覆盖的热容量大，因而绿地在夏季达到降温的目的，在冬季达到保温的作用。

没有屋顶绿化覆盖的平屋顶，夏季由于太阳的直接照射，屋面温度比气温高出很多，不同颜色和材料的屋顶温度升高幅度不一样，最高的可达到 80℃以上，而经过绿化的屋顶面，夏季绿化较好的屋顶，其种植层下屋顶表面温度仅仅 20～25℃左右，有效地阻止了屋表面温度升高从而降低了屋顶下室内温度。如果屋顶是地毯式草坪，墙壁爬满凌霄、常春藤和爬山虎，那么在夏季室内温度可下降 2～4℃，可节约空调电量消耗的 20%～40%，相反在冬季，可起到保温作用，平均气温要高 2～4℃。

16.1.2.3　社会效应

❑ 聚集游客，宣传、美化形象

绿色建筑有益于人的身心健康，又丰富美化了环境，属于景观建筑，它创造的绿色空间具有宣传效果，对商业设施和娱乐设施的聚集和吸引游客也有很大的作用。

❑ 增加城市绿化面积

正是由于城市发展加快，建筑物密度越来越大，从而侵吞了大量的绿地面积，加剧了城市环境的恶化，而建筑物屋顶花园几乎能够以等面积偿还支撑建筑物所占的地面，从而解决这种争地局面。屋顶绿化能合理地利用和分配城市上层空间，美化城市高层建筑周围环境，

创造与周围环境协调的城市景观。

16.2 屋顶花园景观设计基础

16.2.1 屋顶花园景观设计要素

屋顶花园景观设计要素主要有视觉形象方面、生态绿化设计方面、满足大众行为心理方面。

16.2.1.1 视觉形象方面

以精致美观原则选用花木与比拟、寓意联系在一起，同时路径、主景、建筑小品等位置和尺度应仔细推敲，既要与主建筑物及周围大环境协调一致，又要有独特新颖的园林风格。此外，还应在草坪、路口及高低错落地段安放各种园林专用灯具，不仅起照明作用，而且作为一种饰品增添美观和情调。

16.2.1.2 生态绿化设计

在屋面上种植绿色植物，并配有给、排水设施，使屋面具备隔热保温、净化空气、阻噪吸尘、增加氧气的功能，从而提高人们的生活品质。

16.2.1.3 满足大众行为心理方面

合理、经济地利用城市空间环境，始终是城市的规划者、建设者、管理者追求的目标。屋顶花园除满足不同的使用要求外，应以绿色植物为主，创造出多种环境气氛，以精品园林小景新颖多变的布局，达到生态效益、环境效益和经济效益的组合。

16.2.2 屋顶花园景观细节设计

屋顶花园景观细节设计主要包括屋顶结构设计、屋顶花园防水设计、屋顶花园植物设计。

16.2.2.1 屋顶结构设计要点

屋顶花园一般种植层的构造、剖面分层是：植物层、种植土层、过滤层、排水层、防水层、保温隔热层和结构承重层等。

- 种植土：为减轻屋顶的附加荷重，种植土常选用经过人工配置的，既含有植物生长必需的各类元素，又含有比露地耕土容重小的种植土。
- 过滤层：过滤层的材料种类很多。美国 1959 年在加利福尼亚州建造的凯泽大楼屋顶花园，过滤层采用 30mm 厚的稻草；1962 年美国建造的另一个屋顶花园，则采用玻璃纤维布作过滤层。日本也有用 50mm 厚的粗砂作屋顶过滤层的。北京长城饭店和新北京饭店屋顶花园，过滤层选用玻璃化纤布，这种材料既能渗漏水分又能隔绝种植土中的细小颗粒，而且耐腐蚀、易施工，造价也便宜。
- 排水层：屋顶花园的排水层设在防水层之上，过滤层之下。屋顶花园种植土积水和渗水可通过排水层有组织地排出屋顶。通常的做法是在过滤层下做 100~200mm 厚的轻质骨料材料铺成排水层，骨料可用砾石、焦渣和陶粒等。屋顶种植土的下渗水和雨水，通过排水层排入暗沟或管网，此排水系统可与屋顶雨水管道统一考虑。它应有较大的管径，以利清除堵塞。在排水层骨料选择上要尽量采用轻质材料，以减轻屋顶自重，并能起到一定的屋顶保温作用。
- 防水层：屋顶花园防水处理成败与否将直接影响建筑物的正常使用。屋顶防水处理

一旦失败，必须将防水层以上的排水层、过滤层、种植土、各类植物和园林小品等全部取出，才能彻底发现漏水的原因和部位。因此，建造屋顶花园时应确保防水层的防水质量。传统屋面防水材料多用油毡。

- 屋顶花园的荷载：对于新建屋顶花园，需按屋顶花园的各层构造做法和设施，计算出单位面积上的荷载，然后进行结构梁板、柱、基础等的结构计算。至于在原有屋顶上改建的屋顶花园，则应根据原有的建筑屋顶构造，逐项进行结构验算。不经技术鉴定或任意改建，将给建筑物安全使用带来隐患。

16.2.2.2　屋顶花园防水设计要点

目前屋顶花园的防水处理方法主要有刚、柔之分，各有特点。由于蛭石栽培对屋盖有很好的养护作用，此时屋顶防水最好采用刚性防水。宜先做涂膜防水层，再做刚性防水层，其做法可参照标准设计的构造详图。这种防水层比较坚硬，能防止根系发达的乔灌木穿透，起到保护屋顶的作用，而且使整个屋顶有较好的整体性，不易产生裂缝，使用寿命也较长。屋面四周应设置砖砌挡墙，挡墙下部设泄水孔和天沟。当种植屋面为柔性防水层时，上面还应设置 1 层刚性保护层。也就是说，屋面可以采用 1 道或多道（复合）防水设防，但最上面一道应为刚性防水层，屋面泛水的防水层高度应高出溢水口 100mm。刚性防水层因受屋顶热胀冷缩和结构楼板受力变形等影响，易出现不规则的裂缝，而造成刚性屋顶防水的失败。

由于刚性防水层的分格缝施工质量往往不易保证，屋面刚性防水层最好一次全部浇捣完成，以免渗漏。防水层表面必须光洁平整，待施工完毕，刷 2 道防水涂料，以保证防水层的保护层设计与施工质量。要特别注意防水层的防腐蚀处理，防水层上的分格缝可用“一布四涂”盖缝，并选用耐腐蚀性能好的嵌缝油膏。不宜种植根系发达、对防水层有较强侵蚀作用的植物，如松、柏、榕树等。

16.2.2.3　屋顶花园植物设计

屋顶花园植物选择上需要注意以下几点。

- 选择耐旱、抗寒性强的矮灌木和草本植物。由于屋顶花园夏季气温高、风大、土层保湿性能差，冬季则保温性差，因而应选择耐干旱、抗寒性强的植物为主，同时，考虑到屋顶的特殊地理环境和承重的要求，应注意多选择矮小的灌木和草本植物，以利于植物的运输、栽种护理。
- 选择阳性、耐瘠薄的浅根性植物。屋顶花园大部分地方为全日照射，光照强度大，植物应尽量选用阳性植物，但在某些特定的小环境中，如花架下面或靠墙边的地方，日照时间较短，可适当选用一些半阳性的植物种类，以丰富屋顶花园的植物品种。屋顶的种植层较薄，为了防止根系对屋顶建筑结构的侵蚀，应尽量选择浅根系的植物。因施用肥料会影响周围环境的卫生状况，故屋顶花园应尽量种植耐瘠薄的植物种类。
- 选择抗风、不易倒伏、耐积水的植物种类。在屋顶上空风力一般较地面大，特别是雨季或有台风来临时，风雨交加对植物的生存危害最大，加上屋顶种植层薄，土壤的蓄水性能差，一旦下暴雨，易造成短时积水，故应尽可能选择一些抗风、不易倒伏，同时又能耐短时积水的植物。
- 选择以常绿为主，冬季能露地越冬的植物。营建屋顶花园的目的是增加城市的绿化面积，美化“第五立面”，屋顶花园的植物应尽可能以常绿为主，宜用叶形和株形秀丽的品种，为了使屋顶花园更加绚丽多彩，体现花园的变化，还可适当栽植一些色叶树种；另在条件许可的情况下，可布置一些盆栽的花卉，使花园四季有花。
- 尽量选用乡土植物，适当引种绿化新品种。乡土植物对当地的气候有高度的适应性，在环境相对恶劣的屋顶花园，选用乡土植物有事半功倍之效，同时考虑到屋顶花园的面积一般较小，为将其布置得较为精致，可选用一些观赏价值较高的新品种，以提高屋顶花园的档次。

16.3 绘制屋顶花园景观设计平面图

本小节主要介绍屋顶花园景观设计平面布置图的绘制方法，主要是讲解中心景观区、儿童游乐区、娱乐休息区等区域的绘制方法。

（1）绘制中心景观区

01 单击【快速访问】工具栏中的【打开】按钮，打开“第16章\屋顶花园原始平面图.dwg”，素材文件，如图16-2所示。

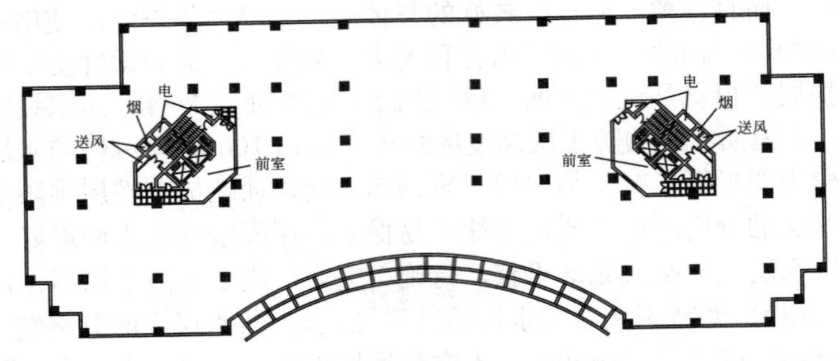

图16-2 屋顶花园原始平面图

02 调用L【直线】命令，绘制中心景观区分隔线，效果如图16-3所示。

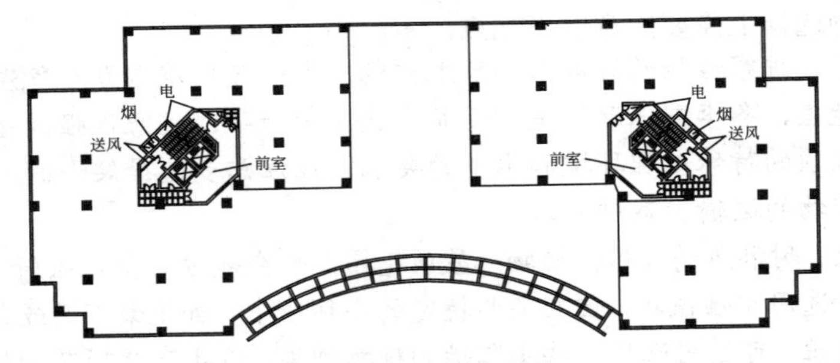

图16-3 绘制分隔线

03 调用REC【矩形】命令，绘制两个矩形，效果如图16-4所示。

04 调用A【圆弧】，绘制半径为2400的圆弧，调用O【偏移】命令，将圆弧向上依次偏移两次，偏移距离分别为200、1455，表示叠水池，效果如图16-5所示。

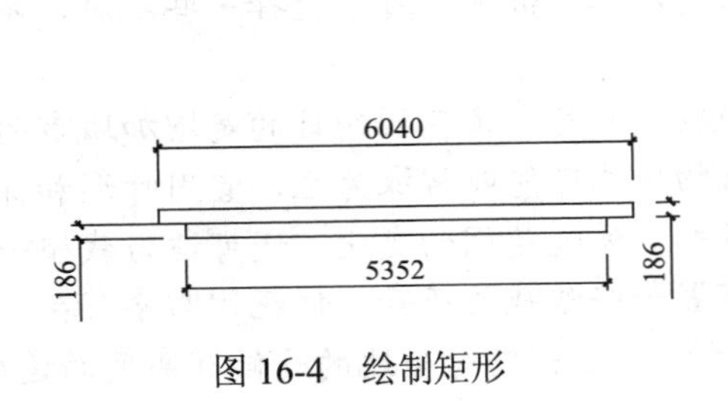

图16-4 绘制矩形

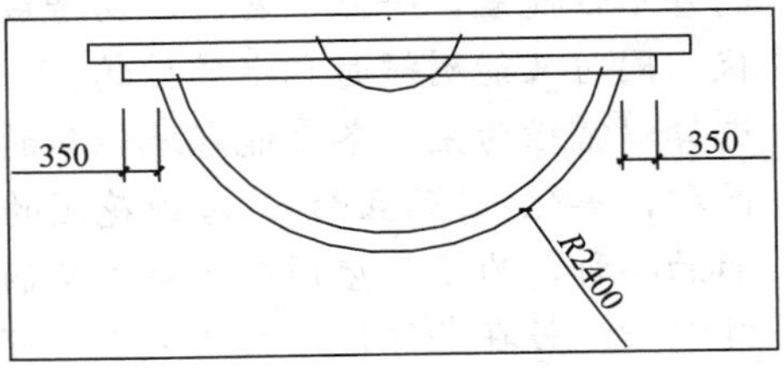

350 350 R2400

图16-5 绘制叠水池

05 调用 TR【修剪】命令，修剪叠水池，效果如图 16-6 所示。

06 调用 H【图案填充】命令，选择预定义 AR-RROOF 图案，设置比例为 300，填充叠水池，效果如图 16-7 所示。

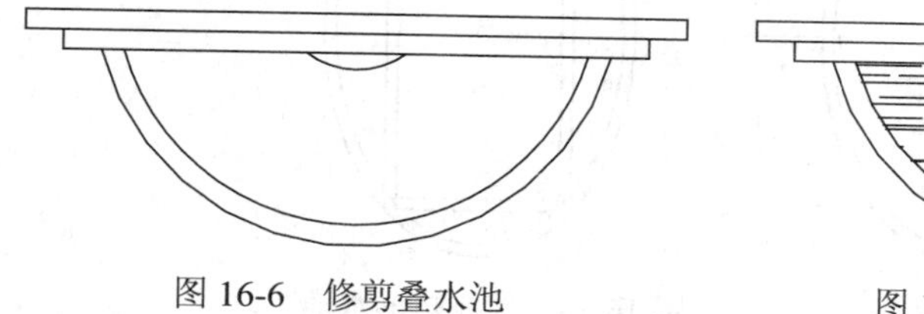

图 16-6　修剪叠水池　　图 16-7　填充叠水池

07 调用 PL【多段线】命令，绘制树池轮廓，然后调用 O【偏移】命令，将轮廓线向上偏移 200，调用 TR【修剪】命令，整理树池图形，效果如图 16-8 所示。

08 调用 MI【镜像】命令，将树池进行镜像，效果如图 16-9 所示。

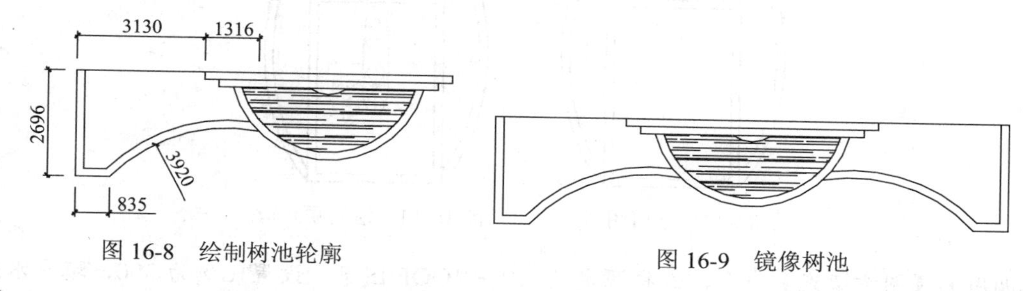

图 16-8　绘制树池轮廓　　图 16-9　镜像树池

09 调用 M【移动】命令，将整个叠水背景墙移动至屋顶花园原始平面图中，效果如图 16-10 所示。

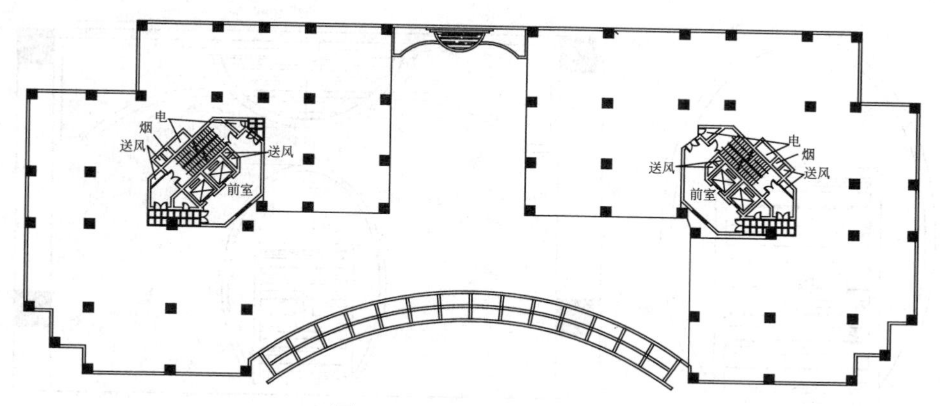

图 16-10　移动叠水背景墙

10 绘制喷泉。调用 EL【椭圆】命令，绘制喷泉外轮廓，调用 O【偏移】命令，设置偏移距离为 150，效果如图 16-11 所示。

11 调用 REC【矩形】命令，绘制矩形，表示水池轮廓，并将其向内偏移 150，然后将水池轮廓移动至喷泉外轮廓合适的位置，如图 16-12 所示。

12 调用 TR【修剪】命令，修剪图形，如图 16-13 所示。

13 调用 EL【椭圆】命令，绘制喷泉口，调用 L【直线】命令、AR【阵列】命令，细化图形，如图 16-14 所示。

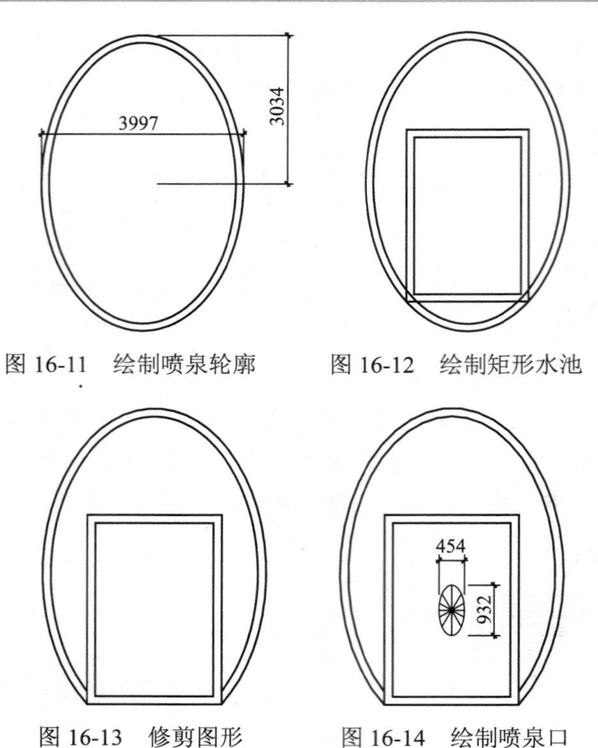

图 16-11　绘制喷泉轮廓　　图 16-12　绘制矩形水池

图 16-13　修剪图形　　图 16-14　绘制喷泉口

14 调用 H【图案填充】命令，选择预定义 AR-RROOF 图案，设置比例为 300，填充水池，效果如图 16-15 所示。

15 调用 M【移动】命令，将喷泉全部图形移动至平面图中，如图 16-16 所示。

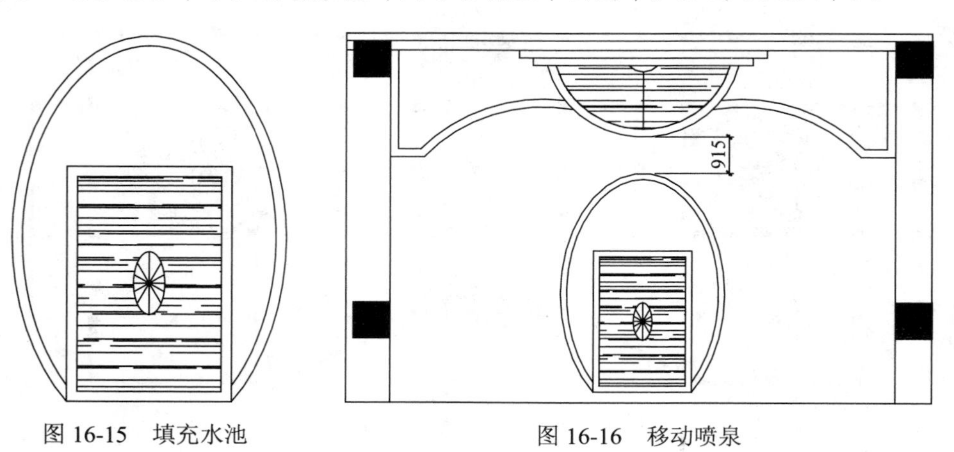

图 16-15　填充水池　　图 16-16　移动喷泉

16 调用 L【直线】命令、SPL【样条曲线】命令，绘制曲线花池，效果如图 16-17 所示。

17 调用 CO【复制】命令，将曲线花池复制至平面图中，效果如图 16-18 所示。

18 绘制雕塑。调用 REC【矩形】命令，绘制雕塑底座，并调用 O【偏移】命令，偏移雕塑底座，如图 16-19 所示。

19 调用 L【直线】命令，细化雕塑底座，如图 16-20 所示。

20 调用 PL【多段线】命令、EL【椭圆】命令、H【图案填充】命令，绘制雕塑，效果如图 16-21 所示。

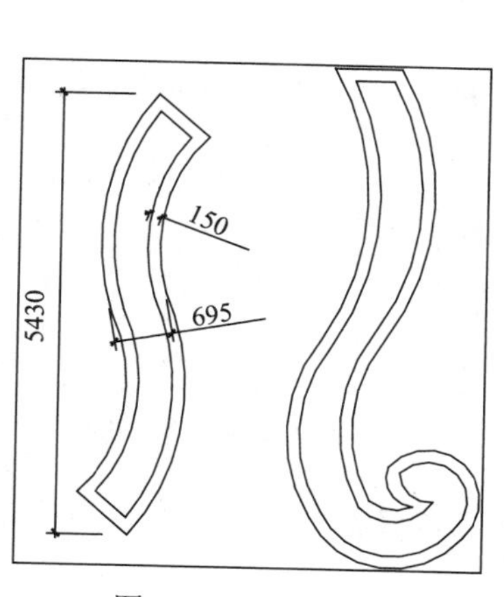

图 16-17　曲线花池

图 16-18　复制曲线花池

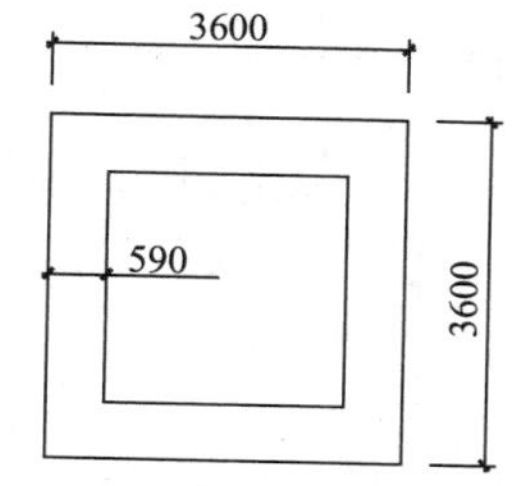

图 16-19　绘制雕塑底座

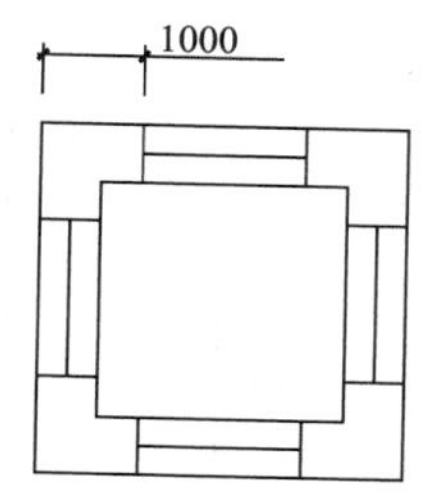

图 16-20　细化雕塑底座

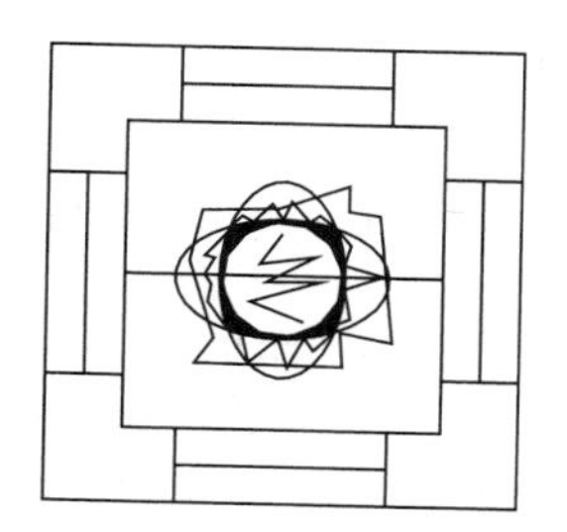
图 16-21　绘制雕塑

21 调用 M【移动】命令，将雕塑移动至平面图合适的位置，如图 16-22 所示。

22 使用相似的方法，绘制其他图形，如喷泉、树池、花台等，并将其移动复制至平面图相应的位置，效果如图 16-23 所示，中心景观区绘制完成。

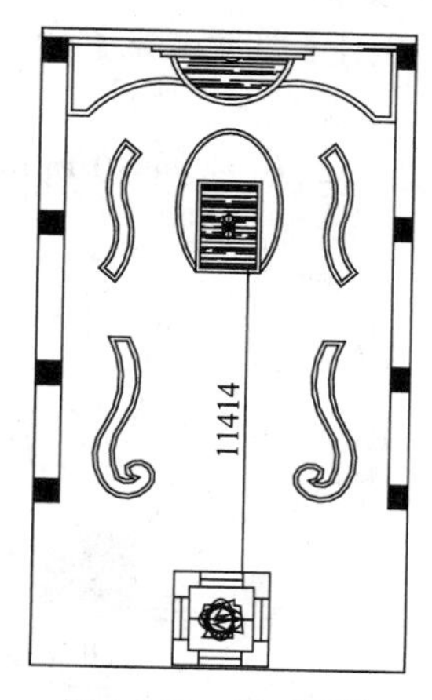

图 16-22　移动雕塑

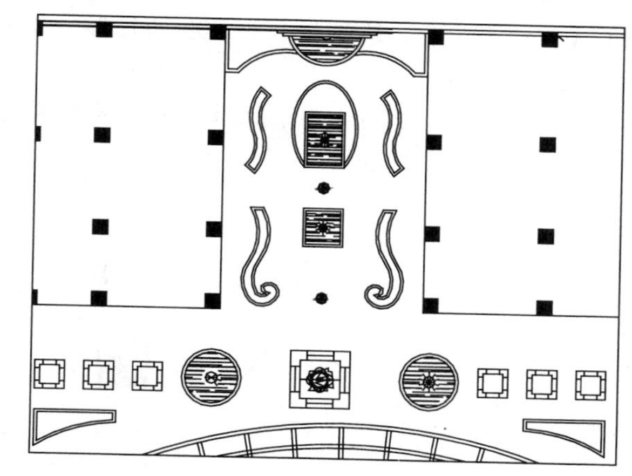
图 16-23　完成中心景观区图形绘制

（2）绘制儿童游乐区

01 调用 SPL【样条曲线】命令和 O【偏移】命令，绘制儿童游乐区分隔线，如图 16-24 所示。

02 绘制儿童游戏器具。调用 REC【矩形】命令，绘制边长为 900 的正方形，并调用 L【直线】命令，绘制矩形对角线，如图 16-25 所示。

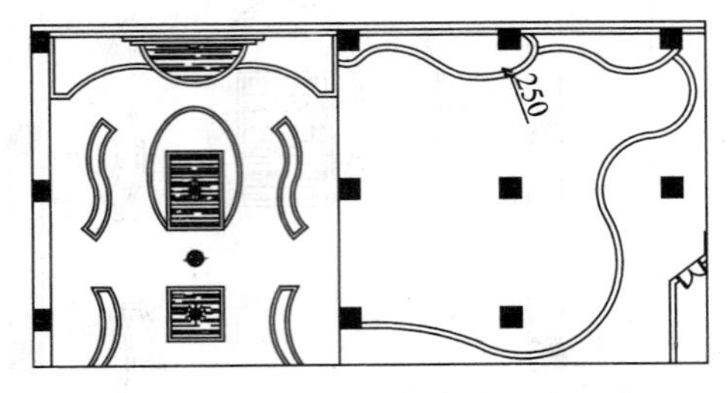

图 16-24　绘制儿童游乐区分隔线

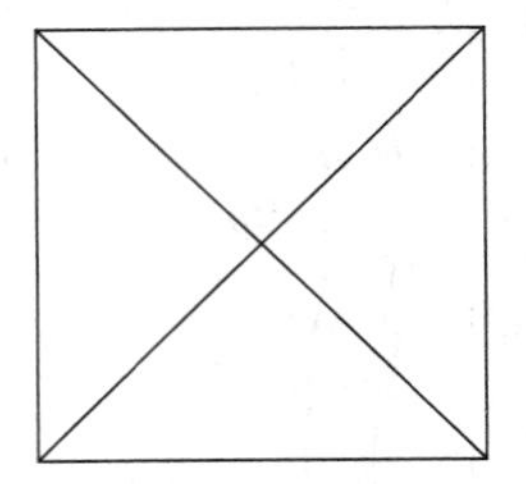

图 16-25　绘制矩形

03 调用 REC【矩形】命令、L【直线】命令、O【偏移】命令，绘制器具局部，如图 16-26 所示。

04 使用类似方法，完成儿童游戏器具的绘制，如图 16-27 所示。

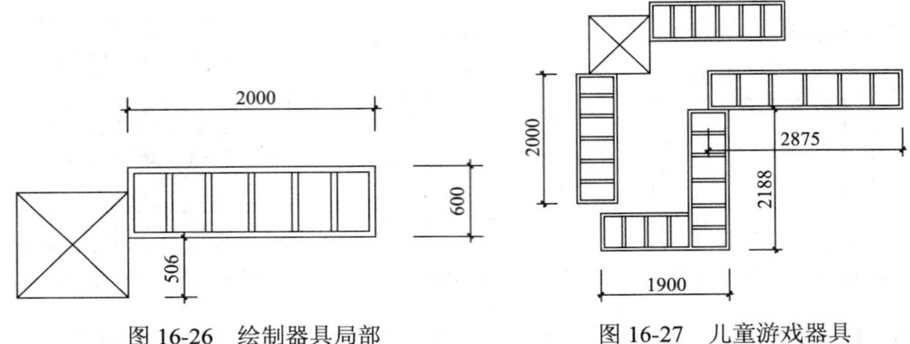

图 16-26　绘制器具局部　　　图 16-27　儿童游戏器具

05 绘制装饰架。调用 EL【椭圆】命令，绘制外轮廓，并调用 RO【旋转】命令，将外轮廓旋转 45°，效果如图 16-28 所示。

06 调用 REC【矩形】命令，绘制边长为 900 的矩形，并调用 H【图案填充】命令，填充矩形，如图 16-29 所示。

07 调用 L【直线】命令，绘制装饰架细节，完成装饰架的绘制，如图 16-30 所示。

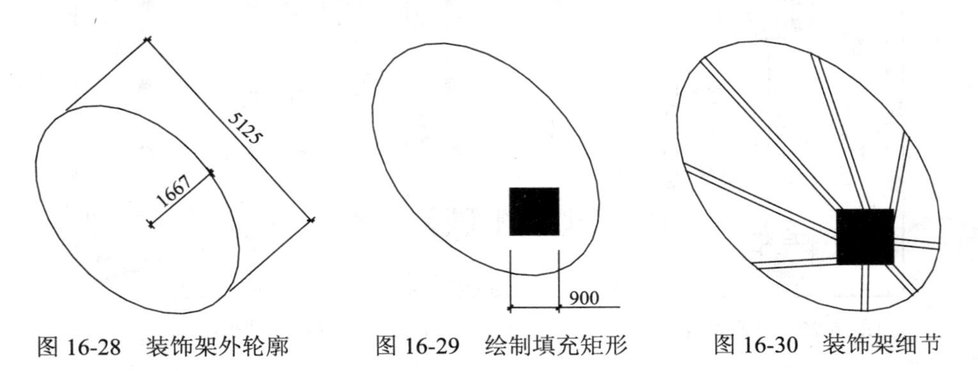

图 16-28　装饰架外轮廓　　图 16-29　绘制填充矩形　　图 16-30　装饰架细节

08 调用 C【圆】命令、L【直线】命令，绘制儿童游乐器具，如图 16-31 所示。

09 调用 SPL【样条曲线】命令、H【图案填充】命令，绘制仿脚板沙坑，如图 16-32 所示。

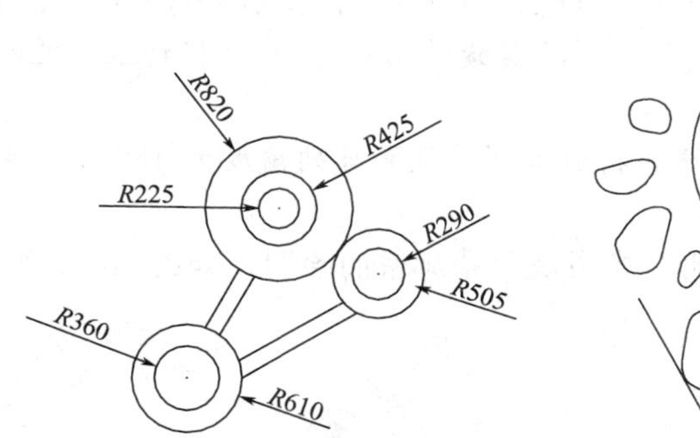

图 16-31　绘制儿童游乐器具

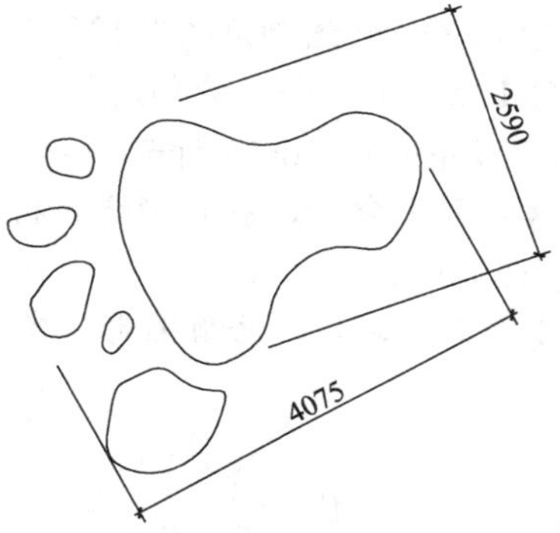

图 16-32　绘制仿脚板沙坑

10 使用相同的方法完成其他器具的绘制，并将绘制好的儿童游乐器具移动至平面图中，效果如图 16-33 所示。

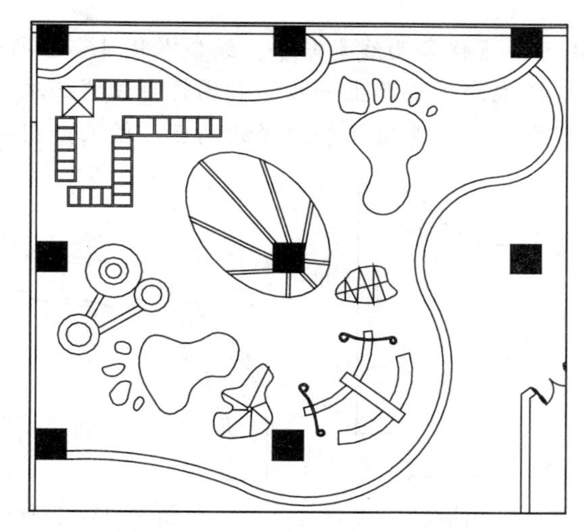

图 16-33　完成儿童游乐区图形绘制

（3）绘制娱乐休憩区

01 绘制观景亭廊架。调用 C【圆】命令，依次绘制半径为 1300、550、250 的同心圆，如图 16-34 所示。

02 调用 L【直线】命令，绘制直线连接内侧两圆，并调用 AR【阵列】命令，对直线进行极轴阵列，阵列数为 20，效果如图 16-35 所示。

03 调用 H【图案填充】命令，选择预定义 ANSI31 图案，设置比例为 150，填充最内侧圆，效果如图 16-36 所示。

04 调用 O【偏移】命令，将最外侧圆依次向外偏移 150、1350、200，如图 16-37 所示。

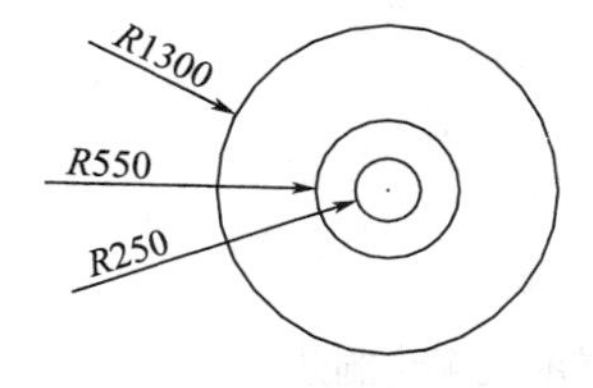

图 16-34　绘制同心圆

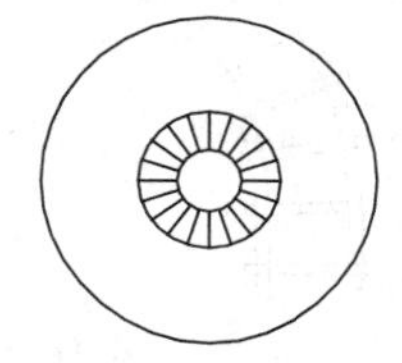

图 16-35　绘制并阵列直线

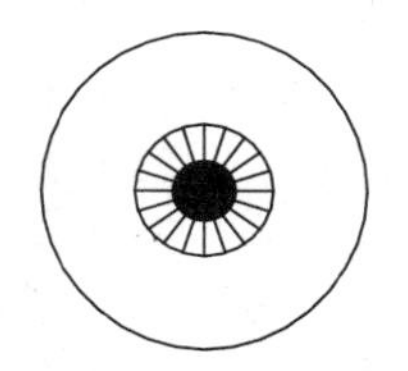

图 16-36　填充内侧圆

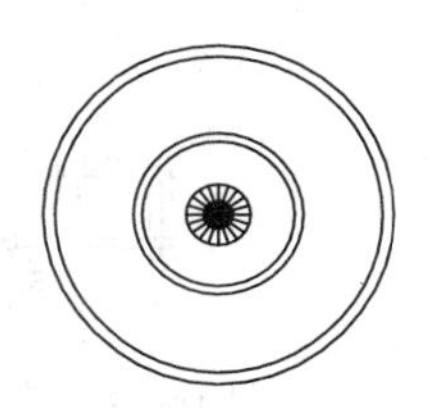

图 16-37　偏移圆

05 调用 L【直线】命令，绘制角度为 135° 的直线，作为辅助线，并修剪图形，如图 16-38 所示。

06 调用 REC【矩形】命令，绘制矩形，并将其旋转 45°，然后移动至合适的位置，并删除辅助线，效果如图 16-39 所示。

07 调用 AR【阵列】命令，将矩形进行极轴阵列，设置阵列角度为 180°，阵列数为 10，效果如图 16-40 所示。

08 调用 TR【修剪】命令，修剪图形，完成观景亭廊架的绘制，如图 16-41 所示。

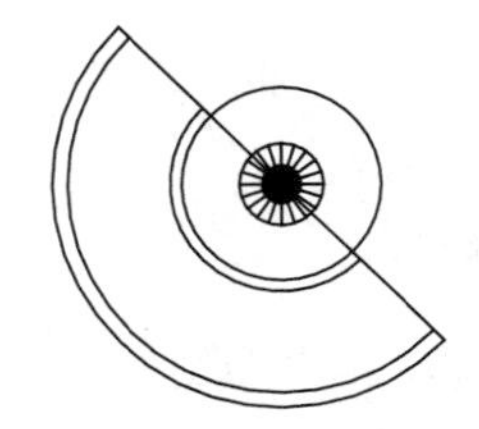

图 16-38 绘制辅助线

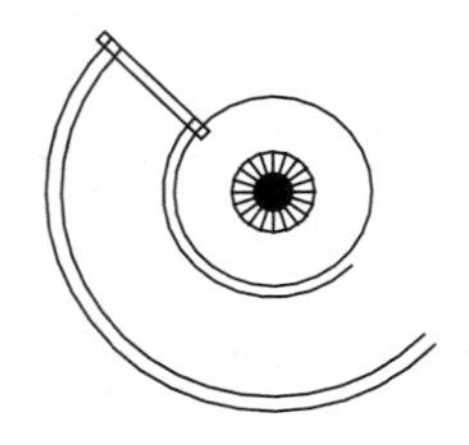

图 16-39 绘制矩形

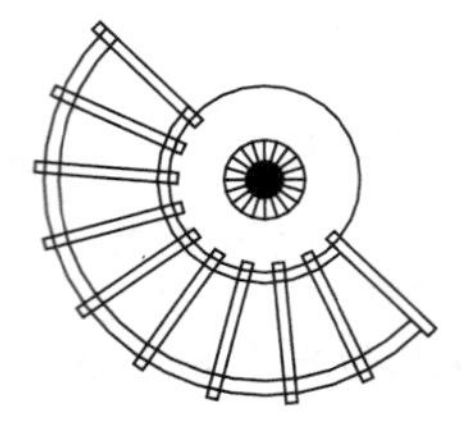

图 16-40 阵列矩形

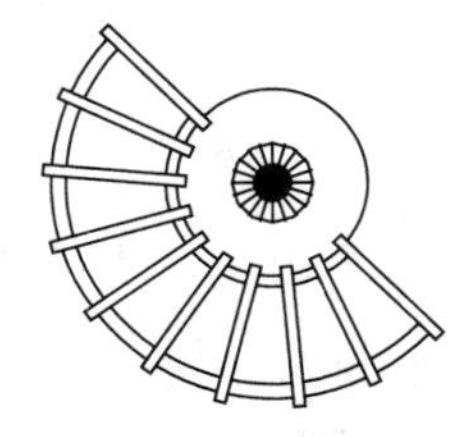

图 16-41 观景亭廊架

09 绘制溪水长廊。调用 SPL【样条曲线】命令，绘制如图 16-42 所示的样条曲线。

10 调用 O【偏移】命令，依次向下偏移上一步绘制的样条曲线三次，偏移距离为 100、600、100，并调用 L【直线】命令，连接样条曲线的端点，效果如图 16-43 所示。

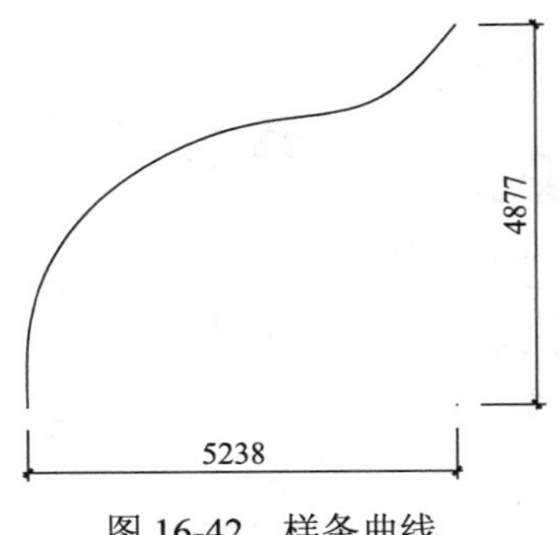

图 16-42 样条曲线

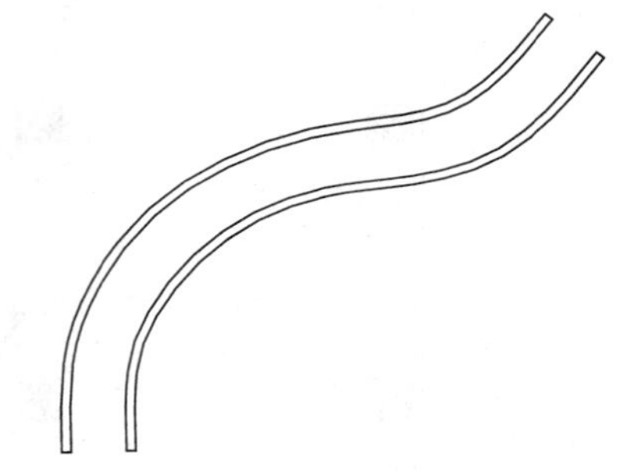

图 16-43 偏移样条曲线

11 调用 REC【矩形】命令，绘制溪水长廊的梁，并将其移动至合适的位置，效果如图 16-44 所示。

12 调用 AR【阵列】命令，对上一步绘制的矩形进行路径阵列，选择最左侧曲线为阵列路径，设置阵列距离为 500，阵列数为 16，完成溪水长廊的绘制，效果如图 16-45 所示。

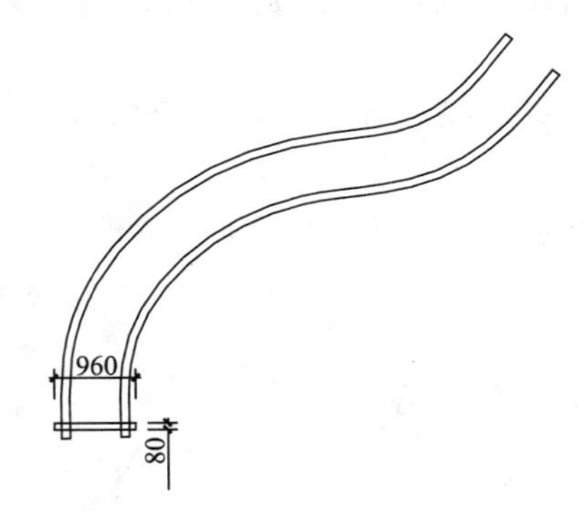

图 16-44 绘制矩形

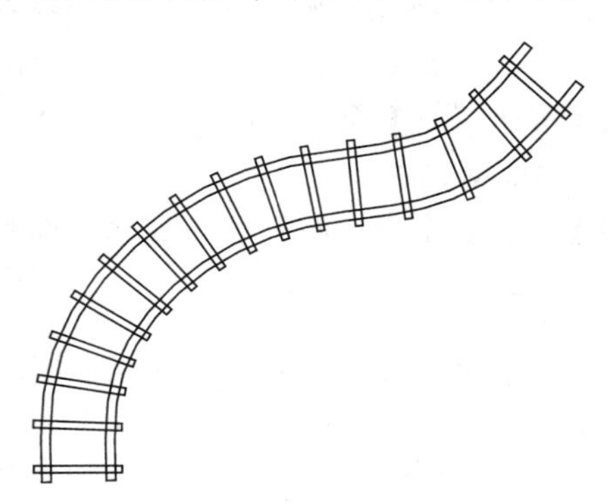

图 16-45 溪水长廊绘制效果

13 绘制木板栈道。调用 L【直线】命令，绘制木板栈道分隔线，效果如图 16-46 所示。

14 绘制三角亭。调用 PL【多段线】命令，绘制三角亭外轮廓线，如图 16-47 所示。

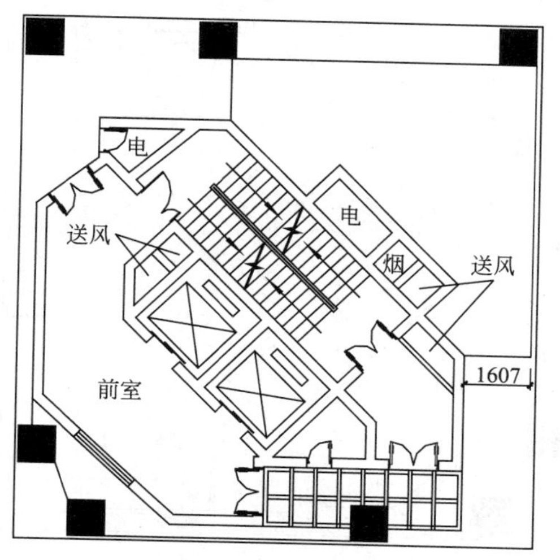

图 16-46　绘制木板栈道分隔线

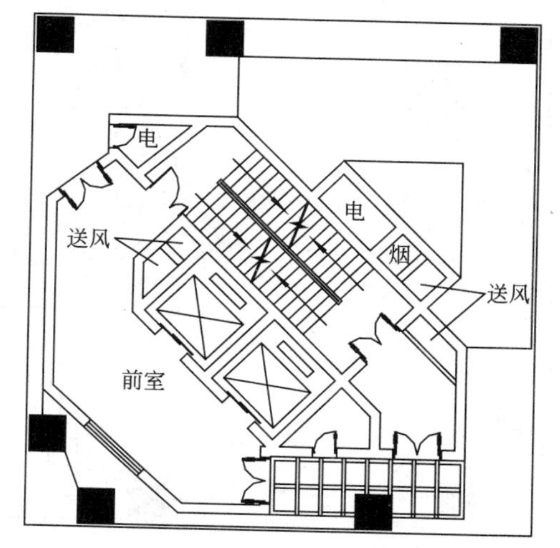

图 16-47　绘制三角亭外轮廓线

15 调用 L【直线】命令、O【偏移】命令、EX【延伸】命令，绘制三角亭内部结构，效果如图 16-48 所示。

16 调用 TR【修剪】命令，整理三角亭图形，最终效果如图 16-49 所示。

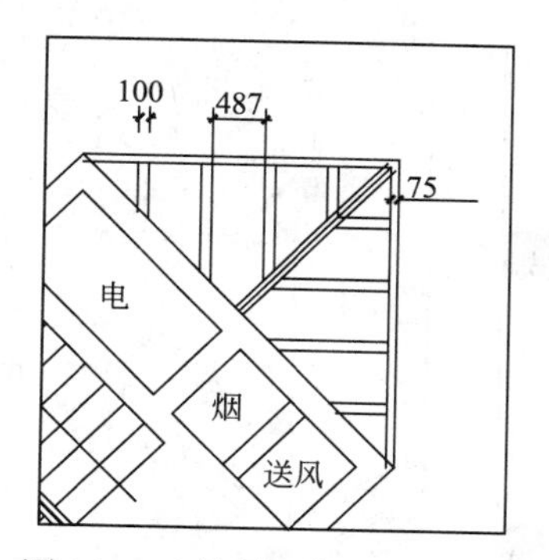

图 16-48　绘制三角亭内部结构

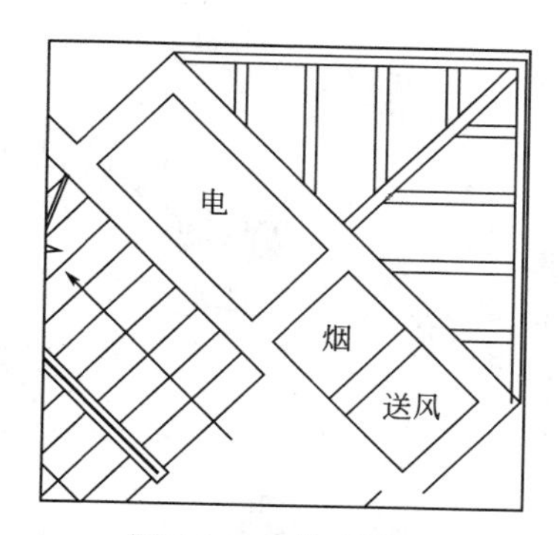

图 16-49　整理图形

17 调用 I【插入】命令，插入“休息桌椅”图块至木板栈道中，如图 16-50 所示。

18 调用 H【图案填充】命令，选择预定义 DOLMIT 图案，设置比例为 1000，填充木板栈道，效果如图 16-51 所示。

19 调用 M【移动】命令，将之前绘制好的“观景亭廊架”和“溪水长廊”移动至平面图合适的位置，并将“溪水长廊”复制一份至另一侧，然后整理其形态，分成两段，效果如图 16-52 所示。

20 调用 SPL【样条曲线】命令，绘制人工小溪轮廓，效果如图 16-53 所示。

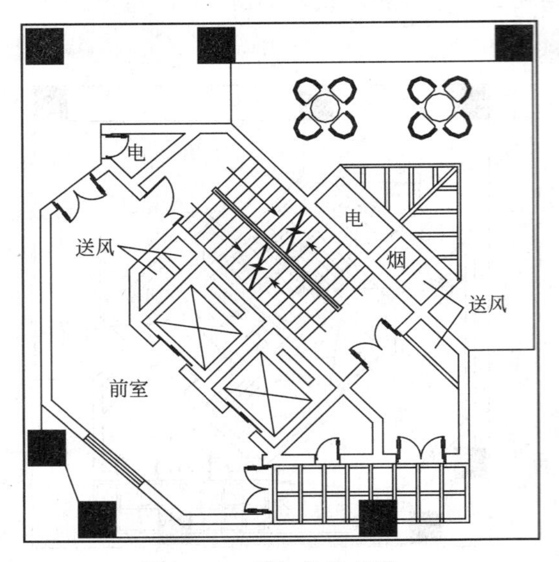

图 16-50　插入休息桌椅

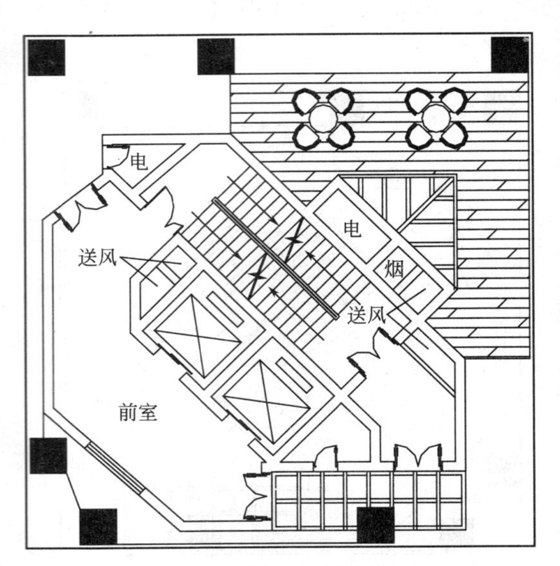

图 16-51　填充木板栈道

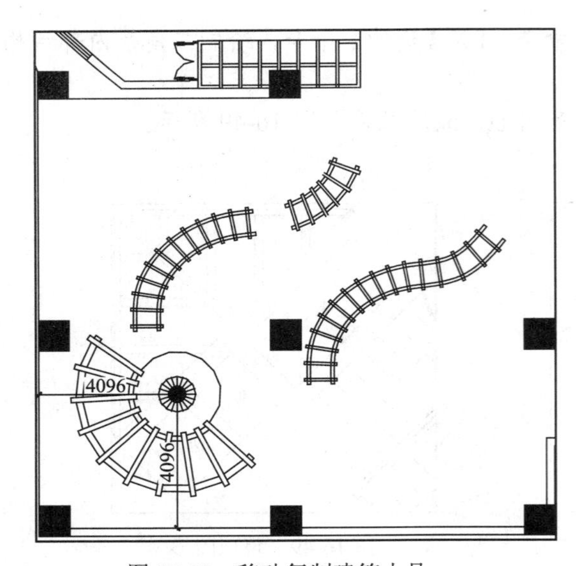

图 16-52　移动复制建筑小品

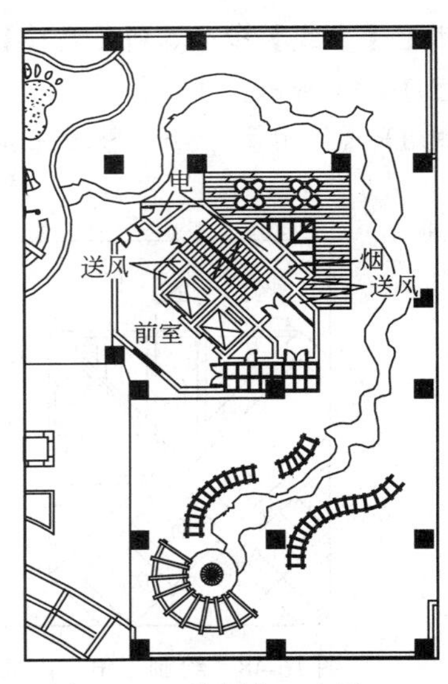

图 16-53　绘制人工小溪

21 调用 PL【多段线】命令，绘制驳岸自然景石，如图 16-54 所示。

22 使用相似的方法，绘制跌水假山石，效果如图 16-55 所示。

23 调用 SPL【样条曲线】命令，绘制另一处水景轮廓，并调用 O【偏移】命令，设置偏移距离为 250，偏移样条曲线，效果如图 16-56 所示。

24 调用 H【图案填充】命令，填充水体，选择预定义 AR-RROOF 图案，设置填充比例为 400，效果如图 16-57 所示。

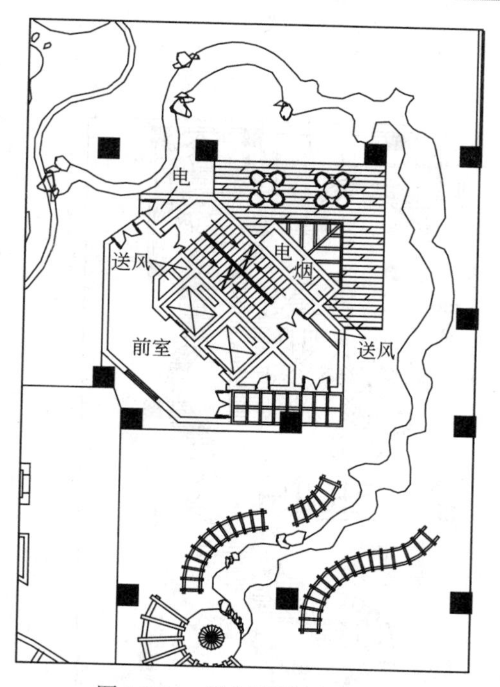

图 16-54　绘制驳岸景石

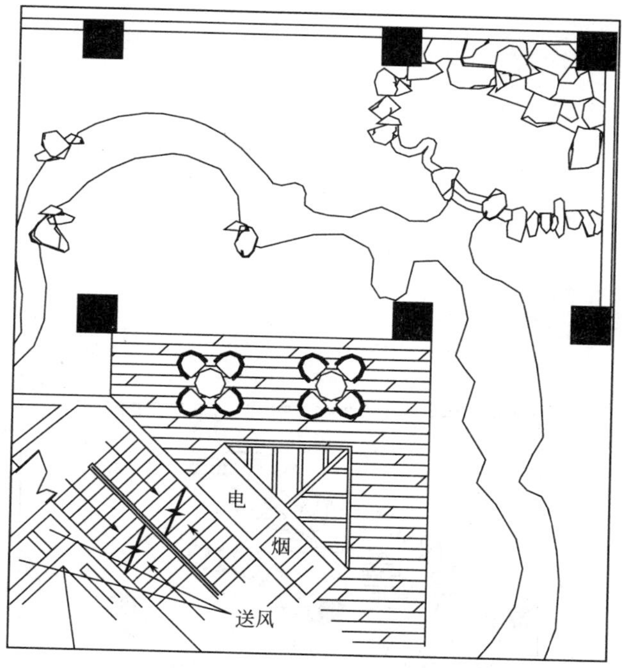

图 16-55　绘制跌水假山

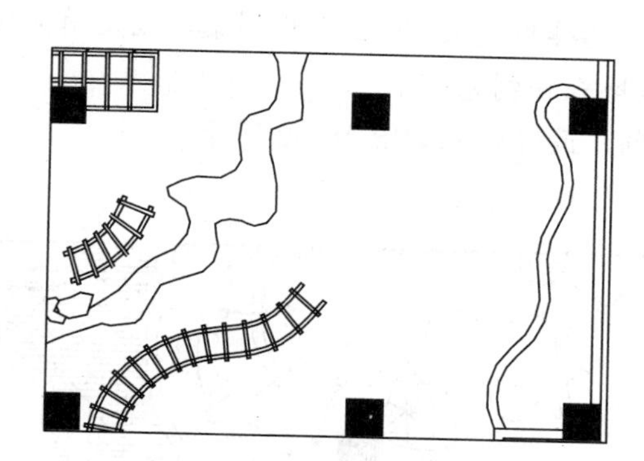

图 16-56　绘制另一处水景

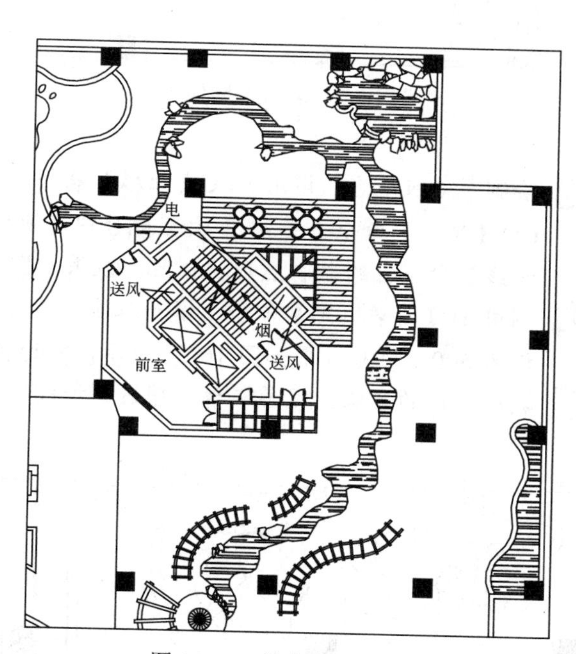

图 16-57　填充水体

25 调用 SPL【样条曲线】命令，绘制草地与硬质铺装的分隔线，并调用 O【偏移】命令，偏移分隔线，效果如图 16-58 所示。

26 调用 L【直线】命令、O【偏移】命令以及 TR【修剪】命令，绘制铺装图案，效果如图 16-59 所示。

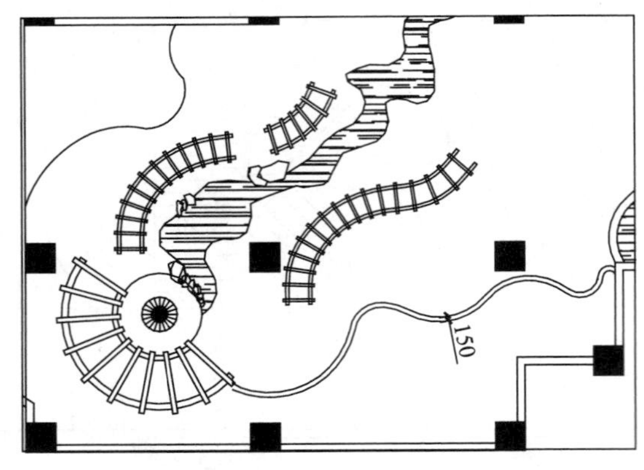

图 16-58　绘制分隔线

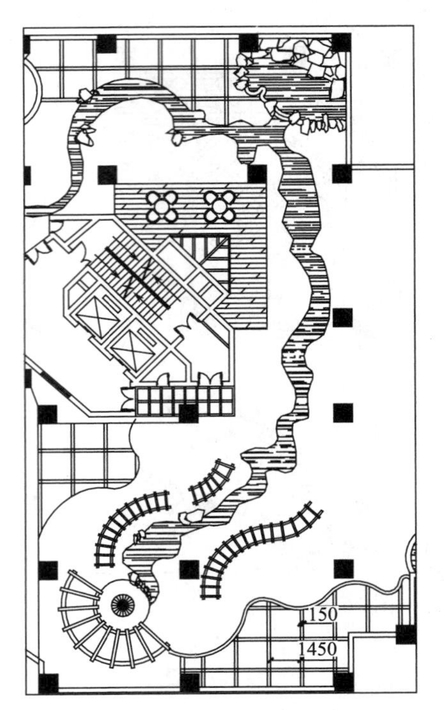

图 16-59　绘制铺装图案

27 绘制木地板地台。调用 REC【矩形】命令，绘制尺寸为 1500 × 450 的休息座椅，并调用 CO【复制】命令，复制 2 次至地台中其他的区域；并旋转座椅方向；调用 SPL【样条曲线】命令，绘制自然形状树池，效果如图 16-60 所示。

28 调用 H【图案填充】命令，填充木地板地台，选择预定义 DOLMIT 图案，设置填充比例为 600，填充效果如图 16-61 所示，木地板地台绘制完成。

29 调用类似的方法，完善娱乐休憩区图形的绘制，最终效果如图 16-62 所示。

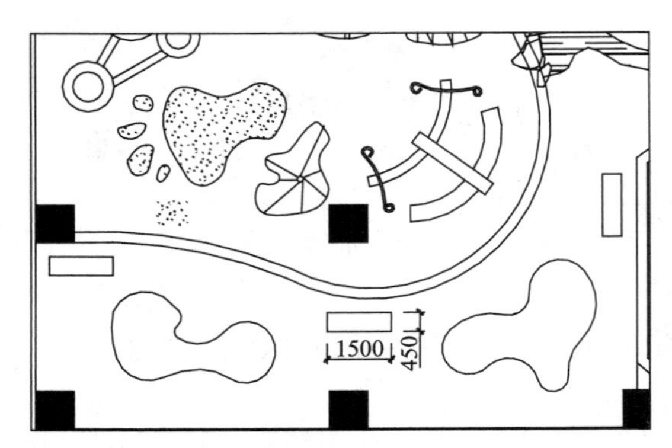

图 16-60　绘制休息座椅和树池

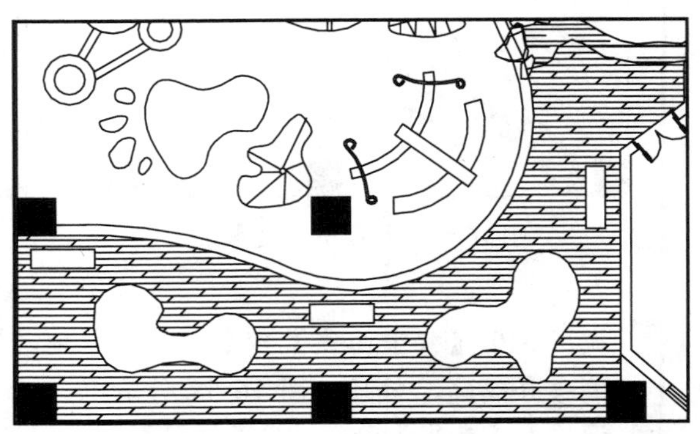

图 16-61　填充木地板地台

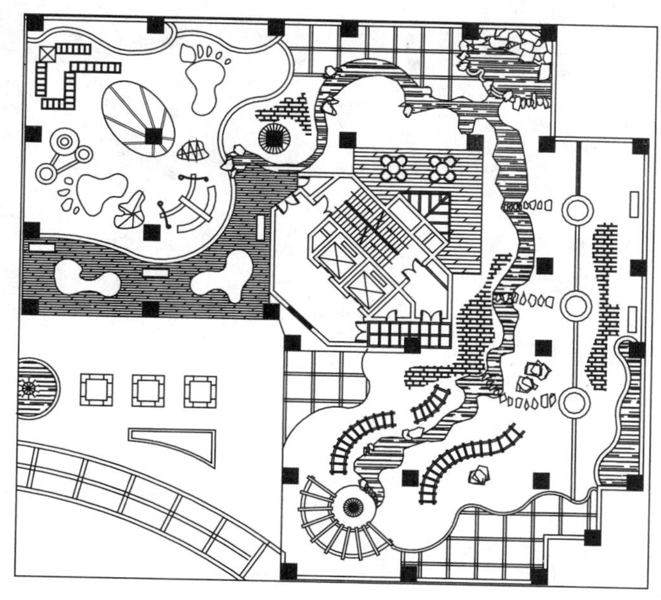

图 16-62　最终效果

本节挑选屋顶花园右侧区域，对屋顶花园绘制技法进行讲解，左侧区域的绘制方法与右侧的绘制方法大同小异，这里就不赘述了，屋顶花园绘制效果如图 16-63 所示。

图 16-63　屋顶花园

（4）绘制植物　植物的绘制方法，在之前的基础章节都有详细的介绍，乔灌木的绘制主要是插入植物图块，而地被的绘制则是通过图案填充的方式进行绘制，效果如图 16-64 所示。这里具体的绘制方法就不详细介绍了，读者可参照之前的章节，从相关的网站下载植物图例，完成植物的绘制。

（5）标注　标注的内容有尺寸标注、图名标注、文字说明等，方法在前面章节已有详细介绍，屋顶花园最终效果图如图 16-65 所示。

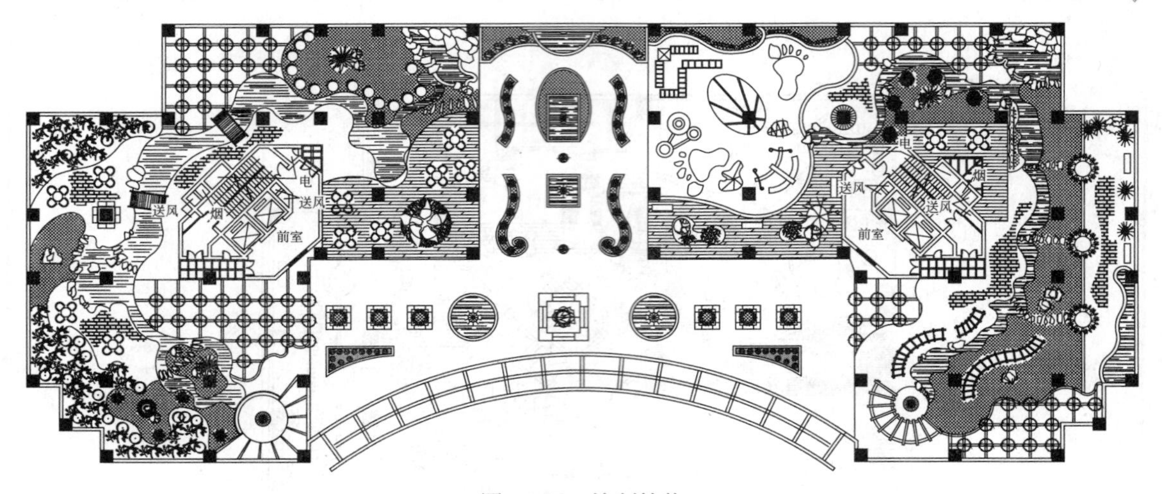

图 16-64 绘制植物

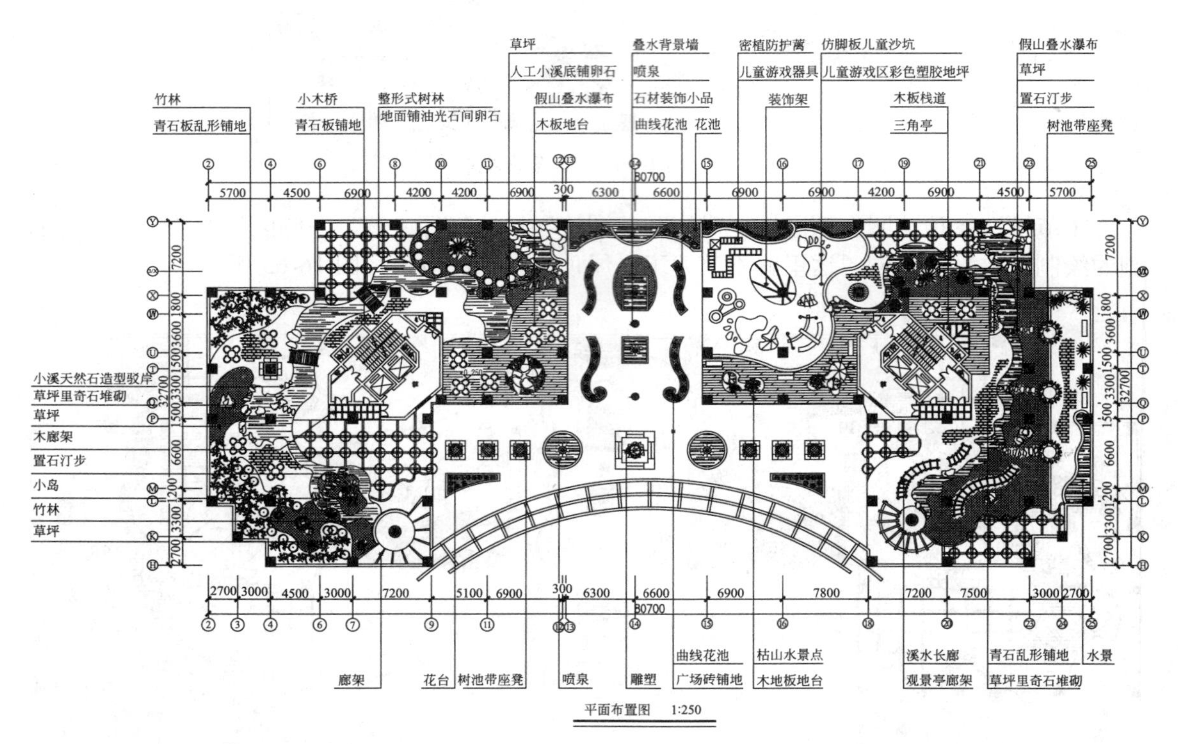

图 16-65 屋顶花园最终效果

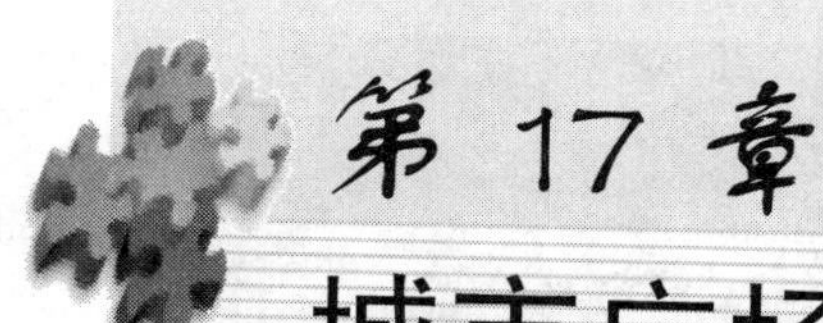

第17章 城市广场景观设计

随着时代的发展，广场是人类生存环境的重要组成部分，是现代城市空间环境中最具公共性、最富艺术魅力的开放空间。

17.1 城市广场的概述

广场是城市空间构成的重要组成部分，首先它可以满足城市空间构图的需要，更重要的是它在现代社会快节奏的生活中能为市民提供了一个交往、娱乐、休闲和集会的场所。

城市广场及其代表的文化是城市文明建设的一个缩影，它作为城市的“客厅”，可以集中体现城市风貌、文化内涵和景观特色，并能增强城市本身的凝聚力和对外吸引力，进而可以促进城市建设，完善城市服务体系。正是由于其诸多优点，使广场成为当前城市建设的一个热点，在这股热潮的推动下，各个城市纷纷建广场。

17.1.1 城市广场的分类

城市广场按其性质功能分类可分为集会广场、纪念广场、商业广场、交通广场、娱乐休闲广场及建筑广场等。

17.1.1.1 集会广场

集会广场是指用于政治、文化、宗教集会、庆典、游行、检阅、礼仪以及传统民间节日活动的广场，主要分为市政广场和宗教广场两种类型。

❑ 市政广场

市政广场多修建在市政厅和城市政治中心的所在地，为城市的核心，有着强烈的城市标志作用，是市民参与市政和城市管理的象征。通常这类广场还兼有游览、休闲、形象等多种象征功能。市政广场能提高市政府的威望，增强市民的凝聚力和自豪感，起到其他因素所不能取代的作用。因此，对建筑与广场环境有着宏伟壮观的要求。这类广场通常尺度较大，长宽比例以4:3、3:2或2:1为宜。周围的建筑往往是对称布局，轴线明显，附近娱乐建筑和设施较少，主体建筑是广场空间序列的对景。在规划设计时，应根据群众集会、游行检阅、节日联欢的规模和其他设置用地需要，同时合理地组织广场内和相连接道路的交通路线，保证人流和车流安全、迅速的汇集或疏散。典型的市政广场有如图17-1所示北京天安门广场。

❑ 宗教广场

宗教广场多修建在教堂、寺庙前方，主要为举行宗教庆典仪式服务。这是最早期广场的主要类型，在广场上一般设有尖塔、台阶、敞廊等构筑设施，以便进行宗教礼仪活动。历史上的宗教广场有时与商业广场结合在一起，而现代的宗教广场已逐渐起市政或娱乐休闲广场的作用，多出现在宗教发达国家的城市，如图17-2所示罗马的圣彼得广场、卡比多广场等。

图 17-1　天安门广场

图 17-2　圣彼得广场

17.1.1.2　纪念广场

纪念性广场是为了缅怀历史事件和历史人物而修建的一种主要用于纪念性活动的广场。纪念广场应突出某一主题，创造与主题相一致的环境气氛。它的构成要素主要是碑刻、雕塑、纪念建筑等，主体标志物通常位于构图中心，前庭或四周多有园林，供群众瞻仰、纪念或进行传统教育，如图 17-3 所示南昌八一广场等。这类广场主体建筑物突出，比例协调，庄严肃穆，感染力强。

17.1.1.3　商业广场

现代商业环境既需要有舒适、便捷的购物条件，也需要有充满生机的街道活动，特别是广场空间，能为这种活动提供更为合理的场所。商业广场通常设置于商场、餐饮、旅馆及文化娱乐设施集中的城市商业繁华地区，集购物、休息、娱乐、观赏、饮食、社会交往于一体，是最能体现城市生活特色的广场之一。在现代大型城市商业区中，通过商业广场组织空间，吸引人流，已成为一种发展趋势。

商业广场多结合商业街布局，建筑内外空间相互渗透，娱乐与服务设施齐全，在座椅、雕塑、绿化、喷泉、铺装、灯具等建筑小品的尺度和内容上，更重于商业化、生活化考虑，富于人情味。如图 17-4 所示即将建成开放的上海周浦万达商业广场，或成为东上海的又一新兴商业中心，周边居民因此可以“足不出户”就享受到衣食住行玩乐一体化的休闲生活。

图 17-3　南昌八一广场

图 17-4　上海周浦万达广场

17.1.1.4　交通广场

交通广场是指几条道路交汇围合成的广场或建筑物前主要用于交通目的的广场，是交通

的连接枢纽，起到交通、集散、联系、过渡及停车使用，可分为道路交通广场和交通集散广场两类。

❑ 道路交通广场

它是道路交叉口的扩大，用以疏导多条道路交汇所产生的不同流向的车流与人流交通，例如大型的环形岛、立体交叉广场和桥头广场等，如图 17-5 所示武汉鲁巷广场。道路交通广场常被精心绿化，或设有标志性建筑、雕塑、喷泉等，形成道路的对景，美化、丰富城市景观，一般不涉及人的公共活动。

❑ 交通集散广场

交通集散广场是指火车站、飞机场、码头、长途车站、地铁等交通枢纽站前的广场或剧场、体育馆、展览馆等大型公共建筑物前的广场，主要作用是解决人流、车流的交通集散，实现广场上车辆与行人互不干扰，畅通无阻。如图 17-6 所示的是号称“世界上最漂亮”的柏林中央火车站前广场。

图 17-5　武汉鲁巷广场

图 17-6　柏林中央火车站前广场

17.1.1.5　娱乐休闲广场

娱乐休闲广场是城市中供人们休憩、游玩、演出及举行各种娱乐活动的重要行为场所，也是最使人轻松愉悦的一种广场形式。它们不仅满足健身、游戏、交往、娱乐的功能要求，兼有代表一个城市的文化传统和风貌特色的作用。娱乐休闲广场的规模可大可小，形式最为多样，布局最为灵活，在城市内分布也最为广泛，既可以位于城市的中心区，也可以位于居住小区之内，或位于一般的街道旁。著名的娱乐休闲广场有日本横滨山户公园广场、如图 17-7 所示美国新奥尔良意大利广场等。

17.1.1.6 建筑广场

建筑广场又称为附属广场，指为衬托重要建筑或作为建筑物组成部分布置的广场。这类广场作为建筑的有机组成部分，各具不同特色，对改善该处的空间品质和环境质量都有积极的意义。这类广场的代表有北京展览馆广场、如图 17-8 所示西安大雁塔广场等。

17.1.2 城市广场设计的原则

在广场设计中应因地制宜，在满足生理需求、安全需求的基础上，满足人民更高级的需求，我们需要创造具有场所精神、有特色、有文化内涵的人性化广场空间。广场设计应遵循以下原则。

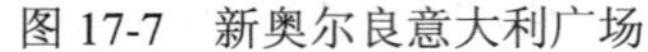

图 17-7　新奥尔良意大利广场

图 17-8　西安大雁塔广场

17.1.2.1　以人为本

以人为本就是要充分考虑人的情感、人的心理及生理的需要。比如，景观及公共设施的布局与尺度要符合人的视觉观赏位置、角度以及人体工程学的要求，座椅的摆放位置要考虑人对私密空间的需要等。

都江堰广场位于四川省成都都江堰市，设计始终强调广场之于当地人的含义和使用功能，把唤起广场的人性放在第一位。广场设计从总体到局部都考虑人的使用需要，使广场真正成为人与人交流聚会的场所。比如，结合地面铺装和座凳，设计了树阵提供阴凉；避免光滑的地面等。水景的多样性和可戏性是都江堰广场设计的一特色。玩水是人性中最根深蒂固的一种，广场进行了可亲可玩的水景设计，把水的亲切与缠绵带给每一个流连于广场的人。都江堰广场的形式语言、空间语言都从当地的历史和地域及人们的日常生活中获得，使市民有很好的认同感和归属感。

17.1.2.2　效益兼顾

首先，城市广场是城市中两种最具价值的开放空间之一。城市广场是城市中重要的建筑、空间和枢纽，是市民社会生活的中心，起着当地市民的“起居室”，外来旅游者“客厅”的作用。城市广场是城市中最具公共性、最富艺术感染力，也最能反映现代都市文明魅力的开放空间。城市对这种有高度开发价值的开放空间应予优先的开发权。其次，城市文化广场建设是一项系统工程，涉及建筑空间形态、立体环境设施、园林绿化布局、道路交通系统衔接等方面。在进行城市广场设计中还应体现经济效益、社会效益和环境效益并重的原则。

17.1.2.3　文化内涵

不同文化、不同地域、不同时代孕育的广场也会有不同的风格内涵。把握好广场的主题、风格取向，形成广场鲜明的特色和内聚力与外引力，将直接影响广场的生命力。根据地方特色展现地方文化是一个空间的精神内涵所在，仅仅有形式和功能是不够的，内涵才是一个作品的灵魂，中国的文化源远流长，任何带有人文主题的公共开放空间总是耐人寻味、使人流连忘返的好场所。能够挖掘和提炼具有地方特色的风情、风俗，并恰到好处地表现在景观意象中，是城市广场景观规划设计成败的关键。

注重文化内涵的城市广场设计在我国也有很多成功的例子。例如西安钟鼓楼广场的设计，首先突出了两座古楼的形象，保持它们的通视效果，采用了绿化广场、下沉式广场、下沉式商业街、传统商业建筑、地下商城等多元化空间设计，创造了一个具有个性的场所，增加了钟鼓楼作为“城市客厅”的吸引力和包容性。其次，钟鼓楼广场在设计元素上采用有隐

喻中国传统文化的多项设计，使在广场上交往的人们可以享受到传统文化的气息。创造了一个完整的、富有历史文化内涵，又面向未来城市的文化广场。

综上所述在设计城市广场时，应提倡“以人为本、效益兼顾、突出文化、内外兼顾”的原则，更好地发挥广场聚会、休闲、锻炼、娱乐等功能，体现现代人的价值观、审美观和趣味性。改善居民生活环境，塑造城市形象，提高城市品位，优化城市空间，才是城市广场建设的目的，也是设计者追求的终极目标。

17.2　广场景观设计要点

广场景观设计的要点主要包括植物景观设计、水体景观设计及照明景观设计等。

17.2.1　广场植物景观设计

注重广场的多层次绿化，实现人与绿色植物的对话。经过细致种植规划所创造出的纹理、色彩、密度、声音和芳香效果的多样性和品质能够极大地促进广场的使用。园林绿化建设中的植物是绿化的主体，用生态学的观点和美学法则营造植物景观，是环境景观设计的核心，也是现代城市广场建设中必不可少的组成部分。植物配置成功与否，直接影响广场环境质量和艺术水平。植物景观布局既是一门科学，又是一门艺术。

17.2.2　广场水体景观设计

在水景的设计中形、声、色是三大要素。所谓形是指水景的形式和形态，水景的形式有溪流、瀑布、池塘、喷泉、游泳池等。水景的形态又可分为静水与动水。造型还可分为规则式与不规则式。形是水景设计中最重要的要素，设计水景的形的灵感来自于大自然，大自然用各种各样的结合方式来塑造水之美韵。声是指各种水体发出的声音，如溪水的潺潺水流声、泉水的喷涌声等。色也可称之为水的质感，它往往同水中的动植物和岸边的倒影结合构成动人的水景。特别是近年来的灯光艺术使水景更加灿烂妩媚。

广场水景设计的基本原则主要有以下两点。

一是满足功能性要求。水景的基本功能是供人观赏，因此它必须能够给人带来美感，使人赏心悦目，所以设计首先要满足艺术美感。不同的水景还能满足人们的亲水、嬉水、娱乐和健身的功能。

二是满足环境的整体性要求。一个好的水景作品，要根据它所处的环境氛围、建筑功能要求进行设计，达到与整个景观设计的风格协调统一。喷泉不是一个独立的艺术体，不能只追求喷泉本身的规模和造价，应根据特定的场地、空间、建筑风格、城市风貌和当地的社会环境、文化特色来设计。

17.2.3　广场照明景观设计

现代人们的夜生活越来越丰富，城市广场的亮化已经成为城市建设中亟待解决的问题。城市广场照明是利用灯光塑造城市夜景的一种照明技术，对于美化城市，展现城市个性，提高市民生活质量，改善投资环境，促进旅游业的发展等均起着积极的作用。只有因地制宜、科学规划、精心设计，才能取得良好的效果。

广场夜景照明设计与其他照明设计相比有诸多不同之处，广场照明设计的重点是突出广场雕塑、树木及建筑物，在夜晚漆黑的背景下，用灯光把被照物的美感充分体现出来。另外要保证广场的照度达到规范指标，起到指示道路的作用。广场中各种元素，包括道路、建筑物、雕塑、艺术作品、标志物的照明等在很大程度上影响了城市广场的夜景，而各元素之间只有相互和谐才能共同创造出富有魅力的夜景。

因此，广场的夜景照明需要在把握整体设计原则的基础上，根据广场的现实条件，分析各景观元素的具体特征，通过整合空间内各种元素，协调好相互关系。

17.3 绘制城市广场景观设计平面图

本节讲解某城市中心广场景观设计平面图的绘制。

（1）绘制西入口

01 单击【快速访问】工具栏中的【打开】按钮，打开“第17章/原始平面图.dwg”如图17-9所示。

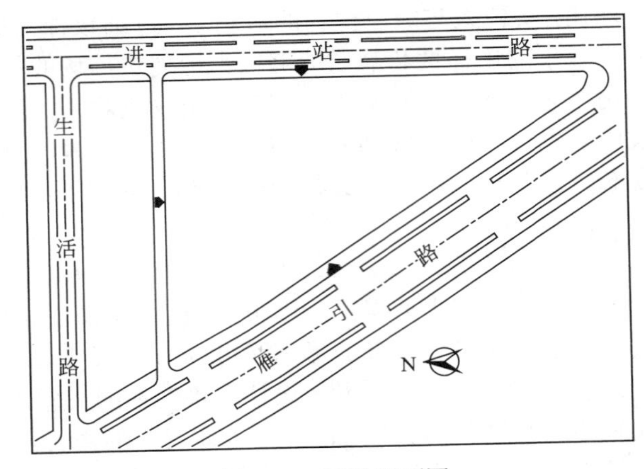

图17-9 原始平面图

02 调用C【圆】命令，绘制半径为15263、15096的同心圆，表示西入口广场轮廓，圆心位置如图17-10所示。

03 调用TR【修剪】命令，修剪圆，并调用PL【多段线】命令，绘制多段线，如图17-11所示。

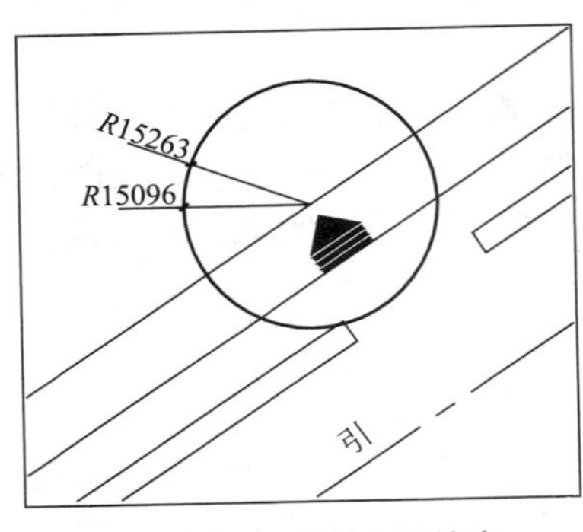

图17-10 绘制广场轮廓

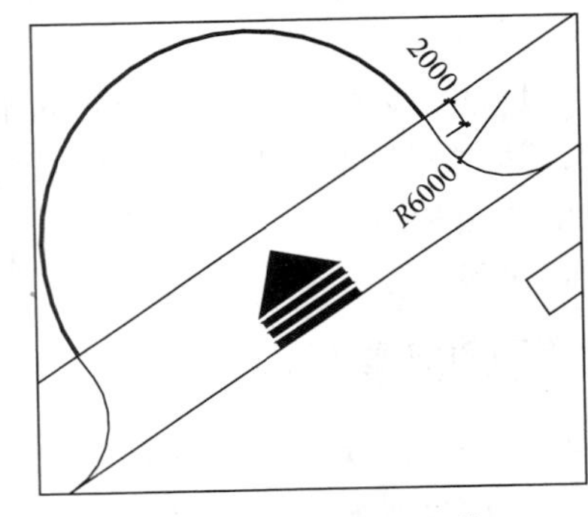

图17-11 绘制多段线

04 绘制西入口广场铺装，调用O【偏移】命令，偏移广场内轮廓线，如图17-12所示。

05 调用REC【矩形】命令，绘制尺寸为1027×1666的矩形，表示广场砖，并调用RO【旋转】命令、M【移动】命令，移动至相应的位置，如图17-13所示。

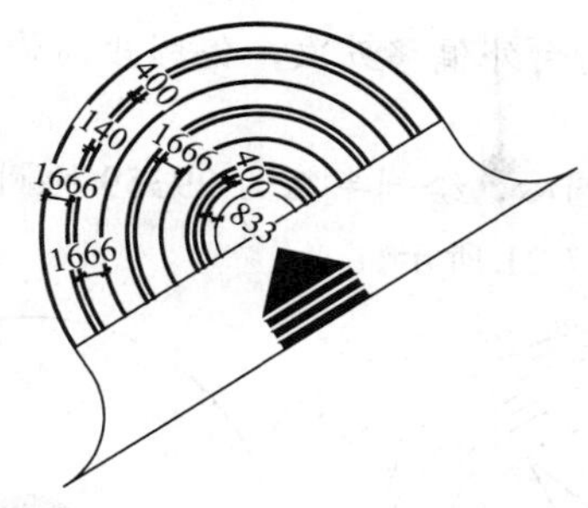
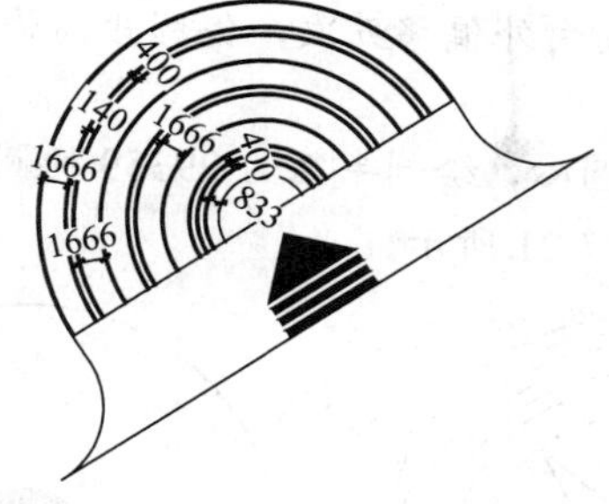

图 17-12　偏移广场内轮廓线

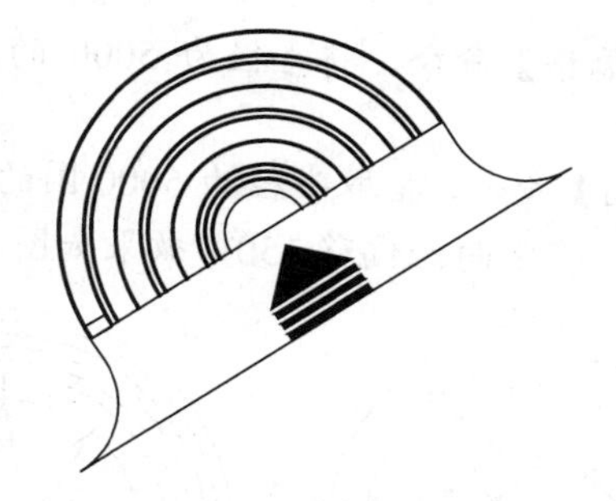
图 17-13　绘制广场砖

06 调用 AR【阵列】命令，将广场砖进行路径阵列，指定外侧圆弧为阵列路径，阵列数为 39，阵列距离为 1215，阵列结果如图 17-14 所示。

07 使用相同的方法完成西入口广场的绘制，效果如图 17-15 所示。

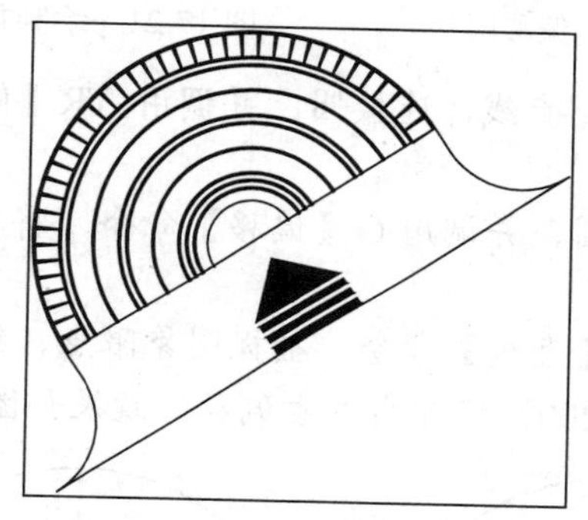
图 17-14　阵列广场砖

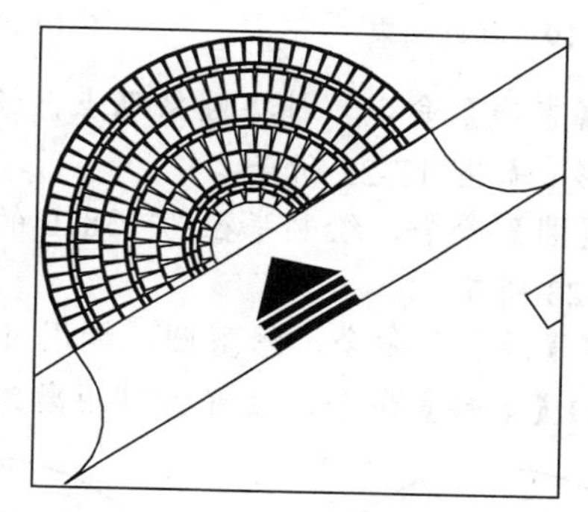
图 17-15　西入口广场

（2）绘制中心广场

01 调用 C【圆】命令，依次绘制半径为 5000、4180、1589、692、335 的同心圆，并调用 H【图案填充】命令，将半径为 335 的圆进行填充，效果如图 17-16 所示。

02 调用 L【直线】命令，捕捉圆上方象限点，连接半径为 5000 和 4180 的圆，并调用 AR【阵列】命令，将连接直线进行极轴阵列，阵列数为 18，效果如图 17-17 所示。

03 调用 L【直线】命令，连接半径为 4180 和 1589 的圆，并调用【夹点编辑】命令，对直线进行旋转复制，旋转角度为 11° 和−11° ，并调用 EX【延伸】命令，延伸旋转直线，效果如图 17-18 所示。

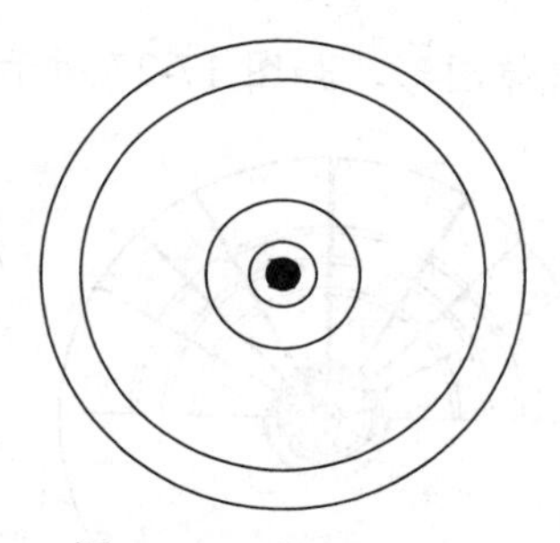
图 17-16　绘制同心圆

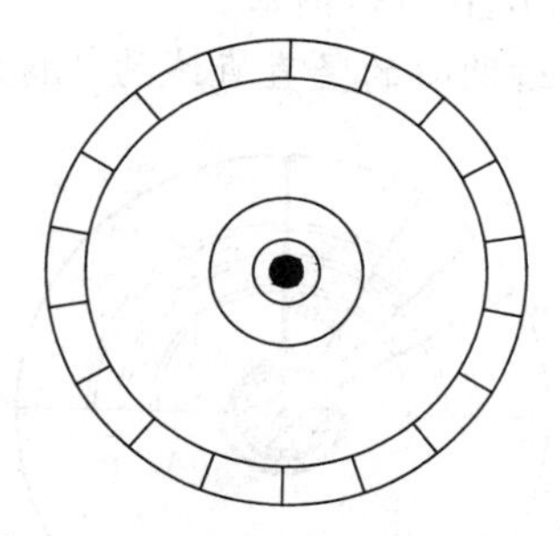
图 17-17　绘制并阵列连接直线

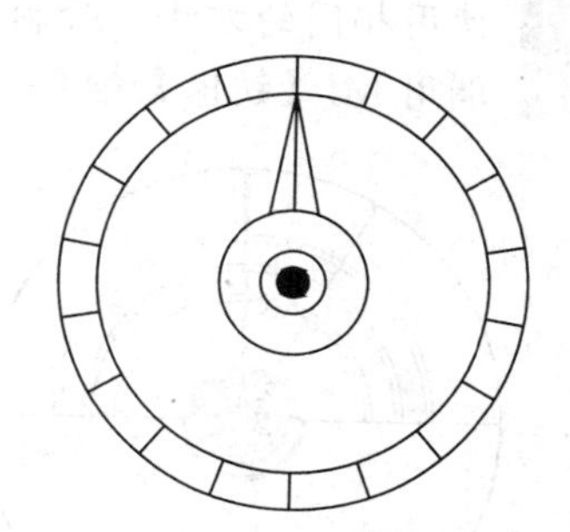
图 17-18　旋转复制连接直线

04 删除连接直线，调用 AR【阵列】命令，对旋转直线进行极轴阵列，阵列数为 9，效果如图 17-19 所示。

05 调用 O【偏移】命令，将半径为 5000 的圆向外偏移五次，偏移距离为 400，效果如图 17-20 所示。

06 调用 C【圆】命令，拾取半径为 5000 圆的圆心，绘制半径为 29359 的圆，并调用 O【偏移】命令，将圆向内偏移 150，效果如图 17-21 所示。

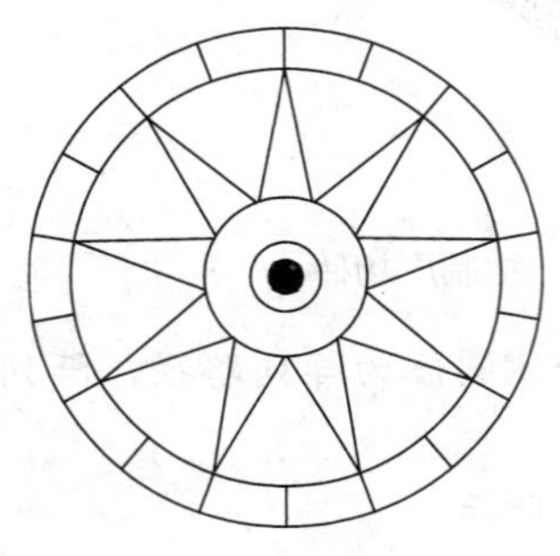

图 17-19　阵列结果

图 17-20　偏移圆

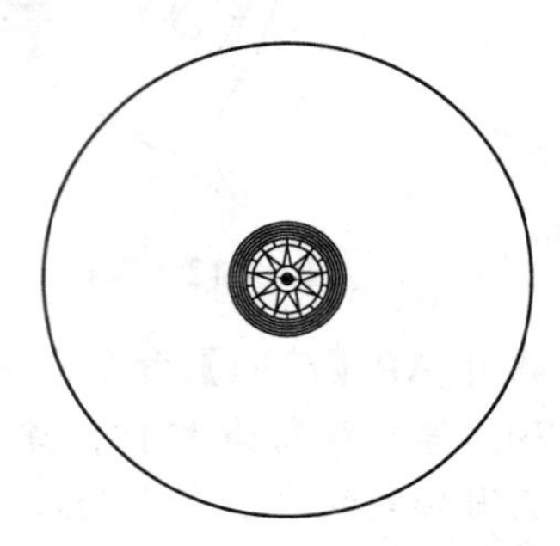

图 17-21　绘制并偏移圆

07 调用 L【直线】命令，捕捉圆象限点，绘制直线，连接圆，并调用 TR【修剪】命令，修剪图形，如图 17-22 所示。

08 调用 C【圆】命令，绘制半径为 13810 的圆，并调用 O【偏移】命令，将其向外偏移，如图 17-23 所示。

09 调用 TR【修剪】命令，修剪圆，调用 L【直线】命令，捕捉圆象限点，绘制辅助线，并调用 O【偏移】命令，设置偏移距离为 200，将直线左右偏移，效果如图 17-24 所示。

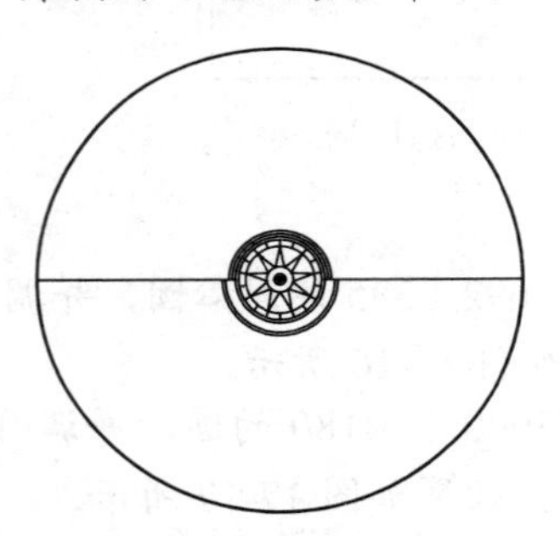

图 17-22　修剪图形

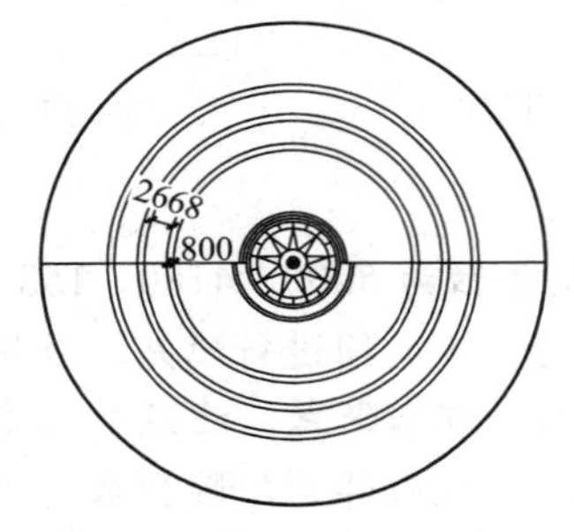

图 17-23　绘制并偏移圆

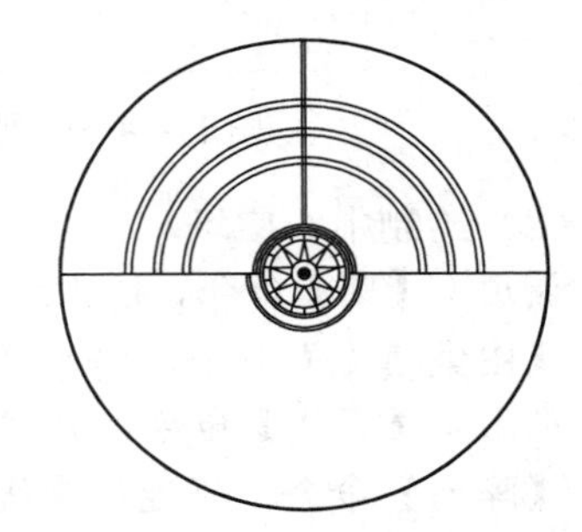

图 17-24　绘制偏移直线

10 调用【夹点编辑】命令，将中间的辅助线旋转复制，效果如图 17-25 所示。

11 使用相同的方法，绘制如图 17-26 所示图形。

12 调用 MI【镜像】命令，指定过圆心的竖直直线为镜像线，镜像图形，如图 17-27 所示。

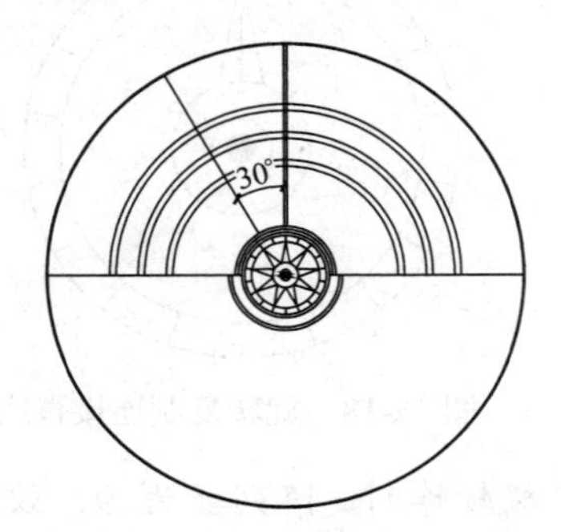

图 17-25　旋转复制直线

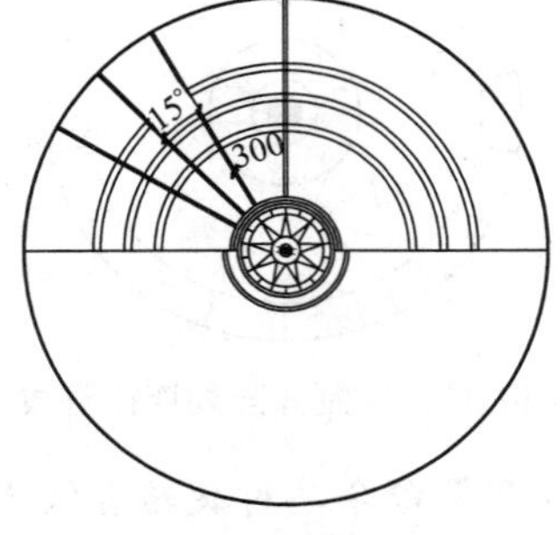

图 17-26　绘制偏移直线

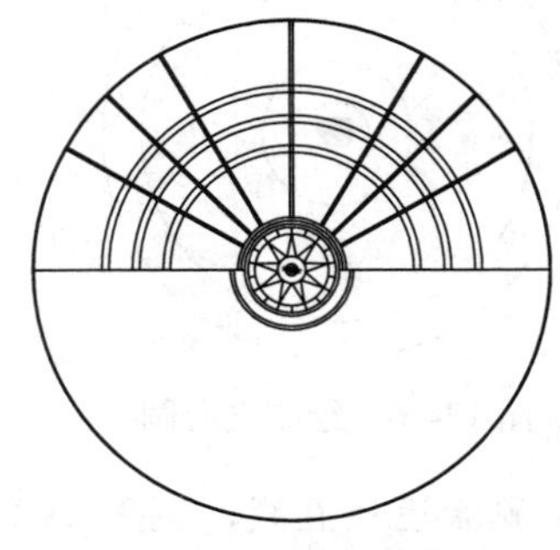

图 17-27　旋转复制直线

13 调用 REC【矩形】命令，绘制尺寸为 1900×1900 的矩形，并将矩形向内偏移 240，表示树池；调用 RO【旋转】命令，将图形旋转−15°，然后移动至相应的位置，如图 17-28 所示。

14 调用 CO【复制】命令，复制上一步绘制的树池，如图 17-29 所示。

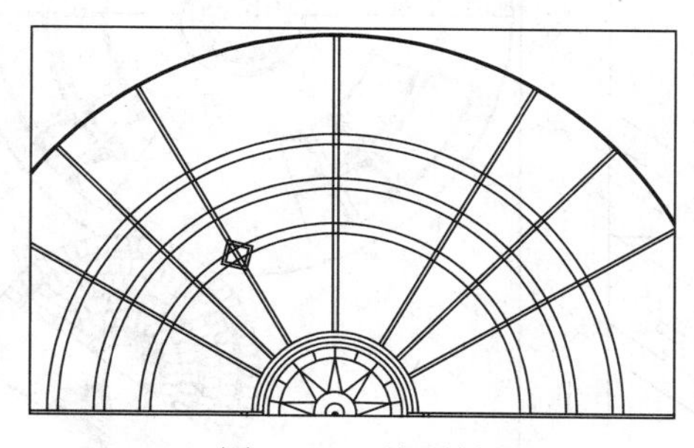

图 17-28　绘制树池

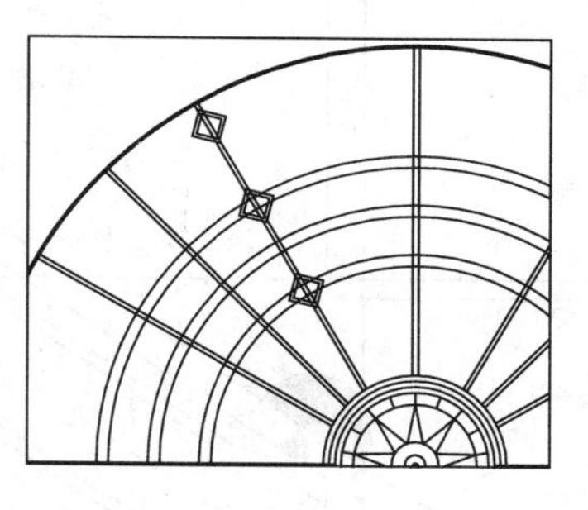

图 17-29　复制树池

15 调用【夹点编辑】命令，对前面绘制的树池进行旋转复制，指定同心圆的圆心为基点，效果如图 17-30 所示。

16 调用 MI【镜像】命令，对树池进行镜像，效果如图 17-31 所示。

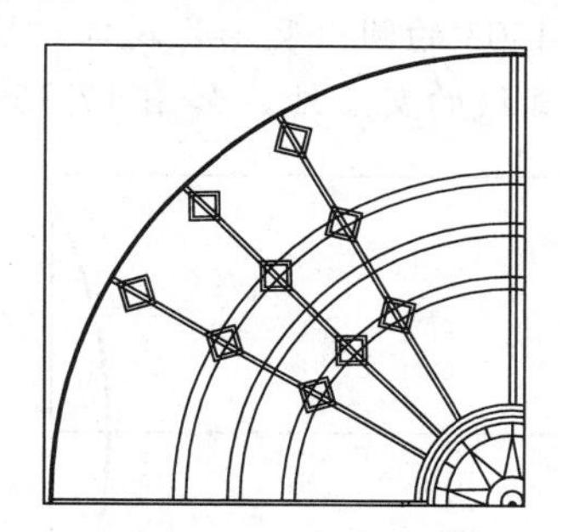

图 17-30　旋转复制树池

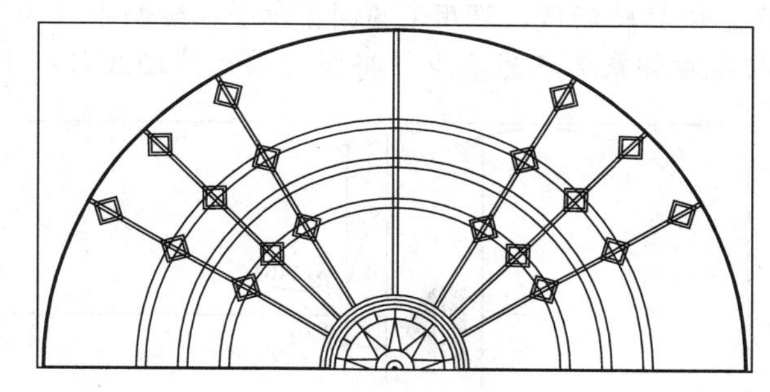

图 17-31　镜像树池

17 调用 TR【修剪】命令，修剪树池与广场铺装交叉处图形，修剪效果如图 17-32 所示。

18 使用类似的方法，绘制中心广场其他位置的树池，铺装，效果如图 17-33 所示。

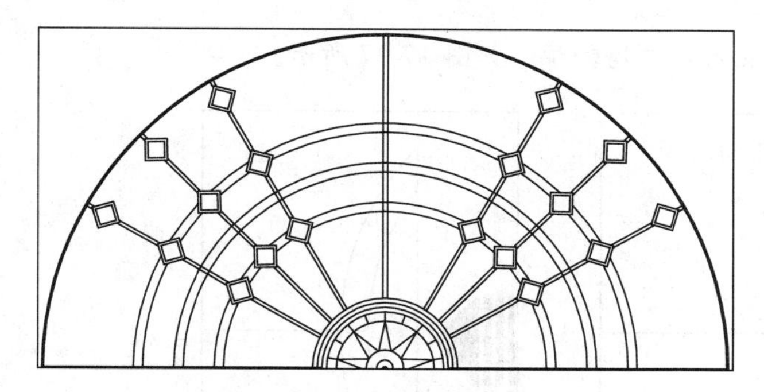

图 17-32　修剪树池与铺装相交处

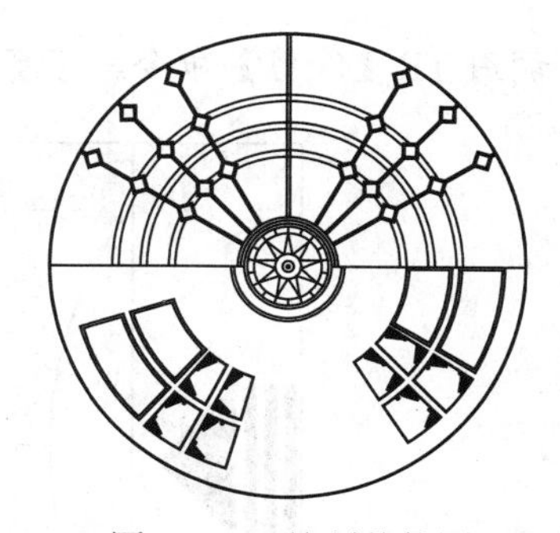

图 17-33　绘制其他图形

19 调用 O【偏移】命令，绘制辅助线，如图 17-34 所示。

20 调用 M【移动】命令，以中心广场图形的中心为基点，将其移动至辅助线交点处，并调用 TR【修剪】命令对图形进行整理，中心广场最终效果如图 17-35 所示。

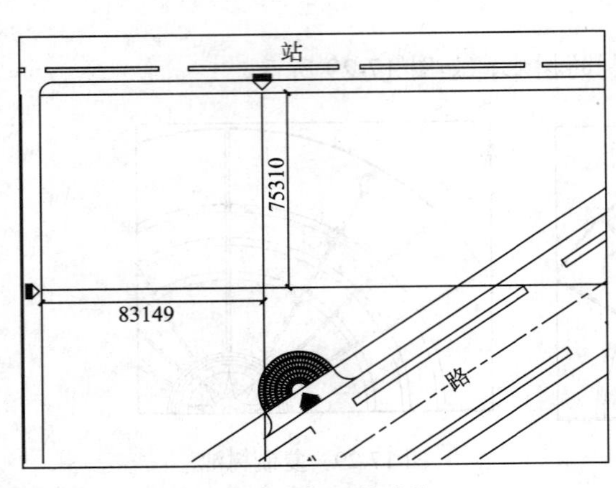

图 17-34 绘制辅助线

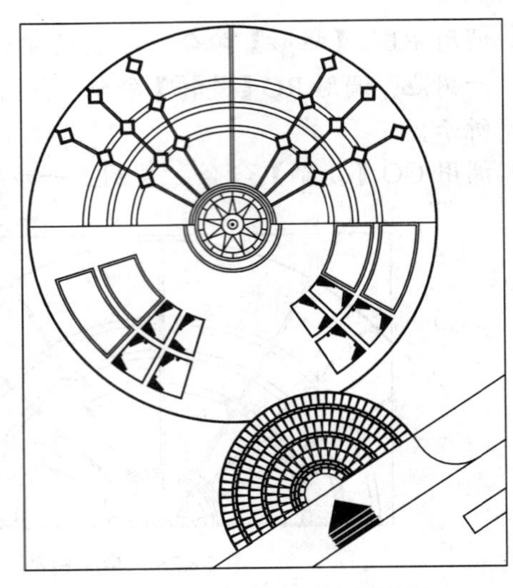

图 17-35 中心广场绘制效果

（3）绘制北入口

01 调用 L【直线】命令，绘制过中心广场外圆左侧象限点的水平直线，并调用 O【偏移】命令，偏移辅助线，调用 C【圆】命令，绘制半径为 14303 的圆，表示北入口广场轮廓，并以圆右侧象限点为基点，将圆移动至辅助线与水平直线的交点处，如图 17-36 所示。

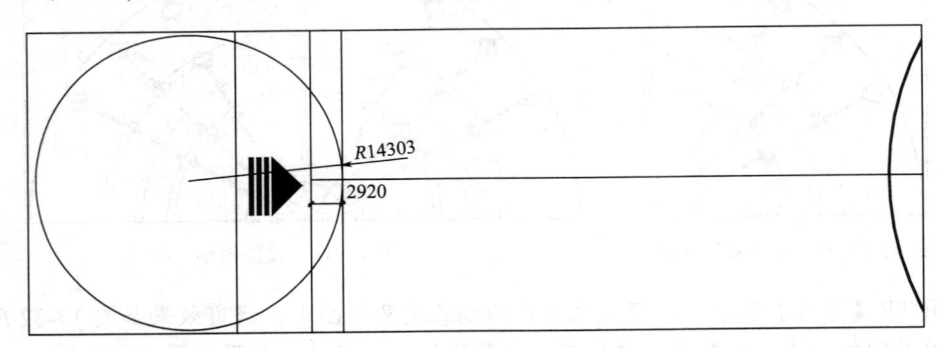

图 17-36 绘制北入口广场轮廓线

02 调用 TR【修剪】命令，修剪北入口广场轮廓，如图 17-37 所示。

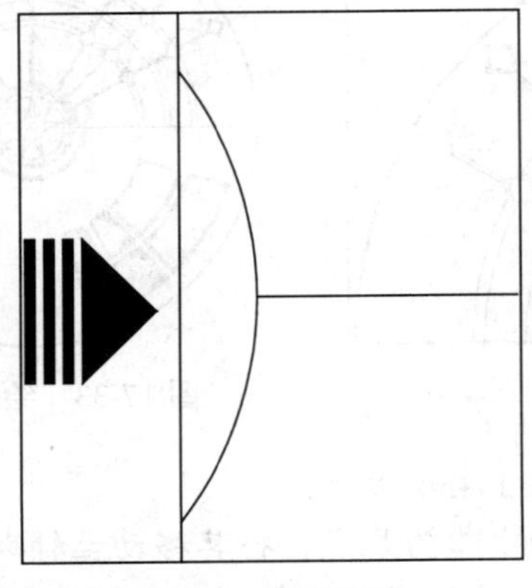

图 17-37 修剪轮廓

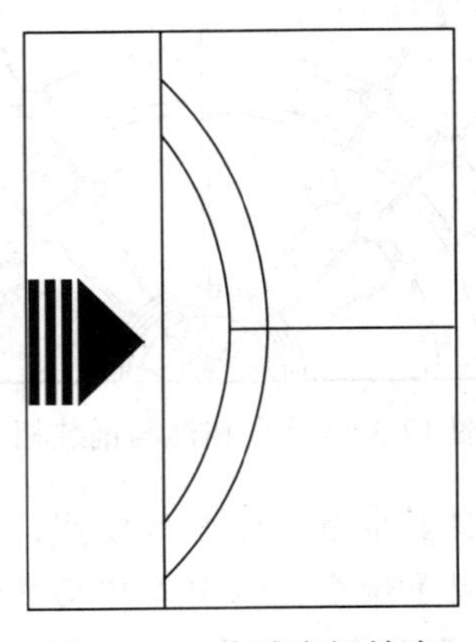

图 17-38 偏移广场轮廓

03 调用 O【偏移】命令，偏移修剪后的轮廓线，设置偏移距离为 1668，并调用 EX【延伸】命令，延伸偏移圆弧，如图 17-38 所示。

04 调用 PL【多段线】命令，绘制如图 17-39 所示弧线。

05 调用 O【偏移】命令，将上一步绘制的图形向内偏移 167，并调用 MI【镜像】命令，镜像图形，如图 17-40 所示。

06 调用 H【图案填充】命令，选择预定义图案 AR-B88，设置比例为 3，角度为 90°，填充入口，调用 SPL【样条曲线】命令，绘制铺装图案，效果如图 17-41 所示。

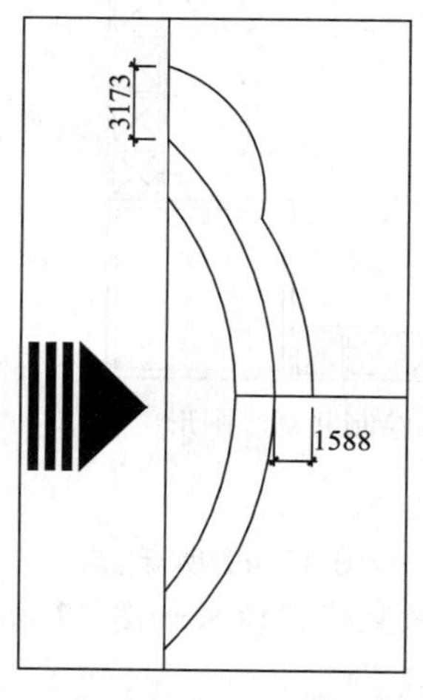

图 17-39　绘制多段线

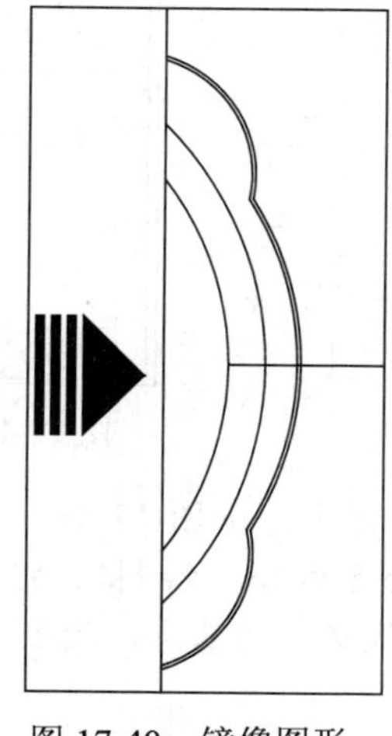

图 17-40　镜像图形

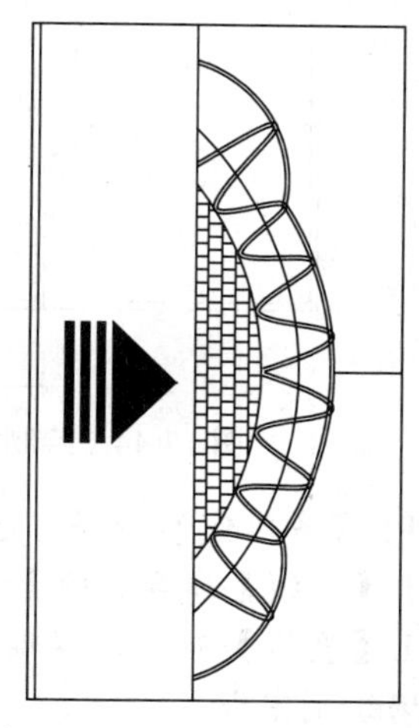

图 17-41　绘制广场铺装图案

（4）绘制东入口及铺装小广场

东入口广场的绘制比较简单，调用 C【圆】命令、O【偏移】命令即可绘制，效果如图 17-42 所示。

01 绘制鸽子广场。调用 REC【矩形】命令，绘制矩形，然后调用 O【偏移】命令，设置偏移距离为 167，偏移矩形表示鸽子广场外轮廓，如图 17-43 所示。

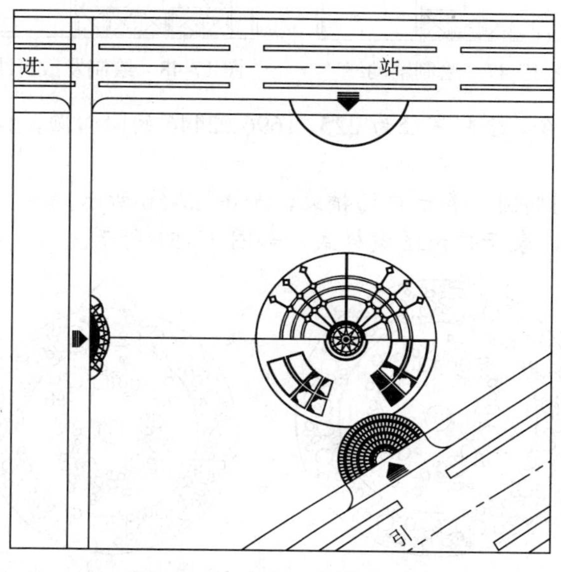

图 17-42　东入口广场

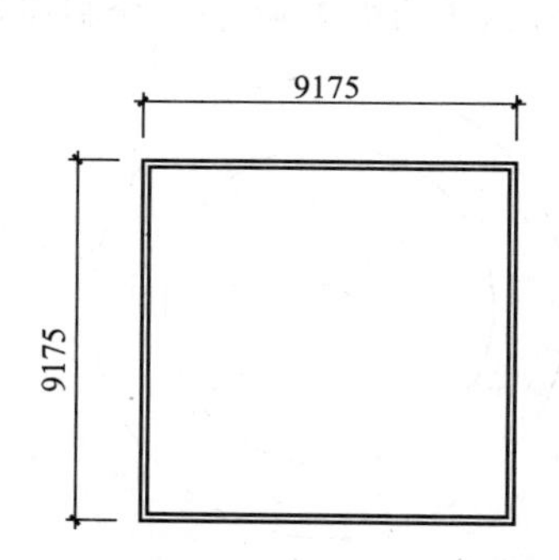

图 17-43　绘制鸽子广场轮廓

02 调用 REC【矩形】命令，拾取鸽子广场最外侧轮廓右下角点为第一个角点，绘制矩形，并偏移绘制矩形，偏移距离为 167，并调用 TR【修剪】命令，整理图形，如图 17-44 所示。

03 调用 REC【矩形】命令，绘制尺寸为 1000×1000 的矩形，并将其向内偏移 100，然后调用 L【直线】命令，绘制矩形对角线，并移动至合适的位置，然后复制图形，效果如图 17-45 所示。

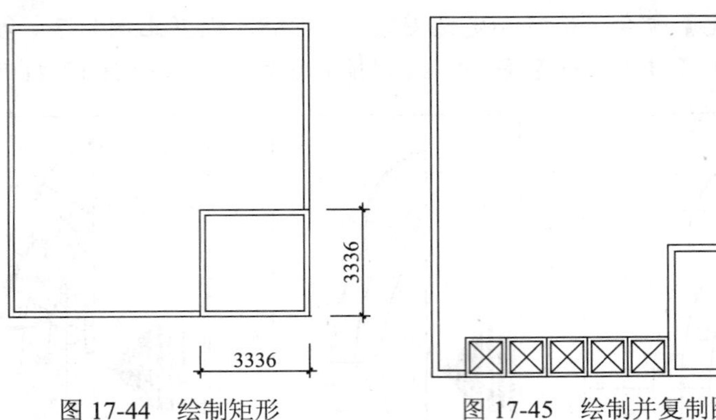

图 17-44　绘制矩形　　图 17-45　绘制并复制图形

04 调用 PL【多段线】命令，连接图形，如图 17-46 所示。

05 调用 L【直线】命令、O【偏移】命令，绘制辅助线，如图 17-47 所示。

06 调用 L【直线】命令，以辅助线交点为基点，绘制发散直线，效果如图 17-48 所示，鸽子广场绘制完成。

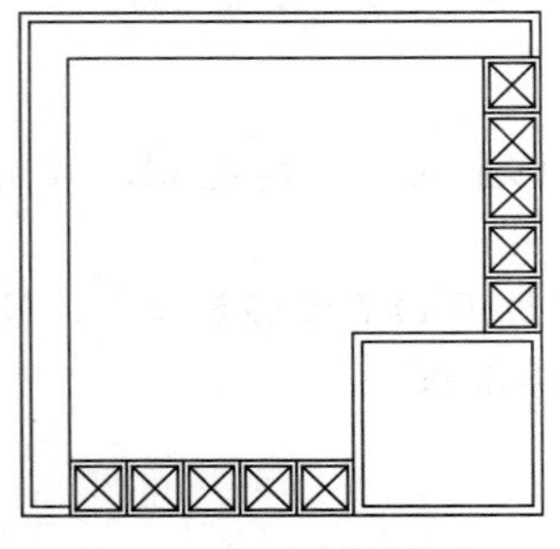

图 17-46　绘制连接直线

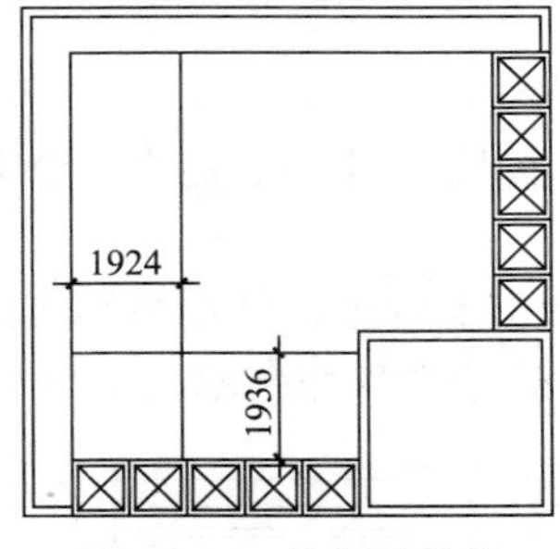

图 17-47　绘制辅助线

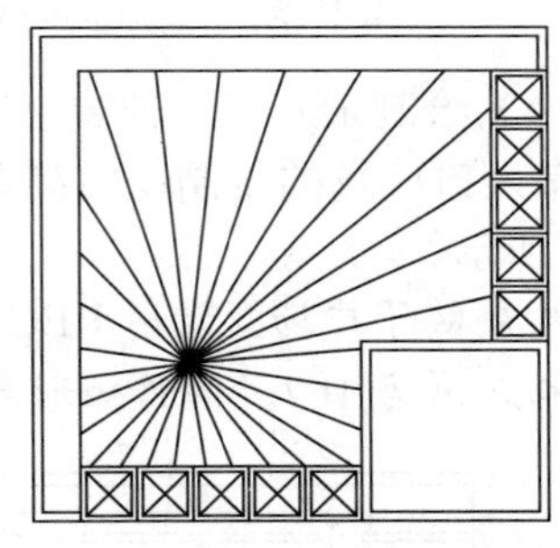

图 17-48　绘制发散直线

07 绘制休闲小广场。调用 C【圆】命令，绘制半径为 225、1696、2446 的同心圆，如图 17-49 所示。

08 调用 EL【椭圆】命令，随意绘制椭圆，表示广场铺装，如图 17-50 所示。

09 调用 A【圆弧】命令，绘制圆弧，表示广场图案样式，如图 17-51 所示。

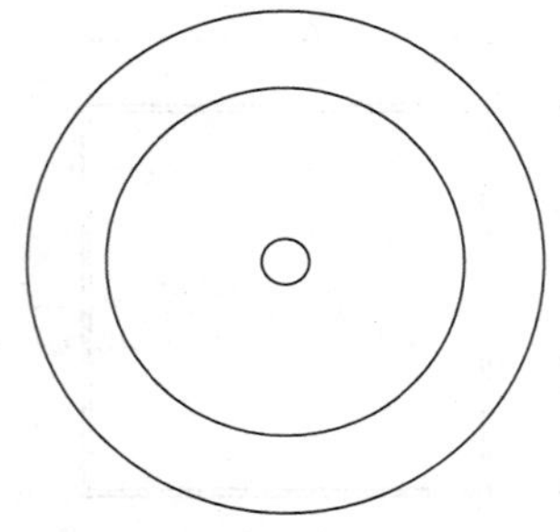

图 17-49　绘制同心圆

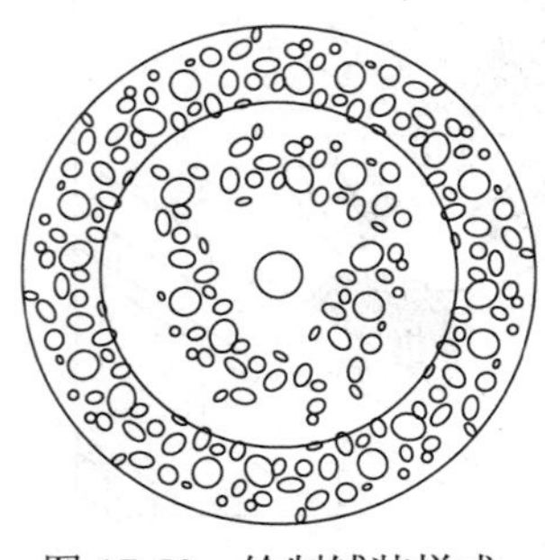

图 17-50　绘制铺装样式

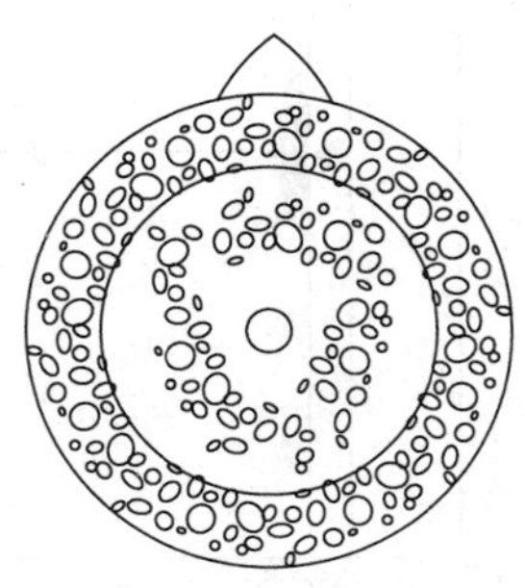

图 17-51　绘制圆弧

10 调用 AR【阵列】命令，极轴阵列上一步绘制的圆弧，阵列数为 12，以同心圆的圆心为阵列基点，如图 17-52 所示。

11 调用 REC【矩形】命令，绘制尺寸为 510 × 500 的矩形，并移动至相应的位置，如图 17-53 所示。

12 调用 AR【阵列】命令，对矩形进行极轴阵列，阵列数为 36，效果如图 17-54 所示。

图 17-52　阵列圆弧

图 17-53　绘制矩形

图 17-54　阵列矩形

13 调用 REC【矩形】命令，绘制尺寸为 530 × 2405 的矩形，然后将其进行极轴阵列，阵列数为 36，如图 17-55 所示。

14 调用 C【圆】命令，绘制半径为 6450 的圆，并将其向内偏移 322，调用 L【直线】命令，绘制直线，并将直线进行极轴阵列，阵列数为 72，最后修剪图形多余部分，效果如图 17-56 所示。

15 使用类似的方法，完成休闲小广场的绘制，效果如图 17-57 所示。

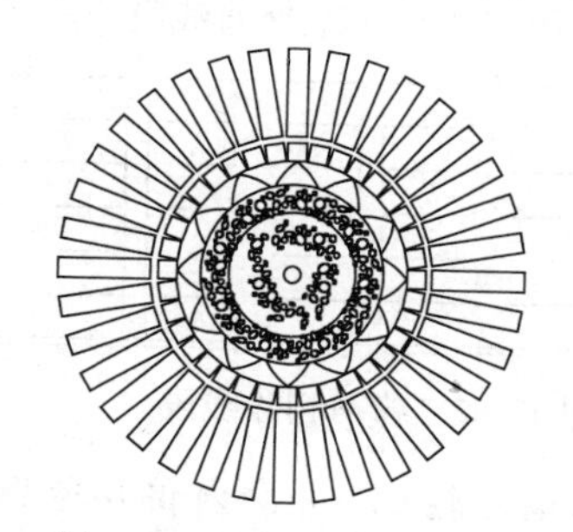
图 17-55　绘制阵列矩形

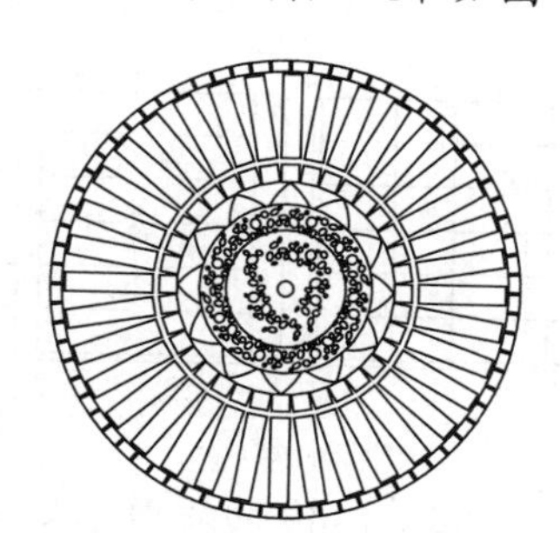
图 17-56　绘制阵列直线

图 17-57　休闲小广场

梯形绿地和晨练广场的绘制方法也是大同小异，读者可以灵活运用前面所学的方法自行绘制，这里就不赘述了，最后可调用 M【移动】、RO【旋转】等命令，将绘制好的小广场移动至平面图中合适的位置，效果如图 17-58 所示。

（5）绘制停车场

01 调用 REC【矩形】命令，绘制停车场外轮廓，并将其分解，然后调用 O【偏移】命令，将矩形右侧边和下侧边向内偏移 500，如图 17-59 所示。

02 调用 O【偏移】命令，将偏移得到的竖直线段依次向左偏移，结果如图 17-60 所示。

03 调用 O【偏移】命令，依次将偏移得到的水平线段向上偏移 3000，绘制结果如图 17-61 所示。

04 调用 TR【修剪】命令，修剪多余直线；再调用 E【删除】命令删除多余线段，绘制结果如图 17-62 所示。

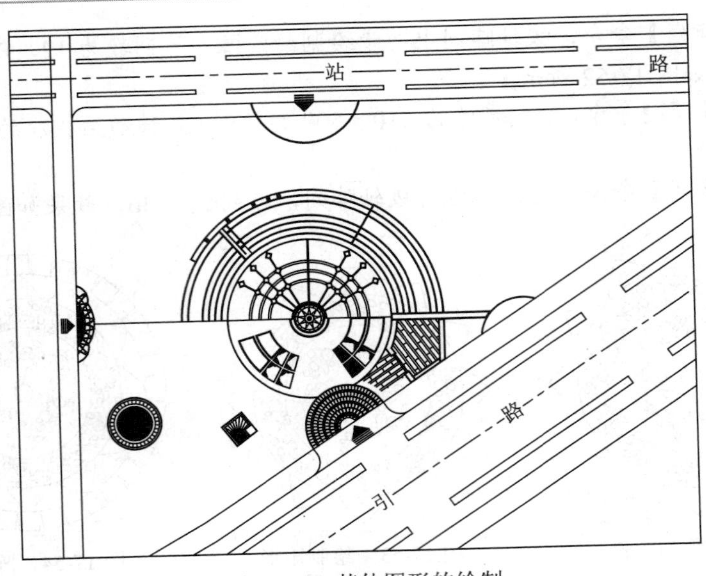

图 17-58　其他图形的绘制

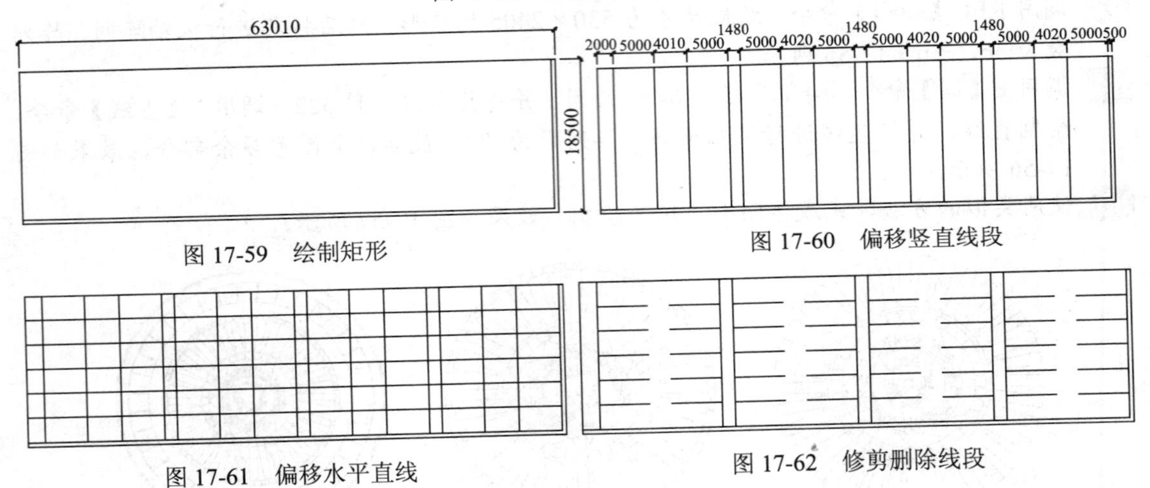

图 17-59　绘制矩形

图 17-60　偏移竖直线段

图 17-61　偏移水平直线

图 17-62　修剪删除线段

05 调用 REC【矩形】命令，绘制 1480 × 1480 的矩形，表示树池轮廓，并向内偏移轮廓 240，然后将树池图形复制至停车场各处，最后图形绘制完成后，将其移动至平面图东北方向，效果如图 17-63 所示。

另一处停车场位于平面图西北方向，绘制方法比较简单，前面均有介绍，这里就不一一介绍了，效果如图 17-64 所示。

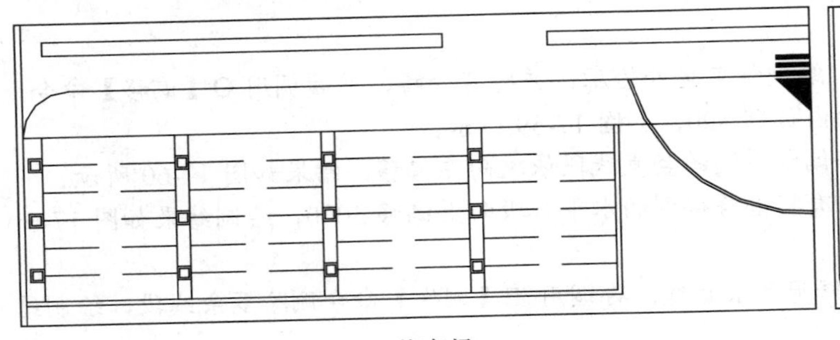

图 17-63　停车场

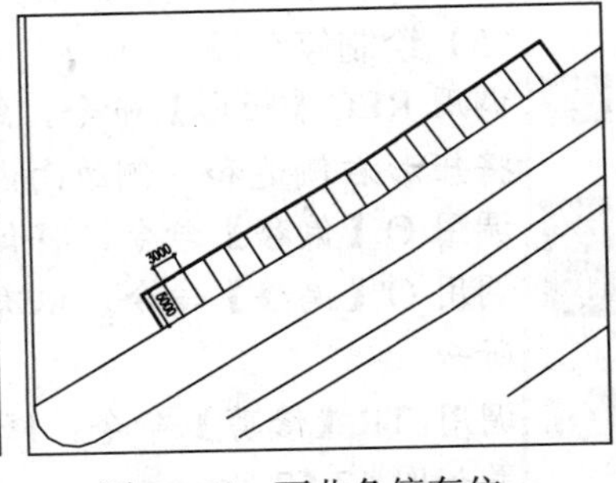

图 17-64　西北角停车位

（6）绘制园路

01 绘制北入口道路。调用 O【偏移】命令，偏移直线，如图 17-65 所示。

02 删除多余直线，调用 H【图案填充】命令，选择预定义 AR-B88 图案，设置填充比例为 3，角度为 90°，填充路面，如图 17-66 所示。

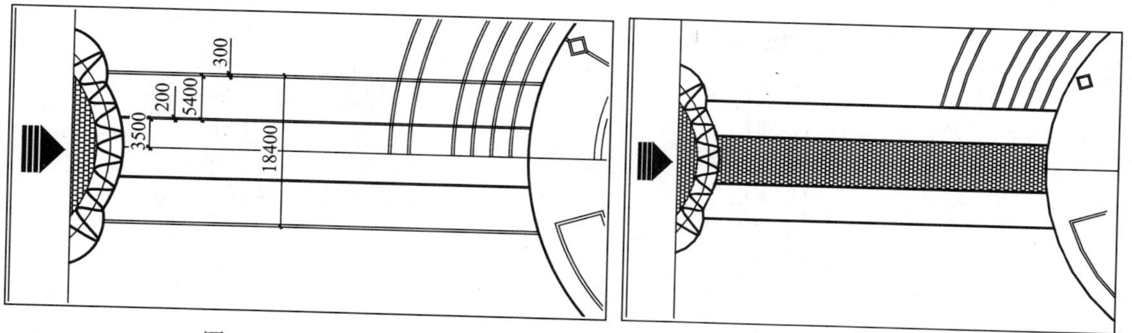

图 17-65　偏移直线

图 17-66　填充路面

03 调用 REC【矩形】命令、O【偏移】命令以及 CO【复制】命令，绘制树池，结果如图 17-67 所示。

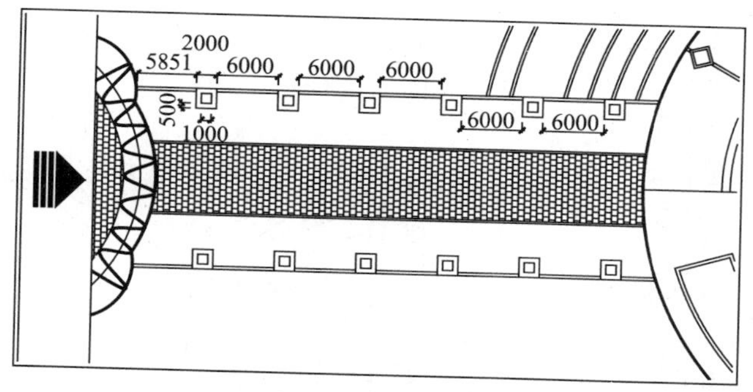

图 17-67　绘制树池

04 绘制东入口道路。调用 L【直线】命令，过中心广场绘制竖直直线，如图 17-68 所示。

05 调用 O【偏移】命令，左右偏移竖直线，如图 17-69 所示。

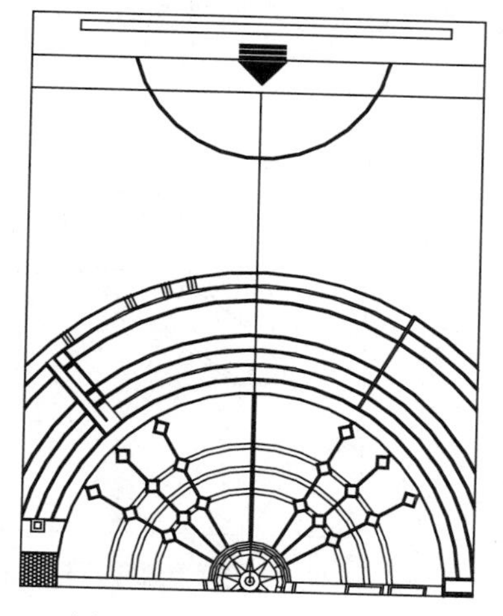

图 17-68　绘制竖直直线

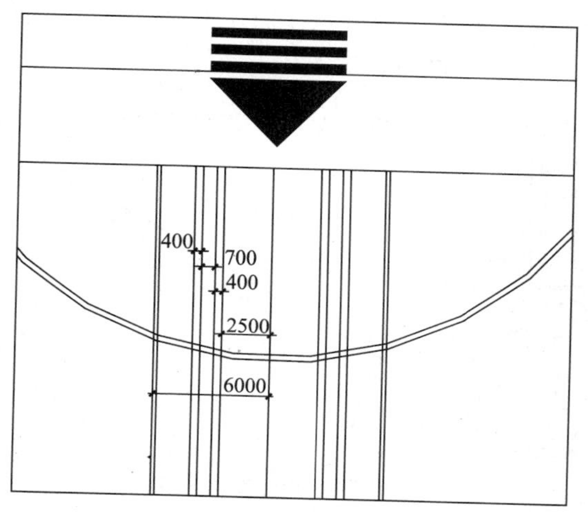

图 17-69　偏移竖直直线

06 调用 TR【修剪】命令，修剪多余直线，效果如图 17-70 所示。

07 调用 L【直线】命令、O【偏移】命令，绘制直线，结果如图 17-71 所示。

08 调用 REC【矩形】命令、O【偏移】命令以及 CO【复制】命令，绘制矩形树池，绘制结果如图 17-72 所示。

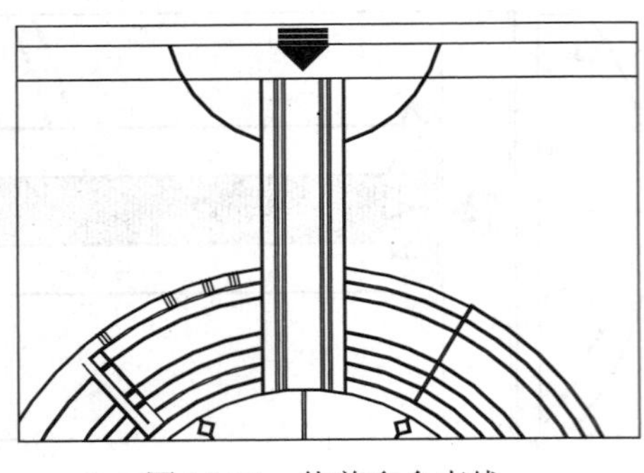

图 17-70　修剪多余直线

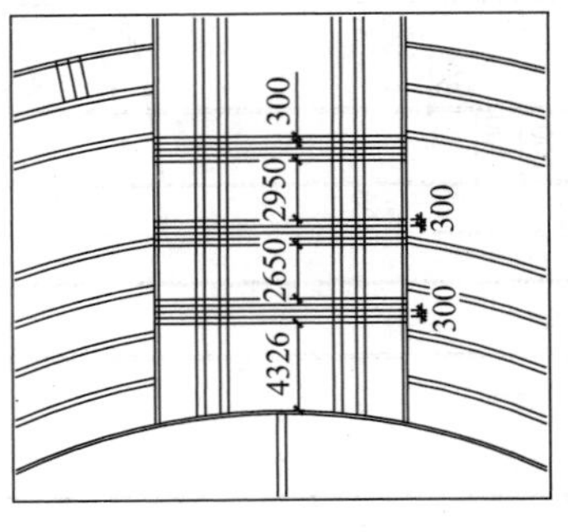

图 17-71　绘制偏移直线

09 绘制次级园路。调用 L【直线】命令，过中心广场圆心，绘制角度为 30° 的直线；调用 O【偏移】命令，依次上下偏移直线 1800、200，如图 17-73 所示。

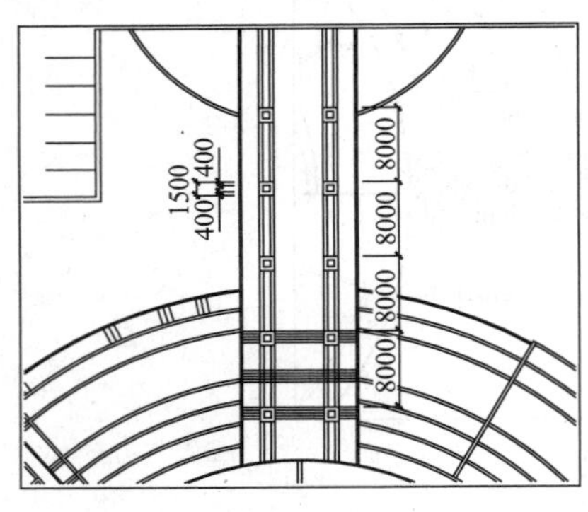

图 17-72　绘制矩形树池

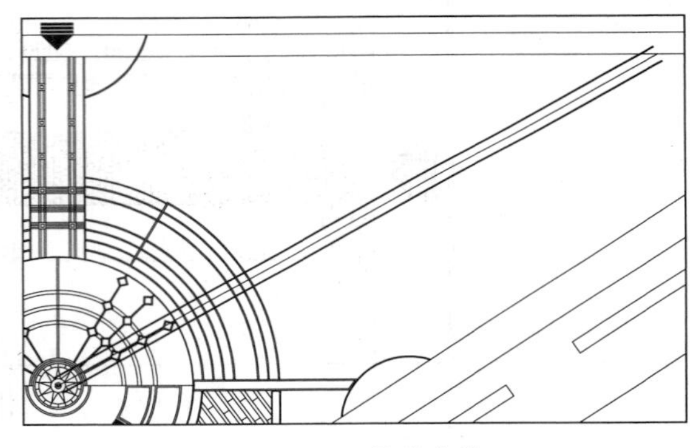

图 17-73　偏移直线

10 调用 TR【修剪】命令，修剪多余直线，完成此条园路的绘制，如图 17-74 所示。

11 绘制自然园路。调用 A【圆弧】命令，绘制圆弧，并将圆弧向外偏移 200，表示园路入口，如图 17-75 所示。

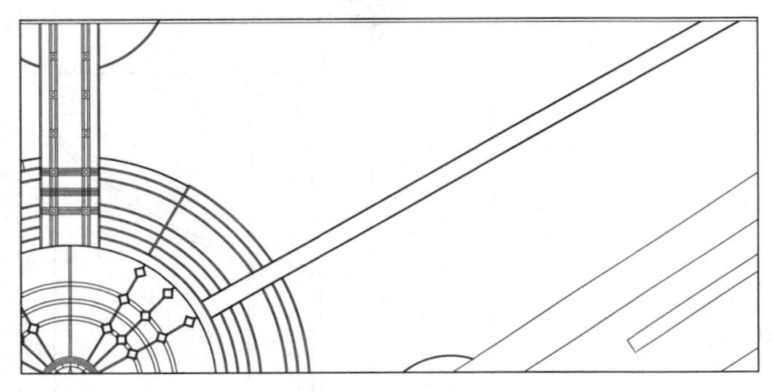

图 17-74　修剪多余直线

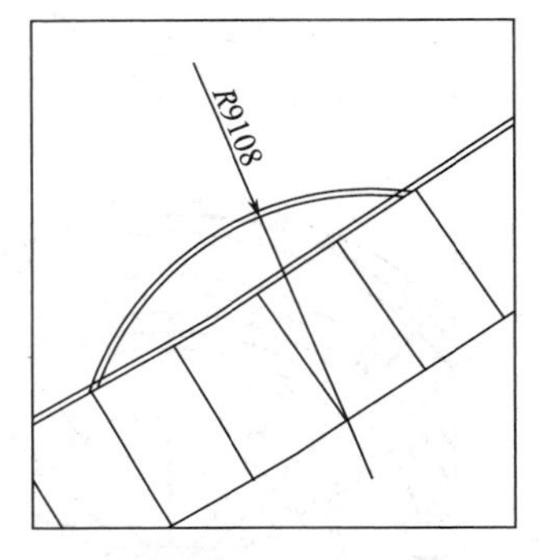

图 17-75　绘制园路入口

12 调用 SPL【样条曲线】命令，绘制道路轴线，如图 17-76 所示。

13 此处，自然园路宽度为 2000，道牙宽度为 250，调用 O【偏移】命令，将道路轴线向左右偏移，并作适当的修剪整理，绘制结果如图 17-77 所示。

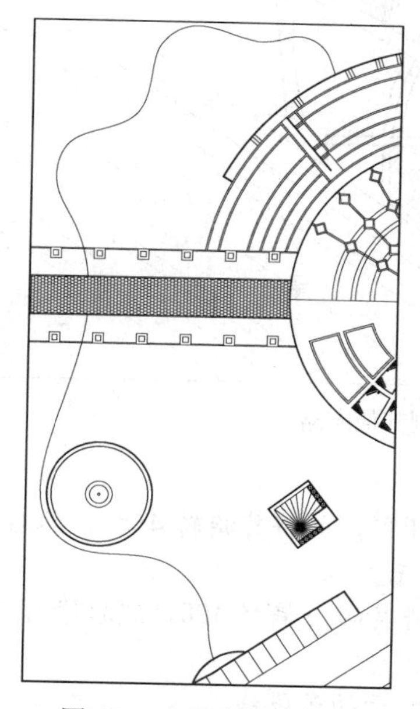

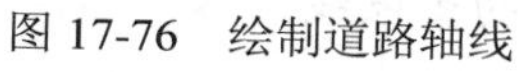

图 17-76　绘制道路轴线

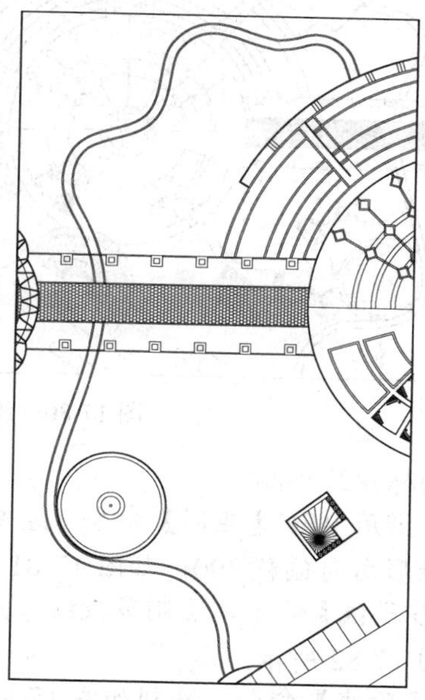

图 17-77　偏移道路轴线

14 绘制汀步小径。调用 C【圆】命令，绘制小圆，表示汀步，连接梯形绿地和自然园路，如图 17-78 所示。

15 使用相同的方法，绘制其他区域的汀步小径，如图 17-79 所示。

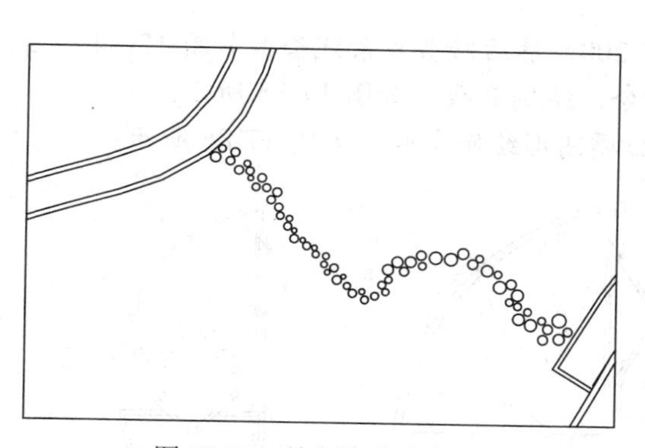

图 17-78　绘制汀步小径

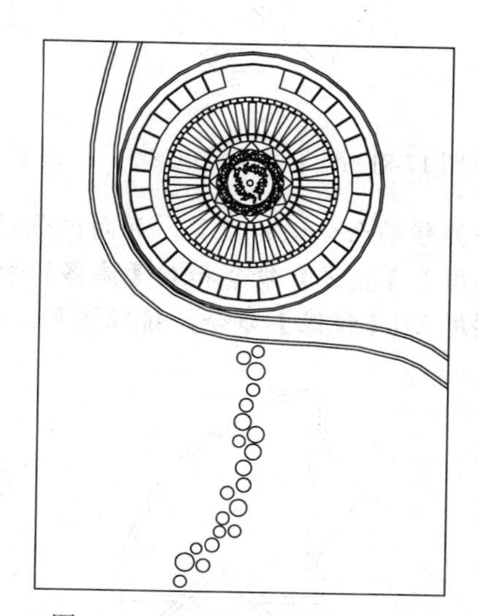

图 17-79　绘制其他汀步小径

主要的园路绘制完成后，可使用类似的方法，完成小园路及一些铺地的绘制，如台地、健康步道、嵌草铺地等，效果如图 17-80 所示。

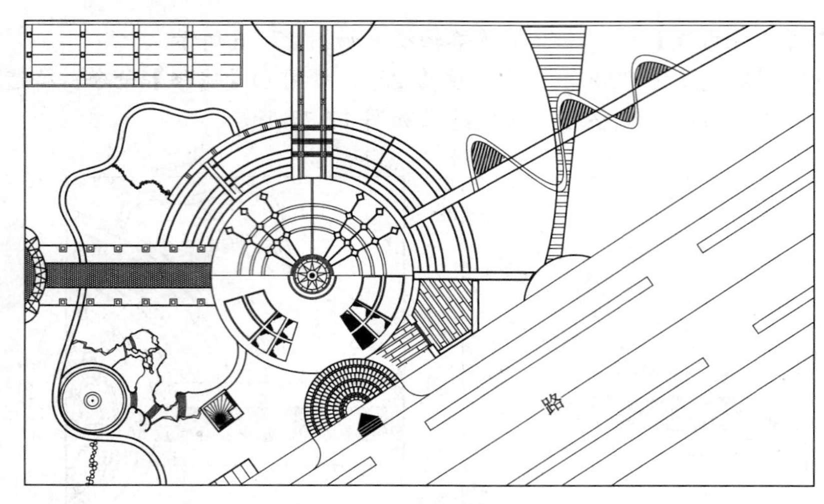

图 17-80　绘制其他园路

（7）绘制园林建筑小品

01 绘制公厕。调用 REC【矩形】命令，绘制矩形，并将其旋转 45°，然后调用 O【偏移】命令，将矩形向内偏移 300，如图 17-81 所示。

02 调用 PL【多段线】命令，绘制多段线，并将其向内偏移 300，然后修剪其与矩形相交的线段，如图 17-82 所示。

03 调用 PL【多段线】命令，绘制如图 17-83 所示的多段线。

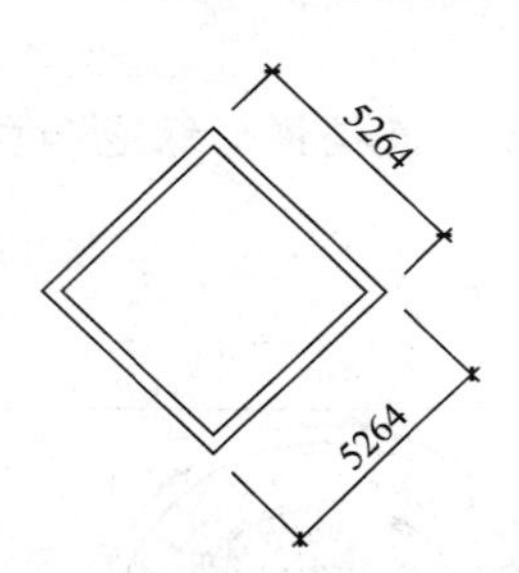

图 17-81　绘制并旋转矩形

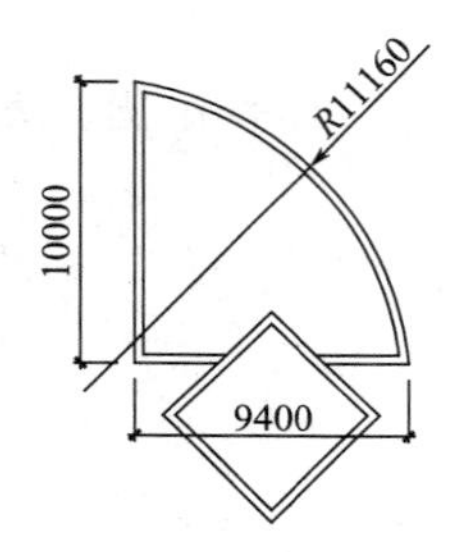

图 17-82　绘制多段线

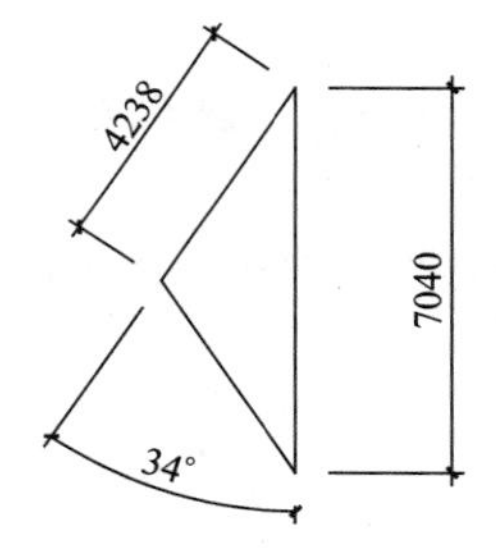

图 17-83　绘制多段线

04 将其移动至合适的位置，并向内偏移 200，然后修剪多余线条，如图 17-84 所示。

05 调用 L【直线】命令和 O【偏移】命令，绘制直线，如图 17-85 所示。

06 调用 MI【镜像】命令，镜像图形，公厕图形绘制完成，如图 17-86 所示。

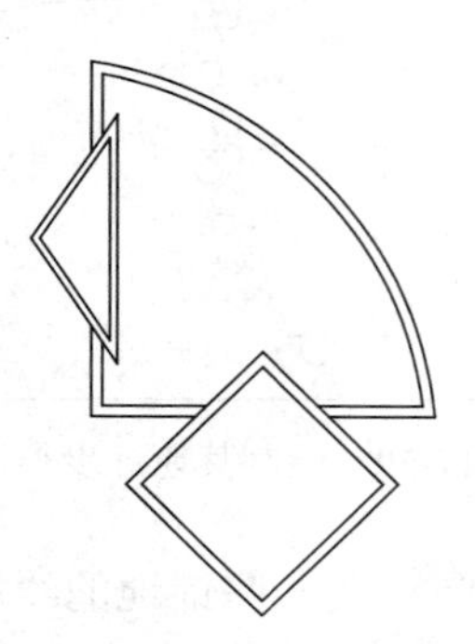

图 17-84　移动并偏移多段线

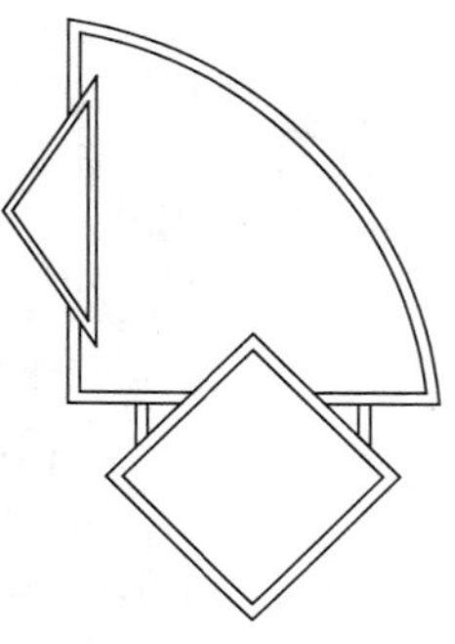

图 17-85　绘制线段

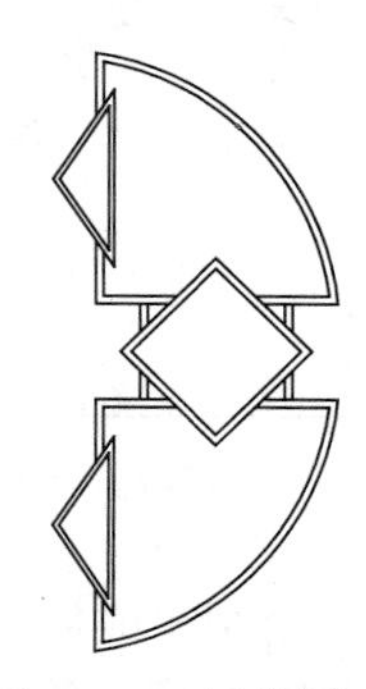

图 17-86　镜像图形

07 将绘制好的公厕移动至平面图中，并调用 REC【矩形】命令，绘制入口踏步，如图 17-87 所示。

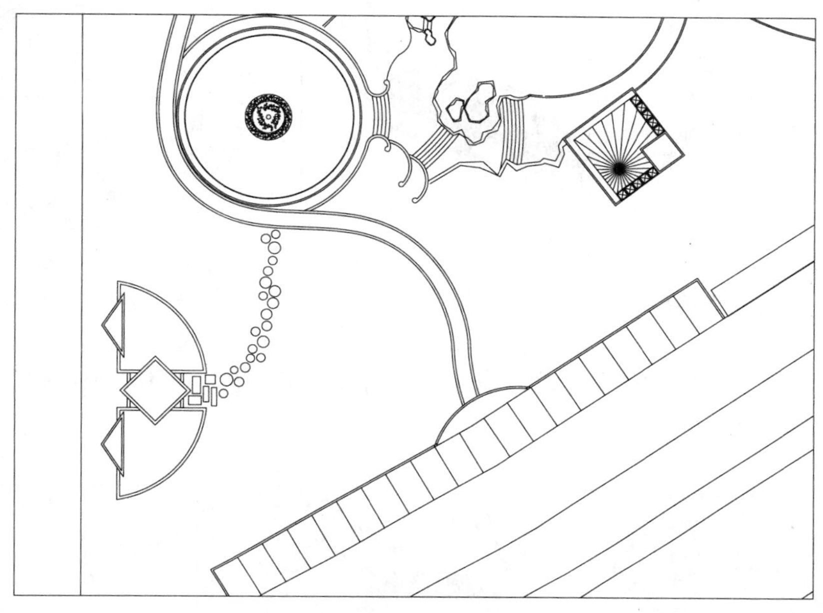

图 17-87　绘制入口踏步

08 绘制凉亭。调用 REC【矩形】命令，绘制尺寸为 3500 × 3500 的矩形，并将矩形依次向内偏移，偏移距离为 120、300、120、300、120、300、120，如图 17-88 所示。

09 调用 L【直线】命令，绘制对角线，选择【修改】|【拉长】命令，将对角线拉长 354，如图 17-89 所示。

10 调用 O【偏移】命令，左右偏移对角线 75，并调用 L【直线】命令，绘制直线将其连接，最后修剪多余直线，如图 17-90 所示，完成凉亭的绘制。

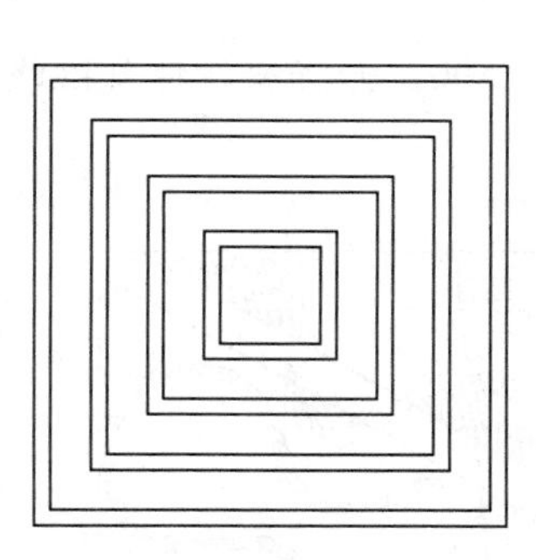

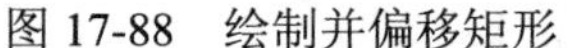

图 17-88　绘制并偏移矩形

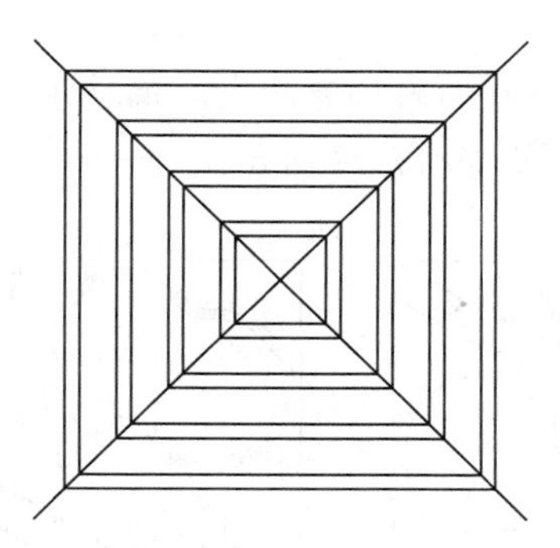

图 17-89　绘制并拉长对角线

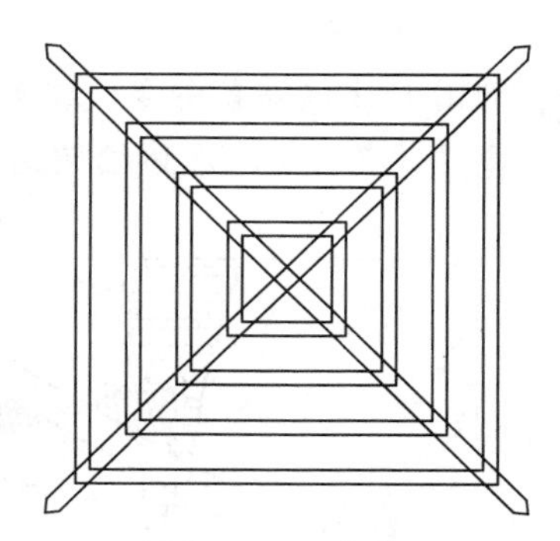

图 17-90　凉亭

11 调用 SPL【样条曲线】命令、O【偏移】命令以及 H【图案填充】命令，绘制凉亭地面铺装，如图 17-91 所示。

12 调用 CO【复制】命令、RO【旋转】命令，将凉亭复制至地面铺装合适的位置，如图 17-92 所示。

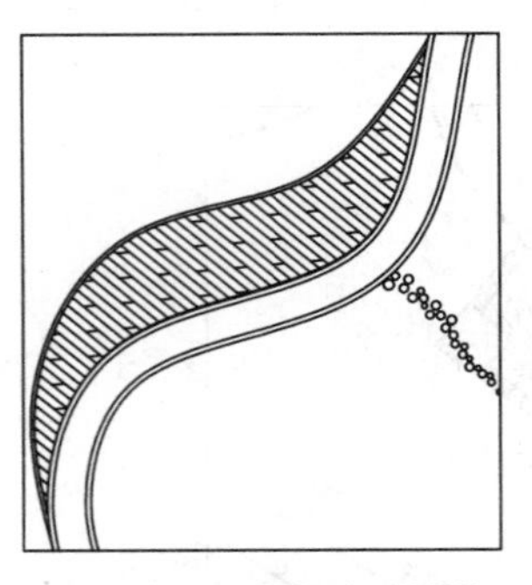

图 17-91　凉亭地面铺装

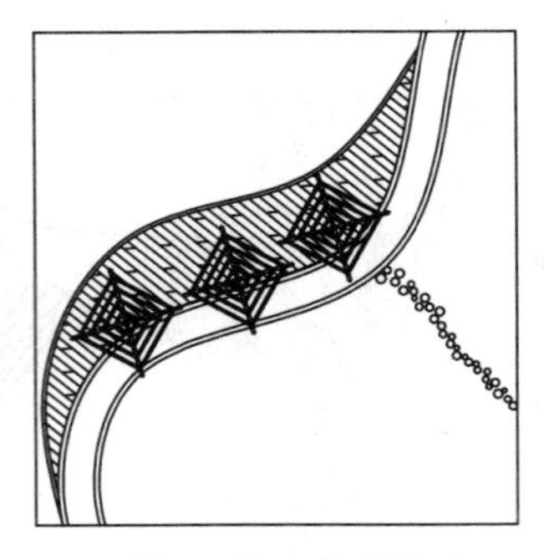

图 17-92　复制凉亭

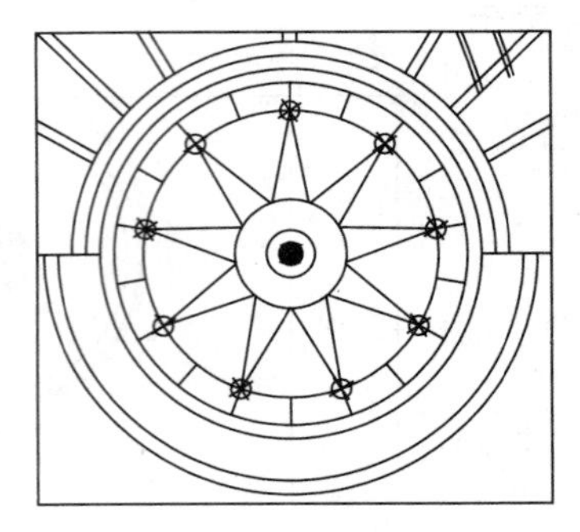

图 17-93　广场灯具

灯具、廊架、山石等的绘制方法，前面章节均有介绍，这里就不一一讲解了，其插入平面图中的效果如图 17-93～图 17-95 所示。

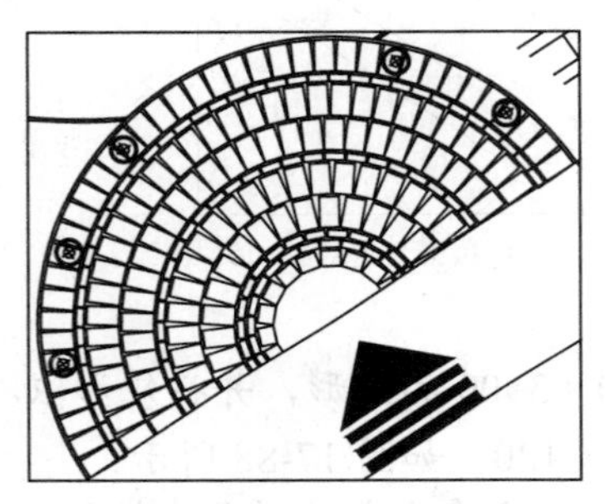

图 17-94　入口广场灯

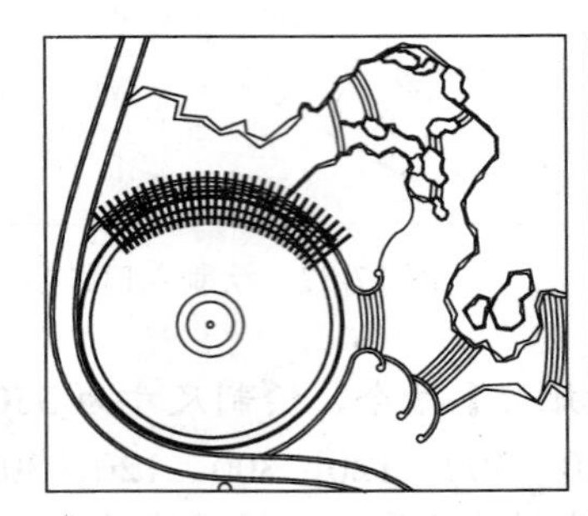

图 17-95　廊架和置石

（8）绘制水体和等高线

01 绘制水体。调用 PL【多段线】命令，绘制多段线，并调整其形状，表示水体轮廓，如图 17-96 所示。

02 调用 O【偏移】命令，将多段线向内偏移两次，偏移距离为 500，并将最外侧多段线线宽修改为 100，水体绘制结果如图 17-97 所示。

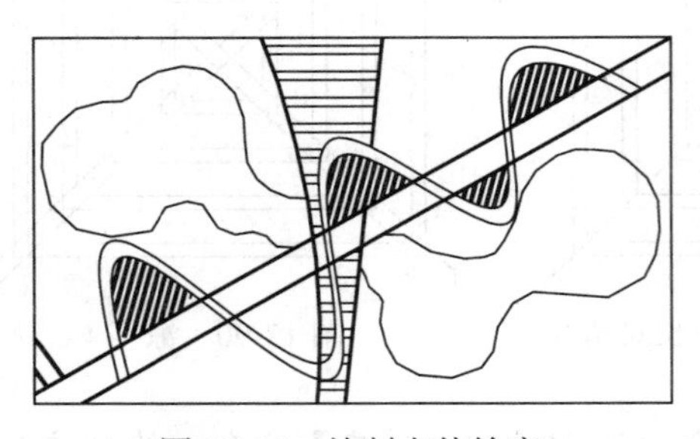

图 17-96　绘制水体轮廓

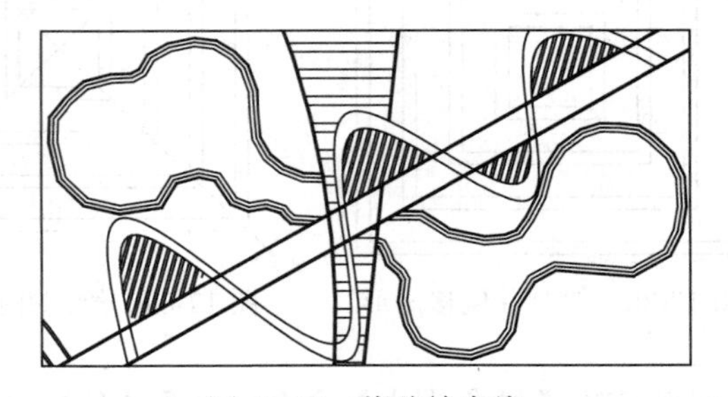

图 17-97　偏移轮廓线

03 绘制等高线。绘制等高线的方法与绘制水体的方法类似，这里调用 SPL【样条曲线】命令绘制，并注意等高线的线型，效果如图 17-98 所示。

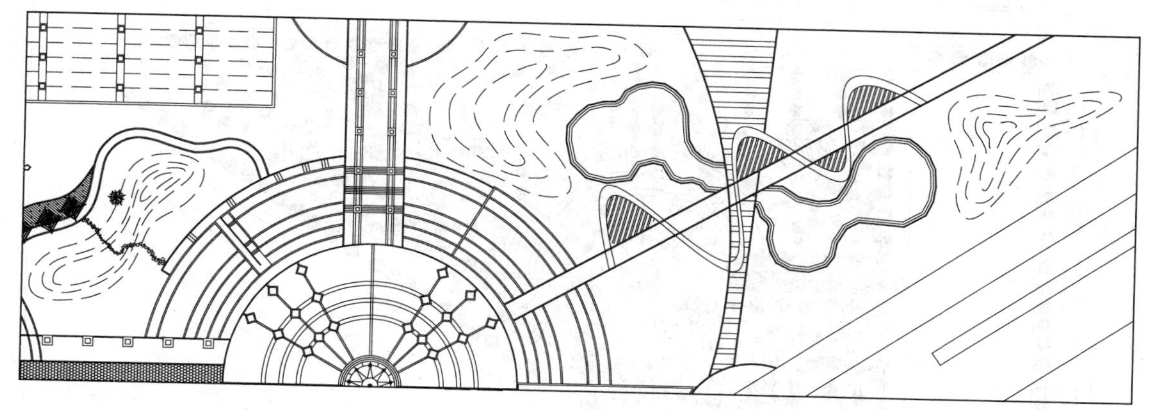

图 17-98　绘制等高线

（9）绘制植物

在园林平面图的绘制过程中，植物的绘制主要是乔木图例的插入和灌木丛的绘制，灌木丛的绘制主要是使用【修订云线】命令或 SPL【样条曲线】命令绘制，乔木则一般不一一绘制，而是通过插入已经创建好的植物图块，植物最终绘制效果如图 17-99 所示。

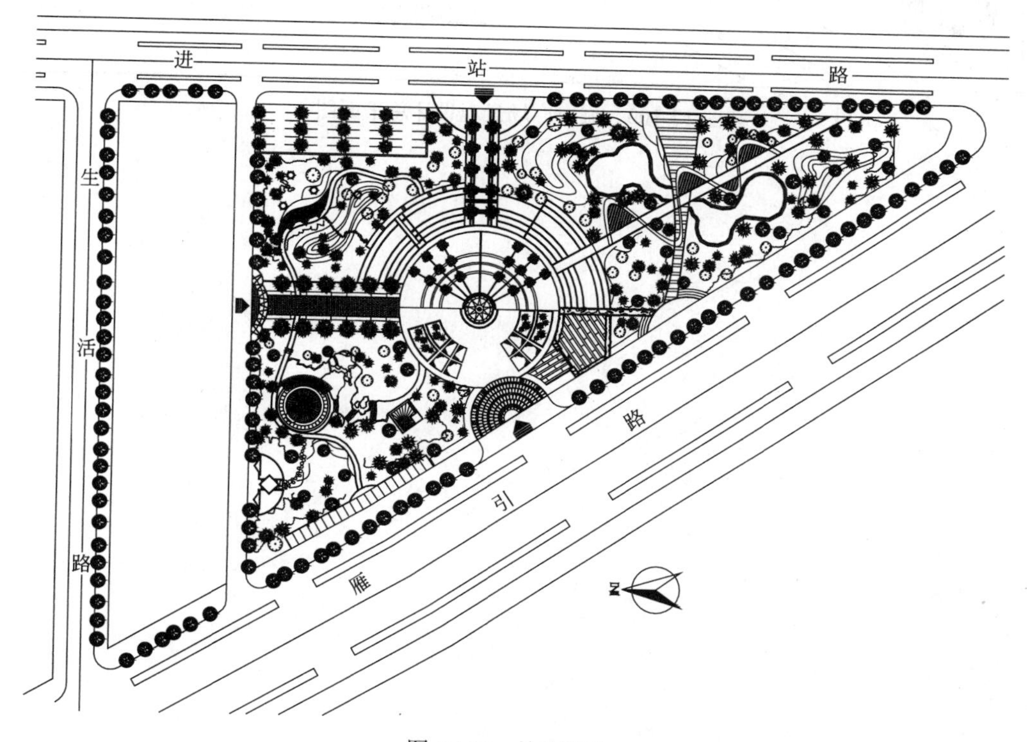

图 17-99　绘制植物

（10）标注

标注内容主要有文字说明的标注、道路转弯半径及道路宽度的标注、图名标注等，至此城市广场景观设计总平面图绘制完成，效果如图 17-100 所示。

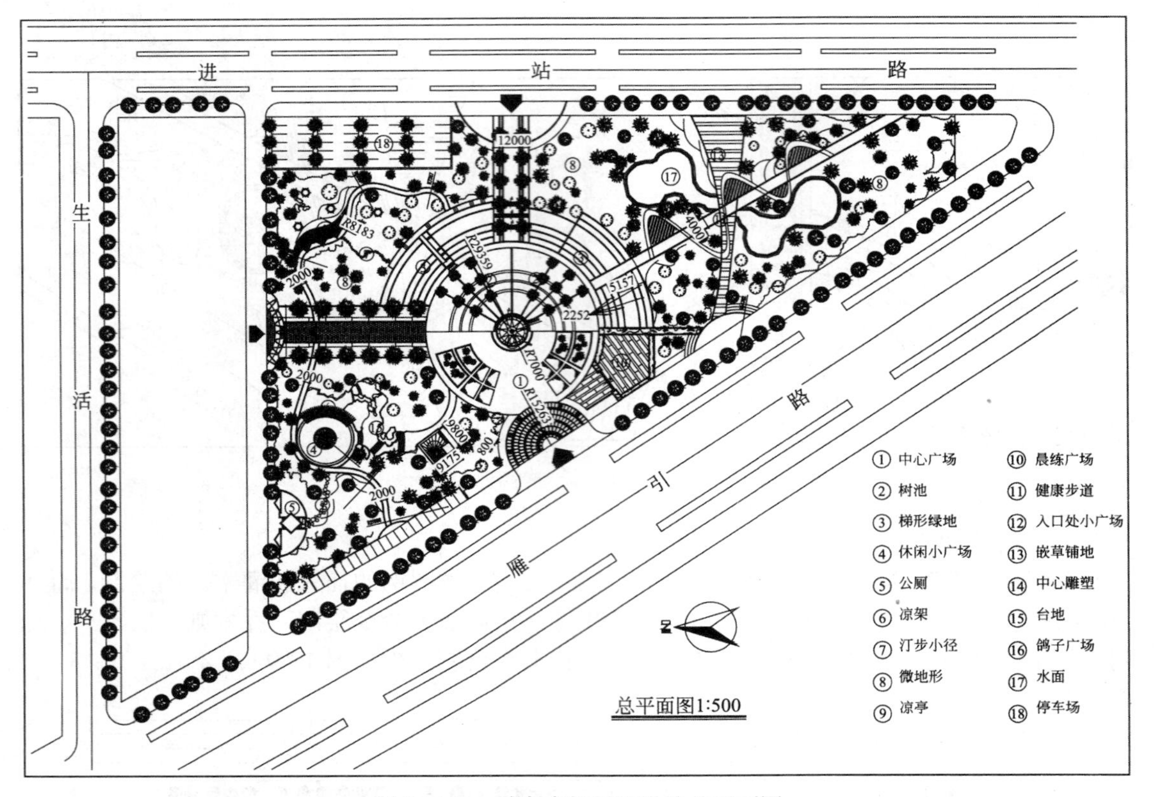

图 17-100　城市广场景观设计总平面图

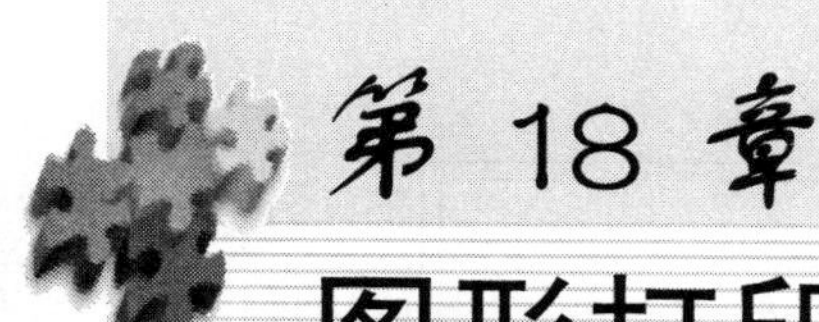

第 18 章 图形打印输出

对园林景观施工图而言，输出工具主要为打印机，打印输出的图纸将成为施工人员施工的依据。

园林景观施工图使用的图纸规格有多种，一般采用 A2 和 A3 图纸进行打印，当然也可根据需要选用其他大小的纸张。在打印之前，需要做的准备工作是确定纸张大小、输出比例以及打印线宽、颜色等相关内容。图形的打印线宽、颜色等属性，均可通过打印样式进行控制。在打印之前，需要对图形进行认真检查、核对，在确定正确无误之后方可进行打印。

18.1 模型空间打印

打印有模型空间打印和图纸空间打印两种方式。模型空间打印指的是在模型空间进行打印设置和打印；图纸空间打印指的是在布局中进行打印设置和打印。

第一次启动 AutoCAD 时，默认进入的是模型空间，平时的绘图工作也都是在模型空间完成的。单击 AutoCAD 窗口底部状态栏快速查看【布局】按钮，打开【快速查看】面板，该面板显示了当前图形所有布局缩览图和一个模型空间缩览图，如图 18-1 所示，单击某个缩览图即可快速进入该工作空间。

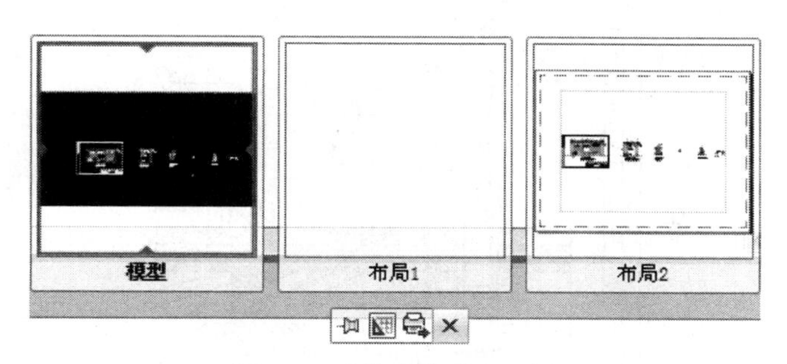

图 18-1 【快速查看】面板

18.1.1 调用图签

施工图在打印输出时，需要为其加上图框，以注明图纸名称、设计人员、绘图人员、绘图日期等内容。图框在前面的章节中已经绘制，并定义成块，这里可以直接将其复制过来。

【课堂举例 18-1】调用图签

01 单击【快速访问】工具栏中的【打开】按钮，打开“第 14 章/凉亭详图.dwg”图形。

02 将凉亭平、立面删除，留下剖面图，打开“第 18 章/图框.dwg”文件，如图 18-2 所示，并将其复制至剖面图中。

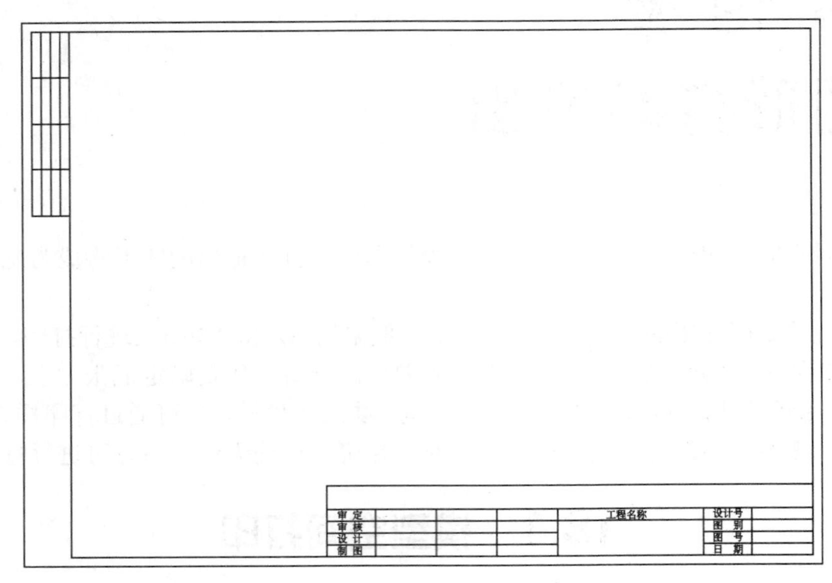

图 18-2　图框

03 调用 SC【缩放】命令，设置比例为 30，将图框放大 30 倍，并移动至合适的位置，最终效果如图 18-3 所示，图框调用完成。

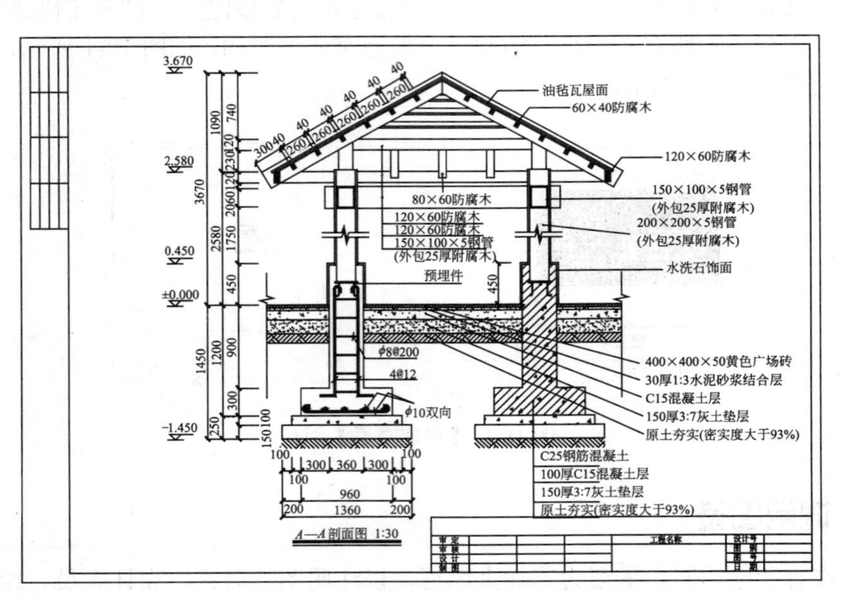

图 18-3　调用图框结果

由于图框是按 1:1 的比例绘制的，即图框大小为 420×297（A3 图纸），而本平面布置图的绘图比例同样是 1:1，其图形尺寸约为 5600×7000。为了使图形能够打印在图框之内，需要将图框放大，或者将图形缩小，缩放比例为 1:30（与该图的尺寸标注比例相同）。

为了保持图形的实际尺寸不变，这里将图框放大，放大比例为 30。

18.1.2 模型空间页面设置

通过页面设置，可以控制纸张大小、打印范围、打印样式等，下面介绍具体操作方法。

【课堂举例 18-2】页面设置

页面设置延续使用课堂举例 18-1 完成后的图形。

01 选择【文件】|【页面设置管理器】命令，打开【页面设置管理器】对话框，如图 18-4 所示。

02 单击【新建】按钮，打开【新建页面设置】对话框，在【新页面设置名】文本框中输入“A3”为页面设置名称，如图 18-5 所示。

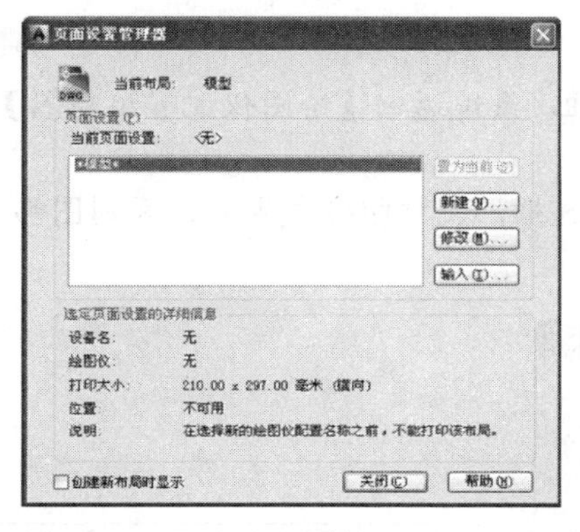

图 18-4　【页面设置管理器】对话框

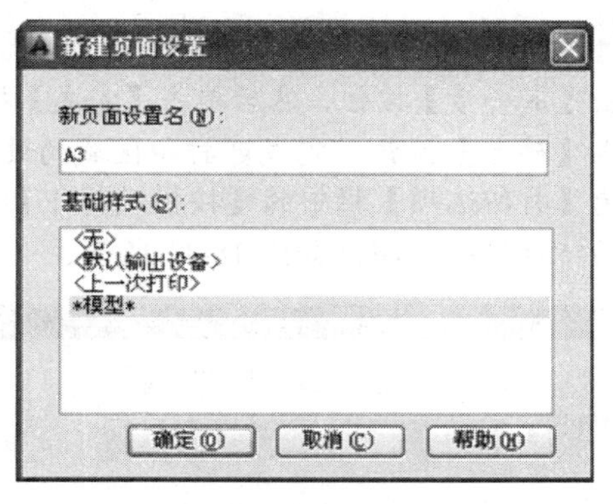

图 18-5　输入新页面设置名称

03 单击【确定】按钮，打开【页面设置-模型】对话框，在【页面设置】对话框【打印机/绘图仪】选项区中选择用于打印当前图纸的打印机，在【图纸尺寸】选项区中选择 A3 类图纸，如图 18-6 所示。

04 在【打印样式表】列表中选择系统自带的“monochrome.ctb”，如图 18-7 所示，使打印出的图形线条全部为黑色，在随后弹出的【问题】对话框中单击【是】按钮。

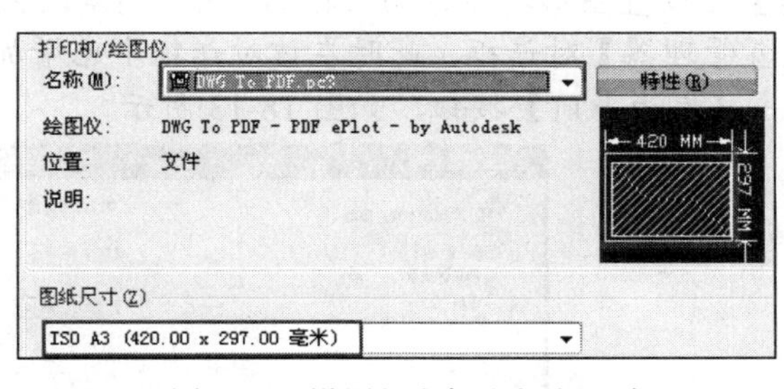

图 18-6　设置打印机和打印尺寸

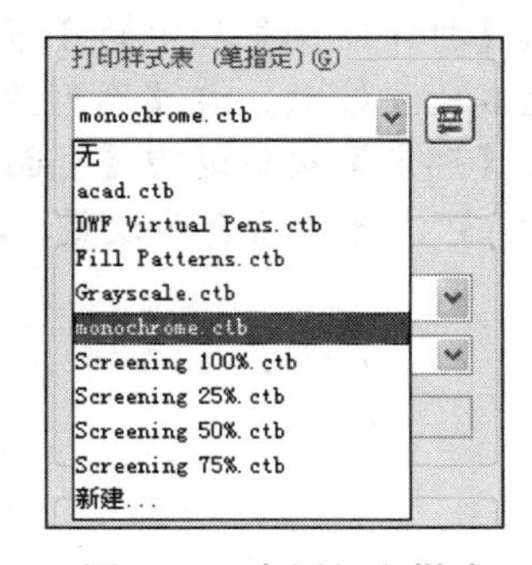

图 18-7　应用打印样式

05 设置可打印区域。单击【打印机/绘图仪】选项组中的【特性】按钮，系统弹出如图 18-8 所示的【绘图仪配置编辑器】。

06 单击【设备和文档设置】选项卡，选择【修改标准图纸尺寸（可打印区域）】选项，然后在【修改标准图形尺寸】下拉列表中选择【ISOA3】选项，如图 18-9 所示。

07 单击【修改】按钮，系统弹出【自定义图形尺寸-可打印区域】对话框，修改可打印区域参数，效果如图 18-10 所示。

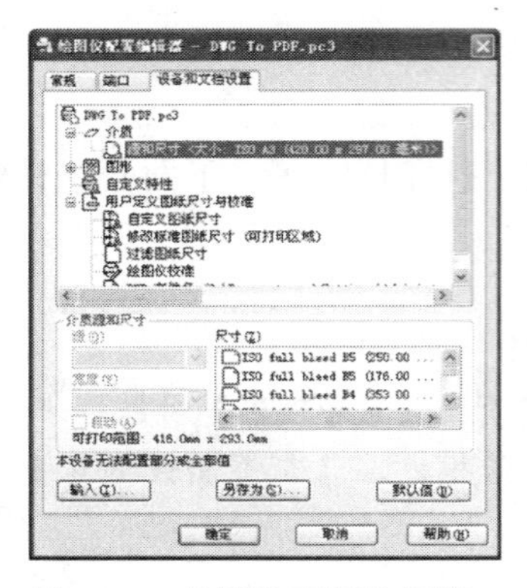

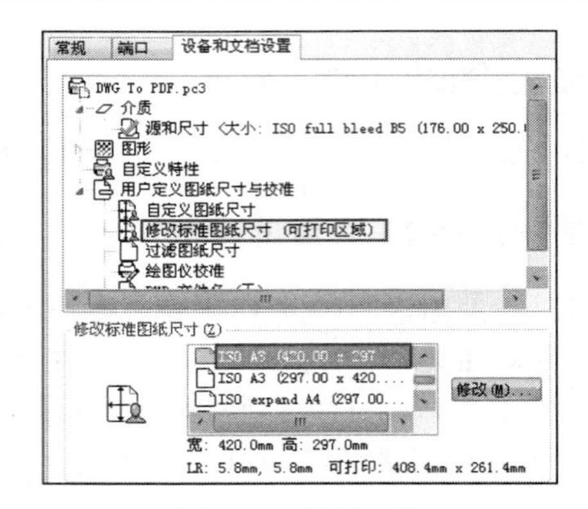

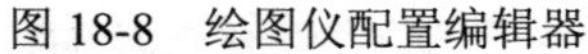

图 18-8 绘图仪配置编辑器　　图 18-9 设置参数

08 单击【下一步】按钮，然后单击【完成】按钮，系统返回【绘图仪配置编辑器】对话框，单击【确定】按钮，完成可打印区域的设置。

09 勾选【打印选项】栏中的【按样式打印】复选框，使打印样式生效，否则图形将按其自身的特性进行打印，如图 18-11 所示。

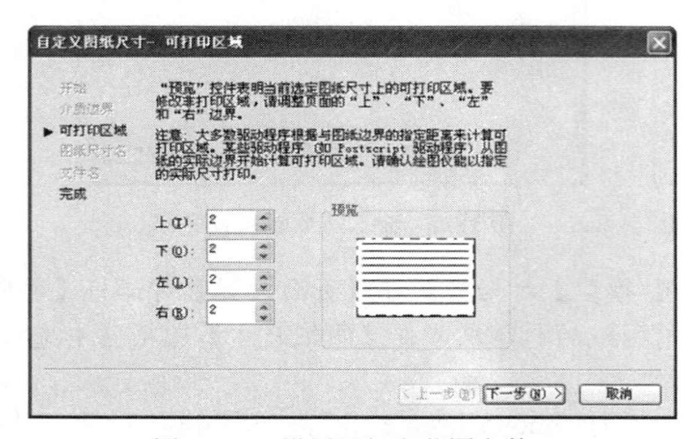

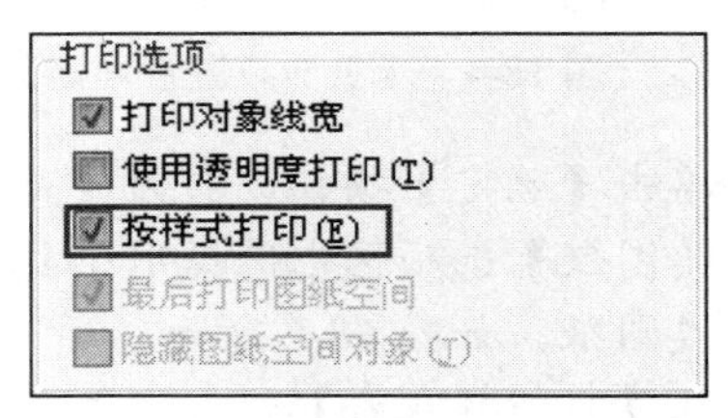

图 18-10 设置可打印范围参数　　图 18-11 勾选【按样式打印】复选框

10 勾选【打印比例】栏中的【布满图纸】复选框，图形将根据图纸尺寸和图形在图纸中的位置成比例缩放，在【图形方向】栏设置图形打印方向为横向，如图 18-12 所示。

11 单击【确定】按钮返回【页面设置管理器】对话框，此时在该对话框中已增加了页面设置“A3”，选择该页面设置，单击【置为当前】按钮，如图 18-13 所示。

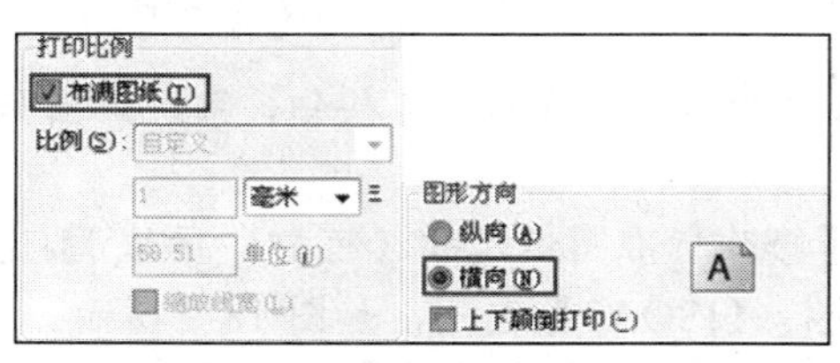

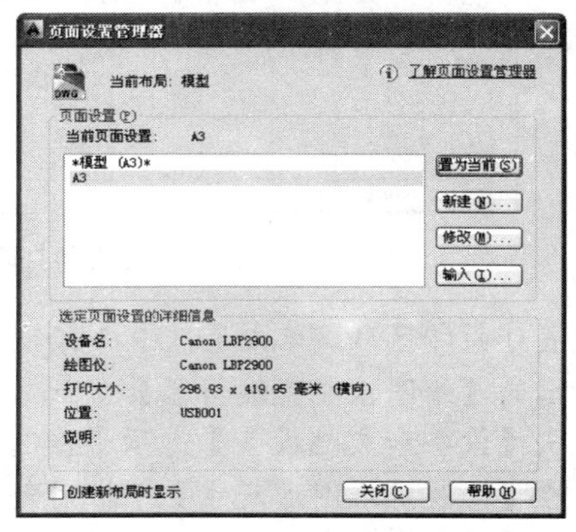

图 18-12 选择图形打印方向和勾选【布满图纸】复选框　　图 18-13 指定当前页面设置

12 单击【关闭】按钮关闭【页面设置管理器】对话框。

18.1.3 打印输出

当图形绘制完成，图框插入完成后，这时候再经过页面设置后，就可以将图纸打印出图了。下面介绍打印出图的具体方法。

【课堂举例 18-3】打印出图

打印出图延续使用页面设置后的图形。

01 选择【文件】|【打印】命令，打开【打印-模型】对话框，在【页面设置】选项区【名称】列表中选择前面创建的“A3”，在【打印机/绘图仪】选项区【名称】列表中选择配置的打印机型号。

02 在【打印偏移】选项组中勾选【居中打印】复选框，如图 18-14 所示。

03 在【打印区域】选项组中，单击【打印范围】下拉列表，选择【窗口】选项，如图 18-15 所示。

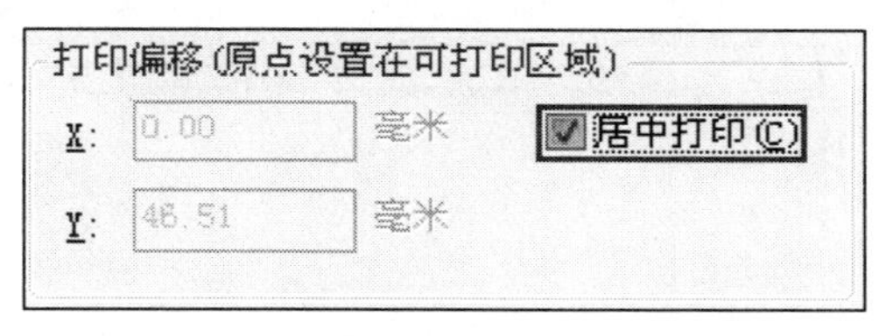

图 18-14　勾选【居中】复选框

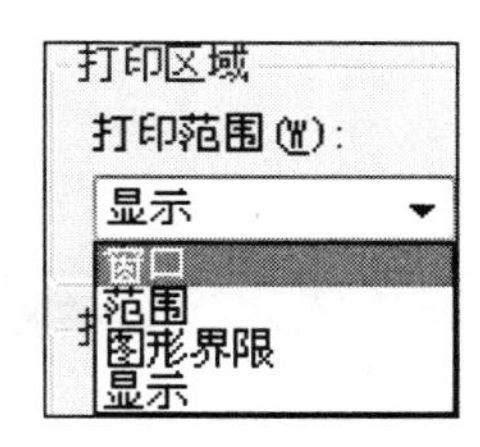

图 18-15　选择“窗口”选项

04 系统返回绘图中，拾取图框的左上角点和右下角点作为打印范围角点，然后系统返回【打印-模型】对话框，单击【预览】按钮，预览打印效果，如图 18-16 所示。

05 如果预览效果满意，即可单击右键，在弹出的快捷菜单中选择【打印】命令，打印图形。

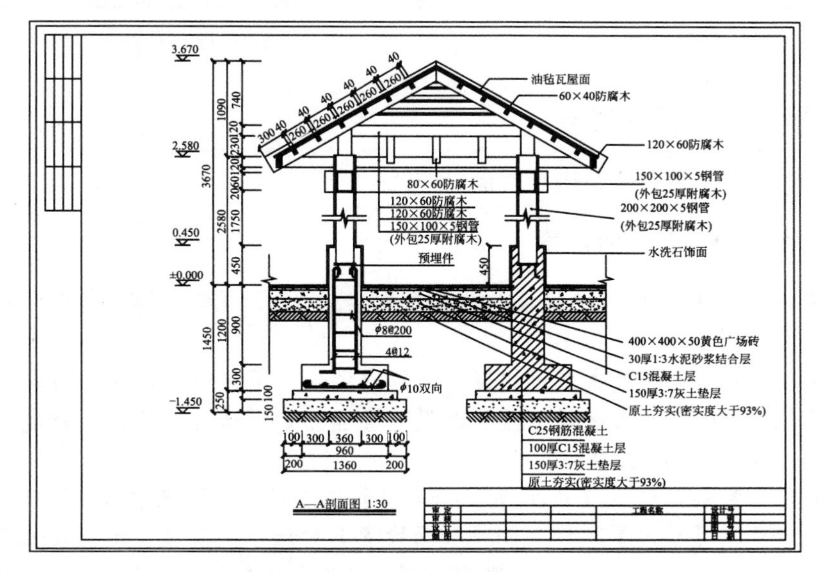

图 18-16　打印预览效果

18.2 图纸空间打印

模型空间打印方式用于单比例图形打印比较方便，当需要在一张图纸中打印输出不同比例的图形时，可使用图纸空间打印方式。本节以第16章的花架详图为例，介绍图形在图纸空间中的打印方法。

18.2.1 进入布局空间

要在图纸空间打印图形，必须在布局中对图形进行设置。单击状态栏底部【快速查看布局】按钮，打开【快速查看】面板，单击其中的【布局1】，进入布局1图纸空间。也可以在【快速查看布局】按钮上单击鼠标右键，从弹出的快捷菜单中选择【新建布局】命令，如图18-17所示，创建新的布局。

当第一次进入布局时，系统会自动创建一个视口，该视口一般不符合我们的要求，可以将其删除，删除后的效果如图18-18所示。

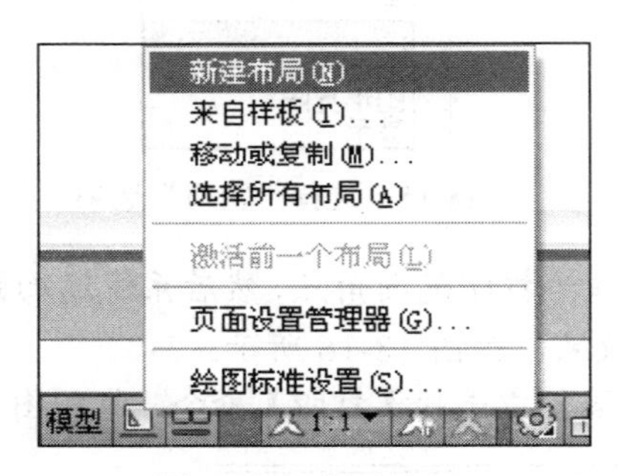

图18-17 新建布局

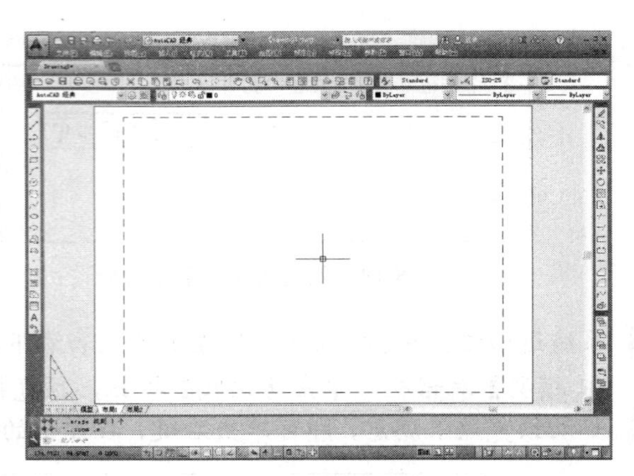

图18-18 布局空间

18.2.2 图纸空间页面设置

在图纸空间打印，需要重新进行页面设置。

【课堂举例18-4】页面设置

01 单击【快速访问】工具栏中的【打开】按钮，打开“第14章/景墙详图.dwg”素材文件。

02 在【布局1】选项卡上单击鼠标右键，从弹出的快捷菜单中选择【页面设置管理器】命令，如图18-19所示。系统弹出【页面设置管理器】对话框，单击【新建】按钮，创建新的页面设置“A3-图纸空间”。

03 单击【确定】按钮，进入【页面设置-布局1】对话框后，设置参数如图18-20所示。

04 设置完成后单击【确定】按钮关闭【页面设置】对话框，在【页面设置管理器】对话框中选择页面设置“A3图纸页面设置-图纸空间”，单击【置为当前】按钮，将该页面设置应用到当前布局。

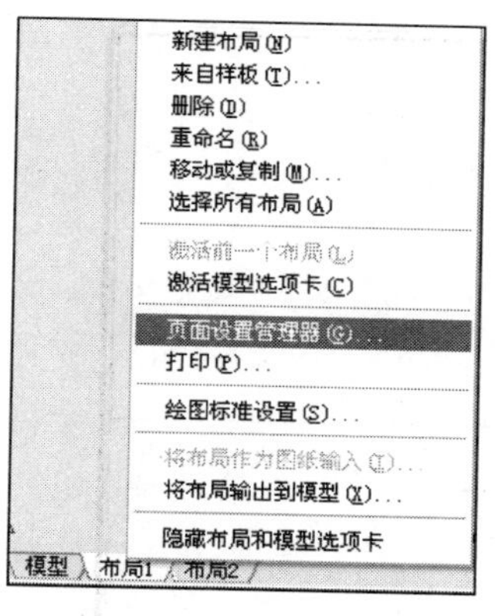

图 18-19　选择【页面设置管理器】命令

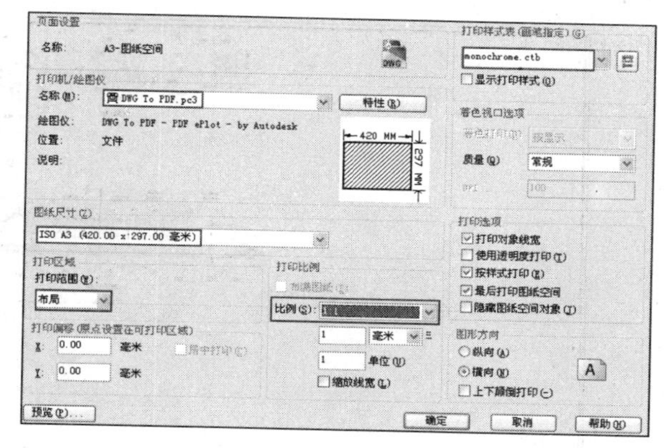

图 18-20　【页面设置-布局 1】对话框

18.2.3 创建多个视口

通过创建视口，可将多个图形以不同的打印比例布置在同一张图纸上。创建视口的命令有 VPORTS 与 SOLVIEW，下面介绍使用 VPORTS 命令创建视口的方法，将花架详图用不同比例打印在同一张图纸内。

>>>>【课堂举例 18-5】创建多个视口

01 创建一个“视口”图层，并设置为当前图层，如图 18-21 所示。

02 创建第一个视口。调用 VPORTS【创建视口】命令，打开【视口】对话框，如图 18-22 所示。

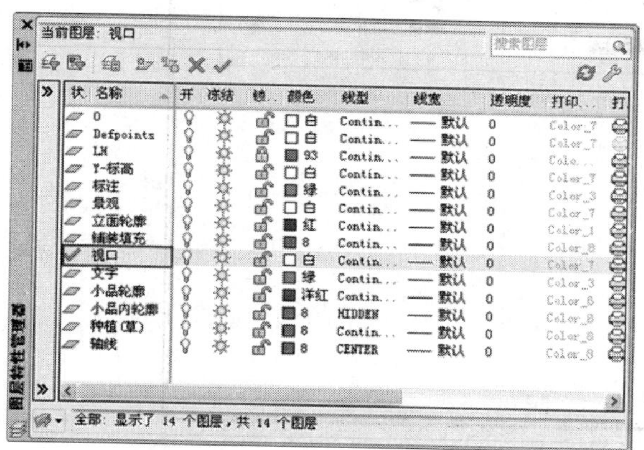

图 18-21　选择【页面设置管理器】命令

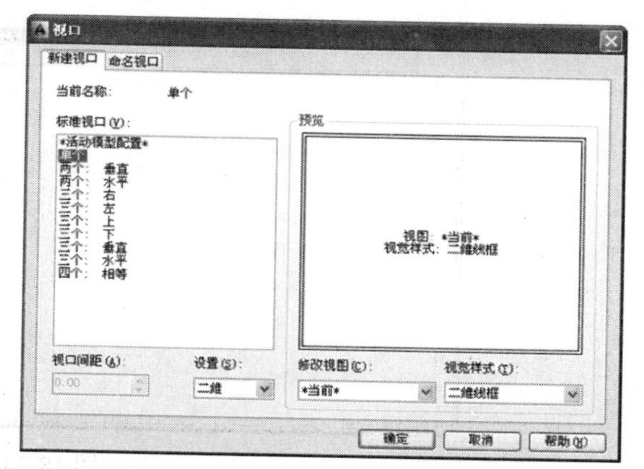

图 18-22　【页面设置-布局 1】对话框

03 在【标准视口】栏中选择【单个】，单击【确定】按钮，在布局内拖动鼠标创建一个视口，如图 18-23 所示，该视口用于显示“景墙平面图”。

04 在创建的视口中双击鼠标，进入模型空间状态，处于模型空间状态的视口边框以粗线显示。

05 在【视口】工具栏中将图形比例调整为 1:50，调用 PAN 命令平移视图，使“景墙平面图”在视口中显示出来。视口的比例应根据图纸的尺寸进行适当设置，这里设置为 1:50，以适合于 A3 图纸。如果为其他尺寸图纸，则应做相应变化，调整效果如图 18-24 所示。

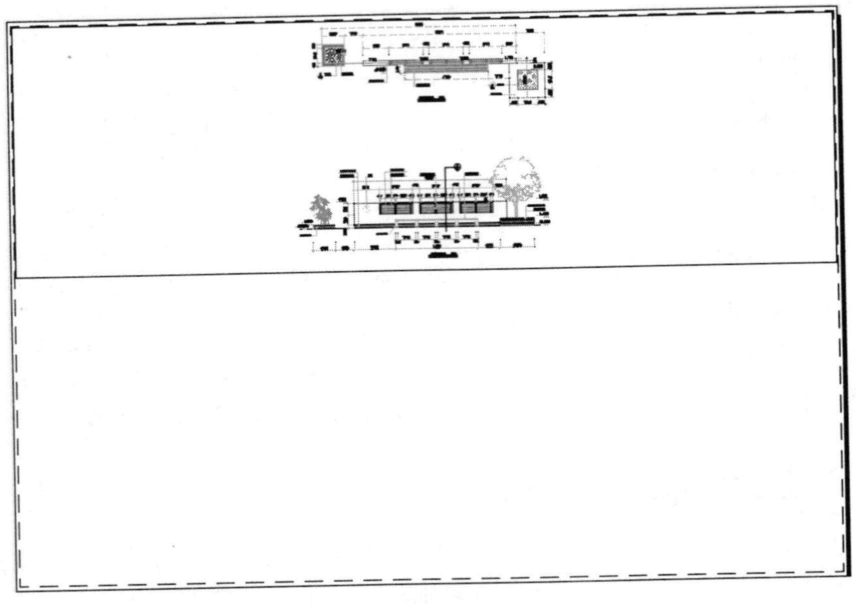

图 18-23　创建视口

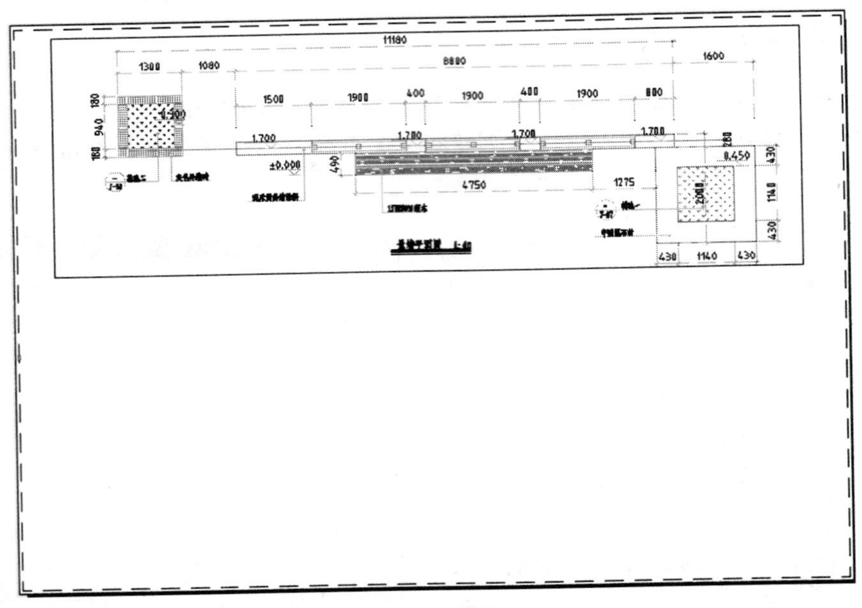

图 18-24　调整视口

06 调用 CO【复制】命令，复制视口，用于显示“景墙立面图”，最终效果如图 18-25 所示。

18.2.4 加入图框

在图纸空间中，同样可以为图形加上图签，方法同样是调用 INSERT 命令插入图框图块，操作步骤如下所示。

调用 PS 命令，进入图纸空间，然后调用 I【插入】命令，在打开的【插入】对话框中选择“图框”图块，单击【确定】按钮关闭【插入】对话框，在图形窗口中拾取一点确定图签位置，插入图框效果如图 18-26 所示。

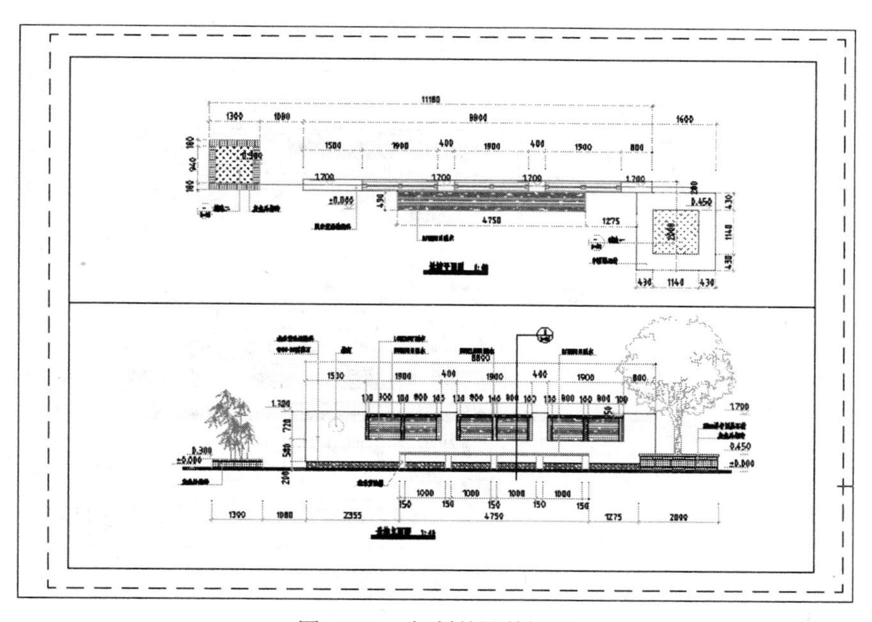

图 18-25　复制并调整视口

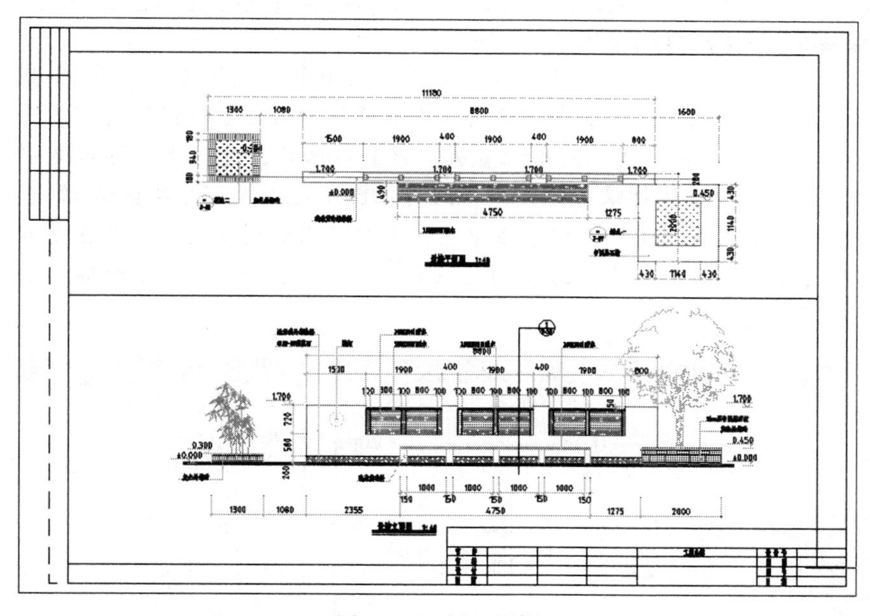

图 18-26　插入图框

18.2.5 打印输出

创建好视口并加入图签后，接下来就可以开始打印了。在打印之前，先隐藏“视口”图层，选择【文件】|【打印预览】命令预览当前的打印效果，如图 18-27 所示。

从图 18-27 所示打印效果可以看出，图框部分不能完全打印，这是因为图框大小超越了图纸可打印区域的缘故。图 18-26 所示的虚线表示了图纸的可打印区域。

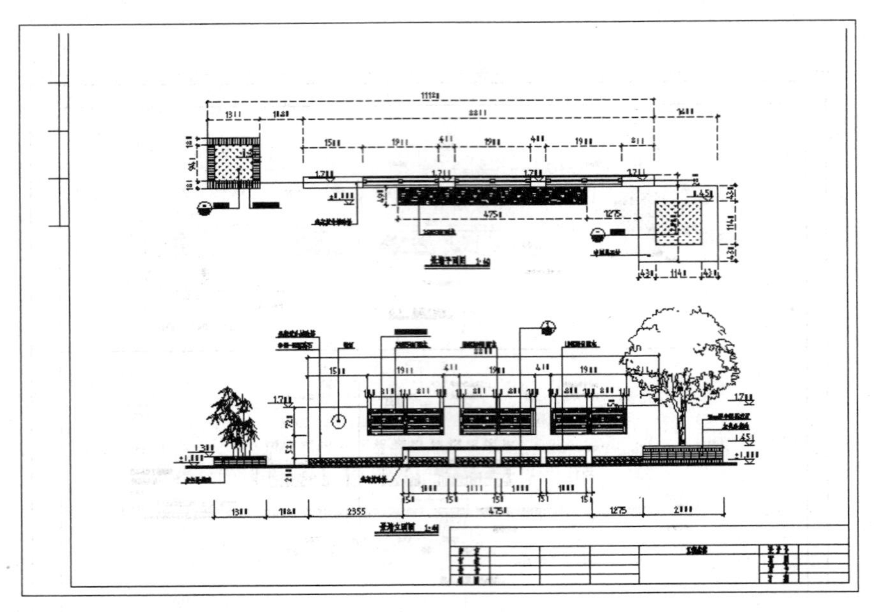

图 18-27　打印预览效果

解决办法是通过【绘图仪配置编辑器】对话框中的【修改标准图纸尺寸（可打印区域）】选项重新设置图纸的可打印区域，前面介绍模型空间页面设置时也作了介绍。

【课堂举例 18-6】打印输出

01 执行【文件】|【绘图仪管理器】命令，打开“Plotters”文件夹，如图 18-28 所示。

02 在对话框中双击当前使用的打印机名称（即在【页面设置】对话框【打印选项】选项卡中选择的打印机），打开【绘图仪配置编辑器】对话框。选择【设备和文档设置】选项卡，在上方的树型结构目录中选择【修改标准图纸尺寸（可打印区域）】选项，光标所在位置。在【修改标准图纸尺寸】栏中选择当前使用的图纸类型（即在【页面设置】对话框中的【图纸尺寸】列表中选择的图纸类型），如图 18-29 所示光标所在位置（不同打印机有不同的显示）。

图 18-28　Plotters 文件夹

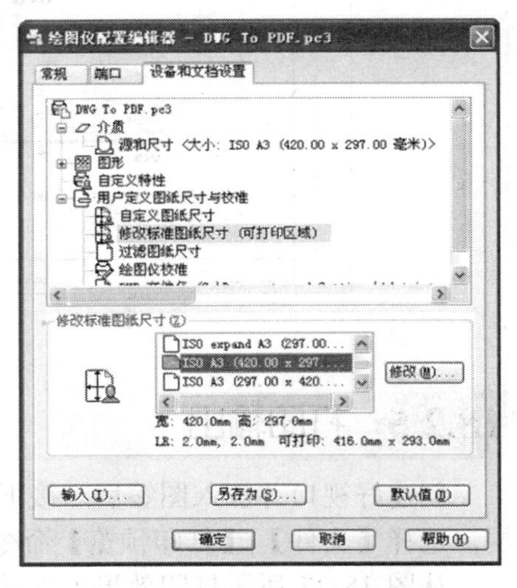

图 18-29　绘图仪配置编辑器

03 单击【修改】按钮，弹出【自定义图纸尺寸】对话框，如图 18-30 所示，将上、下、左、右页边距分别设置为 0、0、0、0（使可打印范围略大于图框即可），单击 【下一步】按钮，再单击【完成】按钮，返回【绘图仪配置编辑器】对话框，单击【确定】按钮关闭对话框。

04 修改图纸可打印区域之后，此时布局如图 18-31 所示。如果满意当前的预览效果，按 Ctrl+P 键即可开始打印输出。

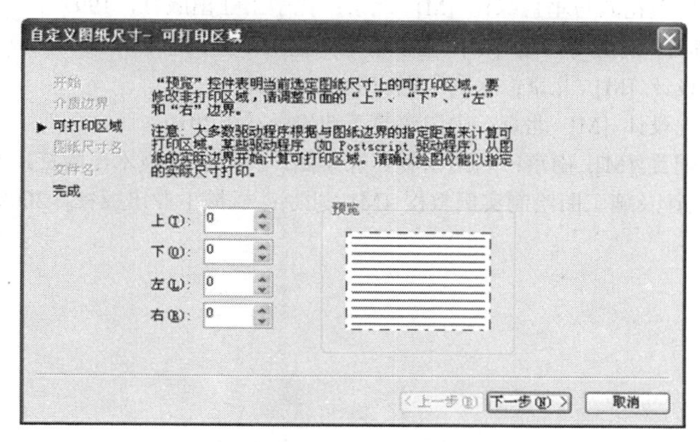

图 18-30　“自定义图纸尺寸”对话框

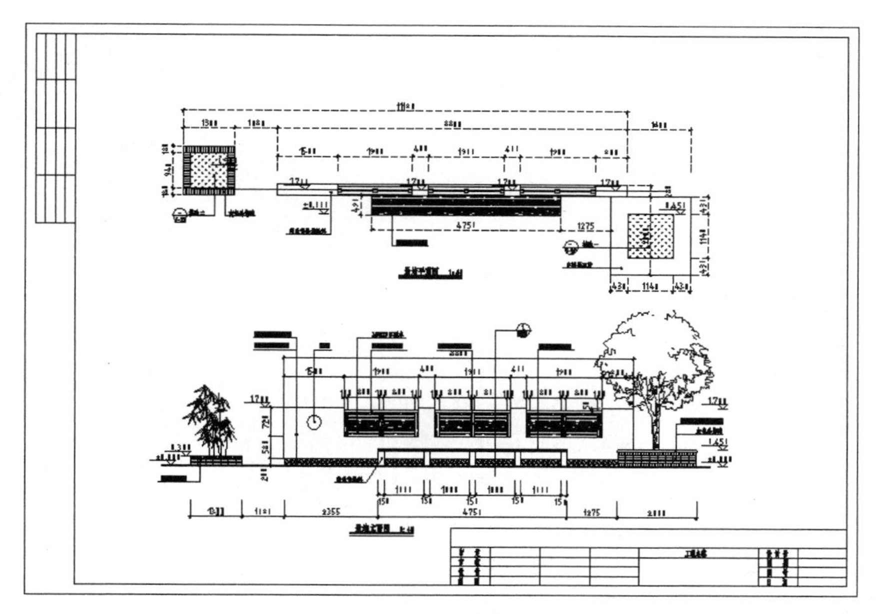

图 18-31　打印预览效果

参 考 文 献

[1] 黄远钧，黄惠明. 对园林围墙与园路进行设计与施工的分析 [J]. 科学之友，2010，(6).

[2] 刘少宗. 园林设计. [M] 北京：中国建筑工业出版社，2008.

[3] 中华人民共和国建设部. 城市居住区规划设计规范 (GB 50180—93) [S]. 北京：中国建筑工业出版社，2002.

[4] 中华人民共和国建设部. 城市道路绿化规划与设计规范 (CJJ 75—97) [S]. 北京：中国建筑工业出版社，1997.

[5] 史晓松，钮科彦. 屋顶花园与垂直绿化 [M]. 北京：化学工业出版社，1997.

[6] [英] 克利夫·芒福汀. 街道与广场 [M]. 北京：中国建筑工业出版社，2004.

[7] 薛健. 水体与水景设计 [M]. 北京：水利水电出版社，2008.

[8] 苏晓毅. 居住区景观设计 [M]. 北京：中国建筑工业出版社，2010.

[9] 祝遵凌. 景观植物配置 [M]. 南京：凤凰出版传媒集团，江苏科学技术出版社，2010.

[10] 麓山文化. 园林设计及施工图绘制实例教程 [M]. 北京：机械工业出版社，2009.